世界建筑史丛书

现代建筑

[意] 曼弗雷多·塔夫里 弗朗切斯科·达尔科 著
刘先觉 等译

U0196587

中国建筑工业出版社

本书荣获第13届中国图书奖

本书描述了近百年来建筑与城市设计领域内的沧桑变化。在过去的一百多年中,建筑领域内所发生的变化如此之快和如此复杂是史无前例的。从单体建筑到整个城市的规划设计理论;建筑大师们所倡导的国际式景观;民族主义与极权主义建筑;社会工程建设;城市化;以及由新艺术、立体派、风格派和未来派所影响的建筑等等,所有这些变化、试验与融合都是在这卷丰富的著作中所要讨论的内容。作者基本上以编年史为纲,深入分析了欧美现代建筑景观形成的社会动力,客观地对现代建筑作了阐述与分析,并尽可能避免过于简单化和先入为主。本书从 19 世纪欧洲和北美的城市规划开始,继而分析了美国摩天楼兴起的历史,直到 20 世纪 70 年代高技派和后现代主义的出现作为本书的结束。

本书前十三章通过探讨德意志制造联盟等组织,以及勒·柯布西耶、弗兰克·劳埃德·赖特等人的作品,论述了 19 世纪末 20 世纪初的建筑和城市规划的发展变化,并论述了意大利、德国在第二次世界大战之前以及大战期间的民族主义与极权主义建筑。第十四—二十一章回溯了第二次大战之后到 70 年代之间城市和建筑理论发展的轨迹,并分析了密斯·凡德罗、阿尔瓦·阿尔托等人以及声誉日隆的年轻一代建筑师的作品。

全书共有 700 多幅插图,包括大量实例的平面、地图、设计图、照片等等。本书二位作者曼弗雷多·塔夫里和弗朗切斯科·达尔科都是威尼斯大学建筑研究所的教师,曾在当代建筑研究方面有丰富的论著。

目　　录

作者的话

本书是我们从 1971 年开始合作调查与讨论的成果。

对于所有各章的构想、写作与评论我们都取得了一致意见，然后作了一些分工。曼弗雷多·塔夫里负责第二，五，六，八，十，十一，十二，十七，十八，十九和二十章的原始写作；而弗朗切斯科·达尔科则负责第一，三，四，七，九，十三，十四，十五和十六章的写作。序言和最后一章是合作完成的。

我们的调查在很大程度上得益于许多朋友的帮助和建议，现谨向他们表示深深的谢意。若不是充分地利用了近些年来由威尼斯大学建筑研究所建筑历史研究室所收集的许多研究材料，我们的写作将会困难重重。在此特别要感谢研究所的全体职工总是和我们进行有效和友好的合作。

塔夫里和达尔科

序　　言

现代建筑史就像是门神的两副面孔。其一面是记录着自人文主义时代以来所形成的建筑专业特点正在不断地丧失，而且到18与19世纪期间已面临危机。另一面，尽管由于新社会文化基础的发展，思想日益活跃，对于人类的环境问题十分关心，但却仍有一些保守势力要恢复它失去的地位。理论与现实往往总有一段距离：当我们认为集体因素与技术因素在新建筑发展中起着决定性作用时，我们就会对现代运动充满信心，但却又不知所措，因此，我们必须要探讨现代运动的根源和它的作用。资本主义初期所解放出来的社会经济，极大地推动了社会的变革，进步思想促使了物质产品走向新技术的领域，用马克思主义的话来说，就是各方面的“具体劳动”已逐渐变成了“抽象劳动”。然而，这种变革并不会自动产生，我们也不能机械地等待。

由于传统的社会劳动分配方式改变了，我们对建筑学的认识也有所改变。在改革与重新分配的原则指导下，为了在旧传统的观念与新任务之间的桥梁上保持着危险的平衡，建筑学在过去和现在都一直采取着相应的对策。过去的问题是：建筑语言怎样才能成为共同关心的问题？建筑语言怎样用科学辩证的思想去解释自身的寓意与象征？建筑的双重性怎样才能隐喻它的新秩序和新目的？新的问题是：在建筑语言和超语言学的领域之间应建立怎样的合理关系？建筑语言怎样才能变为一种经济价值的手段？什么样的思维方式才适应实际生产结构的需要？

在当代建筑领域中，对上述问题的回答经常是在旧内容外披上革命的外衣。要取得有真正价值的答案，就得要将哥白尼式的革命引入建筑专业领域，让人们想到路斯、密斯、勒·柯布西耶，这是一种完全不同的建筑语言，而不是一种革命的伪装。

当代建筑史的内容无疑是复杂而多样的，它往往包括人类环境的结构史，也许与建筑学无关；包括计划和管理那些结构的历史；包括建筑师为掌握这些结构出谋划策的历史；也是一部新语言的历史，它打破了旧的传统，而是在为新的贡献而奋斗。

显然，各种有关建筑的历史永远不可能取得统一观点。从本质上说，历史的范畴是辩证的。正是由于它有这种辩证关系，我们曾试图去克服各种矛盾，尤其是在今天，这些令人烦恼的问题是建筑学本身应该可以解决的。光靠讨论这些问题仍无济于事，相反，我们应该追溯整个现代建筑的发展过程，密切注视那些历史转折的关键问题，不论它具有必然性或偶然性，都在现实中起着重要作用。

要解释历史的根本关系，就要考虑各种因素的变化，包括客观的因素和主观的因素都应进行系统地分析，就像了解一张网是如何编织起来那样。现在建筑学面临的重要问题是要重建它的思想内涵，因为过去建筑物的意义已趋向减弱，而新建筑的涵义正在由生产领域和城市管理部门起着决定性影响。政治性的因素对新建筑的发展也具有不可忽视的作用，当然，有时也会产生不良的影响。同时，也应该看到思想意识与社会经济发展之间有着千丝万缕的联系，尽管这些联系是多方面的，有怀旧的倒退思想，也有乌托邦的观点，我们应该要区别对待。

然而，也应该看到那些倒退思想与乌托邦观点同样是历史的一部分，他们厌恶新城市而希望未来要保持原来城市的面貌，这完全是一种幻想。当我们在思想上还未弄清是非的时候，往往时间已经过去了。现在要着重了解的是有哪些重要事件与历史有关。因此，本书不采用通常的历史体系，这里所讲的现代运动和理性主义之类的术语，在本书的内容里也隐藏着一些观点与其他史书不同，甚至相反。

在本书里，我们是以19世纪的社会危机作为研究基础的。那么随之而来的问题是我们要追溯到什么时候才能找到影响现代建筑的各种因素。这就促使我们要在研究的方法论上具有适当的灵活性，因为各种历史事件都有许多不同的起因。

不管怎样，建筑的形式问题是不可回避的，如果不讲形式，那只能是空谈。新艺术运动在欧洲的出现，许多方面都表现的是上层中产阶级文化思想的反映，它标志着这个阶层企图用一种共同语言来适应各个阶层的需要。维克多·霍塔（Victor Horta）和保罗·汉卡（Paul Hankar）在布鲁塞尔的一些杰作，麦金托什（Charles Rennie Mackintosh）在格拉斯哥所作的活泼作品，瓦格纳和霍夫曼（Otto Wagner and Josef Hoffmann）在维也纳所做的一些精品，奥尔布里奇（Joseph Maria Olbrich）在达姆施塔特的艺术家园地中所做出的诗意般的建筑，克利姆特（Gustav Klimt）的那种惟妙惟肖的象征主义，以及亨利·凡·德·费尔德和吉马德（Henri Van de Velde and Hector Guimard）在1890年到1914年之间的活动，都可以认为是最有想像力的火焰，它点燃了造型的希望之光，成为表达真理的工具。当时霍塔为塔塞尔家庭、埃特维尔家庭、哈莱特家庭所建的一些住宅，都是能和奥尔布里奇从1900年开始为黑森大公恩斯特·路德维希在达姆施塔特所建的一些建筑相媲美的，当时这里号称为新雅典；同时，它也能和费尔德设计的建筑、家具、器皿造型上的“力线”相似。

新艺术运动的历史在这里并不十分重要，尽管我们要认识它的代

图 1　维克托·霍塔：布鲁塞尔，普帕尔大厦，1895—1899 年(已毁)

图 2　维克托·霍塔：布鲁塞尔，普帕尔大厦室内，1895—1899 年(已毁)

图 3　维克托·霍塔：布鲁塞尔，凡·埃特维尔德住宅入口，1895—1897 年

图 4　古斯塔夫·克利姆特：《狂欢图》细部，1905—1909 年(维也纳，奥地利博物馆为先锋派举办的艺术展)

图 5　奥托·瓦格纳:维也纳,河上交通管理站办公楼,1913 年

图 6　奥托·瓦格纳:维也纳,邮政储蓄楼大厅,1903—1906 年

表人物的作品有些什么个性特点。然而,需要强调的是对新艺术运动的辩证分析,并不是说明这是恢复形式的结果,而只能说明是“室内时代”走向衰落。不是说应用各种新技术或新的社会进步因素就可以促使作品的成功,例如吉马德所作的巴黎地铁的入口,瓦格纳所作的维也纳各个地铁车站,或霍塔在布鲁塞尔所造的普帕尔大厦等。我们的目的是要弄清在这些案例中,它们的形式是如何与材料以及使用功能相协调的,从而可以透过它能认识到:在大多数情况下,新艺术运动是使用技术的注解,但绝不是其危机的反映。

总之,就霍塔和奥尔布里奇而言,即使他们所用自由曲线的词汇都表明只是说着一种同样的语言,但人们仍会发现这种语言的变化与活力所作出的杰出贡献。

受新艺术运动影响的各种事物(建筑、物品、广告、墙纸图案),都表现出有自然主义的倾向,这反映在造型上大量应用曲线符号。在折衷主义没落之后,新艺术运动的语言作为一种手段,它具有完整的结构,也具有丰富的经验,它希望能起到主导作用。然而这些经验都是和个人分不开的,有时它会使人迷恋。但是它的局限性则是对各种对象都是采用统一的语言表达。当霍塔或费尔德在和他们的业主讨论室内设计时,他们总是要求业主要按他们的思想进行设计。为了要扩大社会影响,霍塔曾把在布鲁塞尔的普帕尔大厦的外墙设计成曲线形,以适应城市位置的特点,因而形成为一座具有大众化民主政治的纪念碑。然而,对霍塔来说,他认为“人民”是无法区分不同的“精神社会”的,只有艺术家们是伟大真理的布道者,他们聚集在达姆施塔特的黑森大公的周围,用艺术来重新启发人性。就是在这种思想指导下,新艺术运动在城市各个角落所设计的一些建筑,就像是播下了种子,它使理想得到萌芽,但却好景不长。阿道夫·路斯(Adolf Loos)曾指责维也纳是“刻有标记的城市”,他认为这是缺乏对现代社会状况的正确理解。

其次,也可以认为新艺术运动是一场消极的变革。对费尔德和吉马德,或在意大利的巴塞尔(Ernesto Basile)、松马鲁加(Giuseppe Sommaruge)、达隆科(Raimondo d'Aronco)来说,他们设计的物品和大型建筑都是从现实出发,体现了生活的需要,建筑形式都是根据活动行为进行考虑的。费尔德在解释 1895 年设计的百乐门威尔夫住宅时,他说:“为了恰当组织这座住宅的居住生活,我们了解了有关的各个环节,这也许就是建筑师的最大乐趣。”同样,这也是艺术家们共同追求的基本目标,例如霍塔、麦金托什、恩代尔(August Endell)、马佳

图 7　约瑟夫·玛利亚·奥尔布里奇：德国，达姆施塔特，艺术家园地内的恩斯特·路德维希大公住宅，1899—1901 年

图 8　约瑟夫·霍夫曼：布鲁塞尔，斯托克莱特住宅，始建于 1905 年

图 9　约瑟夫·霍夫曼：在布克尔斯多夫为一疗养院所作的方案，1903 年

图 10　赫克托·吉马德：巴黎，贝伦格府邸，1894—1898 年

图 11　亨利·凡·德·费尔德：在科隆为工厂联盟展览会新作的剧院透视图，1914 年

图 12　亨利·凡·德·费尔德：在德国哈根的斯普林格曼别墅，1913 年

图 13　奥古斯特·恩代尔：柏林西端公寓，1912 年

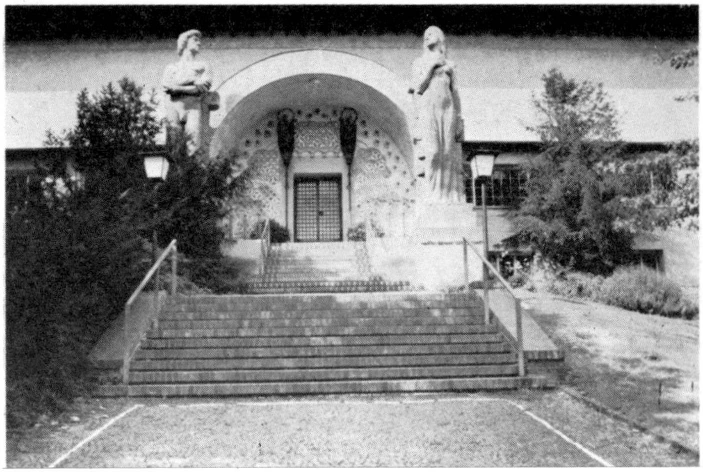

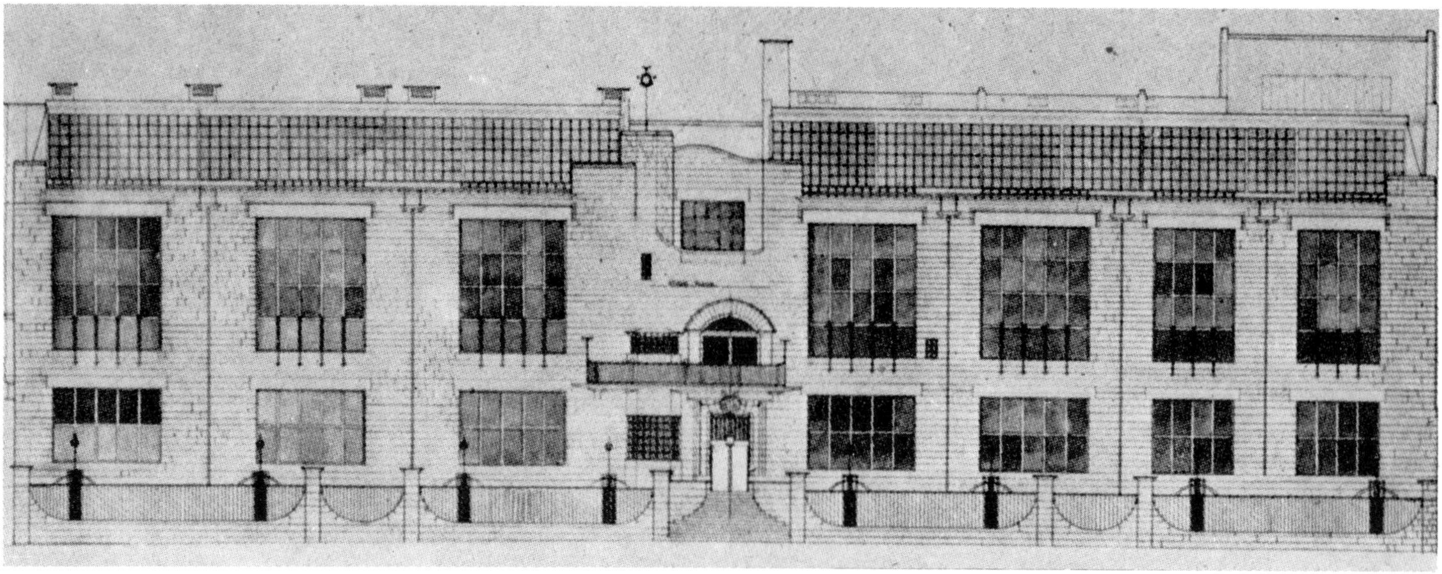

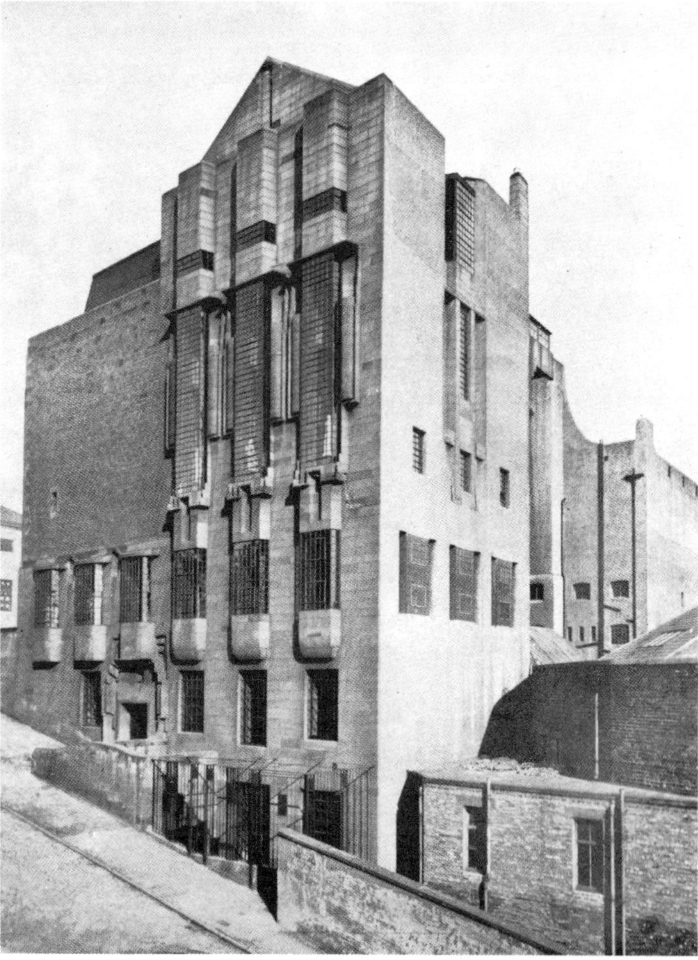

图 14　查尔斯·伦尼·麦金托什:英国,格拉斯哥,艺术学校的立面图,开始设计于 1896 年

图 15　查尔斯·伦尼·麦金托什:格拉斯哥,艺术学校,从西面看图书馆部分,1907—1909 年

图 16　约翰·索恩·普里克尔:《新娘》,1892—1893 年(荷兰,奥特洛,赖克斯博物馆藏)

(Alphonse Mucha)、杜夫兰(Maurice Dufrene)、加利(Emile Galle)、安德烈(Emile Andre)等人,他们都把创作看成是获得乐趣的机会,是表现自己思想解放的机会。霍夫曼的主要思想是提倡建筑要恢复到手工艺状态,他为维也纳工厂所设计的装修与产品就是明显的反映;其他如巴塞尔为杜克罗特公司设计的装修,麦金托什于 1896 年开始设计的格拉斯哥艺术学院和 1902 年在基尔马柯姆与海伦斯堡所设计的一些住宅,以及由博维、斯科特、加利和索纳特(Gustave Serrurier - Bovy, Machie Hugh Bailie Scott, Emile Galle, and Michael Thonet)等人所设计的作品都是如此。

但是在抵御"混凝土工程"和企图恢复建筑的工艺品质量,从而达到优美的造型时,这一切努力都已是最后的滩头阵地了。新艺术运动作为对浪漫主义的怀念曾喧闹一时,他们既想有大都市的场面,又要有商业广告的刺激,其中包括公共建筑和私人住宅两方面的作品都有。例如瓦格纳在维也纳建造的住宅与邮政储蓄银行;赫特尔和维尔霍斯基(Hurtre and Wielhorski)设计的一些巴黎餐馆(包括在波卡多路的兰哈姆大厦内的餐厅);马尔纳兹(Louis Marnez)所设计的一些作品,以及勒基纳(Odon Lechner)在匈牙利设计的一些公共建筑;吉马德设计的罗马杭伯特会堂(Auditorium Humbert);在巴黎由切丹尼(Georges Chedannt)设计的拉菲亚特商厦等都是属于此类情况。他们渴望把私密空间的处理手法变为社会的需要,在大都市的不稳定性中升华为一种精神艺术,一种视觉的刺激艺术。这就是精神贵族玩弄的最后一张王牌。新艺术运动曾经在一些建筑中产生了影响,但是他们的这种努力并没有得到资产阶级的支持。大量的新资产阶级不赞成这种主张,而新兴的工业化方法才对他们有吸引力。

上述历史事实表明,由奥尔布里奇、麦金托什、霍夫曼所创造的含有神奇色彩和颓废氛围的新艺术运动是对新兴资本主义社会反抗的表现,他们不愿意看到金钱左右一切的现象在建筑艺术领域产生,他们企图用新的艺术手法来表达新的希望。但是,在新的社会条件下,那些墨守陈规的新作品也同样是不受欢迎的。

新艺术运动一些代表人物过去所做的贡献无疑已成了世界建筑史上的里程碑,他们在建筑创作上的成就是值得庆贺的。我们追忆往事,目的是为了要促使我们在现有不成熟的基础上继续前进。

第一章　19世纪美国城市化的出现

在开始的这些章节中我们将要追溯一些在时间上比本书所限定的范围早得多的一些情况，当然这些情况是有争议的。大部分著作在说到现代城市规划诞生的时候，都会把注意力集中于19世纪早期的乌托邦思想及欧洲的一些首都城市，但这却造成了历史写作的局限性，从而使我们在试图分析历史的时候产生不正确的偏向。虽然欧、美二洲之间的交往曾一再起到决定性的作用，但没有人会否认美国的城市规划思想不如欧洲的清晰。然而正是在美国，由于进步力量的冲击，收入与利润之间特殊的内在关系，加上自由资本主义经济的发展，以及各种文化思潮的相互对立，在19世纪后半叶共同形成了结构坚固的核心，并且创造出一种真实与恰当的传统。要把握这一传统，就要追溯这个与欧洲同时发生，并平行发展的过程的起源(关于欧洲的过程见本书另一章)。这也是为了检验关于那些至今依然有活力的实践与观念的新假说。

大约在1860年左右，大规模的经济发展与地区性的城市化在美国已紧密地结合到了一起，这种情况并非偶然。同样并非偶然的是，这种成长与新的都市秩序在铁路的特殊发展中找到了催化剂：在这个世纪的下半叶，大约有40%—45%的美国私人资本来自于铁路的扩张。结果是出现了一个具有爆炸性活力的发展体系。就像P·A·巴兰(P. A. Bzran)和P·M·斯威齐(P. M. Sweezy)曾经指出的，正是在那时，典型的垄断资本企业和巨大的股份有限公司呈现出它们特有的形式。这种现象决定了整个美国的体制，它的结构对相关的部门产生了决定性的影响，尤其是对城市增长和对城市边沿开发区的影响更为明显。还有一个潜在的因素也加入了城市化的过程。由于工厂的发展所直接导致的公司城镇的到处分布，构成了美国资本主义最有活力的模式。公司城镇这个概念最初来自于亚历山大·汉密尔顿(Alexander Hamilton)在新泽西州帕特森城(Paterson)的一次尝试，他通过制造业应用协会代理机构予以实现，其城市规划是由P·C·朗方(Pierre Charles L'Enfant)和N·哈伯德(N. Hubbard)在1791—1792年间设计的。然而，不超过30年，第一个城市社区就由于完全为了单纯工业的成长而出现了。马萨诸塞州的洛厄尔镇(Lowell)，始建于1823年，它位于梅里马克(Merrimack)河岸上，创始人是梅里马克制造公司的首脑K·布特(Kirk Boott)。他受到一位开明的新英格兰企业家弗朗西斯·卡伯特·洛厄尔(Francis Cabot Lowell)的影响。洛厄尔在沃尔瑟姆(Waltham)的产业为公司的财富创下了基础。洛厄尔所实行的严格的阶级等级制度是他工厂生产组织方式的忠实反映。新城的城市化概念完全反映了在工业领域中受雇佣的劳动力的组成，甚至连社区——到1845年，已有30000居民——的建筑布局也受其制约。洛厄尔的例子特别重要：这个聚居点的形式完全取决于生产组织的结构方式，而这种组织方式则是善良愿望与企业之间模糊结合的结果。这些企业在经济上还不具备将工业管理与城市管理综合起来解决房地产的能力。

19世纪40年代，兴起了像新罕布什尔州的曼彻斯特和马萨诸塞州的霍利奥克这样一些以洛厄尔为原形的聚居点模式。然而，只有在铁路资本介入之后，工业投资与土地投机之间的融合才得以实现。土地投机这种可怕的体系是当代的一种发明。一方面，铁路工业的特征是生产性投资可以获得巨额的经济回报；另一方面，铁路所拥有的巨大经济实力使它可以对立法机构和政治机构产生非常大的影响，使之成为企业在经济上的保护人。大约1850年，美国建成了10000英里(16090km)左右的铁路系统，它既是工业发达地区迅猛发展的反映，而且也刺激了城市化和大都会集中现象的出现。然而在美国，集中与分散并不是可选择的：由于居住性郊区的兴起，使单一功能的第三产业城市得以发展，那些郊区住宅首先提供给有产阶级，其次是提供给中产阶级使用的，而贫民、移民和有色人种的贫民窟则拥挤地围绕着商业中心区。

很明显，这个过程是资本主义发展的结果，它不仅仅直接影响到特定的地方，也影响了整个广大的地区。伴随着伊利诺伊州中心铁路线(Illinois Central Railroad line)的铺设进行了一场移民，其桥头堡为伊利诺伊州的开罗(Cairo, Illinois)。这个镇采用标准的方格道路网系统，并且由于威廉·斯特里克兰(William Strickland)在1838年到1840年间所作的成功设计而获得了某种建筑上的荣誉。正是在19世纪50年代，沿铁路线的土地投机的规模才逐渐扩大起来。为防止立法的限制和寻求用作铁路的开发保留土地，人们组织了一个有关财产投机的附属社团，伊利诺伊中心联合会(the Illinois Central Associates)。其结果是在铁路沿线各车站依样复制一个严谨的城市化方案，变成了在该区域范围内对那些地区所进行的庞大开发过程的第一个核心，并以这种方式保证了特殊的收益。

这并不是一个孤立的原型。经过小小的调整后，它在整个美国范围内都被复制了，于是整个国家就有点好像成了东海岸城市和大湖地区工业集中城市在内陆的殖民地。铁路线上的公司城镇在彼此竞争中扩大开来，在这种竞争中，利益是唯一被关心的。另外还有一些由

图 17 伊利诺伊州地图,表示伊利诺伊中央铁路公司的铁路线及公司所拥有的财产,1860 年

图 18 威廉·斯特里克兰:伊利诺伊州,开罗的景观,1838 年

图 19 塔皮(A. Tapy):《铁马的嘶叫》,1859 年(纽约,加尔比施收藏)

图 20 描写 C·范德比尔特和 J·菲斯克之间为征服西部而进行的竞赛的讽刺性漫画

图 21 弗雷德里克·罗·奥姆斯特德:华盛顿州,塔克马城的规划,1873 年

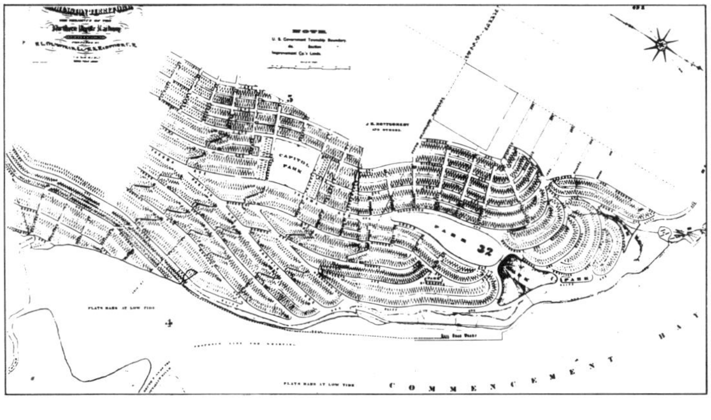

图 22　贝曼和巴雷特：伊利诺伊州，普尔曼镇的规划，1880 年

图 23　贝曼（建筑负责人）：伊利诺伊州，普尔曼镇建筑内的拱廊，1882 年

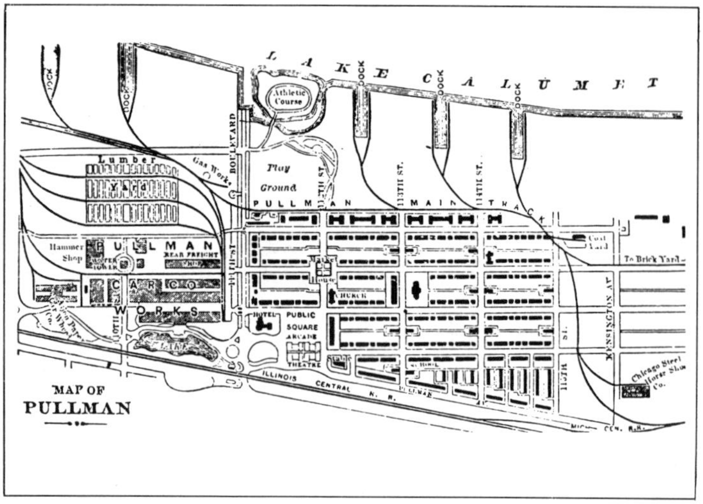

北太平洋铁路(Northern Pacific Railroad)造就的城市，比如，华盛顿州的托克马(Tacoma, Washington)。弗里德里克·罗·奥姆斯特德(Frederick Law Olmsted)为它作了规划，但没有实现。在堪萨斯州，落基山脉一带地区，以及加利福尼亚州，出现了新的社区。在征服西部的经济过程中，最初先辈们的观念被赋予了新的形式，其桥头堡是芝加哥。无论从确切的意义还是从比喻的意义上来讲，芝加哥都是东部海岸大都会与内地广大的物资供应地区之间的一个转换点。

在芝加哥近郊兴起的一座公司城镇，最好的体现了 19 世纪后半期美国资本主义的精神：普尔曼镇(Pullman，现已合并入芝加哥)，就是同时标志了自由经济发展的鼎盛与衰落的一次试验。贝曼(Solon S. Beman)和巴雷特(Nathan F. Barrett)在 1880 年接受铁路巨头普尔曼(George M. Pullman)的委托，为普尔曼镇作了规划。这个规划是美国折衷主义最好的实例之一，贝曼精心设计的浪漫主义建筑与巴雷特设想如画的城市景观完美地紧密结合在一起。但是普尔曼除了对规划的布局认为能提高生产率以外，他对建筑形式并不感兴趣。一方面，这个方案有助于将工人同附近动荡不安的大城市社会环境隔离开来，因为在 19 世纪 70 年代，这个城市被激烈的阶级斗争困扰着；而另一方面，它也确保了在政治与经济两方面对工人的严格控制，在政治上孤立工会的支持者，在经济上则制约工人的流动性和工资要求。从严格的城市化观点来看，普尔曼镇提供了与美国任何别的地方都不同的住房标准和服务，而当时的评论者也从中看到了企业利益与城市革新之间一种积极的结合。然而，尽管这种控制在 1893 年的经济危机中已受到了极大的动摇，但还是招致进步人士对那种政治与经济进行联合控制的方式提出批评。第二年席卷了整个芝加哥的暴力罢工，摧毁了这个体系的基本前提——将工人阶级同大城市，实际上是同整个国家隔离开来，同时试图严格控制劳动力市场。伴随着普尔曼镇的罢工，各种新的行业组织，以及在这个公司城镇中所作的资本主义发展的尝试，都一起被卷进了一场标志着美国劳工运动史上重要阶段的决定性斗争，并且揭示了在劳工矛盾中国家所起的作用问题。就这样，一次城市设计的尝试引发了对整个体系基本原则的疑问。

同时，旨在确定解决城市问题的新的激进方法也在酝酿之中，这些方法都对竞争体系持批评态度：美国城市规划的起源与美国进步的政治传统有许多共同之处，这并非偶然。我们也不能低估这个事实，在文学上所谓的美国文艺复兴时代，比如爱默生(Emerson)，梭罗(Thoreau)，惠特曼(Whitman)以及梅尔维尔(Melville)等人的著作具

图 24　亚历山大·杰克逊·戴维斯：新泽西州，奥兰治，卢埃林公园规划，1853 年
图 25　亚历山大·杰克逊·戴维斯：新泽西州，奥兰治，卢埃林公园入口，1853 年

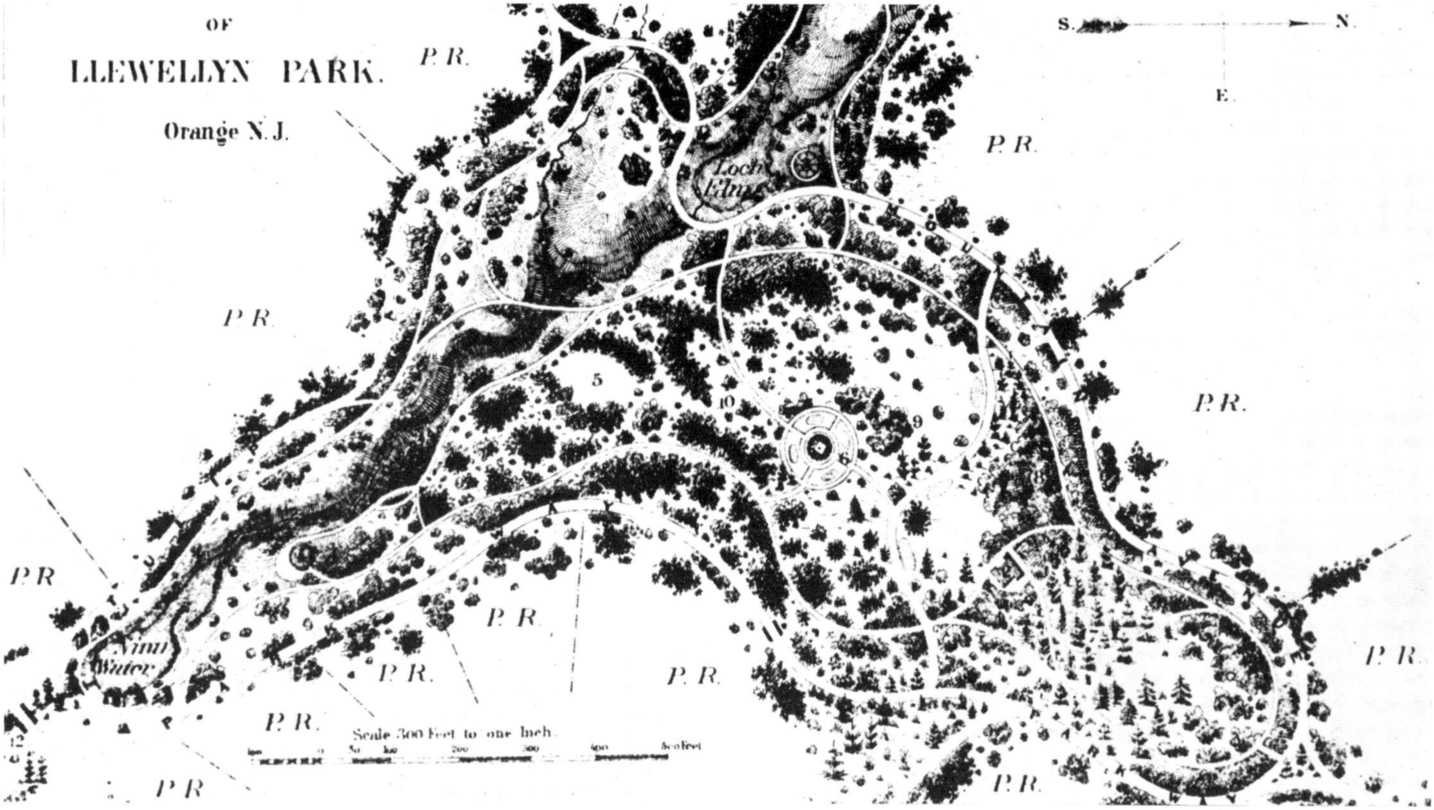

CENTRAL PARK.

图 26　弗雷德里克·罗·奥姆斯特德和沃克斯：纽约，中央公园的鸟瞰，1863 年

图 27　奥姆斯特德和艾略特：波士顿公园系统部分规划，1896 年

图 28　弗雷德里克·罗·奥姆斯特德：加利福尼亚州，帕洛阿尔托(Palo Alto)，斯坦福大学的景观设想（建筑师 Shepley，Rutan 和 Coolidge），约 1886 年

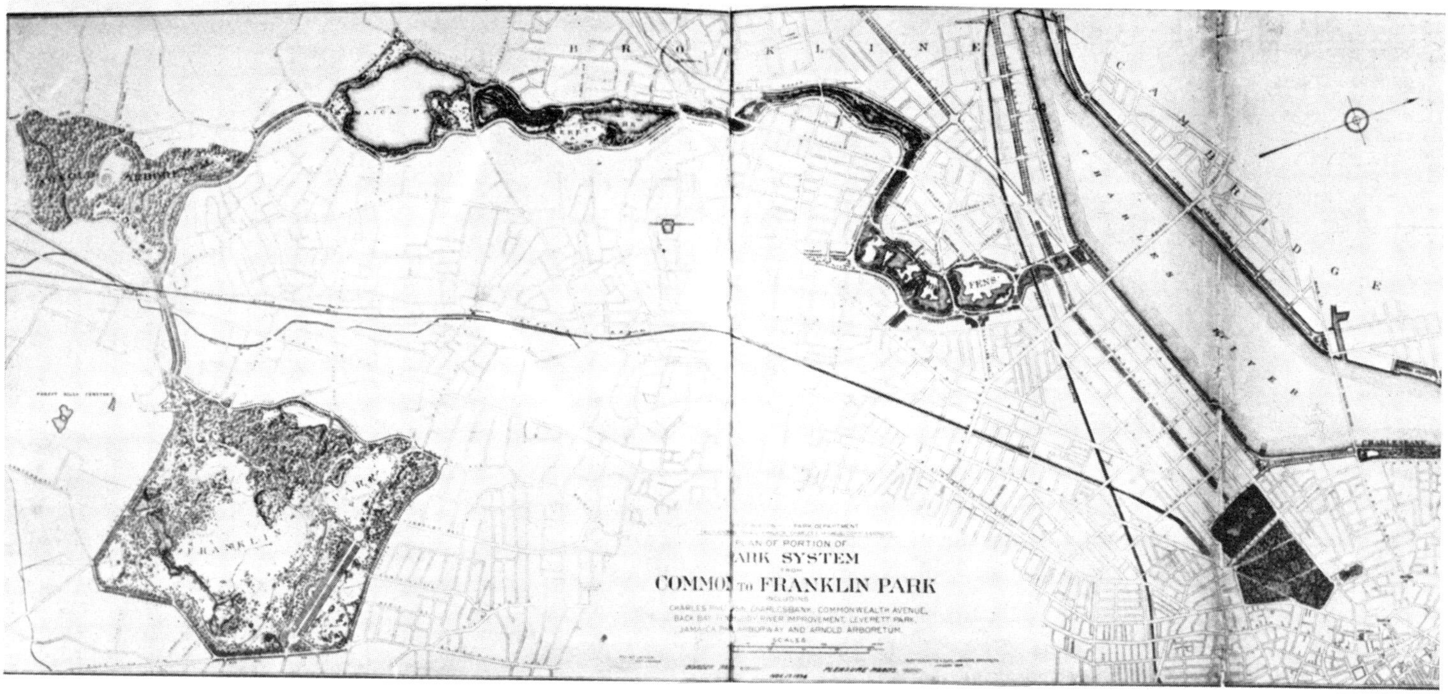

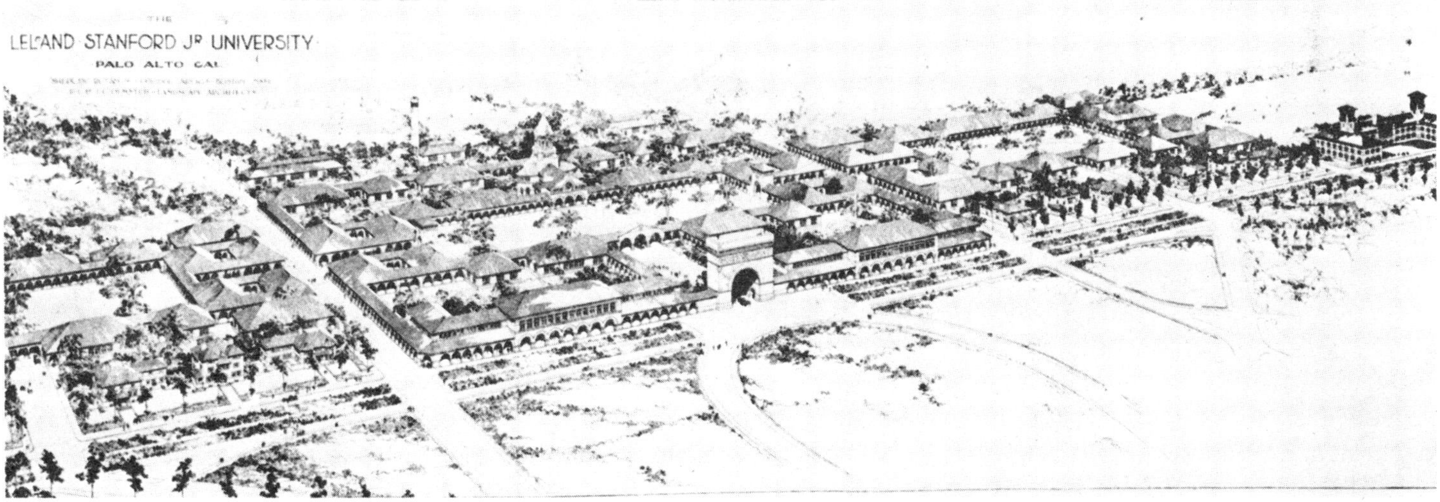

有广泛的影响，他们新的理论主张得到了加强。此外，对自然的崇拜和渴望建立新思想的社区使美国人重新认识了英国的风景园和欧洲都市化，并将之作为追随的范本，而不管它们是否适合美国的情况。尽管18世纪某些美国建筑师的作品中已避免了英国式对景观如画的强调，但在下一个世纪的新哥特式倾向中，这种影响却变成了实际的方案，甚至出现在安德鲁·杰克逊·唐宁(Andrew Jackson Downing，1815—1852年)的作品里。唐宁不仅仅在设计上是个革新家，他还始终如一地投入了整体规划的理念，这一理念在他1851年为华盛顿的中央林荫广场所作的景观规划中得到了清楚的表达。更进一步，他还为在城乡之间达到理想的均衡这样一个观念而奋斗着，为能达到均衡，他引进了会对将来有着重要意义的想法：在他的思想中，他已完整地设想了自然与人工有机结合的计划。

另一方面，大约建于1850年的乡村墓地——城市近郊带有浪漫气息的公共地区，像坎布里奇的奥本山(Mount Auburn in Cambridge)或布鲁克林的格林伍德(Greenwood in Brooklyn)——所表达的宗教与社会理想，同样产生了深远的影响。一种新的文化渐渐显现出来。尽管出自不同的观点和动机，这个运动还是创造了许多公园绿地的机会以对抗自由放任的混乱局面。它所主张的模式完全与造就美国城市的理由以及第一个公司城镇的功利主义背道而驰。由亚历山大·杰克逊·戴维斯(Alexander Jackson Davis)在1853年设计的新泽西州奥兰治的卢埃林公园(Llewellyn Park in Orange)内的住宅建筑群，是一片浪漫的郊区，它的别墅掩映在绿色的乡村中。在这个住宅群中，反映了自然的观念与对公社怀旧之情的结合，经过了以后几十年的努力逐渐将为死者保留的乡村宁静墓地，转变成了活人的土地。

弗里德里克·罗·奥姆斯特德(Frederick Law Olmsted，1822—1903年)曾对这种新倾向给予了很好的解释，他在自己的著作中对年轻的美国城市规划方法在文化与意识形态上的动机作了概要而明确的阐述。过去唐宁的折衷主义中仍然具有的很明显的农业传统，逐渐被奥姆斯特德关于城市发展过程的详尽分析推翻了。不过，在奥姆斯特德看来，现实的城市需要形式与功能的广泛重构，还需要在管理上进行彻底的革新，他对杰斐逊式的(Jeffersonian)倒退的乌托邦思想抱着反感情绪，对它没有一点怀旧心理，也没有仅仅为了讨好就对它表示容忍。

美国的先验论哲学和受到J·边沁(Jeremy Bentham)影响的英国功利主义学派构成了奥姆斯特德的文化背景。激进的新教徒，边沁主义者，进步的知识分子对城市结构的健康发展产生了共同的兴趣，他们同样也对卫生、环境以及教育改革问题产生了兴趣。对这些好心的公民来说，与社区消解、城市机能失常和悲惨现象作斗争，就意味着正确使用科学技术与自然的融合。因此，奥姆斯特德身为其中重要一分子的那个文化圈——帕特南(Putnam)杂志，傅立叶主义运动，或是后来受到贝拉米(Bellamy)"民族主义"乌托邦影响的领域——将为公园而进行的斗争赋予了高度的重要性：公共服务成了反对市政府腐败体制的武器，是有关当局通过协调而获得一致行动的象征，也是使大众从剧烈的争论中脱离出来的结合点。

在19世纪40年代，唐宁和威廉姆·卡伦·布赖恩特(William Cullen Bryant)领导了一场斗争，将一大块伸展的绿地插入纽约市区僵硬的体系中。这块绿地是有利于公众的"肺"，并且是对整个城市已被私人投机者接管这种状况的矫正。为此目的，1853年在第59街和第106街(1859年扩展到了第110街)之间留下了一块624英亩(252.7公顷)的巨大的长方形空地，4年以后，成立了以奥姆斯特德为首的公园委员会。1858年，奥姆斯特德自己和卡尔弗特·沃克斯(Calvert Vaux)一起赢得了在一年前设立的公园设计竞赛，4年后，新公园开放了，公众以极大的热情接受了它。按照英国风景如画传统而构想的中央公园，有着步移景异的景观，并使大都市取得了平衡。它包括一连串可用于社会活动的区域——群众性的体育运动区、娱乐和教育区。四条大道从其中穿过，大道布置得既能确保将公园完美地结合入城市，又不会干扰景观的连续性。奥姆斯特德还精心设计了一套用桥和隧道构成的，互相区别与独立的通道体系。于是，通过业余时间的社会使用，公园作为集体事业的象征，又被重新发现了。但这并未阻止它成为城市收入的重要来源，因为它的影响使得邻近地区地价飞涨。而对奥姆斯特德来说，问题就成了如何使社区作为一个整体从经济价值的增长中获益。

就这样，一座公园的建立刺激了城市及其制度的改革。无法避免的是，奥姆斯特德和沃克斯(Vaux)不得不领导了一场引人注目的反对纽约腐败管理机构的斗争，而这一管理机构完全由坦慕尼厅(Tammany Hall)掌握。内战之后，奥姆斯特德再次与沃克斯合作，继续在布鲁克林(Brooklyn)创建景观公园(Prospect Park)，在这个公园中，他们将主要注意力放在了公园与纽约市行政区及曼哈顿的联系方式上。他们设计了两条林荫大道，一端将公园与海连接起来，另一端则与中央公园相接，两边都有连续的交通网。奥姆斯特德现在把目标直接对

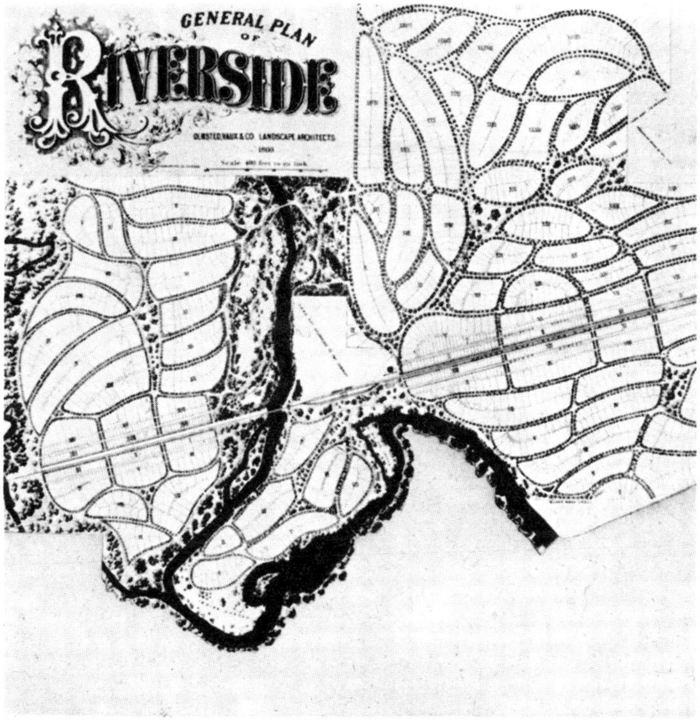

图 29　弗雷德里克·罗·奥姆斯特德：伊利诺伊州，里弗塞德城的总体规划，1869 年

准了地区的范围，而不仅仅是大城市规模，并且把对城市化过程的有效控制归之于公众权威。波士顿的一些工程为奥姆斯特德在专业的可能性上提供了恰当的试验机会，1878 年，他成为波士顿公园委员会的顾问。在这里，他策划了一系列连续的，并且是认真安排过的行动，以创建一个能够改变城市有机体质量的社会结构综合体系。而在波士顿大众公园(Boston Common)和富兰克林(Franklin) 公园这两个标志性景区之间延伸的公园体系，也暗示着行政管理改革的号召，不能置之不理。

奥姆斯特德的信誉使他获得数目可观的工程。他在费城、旧金山、纽瓦克、布法罗、芝加哥、布里奇波特、华盛顿、密尔沃基、底特律等地都很活跃，他在实际层面上把握了城市设计的每一个阶段和尺度。芝加哥附近的里弗塞德(Riverside)，是奥姆斯特德在 1869 年与沃克斯共同设计的一个浪漫居住郊区，他以这个高质量的居住区表达了较富裕的美国人想住在这样一种社区的愿望：处在大自然之中的唯一社区，并有有效的交通系统与城市相连。意料之中的是，他的里弗塞德工程中最突出的一个成就是对郊区和市中心附近地区之间联系的分析。在伯克利的加利福尼亚大学和纽约的哥伦比亚大学的校园设计时，正是保护运动的争论时期，奥姆斯特德触及到了城市与区域规划中所有可能的方面。1864 年，他成了约塞米蒂(Yosemite) 国家公园建设委员会的成员，从 1878 年起，他卷入了一场保护和重组尼亚加拉瀑布地区的长时期的斗争，在这场斗争中，他得到了记者、城市规划师以及地方长官格罗夫·克利夫兰(Grover Cleveland)的支持。

就此而言，奥姆斯特德的工作已与美国城市化的另一个基本内容连接在一起。刘易斯·芒福德曾指出，由梭罗的思想和马什(G. P. Marsh)的著作《人与自然》(1864 年)为主干所构成的观念，在美国文化中自有其渊源。《人与自然》一书是对人们任意掠夺自然资源所造成的历史与社会后果的分析，这在保护运动中是一个争论的焦点。

在这个保护文化传统的过程中，有关征服边疆地区所起的作用并不明确。但至少在 1860 年到 1870 年间，规划与保护确实在历史性观点的引导下已有了方向。在几十年中，公园之战已逐渐等同于城市改革的全面过程。在一个由政治寡头和自由市场无节制的竞争所把持的时代，这种城市改革同政治改革与体制改革中的问题有着很大关系。同样，保护自然的斗争也以使国家和集体能在地区层面上完全控制对自然掠夺的计划为目标。到这个世纪的末尾，美国体制的系统改革已成为所有进步因素的关键。旧的城市管理模式的衰败——既表现在普尔曼镇的失败，也表现在自 1890 年起日趋剧烈的报刊上的抨击——使美国公众明白他们的整个政治经济体系确实有着一场历史性的危机。城市问题就要成为一场全面改革的伟大斗争的一部分。这场改革是为了使城市生活能更好地面对资本主义发展新形式中的危机。

第二章　现代城市规划的诞生：I

欧洲的试验：从英国的公司城镇到花园城市理论（1850—1918年）

19世纪末期的欧洲城市规划与我们前面所述的美国的试验之间有着根深蒂固的差别，主要是在被政治改革家们视为中心问题的“住宅问题”上。弗里德里希·恩格斯(Friedrich Engels)有一本有关这个问题的小书，由三篇1872年发表于莱比锡的《人民国家》杂志上的文章组成，这三篇文章是为答复蒲鲁东学派的理论的。他将矛头指向了那种社会党改革者固有的矛盾和混乱。蒲鲁东认为，大型工业城市特有的住宅短缺问题，工人阶级恶劣的居住条件，以及老板们的暴政，都可以通过消除房地产的收入来源，通过废弃或降低资本利率，通过推进住房所有权而得以“解决”。虽然大多数19世纪的改革家，对住房所有权问题是持保守态度的，但在皮埃尔·约瑟夫·蒲鲁东(Pierre Joseph Proudhon)，米贝格(Mülberger)和埃米尔·萨克斯(Emil Sax)的著作中还是认为这是社会主义正确性的一帖神秘药剂。恩格斯对此回答道：蒲鲁东宣称，由于住房的造价在10到15年中就能通过租金收入而回收，因此租金是一种偷窃，这种说法是错的；蒲鲁东没有考虑，租金中不仅包括对随时间而增加的初始投资的补偿，还包括所投入的资本及工业利润的利息、维持费用和保险费用以及与融资有关的限额。恩格斯更进一步强调说，像这种废除利息的建议并不能解决问题，只会把投机收入转换为生产投资。他也说道，住宅问题远远不止与工人阶级有关，而是有着普遍的社会重要性；最后他说，住房所有权的观念不仅不会影响资本家的利益，还会成为阻碍劳动力流动并使之成为系统敲诈勒索的工具。

而且恩格斯也提供了另一种解释，即为什么在1870年左右的那些年里，有着学者派头的教条的社会主义者，慈善家以及蒲鲁东主义者围绕着郊区别墅住宅体系的私有财产观念的住宅问题的解决制造出了如此多的构想。如果要使工人必须拥有自己的房屋的话，那么只有将房屋建造在大都市地区以外，才有可能真正降低住宅造价。恩格斯指出，德国的工业革命，并没有经历英国那样长的过程。只是在1848年暴动以后，或者更进一步说，在统一和1870年打败法国以后，德国才最终成为欧洲水平意义上的帝国，并且开始了迅猛的工业化过程，尽管所有固有的矛盾依然存在。当英国大规模的工业制造业使家庭式作业(family-run business)陷入危机，并造成农业工业化现象的时候，德国却有着特别的理由要保存并扩大家庭作业体系，并将其与自给自足的农业连接在一起：家庭手工业是以连续使用踏板织机代替机器纺织为先决条件的，这样就造成了报酬微薄的小家庭核心的扩散，也造成对可用以自给自足的小块土地的需求。这种权宜之计确实是德国工业发展的基础，因此当大规模机械工业服务于国内市场时，家庭制造业就为出口而生产，其产品的价格在国际市场上具有极高的竞争力。因此低报酬是这种经济政策的一个后果，但能拥有住房及可满足家庭雇佣劳力需求的园地，同样也是这种经济政策的后果。这就意味着他们都被束缚在房屋与工作上，同时又能避免对主要工业部门增加劳动力的危险。因此，在19世纪后半叶的德国，拥有住房并不仅仅是一个观念上的目标，而且是经济政策的一项工具。

恩格斯在书中分析了埃米尔·萨克斯的一项研究，这个研究的主题是将穷人转变为小房产主，以使工人免受房租的限制。萨克斯检验了两种工人阶级的住宅体系：一种是在所有大城市的郊区——不管是巴黎还是维也纳还是柏林——都可见到的大量联排式住宅，在这种非人道的居住环境中，工人们拥挤地住在贫民窟里，缺乏最基本的卫生条件和社会服务；另一种是独户小住宅，独户小住宅在英国是如此普遍，使得萨克斯毫不犹豫地认为，最好的解决方法莫过于将小住宅集中在具备基本社会服务的中心地区附近，其次是将真正的房地产投机的掠夺降到最低程度。

恩格斯立刻指出，萨克斯不仅吸收了罗伯特·欧文(Robert Owen)和查尔斯·傅立叶(Charles Fourier)的观点，还吸收了V·A·胡贝尔(Victor Aime Huber，1800—1869年)的观点。胡贝尔在政治上是保守派，而且是基督教自由联合会(Association of Christian Order and Liberty)的创始人，他坚持社会问题的解决必须靠天主教徒的信念和通力合作的联合会。1847年，在一次想为柏林境况恶劣的工人住宅区作些改革的尝试中，胡贝尔和建筑师C·A·霍夫曼(C. A. Hoffmann)一起，在与私有工业的竞争中通过建造合作住房的方式，建立了柏林第一个有公共设施的社区，来与真正的土地投机作斗争。他们的冒险成果很小，但是特别引人注目的是，胡贝尔提出了一个完善的城市住宅区开发的模式，它围绕着城市成环形布置，若采用现代交通工具，它离工作地点的距离不会超过一刻钟。

这个想法与奥姆斯特德及19世纪时别的人的提议之间并没有太大的差别，这些提议中最早的是由英国建筑师莫法特(W. B. Moffatt)在1845年提出的，他导致了将联合社区作为花园城市范例的传统，然后是1930年代德国的住宅区(Siedlungen)，美国的新政(New Deal)住宅区工程，最后则是二次大战后非常常见的有机理论。但恩格斯并不满足于指出萨克斯所拥护的与19世纪40年代德国保守主义者所喜欢的其实是一种东西。他查明了这种方法的根源是在19世

图 30　伦敦，19 世纪的工人住宅：
加特利夫(Gatliff)大楼

纪上半叶英国通过开明工业家所作的试验，这些工业家在城市中心区外面，紧靠着他们工厂的地方建造全新的居住区，简单地解决了工人住房问题。这个体系与同一世纪美国的洛厄尔和普尔曼非常相像，但却有着十分不同的历史后果。通过消除城市住宅市场的竞争，英国的工业家可以为他们的工人住房价格施加影响，并同时控制他们的流动性和斗争性：工人们不仅仅与别的工人聚居中心分开并与之远离，而且也暴露在这样的危险中，即在第一次罢工之后，他们就会发现自己没有容身之处。但也有一些不可忽视的事实，这种住宅区为居民提供了对流行病、烟雾以及所谓的社会疾病的防护，同样也可以使居民区避免沸腾的大型工业城市中从不间断的矛盾和冲突。

应该引起注意的是，与美国的公司城镇相似，英国的工厂城镇在城市与城市化郊区之间用政治和功能分离的方法，使资本家能够在自己控制的地方进行最初的尝试。反城市的观念已不再是乌托邦，而在某种意义上变成为一种政治工具。

这些试验的远祖是在富格里镇(Fuggerei)，这是在 16 世纪由大商人及制造业家族富格尔(Fugger)在奥格斯堡(Augsburg)创建的一个经过规划的地区。直到 1825 年的一个先例则是比利时的大霍奴(Grand-Hornu)工人阶级住宅区。在英国，一群有着共同文化与政治见解的工业家在约克郡(Yorkshire)，一个由布雷德福(Bradford)、哈利法克斯(Halifax)和利兹(Leeds)围成的三角地带，建造了第一批工人村，这一地区是世界上主要的纺织生产地区之一。提图斯·索尔特(Titus Salt)、爱德华·阿克罗伊德(Edward Akroyd)和克罗斯利(Crossley)家族一致赞成将技术革新和低价格政策作为刺激消费者的手段，并且重视选举权的扩大和社会服务体系，以有助于消除雇主和被雇佣者之间的矛盾。对他们来说，这些改革是与他们工厂中生产率的提高以及资本家和工人之间家长式的关系相伴相随的。

离哈利法克斯(Halifax)2 英里(约 3.22km)远的小核心镇科普利(Copley)，是由乔治·吉尔伯特·斯科特(George Gilbert Scott)，也许还有克罗斯兰(W. H. Crossland)在 1844 年到 1853 年间经过许多阶段才实现的。尽管它位于阿克罗伊德的工厂边上，它的哥特风格却有助于使它融入乡村的环境中，这也证明了工业化并不会使大城市聚居区产生单调无情的状态。相反，它的建设者没有理由不把一个好的工业社区表现成为传统村庄的风格，虽然它有比较多的服务体系。离布雷德福(Bradford)大约 4 英里(6.44km)的小城镇索尔泰尔(Saltaire)也追随了这种方式，它由建筑师洛克伍德(Lockwood)和莫森(Mawson)在 1850 年到 1863 年间为提图斯·索尔特(Titus Salt)爵士设计。这个居民点比科普利大得多也组织得更好，它有 4356 名居民，居民区内有医院、俱乐部、学校、大型公园以及与工厂相连的医务室，等等，还有由二、三或四个卧室，一个起居室及卫生设施组成的住宅。住宅坐落在直接与铁路相通的网格状街道旁。如画的科普利镇在索尔泰尔则被严格的新文艺复兴建筑所取代了，看上去就好像其目的是为了创造一个 16 世纪所设想的理想城市。在外表上，工业城镇从决定制造业自身组织的严格理性中获得了思路，把自己转变为严肃、正式与庄重的形象。这与提图斯·索尔特爵士——1848—1849年是布雷德福的市

图 31　柏林，阿卡街，一座典型的联排式住宅，19 世纪后半叶（引自《美国的住宅》，第 288 期，1964 年）

图 32　洛克伍德和莫森：索尔泰尔城的工厂，1850—1863 年

图 33　乔治·吉尔伯特·斯科特和克罗斯兰：哈利法克斯附近的阿克罗顿城，1861—1863 年

图 34　乔治·吉尔伯特·斯科特和克罗斯兰：为阿克罗顿城所作的最初的房屋，街区与城市平面，1861—1863 年

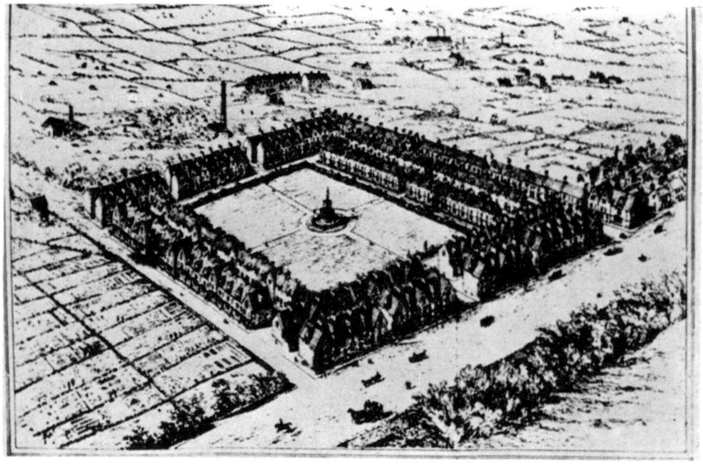

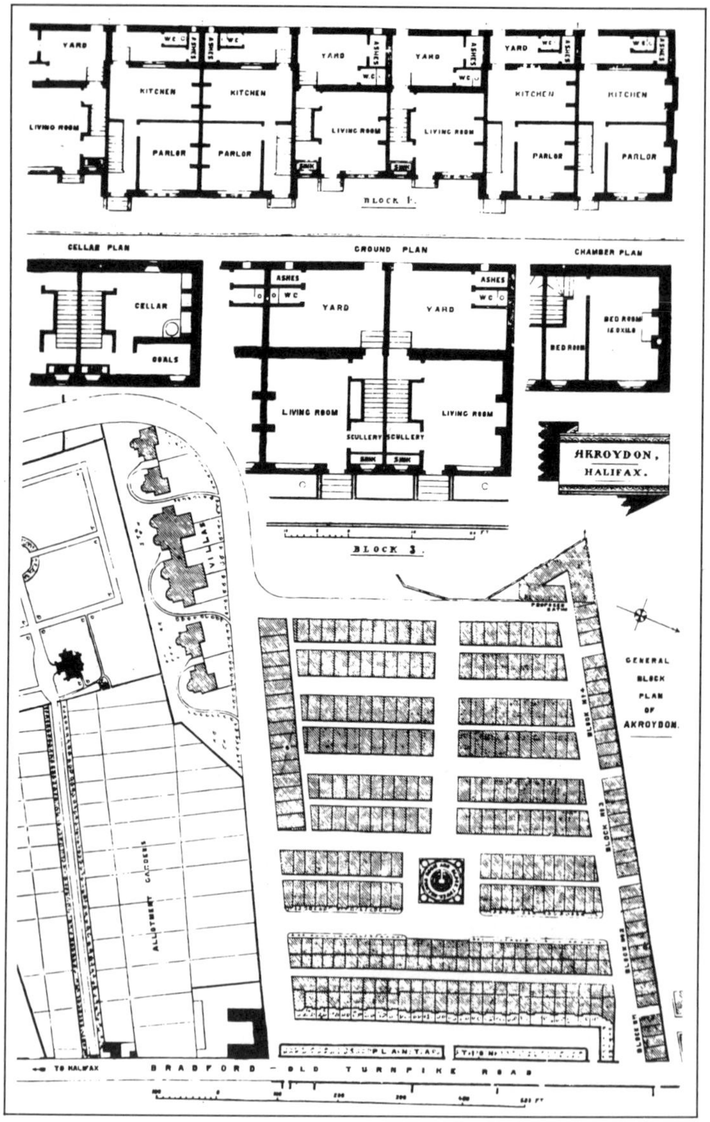

图 35，图 36　霍恩赛住宅区的房屋种类，以及按照各社会阶层居民所设计的住宅平面

图 37　阳光港城的平面，始于 1888 年，融合了普雷斯特维基的进步思想，1910 年

图 38　威廉·欧文：阳光港城，巴斯大街上的别墅

图 39　托马斯·莫森：阳光港城，由普雷斯特维基设计的发展地区的景观，1910 年

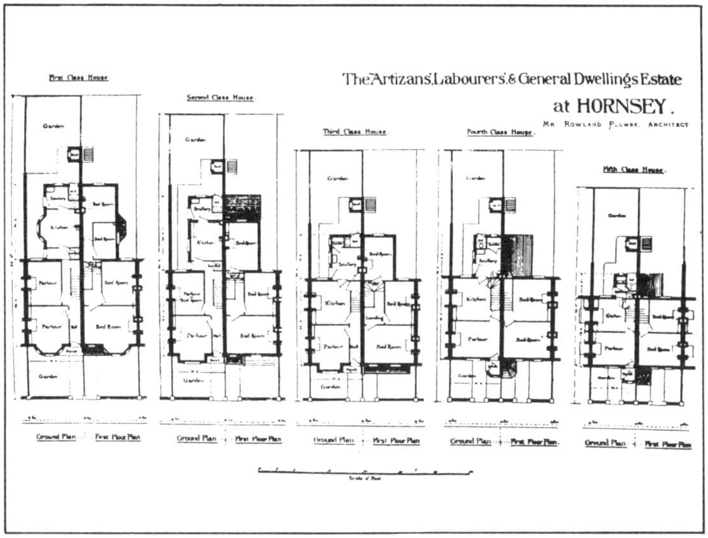

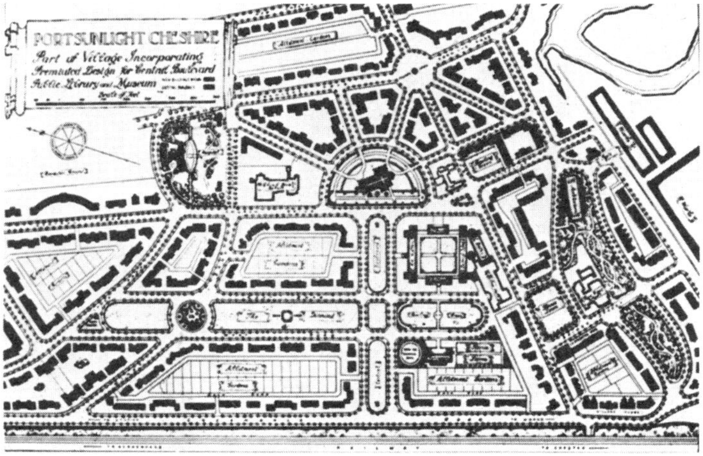

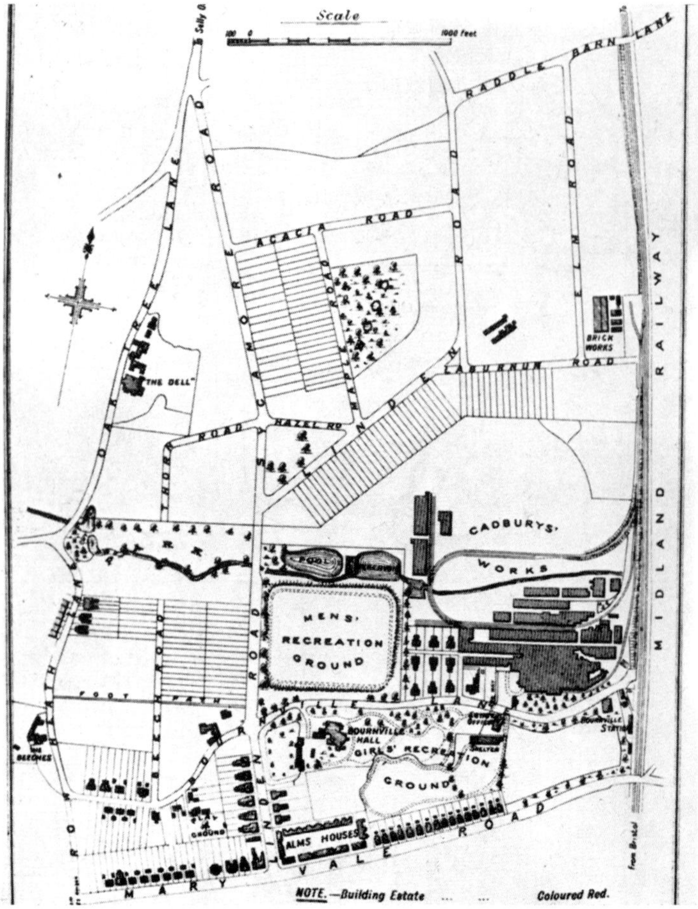

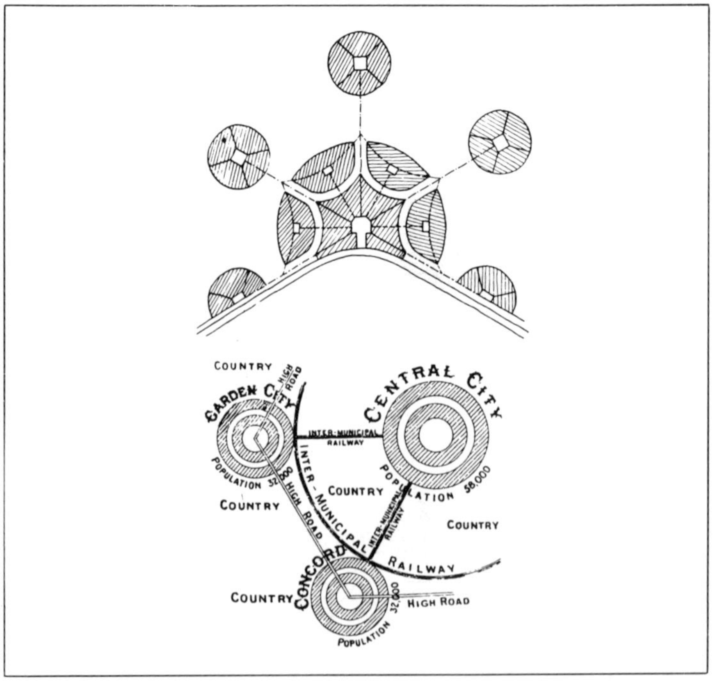

图 40　W·亚历山大·哈维和沃克(测量员):布农维尔城平面,1897年

图 41　花园城市中区域与城市组织方式的图解,上图按雷蒙德·昂温的设想,下图按埃伯尼泽·霍华德的设想

长,1856—1857 年是当地商会主席,1859—1861 年为国会议员——是禁酒运动的支持者,并且将自己的城市吹嘘为卫生与道德健康的模范并无内在联系。

哈利法克斯市附近的阿克罗伊顿镇(Akroydon)很快加入了科普利和索尔泰尔的行列,它由哈利法克斯市建筑联合会(Halifax Union Building Sociaty)建造,是一个巨大的正方形,周围环绕着两排新哥特式住宅,由斯科特和克罗斯兰进行设计,建于 1861 年到 1863 年间,中心是一个公共花园。1863 年,建筑师保罗和艾克利菲(Paul and Aycliffe)在哈利法克斯市的西山公园地区着手为约翰·克罗斯利(John Crossley)进行规划,这块基地一边沿着弗兰西斯·克罗斯利(Francis Crossley)爵士的住处贝尔维尤(Bellevue),另一边沿着约瑟夫·帕克斯顿(Joseph Paxton)创建于 1856—1857 年间的哈利法克斯人民公园;后者是边沁主义者们(Benthamites)所称的社会进步表现之一,并受到唐宁和奥姆斯特德的极大赞赏。

这些就是恩格斯引用来作为德国理论来源的实例,事实上,克虏伯(Krupp)在 1863 年到 1875 年间在德国埃森(Essen)附近所建的工人城镇,只不过是重复了英国人在 1840 年至 1860 年间已经做过的事罢了。但是恩格斯也分析了建造团体的作用,就像建造阿克罗伊顿的那个组织,是按萨克斯的建议以互益合作方式组织起来的。这些英国建造团体成员的存款,构成了可供作为获得住宅的有息贷款的资本。这样,这些团体就起到了共有的保险贷款代理机构及抵押公司的作用。作为真正的土地投机者,他们在城区外建造小型住宅,将其分配给团体内能够买得起房屋的成员,然后将余下的出售和出租。但这也意味着建造团体远不是为工人阶级服务的,而是为了使小资产阶级储户获得更有利的抵押投资。法国阿尔萨斯(Alsace)的工人城米卢斯(Mulhouse),由路易斯·波拿巴(Louis Bonaparte)赞助,以一个国家投入了三分之一资金的预付体系为基础,其房屋的款项在 13 到 15 年内还清,这也不过是英国规划的复制品。

因此,恩格斯就否定了脱离全球社会政治变化体系来解决住宅问题合理性的尝试,也因此,建筑师们由于没有想办法使自己在政治斗争中有所贡献而受到批评。在这种情况下,我们注意到,虽然将恩格斯的分析与现代主义运动想要达到的结果对立起来毫无意义,但有一点还是要提到的,即恩格斯恰恰没有考虑到阶级斗争本身在工人的斗争中,可以把工厂和社会的问题作为政治联合的手段。

如果是那样的话,19世纪40年代的孤立试验到这个世纪末就能

图 42　埃伯尼泽·霍华德：花园城市的行政区与中心区图解

图 43　索瓦松伯爵：韦林花园城市的初始平面，1920 年

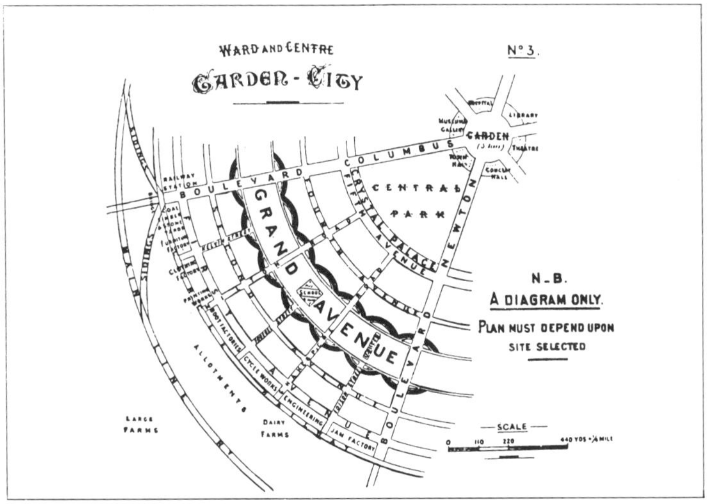

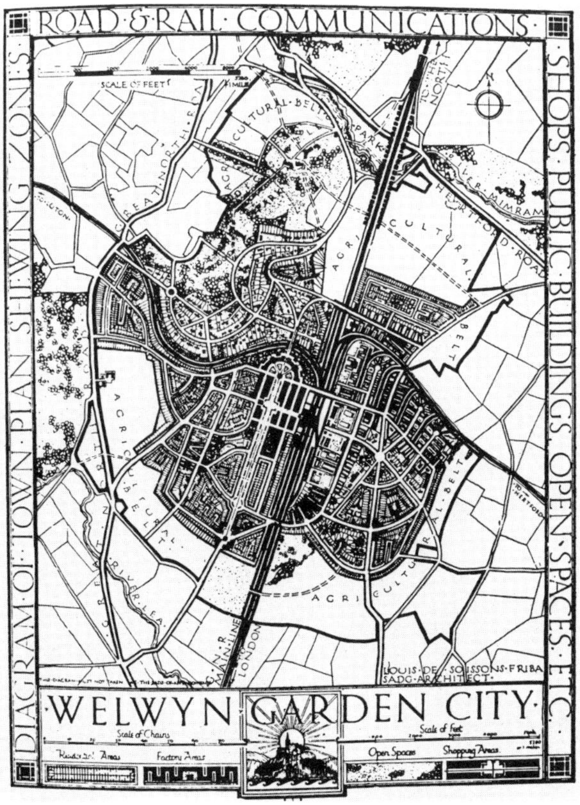

成为被广泛模仿并进一步完善的模式，尤其是英国的两个极好的企业所形成的公司城镇布农维尔（Bournville）和阳光港镇（Port Sunlight）最为典型。布农维尔镇靠近伯明翰，1895 年开始建造，由建筑师亚历山大·哈维（W. Alexander Harvey）和许多合作者为巧克力制造商乔治·凯德伯里（George Cadbury）所建。它的建筑用地只占整个用地的 25%，并与一个公园与一系列社会服务体系结为一体。这样，工厂和景观构成了环境中辩证的两极：奎克·凯德伯里（Quaker Cadbury）要求城镇的标准务必能保证每一个工人的住宅都有自己的厨房、庭院和休息用的花园，对他来说达尔文主义和功利主义仍然是两个重要的观点。这里的城市形式再次证明了将工业与田园景观完美结合在一起的可能性。

靠近利物浦的阳光港镇由利华（Lever）兄弟肥皂厂的利华休姆勋爵（Lord Leverhulme）在 1889 年开始建造，他聘用了威廉·欧文（William Owen）作为建筑师。景观如画在这里再次占了支配地位：第一个兴建的住宅街区是都铎风格的，在 1910 年的布鲁塞尔博览会上它被全部重新复制，并获得了大奖。但是在阳光港镇，甚至比在布农维尔走得更远，浪漫的建筑，低人口密度和对自然地形的尊重结合在一起，是为了来达到提供一幅没有冲突的社区图像的目的。它的弯曲的街道和住房被绿地环绕着，与高标准的、设计良好的城镇风光一起，颇像一幅利华工厂里生产出来的那种特殊产品的图解：阳光港镇是“卫生的城市”，“和平的村庄”，也是工作道德的表现。利华休姆勋爵是城市发展的热心推动者：1909 年他在利物浦设立了城市设计部（Department of Civic Design），并提供奖金给为阳光港镇的进一步发展提出建议的人。因此，托马斯·莫森（Thomas Mawson）得以在第二年将花园城市的浪漫主义与城市美化的观念结合在一起。总的来说，布农维尔镇和阳光港镇的历史价值甚至比切斯维克（Chiswick）的贝德福德公园（Bedford Park）还高[1]，因为它们是 20 世纪传播最广的新型社区——花园城市——的直接先驱。

利物浦的城市设计部成立后，两年之间，在凯德伯里（Cadbury）的推动下，伯明翰又组织了一个城市规划学校。由此可见，两位曾经创造了如此美好的工人城镇的大工业家，显示出了将城市规划置于科学与制度化基础之上的兴趣。在英国，这被看作是整个经济发展的一个综合组成部分，即为城市设计领域的专业工作者提供专门训练，以防止城市规划成为业余的、乌托邦的领域，并避免通常管理中的差错，取而代之的则是使它在调节经济与社会政策的机构中占有一席之地。

图 44　雷蒙德·昂温和巴里·帕克：伦敦，汉普斯塔德花园郊区的平面，1905 年

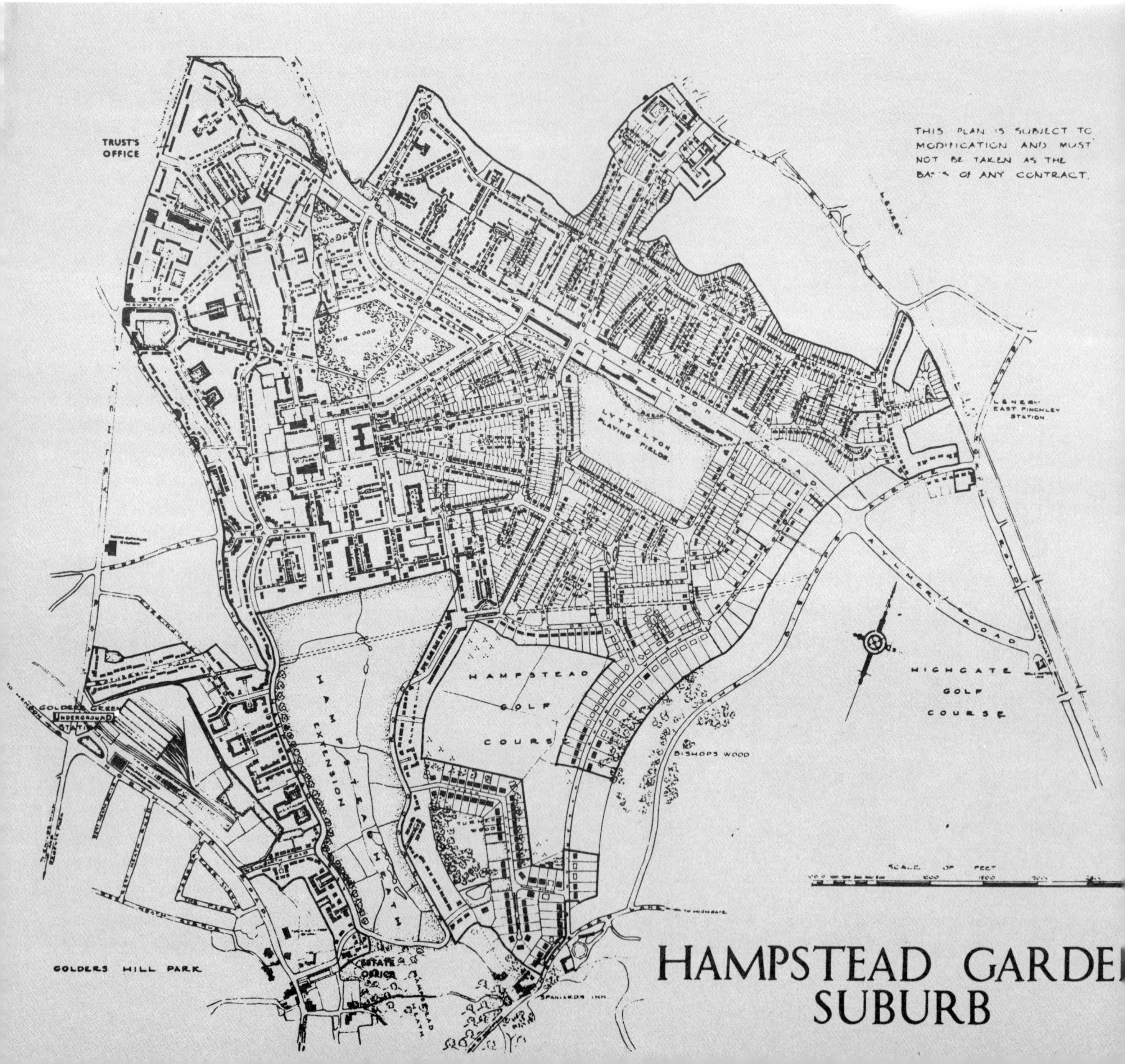

图 45　莱奇沃思城的鸟瞰
图 46,图 47　雷蒙德·昂温:一座法国城镇及一座理想化的英国城镇中想像的广场透视图

1909 年不仅是利物浦城市设计部的创建之年,而且也通过了第一部直接影响到城市化的英国法律,这并非偶然。在接下来的那一年里,伦敦的英国皇家建筑师学会举办了历史性的城市规划展览及研讨会。在这里,来自许多国家的城市规划者们第一次可以聚集在一起,在官方的支持下交流经验并为自己的立场争论。伦敦的研讨会标志着将城市规划建设成专门学科的这一漫长过程达到了顶点,同时也标志着对 19 世纪的乌托邦理想的最后总结。从这个意义上来讲,埃伯尼泽·霍华德(Ebenezer Howard,1850—1928 年)的花园城市既是最后的乌托邦,也是第一个在区域规模上科学的城市规划模式。与之同时兴起的地域概念则是超越了有限城市的区域,这个概念把更广阔的地域作为一个物质、经济及社会的实体,这与所有的理想化的模式都不同。在这股新的思潮中,领导人物则是苏格兰人 P·格迪斯(Patrick Geddes)。

埃伯尼泽·霍华德原先是国会的速记员,1871 年在殖民地美国有过一次不成功的尝试。三年后,在为芝加哥的一家企业工作期间,他开始接触到里弗赛德(Riverside)的郊区,1888 年,他读到爱德华·贝拉米(Edward Bellamy)的小说《回头看,2000—1887 年》(Look Background,2000—1887)之后,受到进一步的影响并留下了极深的印象。这部小说描述了一个没有阶级矛盾,以一种国家资本主义的集体方式组织起来的社会,这其实是对 E·卡贝特(Etienne Cabet,1788—1856 年)的乌托邦社区及圣西门(Saint-Simonian)的乌托邦主义在通常意义上的回顾。但是在完全依靠自学的霍华德的思想中,还有着其他成分,最重要的是由 A·W·普金(Augustus Welby Pugin)、约翰·拉斯金(John Ruskin) 和威廉·莫里斯(William Morris)三人所梦想的英国中世纪传统,在这个想法中,他们以回到中世纪行会,回到对手工制品的欣赏以及回到前工业社会的道德凝聚力为名,对资本主义社会进行了猛烈而充满激情的攻击。像莫里斯所鼓吹的,则是一种浪漫的社会主义,它可以向机器使人异化的力量挑战:精美的手工作品的愉悦用来与工厂劳动中的非人性相对抗,人人参与的社区生活则与大都市中无个性的聚集相对抗——总而言之,它是一个地地道道倒退的乌托邦。

在霍华德的思想中,所有这一切在一个极为重要的方面都与赫伯特·斯潘塞(Herbert Spencer)和亨利·乔治(Henry George)的理论有着密切的关系,他认为可以用消除土地投机的方式利用土地,并建立一个由大型集团控制的农业土地体系。除此之外,他又加上了俄国地理学家彼得·克鲁泡特金(Peter Kropotkin,1842—1921 年)的想法。此

图48　查尔斯·沃伊齐为阿奇博尔德·格罗夫在伦敦设计的三座城镇住宅立面图，1891—1892年（伦敦，英国皇家建筑师学会收藏）

图49　查尔斯·沃伊齐：古尔福德近郊的斯特吉斯住宅设计图，1896年（伦敦，英国皇家建筑师学会收藏）

图50　乔治·梅岑多夫：埃森，马格里森霍住宅区平面，始建于1909年

人是个有斗争性的无政府主义者，1876年从俄国沙皇的监狱逃出，移居到瑞士、法国，最后到了伦敦，他在那里宣传他的互助理论及自下层组织起来的经济合作体系理论，这个体系会令所有的中央政府都成为多余。对克鲁泡特金而言，政治斗争的目标应是在整个领土内平均分布联系紧密的田地和工厂。1899年，他宣称"应在全国范围内分布工业，这样就能在农业与工业的联盟及工业劳动与农业劳动的紧密结合中获得不断增加的好处，这是第一个确实可采取的方法……社会分化为脑力劳动者和体力劳动者，我们反对这两种活动规律的混合。"应当指出的是，克鲁泡特金的"自由社会"，直接继承了18世纪的无政府主义，想简单地跳过中间过程而立刻创造出一种"全人"，这种人不受劳动分工的束缚，是城乡之间的任何对立都已经消失的无国家社会的主人公。在这里均衡的观点开始与反马克思主义的反约束的乌托邦联系到了一起。

1898年，霍华德写下了他的非常成功的著作《明日：改革的和平之路》，1902年以《明日的花园城市》为名再版，在这本书里，他将花园城市理论作为解决城乡之间矛盾的最终方法。他声称花园城市将构成第三种磁力，不可避免地吸引生产性人口，并成为生产中心，但它不同于城市与乡村，因为在当时，城市作为社会合作的象征，总是缺乏效率且没有人性；对于乡村而言，虽然得到上帝的关怀，但仍不免是偏僻与贫困。霍华德争辩说花园城市在自由的经济中不久就能实现，尽管还要以某些经济与财政的调整为基础。因此他建议让四个财力雄厚、正直清廉的人做股份公司的首脑，在城市远郊（以避免地价太高）购买6000英亩（2430公顷）土地，并发放利率不高于4%的抵押债券。这块地始终是新社区的公共财产，社区放弃的仅仅是表面上的权力，委托人在收到租金，并支付了利息和分期偿还的资本后，将把剩余的资金交给花园城市的中央委员会，以用于公共工作、服务、绿地等等的建立与维持。

花园城市占据了集体用地中央的405公顷土地（1000英亩），这是总面积的六分之一，人口不超过30000，其中2000人被安排在外围的农业地带，为避免空气污染，在这里只允许有电力工业。社区平面被设计成环形，用六条林荫大道分割，占据中心的是占地4.5英亩（1.8公顷）的公园，外面由主要的公共建筑围绕着。在公共建筑之外又是大公园，环绕大公园的是一座全玻璃封闭的长廊——这是对帕克斯顿在哈利法克斯所作的温室以及伦敦水晶宫的精确模仿——既可以作为冬日花园，又是一个大型商业中心。再外面一些则是一条宽阔的环形林荫大道，它有420英尺（128m）宽，街上有面向住宅的学校与游戏场地，住宅平面被设计成月牙形以提供更多的临街面。再外一圈是工厂、仓库、市场等等诸如此类的东西，有一条铁路线为其服务，再往外则是农业用地。无论是分开的还是邻近的房屋，都应有许多不同的风格，只有沿街的要由市政当局决定。

花园城市的田园景象大多要归功于比较先进的公司城镇，它也采用了公司城镇的经济自给原则。然而不同的是，花园城市预示了一种区域性的组织，其中有些东西在奥姆斯特德的郊区理论和经济学家阿尔弗雷德·马歇尔（Alfred Marshall）的理论中已有过设想，这位经济学家认为分散可以节约社会开支。无论如何，花园城市为旧的规章制度以及诸如1890年的工人阶级住房法（House of the Working Classes Act）之类的无效方法提供了控制低价住房的选择性。一旦居民数量达到最佳的32000人，一座由绿带围护起来的花园城市就算最后完成了，多余的人口将被引导到新的城镇中，这些城镇通过快速铁路彼此联系，并与最初的中心连接在一起。

按霍华德的说法，这将意味着消除所有围绕着花园城市的土地投机，并且他也建议把这个新的形式作为在国家范围内解决城市规划问题的方法。这一关于地域均衡的整个观念是一种飞跃。大都会作为焦虑之源，有理由成为19世纪严肃的资产阶级思想家关心的对象，他们认为大都市可以被分解为一些面积适宜的核心，尽管不像欧文或傅立叶的乌托邦那样否定城市经济的结构基础，也没有像A·索里亚·马泰（A. Soria y Mata）的线形城市那样过分允许由经济基础的发展来决定住宅、市场以及生产场所的地点。花园城市似乎是用理性的方法，将一个扩张中的资本主义社会的不同需求与回到中世纪符合人的尺度的社区怀旧之情融合在了一起。在这个理论中，城乡之间没有残酷的对立，并且它也为20世纪早期的规划者们提供了在区域范围内工作的可能性，这大大改变了他们所面对的问题。

因此，很明显，霍华德的著作与以后的活动都获得了极大的成功。1899年，他成立了花园城市协会（Garden City Association），4年后，进行了第一个实践，即由建筑师巴里·帕克（Barry Parker，1867—1941年）和雷蒙德·昂温（Raymond Unwin，1863—1949年）设计，距伦敦大约34英里（54.7km）的莱奇沃思。尽管有报界的支持，第一个花园城市公司也只通过股票筹到40000英镑，远远不到300000英镑，而这是通过计算需要的不可缺少的金额，否则，按英国的方式，就不能完全购买到土地，而只能有99年的租期。这意味着霍华德希望由居民支付全部数额的租金和税金的想法是不能实现了，而且有好几年无法支付股息。更有甚者，莱奇沃思逐渐受到了中产阶级和知识分子的欢迎，但却只吸引了很少的手工业制造者，这使它成为一个例外的，而远不是一个典型的社区。它主要的吸引力在于它所提供的令人羡慕的卫生条件，而它的缺点在于有限的面积限制了发展的可能性。

沿着与霍华德的思想相同的轨迹，帕克和昂温独立地阐述了他们的思想。雷蒙德·昂温曾在牛津大学学习，在19世纪80年代作为工程师为切斯特菲尔德（Chesterfield）附近的一个工业集团工作，他为他们设计了一个工人住宅区。1896年，他开始与巴里·帕克合作，设计了许多房屋，在设计中他们运用了经验及简单的语汇，主要把注意力放在功能性的因素上，但同时又植根于传统，并充分尊重了基地的自然特征。

昂温和帕克将工艺美术运动开创的传统向前更推进了一步：即用高质量，居住的私密性、功能性，以及"诚实"的形式来矫正工业世界中的低劣标准。昂温自己深受爱德华·卡彭特（Edward Carpenter，1844—1929年）的影响，卡彭特是《走向民主》（Toward Democracy）一书的作者，并且在约翰·拉斯金（John Ruskin）的圣乔治同业公会农场（St. George's Guild Farm）的启发下创建了一个乌托邦村：米尔索普（Millthorpe）公社，因此我们可以说年轻的昂温是起步于无政府的人道主义传统。1903年，这两位建筑师在曼彻斯特展出了一个位于城市附近的别墅区的模型。他们逐渐显露出对联合的，有良好界定的社区的喜好，因而也就采取了反对像C·F·A·沃伊齐（Charles Francis Annesley Voysey，1857—1941年）这样保守的建筑师所鼓吹的郊区分散的立场[2]。

1902—1903年，他们为工业家约瑟夫·朗特里（Joseph Rowntree）设计了新城新伊尔斯维克（New Earswick），此城距约克市3英里（4.83km），与他的工厂连在一起，其建造概念直接受到了阳光港镇的启发。由于这次经验，以及昂温在两次花园城市讨论会的体会，一次是1901年在布农维尔镇，另一次是1902年在阳光港镇，使得他们在为霍华德的莱奇沃思城设计时很自然地作出了自己的选择。但是，在创造英国的第一个花园城市时，帕克和昂温对于探讨自己的建筑理念要比坚持霍华德的规划感兴趣得多。他们放弃了霍华德革新设想的商业性玻璃长廊，而这事实上是霍华德最令人着迷的有关形式之一。作为补偿，每一个与城市设计有关的最后细节都尽可能仔细地作了考虑：甚至通过种植特别的树种，给每条居住街道都赋予了个性。而另一方面，其经济结构却使得城市中心的质量比由凯德伯里和利华休姆勋爵提供资金的工人城镇要差得多。

到1908年，莱奇沃思共有1020户，5600人，还有55家商店和14家工厂。实际上，即使花园城市已被证明无力解决城市问题，即使经济自给的希望也已落空，但它仍然实现了这样一个想法，即可以以合

图 51,图 52　乔治·梅岑多夫:埃森,马格雷塞霍住宅区,从花园看的四户住宅,立面及底层平面,始建于1909 年

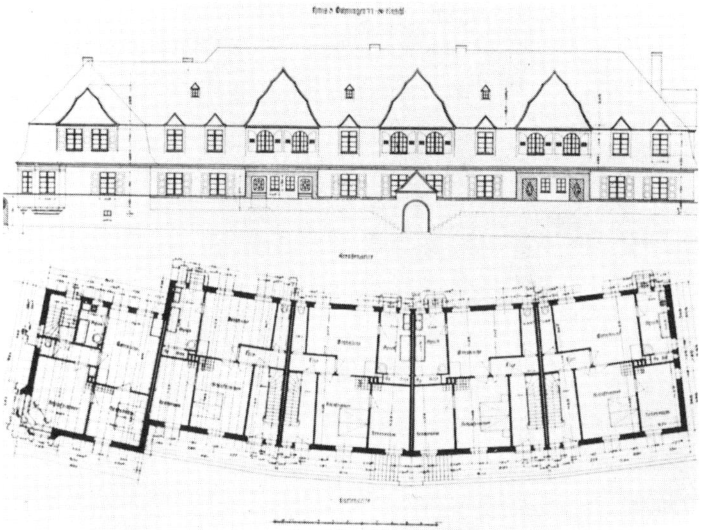

乎公共服务的尺度,低人口密度,以及与自然环境良好结合并邻近工作场所的高质量建筑来组织一个社区。

昂温后来接受了由霍华德建立的基本模式,并将之用于伦敦,尽管是在一个大得多的尺度上,花园城市看来还是同时满足了保护大都会复杂的经济组织的需要,并能适当控制各部分地区的大小与规模的总体平衡。从 1905 年起,昂温和帕克开始从事汉普斯塔德(Hampstead)花园郊区的设计,这是他们最成功的一个工程。在这里,分散布置并且设计良好的住宅与由埃德温·兰西尔·勒琴斯(Edwin Landseer Lutyens,1869—1944 年)设计的高质量的市民中心结合在一起,还有以新方法布置的街道网,它们经过仔细地设计把绿地与功能不同的部分联系了起来。尽端路出现在这个设计中,这种只导向特定别墅组的道路形成了新的都市模式,克莱伦斯·斯坦(Clarence Stein)和亨利·赖特(Henry Wright)在美国新泽西州的拉德本(Radburn)进一步采用了这个想法。值得注意的是,昂温和帕克后来和成立于 20 世纪 20 年代的美国区域规划学会的成员都联系密切。

因此汉普斯塔德证明是比莱奇沃思更积极的一次冒险,因为它的建造是出于一组知识分子希望既能有高质量的住房,同时又能达到保护自然景观的愿望,否则的话,这些景观就会受到城市化的威胁。这与创建汉普斯塔德的两位领导者 H·O·巴尼特(Henrietta Octavia Barnett)和罗伯特·亨特(Robert Hunter)不无关系,在 1895 年他们又与O·希尔(Octavia Hill)及其他人一起参与建立了国家托拉斯,一个旨在保护自然与文化标志的英国学会。

将保存历史主义、人道主义的传统和自然价值与城市化的需求协调一致——这些就是帕克和昂温在试验中的知识基础。由大都市所造成的人格解体,异化与社会崩溃之类的罪恶,看上去可以由系统的有组织再生的核心来解决,在此核心中,“质量”和“社区”这样的价值观念将再次为人们指明方向。1919 年,霍华德在伦敦附近的韦林(Welwyn)创建了第二个花园城市,设计者为索瓦松伯爵(Louis de Soissons);在德国,乌尔姆和柏林这样的城市也试验了新模式;随后是瑞典、芬兰、美国和俄国;1915 年,帕克到葡萄牙的波尔图(Oporto),为它设计了新的市政中心;1917 年,在巴西的圣保罗设计了一个花园城市;从 1927 年到他去世的 1941 年间,他实现了卫星城威森舍维(Wythenshawe),此城通过一条精心设计的林荫道与曼彻斯特相连。

然而,第一次世界大战之后,私人慈善家的衰落,城市爆炸与大规模的国家冲突导致了对新形式与新制度的需求。1914年,昂温放弃了私人业务,成为地方政府规划委员会的首席规划顾问,四年后,他被任命为英国卫生部房屋与城镇设计首席建筑师,在这个位置上他可以在制度的层面上发挥直接的影响。这些模式的精心设计已不能满足城市化领域的发展要求。一种新的城市科学在分析与实践上仍呈现出无法探知的深度。

第三章 现代城市规划的诞生：Ⅱ
欧美城市的兴起与城市化的新趋向
（1890—1910 年）

我们已经看到，奥姆斯特德的设计，具有决定性的、重要的历史意义。在为城市规划与实施方法这一前所未有的概念奠定基础之后，奥姆斯特德开始制定一个重要的计划，这个计划后来曾使建筑领域发生巨大的变革，为在美国资本主义影响下的都市转型的脑力劳动确立了新的角色与功能。然而，奥姆斯特德自己的思想，仍然有些模棱两可、摇摆不定，时而想要固守他最初的伦理和审美动机，时而又要固守他个人的技术才能，与此同时，他发现在同那些打交道的机构发生关系时，他必须发挥主导作用。但是，城市规划曾经遭到过抵制，这种抵制正好出现在整个社会体制的倒退之时。因此，并不奇怪，到本世纪 30 年代，当公众权力面临政治性倒退之际，出于对专业学科自主权的保护，美国的城市规划经过一系列妥协，才获得了发展。这种政治性倒退会对一种制度产生深远的影响，也会影响到个人的创作范围，甚至会影响到整个社会改革的领域。

正是通过这种甲胄的叮当声，在私有化的资本主义社会形式和向这一学科开放的各种可能性之间，开始形成一种不太稳定的关系，因为这个学科尚无能力在政治领域争取到自己的地位。自由社会的典型压力，已经弥漫在社会改良派周围，他们对那些可能被允许作市政规划的地方严加限制：最后只有通过金融家、资本家以及各种慈善团体的共同协商，才能制定城市发展策略，并利用已有的公共信息工具确定城市发展方向。在美国，城市规划策略通常相当微妙，这是从进步论者那里学来的，不过，进步论者原有的伦理动机已经被改变了。由于它的真正目的是综合多种矛盾，它把城市规划定位为纯粹的技术角色。

在城市规划的观念和制度转换之间的这种模棱两可的联系一直残存到罗斯福的新政年代。当我们分析 1880 年代最初出现在城市规划动议与进步团体之间的联系时，这团错综扭结的乱麻所包含的矛盾就变得一清二楚了。市民团体的作用，受到进步组织的鼓舞，发挥出极为重要的影响，虽然实际上它只是对资本家势力所控制的范围的一种补充。

这类职业团体和慈善团体的存在，非但没能证明美国公众生活的民主化和多元化，反倒揭示了这些团体的脆弱。这些团体总是随时准备支持那些最糟糕的城市管理制度或令人遗憾的社会规划，反而抵制每一个有效的规划性控制。市民俱乐部，妇女俱乐部，文化团体，商人俱乐部和职业社团的这类组织，都是新的城市规划观念借以传播的渠道。在这样一种特定的、经常出现利益冲突的极端复杂的城市规划理论被认同为是我们的大城市时代的“新技术”之后，又被抛到了一边。为了保持其自主权和价值的完整，新技术在资本家中间找到了共同的语言，因为，新技术又一次向城市提供了那种对大资本的贪婪，城市的商业价值得到了增加，这是因为新技术帮助改进了剥削阶级的手段；与此同时，知识分子的支持者们担负了用神秘的面纱掩盖城市结构矛盾的任务，他们称赞城市的综合价值，赞扬它的“品位”。

美国新的城市规划师们的建议，已被那些多多少少受到从功利主义到爱德华·贝拉米(Edward Bellamy)的集体主义这类乌托邦和宗教传统影响的文化团体的接受。然而，这些文化团体中，只有极少数对影响城市管理实践层面的改革建议的复杂因素能作出解释。1872 年由罗伯特·莫里斯·科普兰(Robert Morris Copeland)在其著作《美国最美丽的城市》中所说明的问题，是朝着这个方向的一次模糊的努力，它主张在波士顿全城创造一个完整的公园系统，以便同水资源的合理利用取得协调。在这里，规划被明确地视为整个城市改造过程中的一个局部的步骤。多亏这座城市特殊的社会环境和文化氛围，才使科普兰的方案在波士顿获得了良好的反应。那些曾经支持奥姆斯特德的规划小组，以及像阿帕拉基安山地俱乐部的那些人——他们的保守主义目的基本上是要把浪漫的、贵族式的自然主义变成时髦货——对那些有关管理改革和城市重建的提案表示首肯，诸如像西尔威斯特·巴克斯特(Sylvester Baxter)在 1891 年出版的著作《更伟大的波士顿》中提出的那类进步建议。除了巴克斯特之外，我们发现了查尔斯·艾略特(Charles Eliot，1859—1897 年)这个人，他在 1893 年同奥姆斯特德合作之后，继续作为波士顿城市公园委员会的主任，同巴克斯特进行了亲密的合作。他们的合作是成功的，因为波士顿已经初步配置了颇具效能的公共机构。艾略特和巴克斯特的活动标志着进步论规划的一个最高点，同时也暴露了它的局限。波士顿委员会的计划要求对奥姆斯特德所设计的公园系统作更大规模的扩充，并且形成一个像 1894 年“林荫道法案”这样的合法议案。整个城市的组织结构受到了这一规划的影响，在 1919 年所写的报告中，公园委员会可以吹嘘，用 2100 万美元的经费，他们就能够获得 7400 英亩(3000 公顷)的土地，修建大约 60km 的林荫道，并且计划整治无数河流，同时完成许多小的规划任务。在几年中，公园运动已经迈开了很大的步伐，作为经济重组的总规划中的整合因素，大规模进行土地规划的时机，现在已经成熟。

但是，正是在这里，新的城市规划理论固有的结构性矛盾自行暴露了出来。在同个人的创造力和进步派的改革愿望紧密的联系中，这

图 53　波士顿大都市的公共开放空间分析图，1899 年

图 54　W·S·克利夫兰：明尼阿波利斯的平面，1883 年

种理论遇到了那些它几乎不可能去逾越的限制。原先期待的革新已经耗尽了它在先锋的文化环境中的潜势。它的运作效能被认为与环境的永久性紧密相关，这种环境很容易被认为是特定的、并非从公共建设和整个政治计划中得来的。事实上，准确地说，正是这些妨碍城市规划发展的公共设施，将城市规划局限在竞争的资本主义的“前进”与“停滞”范围之间的模糊的辩证法之中。因此，“地方主义”这种典型的经验是：不同的规划可以采用不同的方法，而且在不同的情况下同资助者的关系也是不同的，这些证明，进步的城市规划与特定的经济和文化利益相对应，而非与真正的城市改革的公共计划相对应。虽然如此，这种经验对完善特定的城市规划方法已经做出了贡献。W·S·克利夫兰（W. Shaler Cleveland，1814—1900 年）的著作《可应西方之需的景观建筑学》，对于丰富我们可以称为景观规划哲学的理论，曾经起到过显著的作用。克利夫兰的观点也体现在有关公园运动的争论中，这是由于他和科普兰合写了一本关于中心公园之争的颇有影响的小册子，并且，在那个进步的规划完成大半之后，他又提出了一个同样是模棱两可的保护方案。1883 年，当明尼阿波利斯公园管理局请他作一个系统的城市公园规划时，他获得了对城市进行重新规划的大好机会，可以全面重建这个环绕着绿地和公共设施的城市了。同时，通过和邻近的圣保罗市的公路连接，新的林荫路被扩展到更大的领域，为此，克利夫兰 1885 年作了一个规划。然而，对克利夫兰来说，扩大他的规划的规模，并非他的主要目的，只不过是他实现目的的手段。他所追求的，正像他自己所说的，是那个基于城市整体需要的新方法论，它将会超越传统的分区方法，这种传统方法是把城市的管理划分成一些互不相关的区域。

在这种方法中，作为奥姆斯特德过去为纽约公园所作规划的基础，已经被公之于众。确定城市成长的各种因素，现在可以在城市规划的复杂性中看到，并且，它已变为规划师追求综合、反对局部的和部分的规划目标。

随着 1900 年克利夫兰的去世，美国城市规划的先驱者中最后一位伟大代表人物消失了，这一代人不得不把他们接受的哲学和思想方法统一起来的信念，与美国传统以及新方法论奠定的基础紧密地联系在一起。

1897 年，美国公园与户外艺术协会成立；1899 年，美国景观建筑师协会在纽约成立；1900 年，为纪念查尔斯·艾略特，哈佛大学率先开设了景观建筑学课程。于是，为了适应更广泛增长的社会需要，这种

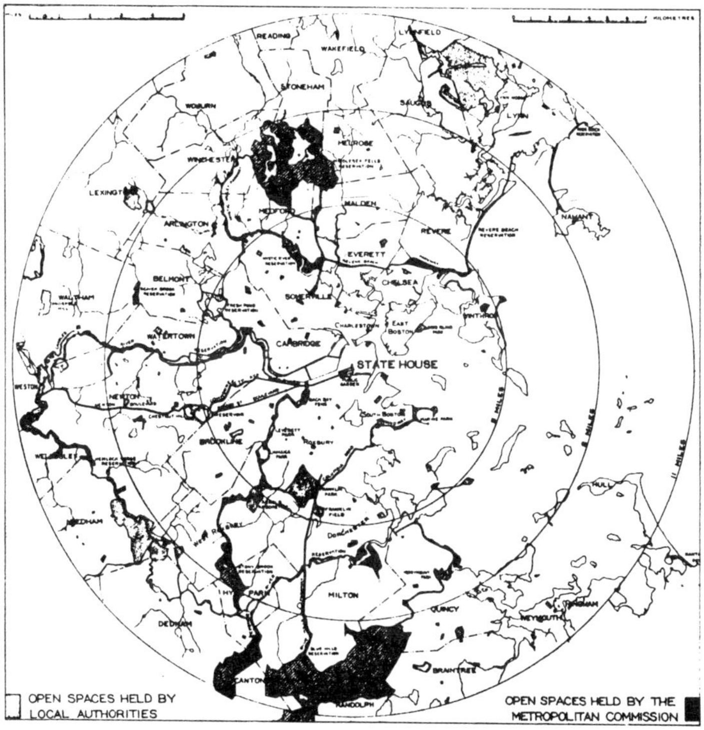

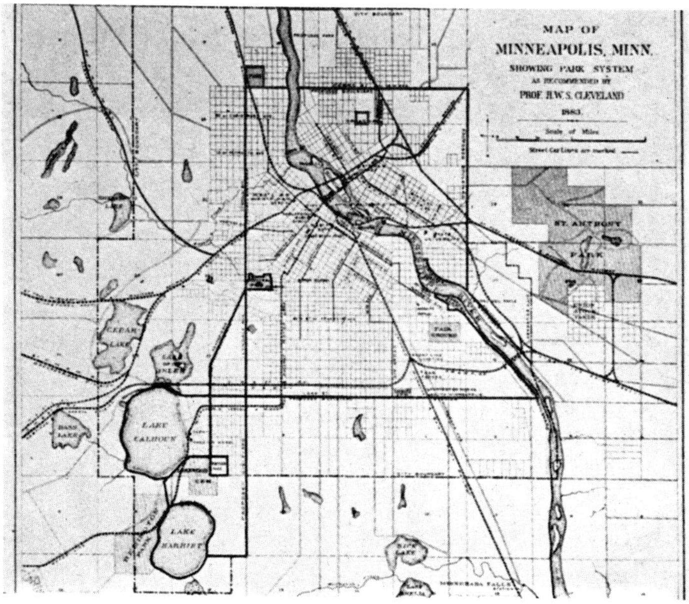

图 55　D·H·伯纳姆和 F·L·奥姆斯特德：芝加哥，哥伦比亚博览会平面图，1893 年

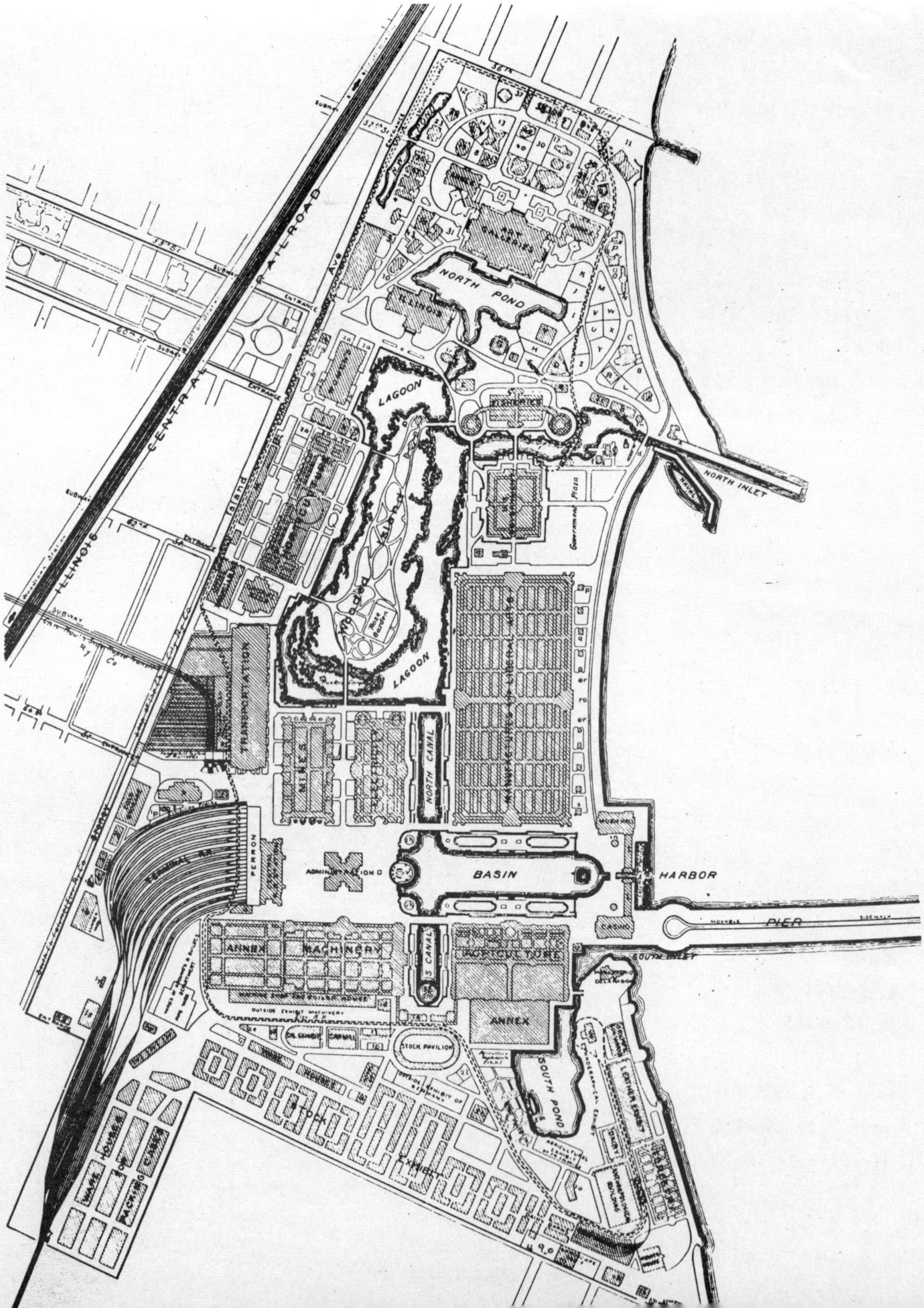

图 56　芝加哥，哥伦比亚博览会透视图，1893 年

图 57,图 58　参议院公园委员会:华盛顿特区,行政中心鸟瞰图与平面图,1902 年

图 59　D·H·伯纳姆:地震前的旧金山平面,1905 年

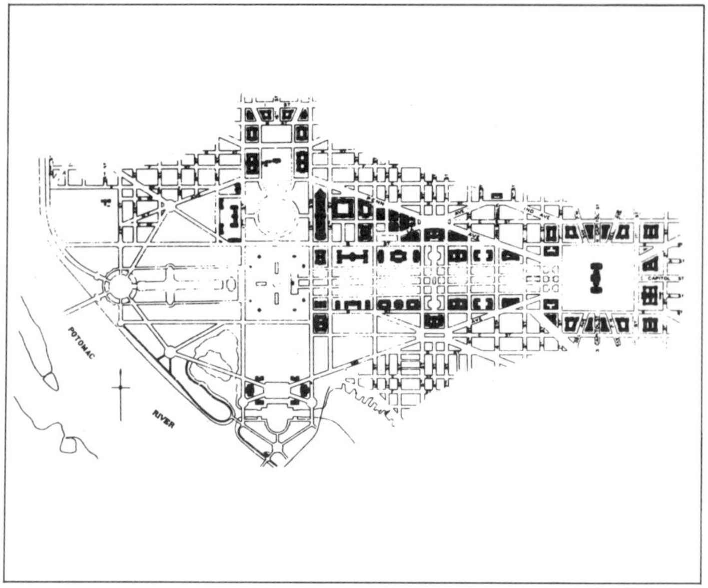

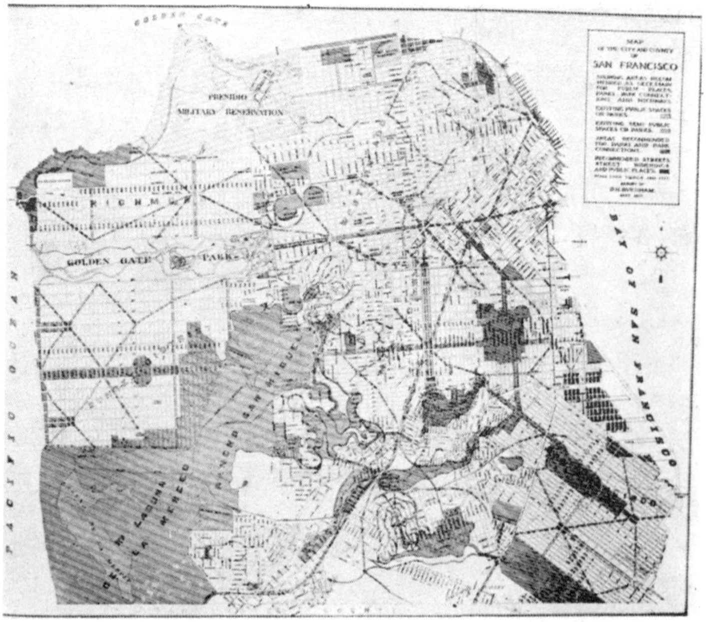

新的专业结构应运而生了。虽然就其终极目标而言,这种专业结构方向仍然是模糊的。要求打破这种新学科与传统建筑思想之间联系的僵局,已变得日益明显。新学科与传统建筑思想的结合依然限于极其个别的场合,比如 1893 年由乔治·爱德华·凯斯勒(George Edward Kessler)所作的堪萨斯市的规划。将严谨的规划特征要求与公共建筑、纪念物以及城市中类似的特殊聚焦点结合起来进行考虑,使得城市规划陷入了二维方法的危机——这曾是传统规划惯用的方法。

但是,把美国建筑与城市规划思想中的不同成分推向面对面,并且将其推到一种决定性的重要的转折关头的,是发生在 1893 年的那个插曲——在芝加哥举行的哥伦比亚世界博览会。从 1890 年以来,D·H·伯纳姆(Daniel Hudson Burnham,1846—1912 年)和 F·L·奥姆斯特德曾经倡导:人们注定要在芝加哥建筑师和美国企业家之间的内在联系中取得进一步的成果,那就要与建立新的规划专业科学基础的人结合。这届世界博览会之所以会成为一次历史事件,其根源就在于实现了这两种对立人物之间的妥协。虽然哥伦比亚博览会以庆贺成就的方式,结束了美国资本主义发展中的一个时代,但是,正如它的建筑一样,它被证明是一个令人不安的结局,它减弱了曾经联结起美国早期建筑师的作品与美国的民主与英雄神话之间的关系。

所以,伯纳姆总想着把他的霸权强加在建筑的每一个方面,而奥姆斯特德则想得到关于公园运动成就与胜利的确切证明。通过操作基础上的妥协,他们把城市建筑规划的作用提高到一个新的阶段:伯纳姆和奥姆斯特德的"新专业"已足以向开拓新疆土的美国人解释他们尚不了解的需要与神话,描述民族的新面貌——他们正准备建造祝捷的、显示帝国主义政策和骄傲的公路。

经过许多次讨论,选作博览会的场地,包括了杰克逊公园,奥姆斯特德已经对这里作了初步安排,一片宽阔地带从密歇根湖顺着普莱森斯中路(Midway Plaisance)向着华盛顿公园延伸过去。经过多次修改,亨利·萨金特·科德曼(Henry Sargent Codman,1854—1893 年)和约翰·W·鲁特(John W. Root,1850—1891 年)对这次规划做出了贡献,奥姆斯特德的中部核心布局变成了各种建筑形式的背景,虽然布置了统一的高度,对称的轴线和特定的聚焦透视,并且在光荣宫的白色粉墙和木结构展览馆中运用了学院派的建筑语汇,但其目的很明显,是要有一个统一的表皮结构,是要体现一种理性,以便向在 1880 年代初开始形成芝加哥特征的摩天大楼丛林挑战。

大多数历史学家未能把握这种挑战的方法论含义,却躲进对以伯

图 60　D·H·伯纳姆和爱德华·H·本纳特:芝加哥平面图,1909 年

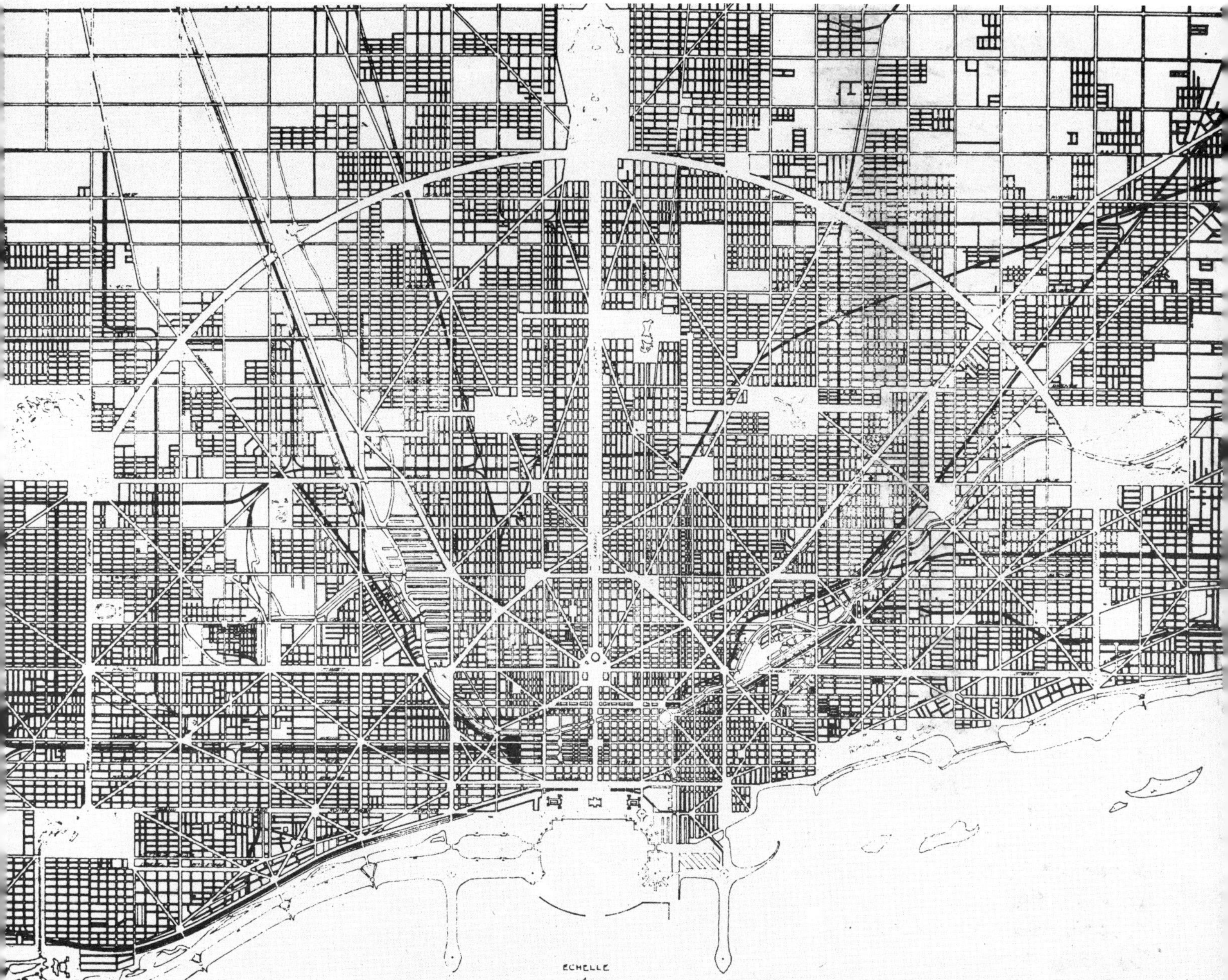

图 61　19 世纪末纽约的出租公寓

纳姆为代表的建筑师的反道德准则的指控中，因为伯纳姆本人没有与理查森，鲁特和沙利文(见下章)的新方法保持一致。然而，功绩也正在这里，以致美国的一位大批评家蒙哥马利·斯凯勒(Montgomery Schuyler，1843—1914 年)会在 1893 年写道，“景观规划是作为整体的博览会取得画意般成功的关键。”

理解伯纳姆规划实施意义的关键，在于奥姆斯特德设计景观的容量，在那些毫无灵感的折衷的建筑或在博览会中起支配作用的学院派建筑之间，奥姆斯特德想通过这些景观建立一种统一的联系。他的景观设计，对于怎样实现统一的、有计划的城市机体这一问题，是一个明确的宣言。正如人们给博览会所起的绰号，“无人国之都”，表达了一种超越所有形式上不协调而进行整体综合的需要。1893 年值得人们庆幸的不仅是克服了文化排外主义和传统的东、西海岸的区分，而且还实现了一个民族作为一个统一的文化体的生存。

在展览的那些日子里，当博览会巨大的空间吞没着一批批充满渴望和惊奇的观众时，弗雷德里克·杰克逊·特纳(Frederick Jackson Turner，1861—1932 年)却正在推断既定的国界即将消失。美国则正在庆祝一次漫长旅行的结束，庆贺他们证实自己具有伟大的聚集力量。在从前，它只看到一个扩张的将来，虽然这依赖于懂得如何去管理其自身的综合力，以便忘记它的童年差不多延续了一百二十年。在扫除了对于欧洲人的文化有自卑感之后，在消除了与自己历史中谦卑血统有关的焦虑之后，在将所有这些埋入世界博览会矫揉造作的纪念性作品中之后，美国文化正在给它的人民提供一种异乎寻常的机会，让他们发现自己的个性。

无可怀疑，这座“白色之城”——它是后来人们给博览会的称呼，是历史上一次最成功的经验：仅仅 8 年时间，它就形成了一个全面的运动——“城市美化运动”的象征，这一运动的目的是依照国家在 1893 年的经济危机之后认识到的新需要来进行城市改建的。伯纳姆随后被邀请主持一个范围更大的更有名的项目，他把他的芝加哥经验再度应用于该项目，虽然没有采用同样的模式。1901 年，他与查尔斯·F·麦金(Charles F. Mckim)，奥古斯都·圣－高登斯(Augustus Saint-Gaudens)和弗雷德里克·罗·奥姆斯特德爵士一道，共同制定了华盛顿新规划。他们为首都中心设计的新面貌使朗方(Pierre Charles L'Enfant)的 18 世纪构思成为不朽的概念，并且仿效了欧洲古典城市规划的路线：忠实地转变为有明显意识形态指导的形式。

在新的华盛顿，规划师们以纪念性语汇，运用宏伟的、激动人心的

图 62　埃德温·L·勒琴斯：新德里中心区的分析图，1911 年开始
图 63　埃德温·L·勒琴斯：新德里平面图，1913 年

修辞法表达了共和国的权威及其制度的稳固性。这些观念曾经再度出现在伯纳姆为菲律宾的碧瑶市和马尼拉市所作的规划中(后一个方案由皮尔斯·安德森绘制，1905—1914 年由威廉·E·帕森实施)以及由爱德华·H·贝内特(Edward H. Bennett)和威利斯·波尔克(Willis Polk)于 1906 年为旧金山所绘制的那个特别的规划方案中。如果说华盛顿市规划展示了芝加哥守旧的大企业家们的稳定理想在不同的经济环境中如何变成一种民族的遗产的话，那么，城市美化运动则意在通过向外输出国家形象，表达国家稳定的政治面貌。输出国家形象的战略，是世纪之交由总统麦金莱倡导的帝国主义门户开放政策的伴生物。

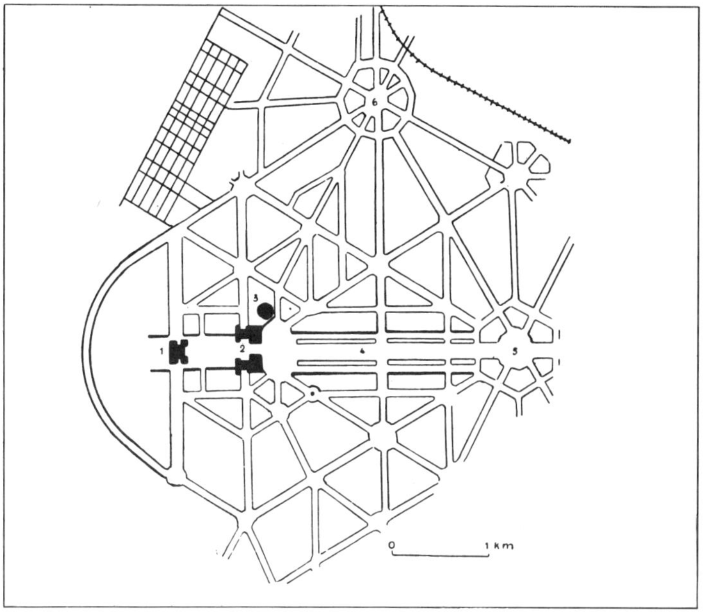

许多美国城市采用的规划受到"城市美化运动"观念的影响极大，不过，在芝加哥，当这个城市的资本家精英所归属的商业俱乐部决定发展一个新的具有重要历史意义的规划时，这种趋向一再达到它的最高点。在 1907 年，那些过去曾经把最佳机会给予芝加哥学派的人们又加入进来了，并且把芝加哥的整个规划设计的任务委托给伯纳姆，企图让他为他们的大企业家们策划一个富有活力的新城市形象，并给这座新城披上市民化和文明价值的新装。即使伯纳姆到 1909 年提出芝加哥市规划方案，也没有什么关系：它的价值主要是观念性的，对那个更多些欧洲味的华盛顿的规划来说，可以说是对商人们的民族性的激励。而且，这个规划提供了一个向先前从 1893 年的经济危机中受过挫折但是已经恢复活力的阶层进行宣传的大好机会。这个优美的方格网规划方案，在经过精巧的安排并配合有声势浩大的宣传运动中被展出。在芝加哥，而不是在华盛顿，伯纳姆企图更多地参考巴伦·乔治·奥斯曼(Baron Georges Haussmann)的巴黎规划方案，尽管伯纳姆是以纯粹的形式术语来演绎奥斯曼的巴黎规划的，并且他不想在自己的方案中作深刻的改变，因为那只可能是管理的和技术体制的改变。

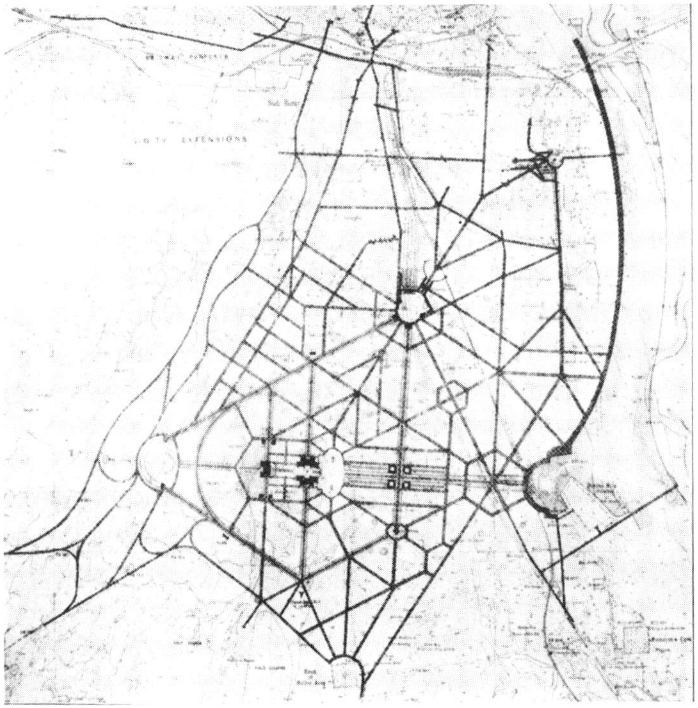

伯纳姆费尽心机地设计了一个复杂的、有公共纪念物点缀的基础设施体系。整个城市关键地点都被包围在一个半径达 60 英里(96.5km)的半圆形林荫道内，使整个区域起到聚合作用。密歇根湖周围的平原带被想像为全市配景中的高潮，虽然这背后带有明显的土地投机的动机，因为出于同样的动机，人们不赞成把纪念性的、宏伟的市民中心放在市中心。这次的规划，正像支持这一规划的官方宣传者沃尔特·穆迪(Walter Moody)所说，对振兴商业，对推销政策，首先是一次机会，他对确保每一个相邻区域的市场健康状况相当关注。这个规划要求把街道建筑设计为不具有特定类型特征的体量：公寓楼群采用

图 64 瓦尔特·B·格里芬:堪培拉平面图,1912 年

整齐划一的正立面,与城市主要街道排成一线,以便与高密度住宅区协调一致;那些重点的纪念性建筑,只不过承担着弥补住宅区形式上的若干简单功能而已。

"城市美化运动"大大超过了它的主要倡导者和专家们良好的愿望,完美地实现了它预定的功能——将最完美的规划与最有创见的思想综合起来。这种综合,实际上不过是建立一个旨在保持其自由经济机制的绝对优先权的系统"形式";在这里应用巴黎美术学院的建筑语汇,只是无意义的翻版。

"城市美化"模式可以用之于任何需要的地方,这一事实已证明对那些文化氛围与地理环境不同的地方也都是适用的。在英格兰某些关键的成就和重要的工程中,可以看出美国投机与冒险行为的影响。莱奇沃思的规划也考虑到辐射结构与分隔纪念性中心的几何网格的整合。把巴黎美术学院传统的纪念性和对画境的强调融为一体,在汉普斯特郊区花园是很明显的,这里正像我们看到的,昂温和帕克的风格被建筑师埃德温·L·勒琴斯(Edwin Landseer Lutyens,1869—1944 年)融为一体。

在英国所谓本土风格向初期现代运动方面转变的关头,勒琴斯的规划作品具有特殊的标志性意义。他对建筑类型的探索,对环境与背景的注意以及他的折衷主义,所有这一切仍然属于画境传统的重要东西,使得一些作家往往把他的别墅设计与赖特早期的某些作品进行比较。但是,把城市设计的不同类型结合在一起的企图,首先是出现在 1911 年他进行的新德里规划中。这个规划的基础,是两条不同的道路系统的结合:一条是随纪念性中心而定的大道,它以不列颠的新居住区为中心,是勒琴斯本人于 1913—1937 年之间设计的;另一条是现有街道的大道。建筑和城市规划是一种统一趋向的产物:如果说在那个富于纪念性的总督府中,勒琴斯巧妙地引用了本地传统,那么,在新德里的道路系统设计中,勒琴斯煞费苦心,把城市既有结构组织成仿佛是本来的地理特征。因此,纪念性和画境互相补充,方法的来源清楚。促使乔治五世把首都从加尔各答搬到新德里的政治原因完全被表达在那个纪念性中心里,它环绕着周围设置壕沟的总督府,如此设计是为了便于引入它自己的生命力,在设计中这是一种纯形式因素,它把土著人文明的标志简化为感伤的装饰。在这里,"城市美化"模型和花园城市显示出一种融合倾向。由于这个规划总平面上的适应性和形式上的优雅感,在任何意义上说,新德里已成为殖民建筑——一座帝王之城的真正原型。

"帝王之城"模式经历了难以言说的变形,瓦尔特·B·格里芬(Walter Burley Griffin,1876—1937 年)为澳大利亚首都堪培拉所作的设计是一个典型。在 1911 年举行的一次国际性规划竞赛中,他的方案夺得头奖——当时共收到 137 个方案,其中,伊利尔·沙里宁(Eliel Saarinen)、D·A·爱格奇(D. A. Agache)、A·C·科米(A. C. Comey)、杰勒斯塔特(Niels Gjellerstadt)的方案获得优质奖。在格里芬的规划中,从花园城到美国的带形实验,到秘密引用的象征主义主题,多种富于刺激性的设想杂烩在一起。通过应用复杂的轴线结构——这个轴线把一系列带有纪念物和自然主义界标的星形居住街区联系起来,格里芬尝试了勒琴斯在新德里规划中探索过的综合方法,虽然方法不同,勒琴斯的模式只被视为一种补充,而非替代。

然而,认为城市美化的概念至多不过是专用于出口的单调模式的资源未免太过于简单。城市美化运动所包含的观念与美国 19 世纪晚期某些更重要的改革倾向颇多共同之处:在我们这里,美国文化中典型的进步观念与倒退的臆想已经相互交融扭结在一起了。对不干涉主义政策衰落状况的政治批评,促成了一系列结果:对"新的疆域"的改造——城市状况的改革——是新的历史概念所要达到的手段。

在世纪之交前后,城市规划的经验和理论已经形成,虽然与我们迄今所观察到的相比,这些经验与理论所达到的水准还不那么高,但是,已经有了解决复杂城市问题的足够知识积累。在同一时期,我们看到了新的通讯结构的运用,以及新的文化工业媒介的运用——其直接结果是导致各种手册的出版,对社会学研究的新兴趣,大量杂志和评论的兴起,给城市改革问题提供了丰富的思考空间。医疗与卫生调查,慈善的倡议,社会科学运动,甚至那些专事诽谤的报刊,以及对公众产生巨大影响的新现实主义文学,所有这一切,都促使关于城市生活状况的争论变成为更为广阔范围的人们感兴趣的问题。

同时,弗兰克·帕森(Frank Parson),理查德·T·伊利(Richard T. Ely),安娜·H·肖(Anna H. Shaw)和弗雷德里克·D·豪(Frederick D. Howe)的文章,以及雅各布·A·里斯的报道,正在尽力把对美国城市工业化的批评与对不干涉主义的批评联系起来。慢慢地,一种对于公众意见和公共规则所产生的压力,开始替代优先原则和伯纳姆或凯斯勒规划的广泛意识形态的综合方法。在处理城市问题的方式上的变化,典型的例证是关于拆除 19 世纪末拥挤着占曼哈顿三分之一人口的非人性的贫民区的战斗,这个过程导致 1901 年的房屋法的实施,该法案为低收入民众的住房规定了一个最底的标准。像这样的以解决贫民

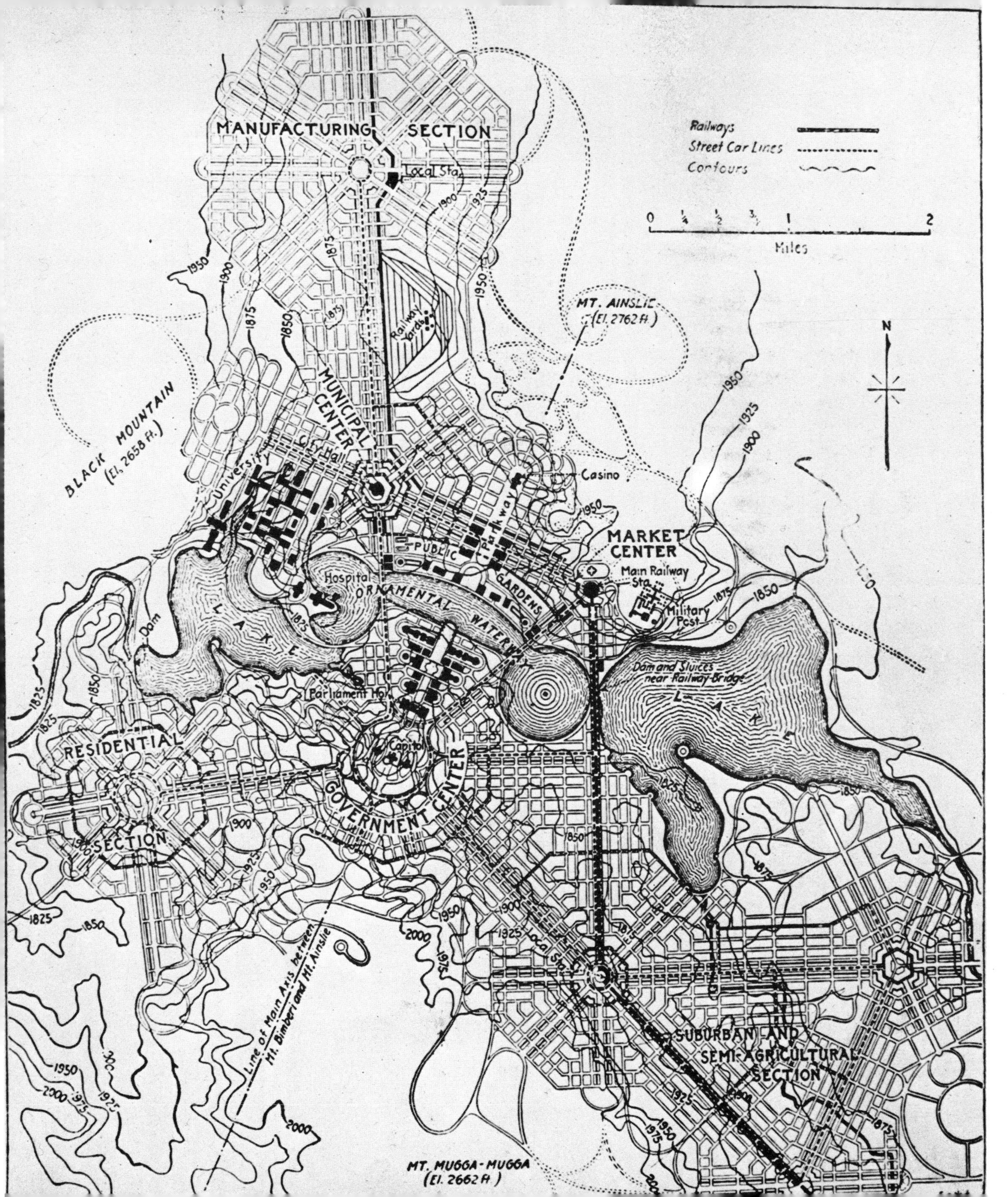
MANUFACTURING SECTION
Local Sta.
Railways
Street Car Lines
Contours
0 1/4 1/2 3/4 1 2
Miles
MT. AINSLIE
(El. 2762 Ft.)
Railway Yards
N
BLACK MOUNTAIN
(El. 2658 Ft.)
MUNICIPAL CENTER
City Hall
University
Casino
Parkway
PUBLIC
GARDENS
MARKET CENTER
Main Railway Sta.
Military Post
Hospital
ORNAMENTAL WATERWAY
L A K E
Dam
Dam and Sluices near Railway Bridge
L A K E
Parliament Ho.
Capitol
RESIDENTIAL SECTION
GOVERNMENT CENTER
Local Sta.
SUBURBAN AND SEMI-AGRICULTURAL SECTION
Line of Main Axis between Mt. Bimberi and Mt. Ainslie
MT. MUGGA-MUGGA
(El. 2662 Ft.)

区问题为目的的活动，在1894年，"住房委员会"就已开始，并且从一个混合的进步团体的代言人中吸收一些代表人物，他们同一些慈善团体很有关系，在这些人中，有德·福雷斯特(R. De Forest)，埃德里兹和维勒(O. M. Eidlitz and L. Veiller)。他们的运动受到这样一些活动的帮助，如1908年由马什(B. Marsh)在纽约组织的有争议的拥挤展览(Congestion Show)和1913年创立的建筑高度委员会，他们的工作导致了三年后分区法(Zoning Ordinance)的颁布。

城市地区划分作为城市土地使用的控制手段，反映了促使该法案通过的各方力量的经济利益。事实上，城市区域划分几乎常常仅仅是一种限制性法规，只能用来控制那些无约束的地产投机所带来的危害，而不能消除其危害所产生的原因。在第一次世界大战前的那些年，这种旨在减少城市冲突而主要不是保护土地和地产价值的途径，受到一些激进组织的严厉批评。这些组织正在计划一系列可能以经济和管理手段加强公众权力的改革，而经济和管理手段正是在住房领域中制定一个独立政策所需要的，我们可以清楚地看到美国文化方向已面临变化的先兆。

城市美化运动和博爱主义希望从欧洲得到可供摹仿的规划模型，但是，大体上说，实际得到的只是形式方面的东西，并且在很大程度上只是学了有限的英国私人建筑传统，或者广义上说，只是学了有限的欧洲自由传统。在1910年，注意力开始转向改革，在欧洲大陆，特别是在荷兰和德国，这种改革已经在立法和管理层面有了效果。

美国城市规划思想从根本上说是沿着统一的路线发展，而在欧洲，这种思想过程却是多重的、极端复杂的，因为，工业化和国家组织的现代形式并不是以同一速度进入欧洲每一个国家的。简单地说，两个基本趋向可能是相互独立的：在第一种趋向中，新的规划方案来自于受社会边缘的文化力量推动的实践；在第二种趋向中，这些规划方案是管理控制和社会组织现代形式的表达。

先不谈英格兰和法兰西——前者是以极其明显的工业化为特征，后者是以有效的技术和管理机制为特征，早在19世纪中叶，这种机制就已成为全国性的了——在俾斯麦统治德国后，我们在德国所看到的规划方法是最典型的。不像在其他地方，比如在意大利，1885年以来就有了土地征用法(尽管这些法规当时并不特别生效)，在威廉二世统治下的德国，国家的政治结构是与城市控制的稳固机制的实现紧相伴随的。在1875年，普鲁士已经制定了一个统一的法律，以明确地方和国家对城市规划制定的权限及实施办法。作为研究城市发展的决定因素这一稳固传统的结果，这种法律认可这类规划管理的公共机构的基本作用。因此，城市建设规划作为政治实践的特殊工具得到了重视，以便作为这种实践的依据，当纳粹披上现代外衣的时候，城市控制日益变为一种绝对的因素了。1870年，在巴黎公社失败之后，德国的工业化和城市集中化进程迅速走向前列，在1870年到1900年之间，城市人口从1500万猛增到3000万。随着工业化的发展，汹涌澎湃的工人运动也发展起来，不过，1879年，俾斯麦颁布反社会主义法之后，工人运动虽然没有被扑灭，但成功的速度却明显减缓。俾斯麦的这些法案没能成为社会民主组织成长的障碍，在1880—1889年之间，这些法案反倒兼具了相对进步的社会法令。

就城市规划来说，对地方权威功能的认可加速了一个专家阶层的形成，他们有能力处理一些与有微妙的政治色彩的社会需求相关的问题。在同样历史情况下，我们必须提到的是，许多论述这类主题的专著出版了，一些新的特色杂志如1904年初在柏林和维也纳出版的《城市建设》获得了成功，他们的投稿人包括R·鲍迈斯特(Reinhard Baumeister, 1838—1897年)，J·斯图宾(Joseph Stübben)，C·古利特(Cornelius Gurlitt)和W·赫格曼(Werner Hegemann, 1845—1936年)。

德国专业文献对控制城市发展的新技术手段做出了贡献，并且通过建立一套稳固的标准，为个人创造力的有机发展奠定了基础。希望公共设施与私有企业的调和反映了一种典型的乌托邦观念：主张取消一切对房地产市场的人为扭曲，以确保可供建设的土地不被垄断。因此，德国城市规划师倾向于把纯粹的、高雅的、不干涉主义的原动力指导未来城市的发展，并使工作环境与居住环境之间建立更好的联系。作为这种实践的后果，一个国际层面上的、真正的、严格意义上的专业组织诞生了，通过这个组织，人们可以交换和比较规划经验。在19世纪最后几年和新世纪的最初几年之间，每年都有一系列城镇规划展览和一系列广泛而深入地探讨住房问题的专业会议，在这些会议中，专家们还讨论了有关工人运动的历史主题以及本专业的技术和管理的问题。

住房问题是任何法案——如城市规划——的必要条件和政治标准。那些比较进步的德国管理者反对兵营式的住房的论调，是俾斯麦政策总定向的必然结果，尽管它是人口分布合理化这一全球性工程的一个部分。

德国城市规划中的极端现实主义在那个时期是明显的。城市规划被认为是一个方法问题，制度问题。它(极端现实主义)并没有改变这些过程的性质，但却把自己的发展置于理性的基础之上；它不研究

图 65　亨利·格罗斯:柏林,肖纳伯格区规划竞赛方案,1911 年
图 66　G·威林:莱比锡,法兰克福-维森博览会竞赛方案,1911 年

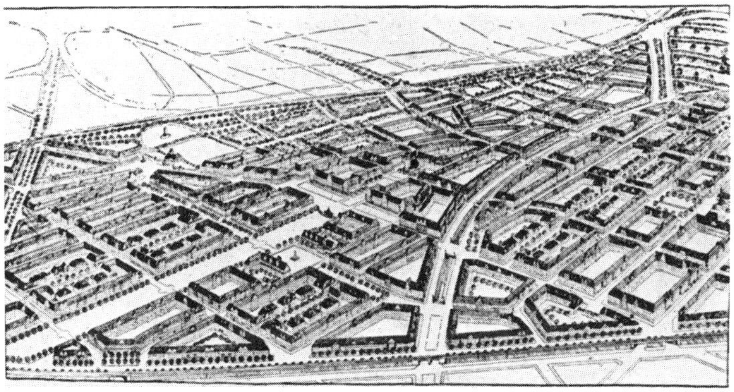

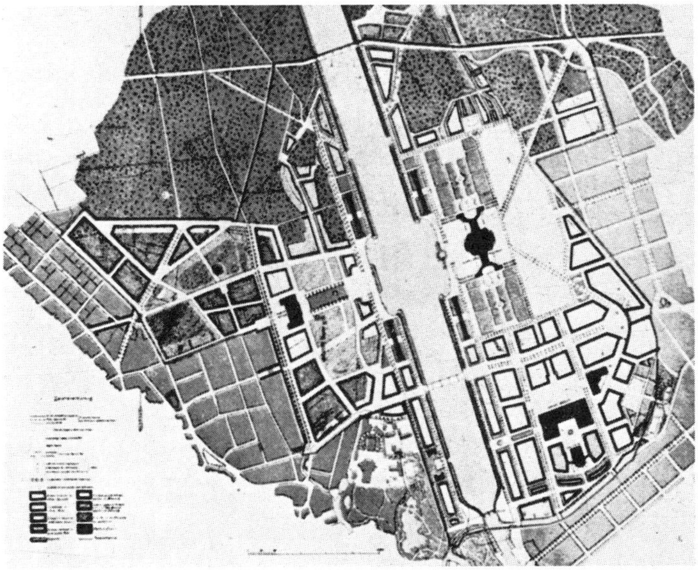

经济基础,只是想重构固定收入的本质条件。对制度的强调不过是一种普遍的资本主义合理化的表达。在一个走向大都市生活方式的世界里,那种方法表达了非个性的、匿名的和专家政治的状态以及官僚政治状态;在城市规划理论层面意义上,它表达了马克斯·韦伯(Max Weber)揭露的资本主义国家的精神,并且促进了对于官僚政治的思考,正是在对德国社会民主的结构分析的基础上,罗伯特·米歇尔(Robert Michels)试图思考极权主义国家的特征。

可以理解的是,技术手册旨在为平衡扩展的实现提供客观的说明,因此,提供的不是具体形式的结论,而是若干标准和模式。由斯图宾和鲍迈斯特所假想的平衡在大城市年代纯粹是一种乌托邦:现实主义和甚至是怀疑新技术控制发明的人,同以前大都市中隐含的怀乡病走到了一起,这种怀乡病在 C·西特(Camillo Sitte,1843—1903 年)的作品中变得非常明显。与戈克(Goecke)一道创办《城市建设》的西特采取的立场在很大程度上是与威廉明(Wilhelmine)时期理论家们的立场相对立的。他的目的,正如他在 1889 年出版的奠基之作《城市规划的艺术原则》中所表露的,城市规划的基础应建立在对城市发展的形式和历史的分析之上,这是他从新浪漫主义和新中古历史学家的思想中借鉴来的方法。

在城市规划专业领域内,西特发挥了重要的作用,他在维也纳完成了许多大型建筑作品,为奥匈帝国的许多城市制定城市规划,在许多国际性的城市规划竞赛中充当顾问或评委角色。然而,他的作品,无论是建筑作品还是规划作品,没有一件给他带来像他的理论著作那样多的赞赏性的评价。西特认为城市是闭合结构系统的综合体,他的这一概念在新古典主义建筑师的城市理论和德国官员的实用主义理论之间找到了一条中间道路。为了提供一个适合于不同城市环境的特定状况的指南,西特把实证主义意旨和建筑语言上的历史主义品位结合起来。结果,在那些想要努力超越巴黎美术学院传统而又不能头脑清醒地面对城市的所有问题和解决城市内新的和已有的结构之间的关系的建筑师中,西特的计划大获成功。

西特的问题是——在历史例证的现象学基础上——要获得建筑形式在城市的发展过程中新的作用;在这个意义上,城市规划就意味着要成为瓦格纳的“全部艺术作品”的理想。形式的综合是结果也是创造:它要确保赢回社区感,赞美社会和平,它反对大城市生活的隔绝状态,一心为城市居民带回某些类似乡村生活的感觉。这种平衡的有机的城市观念是19世纪末期多数城市规划思想的目标,也是与大城

市中发生剧烈变化的意识形态背道而驰的。尽管受到柯布西耶的讽刺性的评价，西特的思想在当代思潮中仍被广泛推崇，在20世纪的头10年，当代思潮正在恢复和进行老的争论，那就是关于是否反对用社区目标达到理性主义这样的官僚主义观念。相对于大都市这种熙熙攘攘的陌生世界，城市规划是要对城市进行重新设计，使它成为一个具有地方特征的和多个亚中心的交织，每一个亚中心都具有自己的特征，既是形式的综合，又是个人安全的屏障。然而，西特的现象学，以及对德国理论家主张的偏见，也不可避免地有他们自身的局限，这表现在他们在选择模型时，总认为这些模型无可挑剔，从不敢对它的原始的、结构的机制提出批评。

然而，从1890年代到1910年代，城市革新和城市发展，已成为一个中心问题，一个不再只是少数先锋派关心的问题。城市组织的全新模型开始被提出来，它的理论分量对后来的实验也是重要的：前面已经提到的霍华德的花园城市就是这方面的例证。

在那些新的模型中，西班牙的A·索里亚·Y·马泰（Arturo Soria Y Mata，1844—1920年）的见解具有历史意义。作为19世纪进步论者中的一位卓越人物，索里亚是1873年宣告成立的流产的西班牙共和国短暂生命期间的一位自由发言人，他对现代技术的革命和文明的潜势有着不可动摇的信念。从1876年到1886年，他负责管理马德里市内电车事务，1877年，他要求辞职，去完成马德里的世界第一座电话网。1882年和1883年在《进步》杂志发表一系列文章之后，索里亚提出了一项城市规划，这是一个以沿着基础设施群安排的线型居住区为基础的富有独创性的规划。索里亚建议在马德里创建一个环状的线型城市，它将替代历史的中心：在这个线型城市的轴上将把城区周边必需的服务和交通系统汇聚起来。这个方案后面的基本思想，在他的一句口号中表述得相当清楚，这句口号是："把城市乡村化，把乡村城市化"。这个公式——其根源可能是在爱德封索·塞达（Ildefonso Cerdá，他是1859年巴塞罗那扩建规划的设计者）和C·M·D·卡斯特罗（Carlo Maria De Castro）的思想中——与资产阶级改良派的传统完全合拍。这种思想也是在批评中产生的：根据索里亚的观点，在同心圆内的城市发展，获利的主要是房地产商；因此，他从另一个角度提出他的规划设想，即通过大大增加基础设施的投资，以求恢复城市和乡村生活之间的平衡。在1892年，索里亚获准修建一条环绕马德里的铁路线，这将是这个线型城（Ciudad Lineal）的第一个中心，这个中心从丰卡拉尔到波祖爱罗·德·阿拉康延伸了大约30km。同时，为了促进已规划的线型城内的地产销售，马德里城市规划协会成立。与索里亚的政治思想相适应，房地产公司遵从这样一个政策：激励人们去获得有所有权的房屋。作为稳定的和社会保障的所有权房屋这一观念，已用图形表达在沿公用设施轴布置的"平衡带"（Equitable Zoning）中；沿着这些轴线，规划师划出一块块地皮，预留出供工人们居住的一排排小住房，规划方案里规定的住房样式是由建筑师马里安诺·贝尔马斯（Mariano Belmas）设计的。

由于索里亚的规划证明它对于修改城市发展的经济机制是不合适的，索里亚的事业从未获得最终结果。他的线型城的第一个中心圈刚刚建完，周围的地价就突然上升，因此阻碍了新的住宅沿着原先设想的单一方向的发展。整个工程，仅有3.25英里（5.23km）全部完成。尽管如此，由于得到像《专制》（La Dictaddura）和《线型城市》这样的报刊机构不断的赞扬性的宣传，索里亚的观念注定要在其他地方得到传播。建于1901年至1904年的环马德里铁路线，至少从实践意义上说，是索里亚成功的活生生的例证。

在本世纪的最初20年，线型城理论一直被广为宣传。1919年，H·G·D·卡斯蒂洛（Hilarion Gonzales Del Castillo）在布鲁塞尔重建展览会上提出了线型城方案；在1906年和1939年之间，C·C·米兰达（Carlos Carvajal Miranda）试图根据线型城思想拟定智利的基本规划方案。但是，发展索里亚理论的最有意义的努力，是由G·伯努瓦－莱维（Georges Benoit-Lěvy）作出的，他是1924年成立的国际线型城协会的成员。在他那里，线型城理论开始和花园城理论混为一体，并且，通过伯努瓦－莱维的作品，这种综合方法已变成现代运动时期的建筑师们实验理论的一部分，在这些建筑师中，柯布西耶的作品就是明证。

总之，索里亚的概念提出了一个新的形式问题：线型城，作为一个新的社会的和经济平衡规划的杠杆，有着明确的地域含义。如果说，一方面，它是以技术手段发展的救世主式信念的产物，那么，另一方面，它又回到了传统，这是在19世纪下半叶牢固地建立起来的社会和经济基础，它以强调地方性和地理因素在居住发展中的重要性为特征。索里亚的方法同他的时代的新地方主义思想有一定联系；在这方面，他对于伯努瓦－莱维想要将世纪转折期出现的两种主要规划理论融合起来的企图，不抱任何不切实际的空想。

地方主义的根源可以追溯到P·J·蒲鲁东和F·密斯特拉尔（Pierre Joseph Proudhon，1809—1865年；F. Mistral），特别是P·G·F·勒普莱（Pierre Guillaume Frederic Le Play，1806—1882年）对于城市规划的深

图 67　为横贯柏林布罗街的高架桥铁路所作的方案(引自《城市建设》,1924 年)

图 68　C·西特:塞里西亚的奥德福特－普里沃兹区平面

思细察,他们探讨了工业发展对于地理聚落发展的影响。特别是勒普莱的研究,如 1855 年出版的《欧洲工人》,1864 年再版时,更名为《法国的社会改革》,属于一个思想系列,虽然典型地表达了资产阶级革新家的观点,却也不乏新的思想。有意思的是,虽然所有这些都与罗马天主教密切相关,而勒普莱还是试图把统计学调查方法和用社会学标准完成的工人阶级生活状况的分析结合起来。运用这些方法,他不仅能阐明环境研究的重要性——因为特定的社会组织模式与环境有着密切的关系,而且能系统地提出改善穷苦阶层生活状况的建议。这些已成为一个传统的前提,这个传统曾经激发 A·勒迈尔(Abbe Lemire)于 1896 年在黑泽伯洛克(Hazebrouck)创立的“家庭与宅地联合会”运动,这是和霍华德的花园城运动同样趋势的一个部分。

勒普莱阐述的新环境概念和新的方法理论为苏格兰人帕特里克·格迪斯(Patrick Geddes,1854—1932 年)的工作奠定了基础,他对丰富地方主义思想理论做出了卓越贡献。正是在 1878—1879 年逗留巴黎期间,格迪斯邂逅勒普莱 。后者给他留下了深刻的印象,一回到英格兰,他就创立了作为活跃的社会研究中心的勒普莱会所和勒普莱学会。1895 年移居爱丁堡之后,这位进步论和慈善传统的典型代表人物组建了望塔(Outlook Tower)学会,这是一个真正的从事社会学和城市学调查的观察机构,后来曾经发挥过富有历史意义的重要作用。因此,格迪斯创造一种专业化的研究手段,他要达到的多项目标之一,就是保证在进行城市规划初选时有社会的积极参与 。格迪斯主持的民意测验把科学的分析同公众参与决策结合在一起,并且在地方环境内,在跨学科研究的基础上,采用了对城市现状的特性作系统化调查的形式。这样,格迪斯描述了现代城市规划思想的某些关键点,即,希望在资本主义规划的进程里证实其技术的作用;同时也再次确证了城市规划作为一门科学的中立性,正因为如此,它对民主的思想体系和扩大统一社会基础的荒谬理论一律给予鼓励。可以想像,格迪斯在伦敦经济学院清楚阐述的概念,对现代城市规划思想的成熟是至为关键的,它已变为这一领域欧洲和美国思想之间联系的纽带。

格迪斯对区域主义思想作出了决定性的贡献,拯救了城市与乡村之间全部的关系问题。只有在区域的规模上,规划师才可能着手解决这样两个世界之间的冲突,由于工业革命的生产力和社会的潜力是以一种扭曲的方式发展,并且,由于这些潜力变成了前进路上的障碍,这两个世界之间的对立才不再像过去那样严重了。格迪斯的革命性思想深深地受到乐观主义观念的影响,深信新技术世界形成的新生的成

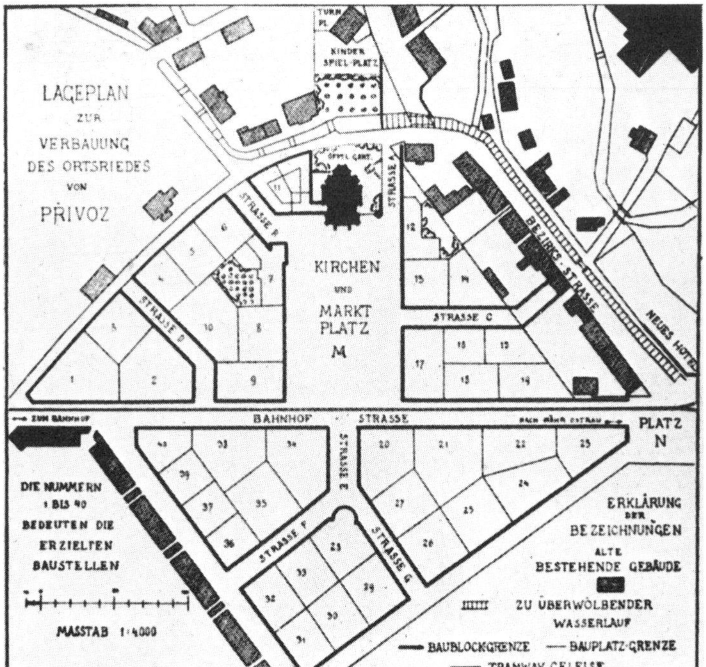

图 69　索里亚:线型城方案
图 70　索里亚:线型城主街的横断面

果,深信在这种情况下,未来将运用技术去对抗城市异化。因此,格迪斯在阐明传统理论的局限方面,在阐明任何固定不变的、充分确定的模型的局限性方面,立下了功劳。城市发展作为一个过程的概念,是他调查的基础。这种认识,突破了 19 世纪规划家一味依赖建模的静态研究方法。正是因为它是一个过程,格迪斯提出,要控制城市的发展,就不能简单地运用把人口转移到周边的方法,也不能像奥斯曼那样,将那个系统进行版本更新,或者,通过采用最公正的管理法规和规则来进行控制。只有在区域规模上进行规划——它是和生产力现象相联系的表达方式——才可以确保平衡地利用新技术时代进步的潜能。

在从事理论研究的同时,格迪斯开展了一个集中的实验和专业活动,并且从事了许多带有冒险性的公共教育活动,这使他能同美国思想界发生紧密的联系,并且为他赢得了又一个荣誉。1910 年,在伦敦召开的那届重要的"城市规划会议"的组织中,他充当了一个领导者的角色。1932 年,在芝加哥,他同那个"科学思维小组"取得了联系,这个小组曾得到过芝加哥主要大学著名社会学系的支持。把社会学调查方法引入城市问题的重要改革,就要归功于这个包括了 W·I·托马斯的研究小组:运用直接的现场调查方法,比如 R·E·帕克,E·伯吉斯,L·沃斯,H·佐尔博,N·安德森和 F·思雷舍等用科学的分析来对特定的社会团体的行为进行研究,包括他们在何处生活和怎样生活这样的问题。从这里获得了这些被认为具有真正社会地理性质特征的资料,而这些资料便成了生态学理论的基本点。

在美国,宣传和传播格迪斯理论最为卖力的是刘易斯·芒福德(Lewis Mumford,生于 1895 年)。格迪斯的理论,深刻地影响了以芒福德为精神领袖的美国区域规划协会和对区域规划思想最有影响的支持者之一的本顿·麦凯(Benton Mackaye)的工作,同公园运动(Park Movement)和保护运动(Conservation Movement)的传统纠结在一起,从而,促使了国际性城市化思想传统的复兴。

在 1870 年到 1910 之间取得的进步,牵涉到许多不同的方法论的实践,这些方法从本质上说都在一个共同的趋向之内。就他们的理论方面来讲,他们同资产阶级文化的第一次有组织地努力是一致的,而这种文化曾决定用有效的手段来为生产的发展作计划。所有这些努力的共同处在于,他们都试图确定一种适当的、平衡的思想体系:他们重点强调,要在目前建立最新的立法手段,目的是至少要有一个随着城市地产价格的增长而获得的财富积累的计划;美国景观规划师的活动——以大城市的"不道德性"的争议为标志——通过新浪漫主义观念,使自然平衡和跨阶级参与的理想得以实现,并且预示了一种城市管理机制的产生;欧洲模式——关心的首要问题,是城市与乡村之间如何分界这一中心问题——假设了一种生产力因素在地域上的再平衡,在那里,生产力因素几乎只能建立在阶级活力的基础之上;最后,区域主义思想发展了一种规划观念,这种规划观念企图消除在多种历史矛盾的过程中形成的社会的和生产力的不平衡,也是乐观的技术进步论企图解救的不平衡。因此,城市化——作为一种政治手段——最终要为自己建立社会平衡的新开端作出保证。

大约在 1910 年,城市规划作为有机综合的方法已取得了它应有的地位。在获得了牢固的科学结构之后,城市规划现在可以勇敢地应付整个公众,并寻找机会把它所有的方面、成就、潜能告诉人们。1909 年,首届国际城市规划大会在华盛顿召开。会议制定的条例(后来由参议院出版)显示出,一个大大超越"城市美化"命题的方法已得到会议讨论的支持,并起到控制作用:城市被明确地视为公共机构的效率和能力的挑战。第二年,利用格迪斯的基本贡献,英国皇家建筑师协会在伦敦组织了城市规划会议,这次会议为比较欧美的城市规划经验提供了绝好的机会。斯图宾,鲁道夫·埃伯施塔特,霍华德,格迪斯,昂温和尤金·赫纳德(Eugène Hénard)是代表欧洲方法的发言人;美国方法的代表,不仅有伯纳姆,而且有一些像 C·M·罗宾逊这样的所谓的城市艺术理论家,以及像 E·C·巴西特这样的带型设计法的支持者。同年,城市建筑展览会在柏林举行,得到戈克,埃伯斯塔特,克劳斯,斯图宾和 H·扬森以及组委会的 H·穆特修斯和 F·瑙曼的支持。

这些都是以新观念来引起公众注意并且刺激政治思想的手段。在英格兰,像花园城协会和全国住房改革委员会——后者成立于 1900 年——这样的团体对鼓励这类讨论和为形成英国第一个城市规划法,即 1909 年通过的"住宅和城镇规划法案",发挥了决定性的作用。

由于它有许多局限,但并没有产生严重的后果,该法案暴露了政治力量和公众意见对于规划态度的重要改变。正像在该法案颁布之前的那些争论所证实的——在这些争论中,该法案的支持者可能会将伯恩维尔(Bournville),阳光港(Port Sunlight),伊尔斯维克和汉普斯泰德的成功经验以及霍华德和格迪斯的理论作为例证——1909 年这个转折点把城市规划推向了一个新的方向,它一劳永逸地推翻了所有那些在过去五十年来一直占据统治地位、一直受 19 世纪下半叶的不干

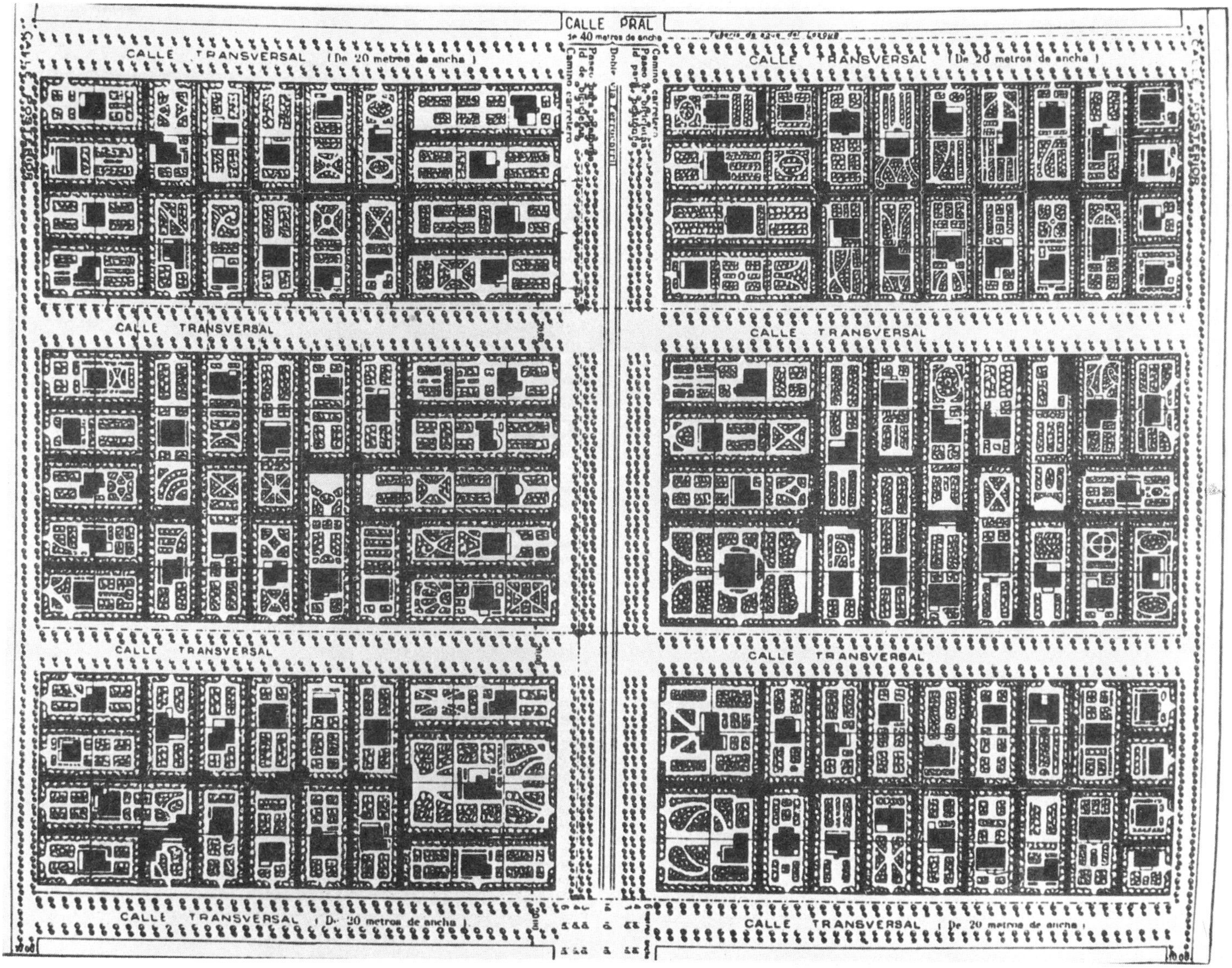
CALLE PRAL
de 40 metros de ancha
CALLE TRANSVERSAL (De 20 metros de ancha)
Camino carretero
Doble vía
Camino carretero
CALLE TRANSVERSAL (De 20 metros de ancha)
CALLE TRANSVERSAL
CALLE TRANSVERSAL
CALLE TRANSVERSAL
CALLE TRANSVERSAL
CALLE TRANSVERSAL (De 20 metros de ancha)
CALLE TRANSVERSAL (De 20 metros de ancha)

MÓVILES Y CARROS.
MÓVILES Y CARROS.
CALLE PRINCIPAL DE 40 METROS DE ANCHA

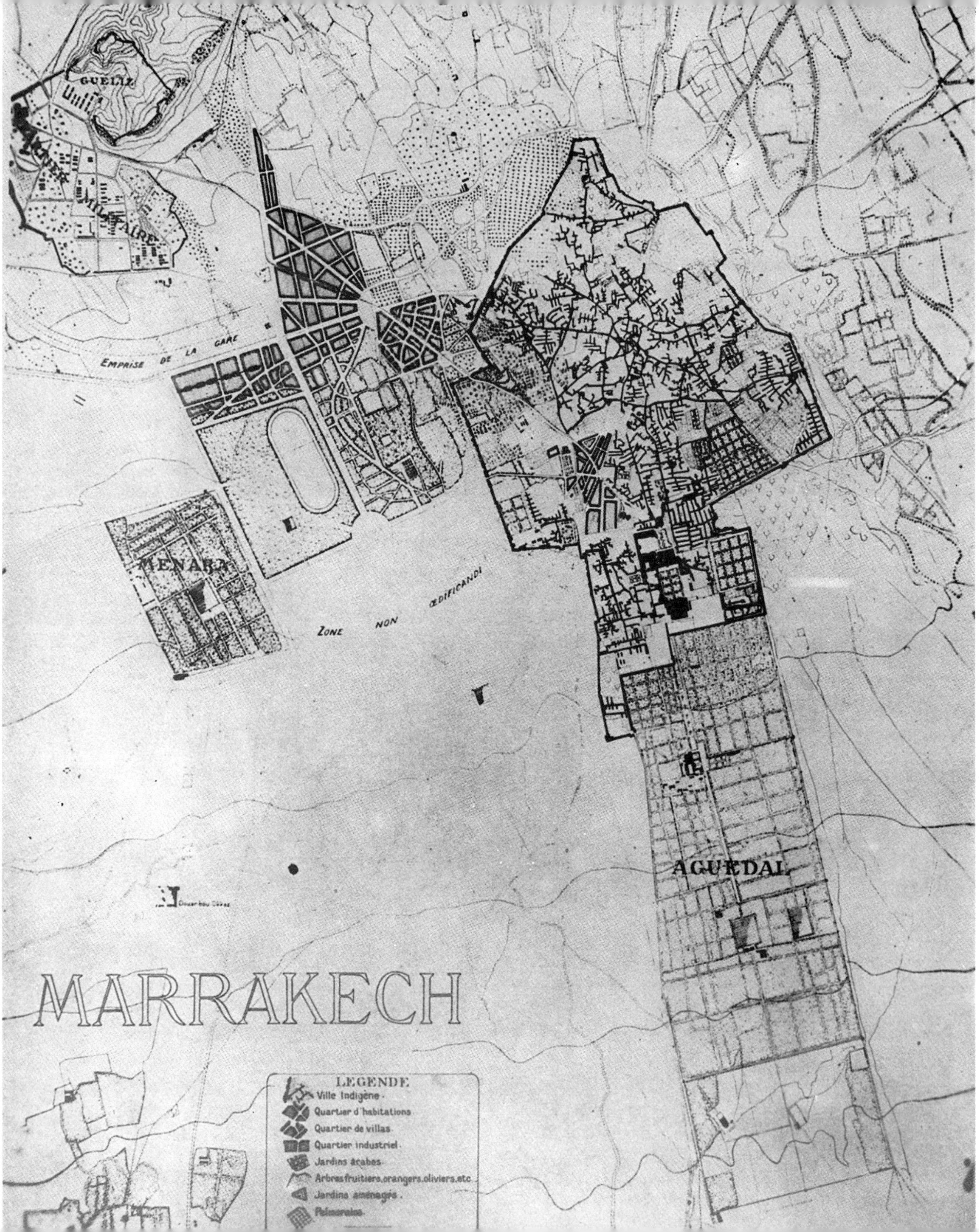

GUELIZ
QUARTIER MILITAIRE
EMPRISE DE LA GARE
MENARA
ZONE NON ŒDIFICANDI
AGUEDAL
MARRAKECH
LEGENDE
Ville Indigène.
Quartier d'habitations.
Quartier de villas.
Quartier industriel.
Jardins arabes.
Arbres fruitiers, orangers, oliviers, etc
Jardins aménagés.
Palmeraies.

图 71 亨利·普罗斯特:摩洛哥马拉克什平面,1916 年

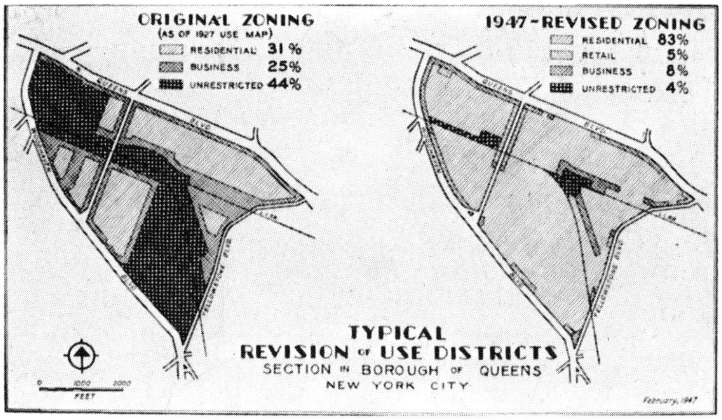

图 72 在纽约昆斯区应用分区系统的结果,显示 1927—1947 年间该地区应用分区方法的变化

涉主义思想左右的逻辑。

同一时期,在美国,一个有著名的宣传机构配合的关于"城市效率"的争论,正在削弱"城市美化"理论家的地位。那些专门的出版机构把目光集中在与凯斯勒和伯纳姆的抽象形式主义相反的更有效的控制方式上,1916 年的"分区法案"(Zoning Ordinance)以及像约翰·诺伦这样的规划师的活动,就是这种与新时代改革相协调的新气候的成果。

在荷兰,这种复杂的过程呈现出非常独特的性质。对工人生活状况的调查,第一个卫生法的颁布,科学和慈善组织的干预,到 19 世纪末,使进步的社会法规的实施达到了高潮,而在规划领域,德国理论家和英国 1875 年颁布的"英国公共卫生法",成了人们感兴趣的目标。同时,以 1894 年选举中自由派的获胜为开端,金融积累的进程开始同迈向工业化的最初步骤发生联系,因此,传统的收入机制陷入了危机。

1899 年提出、1901 年通过的住房法,是建立在控制房租因素的基础之上,运用这一手段可以确保城市的社会稳定,不受大规模新居民涌入的影响。这部住房法是符合有机原则的:一方面,它为低价住房和现成房产的维护确定了一个有较大幅度等级的标准;另一方面,在"征用低价住房所有权"的标题下,它使各个城市有可能制定自身的发展规划,而且,迫使它们不得不着手制定全面的管理规划。直到第一次世界大战后,这部关于住房情况的法律的效果仍然很不理想:对住房所有权征用的依赖,仍然只是一种纯理论上的权益;1902—1912 年之间用公共资金修建的住房至多只占总建房量的 2% 。

虽然如此,该法律描述了一个特定的新趋势。它表达了荷兰资本主义发展的一种紧急策略,但在实施该法律的过程中仍遇到了许多困难,说明政治形势还不完全能与法律保持一致。直到 1903 年荷兰全国工人大罢工,法律和政治的这种不够紧密的联系被打破,工人组织发展的基础得以建立。为适应变化的形势,严肃地实施 1901 年的住房法的条件逐渐成熟了。1912 年之后,社会民主机构也许掌握了内在的潜力,以最重要的法律武器为手段,使自己在自由状态下能进行城市的控制。如果这种做法打破了资产阶级进步思想主张的话,那么,它也证明了这种思想理论的价值。

第四章　美国的建筑与城市(1870—1910年)

正像我们看到的,在19世纪末期的建筑实践和引入创造性的城市化新方法之间,并不存在直接的连续性。但是,在这两者之间,却存在一种辩证关系,正是这种辩证关系,导致了不同的城市发展趋向,这些趋向会引起我们的关注,特别是美国,他们在这方面的做法尤其具有启示意义。

在1860年代到1870年代,人们看到了创业的先辈们关于美帝国命运的预言的实现。1893年,在一个现在仍很有名的、题为"美国边界在历史上的意义"的讲演中,弗利德里克·J·特纳夸大了领土扩张主义的文化意义,他认为用征服边疆的神话和价值观可以作为美国文明的基础。实际上,现在美国文明的基础已让位给象征新边疆的美国城市工业了。

芝加哥是新的领土扩张主义的象征。在从1850年到1870年这20年的过程中,这个1830年就已被比喻为"永无休止的建筑地皮的拍卖场"的城市,人口已经增长了十倍。城市结构采取了既定的环状(Loop)形式,第三产业位于伊利诺伊中央铁路线和芝加哥河边的商业生产区之间。环线是大脑,也就是说,是环线两边地区组织的中枢。它的第三产业主要的集中点是用来平衡日益分散到郊区去的上等阶级的居住社区,那些郊区社区包括埃温斯通、森林湖、橡树园等。生产的集中化与专门的商业中心的兴起以及向郊区的疏散结合在一起,从而为不同的、分散的城市系统奠定了基础。

这是美国所有大城市人口与建筑集中化的实例,对建筑工业也具有显著的意义。1840年代末,一些企业家,例如詹姆斯·博加德斯(James Bogardus,1800—1874年)和丹尼尔·D·巴杰尔(Daniel D. Badger),已经开始修建最早的一批在街面安装有预制铸铁构件的商业大楼。整个曼哈顿一线开始被称为铸铁区并且获得了一种建立在城市形态学和建筑类型学之间新关系之上的特定的功能内涵。由建筑师格里菲斯·托马斯(Griffith Thomas)、斯蒂芬·哈奇(Stephen Hatch)、J·W·凯勒姆(Hohn W. Kellum)修建的铸铁区连续的街面,仍然在所谓高贵的历史性趣味的回顾和新技术形式品质的赞扬之间保持着平衡;不过,它们证实了一种新的无偏见的态度,这种态度与城市发展的原动力和全新的功能特征完全一致。

城市本身,经过日益激进的变革过程,在技术革新的发展和应用的场所中已经变成决定性的因素。模数、标准化的运用以及不断地复制,使商业建筑成为一种独一无二的城市景观,使它本身就具有吸引力:1848年,博加德斯只花了三天时间就完成了米尔华大厦(Milhua Building)的立面,并且,凭着这种令人眩目的速度,纽约的全部街区都改变了外观和结构。在这些过程中,美国已完全中断了同欧洲方法的联系。"商业风格"的兴起,是受外界各种刺激影响的实用主义文化沉淀的结果,并且,这种新的建筑形式适应了在此之前人们完全陌生的城市功能的需要。

早在1850年代,在费城的一些建筑中开始显现出一种对于城市中心建筑问题的新的态度:斯隆和斯图尔特、诺特曼、巴顿(Stephen Button,1855年建造勒兰大厦的建筑师)的作品,开始表达了被称为费城功能主义的商业建筑的经济窘境和特殊功能。第一座功能主义建筑确实是一座很特别的建筑,这就是约翰斯顿(William L. Johnston)于1849—1852年建成的以花岗岩饰面的8层杰恩大厦(Jayne Building),该建筑采用结构暴露形式,顶部覆以新哥特式的高耸结构。

但是,认为在费城或纽约铸铁区运用的功能主义方法完全是自创的、独行其事的,将是一种误会。相反,这与同一时期折衷主义建筑师正极力推荐的方法有紧密的关系。费城建筑师中最活跃的,要数美国最负盛名的折衷主义的支持者之一,建筑师弗兰克·弗内斯(Frank Furness,1839—1912年),他曾于1850年代后期在理查德·莫里斯·亨特(Richard Morris Hunt)的事务所接受培训[1]。费城功能主义者实际上有一个激进的目标,这就是全面地重建美国的建筑传统,弗内斯的方法与费城功能主义者们的技术和形态学的努力,可能不会产生较为激烈的对立。从1872—1876年的宾夕法尼亚美术学院到1876—1890年的节生信托公司大楼(The Provident Life And Trust Company Building,同爱伦·伊文思合作),1887—1891年的宾夕法尼亚大学图书馆和1892—1893年的宾夕法尼亚火车站,弗内斯的作品,是进攻性的挑战和不可重复的成就,是焦虑地探索美国本土特色的明证。即使在他最后的一些作品中,与所谓商业风格的定则也有许多接近之处,而他所坚持的这种基本态度,仍然是有意义的。因此,体现在弗内斯这位折衷主义大师身上的建筑设计风格,总是带有强烈的粗犷特征。正像在弗内斯的最负盛名的大学图书馆中所表现的那样,新埃及的或新罗曼式在它们中间冲突着:建筑就是这种冲突和分解的结果,是具有高度的辩证性的、经过重新构成的空间上的再生物。在1894—1895年费城的富兰克林大厦的主立面上,整齐一律的门窗网格同样被打破,使大厦变成了一个矛盾的,几乎不透气的物体。但是,在1898年建成的西端信托公司大楼(The West End Trust Company Building,1901年改建,今毁)中,弗内斯把他所擅长的分解技术同当时高层建

图 73　威廉·L·约翰斯顿：费城，杰恩大厦，1849—1852 年

筑流行的三部分分段解决的模糊运用结合起来。

然而，弗内斯的经验是孤立的。美国的环境仍然是多质混杂的，受多种互不交流的力量支配的，这种环境阻碍了来自正开始形成一个统一运动的先锋派的倡议。如果先锋派的倡议像弗内斯的经验一样，情形就更是如此。然而，这个被蒙哥马利·斯凯勒定义为“美国商业复兴”的阶段已使美国的复古建筑走到了尽头，正像拉特罗伯在 1820 年预言的那样，共和国的“古典时代”即将结束。这种革新正是建立在费城的各种不同倾向的建筑的辩证关系基础之上。

亨利·霍布森·理查森（Henry Hobson Richardson，1838—1886 年）对这种与历史有关的危机给予了充分的表达，这是一种充满着不确定和担忧但又力图促进城市化的商业时代的精神。在被卷进进步论圈子中的典型活动之后，理查森与奥姆斯特德发生联系，并且和后者有过几次合作。在许多方面，理查森的建筑再次表达了奥姆斯特德的基本观念，尤其明显的是，他是那样地急于表达个人价值的优越性，那样热情地歌颂同社会矛盾作主观努力的斗争。这种斗争本身，表达了他的“造型愿望”（the will to form），这是理查森通过他的建筑物在傲然地反对那些建筑周围的城市混乱时表达出来的。这和理查森在巴黎美术学院圈里所受的专业训练是分不开的。然而，从他们那里，他只是学到了一些有用的部分，为了实现个人自身的愿望，他把巴黎的收获转变为对“征服自然”的先验的赞扬。在这个意义上，理查森的建筑作品构成了“商业复兴”的对立面。有着坚固而统一体量的切尼大厦（Cheney Block，1875—1876 年，康涅狄格州的哈特福德）、马歇尔·菲尔德批发大厦（1885—1887 年，芝加哥）和爱姆斯大厦（1882—1883 年，1886—1887 年，波士顿），都是一首首赞歌，赞扬了资本主义企业家所表现出来的强有力的气概，他们所作的一切努力都是为了确立他们在自由竞争法则中的个人地位。这种崇高的气概正是建立在理查森的雄伟建筑所表达的价值体系基础之上。他的爱姆斯纪念堂（怀俄明州，谢尔曼，1879 年）已把这座纪念建筑转变为一座公共建筑。同样，通过他正规严格的建筑设计，他使一些纪念建筑超出了惯例。如他设计的三一教堂（波士顿，1873—1877 年）、塞弗纪念堂（Sever Hall，坎布里奇，1878—1880 年）、克兰纪念图书馆（Crane Memorial Library，马萨诸塞州，昆西，1880—1883 年）和阿勒格尼县莱伯拉利监狱和法院（The Allegheny County Library Jail and Courthouse，匹兹堡，1883—1888 年）等都带有公共性。资产阶级的欲望在无拘束的环境中得以表达，这种环境重新肯定了这些建筑形体与连续性的价值。因此，理

图 74　弗兰克·弗内斯和 G·W·休伊特：费城，宾夕法尼亚美术学院百老汇街的立面，1873 年

图 75　理查德·莫里斯·亨特：纽约，铸铁区，百老汇大道 478—482 号大楼，1874 年

查森的建筑语言已构成了美国 19 世纪文化的主流，它的探求是没有先例的。同时，不像弗内斯那样，这种“实际的”语言已开创了它自己真正的传统。同芝加哥所作的一些实验一道，他圆满地结束了一个时代，为下一代提供了一个范例：下一代人也可以像他们一样，要求自己应得的文化自主权和自己应得的历史地位。

在理查森之后，特有的设计方法和气概造成城市总体风格之间的对抗逐渐成为新建筑的特征。他对欧洲罗曼风格的随心所欲的解释，使他能够越来越远离麦金、米德和怀特[2]的贵族式建筑的严谨古典主义，以及弗内斯的过度明显的肢解方法。像金融、商业、管理和政治权力中心这样的“定向性”新类型，正在提出一些越来越复杂的功能问题，这些问题不容易用先前所用的解题方法来解决，需要一种更新的、有弹性的和重新整理过的建筑语言。准确地说，这可能是理查森的新罗曼风格的自由体量的组合。而且，他的无拘束的构造句法使他有可能对新的建筑形式作出“有机的”解释：他的严格的语言所需要的统一，是以多种形式的严谨而有力的再组合为前提的。像美国文化复兴时期的文学一样，美国的建筑同样证明：只有通过个人对复杂性熟练地把握，统一地控制才可能达到。

在理查森和他的信徒诸如谢普利(J. Shepley)，鲁坦(C. Rutan)和库利奇(C. A. Coolidge)的作品中，可以看到具有费城功能主义和理查森的粗犷风格两者结合的辩证关系，它们同有些建筑实验刚好形成对照：这些实验在语言上并没有什么独创性，但对新的城市中心的发展无疑具有重要的决定性意义，尤其是 1860 年代人们在纽约对摩天大楼所作的初步尝试。

作为城市中心特殊功能和资本主义劳动分工过程拓宽的产物，摩天大楼代表了建立在城市方格街道系统的竖向轮廓线——在这里，方格街道已划定了建筑场地的潜在界限。不过，这里有一个区别：地皮表面的简单分配是除法运算的产物，而在摩天大楼中所用的算术运算却是多方面的，包括租金、收益和利润。这类建筑的前提是必须熟练地把握多种建筑形式和技术，以便能够把建成的全部空间加以充分的利用，这必定会涉及到一些附带的因素，比如合适的采光和通风标准等。从 1870 年代初纽约建成几座建筑到 1916 年地区法规实施之间的 40 年里，这些前提差不多全都实现了。

早在 1853 年，詹姆斯·博加德斯设计了纽约水晶宫塔楼，楼里安装了由 E·G·奥蒂斯(Elisha Grares Otis)在这些年里完成的机械驱动式升降机。然而，真正的转折，是随着这种机械式升降机在公平大厦

图 76　亨利·霍布森·理查森：马萨诸塞州，坎布里奇，美国哈佛大学奥斯丁馆，1881—1883年

图 77　亨利·霍布森·理查森：波士顿，艾姆斯大厦正立面，1882—1883 年（引自“理查森和他的办公室”展览会，福格艺术博物馆，1974 年）

图 78　亨利·霍布森·理查森：美国匹兹堡法院和监狱，1883—1888年

(Equitable Building)中的运用而来临的，这座由阿瑟·吉尔曼、爱德华·金布尔以及乔治·B·波斯特设计的大楼 1868—1870 年建于纽约。这座建筑是如此成功，以致不到三年，在纽约就竖起了另外两座装有升降机的大楼：一座是由理查德·莫里斯·亨特设计的论坛报大厦，一座是由波斯特（1837—1913 年）设计的西部联合大楼，两座建筑都建于1873—1875 年之间。亨特，这位巴黎美术学院从前的学生，和他的学生波斯特，充分运用了从奥斯曼的巴黎建筑中获取灵感的折衷主义手法，但却把他们建筑的革命性质降到最低限度，这是有原因的。由于根深蒂固的文化自卑情结的顽固性，阻碍了人们对于一切富有爆发性的新概念的探讨：隐含在这种新概念中的发展可能性并未能使人们探索可靠而真实的信念。相反却在摒弃旧世界文化包袱的过程中陷入了危机。然而，仍然使建筑师们望而却步的，是如何控制建筑形式上的一致性，这正是亨特和理查森曾经为之奋斗的东西，虽然他们用的是不同的方法。尽管如此，论坛报大厦已经证明，旧有的联系是多么的脆弱，同时也证明了，它是新的转折的标志。升降机的出现，使人们对立面不对称的钟塔的伪装和覆盖着加高楼层的孟莎式阁楼屋顶的怀疑变得明显。然而，摩天大楼形式使原有的楼层增加，再一次证明了这种形式的合理性。从此以后，建筑师将要面临更复杂的形式控制问题，不过，这些问题的解决，可能要依赖那些已经进行试验的方法。

正像温斯顿·韦斯曼(Winston Weisman)指出的，公平大厦、论坛报大厦、西部联合大厦，标志着美国传统中一个重要的起点。1870 年代初期，在纽约，这座特殊的第三产业城市以它自己全新的、前所未有的特点，开始呈现出自己未来的面孔，不管它们是如何通过形式上的化妆和折衷主义风格的模仿进行欺骗。

在 1871 年芝加哥遭受大火后重建环形区(Loop)的几十年中，这座新的大都市的主要特点是确定的。在 1880 年到 1890 年之间，这个地区每英亩($4050m^2$)土地的价格，从 13 万美元上升到 90 万美元；同一时期，该市的人口翻了一番，超过 100 万。在这次火灾后，旧城不再是一座孤立的奔向“新边疆”的桥头堡。它的地理位置，它的铁路和航运设施，工业活动的集中和发展，迅速地使芝加哥成为美国东部大企业的集中地和人们优先选择的易于生存的大都市。但是它在经济上的冒进导致了火车的大量增加、城市范围内的社会各阶层剧烈的再分配过程以及各种矛盾的爆发。在 19 世纪最后几十年内，芝加哥是凶猛的阶级冲突的场所，这促使它急于去重建它的生产和立法体制——这是 1893 年因大萧条而被加剧的一个戏剧性过程。从这种巨大的发

图 79 理查德·莫里斯·亨特：纽约，论坛报大厦，1873—1875 年

图 80 威廉·勒·巴伦·詹尼：芝加哥，第二拉埃特大厦(今为西尔斯百货商店)，1889—1891 年

图 81 乔治·B·波斯特：纽约，哈夫迈耶大厦，1891—1892 年

图 82 1892 年芝加哥鸟瞰图

图 83 标出芝加哥市主要建筑位置的中环区平面图

1. 第二拉埃特大厦
2. 鲁克瑞大厦
3. 会堂大厦
4. 瑞赖斯大厦
5. 蒙纳诺克大厦
6. 盖奇大厦
7. 卡森，皮里和斯科特百货公司
8. 麦克勒格大楼
9. 艾迪逊商店
10. 内地钢铁公司大厦
11. 沃特·德克斯特大厦
12. 梅耶大厦
13. 芝加哥证券交易大楼
14. 费希尔大厦
15. 蔡平和戈尔大厦
16. 亨特大厦
17. 德怀特大厦
18. 里德·默多克大厦
19. 市政中心
20. 联邦政府中心
21. 普鲁登希中心大厦
22. 铁路交换大厦
23. 曼哈顿大厦
24. 标准石油公司
25. 玛丽娜城大厦
26. 伊利诺伊1号大厦
27. 芝加哥麦松庙大厦
28. 布伦斯威克大厦
29. 商贸委员会大厦
30. 芝加哥论坛报大厦
31. 公平大厦
32. 西尔斯大厦

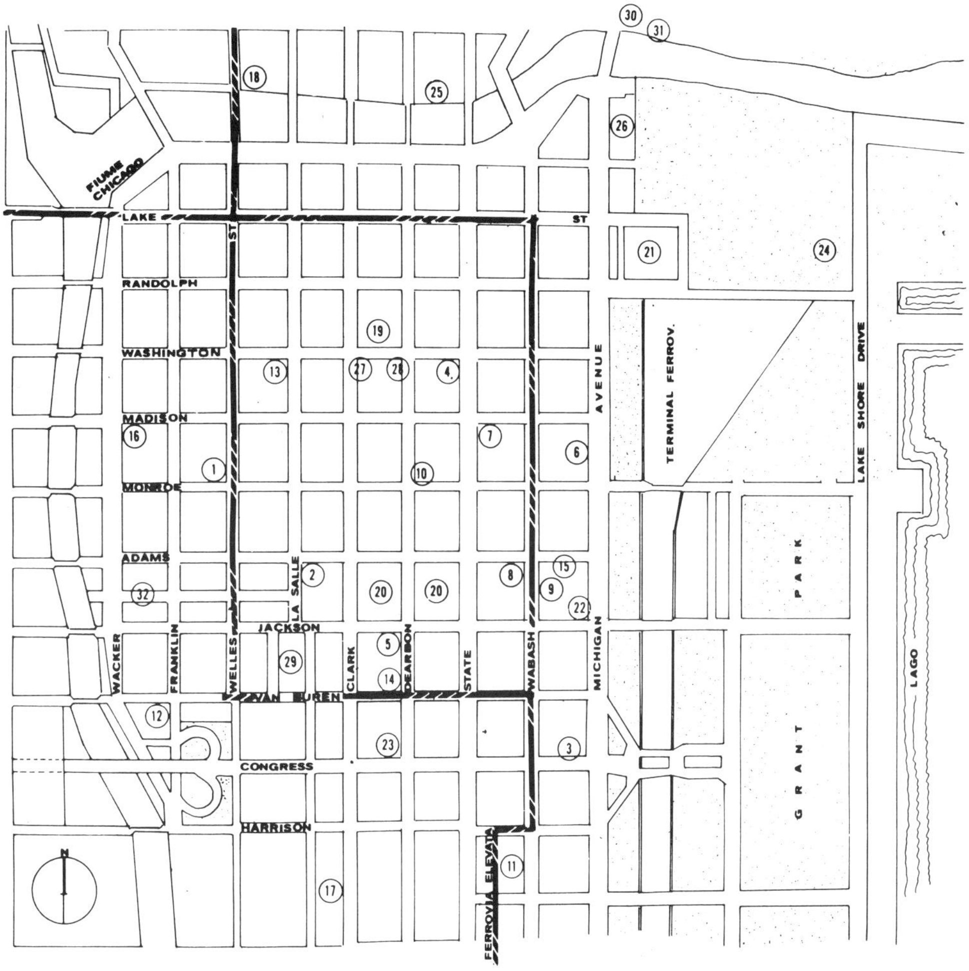

展和资本主义重建中，产生了一种新的富有活力的状态，这种状态是适应1871年大火后通过的城市规划法案的，它把环形区(Loop)变成一个明确界定的区域，一个从1897年以来就由一个高效的城市高架铁路系统服务的地区，也是一个名副其实的特殊功能集中的地区。

由于把住宅从闹市区迁出，人口也相应迁出而进入具有特定的社会和种族特点的城市地带，市中心便成为新起的富有进取心的企业阶层的采邑，一个可以为前所未有的爆发性的资产投机和新近形成的金融和房地产聚合体系提供用武之地的有明确边界的区域。那些从事房地产投机的控股公司完全控制了这里的房地产开发，从1880年代开始，他们就使芝加哥环形区成为全国重要的中心。这种情况，和技术的发展与建筑设计的革新一起，为环形区同时也为该地的摩天大楼提供了大好的发展机会。G·H·约翰逊(George H. Johnson)认为大火对城市的影响，就像弗雷德里克·鲍曼(Frederick Baumann)在他1873年出版的那部有影响的著作《独立桩基理论》对解决摩天大楼固有的基础问题做出重要贡献那样具有重要意义。也在这一时期，旧的材料和技术首先被铁和砖石的混合结构取代，然后又被铁或钢骨架取代，在解决复杂的结构问题方面向前迈进了一大步。

法国长篇小说家保尔·布尔热(Paul Bourget)在他于1895年出版的小说《海外》(Outre-Mer)中，准确地描绘了芝加哥建筑兴起时的特点：

"在这些雄伟的建筑和街道中，很少有空想和奇异的东西，以致他们仿佛是一些毫无人性力量的作品，是没有意识的自然力量，在这里，人类本身充其量已经不过是一种驯服的工具。这就是那个现代商业巨怪给城市、给我们的心灵、给诗带来悲剧感的表象。""悲剧"与"诗"都是客观社会的产物，但又必然与那个社会观念相一致。事实上，虽然，环形区的摩天大楼之林是历史转型期的景观，在这个悲剧中，在已经处在从旧的个人企业形式向非个人权力的企业大联合转变的过程中，人们看到的却是，资本主义社会中"压倒一切的巨怪"和人类主体(他们是在无情地争夺一切的活动中被剥夺了权力和财产的活动者)之间的正面冲突。

建筑师自身以一种痛苦的、被动接受分派的方式，接受了这次机会和"悲剧"。在世纪之交，古典的定义搅乱了芝加哥建筑师的一切活动，用芝加哥学派的最低标准衡量，那些铁建筑充分暴露了在那种特殊的情况下解决方案的复杂性、矛盾性和不同方法。如果我们必须区分那时活跃在芝加哥的各位建筑师的不同方法，我们也需要重新思考同样是在急速发展的环境中取得成就的城市，比如纽约，就需要重新估价其成就。

威廉·L·B·詹尼(1832—1907年)是"芝加哥商业风格"无数成员中的一个最完美的解释者，正是在他的事务所，1890年后芝加哥建筑领域中的一批重要人物曾在那里得到训练，他们中有L·H·沙利文、D·H·伯纳姆、W·A·霍拉伯德、M·罗奇等。通过他的事务所、著作和密歇根大学的教学，詹尼做出了多方面的重要贡献，但是，他的建筑语汇却总是模模糊糊、飘忽不定的。由于实际上对形式问题毫无兴趣，他本身作为巴黎艺术与制造学院(The Ecole Des Arts et Manufactures of Paris)的学生，他早期的一些作品都是以尝试新哥特风格开端，在后期的作品中却是以一种宽泛意义上的折衷主义结束。由于是在理性基础上组织规划与设计，詹尼把自己的主要精力倾注在技术问题上。他的主要关注对象变成了由经验和实验完成的结构研究。他的作品是费城功能主义和铸铁区的实用主义的融合。

虽然波特兰大楼(1872年)只是詹尼最早的成果之一，它却为被大火摧毁的芝加哥提供了一种恰当的模式。不过，最清楚地表现出他的风格的，是1879年建成的第一拉埃特大厦(The First Leiter Building)。整体而言，这座建筑称不上是独创性的：两年前，詹姆斯·W·麦克劳林(J. W. Mclaughlin)在辛辛那提设计的那座希利托大厦(Shillito Building)，就已经清楚地表现出了类似的简化结构。也许正是多亏了麦克劳林的这个范例，第一拉埃特大厦才显示出了探索新建筑形式的成就：通过将建筑简化为纯粹的结构，它开辟了无限复制的可能性，从而把其形式用之于整个城市街道上。由于运用了钢铁骨架，当詹尼于1883年至1886年建在芝加哥的家庭保险公司大楼作为第一座真正的现代摩天大楼走进历史的时候，实际上，它仍然是一座混合结构，尽管它所用的从铁柱上伸出的梁支撑立面重量的方式已经在变为一种普通的方法。然而，在第二拉埃特大厦(The Second Leiter Building, 1889—1891年)中，通常运用类型原理和技术措施来处理第一层和外观的古典主义手法，已经彻底消失了，它的裸露的骨架竟令人吃惊地全然暴露出来。

其实，詹尼事务所的作品远非一个模式。如果说史密斯大厦继承了第二拉埃特大厦中所体现的技术的和类型学的纯净主义，那么，在1889年至1891年建成的曼哈顿大厦中，新技术问题(比如高层建筑的抗风力问题)的解决，是由于在实验中采用了层层后退的结构方式，以及重复采用弧形窗的关系。它的立面结构就像是各种不同类型构

图 84 丹尼尔·H·伯纳姆和约翰·W·鲁特:芝加哥,鲁克瑞大厦内院楼梯间,1885—1886 年
图 85 威廉·勒·巴伦·詹尼:芝加哥,曼哈顿大厦细部,1889—1891 年

件的拼贴,而这种解决方式大体上都是由詹尼的合作者之一的威廉·B·芒迪耶(W. Bryce Mundie)负责的。由于这种组合技术很类似于城市表面的空间结构,它反映到建筑的立面上,就形成一种力场,这个力场不是出于任何特定的需要而聚合起来的,而是起着固定多种构件的框架作用。从此以后,这种方法成为解决隐含在摩天大楼新观念中的许多问题的参考。

詹尼的实验在新的标志下继续进行。在他的观点和理查森的观点之间有一个很大的区别,理查森的马歇尔·菲尔德批发商店和詹尼的第二拉埃特大厦是这种区别的最好例证。前者是升华到心灵层次的英雄时代的天才绝笔,后者是由匿名大公司统治着的无个性世界的冰冷而肤浅的宣言。

然而,这里有一个因素是詹尼的经验主义所没有考虑到的:归纳一种特定的方法以供模仿和设计的需要,并使其标准化。这却成为下列三人关心的问题,他们是:芝加哥威廉·霍拉伯德(William Holabird, 1854—1923 年)和马丁·罗奇(1853—1927 年)以及纽约的乔治·B·波斯特——一个不在意自己真正的价值却被认为在纽约的发展中发挥了重要作用的建筑师。波斯特在 1880 年代初设计的两幢建筑发挥了重要作用,一幢是 1880 年至 1881 年建成的以他的名字命名的建筑,另一幢是 1881 年至 1883 年建成的米尔斯大厦(Mills Building)。它们的底层采用了一个开放的 U 字形,为采光和通风提供了最适宜的条件,大楼各层间的自由组合,以及对结构有机性的强调,使人已忽略它们极不确定的形式特性。波斯特尝试过对高层建筑结构的科学探讨,对建筑类型作过准确的归纳,为建筑的进一步改革提供了有益的参考。在他于 1881 年至 1884 年在纽约设计的生产交易大厦中,他确定了一个很像詹尼在芝加哥采用过的基于结构解析的模式。然而,决定性的功能差异影响了整个设计:升降机塔楼与长条形的建筑主体是互相隔离的,同时各楼层立面上组合着无数高大的券形窗,而且这些窗户的组合具有韵律感,这很明显地预示了后来理查森为马歇尔·菲尔德批发商店确立的解决办法。因此,依靠他所有那些精确的计划,波斯特确立了那些注定要变成规则的类型。由于考虑建筑整体形式比例有可能丧失,因此,他在高层建筑中采用了类似古典柱子的三段式的组织方法,建筑的底部与街道和大众紧密相连,类似柱身的建筑主体部分可以有任意的高度,而上面的顶部结构要能使建筑适应整个城市的外观。这种新的类型学就以确定的式样表现在下列建筑中:联合信托公司大厦(1889—1890年,纽约)、节生保险公司大厦(1890年,纽

图 86,图 87　丹尼尔·H·伯纳姆和约翰·W·鲁特:芝加哥,鲁克瑞大厦大厅和底层平面,1885—1886 年

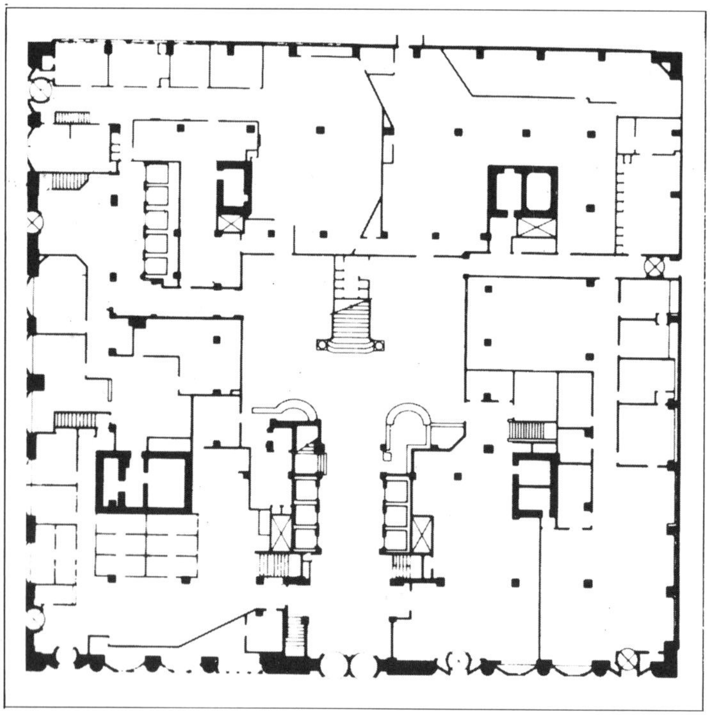

瓦克),尤其是哈夫迈耶大厦(Havemeyer Building,1891—1892 年,纽约)。在世纪结束时,波斯特通过艰苦摸索,设计了一个未来模型,一座带有单独塔楼的摩天大楼,他第一次试验是在圣·保罗大厦(1898—1899 年,纽约)和公平大厦(1898 年,纽约)这两座大楼中。为了消除这种形式中包含的不确定性,在这些建筑中,曾力图去建立控制建筑形式的标准,因为原来已被弄乱了。

然而,詹尼大胆的技术实用主义以及波斯特对摩天大楼价值的直觉,都与任何浪漫主义的神话毫不相干,而且也并没有超越历史的局限,这样的局限,也曾出现在乔治·H·埃德布鲁克(G.H. Edbrook),C·L·W·爱迪里兹(Cyrus L. W. Eidliz),或布卢斯·普赖斯等建筑师的作品中。即使在最激进的思潮中,摩天大楼仍然是少数,也可以说,是更丰富了多种可能性,但同城市系统的联系却是间接的和常规的。摩天大楼的这些局限,在 1930 年代以前,一直是压在不断奋斗的全体美国人身上的沉重负担。

霍拉伯德和罗奇事务所的作品实现了詹尼的结构主义研究和波斯特的类型学研究之间的综合。1887 年到 1889 年,在芝加哥建成的塔科马大厦(Tacoma Building)中,他们解决了在建筑中有意采用重复构件的可能性问题,在这里,结构框架唯一的节点是由弧形窗垂直的条条构成的。然而,他们于 1894 年在芝加哥设计的马癸特大厦,骨架则是任其暴露的,而通常的三段式设计采用的却是另一种标准构件,由三种元素构成的窗户。他们随后的作品,比如 1893—1894 年的钱普兰大厦(Champlain Building)、1898—1899 年的盖奇综合大楼(Gage Building Complex)、1899 年的凯布尔大厦(Cable Building),都是以形式与结构之间的正确联系为特征的,它们都可以被描述为一种简化的语言,基本构件的重复,分等级的功能处理。然而,像塔科马大厦那样清晰的方法,直到伯纳姆去世那年,正在伯纳姆事务所工作的查尔斯·B·阿特伍德(C.B. Atwood,1849—1895 年)在芝加哥完成了信托大厦(Reliance Building)之后,才再度出现,而这座大楼的设计,伯纳姆和鲁特在 1889 年就开始了。实质上,霍拉伯德和罗奇把作为一种类型的摩天大楼简化到了它最初的使命的位置:作为一种纯粹的标志、作为一种经济关系的产物、作为一种"客观的"生产力的和社会转型的产物,高高耸立于城市之上——建筑师并不想把任何主观的信息强加给这样的摩天大楼。

当我们把霍拉伯德和罗奇的作品同芝加哥最有名的事务所之一——伯纳姆和鲁特(John W. Root,1850—1891年)事务所的作品进行

图 88　丹尼尔·H·伯纳姆和约翰·W·鲁特：芝加哥，蒙纳诺克大厦，1889—1892 年

图 89　路易斯·H·沙利文和 D·艾德勒：芝加哥，会堂大厦，1886—1890 年

比较时，可以看到霍拉伯德和罗奇的贡献更为突出。这两个特殊的人物以串联的方式，把美国职业状况中的两种成分联系在一起：伯纳姆是组织者，一个不知疲倦的发起人，一个差不多可以称为怀疑主义的现实主义者，一个禀有企业家的赤胆忠心并具有一个设计者显著的才能但常常被人低估的人；鲁特则在探索将达尔文派的“有机”观念同他从建筑师 G·森帕尔（Gottfried Semper）和勒－杜克（Viollet-le-Duc）那里吸取的理性主义结合起来，因为这种理性主义曾由詹姆斯·伦威克（J. Renwick）和 J·B·斯努克（Snook）进行发展。为此，鲁特渴望在新的商业建筑形式中体现理查森的浪漫主义。他们两人的合作开始于 1873 年，并且大部分作品在芝加哥。在 1880—1881 年的格兰尼斯大厦（Grannis Building）和 1881—1882 年蒙托克大厦（Montauk Building）之后，两人的方法变得相当简洁了，他们完成了第一批著名的成果，比如 1884—1885 年的保险交易大厦，特别是 1884—1886 年的麦考米克大厦（McCormic Building）。鲁特自己在一篇题为《国内建筑师》的文章中，把他们的建筑称为有效的商业时代崇高而永恒的纪念碑。这种崇高和恒久的确立是因为他们自由地引用了理查森的形式法则和波斯特的类型学案例。他们的主要成就，则是被誉为他们时代的杰作的鲁克瑞大厦（Rookery Building）。这是一个富有深刻矛盾性的创作：它那城堡般的外观仿佛要保护它不受城市的侵扰，而在它的内部，在那个装有玻璃屋顶的大厅（部分是赖特改建的）里，不受常规围护墙体控制的空间，在设计巧妙、运用自如的铁结构中，豁然打开。因此，在城市形态学和高楼大厦之间，出现了一种新的关系。实际上，大厅变成了城市的大广场，一个社会冲突的场所，它不受其他任何地方的无情投机活动的影响，而是为人们提供一个设在单独大楼内的避难所。而且，私人企业接管社会生活范畴，用摩天大楼创造了一个“城市中的城市”。

保持摩天大楼那种守旧的性质，已随着新建筑对浪漫主义态度的减弱而告结束。1886—1887 年的阿尔吉尔公寓（Argyle Flats）、匹克威克公寓（Pickwick Flats）和 1889—1891 年的共济会大厦（Masonic Temple，麦松庙），所有这些建于芝加哥的建筑，是 1889—1992 年建成的蒙纳诺克大厦（Monadnock Building）的直接序曲，这座由伯纳姆和鲁特合作设计的建筑，标志了一个重要的转折。这是一座板式的、钢框架砖墙建筑。由于运用了传统材料，它在结构上的整体性达到了不可逾越的极限高度。出于对这座与城市融为一体的大楼的偏爱，伯纳姆和鲁特舍弃了鲁克瑞大厦的城堡式的隐蔽性，使这座大楼既保持

图 90 路易斯·H·沙利文和 D·艾德勒:美国布法罗信托银行大厦,1894—1895 年

作为城市的一部分的身份,同时又确保自己的个性。

这是一个正在衰落的技术和方法的最后成果,它与伯纳姆在鲁特 1891 年去世后在信托大厦中所采用的方法大为不同,信托大厦缺乏蒙纳诺克大厦体形的简洁性,主要依靠一种垂直重复的相同模式,它恰巧与蒙哥马利·斯凯勒(Montgomery Schuyler)所说的那种建筑有关,蒙哥马利·斯凯勒曾经说过:"摩天大楼在建筑上是很难处理的。"

当其他建筑师正努力修正斯凯勒的意见的时候,伯纳姆却选择了不同的道路。随着摩天大楼越来越远离建筑传统,它倾向于使摩天大楼融入城市整体之中,使它的外观显示出一种中性的特征:建筑的"品质",正像这个术语被人们所理解的,只可能作为暗示和修辞性的提示出现在城市中,建筑不再是商业时代的纪念碑,却变成了对城市本身的挑战。伯纳姆作品的中心主题已经变成了纯粹的城市"形式",变成了走向新的征服道路上的向导角色。因此,由他的事务所设计的大厦——1902 年建于芝加哥的新马歇尔·菲尔德商店和次年建于芝加哥的黑渥司大厦(Heyworth Building),特别是 1902 年建于纽约的熨斗大厦(Flatiron Building),清楚地表现了这些由城市控制的特点和功能。熨斗大厦,挤在一个尖角指向曼哈顿中部三角楔形地带,表现了一种城市化愿望,一种征服城市的非纸上谈兵的建筑实体,而 1911 年建于堪萨斯哈切斯顿(Hutchinston)的第一国家银行,或 1912 年建于芝加哥的巴特勒兄弟仓库,似乎宁愿消失在建起它们的那片无名地带。建筑正在变成一种驯服的工具,一种无论向它要求什么都可以得到满足的语言。

与这种倾向相反,芝加哥学派的浪漫主义思潮,在那个由戴着英雄光环出现的大人物路易斯·H·沙利文(Louis Sullivan,1856—1924 年)发起的一场筋疲力竭的战斗中,揭竿而起。从传统上说,沙利文处在一个探求建筑形式的核心位置,从理查森到弗兰克·L·赖特,他们都曾处在这种探求的时期,从这里,人们期望获得"有机思想"的真正价值:大都市被视为人化的混沌状态,是自然的对立面,反映了新杰斐逊民主的基础。确实,可以说,沙利文建筑的独特品质已经驱除了大城市中的冷漠和异化。但是,他的与世隔离的神话是他本人在《一种观念的自传》一书中自我吹捧的产物,这本书写于他的晚年(1922—1923 年),他希望通过这本书来改变他必然失败的历史命运,以期过上他希望过上的生活,达到他想要达到的成就。作为这样一个有着复杂个性的人,他对理论和形态学所做的真正的贡献尚须根据我们迄今可能查找到的资料作认真的评价。在同弗内斯一起工作过一段时间之后,年轻的沙利文进入詹尼的事务所,与罗奇、霍拉伯德、埃温·K·庞德(Irving K. Pond)、约翰·埃德尔曼(John Edelmann)等人并肩工作,特别是约翰·埃德尔曼,在使他熟悉欧洲文化方面发挥了重要影响。1879 年,沙利文开始同 D·艾德勒(Dankmar Adler,1844—1900 年)合作,后者因在芝加哥设计了一些著名的建筑,比如 1872 年的第一国家银行,1879 年的中央音乐厅,已经颇有名望。这对新搭档的第一批作品,比如 1879—1880 年的波登大厦(Borden Block),就直接利用了詹尼的经验。只是到了 1879—1880 年,在设计会堂大厦(The Auditorium Building)时,才出现了新的转折:建筑的外壳可以说协调了多种不同的功能,采取了由波斯特确定、由理查森发展成熟的三段式作为创作的基础。建筑的装饰词汇,特别是在歌剧院和大会堂,引入了一种史诗的气氛,使得这座大厦能够满足芝加哥新"士绅"阶层的文化渴望。会堂大厦的结构似乎遮盖了它所包围的空间,一系列横跨内部的非结构性巨大拱券占据着支配地位,这是一首真正的赞歌,是一首献给浓缩了丰富象征意义的空间的大都市的活力赞歌。

在 1890 年代,沙利文完成了三座杰出的摩天大楼:1890—1891 年建于圣路易斯市的温赖特大厦(Wainwright Building)、1892—1893 年建于同一城市的联合信托大厦(The Union Trust Building)和 1894—1995 年建于布法罗的信托银行大厦(Guaranty Building)。这三座建筑在很大程度上受到了波斯特的观念和处理方式的影响,可以肯定,联合信托大厦的 U 字形就是来自于波斯特的米尔斯大厦。但是,沙利文的建筑,总体来说是富有独创性的,他能够用自己的语言来准确表现他所模仿的东西,特别是,他具有这样一种令人惊异的才能:他能够把他的结构整合为一种自然的装饰语汇。在 1897—1898 年和林登·P·史密斯(Lyndon P. Smith)共同在纽约完成的贝阿德大厦(Bayard Building)中,这些特征得到了极为清楚的展现。在这里,由于他努力采用了细致处理的手法,似乎使摩天大楼平时不太受过路人注意的现象得到校正。沙利文曾经受到过当时流行的先验哲学的影响,他把这种努力视为恢复个人权利斗争的一部分,也是恢复作为个人在群体中的公民民主权利的一部分。他的"价值标准"现在似乎已经过时了。然而,在 1891 年所作的兄弟会教堂(Fraternity Temple)方案中,正是以这些价值标准为基础,沙利文抨击了大都市中心整体形式的宏观控制问题,从而,预见到了 20 世纪特有的建筑形式和问题。

然而,这种努力还只是刚刚开始。在 1895 年之后,他同艾德勒的

图 91　路易斯·H·沙利文：芝加哥，盖奇大厦，1898—1899 年

图 92　路易斯·H·沙利文：芝加哥，卡森，皮里和斯科特百货公司大厦，1899 年开始

图 93　丹尼尔·H·伯纳姆：纽约，熨斗大厦，1902 年

图 94　麦金、米德和怀特：纽约，多功能大厦，1911—1914 年

合作关系即告结束，作为一位合作者，沙利文仍然具有吸引像埃尔姆斯利（G. G. Elmslie，1871—1952 年）这样杰出的建筑师的魅力，从 1899 年开始，通过同他合作，沙利文在芝加哥完成了卡森、皮里和斯科特百货公司大厦（Carson，Pirie，Scott Store），这是他为一座大都市创作的伟大作品中的最后一个作品。沙利文在结构和艺术形式的处理上利用了他特有的这种等分手法，在这里被有趣地分离开来：底部用作商场的两层使用了豪华的铸铁装饰，而上部的其他各层却以纯粹的几何构图明显地简化为一种水平的带形窗。前角凸出的半圆柱形差不多被处理成一种像是自动生成的结构，这是一个位于两个主要街道交叉处的关键部位。装饰上日益严重的自然主义使城市和进行买卖的商品世界之间的关系得到了升华；商店之上的办公区全部被装在水平方向的简洁的几何形窗的世界中。大都市的两个核心直接而迅速地被反映在这种建筑形式的二段式中。

在 1900 年之后，沙利文的全部活动都是在他的城市之外，他已经完全中断了同芝加哥的联系。此后，沙利文晚年设计的一些作品，分布在一些比较偏僻的中等城市，比如 1907—1908 年明尼苏达州的奥瓦通纳城的国立农民银行，1914 年艾奥瓦州格里尼奈尔国立商业银行，1919 年俄亥俄州哥伦布市的农民联合银行。但是，正是在这些作品中，沙利文实现了复杂的装饰镶嵌同几何形式的完美结合，这些几何形式都是精挑细选出来的精华，正是这些精华，使得沙利文的小银行成为真正的建筑精品。沙利文同芝加哥中心区的爱憎关系已经被打破。制定大都市发展的任务，将要留待他人了，无论未来城市会是什么样，它的性质必定是与现在完全不同的。

在沙利文赋予他的芝加哥建筑以史诗般的文学形式的特性之前，芝加哥建筑的两个核心之间最后的对抗已经在物质上得到了体现。

1893 年，由于哥伦比亚世界博览会在芝加哥举行，芝加哥作为美国的文化中心已经在全国占据了领先地位。我们已经看到，这次博览会是一首歌颂新的大都市扩张主义命运的赞美诗，正当经济危机之时，它的召开，给庞大的重建过程输入了巨大的活力，这个过程将要一劳永逸地清除芝加哥第一批“绅士”曾庆贺过自己成功的那种粗俗而乡土气的方式。

麦金（Mckim）、米德和怀特事务所（McKim，Mead & White），乔治·波斯特，皮博迪和斯特恩斯事务所（Peabody & Stearns），S·S·贝曼（Solon S. Beman），亨利·范布伦特（Henry Van Brunt），詹尼，艾德勒

图 95 赖特：伊利诺伊州，橡树园，弗里克住宅，1902 年

图 96 赖特：伊利诺伊州，橡树园，团结教堂室内，1904 年开始

图 97 赖特：伊利诺伊州，橡树园，汤姆斯·H·盖尔住宅，1909 年

和沙利文，亨特，所有这些建筑师，都是性格迥异的，唯有伯纳姆的组织才能可以保证这些个性各异的建筑师友好而成功地合作。在这次博览会中，唯一获准在这个纪念性的荣誉陈列区之上设计一座与众不同的建筑的建筑师，是 S·S·贝曼(Solon S. Beman ，1853—1914 年)；博览会的中心建筑群中的主要大厦是由美国东海岸的航海公司委托建造的。但是，这次博览会真正的首脑人物是查尔斯·B·阿特伍德(Charles B. Atwood)，他是唯一一位成功地运用一座更坚固耐久的大厦取代通常的木板条和灰泥外壳的建筑师，这座大厦就是美术展览馆(The Fine Arts Building)。当弗兰克·D·米利特(Frank D. Millet)在调节博览会会场复杂的布局时，那个僵硬的轴线布局事实上已经确定了这些极端复杂的大厦的位置，并且更明显地把人们的注意力引向波斯特设计的制造业展览馆(The Hall of Manufacture)和亨特设计的管理大厦(Administration Building)。

在博览会的建筑设计委托中，沙利文和艾德勒被指定设计转运大楼(Transportation Building)，这是博览会景象万千的建筑中一个极端的异例：博览会里大都是金色之门作为入口，经过一系列拱券通向建筑主体，它是整个博览会品质的象征，博览会的运作在很大程度上说，是建立在一种迎合大众趣味的基础之上；而这座转运大楼则是一种来自过去世界的富有激情的，多愁善感的声音。博览会代表了某种与当时人们所呼唤的品质和高贵相矛盾的东西，而这种品质和高贵曾由沙利文极力倡导过。当他开始写他的自传的时候，沙利文再次提出了对这届博览会的批评，并且措辞比较严厉："因此，在自由的土地上，在勇敢者的故乡，建筑死了。"

但是，沙利文所追求的价值观，在大众的口味中并没有影响力，它成为不可捉摸的观念，这只是在所有史诗中所描绘的东西。无论我们怎样表达我们的道德愤慨或怎样运用我们的伦理判断，本届博览会却仍然被归结为杰作，并且企图以此作为这座美国特殊都市重要发展的标志。博览会既没有表现出美国本土特色，也没有表现出自己时代的特色；它的本质只是消费。博览会吞噬了一切，它求助于平庸，每每在荒诞和感伤的竞赛中试图表现出有意义的形式，他们千方百计玩弄花样，以图讨好参加博览会的公众。在这个混声合唱中，一切都永远地过去了：板条——灰泥建筑的临时性不过是表达价值的短暂性的忠实反映而已。这是向旧传统世界的痛苦诀别。

一场来自大城市的强大的经济危机巨澜汹涌而来，冲击了芝加哥博览会，先前所有的一切被扫荡被淹没，而经济危机本身则成了世界的主宰——公众，美国人民，在发现自己的作用和力量的渺小可怜之后，在 1870—1890 年代的个人斗争中曾经引导建筑师们奋斗的那种稳如磐石的信念全然被击得粉碎。1893 年，当博览会正在开幕之际，一场经济危机却给两个阶级之间的联系带来残酷的震撼，使美国资本主义组织发生了巨大的变化。真正的开拓边疆的精神并没有死亡，建立在此基础之上的经济动机仍然活跃着：征服，也没有死亡。美国民族的"帝国使命"注定只能采取不同的形式，或新的模式。它的成功不再是建立在个人首创精神基础之上的神话，不再是建立在冷漠而荒凉的世界中个人奋斗基础之上的英雄故事。现在，适合这个世界的，是大都市运作规律下的集体协作，每一种商品是以直接的传递形式流通，而且公众能够把自己视为他们正在生产的商品世界中的一个独立的社会实体。公众已经联合起来，是一个值得为之树起超越时间和价值(且不管是新世界的也罢，旧世界的也罢)的伟大群体，是永恒的稳定的象征。

旧的"品质"观念已经隐没在历史中了，变成了价值的一个部分，在这里，商品世界也好，控制它的权力也好，公众本身也好，都不再可能把他们自己看作他们过去所扮演的角色，因为他们的血统和民族为保持自身的特色毕竟已经付出了代价。

然而，正是沙利文熟练地表达了这些价值，帮助弗兰克·L·赖特(Frank Lloyd Wright，1867—1959 年)开始了他最初的建筑实验，赖特的这些设计，意在满足居住在郊外别墅中的趣味高雅、经济富足的有产阶级的需要。这正是 T·维布伦(Thorstein Veblen)研究过的那个阶级。

赖特先在 J·L·西尔斯比(Josph Lyman Silsbee)的芝加哥事务所工作了一小段时间，在那里，他学到了有关板条民居风格的知识，之后，他于 1887 年加入了艾德勒和沙利文的事务所，并且一呆就是 6 年，在这里，需要特别提到的是，他作为合作者为芝加哥设计了许多住宅，比如 1888 年的法尔克瑙住宅(Falkenau Houses)，1891 年的查利住宅(Charnley House)。他在事务所肯定是处于较为重要的地位：他在 1892 年设计的希勒大厦(Schiller Building)中所用的技巧和在这届博览会上设计的转运大楼的某些细部处理，肯定已经被人们所察觉。同时，他在自己新成立的事务所里也偶尔承接一些私人委托，他的事务所成立于 1889 年底，地点在橡树园镇。正是在橡树园和森林河这样一种极为特殊的郊外气氛中，赖特找到了他的第一批业主，并且开始同聚集在简·亚当斯(Jane Addams)周围的知识分子发生联系——他

图 98　赖特：芝加哥，罗比住宅底层和二楼平面，1909 年
图 99　赖特：芝加哥，罗比住宅，1909 年

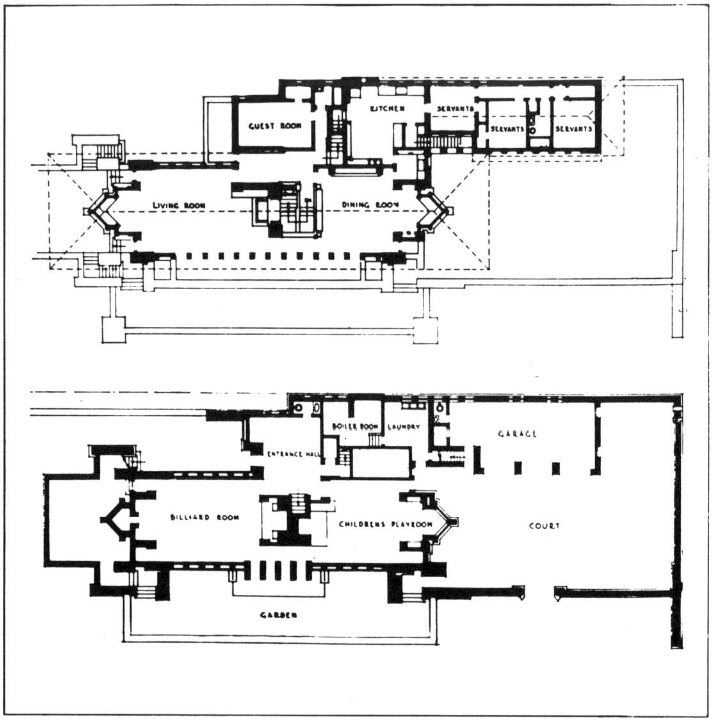

们都居住在芝加哥贫民区里，这里是亚当斯的住宅中心，他也同另外的慈善团体和进步机构进行联系。赖特是乡野社会完美的解释者，从追求乡野生活的人们的态度中，赖特体验到一种与他从沙利文那里学到的类似的疏离大都市的高雅态度。

但是，赖特从沙利文那里学到的更为重要的东西，是一种理智的态度，在谈到如何使自己不受大师的错误的影响时，他曾作如此的解释：回到美国文化先辈们的哲学中去——回到梭罗（Thoreau）的个人主义，回到杰斐逊或爱默生的自然主义——这意味着视“有机建筑”与“有机社会”同一，这也意味着赞颂个人的作用，这个与自然紧密联系的人（按照 18 世纪的思想方式，它被视为一种抽象的人），可以建构一个属于它自己的社会。但是，这也意味着把那些曾经造成沙利文悲剧的东西变成积极的因素：赖特不得不把自己的活动限制在芝加哥周边的郊外私宅区。因此，赖特对自然推崇可能具有某种示范的性质：他把私宅标榜为一种新民主的萌芽，并且，私宅本身就会宣告它自己的“自由”。在 1893 年赖特作了那个企图迎合学院派审美趣味的密尔沃基公共图书馆之后，赖特在设计中所作的反古典的选择，极为明显地暗示出其独特的风格源泉：来自于世界博览会日本馆中的日本风，他从中吸取了一种异国情调，并且赋予这种情调以“崇高的数学”价值；来自于板条民居风格，特别是底层平面的处理与自然材料的熟练运用方面；来自于德国先驱教育家 F·W·A·弗罗贝尔（F. W. A. Froebel）设计的游戏和玩具，这些游戏和玩具本是他用来自娱的，表现了他对用构件进行建造的偏爱和对体积组合的诗情。因此，如果赖特这种抽象的所谓有机理想是一个新的综合意识，是一种与学院派相对的新的文化基础意识，那么，任何一种反欧洲和反古典的建筑语言成分，都有可能进入赖特的语汇。因此，从西尔斯比或布鲁斯·普赖斯（Bruce Price）所作的别墅中，他学习到了印度茅舍和玛雅纪念物的手法作为自己选择的模式。对赖特来说，重要的是寻找 18 世纪先辈们的经验之根，或者更往前，去寻找哥伦布之前美洲未受污染的世界。

经过一系列探索性努力，赖特根据他在 1892 年设计的芝加哥布洛塞姆住宅（Blossom House）和橡树园的盖尔住宅（Gale House），以及自家在橡树园的住宅和 1893 年建成的温斯洛住宅（Winslow House），定义他的建筑的主要特点是“草原住宅”，这也是他对自己这一时期的建筑的称谓。如果说温斯洛住宅的外观仍然明显地表现出对轴线的过分关注——虽然这种关注已经在一定程度上被精巧的装饰花边减弱，那么，多边形楼梯同背面逐渐缩小的体量的配合，马厩外观上水平

图 100　赖特：纽约州，布法罗，拉金大厦，1903—1904 年

与垂直的对照，这一切，加在一起，有效地预示了在下述私宅中有可能奏效的那种诗意的处理：如 1897 年建于芝加哥的赫勒住宅（Heller House），1900 年建于坎卡基的希科克斯住宅（Hickox House），1902 年建于橡树园的赫特立住宅（Heurtley House），1898 到 1901 年建成的森林河高尔夫俱乐部（The River Forest Golf Club），还有 1900 年为妇女之家杂志（Ladies' Home Journal）所作的方案。如果平面凸出凹进得体，这种诗意的组合是有可能达到的；并且，事实上，赖特设计的住宅，内部空间总有一种想与自然环境相关联的轴线倾向，并且在艺术组合中起主导作用的因素（由建筑外部体形表现出来的）是场所的概念，即地点概念的再发现。对于建筑来说，过去大都市拒不接受的东西，现在，在私宅中又给夺回过来了：赖特住宅那种强调水平型的宽阔屋顶，完全是作为安全栖息的茅屋或木屋的一种隐喻。

对赖特来说，统一——综合——是某种经过一次又一次的主观努力被夺回来的东西。因此，并没有重复过去的经验或试验。虽然，在 1901 年著名的赫尔住宅会议（Hull House Conference）中，赖特吹嘘实现了艺术与工业的结合，但是，这并不意味着受机器影响的形式或建筑形式可以批量生产。正像伯纳姆告诉我们的，赖特重新创造了他在住宅设计中的设备技术处理装置，把极富独创性的取暖、照明和通风系统巧妙地并入他的复杂的空间组合中。因此，当赖特在伊利诺伊州高地公园的威利茨住宅（Willits House，1901 年），橡树园的弗里克和托马斯住宅（Fricke and Thomas Houses，1901 年）、马丁住宅（Martin House，1903 年）和伊利诺伊州斯普林菲尔德的达纳住宅（Dana House，1903 年）完成了设计章法的法则化之后，他可能就成了概念和设计大师。赖特对空间的征服，主要是通过对常规的"盒子型住宅形式"日益大胆地突破和应用高贵典雅、精巧细致的装饰而实现的。但是，那些被组合、分开和相互配合的"体量"，仍然是各自独立的，仿佛要证明，每一个设计，只不过是那些没有限制，两边开敞的作品中暂时的静止瞬间。在这里，达尔文的进化论变成了具体的形象。

当达尔文的进化论就要走近那些不得不与城市景观协调的建筑时，赖特发现，要保持自己的富有个性的诗意，已经变得比较困难。赖特在芝加哥设计的大量建筑，犹如城堡，总是努力使自己同环绕它们的城市分离开来，比如 1894 年为美国勒克斯弗棱镜公司（Luxfer Prism Company）设计建成的摩天大楼，1895 年建成的法朗西斯公寓和法朗西斯科台地公寓；并且，在 1900 年，在同一城市，他为亚伯拉罕·林肯中心设计的摩天大楼，也只不过是对沙利文的设计套路的搬用，

图 101　沃尔特·B·格里芬:艾奥瓦州梅森城,梅尔森住宅,1912 年

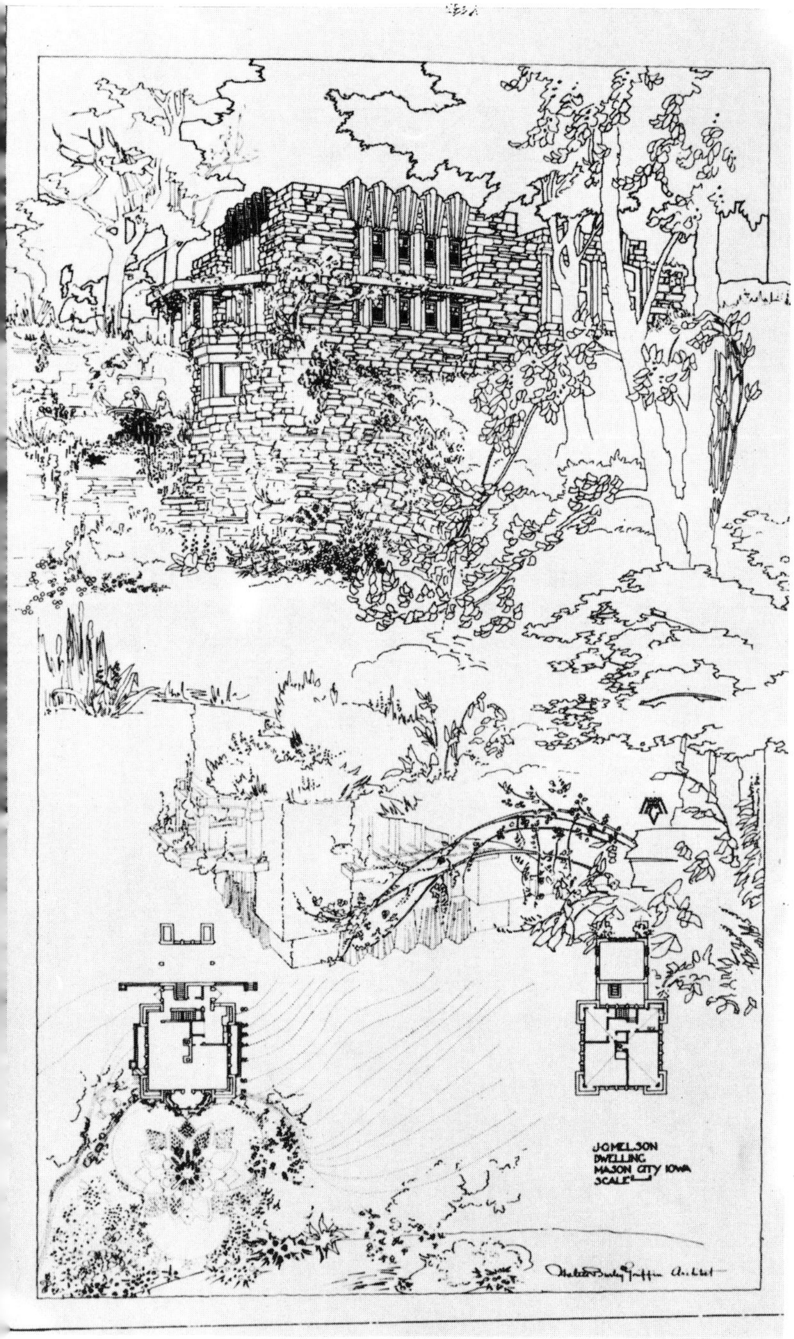

没有丝毫独创性。然而,在 1904 年,赖特不得不大胆地面对布法罗市的拉金大厦(Larkin Company Administration Building)所牵涉的建筑与城市之间困难的协调问题。从赖特为业主们绘出第一批草图开始,这就成为赖特的一个"不断发展的方法":通过顶窗采光,四面环绕有阳台的四层楼房,中间围着的这个长条形平面的中庭,容纳了这个白领阶层的"劳动之寺";在棱柱各个角上,外部可见的是一派纯净主义情调,四个向外突出的塔楼掩藏住了所有的楼道,看起来犹如一座都市城堡的主塔,赖特有意突出大楼封闭的几何形式,以造成一种纪念性效果,为了不妨碍这一效果,通向大楼的入口被掩藏在它侧面辅楼的凹进处。

值得注意的是,在安放楼梯的塔楼侧面的墙壁中,设置了调节空气和其他服务系统的管道设施,因此,这使得作为最早的一批办公楼之一的拉金大厦成为装有空调的大厦。像 1909 年建于威米特的贝克住宅(Baker House,在窗下墙里安装了散热器)和 1908 年建于森林河地区的伊莎贝尔·罗伯茨住宅(Isabel Roberts House,它的门窗、屋顶、和装置都能测量准确的环境标准)一样,拉金大厦代表了一种形式结构和机械服务装置的有机组合。而且,这也是对城市挑战的一种解释,这里的城市,是人们以绝对形式表述的城市,是人们所理解的向欧洲基本生活方式回归的形式。在喧嚣混乱、自由竞争的都市范围内,人们还不可能认识到的东西,可能会在建筑的微观宇宙中实现,建筑的微观宇宙,不再像在沙利文的作品中那样,只是一个概念,而是在多种成分的有计划的整合中进行示范性的实验。

甚至,赖特在他的作品中插入几何性的装饰,即使是室内的装修与摆设,也必须理解为他旨在实现其语言总体的一个部分。拉金大厦的"立体主义"造型在赖特 1906 年建于橡树园的团结教堂(Unity Church)中,经过进一步的处理和组合,变成了一种先锋派的水泥建筑。我们在弗里克住宅和赫特立住宅中见到的片状倾向,在这座教堂中,则改变成立方体造型和团结住宅的长方形组合,但它仍然保持着一种辩证法的关系,在建筑的各个部分之间仍然有着一种亲密的交流,这些部分并没有失去它们作为独立体的特性,虽然它们倾向于完全被同化到那个有机整体之中。赖特这一阶段创作的杰作,是团结教堂的室内设计,承重体块富有雕塑感的形象,咖啡色玻璃顶棚,勾勒出空间的细木条竖向排列,悬空安装的球状枝形吊灯,表示出顶棚和室内体积界限的带形窗户,以及固定摆设的建筑特性,所有这一切都表现出赖特独特的匠心。

图 102　威廉·G·珀塞尔和乔治·格兰特·埃尔姆斯利：明尼阿波利斯市，邓巴制造公司大厦立面和平面（引自《西方建筑师》，1915 年 1 月）

图 103　格林兄弟：加利福尼亚州，帕萨迪纳，布莱克住宅，1907 年

它的象征性意义是明白可解的：在一（Individual，即个人）和多（Communitas，即社会）之间，唯有付出绝大的努力，方可达到一种融合，除此，既不可能有融合的桥梁，也不可能有任何直接的融合。

虽然表面上看是矛盾的，诸如这种对所有已采用的建筑形式的否决，在形式的语言和实存的语言之间的脱节，对赖特来说，在 1905 年之后，却变成了此后不断变法的机遇，并且导致了手法主义，不仅对赖特是如此，对他的许多合作者和追随者也是如此。从国立城市银行大楼和旅馆（艾奥瓦州梅森城，1909 年）到切尼住宅，格拉斯纳住宅，哈迪住宅，英戈尔斯住宅（Cheney，Glasner，Hardy，and Ingalls Houses），赖特的大量作品都表现出一种多义性的形式美学，而他在 1901—1919 年为列克星顿台地（Lexington Terrace），1910 年为蒙大拿州科莫果园的夏季生产地（Como Orchards Summer Colony）所作的设计，尽管方法不同，却说明，当赖特面对城市的住宅问题时，他的风格已经变得多么地不确定。

同时，在赖特的建筑中，体形的分解已达到了极点，特别是在 1912 年，在伊利诺伊州的里弗塞德所建的孔利住宅（Coonley House）复杂的组合中，以及 1909 年设计的麦考密克住宅（McCormick House）中；赖特经过最后的努力，从结构上对这类建筑重新作了组织与安排，这导致了 1909 年芝加哥的罗比住宅（Robie House）的诞生，这也是赖特第一个黄金时代的绝笔。

应付形式的危机与应付个人的危机是一致的。当郊区不再是赖特用以实现个人和社会融合的先验论梦想的手段的时候，当这种情形变得日益明显的时候，集中体现在团结教堂和赖特为自己修建和重建的工作室里的土地和家长的思想，就难以为继了。1909 年，赖特远离家庭，接受评论家 K·弗兰克（K. Francke）的邀请，到欧洲访问。次年，他在柏林举办了一个大型的设计展览，接着，E·沃斯马斯（Ernst Wasmuth）出版了关于他的专著，这使他在欧洲一举成名，人们在提到 J·J·P·奥德和密斯·凡德罗时，常常会论及赖特对他们产生的决定性的影响。对赖特来说，同过去的决裂是决定性的。回国以后，在 1911 年，赖特开始在威斯康星的塔里埃森这个与世隔绝的地方建造自己的事务所，当蕴涵在麦考密克住宅设计中的表现主义因素被淋漓尽致地表现在 1914 年的芝加哥米德威游乐场（Midway Gardens）随后又表现在东京的帝国饭店（在 1916—1922 年之间的相当长的时间里，赖特一直呆在日本）中的时候，那些各自表现自己特色的体形，以一种特有的方式组合在一起：几何形式的有机组合达到了质的飞跃，从而宣告了一

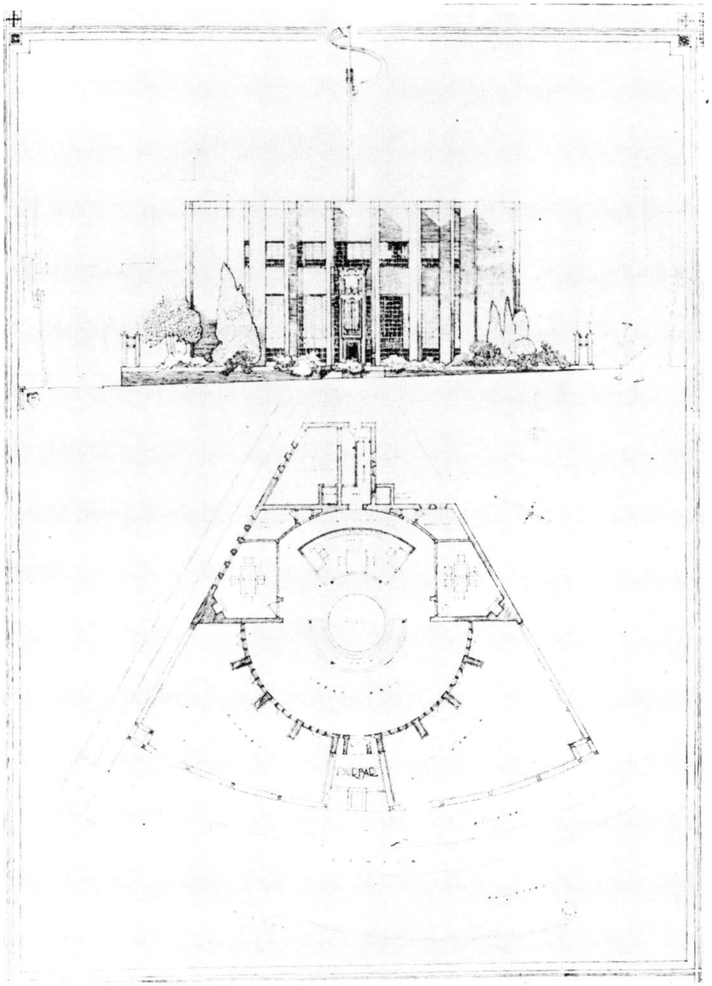

图 104 伯纳特·R·梅贝克：加利福尼亚州，伯克利，基督科学教堂壁炉室，1910 年

图 105 欧文·吉尔：洛杉矶，道奇住宅，1914—1916 年

个新的转折。

赖特的这种“自我否定”(contradiction)恰恰也正是美国诗人沃尔特·惠特曼的自我否定：

“我要否定自己吗？很好，那么我就否定自己(我博大，我包孕亿万)。”

但是要保持他个性的完整，现在唯一的可能，就是遁入荒漠似的那种未受污染的自然状态。从荒漠中，他将开辟一个新的起点。

同时，赖特橡树园时期的语言，正在影响相当一大批活跃在世纪转折期的美国建筑师，H·埃伦·布鲁克斯(H. Allen Brooks)有足够的理由把这些建筑师划归草原学派名目下。

W·G·珀塞尔(William Gray Purcell, 1880—1965 年)和 G·G·埃尔姆斯利(George Grant Elmslie, 1871—1952 年)的第一批作品是征兆性的。在沙利文的设计和埃尔姆斯利的设计之间的联系是很明显的：在某些作品中，例如，在 1902 年的森林湖(Lake Forest)的麦考密克住宅设计中，很难准确地判定谁是它真正的设计者。然而，沙利文的银行模式是修改过的，在明尼苏达维诺那的商人银行(Merchants Bank in Winona, 1911—1912 年)，就带有某种与银行毫不相干的夸张成分；同时，在马塞诸塞州伍兹霍尔城(Woods Hole)的 H·C·布雷德利别墅(H. C. Bradley Bungalow)，或者，在那个为芝加哥爱迪生留声机公司大楼(Edison Phonograhp Company Building ,1912 年)展览厅所作的精致典雅的方案中，珀塞尔，菲克和埃尔姆斯利把赖特和沙利文两人的风格特点融进了这座极为独特的建筑。

1902 年，主持芝加哥建筑俱乐部展览的建筑师，都在斯坦韦大厦(Steinway Building)拥有工作室。正是在这帮建筑师和一度曾是赖特的合作者的行列中，草原学派找到了他的代表人物，他们中，有 H·M·G·加登(H. M. G. Garden)，1907 年，他曾设计过芝加哥的蒙哥马利·沃德货栈，其他人还有：施密特(Richard E. Schmidt)，马丁(Edgar D. Martin)，珀金斯(Dwight H. Perkins)，斯潘塞(Robert C. Spencer)，迪安(George R. Dean)，马尔(George Washington Maher)，休恩(Arthur Heun)和伯恩(Barry Byrne)。但是，草原住宅运动的首要人物是威廉·E·德拉蒙德(William E. Drummand, 1876—1946 年)，瓦尔特·伯雷·格里芬(Walter Burley Griffin, 1876—1937 年)和马利翁·马奥尼(Marion Mahony, 1871—1962 年)——她于 1911 年和格里芬结婚。这三人都使自己深深地专注于赖特橡树园事务所的环境和文化兴趣中，他们在这里曾经工作过许多年。德拉蒙德于1910年在密歇根州的一座小镇

(Grosse Point)为小费里(Dexter M. Ferry, Jr.)设计的住宅中,他把赖特的影响和过分的构成因素搅和在一起了;他于1908年设计的第一主教教堂(First Congregational Church,芝加哥)和1914年在威明特(Wilmeter)设计的贝克住宅(Baker House),很明显有些矫揉造作;他的最优秀的作品仍然是森林湖区妇女俱乐部,这座建筑是他同路易斯·冈泽尔(Louis Guenzel)合作,在1913年建成的。比较有独创性的,是格里芬的作品,他特别钟情于分类学实验和精致的组合,比如他于1911年在伊利诺伊州盖尼沃尔斯城埃塞克斯街82号设计的住宅;1912年他在艾奥瓦州梅森城设计的梅尔森住宅(Melson House)中,格里芬把他对自然模仿和对前所未有的风格范式的探索融合在一起,这种语言导致了诗意的扩散。正是主要在格里芬,而不是在马奥尼精雕细刻的手法主义作品中,草原学派找到了自己的目标。与人们普遍的文化兴趣相结合,迷恋于不可能实现的乌托邦,在19世纪的自然主义和亨利·乔治的思想中寻根,这就是草原住宅运动,它为了拯救不同的传统,过时的神话,玄奥的语言而劳心费神,最后只能以失望告终。

在赖特选择作为家的新荒原,或者,在格里芬以一个城市规划师的身份活跃于澳大利亚这个未受污染的世界的时候[3],人们一再梦想有这么一个社会,这个社会接受自然的、"有机的"法则的规约,并由一些精英构成,他们的使命不再是在大城市的喧嚣中去寻找一只同情的耳朵,因为就他们的愿望而言,那种浪漫主义城郊世界实在是太受局限了。

奥科提洛营地(Ocotillo Camp),这个位于亚利桑那州钱德勒(Chandler)的荒漠部落,赖特曾经在那里作了最后一次尝试,企图把先辈们的梦想和绝对的大自然相融合,这个营地表现了一种明确地拒绝城市的特征;格里芬为艾奥瓦州的梅森城所作的郊区规划,则选择了一种充满梦幻的生活方式,也预示了这种对城市的拒绝。草原学派把他们自己的价值归因于乌托邦观念,并且通过同另一些充满疑问的人开展交流,使他们这些初有认识的人不致受到"外界"的影响。但是,正像梅森城的规划一样,它的独特品质得以存活(正如在日本版画精致的形式中一样),只是因为它不是从现实中获得的自然,而是从梭罗的"拒绝尘俗"的观念中得来的。

虽然在某种意义上说,加利福尼亚的建筑师与模仿赖特的那些人颇为相似,但是,他们仍然是一个极其特殊的群体。B·R·梅贝克(Bernard R. Maybeck, 1862—1957年)认为他们只可能有两种选择:精致的折衷主义革新和熟练的技巧。在卡瑞里和哈斯丁斯(Carrere & Hastings)的事务所工作一个时期之后,梅贝克在1899年为加利福尼亚大学伯克利分校设计了赫斯特馆(Hearst Hall),该馆采取了一种回到新哥特的矛盾形式。1895—1905年之间在加利福尼亚海岸所建的众多的住宅中,梅贝克对高水平技巧的狂热激情,在一种几乎是超现实的丰富的装饰中,得到了充分的表现。

梅贝克的基督科学教堂(伯克利,1910年)是用一些富有特色的类似小古玩装饰起来的,当时人们对这种装饰大感震惊,对它的合理性大表怀疑,但是,1915年,这种装饰的合理性和适宜性得到了证明,就在这个时候,当梅贝克与威利斯·波尔克(Willis Polk, 1865—1924年)合作[4],为旧金山设计巴拿马新古典主义太平洋国际博览会(Panama Neo-Classical Pacific International Exhibition)时,他在美术宫(The Palace of Fine Arts)里就是采用这样一种语言。但是,梅贝克无疑把他最好的东西倾注在他的那些小住宅中,比如在1917年加利福尼亚州蒙特西托城的宾厄姆住宅(Bingham House)中,他的才能可以得到充分的表现。在查尔斯·S·格林(Charles S. Greene, 1868—1957年)和亨利·M·格林(Henry M. Greene, 1870—1954年)兄弟的作品中,人们发现有一种似乎与梅贝克类似的方法。在1890年代,这兄弟俩受到理查森的影响,但是,1902年在帕萨迪纳(Pasadena)所建的卡伯特森住宅(Culbertson House)中,他们已摆脱理查森的影响,模棱两可地达到了赖特式的类型学层面,尽管那些丰富的装饰带有新艺术运动的某些成分和东方的影响。在他们的室内设计中,精致的技巧创造了一种不受时间影响的魔幻空间,并且得到了精美材料的强调,比如他们在帕萨迪纳设计的两幢住宅:欧文住宅(Irwin House, 1906年)和甘布尔住宅(The Gamble House, 1998年)就是如此。

欧文·吉尔(Irving Gill, 1870—1936年)又一次在其他方面做出了某些贡献。他曾经在沙利文的事务所受训,但是,他却是在西海岸工作,在遵循草原学派的原则作过一些设计实验之后(比如1906年在圣地亚哥设计的伯纳姆住宅),他一头钻进对新材料的研究中并且形成了一种比较基本的语言。1908年在拉乔拉建造的威尔逊·阿克顿旅馆(Wilson Acton Hotel)所表现的纯净主义是吉尔次年在圣地亚哥设计的主教日学校(Bishop's Day School)的一个前兆,一些评论家曾经把这座建筑同阿道夫·路斯的作品相提并论。但是,吉尔也面临应付工业化的诸多问题,因此,他投身过诸如低造价的有补贴的住宅设计:1913—1914年,吉尔作为首席建筑师同奥姆斯特德(Olmsted & Olmsted)事务所合作,为加利福尼亚的托兰斯社区作设计,他为这个社区设计了许多引人注目的新建筑形式。然而，他真正的杰作，却是于1914年之后设计的一些房子。道奇住宅(Dodge House，1914—1916年，洛杉矶)是一种混合设计，后以水泥粉面。就这座建筑的基本外形而论，体块的表现和符合功能的门窗处理，已完美地结合在一起。霍瑞修·威斯特法院(Horatio West Court，Santa Monica，1919年)和斯克里普斯住宅(Scripts House，拉乔拉，1915—1916年)以一种纯熟的体块组合重现了自然主义和抽象概念，在这里，建筑体形上都是采用连续的带形窗。从本质上说，吉尔作品的设计方法往往受到芝加哥学派的赏识，这标志着一种新的趋向，与芝加哥大师的主要追随者们有所不同，这是建筑思想回归普通常规语言的充分证明，但却在试验中面临着孤立的危险。

在世纪转折期的几十年里，在经历了第三产业城市(The Tertiary Cities)史诗般战斗之后，美国的建筑似乎已经全然陷入到一种以深刻的怀乡为标志的多种多样的探索之中。一旦那些曾经证明过商业史诗和摩天大楼史诗的合理性的神话破灭，就很难让美国建筑师去接受包含在新的历史情境中的后果。尽管逃避形式的争论，追求贵族式的再现自然和荒野的神话，倾向于手工艺以及向建筑师传统职业的回归思想有所抬头(它不同于芝加哥许多无个性的建筑公司得以生存的理论基础)，而这些因素仍只能让建筑不再希望把它的双脚只是安放在大地上，而是可以随心所欲地把它的上部结构插进九重云天。这种价值观已逐渐变为建筑师作品追求的目标。

第五章　北方的浪漫主义与加泰罗尼亚的现代主义建筑

当美国的建筑师正在进行着冒险的时候，由欧洲新艺术运动（European Art Nouveau）领上舞台的质量矛盾也正在焦虑中走向最后的日子，建筑正以新的形式与日常生活连接在一起。如果把北方浪漫主义作为一个具有共同特性的整体来看待，那必然不够全面，并且是片面的，但它确实反映了在1890年到本世纪初的这段时间，荷兰、斯堪的纳维亚及德国的进步建筑师的根本选择。与吉马德（H. Guimard）或奥尔布里奇（J. M. Olbrich）的缺乏感情色彩相比，像贝尔拉格（H. P. Berlage）、沙里宁（Saarinen）和F·博贝格（F. Boberg）这些建筑师就像是互相对立的纪念碑，而造就他们的则是社区精神，城市以及能包容大都市生活复杂的功能与结构的尺度。由于欧洲风格与新罗马风之间的联系，当这些建筑师中的主要人物，荷兰人H·P·贝尔拉格（Hendrick Petrus Berlage，1856—1934年），在几个折衷主义作品中用尽了全部欧洲的风格后，他选择了新罗马风。他早期的主要作品是阿姆斯特丹的证券交易所（1898—1903年），其主要特征是暴露的结构，严格确定的节点以及对比的材料（简单光滑的砖，斩过的石头，用于拱顶结构的铁），这些特征有助于它植根于老城的心脏地区，并使之成为现代主义建筑的里程碑。在此之前，只有P·J·H·凯帕斯（P. J. H. Cuypers，1827—1921年）的作品在形式上与之有一定的联系。贝尔拉格的新罗马风表现为对这种风格的自由使用，以表达对安全的需求（这是庄严形式的源泉），和接受新的城市生活方式的变化，这种生活常常集中在大型的公共建筑之中。

因此，贝尔拉格目的就是在安全中求得自由。证券交易所及贝尔拉格以后的作品中的严格的结构主义——从阿姆斯特丹的荷兰先锋派办公楼（1894—1895年）到同一城市的钻石工人联合会大厦（1899—1900年），以及1915年童话家圣休伯特（St. Hubertus）在奥特洛（Otterlo）的打猎场——都基于这样的手法：结构的开放与暴露等于向城市公众公开表达这座建筑的社区功能。贝尔拉格的思想中充满了社会学家费比恩（Fabian）的气息。他认为，就像早些时候威廉·莫里斯（William Morris）和凡·德·费尔德（Henri van de Velde）所认为的，资本主义的发展引起了一场建筑上的道德危机。为恢复失去的价值观，他努力强调对结构的回归过程，在面临破裂的现代城市的某些地点和场所，重新引入了以基本材料和形式的真实使用为特点的手法。勒-杜克（Viollet-le-Duc）和森帕尔（Semper）的教训也在贝尔拉格的身上留下了印记。他对城市结构延续性的兴趣则反映在他所作的阿姆斯特丹南部规划（开始于1900年，确定方案是在1915年），1908年的海牙规划，以及1911年的布尔墨兰（Purmerend）规划中。荷兰的城市规划法令促进了大片公有土地的形成，并鼓励了那些城市早期的扩张实验。

贝尔拉格与美国建筑的浪漫思潮——理查森和沙利文——之间的相遇是不可避免的。贝尔拉格所建立的介于昨天与明天之间的桥头堡，事实上与理查森的非常相像。1911年贝尔拉格在珀塞尔（W. G. Purcell）的陪同下在美国所做的一次旅行，使他意识到了他们之间的相似。他1914年在伦敦为一家荷兰公司设计的荷兰大厦（Holland House），就明确表达了对沙利文的仿效，并且设计中也不无赖特的浪漫主义痕迹，后来贝尔拉格曾以最富有启发的方式评价过赖特。

在贝尔拉格的周围，逐渐形成一种氛围，后来导致了文丁根小组（Wendingen Group）的成立。这和他的教学活动并无关系。而别的荷兰建筑师们此时却正在另一个方向上努力着，他们之中有贝泽尔（K. P. C. De Bazel，1869—1923年）和克龙霍特（Willem Kromhout，1864—1940年），后者在1898—1901年间在阿姆斯特丹用一些挖空的体量建造了美国旅馆，还有劳威里克斯（J. L. M. Lauweriks，1864—1932年），他在一系列别墅与设计方案中，发展出一套受到神学直接启发的有关比例及几何构图的理论。就这样，结构主义结束在神秘主义之中，而改革则在封闭的传统中寻找根源，这一传统的某些方面以后又由蒙德里安的作品在荷兰再现出来。走向未来所受到的压力需要有可靠的补偿。

我们试图追踪的这条浪漫主义的线索在芬兰曾达到它的一个高峰，这是一个受到俄国统治而又总是在寻求从俄国统治下拯救自己民族性的国家。伊利尔·沙里宁（Eliel Saarinen，1873—1950年）和拉尔斯·桑克（Lars Sonck，1870—1956年）都试图通过想像以回归祖先对自然的感情，从而创造一种乡土建筑文化。由隆罗特（Elias Lönnrot）编辑的民族史《卡利瓦拉》（Kalevala）以及西贝柳斯（Jean Sibelius）的音乐都表达了这种对自然的情感。赫尔辛基的法宾尼卡图地方（Fabianinkatu）住宅，1900年巴黎博览会上的芬兰馆，1902年在维特拉斯克（Hvittrask）的别墅与工作室，尤其是沙里宁1904—1914年设计的赫尔辛基火车站，1901年格斯利厄斯、林德格伦（Gesellius、Lindgren）和沙里宁合作设计的波乔拉保险公司大楼，以及1905年由桑克设计的赫尔辛基电话大楼和坦佩雷教堂，都使用了特别的手法。在这里宽敞的内部空间、凯尔特族的装饰花纹以及不同寻常的结构处理被结合在一起，看上去就好像设计者们在努力寻回斯堪的纳维亚古老传说的

图106　H·P·贝尔拉格：阿姆斯特丹，证券交易所，1898—1903年

图107　H·P·贝尔拉格：奥特洛，圣休伯特狩猎娱乐场，1915年

图108　H·P·贝尔拉格：南阿姆斯特丹的平面，1915年

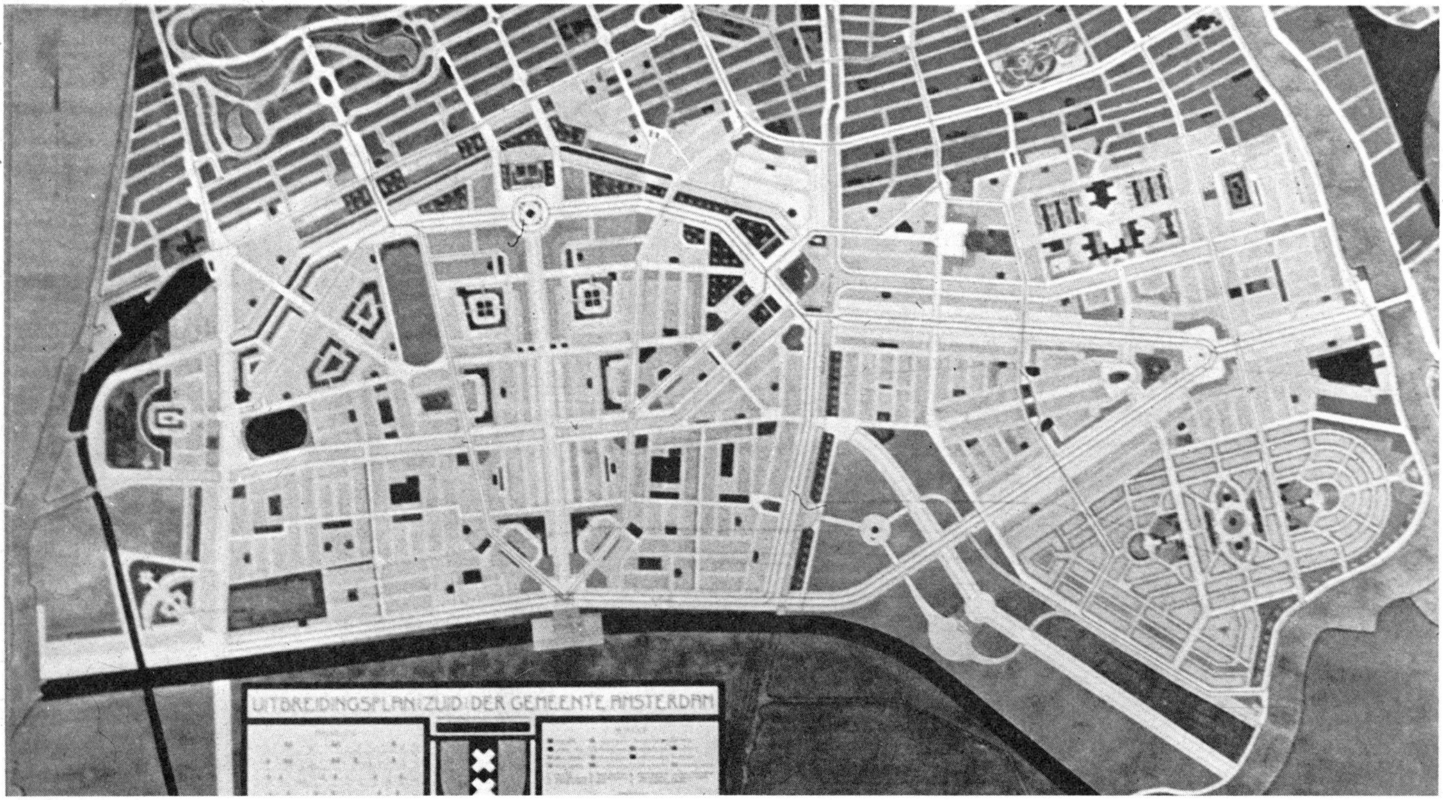

图 109　伊利尔·沙里宁：苏尔－梅里乔基，某建筑方案，1903 年

图 110　伊利尔·沙里宁：赫尔辛基火车站，1904—1914 年

图 111　伊利尔·沙里宁：大赫尔辛基规划，1917—1918 年（引自《城市规划》，1961 年，第 33 期）

图 112　W·克龙霍特：阿姆斯特丹，美国旅馆，1898—1902 年

图 113　贝泽尔：某图书馆竞赛方案，1895 年

图 114 柯杰尔和莫泽：卡尔斯鲁厄，汉堡银行，1898—1901年

图 115 费希尔：乌尔姆，加尼桑教堂，1908—1911 年

图 116 吉伯特：巴塞罗那，在交叉路口的公寓楼，1922 年

图 117 蒙塔纳：巴塞罗那，加泰罗尼亚音乐宫，室内，1905—1908年

图 118 蒙塔纳：巴塞罗那，圣保罗医院，1902—1910 年

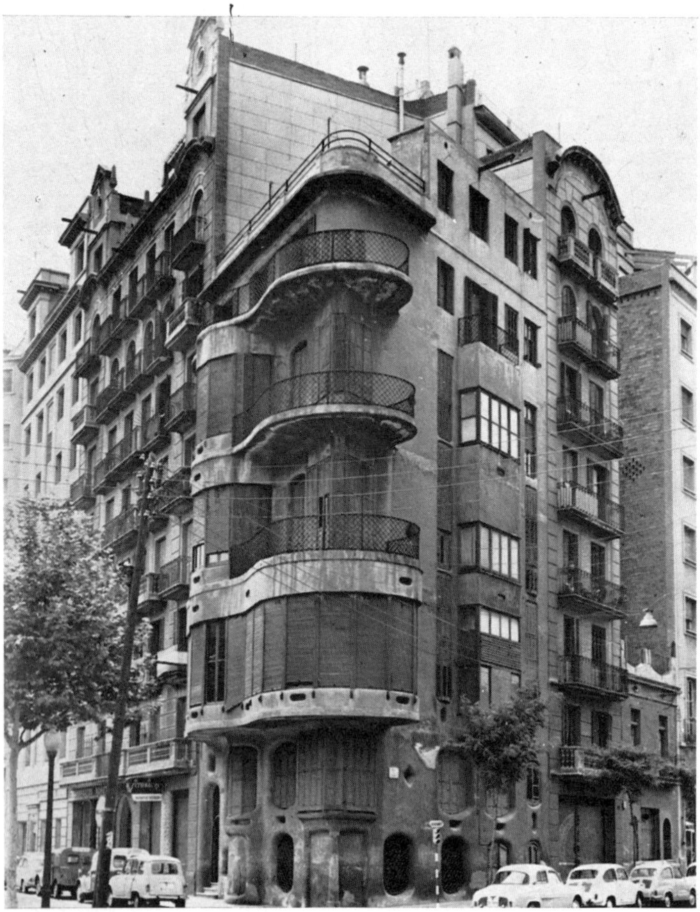

气氛，并将之传送到现在。事实上，赫尔辛基火车站的高塔正是一种在全城范围内都可感受到的视觉标志：在达姆施塔特，奥尔布里奇设计的塔曾经象征着颓废派艺术家的天堂，而在这里，塔的意义却被猛然拽落到城市世俗的功能性环境中。

伊利尔·沙里宁的作品中尤其体现出卡米洛·西特（Camillo Sitte，1843—1903 年）的教诲。他在为雷威尔（Reval，1911—1913 年），以及大赫尔辛基（1917—1918 年）所作的城市规划中，充分为自己朴实的建筑梦想赋予了实质性内容。他设计的赫尔辛基火车站与拉赫蒂市政厅在使建筑回归为城市整体中有意义的场所这样一个观念中发挥了作用，这也证明了沙里宁早期作品与贝尔拉格作品之间的密切联系。

尽管芬兰建筑师的手法变化有点像理查森，而实际上他们却更接近瑞典建筑师费丁南·博贝格（Ferdinand Boberg，1860—1940 年）的隐喻手法，例如他设计的 1890 年耶夫勒（Gävle）消防站及 1892 年斯德哥尔摩的电器工厂，这两个建筑都以大胆的体量组成。比较肤浅和折衷主义的作品则有奥斯伯格（Ragnar Östberg）1905—1923 年设计的斯德哥尔摩市政厅，或者是在丹麦，由尼罗普（Martin Nyrop，1849—1923年）在 1892—1902 年设计的哥本哈根市政厅，或是罗森（Anton Rosen，1859—1928 年）1909 年在同一城市设计的皇宫旅馆。

正如我们所见，浪漫主义的倾向在寻求本国之根的国家中最兴盛：在德国，费希尔（Theodor Fischer，1862—1938 年）1908—1911 年在乌尔姆设计了朴素的加尼桑教堂（Garnisonkirche），1905—1908 年设计了耶拿大学，并且他也是领导现代主义运动的那一代人中的佼佼者；在瑞士，则有卡尔·莫泽（Karl Moser，1860—1936 年）和罗伯特·柯杰尔（Robert Curjel，1859—1925 年）。莫泽和柯杰尔的作品从理查森那里得到的教益甚至要比从斯堪的纳维亚的作品中得到的更为直接，例如，1897—1898 年在巴塞尔建造的圣保罗教堂（Pauluskirche），1898—1901 年在德国卡尔斯鲁厄建造的汉堡银行及卢塞教堂（Lutherkirche）。现在我们已了解这一影响的渠道：在华盛顿德国大使馆中有一名大使随员，欣克尔顿（Karl Hinckeldeyn），他是一个建筑鉴赏家，并且也是一个作家，曾在 1897 年与格雷夫（Paul Graef）一起出了一本有影响的书：《北美新建筑》。并非偶然的是，卡尔斯鲁厄银行，作为一个真正的城市标志，以其尖角形的几何体形与几乎占据了整个建筑高度的高大拱券，却在波士顿的艾姆斯大厦（Ames Building）中成为它的主题。

图 119 高迪：巴塞罗那附近，圣科洛玛教堂，未建成时的地下门廊，1898—1915 年

图 120 高迪：巴塞罗那，卡尔维特公寓门厅，1898—1899 年

图 121 高迪：巴塞罗那，米拉公寓屋顶景观，1905—1910 年

图 122 高迪：巴塞罗那，米拉公寓平面，1905—1910 年

图 123 高迪：巴塞罗那，米拉公寓外观，1905—1910 年

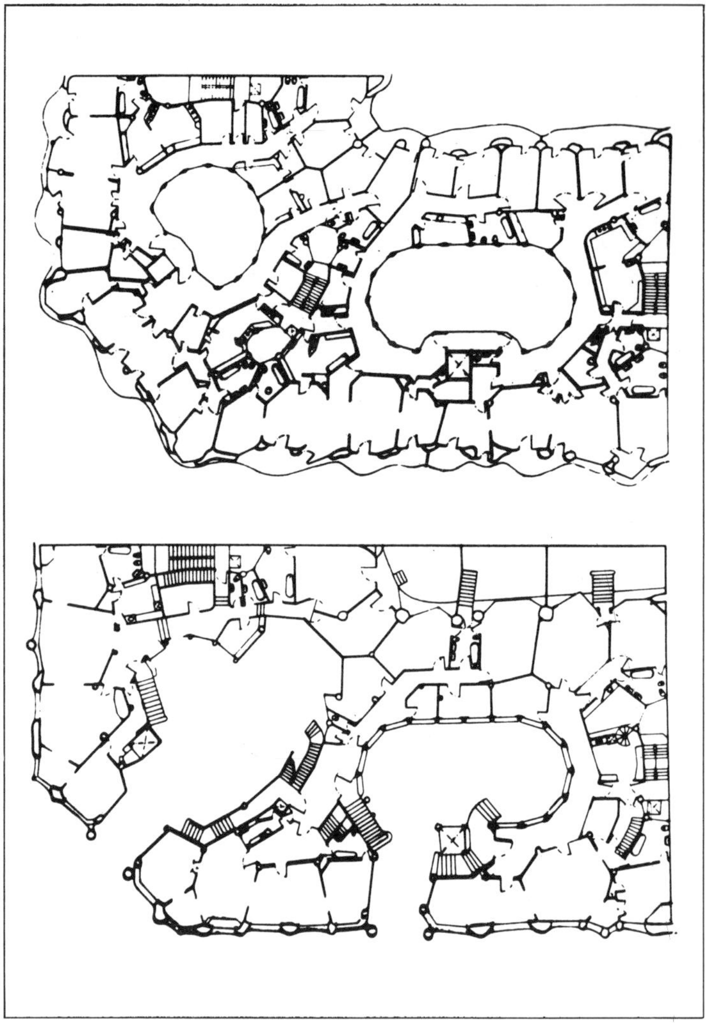

加泰罗尼亚的现代主义建筑尽管在语言上和地理上都与我们已讨论过的思潮没有什么关系，但是加泰罗尼亚和巴塞罗那作为一个地区和城市的民族建筑仍具有自己的地位。工业化过程困扰着这两个地区和城市，严重破坏了整个城市的布局，并造成了新的社会问题：加泰罗尼亚的资产阶级想摆脱落后的西班牙，并热切地希望将自己的命运与比较贫困的阶层连接在一起。当伟大的价值观放在统一性上时，强调这一地区的历史根源就很重要，因此，文艺复兴运动便影响到了加泰罗尼亚人从语言到艺术的所有方面。中世纪与工匠的传统变成了新兴企业家阶层的政治愿望。在巴塞罗那，1859 年由 I·塞达（Ildefonso Cerdá）发端，并以生产与社会的深刻变化为标志，有一批建筑

图 124　高迪：巴塞罗那，巴特洛公寓的剖面和底层平面，1905—1907 年

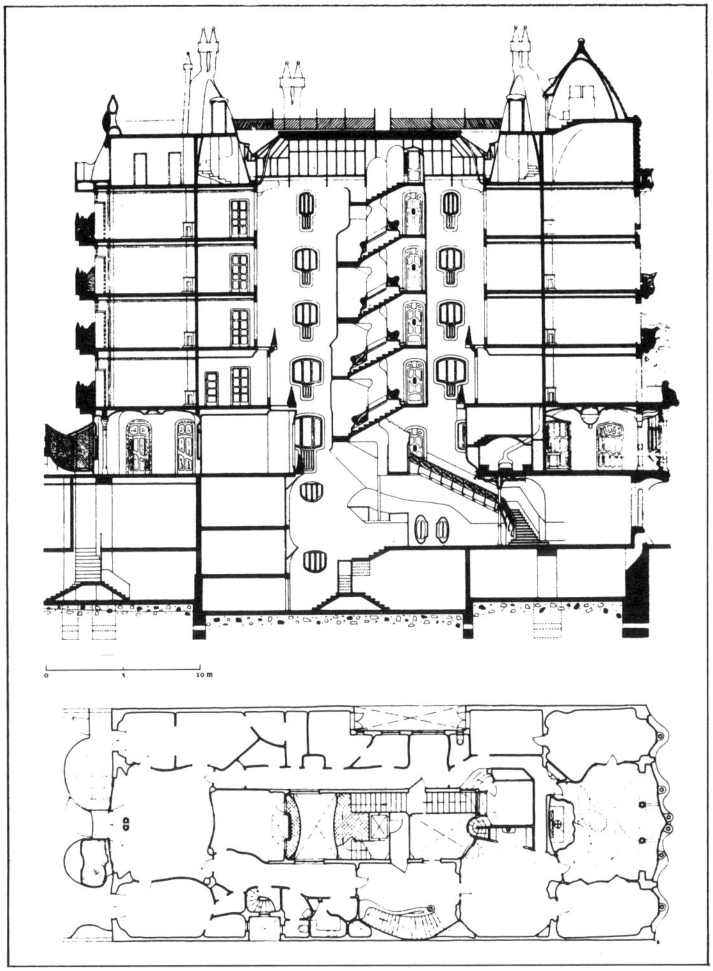

师，像蒙塔纳(Lluis Domenech i Montaner，1850—1923 年)，安东尼·高迪(Antoni Gaudi，1852—1926 年)，贝伦格(Francésc Berenguer，1866—1914 年)，卡达发基(Josep Puigi Cadafalch，1869—1956 年)，以及吉伯特(Josep Marîa Jujol i Gibert，1879—1949 年)等人以一种建筑上的肆意放纵令折衷主义中蕴藏的潜在可能性放射出耀眼的光芒。对他们而言，自相矛盾是唯一正式的规则：他们的精巧技能与他们所用的材料相矛盾，他们的历史主义一般来说无异于是对各种风格的破坏。如果说卡达发基 1896 年在巴塞罗那的马尔蒂公寓(Casa Marti)或 1905 年的旁克塞斯公寓(Casa de les Punxes)中，将城市空间塑造成了颓废的异国情调的表达，那么乔尔(Jujol)则在稳固的结构与不规则的形体之间有趣的碰撞中，以超现实主义的手法变形出给人以幻觉的几何体，就像他 1914 年在圣约达斯比城(Sant Joan Despi)所作的奥斯大厦(Torre dels Ous)那样。

尽管加泰罗尼亚的现代主义运动有着许多分支，但它的轴心却是围绕着两个非常不同的主要领导者：高迪和蒙塔纳。在 1887—1888 年巴塞罗那世界博览会的咖啡馆与餐厅，1905—1908 年的加泰罗尼亚音乐宫和 1902—1910 年的圣保罗医院(都在巴塞罗那)这些作品中，蒙塔纳试图为多种建筑语言的混合找到秩序。穆达迦风格(Mudejar)，新中世纪风格(Neo-Medieval)，与新巴洛克风格(Neo-Baroque)的聚集形成为一种视觉上的欢快气氛，尤其在加泰罗尼亚音乐宫变幻莫测的室内，整个城市都非常关注它自己的形象。然而对于高迪来说，这同样的综合愿望看来却无可避免地走入了僵局。在 1878—1880 年的维森公寓(Casa Vicens)，1885—1889 年的古尔宫(Güell Palace)，1898—1899 年的卡尔维特公寓(Casa Calvet)中，高迪努力将加泰罗尼亚哥特式与勒－杜克(Viollet-le-Duc)的范例转换成能赋予一种有生命力的矛盾形式。结构的创新以自相矛盾为结束；所有的东西都在忘我的激情中被驱赶到一起，失去控制的活力贴附在双曲线静力结构框架之上：只有奇迹才能将这些疯狂的形式结合起来。所有这一切在高迪成熟期的作品中变得更加突出：在巴塞罗那 1905—1906 年建的巴特洛公寓(Casa Batllo)，有着流动与封闭体量的 1905—1910 年建的米拉公寓(Casa Mila)，建于 1898—1915 年间的圣科洛玛小礼拜堂(Santa Coloma)，以及 1900—1914 年间在古尔公园(Güell Park)中所作的非正式的狂乱的创造物。在这些作品中，有许多都比 1903 年始建的神圣家族教堂(Sagrada Familia)要早，而这座教堂直到他去世仍未完成，高迪尽量弄乱并变形了所有的建筑语言。他的某些作品对德国的表现主义建筑师造成了相当大的冲击力并不令人惊奇。他将建筑表面塑造得就像波浪起伏的薄膜，然后薄膜又被图腾的暗示突然打断；他将空间作成迷宫，甚至腐蚀成自然的形状(就像古尔公园中梦幻般的形状以及多立克柱子的鼓胀的“腹部”)；他使用陶片、珐琅和马赛克拼嵌成古怪的抽象拼贴画，这一切所造成的许多疑问，至今无人能够解答。蒙塔纳是将他浮夸的折衷主义固定于城市形态上。而高迪则打破了建筑创作常规，充满信心地在寻求着解决的方案，以及与现实之间的所有联系，这一点的历史价值已远远超出了他创作的主观意识。在他之后，一些乌托邦则把民族根源与文化付之一炬，化为灰烬了。

在任何情况下，浪漫主义的故事都只有一个主要任务：组织梦境，将之定义为以真实世界为原型的隐喻的模型。贝尔拉格，沙里宁或莫泽的新罗马风，与加泰罗尼亚现代主义中迷人的折衷主义一样，都希望将那种所谓集体梦想的东西组织起来，并赋予象征性符号以实质涵义，表示将内部四分五裂的城市与国家重新组合成一个整体。在这里，新艺术运动原先的朦胧梦想，已让位给了一幅建立新世界艰苦过程的图像。但是悬挂在过去与现在之间的依然是那幅怀旧的景象：真正的革新过程当时几乎没有触及欧洲这片地区的建筑思想。

第六章 德意志制造联盟：建筑面向大都市

就目前已追述的历史而言，它显示出在20世纪初，作为工业化发展过程中的一部分，知识分子在大范围内普遍重组了自己的活动，这一调整也影响到城市规划与建筑。资本家似乎把进行全面生产改革的新任务交给了知识分子，这在德国尤其显得迫切，德国的经济发展正被置于俾斯麦制定的模糊"秩序"之下。政治家与工业家带头创建了一个能明确表达，并重新组织手工业与工业之间的关系的中心——它被称作德意志制造联盟（Dueutsch Werkbund）。1906年，在瑙曼（Friedrich Naumann）与施密特（Karl Schmidt）之间举行了一系列夏季会谈，前者是国家经济政策的提出者，后者则是德国最有实力的木材工业家之一，他们在会谈中认真讨论了本质性的问题：德国的工业家与德国的手工业者，如果想在国外市场分一杯羹，就必须在旧有的竞争机制之上进行组织。而要达到这个目的，首要的就是对质量与数量同样地重视。这种想法大约从1890年起，便已在德国传播开了，尤其是穆特修斯（Hermann Muthesius，1861—1927年）起了很大作用。他原是一名建筑师，最初活跃于日本，然后做了德国驻伦敦大使的艺术顾问，最后成为普鲁士教育部的顾问，并且是彻底改革手工业者训练学校的倡导者。1916年，威廉·莱瑟比（William Lethaby）控告穆特修斯为德国扩张资本主义的利益在英国做工业上的刺探是有根据的。事实上他确实在那里研究了由工艺美术运动（Arts and Crafts Movement）所组织的私人住宅及其装修的新方式，还研究了沃伊斯、莱瑟比、斯科特和诺曼·肖（C. F. A. Voysey，W. R. Lethaby，M. H. Baillie Scott and R. Norman Shaw）等人的作品。在出版于1904—1905年的三卷本著作《英国住宅》（Das Englische Haus）中，穆特修斯批评了大城市中工人贫民窟的扩散，他认为麦金托什（C. R. Mackintosh）所建议的住宅太精致，与日常生活中的问题背道而驰，而沃伊齐的主张又太功利，他宣称自己最喜欢的是斯科特或沃尔顿（George Walton）所建议的那种家庭化的建筑。穆特修斯在柏林附近建造的住宅——1904年为冯·塞费尔德大臣（Von Seefeld）所作的住宅，1907—1908年为弗劳德伯格（Freuderberg）家族所作的住宅——显示了他想把英国那种建筑品味引入德国。对他来说英国住宅的简单、实用与家庭化意味着在日常生活与物质环境之间的积极联系。像他1907年在柏林曼德尔大学（Mandelhochschule）的一次演讲中所坚持的，形式的"真实"是对"虚伪的资产阶级"新贵们的反抗，同时也是教育群众的一种手段，使建筑变得纯洁、真实与简朴，是"真正"的资产阶级价值观。为此，他建议将英国的住宅与德国德累斯顿工厂区（Dresden Werkstätte）的手工产品作为范例。

同一年，建筑师舒马赫（Fritz Schumacher，1869—1947年）在演讲中支持了类似的观点，他说问题在于应将群众与工作联系在一起，并以此来克服对工作本身的疏忽感，于是质量就可以成为"令工作愉快的手段"。但要达到此目的，就必须超越精英分子所喜欢的那种精致，而在本质上把美当作道德标准引入工业生产当中，他说，要把美与道德二者结合起来共同"构成经济"。

在这点上，先锋派建筑师们的观点逐渐与瑙曼这样的德国大资本家和政治家一致起来。如果说穆特修斯的柏林演讲并不受保守的工业协会欢迎的话，那他却被有远见的工业家、经济学家和知识分子——从施密特到博施（Bosch），从奥斯特豪斯（Osthaus）到豪斯（Heuss）——接受了，他们认为如果德国的生产想在出口领域面对其余欧洲国家的挑战形成统一战线的话，那这样的改革就是必不可少的。1907年诞生的德意志制造联盟正是前卫的经济学思想家们对保守的工业家作出的一致回答。三年后，德意志制造联盟有731名经过精心挑选的成员，其中包括360名艺术家，276名工业家和95名专家。从一开始，它就将自己设想为试验的协调与阐述中心，这些试验需由工业家和知识分子紧密合作来完成，其目的是在全国范围内建立统一的生产性组织。德国主要的建筑师都支持德意志制造联盟，他们中不仅有穆特修斯和舒马赫，还有里默施密德（Richard Riemerschmid），彼得·贝伦斯（Peter Behrens），博纳茨（Paul Bonatz），布鲁诺·保罗（Bruno Paul），陶特（Bruno Taut），格罗皮乌斯，特森诺（Heinrich Tessenow），舒尔茨－诺伯格（Schultze-Naumburg）等人。

德意志制造联盟并不是主张特殊的艺术语言，而仅仅是强调艺术家与工业之间关系的改革原则，这原则以质量与数量之间的互补为基础。然而，有一条红线将许多德意志制造联盟的建筑师对形式的探索连在一起。尽管与贝伦斯或博纳茨的方法不同，特森诺（Heinrich Tessenow，1876—1950年）还是呼吁形式向基本法则与原始纯洁性的回归。这种纯粹主义倾向的实例就是他与里默施密德和穆特修斯合作设计的海勒劳（Hellerau）花园城。该城位于里默施密德设计的施密特家具工厂附近。特别值得一提的是该花园城的学校，德意志制造联盟的首任理事长多恩（Wolf Dohrn）及其后任瑙曼，还有理论家利普斯（Theodor Lipps）一起在这个学校中引入了达克罗茨（Jaques Dalcroze）的体操教学法。德意志制造联盟的纯粹主义在他们组织的展览会上也很明显，特别是1908年在慕尼黑的那次展览会上，保罗的家具，利

图 125　赫尔曼·穆特修斯：柏林，弗罗伊登伯格住宅，1907—1908 年
图 126　赫尔曼·穆特修斯：海勒劳的花园城市图，1913 年
图 127　理查德·里默施密德：写字桌和椅子，1907 年

特曼(Max Littmann)的剧场和里默施密德设计的花园获得了巨大的成功，还有 1912 年的维也纳展览会和 1914 年的科隆展览会，后者是由格罗皮乌斯和梅耶(Adolf Meyer)所设计的展馆占主导地位。

不过，他们的纯粹主义在理论上是有源可追的。教育理论家奥斯坦多夫(F. Ostendorf)及他的学生欣塞尔曼(Hinselmann)坚持认为艺术的新生依赖于以绝对清晰的形式作为沟通的方式，他们通过鼓吹回到贝德曼(Biedermeier)思想而将此观点推向了极端。在 1904 年到 1914 年间，他们的观点深深地影响了德国新一代建筑师们的思想。但是纯净对建筑师们来说也意味着抽象，意味着坚持禁欲主义的工业伦理，意味着把艺术语言同持纯粹主义观点的理论家或大众艺术(Kunstwollen)的观点联系在一起，因为他们感到在他们的时代“艺术的意志”是由正在扩张的资本主义决定的。特森诺、梅岑道夫(Metzendorf)和梅伯斯(Mebes)所作的一般性别墅，博纳茨(Paul Bonatz，1877—1951 年)的早期作品——特别是他与肖勒(Friedrich Scholer)从 1911 年开始合作设计的纯朴简洁的斯图加特火车站——利特曼(Littmann)设计的剧场，以及贝伦斯的建筑，尽管使用了不同的建筑语言，但都反映出了这些迫切的要求。

在德意志制造联盟中还存在一些别的倾向——如凡·德·费尔德(Ven de Velde)的作品及奥伯里斯特(Hermann Obrist)或波尔齐希(Hans Poelzig)的表现主义作品。穆特修斯继续宣传反浪漫主义的风格，将之作为物质与精神的结合以及维护国家的手段(当然是在经济方面)。但 1914 年，他与凡·德·费尔德发生了正面冲突，因为他建议德意志制造联盟应致力于确定类型与标准化，这遭到凡·德·费尔德的尖锐反对。伴随着这件事的发生，德意志制造联盟内部的所有矛盾都爆发了出来。这项政策不仅遭到凡·德·费尔德的断然拒绝，而且也不被别的希望在手工业基础上保持质量的建筑师所接受。格罗皮乌斯和波尔齐希在德意志制造联盟内部也发生了分歧。无论如何，这个政策也是歪曲了工业家与政治人物的要求。瑙曼曾说过需要对国外市场进行训练有素的了解与冲击。1913 年，穆特修斯再次重复着由功能需求决定形式的古典语言，例如轮船、小提琴和仓库，他也提倡艺术的社会性；但在 1901 年到 1913 年间，他的主张却转变了。1901 年，在他的著作《建筑风格与建筑艺术》(Stilarchitektur und Baukunst)中，他曾断言建筑的本质在于形式与内容间的完美结合；12 年后，在《工程师领域的形式问题》(Das Formproblem im Ingenieurbar)一书中，他在美的与有用的之间作了区分，像路斯(Adolf Loos)一样，他认为在形式与日常生活之间不可能有任何调和。

但是，由里茨勒(Walter Riezler)和奥斯特沃尔德(Wilhelm Ostwold)，还有里默施密德，在 1914 年的争论中所捍卫的标准化与典型化仍然只是抽象的口号。这尤其在里默施密德和穆特修斯那几年及以后的作品中显现了出来(前者有著名的纽伦堡市政厅，后者则有古

图 128　彼得·贝伦斯：为 PFAFF 公司设计的缝纫机，1910 年
图 129　彼得·贝伦斯：为 AEG 设计的电茶壶，1909 年
图 130　彼得·贝伦斯：柏林，AEG 透平机车间，1909 年

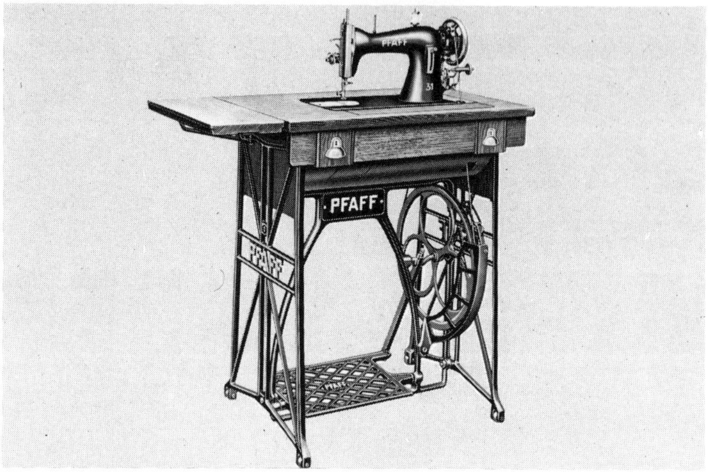

典的米歇尔丝绸工厂)。

支持德意志制造联盟的工业家们很现实地要求建筑师们有更复杂的东西：使他们分享劳动分工的新方式并成为生产的组织者。建筑思想没能回应这种要求。德意志制造联盟继续在实用艺术的革新运动与传播建筑和手工业观念之间摇摆着。它的常务理事——多恩(Wolf Dohrn)任职至 1913 年，然后是帕奎特(Alfonse Paquet)和杰克(Ernst Jäckh)，后者作为主要负责人一直任职至 1933 年——实际上就是按这样的路线工作着，创办了第一份《年鉴》杂志，第一次世界大战后又创办了《造型》杂志，还鼓励了 1910 年澳大利亚及 1913 年瑞士的制造联盟组织的成立。无论如何，"对国外市场的冲击"确实获得了广泛的成功，而德国组织的优点甚至在战争引起的反感之中也还是得到了英国人莱瑟比(W. R. Lethaby)的承认。但是对意识形态的强调继续阻碍着它的行动。1916 年，杰克与工业家博施(Bosch)曾组织了在伊斯坦布尔的友好大厦(House of Friendship)的国际设计竞赛，贝斯特梅耶(Bestelmeyer，1874—1942 年)获胜，但好像是怕得罪德国人，竞赛最终又邀请了贝伦斯、陶特、里默施密德和波尔齐希等人呈交了表现主义的方案。

国际友谊反对战争，但战争是德意志制造联盟所支持的德国资本主义的选择。在第一次世界大战后的德国建筑中，矛盾注定会继续存在。

在德意志制造联盟的成熟期中，最有魅力的人物是彼得·贝伦斯(Peter Behrens，1868—1940 年)，最早在 1893 年他是慕尼黑分离派的一名表现主义画家，并且曾是达姆施塔特艺术家园地(Darmstadt Artists' Colony)的一名成员。

早在 1901 年，他与德国戏剧改革的领导者之一富克斯(Georg Fuchs)进行合作，在达姆施塔特园地的成立大会上，贝伦斯就明确了自己艺术的指导原则。这次典礼颇有些宗教仪式的气息，在两行艺术女神之间，一位身着黑衣的女子将水晶做的象征物带至台前。这个符号标志了一种新的精神，这精神为选举的协会带来了新的统一与和平。这个符号在达姆施塔特贝伦斯为自己所建的别墅的音乐房中再次出现，它像钻石一样从大地的深处放射出一抹新精神的光亮，召唤着艺术的力量，召唤着把艺术与现实结合，把美观与责任结合，作为艺术的生命。富克斯和贝伦斯是尼采的忠实信徒。在 1902 年都灵博览会的德国馆里，贝伦斯创造了一个超现实的洞穴：从天窗开始，整个大厅都以奥尔布里奇的手法精心装饰着，寂静而和谐，光线流溢在室内，

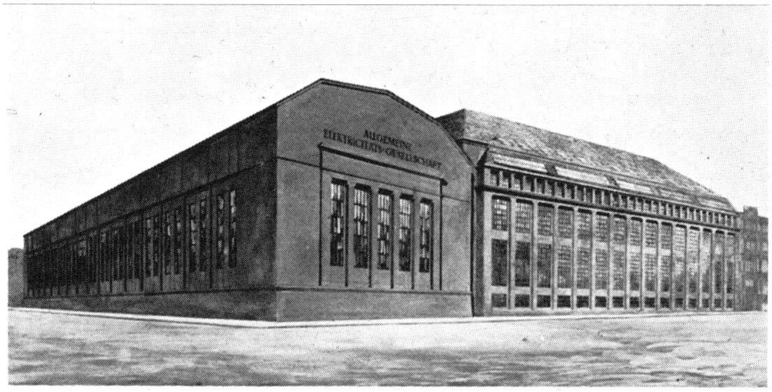

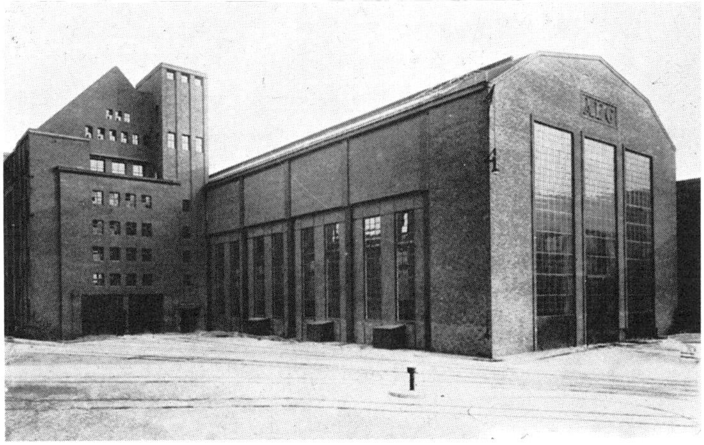

图 131　彼得·贝伦斯：杜塞尔多夫城，曼纳斯曼钢厂，1911—1912 年

图 132，图 133　彼得·贝伦斯：柏林，AEG 的大型机械工厂和新型铁路材料厂，1911 年和 1913 年

这里正在展示的是第二帝国的工业实力。例如查拉图斯特拉(Zarathustra)的进步精神就以光线的方式表达了出来。德国上层的资产阶级社会接受了它，并将其认作是新精神的表现。

水晶符号充满了神秘的暗示，也召唤着更高的几何秩序，它唤醒了渴望成为绝对秩序的理性原则。整个劳动都建立在象征着当时社会时代精神的组织化原则之上。对贝伦斯而言，在杜塞尔多夫与劳威里克斯(J. L. M. Lauweriks)的相遇是非常重要的：几何学的神秘如今可以孕育出一个符号的世界，如同托马斯·曼在严格意义上所称，它为工业贵族的生活方式提供了精神食粮。

1905 年在奥尔登堡为德国西北部艺术展览会所建的展览馆中，在 1906—1907 年在靠近哈根的德尔斯坦所建的火葬场中，以及在 1908 年的 AEG 馆(Allgemeine Elektrizitäts Gesellschafe Pavilion)中，贝伦斯抛弃了所有表现主义与青年风格派的旧观念，在奥尔布里奇停止的地方继续前进。这些大厦明显参考了托斯卡纳地区罗曼风格(Tuscan Romanesque)，在它们水晶般的纯净中，贝伦斯再次以纯净的形式达到了符号的象征性。然而，这并非风格的复兴。早期托斯卡纳地区文艺复兴(Tuscan Renaissance)的几何形式与佛罗伦萨有关，它作为自然世界与精神世界的结合处，辛梅尔(Georg Simmel)在 1906 年的一篇论文中赞扬了它。在阿波罗似的(Apollonian)工业化组织的神迹中，这种综合性被恢复了。AEG 馆甚至被看作新的宫廷教堂介绍给凯泽·威廉皇帝，第二帝国的这位新统治者从工业扩张的威力中看到了帝国的复兴。在此，瑙曼与德意志制造联盟的观念第一次得到了具体的体现。

当然，贝伦斯所表述的并非是查拉图斯特拉获得自由的欣喜，而是在某种程度上令人悲哀的对新秩序的需求，这是他自己对尼采思想的浓缩的阐释。因而这并不是什么先锋派人物所提倡的非神圣化，而是对综合的一种渴望。城市与工业既非价值观解体或是惊人混乱的原因，也非其结果，它是一个新整合的前提，通过对其对立面文明的吸收而使文化得以保存。1907 年，贝伦斯将这一观念发挥到了极致，这一年，约尔丹(P. Jordan)建议他取代梅塞尔(Alfred Messel，1853—1909 年)——柏林沃特海姆(Wertheim)百货商店的设计者，他曾在此使用了新哥特式来表明城市价值观的商业化特征——担任 AEG 的顾问。AEG 是由拉特瑙兄弟(Emil and Walther Rathenau)管理的德国电气垄断企业。小拉特瑙是黑尔姆霍尔兹(Hermann Helmholtz)和狄尔泰(Wilhelm Dilthey)的学生，贝伦斯与他的相识，在建筑史上可说是决

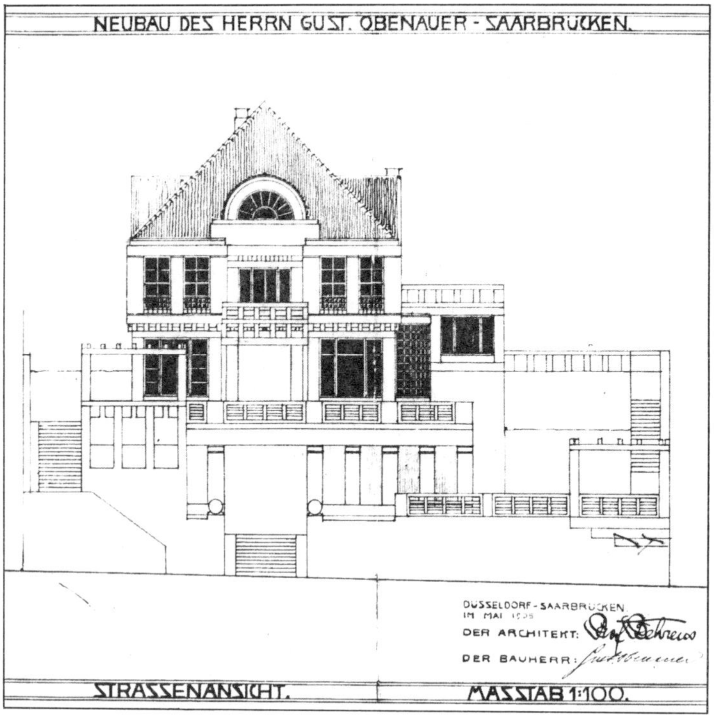

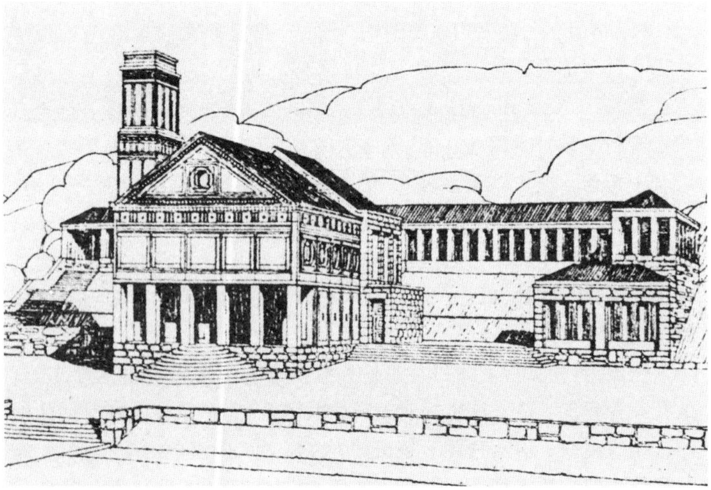

图 134　彼得·贝伦斯：萨尔布吕肯附近的圣克约翰镇，奥本劳耶尔住宅的沿街立面，1905—1906 年

图 135　彼得·贝伦斯：哈根，火葬场和教堂，1906—1907 年

定性的。这两个人都对现代技术的力量抱有无法言喻的信心，他们认为这一力量可给社会带来自由；他们也都害怕这些促使人类进步的力量也能同样轻易地令人类陷入整体的异化之中。

贝伦斯为 AEG 设计了一些工业产品，招贴与宣传材料，并在1909年到1913年间在柏林建造了透平机车间，装配车间，以及小发动机工厂。透平机车间尤其被看作是希腊神庙与现代化工厂的结合体，它的本质是技术性的，其特征完全由结构要素决定，如巨大的铁铰接与毫无装饰的玻璃表面或天窗都得到表现。在这个构筑物中占首要地位的是一种明确的责任感。透平机车间就像达姆施塔特开幕庆典上熠熠生辉的那颗水晶，能反映自己有力量使城市注入秩序。其理想是以新神庙为范本塑造整个城市结构。由 AEG 一些建筑的结构主义所表现出来的高度综合——艺术与技术的再次统一——应作为一个整体由都市中基本的建筑类型传承下去。贝伦斯后来的一些设计，1912 年至 1923 年间在杜塞尔多夫的曼纳斯曼（Mannesmann）钢铁工厂，1912 年在汉诺威的大陆橡胶公司，以及 1912 年在奥斯特哈芬（Osthafen）的法兰克福煤气公司，与柏林的那些工厂相比则更为俭朴与节制。在此情况下，指控贝伦斯在设计 1912 年建于圣彼得堡的德国大使馆时表现了前纳粹的语汇是毫无意义的；即使有这样一些成分，那也只能说是代表了德意志制造联盟的宗旨中俾斯麦的那一面。

事实表明，至少有三位现代主义建筑的大师在其职业生涯中曾在贝伦斯的事务所中工作过：路德维希·密斯·凡德罗（Ludwig Mies van der Rohe，1886—1969 年）在圣彼得堡大使馆的建造中曾参与合作；勒·柯布西耶（Le Corbusier，1887—1965 年）1910 年到德国他的事务所学习它的组织方法；还有沃尔特·格罗皮乌斯（Walter Gropius，1883—1969 年），曾作为事务所助手为贝伦斯工作过，他曾为贝伦斯所开创的事业取得最大的成果。对格罗皮乌斯而言，建筑的规范必须完全为工业服务。在他 1910 年为埃米尔·拉特瑙（Emil Rathenau）所作的备忘录中，他就预见到了合理化住房设计的可能性，他作为汽车、铁路机车及马车的设计者的活动，以及他的第一个主要作品，始建于1911 年在阿尔费尔德的法古斯工厂（Fagus Factory），远比他在 1914 年为德意志制造联盟展览会所作的展馆（这一展馆曾使赖特获益匪浅）更能证明他想将艺术与技术结合在一起的愿望，这种结合已超越贝伦斯风格中所确立的简洁尊严的道德规范。因此法古斯工厂与透平机车间之间的连续性并非像通常所想的那么直接。不过，格罗皮乌斯的活动属于下一章的内容。在这里我们需要注意的是贝伦斯在以简洁与隐喻的几何体来为私人房屋作设计时，表现了一种惊人的逻辑性。1908—1909 年建于哈根附近的库诺住宅（Cuno House），以及他在柏林郊区利支登堡（Lichtenberg）和斯班道（Spandau）为 AEG 所作的住宅区设计构成了他早期住宅建筑设计中表达艺术与技术两方面的成果。他对威廉·莫里斯（William Morris）及花园城市都持反对态度，这

图 136 彼得·贝伦斯:杜塞尔多夫,国家汽车制造厂中央大厅,1915 年
图 137 博纳茨和舒勒:斯图加特,火车站,1911 年始建

一点在他所设计的工人住宅的严谨结构中与为较上层的中产阶级顾客所设计住宅的冷静超脱的古典形式中表达得非常明确。

但是,贝伦斯在此与特森诺在赫勒劳(Hellerau),或是布鲁诺·陶特(Bruno Taut)在法尔肯堡(Falkenberg)一样,也遇到了城市问题。了解这一点对于了解德意志制造联盟所讨论的所有问题最后都归结为一个新的主题是至关重要的:即知识分子与都市之间的关系问题。

到 19 世纪中叶,一个新的大生产社会已使都市具备了自己的主要特征,在这社会中一切心灵的事物:如内在体验,个人经历及心理反省都变得无关紧要。机器时代的文明在居住着主要人口的大城市中找到了自己的形式,而这种形式已到处泛滥。知识分子发现自己的地位受到了损害,只有采用不同见解才有可能弥合知识分子与都市之间的鸿沟。实际上,知识分子发现在纷扰的都市中他已失去了自己独特的地位,技术通过无限复制的能力控制了都市,这种复制就如尼采以其明晰的洞察力所看到的,已经消灭并将永远消灭一切神圣的与令人崇敬的事物。然而同时,都市逐渐变得十分虚弱,知识分子又感到对都市的病态负有责任:他在自己的祖国遭到流放,却只能放弃自己的自由意志,让灵魂受到糟蹋。

波德莱尔(Baudelaire)既含蓄又十分清楚地阐明了他个人所持的态度,这种态度后来也成为所有欧洲先锋派人物所一贯持有的态度:也许要把知识分子看作是一个病人,这种病只能用粗俗古怪的方法来治疗。

大都市的经历也意味着使人连续不断的震惊。与传统城市不同,大都市不再是集体回忆的场所,而只是事件的集合,既没有理性的外表,又缺乏历史。构成大众的千篇一律的个体已把震惊当成了他们唯一的体验,而这正如本雅明(Walter Benjamin)敏锐的眼光所看到的,这与工厂的工作条件联系在一起。面对都市的"疾病",知识分子通过求助于原始的纯洁来试图在都市中为自己确立一个新的角色,他们转向人类的初期,那是一个神话时代,那时人和自然还没有成为敌人。简言之,那是一个人与宇宙万物和谐共处的朦胧时期,而这种和谐也是前资本主义生产关系所能容许的。因此,特森诺的纯粹主义是一种预兆。波德莱尔超越于众人之上,已设想了花花公子与爱看下流场面之人的生活方式:"他无家可归,却又处处适应如在家中;他看着这世界,他在世界的中央,却又被这世界隐藏……这隐藏了身份的'王子'处处能获得欢愉。"然而对资产阶级民主的这种消极回答只不过是一个王子试图在其中生存下来的经过精打细算的权宜之计罢了。普鲁斯特(Proust)也想通过沉浸于内在的自我之中来赢回失去的时光,但他最后也不得不承认他并不能令我们重获内在时光的氛围。

因此,所有试图调和的方案都只能是乌托邦。大都市生存状态中的焦虑成为表现主义诗人与画家的主导思想。

表现主义至少在初期阶段丝毫也不曾追求过个人与大都会之间

图 138　格罗皮乌斯和梅耶：科隆，德意志制造联盟展览会机械馆平面，1914 年

图 139　格罗皮乌斯和梅耶：科隆，德意志制造联盟展览会机械馆外观，1914 年

图 140　陶特：德意志制造联盟展览会，玻璃亭，1914 年

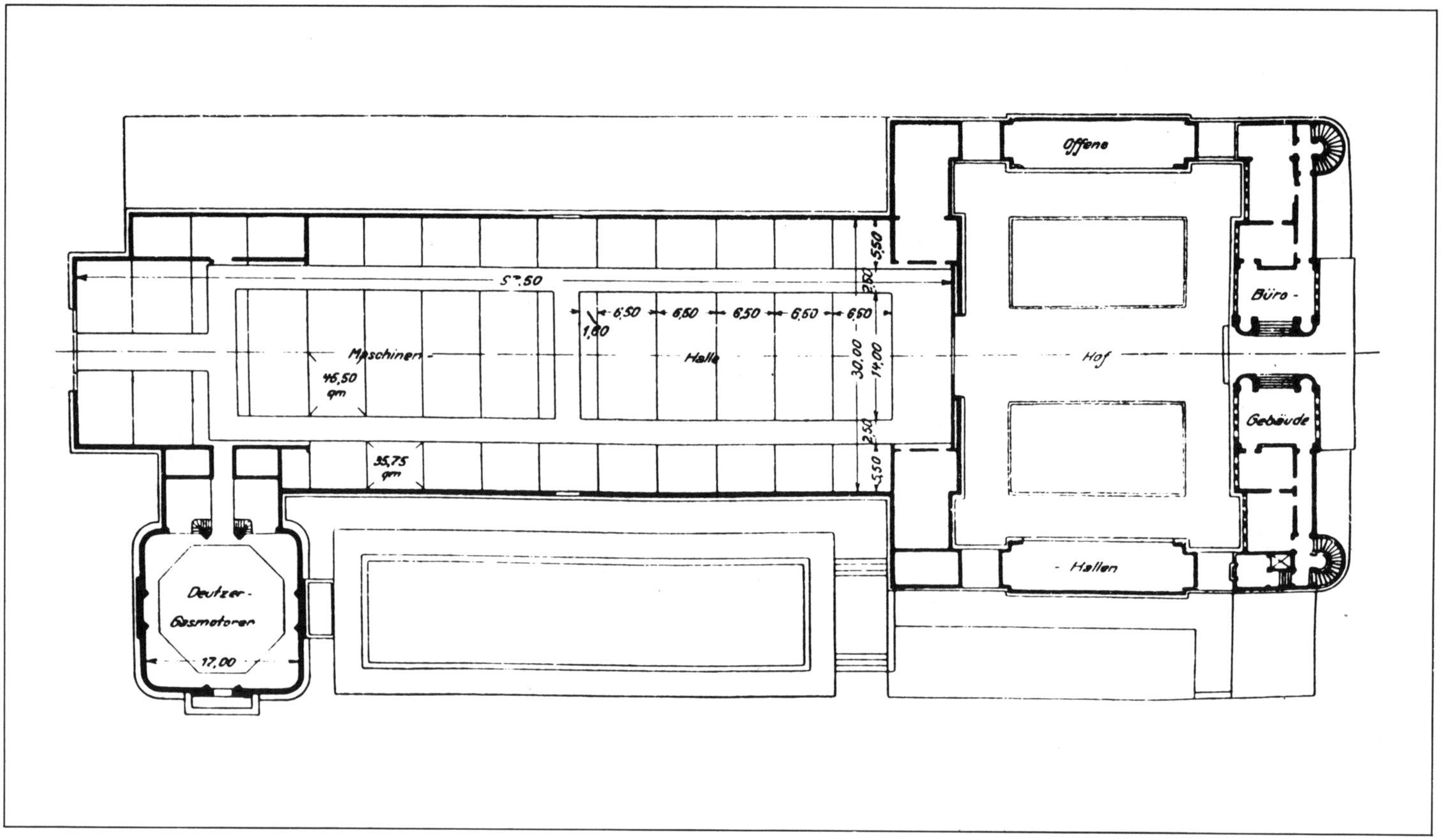

图 141　波尔齐希：汉堡，某水塔的方案，1910 年左右

图 142　波尔齐希：卢班（现属波兰），化学工厂，1911—1912 年

的和解。相反，他们在痛苦和争论中认识到了这唯一确定的现实：即震惊与痛苦的体验既不会升华也不会消解，反之，它只会内化为人心中具体的体验。想一想爱德华·芒奇（Edvard Munch）所画的《尖叫》（The Scream）。对这位画家而言，如同科柯施卡（Oskar Kokoschka）的早期作品以及卡夫卡（Franz Kafka）的作品，都是表现无特性的大城市所固有的差异与矛盾。人们只能生活在没有任何价值观约束的痛苦状况之中，大都会作为生产、销售与购买过程，以及资本主义组织的总部所在地，在城市实体的所有阶层中都造成了这种无价值观约束的状态。因此，组织化与集中化就被看成了普遍异化的重要原因。实际上，有意识的异化逐渐导致了资产阶级的终极自由。马克斯·韦伯（Max Weber）正确地看到"免除价值观"是新体制全面发展的条件。在这种发展的层面上，个体已不再重要，而所有的价值观与古老的信仰都只能是发展的障碍。但是中欧的文化却并未循着尼采和韦伯所断言的轨迹发展。1887 年，社会学家特尼厄斯（Ferdinand Tönnies）出版了《公社与社会》一书，书中认为组织化的社会与原始公社真实而有机的生活是对立的，原始公社是基于一致意见的人类的完美团体。特尼厄斯的公社实际上是由邻近的小团体组织起来的村庄，按字面意思即邻里，它由作者所称的基本意志所支配，这种基本意志的基础是有机的动力，习俗与记忆："公社生活就意味着全体成员共同生活；而另一方面，社会则是公众的，是世界的。在公社中，人自出生起，无论健康还是疾病，都与他的同类联系在一起；而当他进入社会，他就如同身处异国的土地。"

特尼厄斯力图以一种科学的超然语调来谈论他的所有这些分析，但事实上他的这本大获成功的著作只不过是一曲怀旧的赞美诗而已，他所怀念的是与农业生产方式及宗教虔诚相联系的公社。对邻里关系的这种诉求使我们能够理解在现代建筑思想背后所反映出的很大一部分的反城市思想，这种思想在从美国的城市郊区到欧洲的花园城市中都占有重要地位。但这种邻里关系早已被无个性的大都市扫地出门。特尼厄斯的浪漫社会主义想在城市规划的有机浪潮中永久存在下去，甚至纳粹的血统与国家理论也是借助于它而作的一些变形。

1903 年，辛梅尔在论文《大城市与精神生活》中对特尼厄斯的怀旧情绪作出了回答。这篇论文中再次出现了针对大都市的指控，但在辛梅尔的观点中，认为大都市的缺陷所代表的含义却与特尼厄斯相反。辛梅尔写道："城市居民类型学的心理基础，是由快速而连续的精神刺激而造成的强化印象。"大都市中个人对过度刺激的反应再度与

图 143　波尔齐希：伊斯坦布尔，友谊住宅的竞赛方案，1916 年

图 144　范德梅及其合作者：阿姆斯特丹，斯开普瓦塞斯公寓大厦，1911—1916 年，1928 年扩建

知识分子的抽象观念相呼应，这并非偶然，辛梅尔补充道，因为大都市只能是金钱经济的活动中心，而“金钱经济和知识的统治是紧密联系在一起的”。组织性，匿名化，以及对价值观的漠不关心集中起来构成了一个新的种类，都市人，非自然状态的人，厌世的人：“都市人为不同的迷人性质进行了区分。持续的精神紧张，对享乐的要求都是从特定个体中抽象出来的经验：没有一个人值得另一个人喜欢……这种心理状态正是金钱经济已深入人心在主观上的忠实反映……所有人都在金钱的浪潮中飘浮着。这些人都一样地随波逐流，所不同的只不过是在不同的地方而已。”

辛梅尔在此描述了表现主义者们所面临的情况：大都市推动着金钱经济，在都市中人类的行为受非个性幽灵的影响，被降格到了机械反应。但是辛梅尔认为，所有这一切都表明了一种相反的趋势，即大城市在整体上需要一种更高程度的综合，这是达到新的整合的前提。这恰与贝伦斯和较年轻的格罗皮乌斯的观点相同。

德意志制造联盟的建筑师们感到他们作为个人都已卷入到了这场潮流之中。恩代尔(August Endell)和舍夫勒(Karl Scheffler)所写的关于都市形式的著作就是例证：前者在 1908 年，用前未来主义的口吻颂扬了机器的声音以及在大城市的街巷中流传着的技术神话；后者在 1913 年描述了一种美国式的区域模式，但却提出改为保留原土地所有者的公社式管理体制。重要的是两位作者都想找到支配都市现象的方法，去克服各种痛苦磨难给都市带来的困扰。这种痛苦为建筑表现提供了材料，就像在波尔齐希(Hans Poelzig，1869—1936 年)设计的第一批建筑中所表现出来的，这是试图对都市的困扰加以约束与思考的一次尝试。

如果说对贝伦斯而言，都市精神是以阳刚之气表现出来的话，那么对波尔齐希来说，都市精神则隐藏在个体生存的模糊状态之中。在设计了几座含义不明而又有些讽刺意味的中世纪式样的房屋——1906 年建于马茨奇(Matsch)的一座教堂，与在罗温堡(Löwenberg)的市政厅——之后，波尔齐希开始设计出了可被看作是真正的表现主义范例的建筑作品：1908 年至 1912 年间，在布雷斯劳(Breslau)的一组住宅；1911 年，在布雷斯劳城朗肯大街上的一些商店，波兹南和汉堡的一些水塔，1911—1912 年卢班(Luban)的一座化学工厂。这些作品并不是创新的设计，而是主要用来模仿大城市的“反文雅”倾向的。他所使用的变形体量立刻就在舞台与电影的布景中盛行起来，这并非偶然，他自己也为表现主义电影《机器人》设计布景。但是波尔齐希作品

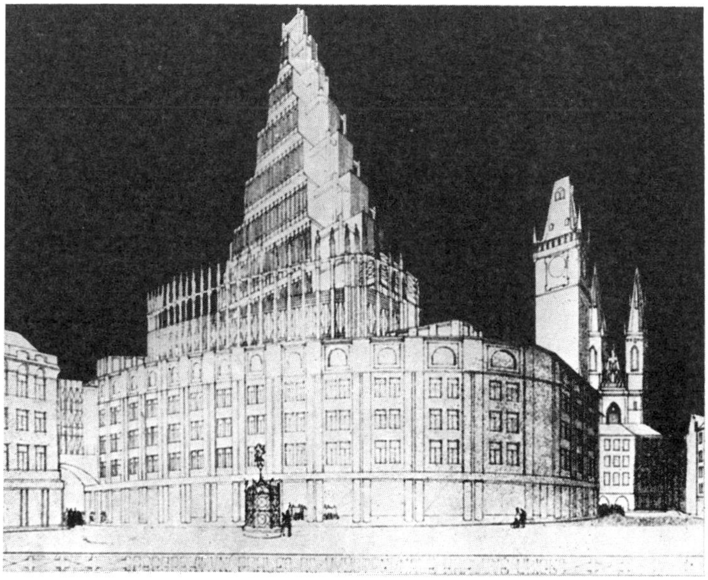

图 145 戈卡尔：布拉格，马拉－斯特拉纳区会堂的竞赛方案，1909 年

图 146 克罗哈：捷克，奥洛穆茨，哈纳地区剧院竞赛方案，1921 年

中那种被赋予了实质性内容，并被展示出来的焦虑，并不是对韦伯或辛梅尔论题的回答。波尔齐希，以及和他一起的建筑师，像克赖斯(Wilhelm Kreis)，博纳茨(Paul Bonatz)，法伦坎普(Emil Fahrenkamp)，范围扩大一点的话还有舒马赫(Fritz Schumacher)在汉堡的第一批作品，创造出了一种方法，这种方法在 1918 年以后他们自己的作品以及在赫格尔(Fritz Höger)或门德尔松(Erich Mendelsohn)的作品中继续得到发展。然而，所有这些建筑师对都市所作的反应都完全是表面化的，而且与荷兰建筑师范德梅(Johan Melchior van der Mey)或是布拉格的建筑师们的反应没什么不同。范德梅在阿姆斯特丹的斯开普瓦塞斯(Scheepvaarthuis)大厦中，将建筑体量分解到了极端的程度。而布拉格的建筑师们则似乎想在一系列被看作是立体主义的作品中再造出卡夫卡(Kafka)[1] 作品中的悬念气氛。

只有贝伦斯真正在实践及理论的层面上掌握了都市集中的新含义。1912 年，在《柏林晨报》(Berliner Morgenpost)的一次采访中，他认为柏林从一个产业城市转变为一个定向的与第三产业的中心是有着积极意义的，他在 1914 年非常重要的德意志制造联盟代表大会上更详细地阐述了这个观点，这次大会致力于讨论城市交通问题。贝伦斯从来不可能有失去理性的自我放纵。如果说在采访中贝伦斯显示了赞同对城市的爆炸性问题加以全面控制，并且指出梅塞尔(Alfred Messel)是唯一一个敢于面对都市类型学问题的建筑师，那么在两年后的代表大会上，他就因为新的快速交通方式而认为城市是在动态的条件下发展的，而且他也希望用新的方法来控制未定型的都市——也就意味着建筑样式的统一。

于是构成贝伦斯早期作品特征的那种自我节制的建筑图景，随着他对一种新的对象的认知而告结束。这种认知的基础是强调多种类型的统一，而非单一的手法。在建筑类型的方法中暗含着对价值观的忽视，这不仅与辛梅尔所定义的厌世态度相一致，而且也暗示了想控制其余现实活动的愿望。从这个意义上讲，贝伦斯为 AEG 所作的那些作品是以一种新的精神照亮了自己，就像他在战后为维也纳的“红色公社”所作的作品那样。

从任何方面看，贝伦斯从德意志制造联盟到大都市所作的轨迹都证明他不是孤立的。作为国际关系中心的大都市，以及代表着资本主义才智的汽车的威力很自然地象征了德意志制造联盟所表达的对组织化的需求。第一次世界大战刚结束就活跃起来的建筑师们的首要问题是，他们对于这一令人担忧的发现可以做些什么。意味深长的是，希尔伯施默(Ludwig Hilberseimer，1885—1967 年)正要证明自己关于无特征的都市的观点的正确性，他参考了辛梅尔的观点，并将自己的重点首先放在类型学上。

第七章　现代古典主义:非先锋派的建筑

上章中论及的各种主题和趋势显然形成了绝然相反的两种倾向:一方面、各种流派的前卫势力既接受了由辛梅尔①所指出的大都会给艺术带来的焦虑,也接受了一种绝对的虚无主义;另一方面,他们继续保持着与建筑语言的神秘关系,期望能以此使现代艺术摆脱其悲惨境地。在下一章中我们将深入地分析这种被历史上的先锋派所宣称的艺术死亡论。

但在此之前,我们必须意识到,并不是所有的现代建筑都产生于先锋运动。从尼采、辛梅尔和维特根斯坦(Wittgenstein)的学说中我们还可以得到另外的教益:与未来派和达达派那种像酒神节般的活跃相对立的是依然存在着的古典样式。他们保持沉默,说着自我克制的语言,这些人拒绝接受先锋派们所假设的死亡概念。

罗森维希②曾于1921年明确地指出当时对古典态度者的悲剧:"适合于这个悲剧英雄的语言只有一种:沉默……继续保持沉默,这个英雄中断了他与上帝、他与世间的一切联系。"这,正如我们所看到的,是彼得·贝伦斯的态度——尽管对他而言,这种对世俗因素的克制并不意味着对发言权的放弃。贝伦斯并不是独一无二的沉默者。不同种类的先锋派们所强调的那种不要家乡、充满偶像的语言已经受到了广泛的批判——不仅仅是贝伦斯,路斯以及特森诺(Tessenow)、戛涅、贝瑞都反对先锋派们在追求形式、确立其新地位的过程中所创造的"僵化的词汇",他们意识到先锋派们正处于建筑语言的局限中。

明确了上述概念后,我们就可以回溯一下贝伦斯在柏林为AEG设计的透平机车间了。贝伦斯的工厂建筑可以被看作是奥尔布里奇③所创造的神话的一个了结。这个工厂并不要求对劳动的改善,也不存在对于内在想像力神秘探索的怀旧。对于奥尔布里奇来说,达姆施塔特④是把个人和理想社会相结合的地方。贝伦斯没有任何失落感和怀旧感,至少到1918年没有这种感觉,他也未曾想过要引起在1914年德意志制造联盟中格罗皮乌斯、奥伯里斯特(Obrist)、波尔齐希⑤、陶特以及奥斯特豪斯(Osthaus)之间的争执。贝伦斯的工业建筑是全面的、整体的。他认为工作是一个开始而不是一个结束:不存在一种能普遍表达意义的特殊建筑语言。建筑只有不再假装能够表达一切之时才"讲出了" 建筑作品是大都会的基础。为此建筑师必须明白自己是古典语言的囚犯。贝伦斯令人瞩目的成就在于他为拉特诺城(Rottenau)创造了一种工业化人文主义的建筑。他所建造的"神庙"象征了其作品在大都会的霸权态度,它的建造过程排除了任何隐喻的语言。

这样贝伦斯就与达姆施塔特相对立,而且贝伦斯也与德意志制造联盟不可思议的科隆展览会相对立。1914年为德意志制造联盟中持异议的人重整旗鼓的仍然是凡·德·费尔德⑥,他向贝伦斯提出的呼吁没有得到回答。在关于艺术作品与工匠作品的关系方面,贝伦斯断然

---

① 辛梅尔(George Simmel, 1858.3.1—1918.9.26),德国社会学家、新康德派哲学家,主要以关于社会学方法论的著作闻名。为使社会学在德国成为一门基础科学做出了很大贡献。他曾在柏林大学和斯特拉斯堡大学讲授哲学。他试图把社会相互作用的一般形式或普通规律同某种活动(例如政治、经济、美学的活动)的特殊内容分离开来。他特别注意服从和权威的问题。在《货币哲学》中,他把自己的一般原则应用到一个特殊的课题——经济上,强调货币经济在社会活动的冰冷化方面所起的作用。他晚年致力于形而上学和美学。——译者注

② 罗森维希(Frauz Rosenzweig,1886.12.25—1929.12.10),德国犹太裔宗教存在主义者、现代犹太教神学家。先后在柏林和弗雷伯格等大学学习现代历史和哲学。1910年开始研究黑格尔的政治理论。他的博士论文后来收入巨著《黑格尔和国家》一书。1925年起与他人合作编译希伯来文《圣经·旧约》的新德文译本。——译者注

③ 奥尔布里奇(Olbrich,Joseph,1867.11.22—1908.8.8),奥地利建筑师,维也纳分离派创始人之一,瓦格纳的学生,曾为分离学派在维也纳举办展览会(1898—1899年)设计了一座展览馆,体形简洁,在金属圆顶上有新艺术派风格的花饰。1899年应邀参加了达姆施塔特大公爵建立的艺术家村活动,在此设计了六幢住宅和一座中央大厅,并设计了达姆施塔特"结婚"纪念塔(1907年),也有新艺术派和现代派趋向。——译者注

④ 达姆施塔特(Darmstadt),德国黑森州城市。1919年至1945年为黑森州首府。工业,特别是化学工业的发展使该城市在19世纪迅速扩大。城东马蒂尔登赫黑为艺术家聚居区。"婚礼塔"在此城,旁边是俄罗斯教堂。——译者注

⑤ 波尔齐希(Poelzig,Hans,1869.4.30—1936.6.14),德国现代建筑的先驱,尤以德国表现主义的优秀建筑之一——柏林大剧院闻名(1919年)。曾在布雷斯劳美术学院和柏林工学院任教。他设计的卢班化工厂和布雷斯劳办公楼均有所创新,但是柏林大剧院更富于想像力。——译者注

⑥ 凡·德·费尔德(Henry van de Velde,1863.4.3—1957.10.25),比利时教师、建筑师,与V·奥太同为新艺术学派的创始人。1896年为塞缪尔·宾的巴黎美术馆作家具和室内装潢设计,将新艺术派的风格带到巴黎。他赞同W莫里斯和英国艺术与手工艺运动的观点,对现代设计的最大贡献是在德国的教学工作。1897年在德累斯顿的展览会上展出其室内设计作品,因而名声大振。1902年赴魏玛任大公爵的艺术顾问,改组工艺美院和美术学院,为格罗皮乌斯合并两院成立包豪斯奠定了基础。他参加了德意志制造联盟,1914年设计了联盟科隆博览会的剧场。——译者注

图 147　海因里希·特森诺：德国，荷亨沙查花园城，独户住宅，1920 年（现属波兰伊诺弗罗茨拉瓦）

图 148　海因里希·特森诺：德国，荷亨沙查花园城，独户住宅，1920 年（现属波兰伊诺弗罗茨拉瓦）

区分了那些含糊的理论。特森诺也做到了这一点，他既成功地避开了先锋派的试验性，又未陷入舒尔茨－诺伯格(Schultze-Naumburg)的大众化或是里默施密德(Riemerschmid)[①]的民族怀旧情绪中。

正如卡尔·舍夫勒(Karl Scheffler)所言："凡·德·费尔德的个性比较复杂，而特森诺则是一个简单自信的人；与特森诺的直接纯净相比，凡·德·费尔德的风格就像是一个被细节所困扰的人的巨大冲击，他像是一个在三维中进行独特思考的形式的雕刻师。"特森诺的简化风格以及他那水晶般纯净的设计不仅与制造联盟早期的模棱两可毫不相干，而且和贝伦斯的古典主义也相去甚远。特森诺价值观的确立在时间上先于大都会文明价值观的确立，但是这并不意味着他的价值观具有怀旧倾向。在对手工业劳动的分析中他不赞成对细部的过分专注，相反他赋予自己的建筑以创造纯粹资产阶级环境之天职。

特森诺的作品——特别是为单独家庭设计的住宅，如在赫勒劳(Hellerau)和荷亨沙查(Hohensalza)的住宅，以及在赫勒劳的达克罗兹学院(Dalcroze Institute)，在克洛茨基(Klotzsche)的学校——表达了他明确的简化原则。对于他来说，不同事物之间的综合显然是不可能的。只有在一个物体中，其构成的过程才能够显现出来："各种要素的相互适应与相互统一，相互区分与相互组合是一个无穷无尽的篇章。"如果没有分与合的无尽重复，就不可能有语言的持久性；价值观仅仅是在形式变为作品过程的一种简化："在手工艺作品中，真实总是与纯技术形式相一致。"对于特森诺来说，如果每一个作品都以手工艺为基础，那么中产阶级住宅就会成为整个社会组织的支柱。建筑表达了一种准则，资产阶级对它的认同就像对手工艺品的关系一样。形式被降低为仅仅是相当于手工艺人的劳动。所有附加的部分都是不必要的。特森诺写到："所需要的是要达到统一，不要多余的东西：如果我们在屋顶檐口上放一个真人大小的维纳斯，那么随后而来的邮电局就会在它旁边装上电话线。"对于这种没有雕像的建筑构图，任何装饰都是不相容的，"到处都是装饰是没有必要的，如果人们少花一点心思，它们看起来还好一些；换句话说，它越是讨好我们，我们对它越是视若无睹。"

---

① 里默施密德(Richard Riemerschmid，1868—1957 年)，德国建筑设计师。他是成立于 1892 年的慕尼黑分离派的主要成员之一。——译者注

图 149　戛涅：工业城市，总平面，1901—1904 年（引自法国《现代建筑》，1932 年）

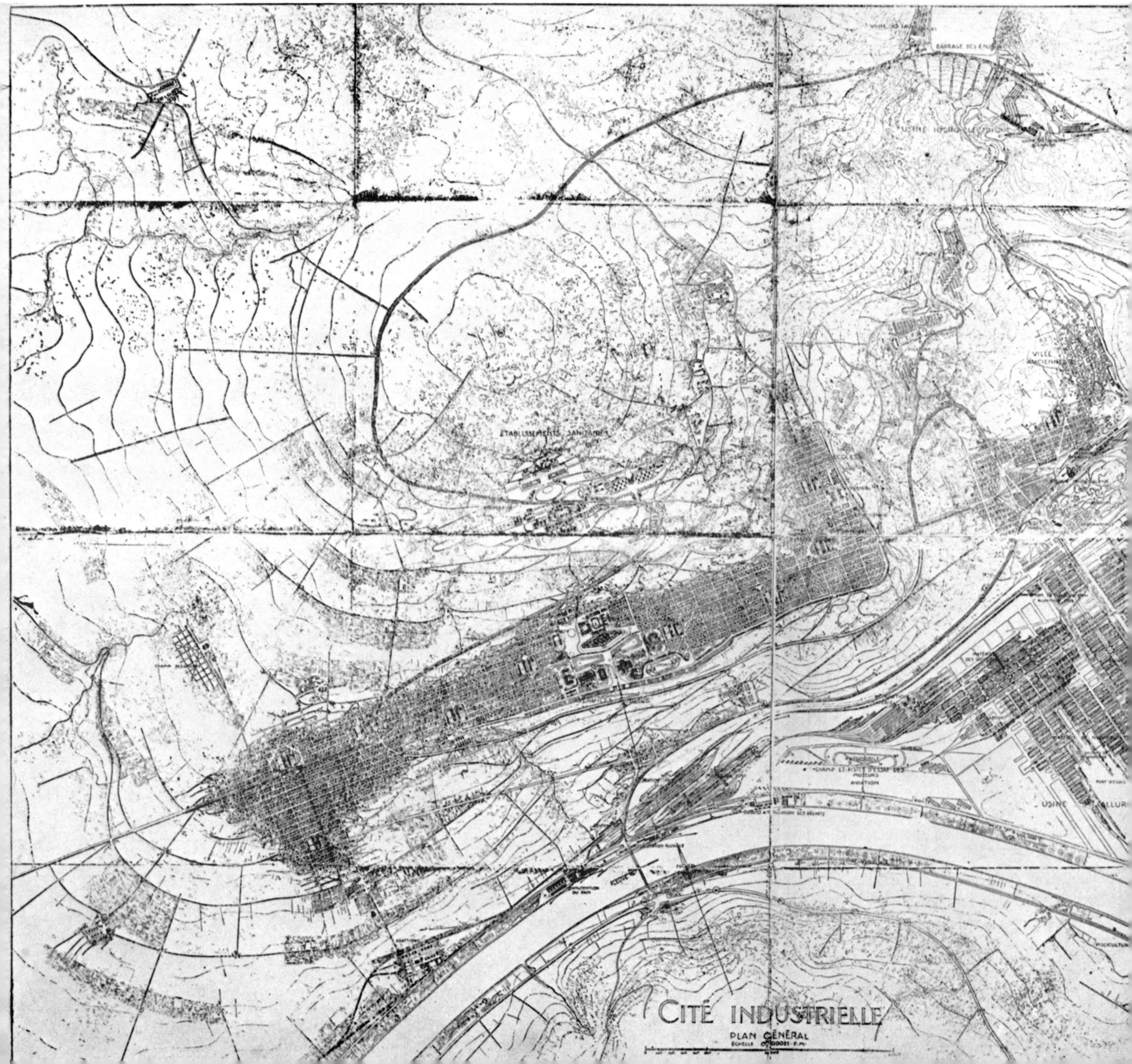

图 150　戛涅：工业城市，城市中心，1901—1904 年（引自法国《现代建筑》，1932 年）

图 151　戛涅：工业城市，高炉，1901—1904 年（引自法国《现代建筑》，1932 年）

图 152　戛涅：里昂，拉莫奇屠宰场，
始建于 1908 年

图 153　戛涅：里昂，拉莫奇屠宰场，始建于 1908 年

图 154　戛涅：里昂，拉莫奇屠宰场，热力工厂，始建于 1908 年

图 155　戛涅：里昂，埃塔斯·安尼斯住宅开发区，1924—1935 年

图 156　博多:巴黎,蒙玛尔特教堂,外观,1879—1904 年

图 157　博多:巴黎,蒙玛尔特教堂,室内,1879—1904 年

图 158　博多:设想顶部采光的室内透视图,1914 年(引自《建筑运动续集》,1973 年,第 28 期)

特森诺的态度完全不与青年风格派①妥协,也不与曾激发了布鲁诺·陶特早期作品的晚期浪漫主义灵感相妥协。对于传统,特森诺毫不让步。他认为不存在一种我们可以回归的历史情境,只存在着一种需要被征服的目标。我们要解构这个目标、分析这个目标,避开一切粗俗的东西,只有在中产阶级住宅的本质中、在手工艺人劳动的智慧中我们才抓住传统。

正是在向古典的回归中,贝伦斯的严峻作风才使人联想到特森诺。在同样的领域,但是以完全不同的方法,法国人戛涅(Tony Garnier)②也做到了这一点。巴黎,一个被奥斯曼现代化,被印象主义烟雾美化,同时也是左拉的妓女们狩获猎物的巴黎,戛涅将其看成是与新希腊的太阳乌托邦相对立的。

戛涅是在巴黎美术学院接受的教育,他曾经参加了由实证主义者思想家所发起的、由 J·加代(Julien Guadet)参加的、由新的工程方法设计的活动。作为左拉学社(Scocíété des Amis d'Émile Zola)的成员之一,他受到了家乡里昂进步氛围的影响,受到了 A·肖(Albert Shaw)以及埃利斯·雷克吕斯③改良主义的影响。戛涅获得了罗马奖后从 1899 年到 1904 年住在美狄奇别墅,但是他的年度设计受到巴黎美术学院评审委员会的冷遇。1901 年他开始构思一个方案:一座工业城的建设规划,并于1917年发表。正是在这些年中,现代城市规划的主要理论开始形成。他的规划中无数地方呼应了瓦格纳、索里亚④以及赫纳德(Eugène Hénard)[1]提出的观点。尽管他的综合观念吸收了法国韦

---

① 青年风格派(Jugendstil),新艺术运动在德国的称谓,主要据点在慕尼黑。代表作品:慕尼黑·埃维拉照相馆(Elvira Photographic Studio),1897—1898 年;慕尼黑剧院,1901 年。建筑师包括:贝伦斯、恩代尔等人。——译者注

② 戛涅(Tony Garnier, 1869.8.13—1948.1.19),法国建筑师,于 1898 年开始了"工业城市"的探索,规划方案于 1901 年展出,1904 年完成详细的平面图。他对大工业发展所引起的功能分区、城市交通、住宅组群都作出了精辟的分析。——译者注

③ 雷克吕斯(Elysee Reclus,1830.3.15—1905.7.4),法国地理学家,无政府主义者。因写有《新世界地理》一书于 1892 年获巴黎地理学会金质奖章。其巨著《新世界地理、地球与人类》附有大量地图和插图,论说出色,有不朽的科学价值。他曾参加 1848 年的共和运动,1871 年 4 月因参加国民卫队守卫巴黎公社而被捕。——译者注

④ 索里亚(Soria),19 世纪末西班牙工程师,他曾提出"带形城市"的理论,1882 年他在西班牙马德里外围建设了一个 4.8km 长的"带形城市"进行实践。——译者注

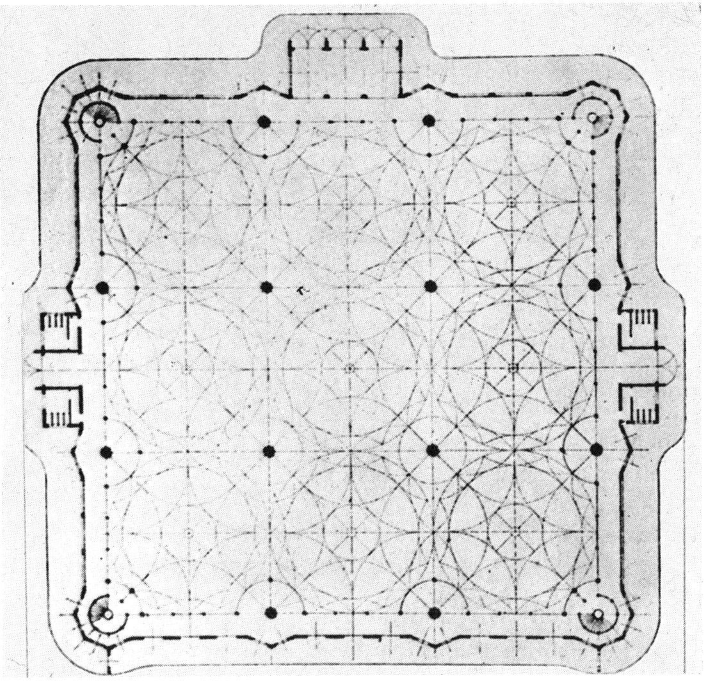

图 159　博多:设想顶部采光的室内平面图,1914 年(引自《建筑运动续集》,1973 年,第 28 期)

图 160　贝瑞:巴黎,富兰克林路 25 号公寓楼,1903 年

西县(Vaisse)实例的典型传统,但是他对于城市尺度以及地区的处理方法则让人想起霍华德,他对于分区的处理方式又像德国人所做的。无论如何,这种对界定社会性质的关注是巴黎美术学院激进学生的特征,也是那些全心全意的忠诚的社会主义者的特征[2]。戛涅在他的"城市"最主要的建筑上设计了一块石碑,铭文引自左拉的《劳动》一书——这当然也不会是没有理由的。

"工业城市"最突出的特征是对于细节的关注。通过设想,戛涅能将一个均衡的城市社区的社会功能和生产功能综合起来,而且通过对细部的关注,戛涅使建筑的形式取得了统一。很自然地,这种手法成为他后来实现的许多作品的模式,最明显的例子是他为格朗热－伯兰地区(Grange-Blanche)的里昂市郊外的埃里奥医院(Herriot Hospital)所做的平面,其分散的建筑都有绿地环绕。

他的城市类型学模型可以追溯到 19 世纪下半叶频繁进行的结构和材料的试验。戛涅追随了拉布鲁斯特①以及奥雷欧(Hector Horeau)所确定的路线,这条路线在科依格纳特(Francois Coignet),蒙涅(Joseph Monnier)以及埃纳比克(François Hennebique)所做的钢筋混凝土试验中达到了顶峰,然而,这种路线并没有超越仅仅是实用和技术方面的考虑。为了要体现新城是劳动者管理的,戛涅试图证明新城必须是表现最先进技术的地方。事实上,他认为技术发展是民主社会进步的一个必不可少的组成部分,而建筑能赋予这种民主以具体的形式。为这个城市所提出的类型学显示出在技术选择中所存在的简单化倾向,而同时每一个细部却倍受关注:许多充满了对古希腊怀旧的装修使得整个城市变得富于生气,弥补了坚硬而粗糙的材料所带来的不适。尤其在公共区域和学校,以古典方式布满了悬挂物和突出装饰,然而在平面上的安排却强调了它们的社会功能。否定一切丰富的装饰并不是大众性格的确切要求,戛涅在罗马的那些年绘制的托斯卡纳地区重建构想图中所表现的批判态度在"工业城"中走得更远了,"工业城"成了人道社会主义者所构想的古典乌托邦的建筑范本。他的新"希腊"完全是一种维持原状,在这里不仅古典词汇的形式是如

---

① 拉布鲁斯特(H. P. F. Labrouste, 1801.5.11—1875.6.24),早期采用铁架结构的法国建筑师。1819 年入巴黎美术学院学习。1824 年获罗马大奖,翌年赴意大利学习。1830 年回国,在巴黎开设事务所。他为巴黎设计的两个图书馆是其成名之作:圣热内维夫图书馆(1843—1850 年),国家图书馆阅览厅(1862—1868 年)。两幢建筑都有精美的铁构件。——译者注

图161　贝瑞：巴黎，庞泰路汽车库，1905年

图162　贝瑞：凡尔赛，卡森德尔住宅，1924年

此，甚至技术语言的形式也都要古典化，以便保持历史的延续性。然而对于戛涅来说，古典主义是怀旧情绪的产物，正如他那抒情的自然主义水彩画所显示的一样。他认为未来是由过去黄金时代的美景所决定的，未来可以再度获得理想的完美。

这种想法在他所有的作品中都留下了印迹。从1905年起，戛涅先后在两任里昂市长奥加涅(Augagneur)和埃里奥(Édouard Herriot)的支持下成了他故乡无可争议的第一流社会活动家。从1908年到1924年他设计了市里的新屠宰场，这个位于拉莫奇(La Mouche)的屠宰场是一个功能主义的杰作，也是他的伟大理想“工业城”的组成部分之一。这个综合体严格地围绕巨大的中央大厅而组织，虽然它在其他方面很简洁，但还是让人联想到工作场所的新古典主义暗示：例如把仓库的大烟囱处理成简化的棱柱。在他后来的作品中有着类似的手法，例如1924年至1935年里昂的埃塔斯－安尼斯地区(États-Unis)的住宅项目，以及1913年也是在里昂开始建造的奥林匹克运动场——这个运动场就有一些古希腊建筑多用途空间的味道。这些1920年以前的设计是一般意义上的古典主义，例如为里昂市设计的劳动力市场，以及艺术理论与实践学校，在1924年他还为国际联盟做了一些略微奢华的设计。

显然，戛涅一直维持着与学院派气质模棱两可的、辩证的关系，而且始终对巴黎美术学院怀有负疚感。直到20年代后半期，这种压力才有所缓解，但是那时他的职业生涯已经进入尾声——最后一个作品是1931—1935年为布洛涅－比扬古市(Boulogne-Billancourt)设计的市政厅。不过他的作品对于年轻一代建筑师仍然具有无法取代的引导地位。由于他的努力，年轻一代可以不受学院派传统逆潮的约束而开始自己的职业生涯，因为，这种传统的各个方面都已经被他详尽地论述过了。

舒瓦齐(Choisy)和戛涅都试图通过提高产业工人的地位达到恢复社会整体平衡的效果，这在舒瓦齐身上表现为历史实证主义和技术革新，而在戛涅身上却表现为一种对人道主义的令人伤感的渴望。这种渴望最好的结果也不过是一种乌托邦。逝去的黄金时代不会再返。

本世纪初新技术与历史的联姻在法国广泛流行。博多(Anatole de Baudot，1834—1915年)曾是勒－杜克(Viollet-le-Duc)和拉布鲁斯特的学生，他将学院派艺术的折衷主义发展到了极致。在遵循老师的方式工作了许多年之后，博多从1890年开始掌握了有关钢筋混凝土的技术，于是乎折衷主义的压力化解为关注于结构的试验主义。如果

图 163 贝瑞:巴黎,音乐学校,剖面图,1929 年
图 164 贝瑞:莫斯科,苏维埃宫方案,1931 年

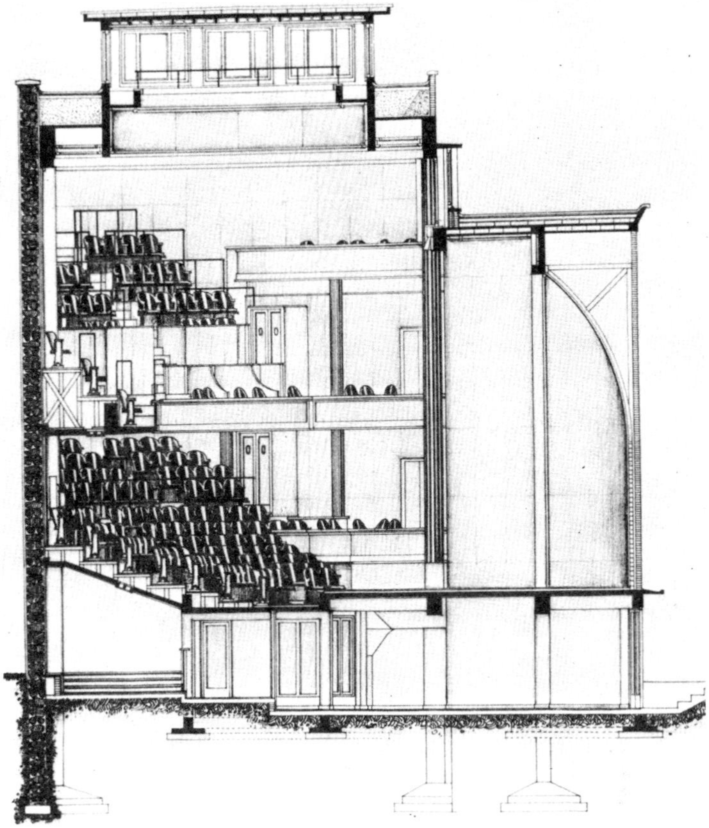

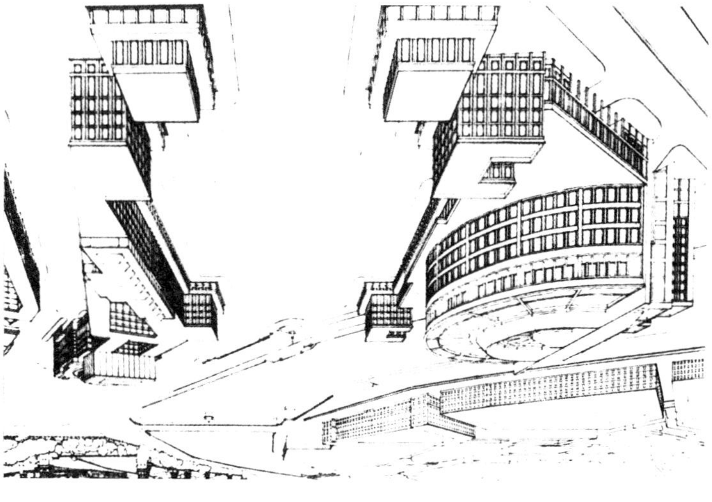

说他于 1894 年至 1896 年在巴黎设计的雨果中学(Lycee Victor Hugo)中,处理体量的简化手法掩饰了其精确然而有些犹豫的结构主义路线,那么在蒙玛尔特(Saint Jean-de-Montmartre)教堂的设计中(建于 1897—1904 年,合作者 Paul Cottancin),他创造了一个矛盾而丰富的建筑,在这幢建筑中,新哥特风格的处理体现为一种名副其实的折衷主义的尝试。内部是光光的令人惊异的纤细肋状构架,并采用传统的组合主题,顶上是一层不加修饰的薄板:这种具有摩尔人装饰花纹的手法和严格的构架都是对于新材料潜力的歌颂,也是对释放了人们想像力的技术的赞歌。在这里实证主义者的严密变成了在来自各种渠道的形象之间无拘无束的漫步。在博多后来的职业生涯中,其典型作品包括一些住宅建筑,1900 年为世界博览会做的一个有些奇特的方案,以及 10 年后设计的一个极其讲究的集会与展览大厅。

如果说博多的钢筋混凝土是一种充满好奇心的实验对象,远离了戛涅的乌托邦和古典严格性,那么贝瑞(Auguste Perret ,1874—1954 年)的工作可以被看做这整个传统的最终成果。1903 年他在巴黎富兰克林路一个狭长地块设计的一幢钢筋混凝土住宅中,试图在其中获得一种“自由平面”(后来柯布西耶做了进一步发展)。他还通过将凸窗的两个垂直线条之间部分向内凹进的方法,不仅将立面有机连接起来而且保证了最大限度的采光量。与以前的钢筋混凝土结构建筑相比,这幢建筑中毫无妥协的痕迹。埃纳比克在 19 世纪 90 年代设计的建筑物以及克莱因(Charles Klein)于 1902 年在克洛德 - 夏于司路(Rue Claude-Chahus)设计的一幢住宅都意在显示钢筋混凝土可以达到传统技术所能做到的事,然而贝瑞却通过强调结构的严密性加强了革新的特征。只是在碰到装饰的问题时,富兰克林路的住宅才显示出一些犹疑,贝瑞曾委托别哥特(Bigot)用面砖装饰墙板,像博多和拉维洛特(Lavirotte)那样。然而到了 1905 年他在巴黎庞泰路(Rue Ponthieu)设计的车库中就没有这样的痕迹了。这里的构图全部都是图解式的,结构简化成笛卡尔坐标式的布置,唯一带有本土装饰品味的表现是位于入口上方有着几何图案的大窗户,就像是教堂的玫瑰花窗。庞泰路车库在整体上实现了对材料的把握。

有了这样的经验之后贝瑞敢于面对最伟大的古典传统:他于 1922 年至 1923 年在勒赖恩塞(Le Raincy)设计的教堂中所创造的空间不仅表达了哥特教堂所具有的严峻风格,还重新表达了哥特教堂所隐含的宗教精神。这座“钢筋混凝土的神圣教堂”是卓越设计的产物。它不仅造价十分低廉,而且在十三个月内施工完毕。新材料已经证明

图 165　贝瑞:巴黎,赖诺尔德路公寓楼,1930 年

图 166　路斯:维也纳,卡特纳酒吧,1907 年

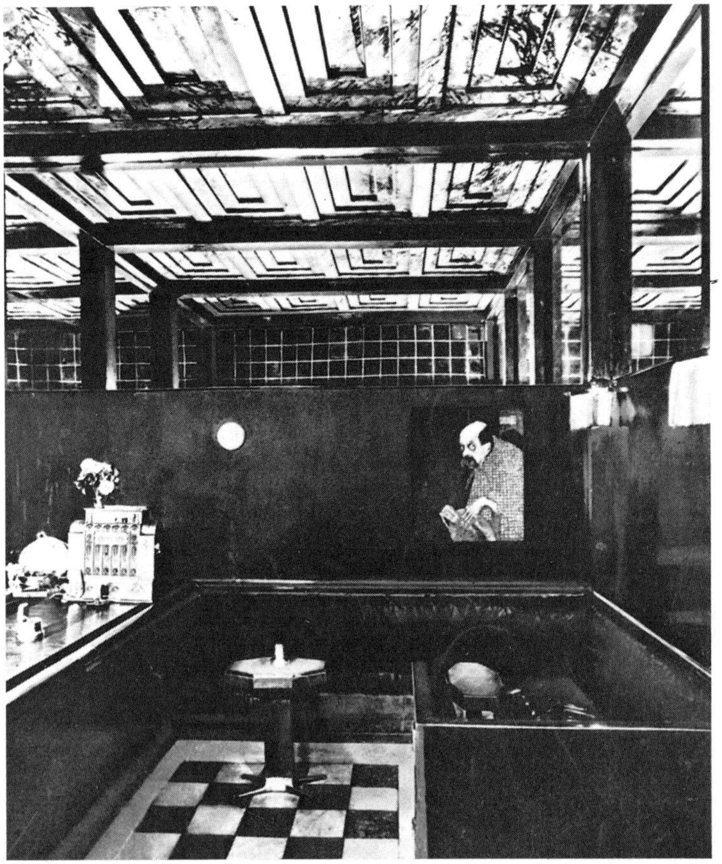

图 167　路斯:维也纳,从米开勒广场看路斯楼,1910—1911 年

图 168　路斯:维也纳,斯坦纳住宅,
剖面图与平面图,1910 年

图 169　路斯:维也纳,斯坦纳住宅,
1910 年

图 170　路斯:维也纳,苏劳格斯住
宅,1913 年

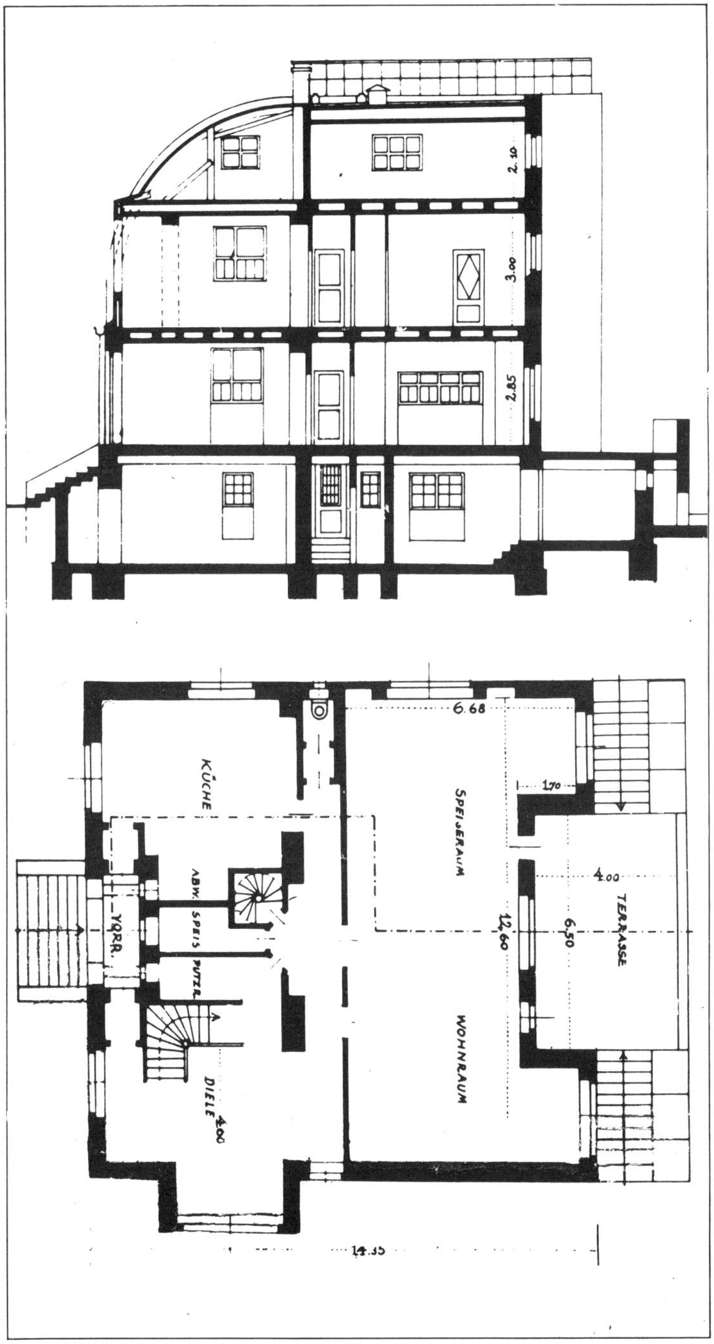

图 171 路斯：维也纳，斯特拉塞住宅，1919 年

了它的优越性。1922 年贝瑞在《建筑实录》(L' Illustration)发表了一篇《塔楼之城》(City of Towers)的文章：文中提出了一个城市方案，沿着其城市的中心交通干线线性地排列了许多很相似的钢筋混凝土摩天楼。这个设想解释了他于 1924 年至 1925 年在法国格勒诺布尔(Grenoble)所设计的塔楼的垂直主义倾向，也解释了他后来许多作品的倾向，例如 1930 年至 1932 年在巴黎赖诺尔德路(Rue Raynouard)的一些建筑。但是在一个仍然是学院派艺术传统的残余占统治地位的巴黎，尽管贝瑞一再提出批判，丝毫也没有激起任何反响。在 1924 年建于凡尔赛的卡森德尔(Cassandre)住宅以及 1929 年建于巴黎的音乐学院(École Normale de Musique)的古典立面中，贝瑞完全是通过几何图形获得了装饰的简洁性，尽管对他来说几何图形仅仅是表达古典主义的一种方式。他曾经用过的一些解决方式已经暗含了这种结局，例如 1911 年的香榭丽舍剧院(Théâtre des Champs-Élysées)，更明显一些的是 1925 年他为巴黎博览会设计的一个大胆的剧院——艾特利尔斯·埃斯德尔剧院(Ateliers Esders)，以及 1932 年建于加奇斯(Garches)的住宅，但是获得最充分表现的还是他设计的两组巨大的建筑群——1927 年为国际联盟以及 1931 年为苏维埃宫做的方案。

贝瑞所提倡的简洁与明晰根本上是与博多所迷恋的异想天开的复旧相对立的。但是，任何熟练的大师一旦将其几何形式与一个充满了各种混杂语言的城市相对立时，都将处于相同的状态——忧郁，贝瑞在明白了这一点后就停止了说教的倾向。他的态度源于一种对简化实证主义的基本信念，贝瑞自己写道："冷酷无情的气候，具有特殊性质的材料，有着自己内在规律的静力学，变化的光线以及对于线条和形状的普遍感知，都是要永远遵循的条件。"这位建筑大师就是以自己的经验教训运用这些规则和绝对条件的，尽管这也可能会宣判他永远与时代的步伐不协调。

建筑先锋派围绕各种制度的危机而产生两极分化是这个世纪交替之初的主要历史事件。一旦巴黎美术学院被抛弃，建筑或是无限制地走向消极，或是永远保持前卫。在这两种情况下唯一共同的基础就是一种杂乱的关系，这也正是在所有大都会建筑设计中所流行的。

在维也纳，这样的思潮没有走向极端。作为一个缺乏真正价值观的欧洲中心，这两种高度资产阶级化的建筑倾向在此都充分表达了它们各自的信息。

阿道夫·路斯(Adolf Loos，1870—1933 年)的建筑清晰地反映了他受到先锋派和无风格建筑的压力。作为"世纪末"维也纳的领导人

物，路斯给赫尔曼·布罗赫[①]称之为"快乐的维也纳启示录"的表达者们留下了深刻的印象：为了庆祝他的60大寿出版了一个纪念文集，集中收录了A·贝格、L·菲克尔、J·弗兰克、K·克劳斯、J·P·奥德、R·V·绍卡尔、A·舍恩伯格、R·泽金、B·陶特、T·扎拉、A·韦贝恩、S·茨威格(Alban Berg, Ludwig Ficker, Josef Frank, Karl Kraus, J. J. P. Oud, Richard von Schaukal, Arnold Schönberg, Rudolf Serkin, Bruno Taut, Tristan Tzara, Anton Webern & Stefan Zweig)的文章，科柯施卡(Oskar Kokoschka)还画了一幅铅笔肖像画作为卷首插图。在那个世界中正是路斯催化了这种主张。在这样一个被布罗赫称作"装饰之都"的地方，路斯敢于断言："我们掌握了无装饰的艺术。"其著名的文章《装饰与罪恶》写于1908年，但是远在1899年他就以其为维也纳设计的咖啡博物馆——后来它被戏称为"咖啡虚无馆"(Cafe Nihilismus)——确认了自己的地位。这座博物馆预示了他根本上反对先锋派传统。在20世纪的头十年他还通过作品和文章进行了斗争。路斯以自己的经验对先锋派的品位与形式都进行了批评，他认为先锋派是一种装饰，存在于日常用品中，运用于社会中，最终以一种风格宣告结束。

正如卡西亚里(M. Cacciari)所指出的，对于路斯来说，"风格是内在情调与自然主义的印记，也是心灵上的自然主义。风格是综合物，它在语言学上是混淆的，在装饰上是杂乱的。"风格使得装饰的"罪恶"更加深重。和特森诺的拒绝风格相比，路斯对风格的批评并不比他的否定更轻。风格是在维护着一种落后的设计，它只是引入一种虚构性质的综合语言，从而实际上导致了在存在语言与形式语言之间的分裂。在路斯对德意志制造联盟的攻击中，这些观念以最激进的方式表达了出来。1908年，他的一篇文章《多余的》指出："然而我要问：我们是否需要'实用美术的艺术家'？不。所有成功地避开了多余要素的工业都达到了它们的最高层次。只有这样的产业的产品才真正代表了我们这个时代的风格。它们是如此充分地表达了我们时代的风格——这是进行判断的唯一有效的准则——以致于我们甚至没有发现自己已经拥有了一种风格。"于是他认为现代风格仿佛仅仅是工业产品的事："我们所需要的是'木匠的文明'。如果实用美术家们只是去画图或是去扫大街，我们也许会得到这样的文明。"劳动分工的现实意义在于排除每一种不必要的行为。

路斯的初期作品确实是忠于这些原则的。他设计建筑的方法明确地否定了在建筑系统之外进行语言交流的可能性。但是对这种限制的思考在特森诺那儿已经初露端倪，而路斯应用的方法进一步发展了它。如果语言是不同的，那么它就区分不同的观念、表达不同的观念；而实用美术需要合作的地方，路斯认为理论上是讲不通的。他的实验毫无快乐可言，只是一种对所有语言不可确定性的反思——因此，从理论上来确定地位也是不可能的。1907年他在维也纳设计的卡特纳酒吧中，以及1913年在格拉本(Graben)设计的克涅兹商店内惊人的大楼梯中，用镜子引入了不确定的形象：任何形状都可以被反射、被重复以至无限。路斯作品中的手法仅仅以镜子的方式表达出来：这种手法正是从实用美术中转译过来的，表现了这种语言的稳定性。路斯自己也曾对恩斯特·马奇(Ernst Mach)断言过："你不可能让每一件事物都名副其实。"

路斯在第一次世界大战之前设计的作品都有一种稳定而静止的特征。1910年建于维也纳米开勒(Michaeler)广场上的戈德曼和萨拉奇大厦(Goldman and Salatsch Building，现在一般被称为"路斯楼")开发了建筑语言的不调和性。底层的大理石壁柱与楼上毫不掩饰的柱子相对立。在这里瓦格纳所支持的简洁性被颠倒过来：针对瓦格纳在设计林克·维莱尔(Linke Wienzeile)住宅大楼(1898年)和邮政储蓄大楼中所使用的语言，路斯并不赞成。路斯在住宅设计中明显地表达了取消建筑艺术的意思。维也纳斯坦纳(Steiner)住宅，设计于1910年，它在前面屋顶上的筒形拱顶与建筑后部神圣的几何形之间产生了无法解决的矛盾。他在两个维也纳住宅的设计中采用了更激进的调子来表达其反风格的观点：例如1912年的舒奥(Scheu)住宅以及1913年建于苏劳格斯(Sauraugasse)的住宅。如果说建筑的外立面是以平淡而一般的语言处理的话，那么它们的室内确实是完全不同的，而且家庭内部的世界与外部的世界之间没有任何联系。在室内他确实进行了创作，其空间组合和体量构成的新意都是用精美的材料所产生的

---

① 赫尔曼·布罗赫(Herman Broch, 1811.11.1—1951.5.30)，奥地利作家，他的"多面小说"获国际好评。他的第一部重要作品是《梦游者》(1931—1932年)，描述了1888至1913年之间欧洲社会的解体过程，描绘了现实主义者对于浪漫主义者和无政府主义者的胜利。1931—1932年他写作了《诱惑者》(1935年)，在描写一个希特勒式的外来者对一个山村的控制时，以举例说明他关于群众疯狂行为的理论。1935年他在纳粹监狱里度过了五个月，因国际上的营救而获释。1940年他移居美国。在《维吉尔之死》(1945年)里，他阐述了自己对死亡的体验，描绘维吉尔临终前18个小时的情况，维吉尔生活在一个过渡时期里，布罗赫自认处境和他相似。他的作品还包括许多短文、信件和评论以及《未知数》(1933年)、《无罪的人们》(1950年)。——译者注

丰富效果，这些材料之美在于它们具有自己的特性。

1919年建于维也纳的斯特拉塞(Strasser)住宅通过将室内外设计得截然不同的方法使这种探讨达到了极点。它的室内是分散的，而在处理立面和顶部后退的筒形拱顶的几何体结构时，路斯为他的反自然主义、反有机主义找到了借口，体现了他与克劳斯①反对城市装饰化的决心。

“自然意味着活力”，这句名言正说明了古典现象的诞生，路斯的虚无主义同样标志着要永远抛弃将装饰与形式结合起来的自然主义与有机主义的梦想。每一种关于连续性的观点、每一种重新发明符号的希望都是产生于对语言的无知，路斯的建筑排除了这种无知。这里再引用卡西亚里的话：“从批评艺术－手工艺－工业的综合到批评风格的观念，从批评超越城市和大都会而存在的历史主义到批评波坦京城市的理想(the city à la Potemkin)——在这些过程可以看出一幅一致的画卷，那就是尼采思想的直接继承。”所有否定建筑艺术的过程在路斯的斯特拉塞住宅中都有着明显的表现。就像古斯塔夫·马勒(Gustav Mahler)的音乐，T·阿多诺说它“从不试图弥合主体与客体之间的裂痕，甚至不愿意假装得到和解，它宁可把自己摔成碎片。”

但是在斯特拉塞住宅之后，路斯所走道路中的非凡的活力衰退了。他的建筑逐渐远离了马勒的“碎片”，也和他自己于1908年所写的文章自相矛盾。他越来越回到这样一种态度——其道德，打个比方说，受到了克劳斯的约束：“艺术品很丰富了，确实有必要继续创作，但并不意味着需要展示它们。”1922年建于维也纳的鲁弗住宅(Rufer)是一个转折点。他于1922年设计的芝加哥论坛报大楼以及于1923年设计的巴比伦旅馆表现出了一种相反的手法，到了1926年至1927年他为特里斯坦·扎拉(Tristan Tzara)设计的巴黎住宅终于以各种体量组合的表现主义手法宣告他的努力的结束。从此之后路斯将其命运与现代主义运动联系在一起，并且以查拉住宅恢复了与先锋派的对话。1928年建于维也纳的莫勒(Moller)住宅、两年后建于布拉格的米勒(Müller)住宅都返回了克劳斯警句的内涵：他对于外观的处理方式遵从了他关于过剩的观点，但是在室内，路斯回到了使艺术深入内部的必要做法，以致其攻击德意志制造联盟的文章变得微不足道。

所有路斯早期的作品都是对于创造性想法的有限性的思考，但是我们很难把握他的真正含义，除非我们始终记住他那杰出的警句：“如果人类的力量具有毁灭性，那么这种力量才是真正人类的、自然的、高贵的力量。”但是路斯不能构想出一种转达这种意向的形象；只有路德维希·维特根斯坦②于1928年在维也纳为其妹妹马格里特设计的住宅中接近了这个意向。在路斯做决裂的地方，维特根斯坦寻找到了一种综合法，尽管这只代表了他自己放弃了一切纯消极的意向。虽然克劳斯曾说过：“当其他艺术家还是走着同一条路时，路斯就已是一个纯净的建筑师。”然而，克劳斯还是觉得他的成就具有未完成的和不完整的特征。

在维也纳所发生的一切完全不同于布罗赫曾经描写过的“快乐的启示”。沃尔特·本雅明③在谈到克劳斯时从另外一个角度看这个问题：“普通的欧洲人无法将他们的生活与技术连接到一起，因为他们仍然迷恋于充满活力的生活。如果人们意识到他们的人性正处在毁灭之中的话，人们就需要跟随路斯和装饰的巨龙作斗争，需要听一听谢尔巴特(Scheerbart)创造的世界语的声音，或者看一眼克利(Klee)所画的‘新安琪儿’——他宁愿抛弃人们原有喜好而去解放人们的思想。”

---

① 克劳斯(Karl Kraus，1874.4.28—1936.6.12)，奥地利人，新闻记者、批评家、剧作家和诗人。他特别值得一提的是他于1909年创作的《警句与矛盾》(Proverbs and Contradictions)以及1919年的《夜晚》(Nights)，1908年的散文集《道德与犯罪》(Morality and Criminality)、1929年的《文学与谎言》(Literature and Lie)。他的作品有时达到了启示录般的高度，例如那部冗长的讽刺剧《人类的末日》(The Last Days of Mankind)，是对一次世界大战极有预见的谴责。作为《火炬》的创立者、主编以及1911年后唯一的作者，他在奥地利社会赢得了严厉批评家的名声。他翻译过莎士比亚的作品，此外他还创立了与自然主义戏剧相对立的诗歌剧院，在那里朗诵戏剧和诗歌作品。他的《文集》共分14卷出版。——译者注

② 路德维希·维特根斯坦(Ludwig Wittgenstein，1889.4.26—1951.4.29)，一个生于奥地利的英国哲学家，是20世纪20年代到50年代英国哲学界最有影响力的人物之一。他的逻辑理论和语言哲学新颖而富有影响力。——译者注

③ 沃尔特·本雅明(Walter Benjamin，1892.7.15—1940.9.26)，德国作家、学者、审美学家，现在被认为是20世纪上半叶最重要的德国文学评论家，马克思人道主义的阐释者，他发现了马克思主义理论在分析劳动者的社会地位和对异化的批评以及资本主义环境下的人意识“具体化”等方面对美学的重要贡献。——译者注

图 172　路斯：维也纳，在环形路上为弗朗斯·约瑟夫皇帝所设计的纪念堂方案，1916—1917年

图 173　路斯·巴黎，特里斯坦·扎拉住宅，1926—1927 年

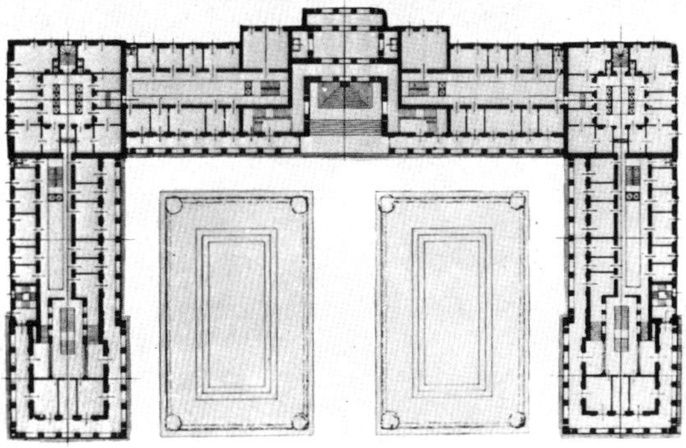

第八章 从立体主义到包豪斯前的先锋派与建筑（1906—1923年）

关于知识分子在大都会的混乱中所起作用的问题，尼采、韦伯以及辛梅尔都试图在艺术面前作出回答。伴随着表现主义的活动，毕加索、布拉克（Georges Braque）、格里斯（Juan Gris）的立体主义和意大利、俄国的未来主义共同开创了现代艺术的新篇章。问题的核心是如何摆脱由于中心感的丧失、由于反叛后的不知所措而产生的焦虑感，以及如何将这种焦虑转变为实际行动，从而不再在面对这种焦虑而永远保持沉默。毕加索作的《阿维农的少女们》（1906—1907年）以及他与布拉克从1909年开始在立体派解析阶段所创作的油画都有着明确的目标——表现这个分裂的世界连续不断的瞬间变化形象以及对于这种分裂的清楚认识。换言之，以塞尚作为转折点，毕加索和布拉克创造了与众不同的幻想世界。辛梅尔认为这正是大都会生活的写照，正是个人对丧失中心感的体验所进行沉思的反映。

由于亨利·柏格森①思想的影响，在立体主义1910年以后的作品中，特别是在格里斯的作品中，主体与客体倾向于形成一个综合体，从而断言了人们有可能重新征服真实世界。立体主义的目标是要从破裂的大都会中用智力获取主观的不朽形象。但是面对真实世界时这种重新征服并不成功。它只能随着真实世界起伏，硬是把自己的综合法作为一种至上的思想形式。这并不是一种偶然现象，像A·里格尔②那样的历史学家都认为自己的整个批评方法要随艺术意志的观念而转变，也就是要有一种真正超越自我的精神。

图174 保罗·毕加索：《阿维农的少女们》，1906—1907年（纽约现代艺术博物馆藏）

图175 F·莱热：《树下的房子》，…（群众艺术博物馆藏）

图176 博切奥尼：《城市在兴起》，1910年（米兰，埃米利奥…西收藏）

---

① 柏格森（Henri Bergson，1859.10.18—1941.1.4），20世纪初法国著名哲学家，“生命哲学”的创始人，“非理性主义”的代表人。他生于巴黎，其父是一个富有的犹太音乐家，其母为英国人，他的英国背景解释了年轻时代斯宾塞、密尔以及达尔文对他的影响。他早年就读于巴黎高等师范学校，在那里所接受的教育使得他在自学中既接受了古希腊和拉丁古典著作，也学习了所需要的科学知识，还获得了从事哲学研究所必需的基础知识。——译者注

② 里格尔（Alois Riegl，1858.1.14—1905.6.17），里格尔代表了对于艺术的定义和其产生源泉的理解的转折点，《Problems of Style Foundations for a History of Ornament》一书是在维也纳工艺美术运动顶点时期写成。在书中他描述了从古埃及时代到伊斯兰时期的装饰历史，指出在最伟大的艺术品和最平庸的工艺品中都体现了创造的冲动。而时代的变化是风格与生俱来的一部分。他发现在几种装饰母题的重复中存在着无穷的变化，这使他认为艺术是完全独立于外在世界的，而且超越个人意志。这就是他著名的“艺术意志”的基础。——译者注

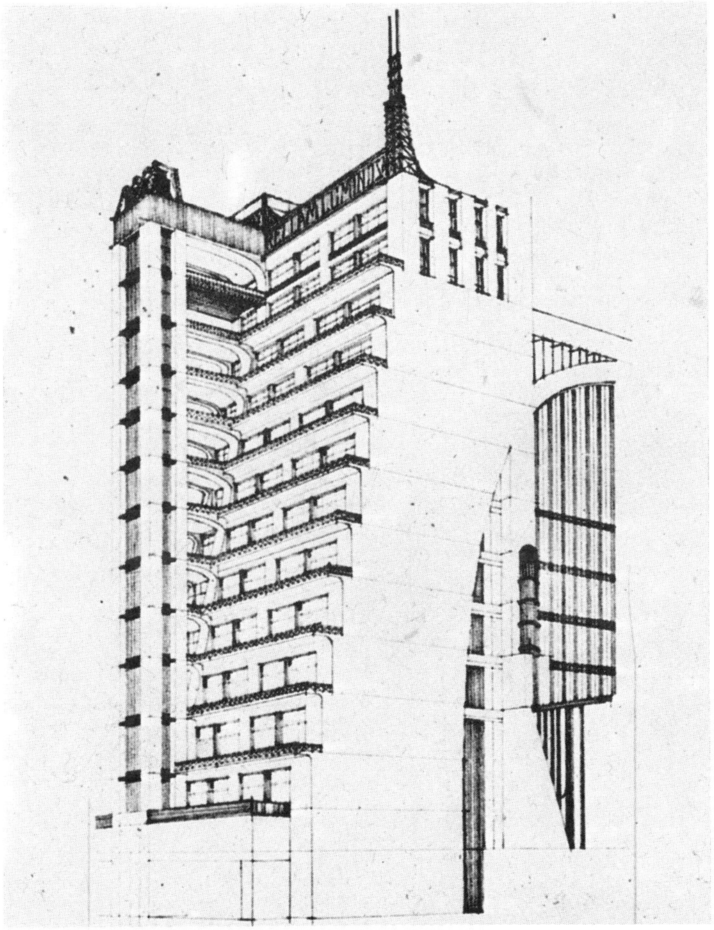

图177　安东尼奥·圣伊利亚：一个有观景电梯的退层公寓，1914年(意大利，科莫，奥尔莫别墅，圣伊利亚作品永久展厅藏)

图178　巴拉：《未来派构图》，1918年(米兰，现代艺术画廊藏)

1909年未来主义者在费加罗报①首次发表了自己的宣言，他们反对立体主义神圣的自动反映论。马里内蒂(Marinetti)宣称："我们要歌颂在劳动、娱乐以及变革中兴奋的伟大群众，歌颂在现代都市变革中形形色色的声音，歌颂那些在强大灯光照耀下夜间忙碌的兵工厂和车间，歌颂那些贪婪地吞食烟雾的火车站，歌颂那些在自己释放的烟雾中若隐若现的工厂。"面对意大利死寂般的技术退步，知识分子感到沮丧，他们对于权利的欲望得不到满足，便以对机器狂热的崇拜、对机器非道德性的认可和对城市民众物化的认可来作为补偿。未来主义者试图成为背叛一切事物的先导，他们不存在任何怀旧情绪。如果说失去中心感与摧毁"旧教堂"(意为旧文化——译者注)是一致的话，那么对他们来说就没有什么可保留的了，他们直接走向了扫除旧价值观的前沿阵地。马里内蒂、博切奥尼(Umberto Boccioni)、巴拉(Balla)、拉索罗(Russolo)、帕兰波利尼(Prampolini)等人打垮过去的观点都和无政府主义、自由社会主义、索雷尔主义(Sorelism，以乔治·索雷尔②的名字命名)以及民族主义有着千丝万缕的联系。问题在于如何控制机器的副作用。仅仅接受它们的非人道是不够的，反之认为它们具有人性也是不对的。我们需要面对一个简单的事实——如果不与老的交流方式相决裂，这个由无形技术统治的庞大城市中所产生的新型社会关系就不会得到发展。现在是机器决定了交流的方式，信息由纯能量的形式组成，再不需要以句法为基础的叙述方式了。技术语言的基础是些新事物：纯粹符号的冲击会使交流者立刻受到震惊。在博切奥尼的绘画《城市在兴起》(1910年)以及卡拉(Carlo Carra)的《安纳切斯特·

---

① 费加罗报(Le Figaro)，是巴黎的一份晨报，在法国以及世界上都有广泛的影响力。创刊于1826年，开始时是一种关于艺术的讽刺和杂谈小报，以理发师费加罗的名字命名。1866年费加罗报成为日报，雇佣了一些法国最好的作家，充满了政治性评论。它把新闻报道分类刊登，采访各界名人，这在当时是首创。1922年一个化妆品制造商Coty买下费加罗报，成了他表达自己政治观点的报纸。1934年Coty死后在Pierre Brisson的编辑下，费加罗报恢复了他在法国新闻界的领导地位。二次世界大战之后它传达了法国中上层阶层的呼声，但是仍然保持了独立的立场。——译者注

② 索雷尔(Georges Sorel，1847.11.2—1922.8.30)，法国社会主义者，革命工团主义者。他出生于一个中产阶级家庭，是土木工程师。直到40岁才开始对于经济和社会问题发生兴趣。索雷尔的写作范围十分广泛。他最主要的作品是1898年的《The Socialist Future of the Syndicalists》、1908年的《Illusions of Progress》和1909年的《The Dreyfusard Revolution》。——译者注

图 179　施维特斯:《轨道》,1919 年（纽约,马尔波罗夫画廊藏）
图 180　杜尚:《自行车轮》,1913 年（纽约,西德尼－詹尼斯美术馆藏）

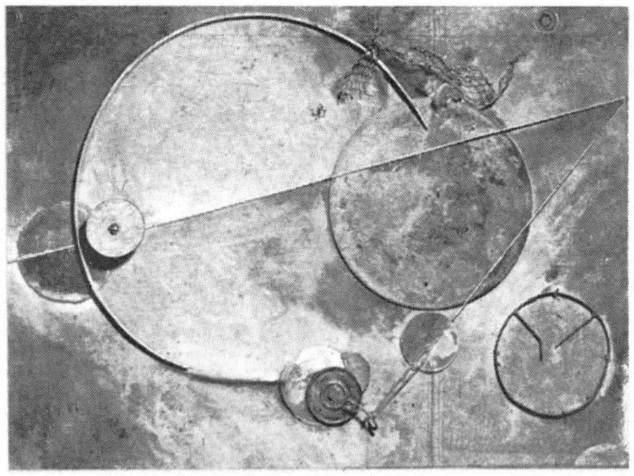

图 181　毕卡比亚:《孩子的汽化器》（纽约,古根海姆博物馆藏）
图 182　弗拉基米尔·塔特林:《反浮雕》,1916 年（莫斯科,特里雅科夫画廊藏）

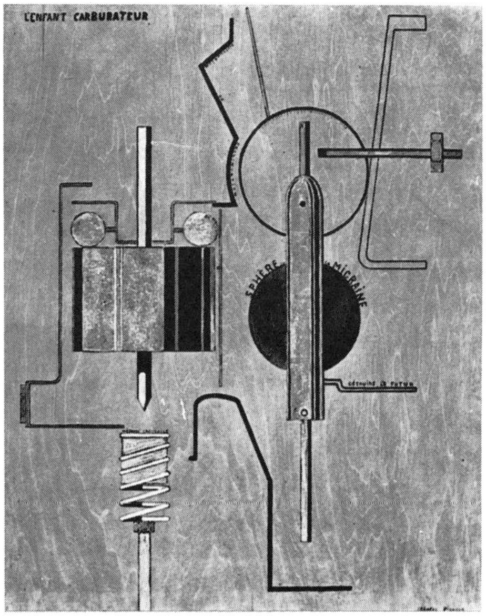

图 183　K·马列维奇:《蓝三角和黑方块》,1915 年（阿姆斯特丹,斯塔德利克博物馆藏）
图 184　蒙德里安:《作品一号》,1921 年（巴塞尔,缪勒－维德曼收藏）

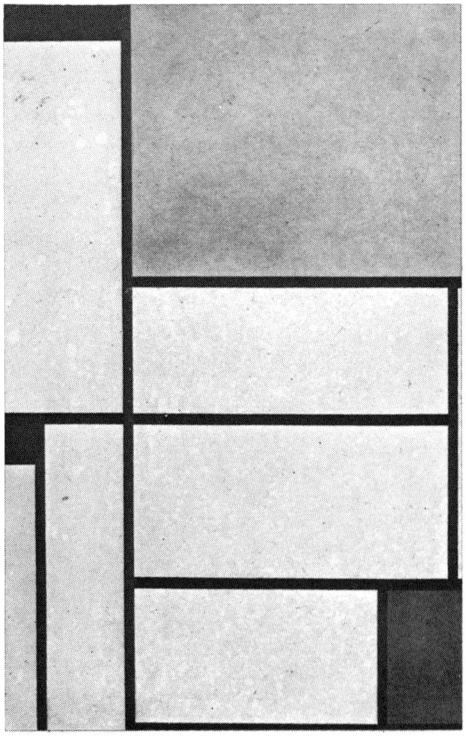

加利的葬礼》中，大都会内部都被视作是聚集了大量人口和永远动乱、冲突的场所。对于未来主义者来说，粉碎所有语义学领域的句法偶像——从文学到绘画、雕塑、戏剧甚至日常行为——是与粉碎妨碍迅速全球机械化进程的机制是一致的。确切地说，哪里集体异化达到了极点，哪里就有希望用标准的运输工具将羊群运向屠宰场。因此，意大利表现主义在具有号召力的戏剧奇观中最真实地表现了自己。他们向资产阶级的公众呈现了最赤裸裸的、最荒谬的情境，而这些观众无意识地沉浸其中。炸弹般的语言不再受到感觉和句法的束缚，无节制的神经刺激不断进行重复，用辛梅尔的话来说，就是艺术袭击了大都会人。在未来主义的歌舞晚会中，表演煽动了观众的情绪，它要求观众报以同样激烈的回应。

城市主题是未来主义者主要思考对象。博切奥尼、圣伊利亚(Antonio Sant' Elia)、巴拉和德佩罗(Fortunate Depero)都将这种主题看作对城市自身不断变革的赞扬，看作是对城市在大众手中不断变换的赞扬，看作是速度和技术力量的标志。安东尼奥·圣伊利亚①创作了一系列的设计方案表现一个未来主义的城市，在这里表现了对瓦格纳风格的追忆，并结合了对超技术纪念形象的追忆，这些形象赞美了动态世界的胜利。未来主义对技术过于迷信的热望不可避免地包含了整个人类环境。如果忽略不计这个运动的反动方面，我们必须意识到，将艺术转译成行为的做法将会破坏对所有失去事物的维护，并导致了巴拉和德佩罗于1915年所命名的"未来主义对宇宙的重建"的作品的出现。

1916年2月，鲍尔②、扬科(Marcel Janco)和扎拉(Tristan Tzara)，在苏黎世以一个毫无意义的词"达达派"(Dada)③为名召开了他们的酒吧会。当时还有一个项目是有计划地用白痴式的行为对公众进行轰炸以达到刺激的目的，他们毫无理由地把语言、行动和声音混合在一起以此降低它们原本所具有的意义。在试图使其目的适合于大都会的不确定性这个方面，达达派和未来主义者是一致的。但是达达主义者具有反战情绪，对于资产阶级秩序感到恐惧，于是他们表现出的道德腔调与意大利派完全不同。鲍尔和他的朋友们伪装成传教士一般，试图赋予尼采学说一个明显的形式，用自我嘲笑来召唤所谓的超人——这个超人却对这个世界感到恐怖——因此大家一起参加这个笑声，以一种莫名其妙的快活摆脱恐惧，以一种节日的艺术来摆脱恐惧，而这种艺术有可能导致用欢呼之声迎接纯净现实的潮流。城市的异化再一次被视为是不可避免的。为了拯救自己就必须先放弃自我，听任自己屈从于混沌之中，成为众多符号中的一个。但是必须是通过行动。由此看来，战后柏林的达达运动盗用极端无政府主义的自由意志神话也不是没有理由的了。

达达主义的目的就是要追溯尼采主义思想的根源。如果全球化商业行为的潮流使得一切价值都成了时代错误，使得任何对形式的思考都成为荒谬，那么一个人只有在这种未定形中失去自我才有可能拯救自我。屈服在商业行为统治之下的城市是无政府主义的：在那里所有的亲昵都是谎言，唯一起作用的是疯狂的机会。用"自由的词汇"创造的诗歌、用不加思考的自动姿态描述的图画、用图片进行的拼贴[像R·奥斯曼(Raoul Hausmann)所做的那样]、用物体进行的拼贴[例如K·施维特斯(Kurt Schwitters)所做的那样]……达达主义通过这些方式不仅显示了用冷漠作为有勇气睁开眼睛面对商业化世界的人的标志，还指出了价值消失后——尼采的上帝死亡后——剩下的空洞。从意识到符号(语言)已经失去了全部象征意义的人都会被苦闷所困扰，但是阿尔普(Jean Arp)、奥斯曼与施维特斯却宣告这种苦闷是无效的。浮游在金钱经济浪潮上的一般物体都会成为任何磨坊里的谷物。它们缩小为符号以后，就可以参与任何一种连续不断的变形过程。这

---

① 安东尼奥·圣伊利亚(Antonio Sant' Elia，1888.4.30—1916.10.10)，意大利建筑师，因其未来城市的想像图而著名。1912年他在米兰开始建筑师生涯，在那里他卷入了未来主义运动。在1912年到1914年他为未来的城市绘制了许多具有高度想像力的图画，其中一组"New City"在Nuove Tendenze group于1914年5月举办的一次展览会上展出。——译者注

② 鲍尔(Hugo Ball，1886.2.22—1927.9.14)，德国著名作家、演员、剧作家、尖锐的社会批评家。以所著德国小说家黑塞评传《赫尔曼·黑塞，他的生平和作品》(1927年)而引人注目。鲍尔于1906年到1907年在慕尼黑和海德堡大学学习社会学和哲学，1910年来到柏林成为一个演员。他是艺术方面达达主义运动的创始人。作为一个坚定的和平主义者，他在一次世界大战期间离开了德国迁往中立国瑞士。他最重要的作品有《德国知识分子的评论》和1927年出版的《从时间飞跃》。——译者注

③ Dada是法语，原意为"旋转木马"，这个名字来源于1916年H·鲍尔在咖啡馆的一次酒会表演。——译者注

图 185　范杜斯堡:《建筑的色彩研究》,1923 年(巴黎,内莉·范杜斯堡收藏)

图 186　奥德:工厂设计,1919 年

图 187　奥德：仓库设计，1919 年
图 188　里特维尔德：乌得勒支，施罗德宅，1924 年

正是杜尚①的终极目标。当他把自行车放在高凳上以及在 1917 年把一个便壶翻转过来称之为喷泉时，他仅仅是想引起轰动的丑闻。所有这些作品都是用的"现成取材法"。

然而对现实的承认就导致了对现实的这种变形，使得在现实范围内的任何行为都成为可能。这就反映了所谓消极先锋派破坏性的作品怎样表现其建设性的一面。当然圣伊利亚和巴拉所预言的高度都市化进程已经成为了现实。然而历史上的先锋派们的功绩是在于他们以其艺术实践使我们意识到了这个进程以及这些变化的最终结果。1936 年，本雅明将这整个现象总结为"品位的崩溃"。如果认为欧洲艺术先锋派从克服表现主义的苦恼中，直接导致了技术性复制的艺术，导致了莱热②使人醒悟的机械论，导致了奥赞方特(Amédée Ozenfant)和柯布西耶领导的新精神运动，以及导致了 20 世纪 20 年代的新

---

① 杜尚(Duchamp, Marcel,1887.7.28—1968.10.2)，法国艺术家，他打破了艺术作品与日常用品之间的界限。对于传统艺术标准的蔑视使他创造了"现成取材法"(ready-made)，预示了一场艺术的革命。杜尚与达达派关系很好，在 30 年代他帮助组织了超现实主义展览。杜尚被认为是 20 世纪绘画的先驱之一，但是除了《下楼梯的裸体，第二号》以外，在他一生中他的作品都被公众所忽视。直到 60 年代还只有超现实主义者宣称他的重要性，而对于官方艺术和老于世故的批评界来说，他只是一个古怪的人，是一个失败的例子。在他 70 多岁时，移居美国。他对于艺术和社会全新的态度为波普艺术以及为世界各地年轻艺术家所拥护的许多其他艺术运动开辟了道路。他的态度远离了当时风行的消极和虚无主义，他不仅改变了视觉艺术也改变了艺术家的思想。——译者注

② 莱热(Léger, Fernand,1887.7.28—1968.10.2)，法国艺术家，作品多以抽象的几何形体、广告式的色块表现工业题材、建筑工人和杂技演员等。出身于诺曼底的一个农民家庭，在建筑事务所里当过两年学徒。1900 年来到巴黎，开始是做建筑绘图员，后来成了相片修版师。1903 年他虽然没有进入巴黎美术学院，但是却作为非正式学生在两位教授的指导下开始学习。1907 年塞尚的回顾展深深地影响了他。1908 年他在巴黎艺术家聚居地安身，1909 年的画作《女裁缝》中画面呈蓝灰色调，人体被画成块状和圆柱状，类似机器人。1913 年他用明亮的色彩创作了一组有力的、抽象的作品《形体的对比》，阐释了他的理论：要得到最大的绘画效果就要加强对比。他主张艺术接近普通人民，这也是他于 1945 年加入法国共产党的原因。——译者注

客观派[①],那就错误了。

在达达派和未来派破坏偶像的背后实际上潜藏着大量对于旧价值观的怀念:俄国的未来主义就是一例。俄国的知识分子经历了1905年革命失败的创伤,这次创伤的直接后果是引起了旧实在论的危机和唯我论以及智力冒险的兴起。1909年,画家拉里奥诺夫(Mikhail Larionov)和冈卡洛瓦(Natalya Goncharova)发动了一场光幻运动[②],1913年他们把这一运动定义为立体主义、未来主义和俄耳甫斯神秘论[③]的综合体。在1913年到1915年间,马列维奇[④]和塔特林(Vladimir Tatlin)等画家以完全不同的方式达到了同样的最后效果——巴黎立体主义的设想。塔特林艺术的基础是拼贴和材料的真实。1915年他展出了自己的第一批反浮雕作品,把空间四周的金属片不经意地拼贴在一起,产生了一种三度空间解体的效果,而且是剥去了所有无理的伪装。这里再一次声明了未来主义对宇宙的重建,抛弃了一切虚构,使人们能直接面对完全裸露的材料。

马列维奇开始是一个波普的塞尚派,在立体未来主义阶段以后,他把图形、物体、文字充满嘲讽地集合在一起,例如其绘画作品《一个英国人在莫斯科》(1913年)就是这样处理的,最后在1915年左右的一幅油画中他达到了超脱尘嚣的彻底平静:白底色上只有一个黑方块。然而马列维奇是以一种神奇的方式看待他将要走的道路:1918年他的一幅画达到了极限——白底上的白方块。他曾写道:"在上升到无物艺术这个高度的过程中充满了艰辛的劳动和巨大的折磨,尽管它能带来一定的幸福感……往前每走一步,客观世界的轮廓都会越退越远,最终,这个客观观念的世界——我们所热爱的一切、我们赖以生存的一切——都从视线中消失了。不再有现实的类似性,不再有理想的描绘,除了沙漠以外一无所有。"面对这沙漠,马列维奇断定人们有狂喜的权利。他把叔本华对一切愿望和象征的否定看成是最终可能的拯救。在文学上,与之相匹配的是克卢切尼克(Alexei Kruchenick)和克利波尼科夫(Victor Khlebnikov)的诗歌。马雅可夫斯基(Vladimir Mayakovsky)尽管不是意大利未来主义,却以与之相似的热情赞扬了大城市的生命力,而克卢切尼克和克利波尼科夫却在为产生于古代并清白地保存至今的语言的纯洁性而努力。当时的俄国理论家施克洛夫斯基[⑤]极力为诗歌语言的本质进行第一次科学探索而欢呼,可以说整个俄国未来主义都渴望赢回一个纯洁的世界,而这种纯洁世界经常表现为倒退回斯拉夫气质原来的形式。

这种疏离的技术——一个词汇或物体从惯常的情境向新情境的转变——不仅创造了一种令人惊异的强烈效果,也引起了对于语言基本意义的怀疑。因此在先锋派的内心中我们可以发现一种对少年时代幸福时光的怀念。这与1910—1920年未来主义者和达达主义者所经历过的情感并不矛盾——他们发现自己面对着人类一个新的幼年期,此时技术的力量既唤起人们对物的反感,也能使人们达到对环境进行全球性控制。挑战是神秘化和价值观无法解脱的大杂烩,虽然它从那时起遍及了整个现代艺术,但是它仅仅是资产阶级占据技术领域进程的一个表层现象。这就是为什么神秘的残余物和不迷信的玩世不恭交替出现并且相互重合的原因——先锋派的政治意义就在于它预言了一旦物质被征服,心灵将能获得巨大的解放。先锋派仅仅为断言其意识形态优越性而玩弄社会竞争的手法,对于这样一个运动来说,它是不可能具有其他更多的政治意义的。

---

① 新客观派(Neue Sachlichkeit),1924年曼海姆艺术厅厅长古斯塔夫·F·哈特劳勃为一批艺术家取的名称。这些艺术家以现实主义的风格作画(与当时流行的表现主义和抽象主义风格相对而言),反映了如哈特劳勃所说的一次世界大战后德国的听天由命和犬儒主义。新客观派有多种倾向与风格,可以分为三种:真实主义风格、纪念碑或古典主义风格以及卢梭画派。新客观派作为一个运动随纳粹主义的出现而告终。——译者注

② 光幻主义(Rayonism),俄国艺术运动,由米哈伊尔·拉里奥诺夫始创,代表了俄国抽象艺术的最初发展阶段。拉里奥诺夫于1909年画出第一幅光幻主义作品《玻璃》,于1912年拟就光幻主义运动宣言。他在解释这种综合了立体主义、未来主义和俄耳甫斯主义的新绘画风格时说,这种艺术"注重的是由不同物体反射的光线相互交错而组成的空间形式"。拉里奥诺夫和冈卡洛瓦作品中的放射性线条颇像未来主义绘画中有力度的线条。——译者注

③ 俄耳甫斯主义(Orphism),立体主义绘画的一种倾向,强调色彩的优先性。1912年由法国诗人阿波里耐命名。——译者注

④ 马列维奇(Kasimir Malevich,1878.2.23—1935.5.15),俄国画家,早年追随印象派和野兽派的画法,1912年在巴黎旅行后受到毕加索和立体主义的影响,回国后领导了俄国的立体主义运动。1913年创造了至上主义画派,一个最早出现的纯几何形抽象绘画运动。他认为"再现事物的最恰当手段通常是最充分地表达感情,这时,客观事物最熟悉的外形是要被忽略的"。——译者注

⑤ 施克洛夫斯基(Victor Shklovsky,1893.1.24—1984.12.8),俄国文艺评论家和小说家。他是形式主义的主要呼声,这个学派对俄国20年代的文学界有着巨大的影响。在大学时代,他帮助成立了OPOYAZ (the Society for the Study of Poetic Language),1914年他与一群作家过从甚密。他大量写作,出版了历史小说、电影评论以及关于托尔斯泰、马雅可夫斯基、陀斯托耶夫斯基的研究文章。——译者注

图 189 B·陶特：瑞士卢加诺湖畔山顶玻璃建筑的奇幻构思，1917—1919 年（引自《阿尔卑斯山建筑》）

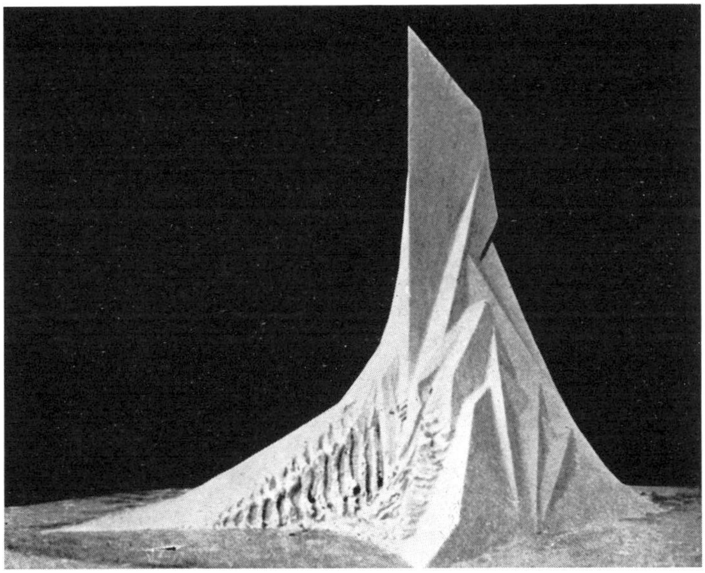

图 190 勒克哈特：电影《形式游戏》剧照，1919 年

图 191 勒克哈特：电影《形式游戏》剧照，1919 年

先锋派试图寻找行为的解放，却在心理分析中发现了它，这就解释了为什么达达主义最终被超现实主义所吸收，也解释了后者暧昧的政治承诺。然而正是城市，在它的现实中，先锋派获得了生存，城市是先锋派所有计划的检验地。让建筑穿上达达主义或是未来主义毫无神圣可言、充满暴力的外衣显然是有问题的。但是一旦环境被简化为没有意义的物体、一旦人们接受了艺术语言被降低为纯几何符号时，所有试图超越未来主义者圣伊利亚的透视图和所有向建筑灌输新事物的方法都将唾手可得。将建筑引入先锋派的一系列运动迅速形成了：荷兰的风格派、俄国的构成派和产品派（Productivism）以及德国在 1918 年到 1919 年间的晚期表现主义潮流中的“十一月小组”①和艺术品协会（Arbeitsrat für Kunst）。

1917 年风格派成立了自己的官方组织，范杜斯堡（1883—1931 年，Theo van Doesburg）②保持了他的主导精神。在他的倡导下，风格派举办了一次回顾展，包括画家蒙德里安（Piet Mondrian）、范德勒克（Bart van der Leck）、胡扎（Vilmos Huszar），诗人科克（Antony Kok），雕塑家万通杰罗（Georges Vantongerloo），建筑师奥德（J. J. P. Oud）、维尔斯（Jan Wils）和霍夫（Robert van't Hoff），以及后来加入的建筑师里特维尔德（Gerrit Rietveld）和范伊斯特伦（Cornelis van Eesteren），画家及电影摄影师里希特（Hans Richter）。但是这群人——被称为新造型主义（Neo-Plasticism）——的渊源却可以追溯到更早。1914 年范特霍夫从美国回来，深深受到建筑师赖特的影响，他从 1914 年到 1915 年在荷兰的乌得勒支附近设计的两幢住宅中就表达了这种影响；1914 年到 1916 年范杜斯堡开始与科克接触，并与林西马（Evert Rinsema）、奥德（Oud）以及蒙德里安一起既研究神辩论的文章，也研究康定斯基（Wassily Kandinsky）的著作，1916 年他出版了一本有关绘画的小书，题名为《冬天里的两面》，这与托尔斯泰的观点取得了共识；蒙德里安则从 1909 年开始探索表现主义和立体主义，1915 年创作了一系列由

---

① 十一月小组（Novembergruppe），1918 年 11 月 M·佩希施泰因等在柏林组成的表现主义团体，以魏玛革命的月份命名，其目的是在绘画、雕塑、手工艺以及城市规划中促成一种新的统一，并使艺术家和劳动者密切接触。——译者注

② 范杜斯堡（Doesburg，Theo van，1883.8.30—1931.3.7），E·M·库珀的笔名。荷兰画家、装饰家、诗人和艺术理论家，“风格主义”运动的领导人。——译者注

图 192　勒克哈特：某住宅的透视和一层平面，1920 年

图 193　格罗皮乌斯和梅耶：柏林，索麦费尔德住宅，1920 年

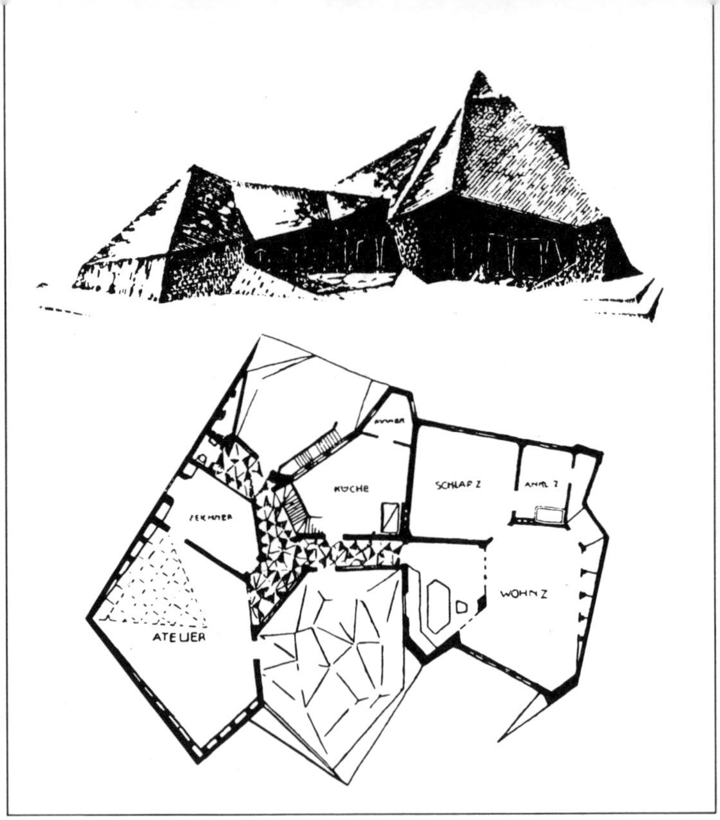

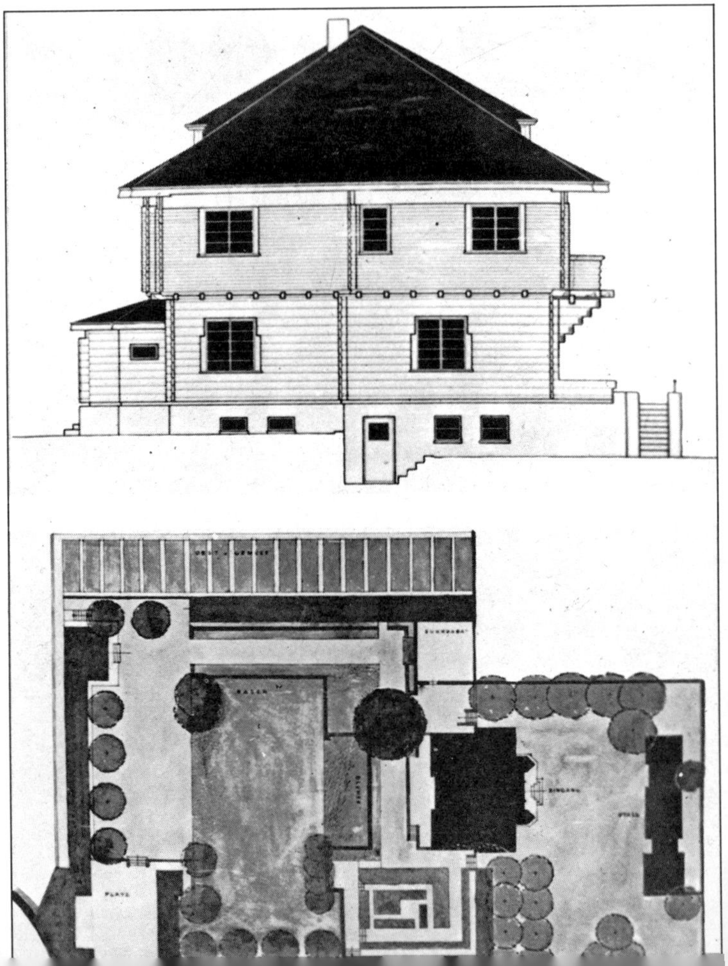

纯粹水平和垂直线条组合成的绘画作品——《海洋与堤岸》。

不能忽视的是，蒙德里安也像马列维奇和他的至上主义一样声称自己的抽象主义有一种神秘的理由。有一点要指出的是，他身上带有从悲观论中产生的禁欲主义，就像叔本华的哲学那样。沃林格（W. R. Worringer）在他 1908 年的理论著作《抽象与移情》中已经指出要拒绝"世界的语言"并鼓吹"心灵的语言"，但是这两者在本质上都是抽象的。当然康定斯基所做的第一批抽象实验是很成功的，这些实验也饱含着神辩论的情境。1915 年神辩论者舍恩马克尔（M. H. J. Schoenmaekers）出版了他的《世界新印象》，翌年出版了《塑性数学》，两本书都表现了积极的神秘主义，试图以一种精确性、意识的现实性与优美的结构来解释整个世界。1916 年蒙德里安在拉伦（Laren）与舍恩马克尔偶遇，这更加强了画家在两年前就已经具有的个性。蒙德里安认为由于人类的成熟导致原始和谐性的丧失，这不可避免地造成了自然与人为现实之间冲突与悲剧。这就是托马斯·曼[①]的主题，也是魏玛文化的主题，它属于文明的反向文化。于是对于蒙德里安来说，艺术家的任务就是隐喻地揭示一种新和谐的可能性，一种新的"不协调和谐"。

人们能够通过掌握悲剧的形式而超越悲剧，对于蒙德里安来说垂直和水平或三原色是决定悲剧形式的三要素，而且可以在纯构图中进行重新组合。因此蒙德里安所创作的"新造型派"绘画作品是一种对于未来大众行为教育的可能性暗示。一旦人们意识到这一点，艺术本身就将成为多余。蒙德里安写道："在未来，我们所能看到的现实世界的纯象征的表达将取代艺术作品的地位。但是为了达到这一点必须经历一场普及教育的过程，必须摆脱自然的压力。然后我们不再需要绘画和雕塑，因为我们将生活在一个完全现实化的艺术中。艺术将从生活中消失，同时，生活将获得自身的平衡。"

先锋派在普通的纯几何形式中发现了自己的财富，明白了在重新安排这个世界时它的意义：城市自身变成了他们的试验场。范德勒克（Bart van der Leck）油画上的省略几何学、蒙德里安刻板的严格性、万通杰罗的数学雕塑、第一批用不同的板块和其他要素进行解体重构的

---

① 托马斯·曼（Thomas Mann，1875.6.6—1955.8.12），20 世纪德国最杰出的小说家。1929 年获诺贝尔文学奖。出身于殷实的粮商家庭。1898 年参加《西木卜利齐西木斯》讽刺周刊编辑工作，开始其创作生涯。1900 年因《布登勃洛克一家》问世而成名。文风细腻、灵活多变，富于幽默、讽刺和滑稽感。其作品构思奇特，象征手法含义深邃。——译者注

图 194 格罗皮乌斯:柏林,某混凝土住宅花园立面,1921 年

图 195 格罗皮乌斯:柏林,某混凝土住宅一层平面图,1921 年

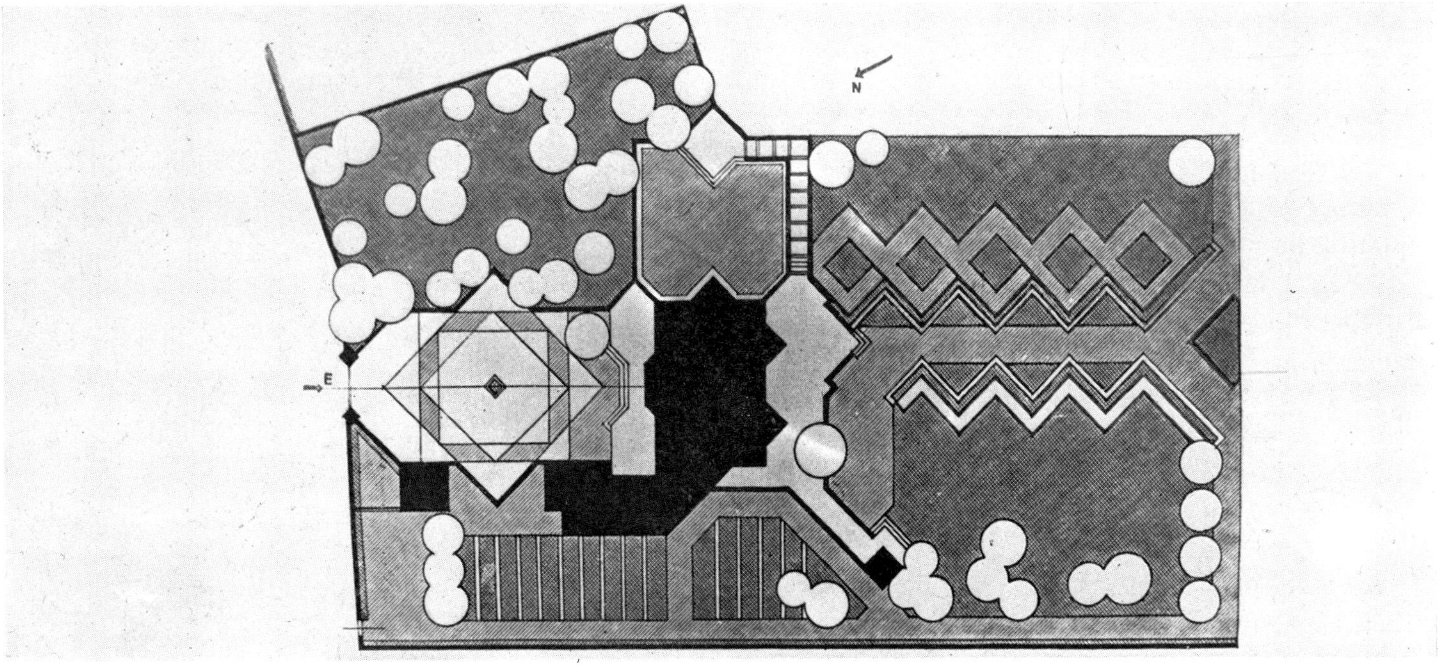

图 196　乔纳斯·伊顿:《圣徒像》,1917年(阿姆斯特丹,斯塔德利克博物馆藏)

建筑——霍夫设计的两幢别墅、维尔斯的某些作品、范杜斯堡于1918年在荷兰吕伐登设计的纪念碑、奥德早期的一些试验作品,由范伊斯特伦设计、范杜斯堡定色调的别墅,特别是1924年里特维尔德(Rietveld)设计的施罗德(Schröder)住宅最为杰出——他们都在努力为新造型主义创造一个恰当而真实的句法。

尽管风格派内部存在着一些不同的见解,《风格》杂志仍然团结了各方面的力量。范杜斯堡非常清楚风格派代表了先锋派的综合观点。他写诗(他1915年写给科克的一封信是第一首用这种观点写成的诗歌)、绘画、设计建筑(他于1926年在斯特拉斯堡改造的奥白特咖啡馆是他集试验之大全);他在荷兰旅行并到国外去宣传这个运动;他与施维特斯和里西茨基(El Lissitzky)保持密切联系,还编辑了期刊《建筑模型》(Mécano)。他激进的行为和对新出路的探求导致他先后与奥德、蒙德里安、万通杰罗关系的破裂,但正是范杜斯堡的努力使得风格派广为流传,成为可以与俄国的构成派、德国的达达主义、新精神(Esprit Nouveau)小组、匈牙利的MA小组相抗衡的派别。在20世纪20年代的早期,先锋派朝向一种普通的语言发展。破坏与建构被认为是互补的:范杜斯堡曾以邦塞特(J.K.Bonset)为笔名写了达达主义的诗歌,以卡米尼(Aldo Camini)为笔名发表了未来主义的文章。

就这样,在不断超越悲剧的过程中,人们又体验到在多重个性外表下的疏离感。达达主义和风格派对于范杜斯堡来说没有什么区别。风格派开始于对神秘主义的超越,它提供了逃离极大痛苦的各种方法,也提供了创造一个全新环境的方法。里特维尔德在乌得勒支设计的施罗德住宅在这方面是一个典型的例子,它有计划地分解了各个要素,然后毫不犹豫地向人们揭示了它们又是如何被重组的:这里拼贴的技术从属于严格的规律。但是我们已经知道抽象是对现实的逃避,那么基于这个前提我们就不能不怀疑这种现实重组(范杜斯堡在他的奥白特咖啡馆通过对角线构图试图创造包容的内聚环境)的努力是否会失败?万通杰罗做的某些构图和在吕伐登所做的纪念碑都与马列维奇的平面构图有些相像,但是我们怀疑俄国人并不那么确信至上主义对世界的激进态度。

这种困境不仅影响了风格派,同样影响了其他的先锋派运动。只有当它们保持世界的真实性,而不要求表达什么具体的结果时它们对于真实世界才能产生有力的影响。

然而在从玄想到美学技术、到机器语言之间有一个发展过程。我们在德国先锋派们走过的道路中可以清楚地看到这一点。在分析德意志制造联盟各阶层的争论时,我们发现德国人在脑力劳动者的角色问题上发生了分歧。1914年发生在科隆的争论中,政治家和企业家试图为知识阶层在生产中塑造一种角色,然而陶特、费尔德以及奥伯里斯特(Obrist)的回答却是向后看的,他们在一定程度上怀念脑力劳动者作为一个具有自身价值的个体所有者的地位。在第一次世界大战前夜,他们的自主观念逐渐变成了晚期表现主义的战斗旗帜,通过他们对过去的反省而取得了共识,例如格罗皮乌斯、批评家阿道夫·贝奈(Adolf Behne)以及布鲁诺·陶特,都是如此。1918年11月小组成立了。同年的11月,格罗皮乌斯、伯奈、马克斯和陶特、巴特宁(Otto Bartning)、梅德勒(Ludwig Meidner)、皮切斯坦(Max Pechstein)等人创立了艺术品协会(Arbeitsrat für Kunst),他们的第一次宣言就指出："我们坚信必须利用几十年来政治革命和自由艺术的优势，使一批艺术家和艺术爱好者能分享在柏林所形成的观点。……艺术和人民必须联合成一个整体，艺术不应该再是为少数人服务的奢侈品，而是为大众服务、使大众满意的。要达到此目的的方法就是要在建筑保护之下联合所有的艺术。"1919 年 4 月艺术品协会在柏林组织了一次不知名建筑师的作品展，建筑师陶特、勒克哈特兄弟（Hans & Wassily Luckhardt）、夏隆（Hans Scharoun）以及画家芬斯特林（Hermann Finsterlin）、克莱因（César Klein）都在最放纵的乌托邦的招牌下任意驰骋于城市化的幻想中。在同样的招牌下，七个月后，布鲁诺·陶特提出了"玻璃链"（Gläserne Kette），会员都认为建筑是拯救艺术的希望，他们以互通信件的形式进行联系。布鲁诺·陶特的手下干将还是我们熟知的那些人：他的兄弟、格罗皮乌斯、芬斯特林、哈伯利克（Wenzel Hablik）、戈斯奇（Paul Gösch）、勒克哈特兄弟、夏隆、贝奈。如果不回顾他们的前提就很难理解这神秘的逆流。

在梅塞尔（Messel）的影响下他们做了几件作品之后，又于 1910 年在柏林的伯克勒大街建了一幢住宅，此外，布鲁诺·陶特还在 1913 年的莱比锡博览会上继续发展他的钢结构展馆，在 1914 年的科隆德意志制造联盟展览会的展馆中钢结构又得到进一步发展，他试图将体现自己奇异个性的乌托邦梦想付诸实现。作家谢尔巴特（Paul Scheerbart，1863—1915 年）在幻想小说中预言玻璃建筑必然将整个世界变为一个异常庞大的艺术作品。受到谢尔巴特和陶特高度赞扬的玻璃具有高度的象征性：它的透明性，是一种新的纯净聚合体的象征；它用最薄的材料进行制作，象征了从现实走向非现实的转变；象征了从有重量走向无重量的转变。

1917 年到 1918 年，陶特将他的乌托邦草图整理成书——《阿尔卑斯山的建筑》，于 1919 年出版，次年另一卷《城市的崩溃》出版，这两部著作密切相关。首先，大自然——阿尔卑斯山的独立性受到了超人意志的转变，这个超人由于对内在自由的热爱致力于文化和自然的融合。这种表现主义的普遍变化导致一种乌托邦的城市解体思想的出现，热爱无政府主义的小社区遍布整个地区——正如克鲁泡特金①所预言的那样。这里罗曼蒂克的反资本主义有了一点尼采哲学的色调，但仍然是一种非权力意志。陶特关于"艺术品协会"的设想、关于"玻璃链"的设想都在伯奈的著作里有更清楚的表达，特别是他 1919 年的《艺术的回归》（The Return of Art）：他反对资产阶级取消真实的价值概念，他宣扬内心行为的神圣性，并认为内心行为将使艺术摆脱目的性，并使人欣喜。但是这必须在一个社区中才能达到，在一个预言的宗教中才能达到，直到人们从被奴役中解脱出来建立一个共同的崇高教堂时才可以达到。这里所呼吁的原型不是欧洲式的——在这里有一些关于西方衰落的斯宾格勒者神秘气息的暗示——而是东方式的：它是集体工作产生的作品，通过沉思而产生的作品，是在人和自然超越历史的有机融合中产生的作品。

这是一种对恢复资本主义之前价值观的乌托邦式的向往。在反对城市和技术的前提下，再一次提出了无视劳动分工的有机而神秘的有关社区。芬斯特林、勒克哈特兄弟、克雷尔（Karl Krayl）等人的乌托邦方案都证实了这样一种怀旧氛围的存在：他们所谓的革命被看成是防止前资本主义时期人性衰退的保障。艺术家、工匠与人民的神秘结合旨在反对脱离艺术的权势。

这就是包豪斯学校（Bauhaus）产生时的历史氛围，1919 年这所新学校在格罗皮乌斯的直接领导下成立于魏玛，是造型艺术学校（Sächsische Hochschule für Bildende Kunst）和工艺美术学校（the Sächsische Kunstgewerbeschule）的结合，后面这所应用艺术学校在战前是由凡·德·费尔德领导的，值得指出的是包豪斯最初的教学计划来自于巴特宁为艺术品协会所做的课程安排，格罗皮乌斯全盘接受了他们的基本原则，同时也没有忘记德意志制造联盟在科隆的争论。格罗皮乌斯在其协调的位置上认识到高尚的艺术是无法传授的愉悦功能，同时也认识到艺术家必须与工艺生产相结合；他宣称工艺是工业产品类型的制造中不可缺少的一部分，但是同时又极力抨击大企业和托拉斯的自动化；他鼓励发现了自我的人类共同建造未来的教堂，但是同时他又创建了一所学校让艺术家和工匠合作生产具有高品质的产品。事实上第一阶段的包豪斯体现了格罗皮乌斯当时正在成形的各种混杂思想，他试图在含糊地接受知识分子这一角色的同时恢复劳动的气

---

① 克鲁泡特金（Peter Kropotkin，1842.12.9—1921.2.8），俄国革命者和地理学家，无政府运动的最高领袖和理论家。他的父亲是世袭亲王，他在贵胄士官学校毕业后曾任沙皇侍从。他的《互助论》（1902 年）是一部不朽巨著，书中提出尽管达尔文主义者主张适者生存，但是进化的重要因素仍然是合作而不是竞争，人类的前途是趋向分散的、非政治的和合作的社会。在那种社会里的人才能不受规章制度、宗教和军队的干预而得到充分的发挥。此人一生行为高尚，罗曼·罗兰说过，托尔斯泰追求的理想，克鲁泡特金在生活中实践了。——译者注

质。他为学校选的第一批教师是不同类型的集合,选自先锋派中不太出名的倡导者:雕刻家马尔克斯(Gerhard Marcks,生于 1889 年)是一个折衷的人,而费林格(Lyonel Feininger,1871—1956 年)有着令人不可思议的立体派绘画才能,他是这所学校乌托邦灵感的宝库,但是在教学中他宁可与之保持一定距离。

1920 年,莫奇(Georg Muche,生于 1895 年)加盟了包豪斯,1921 年,包豪斯处于转折点时,保罗·克利(Paul Klee,1879—1940 年)、施勒默尔(Oskar Schlemmer,1888—1943 年)加盟,1922 年康定斯基(Wassily Kandinsky,1866—1944 年)加盟。伊顿(Johannes Itten,1888—1967 年)在 1919 年到 1922 年期间是这所学校真正的主角。他是霍尔塞(Adolf Hölzel)的学生,负责教授《设计基础》(Vorkurs),一门关于形式和材料的基础课程。在其之后是三年关于木头、玻璃、织物和颜色的工作以及其他的课程学习,然后可以获得工艺文凭,进一步的学习可以获得艺术硕士学位。伊顿的课程扮演了催化剂的角色。伊顿和莫奇都坚持追随东方和琐罗亚斯德教的神秘教条,其结果就是他们的教学——可能是受到西赞克(Franz Cizek)威尼斯学派的影响——目的在于释放个人充满活力的激情,刺激个人和材料之间的移情作用,诱导学生容易激动的能力来进行自我发掘以获得完全的解放。正因为如此,这个课程的作品看起来预见了行为绘画,也开发了拼贴的技术,与此同时,工艺小组的作品经常摇摆在富于符号学暗示的几何体与迷人的表现主义碎片之间。

在 1920 年的新氛围中,格罗皮乌斯和梅耶设计了索麦费尔德住宅(Sommerfeld,柏林),施密特(Joost Schmidt)负责装潢。在此他们通过使用木头这种材料来强调手工艺的高品质。索麦费尔德住宅具有赖特的调子和东方的气息,它完全符合包豪斯 1919 年课程的精神——把雕塑、绘画、实用美术和手工艺的各种方法综合为一个整体作为建筑学的基础。对于格罗皮乌斯来说,这是在两个极端之间进行调停的事情;然而伊顿却宣称要教给学生懂得艺术的愉悦。冲突在所难免。在格罗皮乌斯最初对包豪斯学生进行的某次演讲中,他曾宣称:“我们并不打算建立一个伟大的精神组织,我们的目的是建立一个小小的、秘密的、独立的同盟,建立一个集会地、一些工作组、一个共谋的团体以便能观察事态的发展并且赋予一个秘密和信念的核心,直到这个独特的团体能产生一个伟大的构思。而这个团体必将以伟大的纯艺术作品清晰地表达自己。”在歌德生活过的魏玛,这种理想的新派别已经占据了一席之地。

对于格罗皮乌斯来说这一百五十余名教师和学生是一个新社会的萌芽,它必须处于外壳的保护之下直到它做好了喷薄而出的准备,向全世界宣称一个适宜的潮流已经诞生。这种设想和格罗皮乌斯的新建筑是一致的,但是他所梦想的艺术综合体到那时为止还不够成熟,因此在最初的包豪斯,建筑只是一个遥远的理想。尽管如此,从 1919 年到 1921 年,欧洲先锋派都从各自分散的方向朝着综合的道路发展。到 1921 年和 1922 年,艺术品协会和包豪斯的晚期浪漫主义理想看起来已经与时代潮流不合。1922 年,斯坦伯格(Stenberg)、奥尔特曼(N. Altman)和里西茨基(El Lissitzky)把俄国构成主义学派的成果带到了柏林;1921 年,范杜斯堡(van Doesburg)来到魏玛,他以新造型派的严格性反对伊顿的神秘主义,在校园内激起了热烈的讨论;1922 年,在魏玛举行了一次先锋运动的国际性会议,范杜斯堡、里希特(Hans Richter)、梅斯(K. Maes)、布查茨(Max Burchartz)以及里西茨基成立了名为新造型构成派(Neo-Plastic Constructors)的国际联盟,为荷兰派和在俄国、欧洲流行的构成派提供了论坛。

伊顿赞同像匈牙利人莫霍利·纳吉(László Moholy-Nagy,1895—1946 年)那样接近前苏联构成主义倾向的人,他把包豪斯的文化策略做了根本的改变,而格罗皮乌斯所真正思考的似乎是一种技术美学,于是他和伊顿断绝了关系。从 1923 年起,这个学校的新口号是:“艺术与技术必须有一个新的统一”。

德意志制造联盟的精神又回来了,但是更重要的是包豪斯已经渡过了神秘的唯心主义阶段,即将成为熔炉和精炼厂。通过对脑力劳动的作用重新进行的模糊定义,包豪斯已经成为整个现代主义运动的意识形态象征。

第九章　大师们的作用

一、勒·柯布西耶和形式的诗意

我们已经看到了先锋运动中的矛盾和冲突对建筑风格产生的影响。

勒·柯布西耶是探索现代建筑的代表人物之一，他原名夏尔·爱德华·让纳雷（Charles Édouard Jeanneret，1887—1965 年），1920 年他以勒·柯布西耶作为自己的笔名。柯布西耶既是现代建筑运动的重要发起者，也是一位极有争议的建筑师。60 年中，他一直鼓吹着要开创建筑的新天地。尽管他追求激进的形式，但其思想根源仍受古代思想的影响。当柯布西耶在家乡瑞士拉绍德封（La Chaux-de-Fonds）一所艺术学校学习时，师从不太知名的夏尔·勒·埃普拉吞涅（Charles L'Eplattenier）。他一方面如饥似渴地接受老师传授的知识，另一方面还在好奇心的驱使下贪婪地进行自学。柯布西耶于 1905 年至 1908 年间所完成的学生作业是他最早的作品。1907 年他开始了在欧洲的流动生涯，这是他首次尝试从年轻幼稚的状态中摆脱出来的举动，直到 1917 年，他在巴黎的雅各布路（Rue Jacob）定居下来，流动才告结束。

1908 年至 1909 年间，柯布西耶在贝瑞身边工作。1910 年，他在家乡拉绍德封稍加停留后，就来到柏林进入贝伦斯事务所。这几年间从维也纳开始，柯布西耶巡游了现代建筑的几个重要据点，并与德意志制造联盟成员和特森诺（Tessenow）进行了广泛的接触。1911 年，他与奥古斯特·克里伯斯坦（August Klipstein）结伴远游至伊斯坦布尔。从柯布西耶 54 年后所写的《东方游记》（Le Voyage d'Orient）一书中可以看出，这次东游的经历和感悟对他影响很大。

1910 年，柯布西耶在家乡设计了母校的艺术画室（Ateliers d'Artistes），该项目体现了他对早年所参观的埃玛市慈善院（Certosa di Ema）的深刻印象。柯布西耶认为，艺术画室体现了集体和个人活动空间的结合。1912 年，他在家乡小镇上设计了让纳雷和雅各特别墅（Jeanneret and Favre Jacot villas），柯布西耶既吸取了约瑟夫·霍夫曼（Josef Hoffman）的创作经验，更多则借鉴了经过简化的贝伦斯的保守的古典主义，并综合了特森诺的手法。1916 年在同一小镇他与其友人勒内·查帕拉兹（René Chapallaz）合作设计的斯卡拉电影院（Cinema Scala）中再次体现了他们的影响。1914 年，当柯布西耶为拉绍德封进行花园城市规划时，沿用了德国的规划方式，但两年之后，在同座城市中设计许沃布住宅（Schwob house）时又转变了设计思路。1917 年，柯布西耶在法国圣尼古拉的艾列芒特工人住宅区（Saint-Nicolas d'Aliermont）中采用了一种新设计观，这使他完全摆脱了早期受花园城

图 197　勒·柯布西耶：拉绍德封附近的让纳雷别墅，1912 年

图 198　勒·柯布西耶：巴黎“分户产权公寓”草图，1925 年
图 199　勒·柯布西耶：现代城市的构想图，1922 年

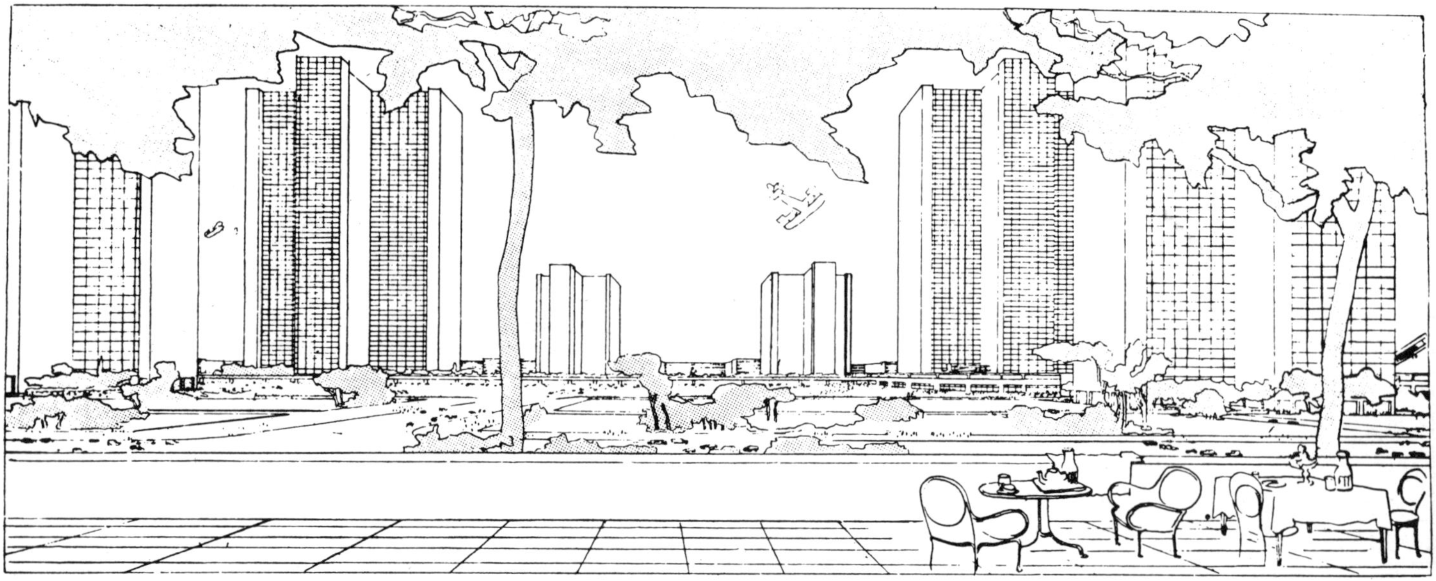

图 200 勒·柯布西耶:艺术家住宅的一、二层平面和室外透视方案,1924 年

图 201 勒·柯布西耶:艺术家住宅的室内方案,1924 年

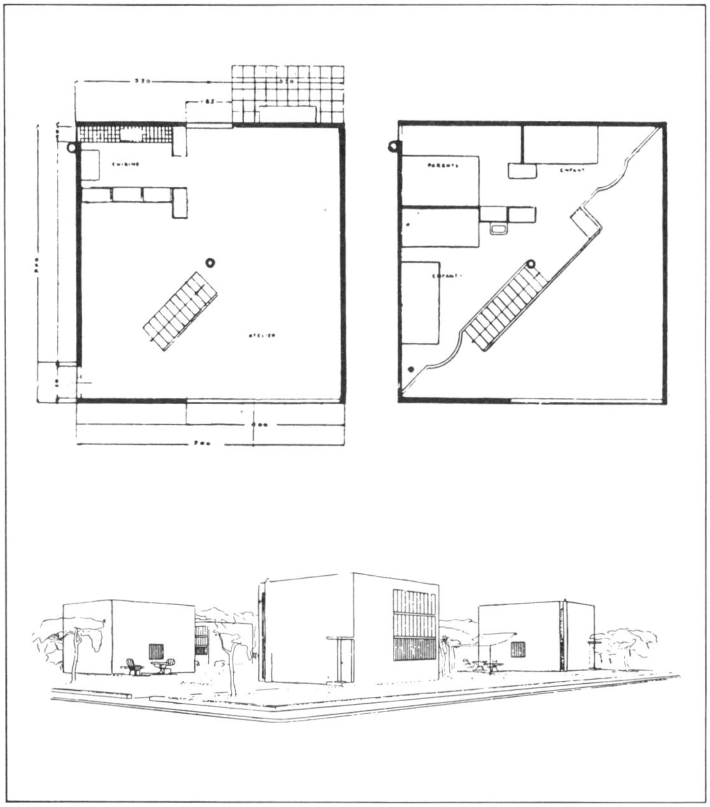

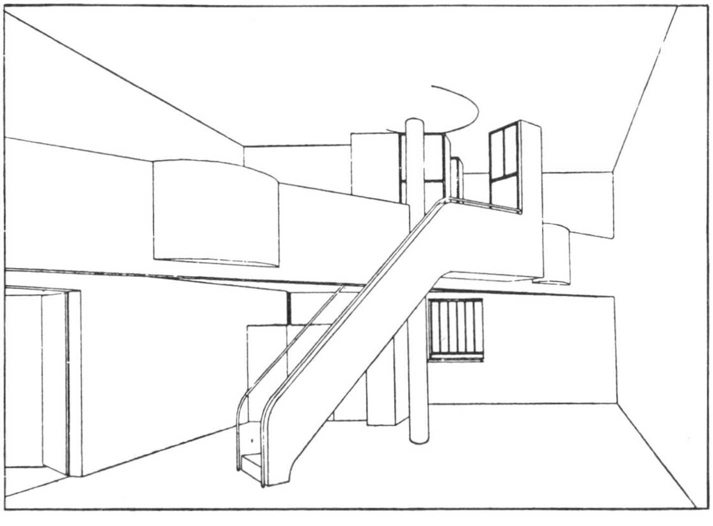

图 202 勒·柯布西耶:加尔什的斯坦别墅,一层平面,1927 年

图 203 勒·柯布西耶:加尔什的斯坦别墅,外观,1927 年

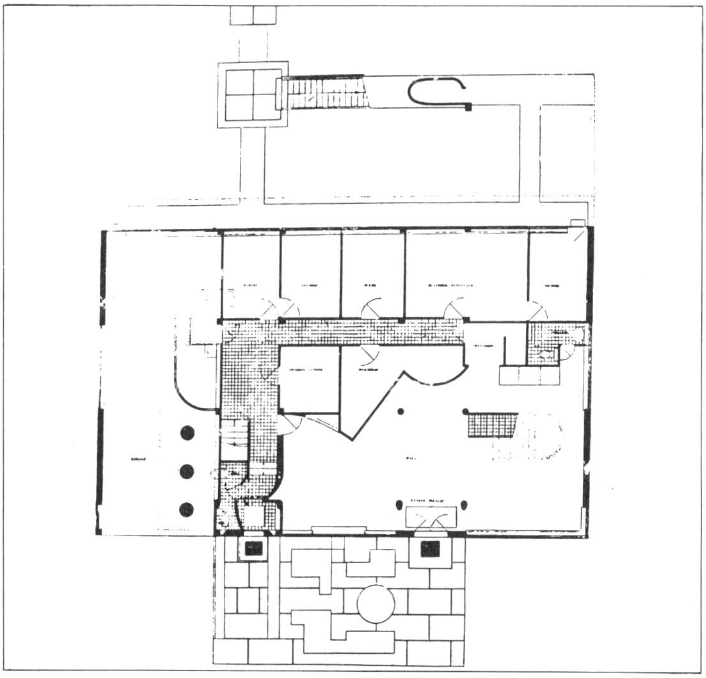

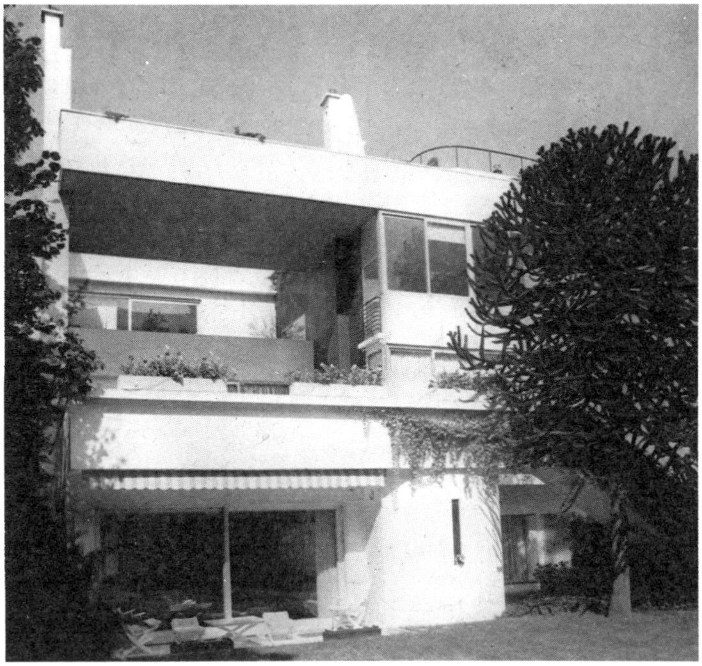

图 204—206　勒·柯布西耶：普瓦西，萨伏依别墅底层平面，带有起居室、顶层花园和阳台的二层平面，1929—1931 年

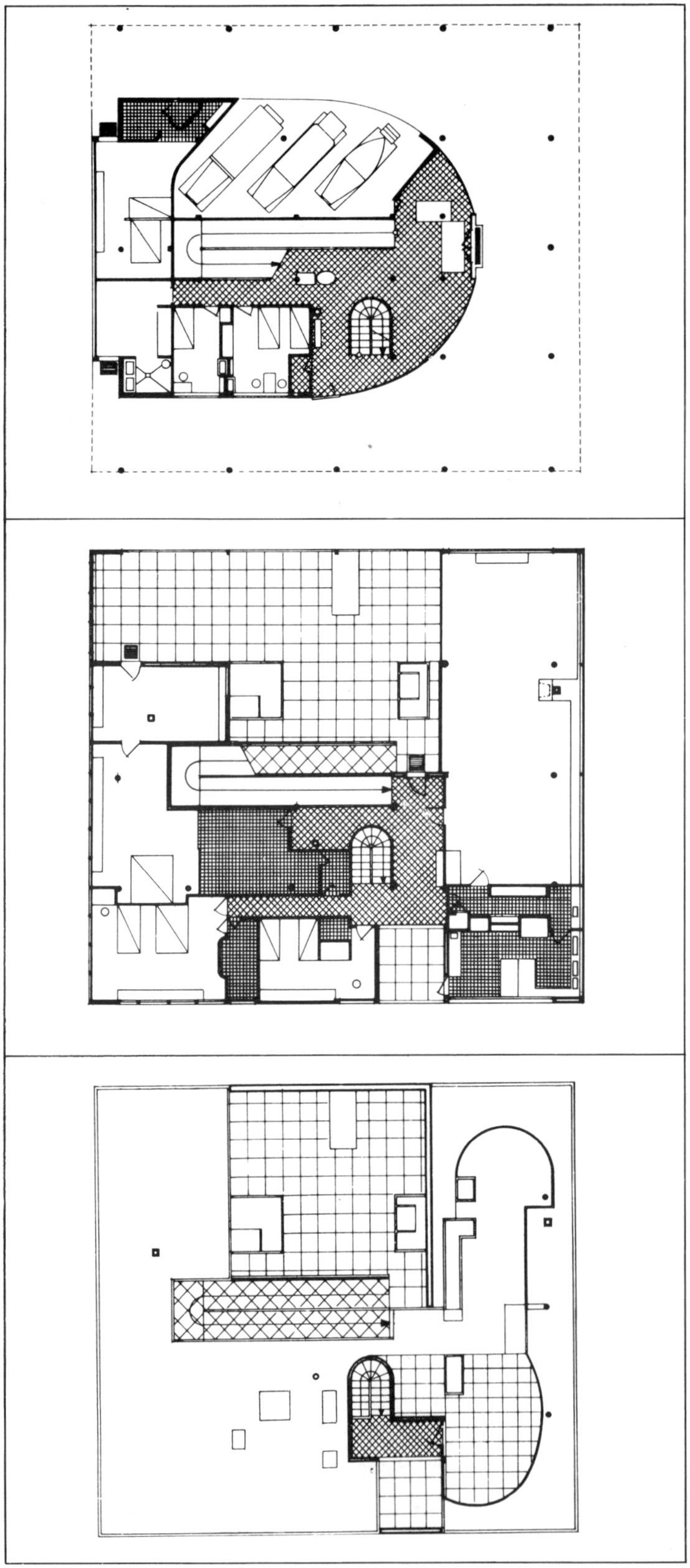

市规划观影响的城市观念。1914 年，他的“多米诺式住宅”（Domino house）引起了争议，这种住宅采用钢筋混凝土框架体系模式，其结构部件易于重复生产，使它不仅成本低，而且房主可拥有完全的自主性。这种“多米诺式住宅”如概念般的简洁，柯布西耶在以后的实践中曾反复地使用，并在 1924 年莱热（Légé）的居住区设计中探讨了其在城市尺度内实现的可能性。

在 1919 年设计的蒙诺尔住宅（Maison Monol）中，我们仍可以看到贝瑞思想对柯布西耶的影响。该种手法又在 1922 年的艺术家工作室（Maison des Artistes）项目中重现，该项目可以和贝瑞于 1915 年在卡萨布兰卡设计的码头和戛涅于 1920 年在鲁昂（Rouen）附近 Grand-Couronne 设计的工人住宅相媲美。柯布西耶在此明确表示出类型学问题是建筑与城市之间建立新型关系的重要因素。他那建筑是“居住机器”（macnine à habiter）的表述仅部分体现了这一观点，而人们对“居住机器”的理解也存在着片面性。在机器面前，柯布西耶表现出了与先锋派人物同样的欣喜，但并不困惑。出于自身目的，他极力渲染机器美学或工业厂房功能主义式的纯净，在贝瑞和戛涅停步不前的地方，他则开始对“自发的现代主义”（spontaneité moderne）进行思考。当维也纳工艺厂（Vienna Werkstatte）放弃对形式的探索实验后，柯布西耶却在浪漫精神的驱使下创立了一种完全可行的语言体系。出于对真诚的强烈追求，他利用路斯反装饰的思想达到他自己的目的，也就是要从路斯的局限中把建筑解放出来，并消除先锋派面对机器世界的困惑感，这些都是他乌托邦个性的补充说明。“居住机器”只是试探性的声明，宣布了柯布西耶构想现代之梦所追求的诗意、隐喻与自由关系。

柯布西耶的这一态度明确体现在《新精神》（L’Esprit Nouveau）杂志中，该杂志是他伙同画家奥赞方特（Amédée Ozenfant）于 1920 年创办的。柯布西耶与奥赞方特 1918 年发表的论文《立体主义之后》（Après le cubisme）也部分体现了他的这些思想。纯净主义者所持观点的基础是：必须克服立体主义对古典风格的回归。纯净主义绘画宣称与英格雷斯、科罗和修拉（Ingres，Corot and Seurat）有着直接联系，而后者则是主张用艺术来反抗照片的斗士（照片作为波德莱尔的新偶像虽然可以复制一切事物，但却不能返回人们原来的印象），他的绘画技术使他的作品成为特续抗争的英雄。这是纯净派的根本立足点。修拉的绘画与其坚持的原则保持一致，这也是纯净派面对先锋派退缩而坚守的信念，《新精神》杂志的宗旨与科克托（Cocteau）的《秩序的回归》

图 207 勒·柯布西耶：普瓦西，萨伏依别墅带屋顶花园的起居部分，1929—1931 年

图 208 勒·柯布西耶：普瓦西，萨伏依别墅近期修复后的外观，1929—1931 年

图 209 勒·柯布西耶：普瓦西，萨伏依别墅的入口门厅，1929—1931 年

图 210 勒·柯布西耶：普瓦西，萨伏依别墅的卫生间，1929—1931 年

(Rappel à l'ordre)观点是一致的。在先锋派遭受失败之处，柯布西耶则幻想着胜利。他的个人绘画可视作是其建筑创作无穷的构思源泉。在形式面前，只有建筑才能保持所要求的统一性。假如艺术经验有统一的看法，那么，柯布西耶总是将艺术实践中的所有新浪漫空想主义成分全部清除，在某种程度上，建筑是基于不同于先锋派艺术的目标和技术手段上寻求的结合。同样，绘画与建筑有相通之处，但并不完全等同，辩证地看，同一性与统一性也不相同。因此，柯布西耶的绘画上签着"让纳雷"的名字也绝非偶然。

《走向新建筑》(Vers une architecture)是柯布西耶于 1923 年为《新精神》杂志编辑的一本专刊，里面明确表明了柯布西耶的观点。在书中，崇拜的传统标志与新生事物排列在一起。由于柯布西耶通过对现代主义进行重新诠释而创立一种机器隐喻主义，使得上述两者的特殊性被消除了。"现代主义是一种几何精神，一种构筑精神与综合精神"。构筑与综合是密不可分的，同样，本世纪 20 年代，柯布西耶主张的建筑创作与当代大城市规划方案也是密切相关的。建筑学的任务是致力于创造形式的秩序感，城市规划则更加清楚地体现了这种立体主义式的分解所暗指的形式与秩序的综合。1920 年出台的"雪铁龙住宅"(Citrohan house)明确地表达了"多米诺住宅"的深层含义，同时该住宅还采用连续的构成法则，以及超建筑尺度的手法。两年以后，柯布西耶受马赛尔·坦波罗(Marcel Temporal)的邀请为"秋季沙龙"(Salon d'Automne)设计一组以喷泉为重点的城市小品，柯布西耶却提交了一个 300 万人口的城市规划方案，并制作了 $100m^2$ 的模型。该城的规划原则十分清楚：强调城市中心区建设，增加人口密度，组织合理的流线和充分利用绿地。该规划方案丝毫没有怀旧意图，而是完好地体现了类型学的观念。从规划中可以看出，城市中心按轴线网格排列着十字形平面的高层建筑，并由一座纪念性的拱门引导。有趣的是，在这座具有绝对秩序感的城市系统中还夹杂着滑稽的一幕：那些坐在宽大阳台上舒适座椅内进行休息的市民可以平静地注视来来往往的飞机在摩天楼间起降。城市的秩序感体现了绝对的和谐性，说明现代生活场景还没有开始。该城市规划灵活的设计原则还出现于柯布西耶 1925 年为巴黎中心改造提出的"伏瓦生规划"方案(Voisin Plan)中，只不过这次他更加强调与这座历史名城的文脉联系。在方案中，旧城的一些片断将被融入一系列新建筑中，因此可以被忽略。在这座城市的规划蓝图中，柯布西耶杜绝了一切可能会破坏其结构的元素。柯布西耶所构思的综合性消除了所有的矛盾因素。但是这种构想很难为

工业家们所青睐,并为这种"奇想"去付诸实践。

柯布西耶在设计"多米诺住宅"时,曾作过类型学研究,这成为他初次城市规划方案的基础。类型学与技术意义相近,它们都有复制的内容,并都要求有计划的赞助:"分户产权公寓"(Immeubles-Villas)方案就明确体现了类型学与技术之间的这种联系。尽管1925年巴黎国际艺术装饰博览会"新精神馆"(Pavillion de I'Esprit Nouveau for the Exhibition of Decorative Arts)全面展示了隐藏在类型学中的各种可能性,但我们不要就此认为这种可复制性本身暗含着禁欲主义成分。相反,类型研究不仅具有完善性与可行性,它还具有计划上的灵活性,而伏瓦生规划和新精神馆那令人难忘的第一印象也就归功于所体现的"机器文明"以及方案的可交流性,这些都是柯布西耶后期工作的基础。

1925—1926年间,柯布西耶为工业家弗鲁杰斯(Frugès)在波尔多(Bordeaux)近郊的佩萨克(Pessac)设计了一组工人住宅。在该项目中,他力图试验性地表现工业生产流水线的特点。尽管他充分认识到与"雪铁龙住宅"、"分户产权公寓"及伏瓦生规划中的概念设计相比,他在如此小的规模上进行实验具有很大的局限性,然而,这次佩萨克的建筑创作体验对于他创立纯净主义建筑语汇具有相当大的价值。而且这种纯净主义建筑语汇在柯布西耶于20年代晚期所设计的小别墅中得到了充分的发挥。

柯布西耶于1923年在巴黎设计了拉罗歇住宅(La Roche house),该住宅内部丰富的空间效果与其外部简洁连贯的造型形成鲜明对比。这座住宅丝毫未暗示出其松散的体块与柯布西耶1925年在巴黎设计的梅耶别墅(Meyer house)以及1926年完成的塞纳河畔布洛涅(Boulognesur-Seine)的柯克住宅(Cook house)之间有什么联系。柯布西耶的另一座盖特住宅(Guiette house,安特卫普,1926年)是纯净主义建筑的精品,同时也是对高度抽象形式的尝试。柯克住宅的立面及其内部空间都是相互独立的体形,柯布西耶在此要表现出建筑构成要素片断组合的效果。柯布西耶于1924年设计的艺术家画室(Maison en série pour Artisans)是一种可大规模复制的标准化住宅,其室内外的差距就更大了。其外形为一个封闭的方盒子,住宅内部按对角线进行空间布局,并点缀着一些大小不同的方块。柯布西耶于1927年设计完成斯图加特的两座"雪铁龙式住宅"后,他那富于隐喻意味的含糊的二元性在他设计的方盒子建筑中体现得愈加明显。

在柯布西耶1927年于加奇斯(Garches)设计的斯坦别墅(Villas Stein)中,这种二元手法再次出现。它表现为单纯规则的体量与垂直的圆柱形楼梯结构作了合理的结合;但是各个独立的部分却和基本的主体结构灵活地分开。这样,别墅主体的规则外形与自由随意划分的冲突所引起的紧张感使人联想到住宅内部变幻无穷的空间。该住宅内部空间无意间与住宅周围的绿地产生共鸣,并使住宅的造型消除了现实与非现实的界限。

柯布西耶于1929—1931年间在普瓦西(Poissy)设计的萨伏伊别墅(Savoy house)最大限度地展现了这种巧妙的构思。从整体上看,该住宅具有雕塑似的完整性,统一材料的使用明确地体现了纯净主义的构成特色。这座开着水平带形窗的白色建筑支在细柱上,从而与自然区分开来;但其看似封闭的方盒形外观实际上是一个假象。该住宅内部空间被一个伸向住宅上部平台的斜坡道打断,尽管打破了空间形式的连贯,却以暗示方式使室内空间具有明显的延续性。这段坡道成为参观仪式的起点,并引导参观者随着坡道的延伸而逐步认识住宅的空间。该住宅室内一系列令人吃惊的连续空间打破了参观者的习惯性思维。柯布西耶尽一切可能将该住宅设计成让人惊奇的人工符号体系。由于设计中考虑将住宅自身作为周围环境中不可缺少的景观,因此,该住宅成了一件世所瞩目的珍品。它虽不能自动发出信号,却能使人们注意到它在环境中的存在,这就是机器文明的表现形式,也是唯一最自然贴切的存在状态。

从1930—1931年所建的位于香榭丽舍大道边的贝斯特盖公寓(Beistégui apartment)看出去,凯旋门(Arc de Triomphe)的高度刚好超过阳台栏杆,还不及室内的几件家具高。通过柯布西耶所提供的建筑框架及场景的过滤,城市呈现出一种类似超现实主义的虚幻景象。这种综合处理手法的优越性明显体现于对新型人居环境的隐喻,但一旦遇到城市范围的问题时,这种隐喻便成为一种实施的方法。就像马克斯·恩斯特(Max Ernst)所说的自然界无规则性那样,作为各部分集合体的城市也要按其有机的建筑形式要求被简化为一个富有诗意的物体。柯布西耶设计的一些"伟大项目"(grands travaux)明确体现了这种意图,他还在20年代为其赞助人设计别墅时,将隐含在别墅中的主题以物质实体形式表现了出来。

1927年,在日内瓦国联总部(Palace of the League of Nations)设计竞赛中,柯布西耶荣获了一等奖,但最终的实施方案则是保守的学院派风格。在柯布西耶初次设计的大型公共建筑中,他强烈反对在自然环境中强加一个纪念碑式的建筑。同样,建于1928—1935年间的莫斯科合作社大楼(Centrosoyus building)的设计意图就是使建筑的逻辑

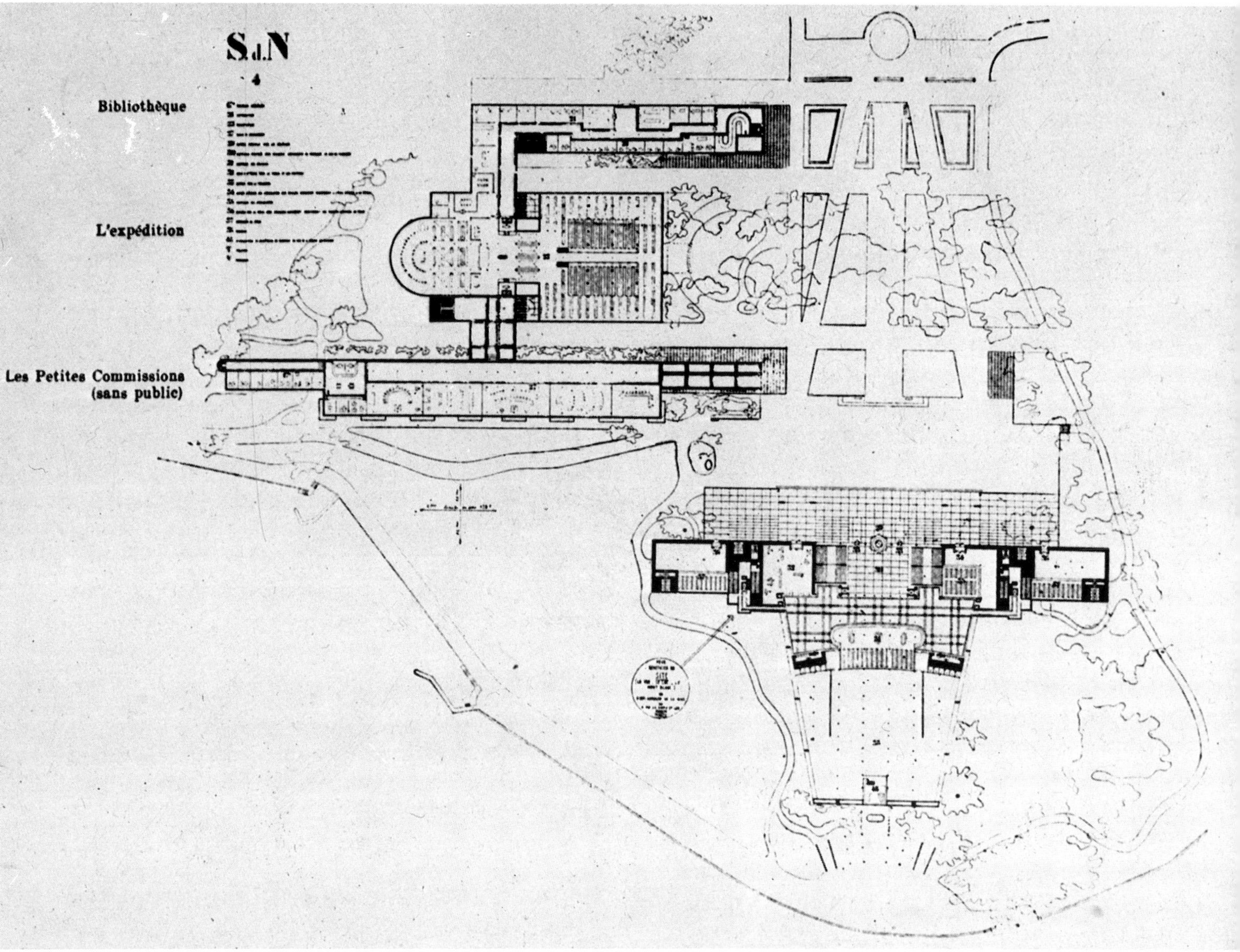
S.d.N
4
Bibliothèque
L'expédition
Les Petites Commissions
(sans public)

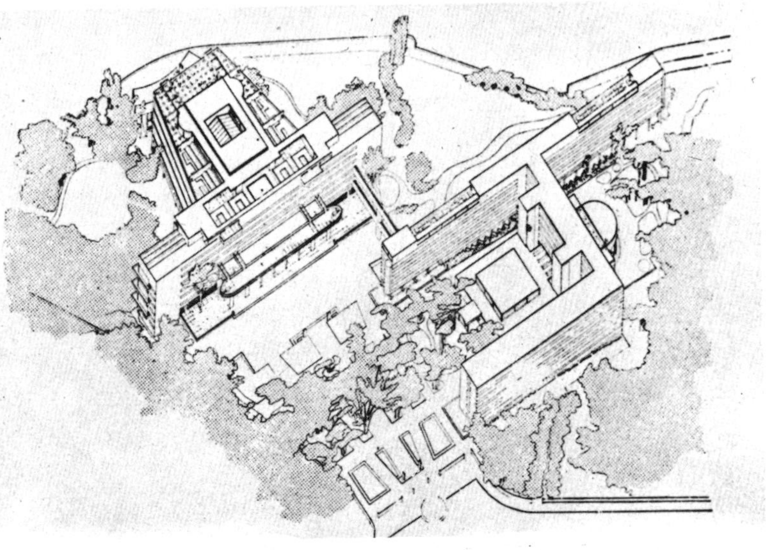

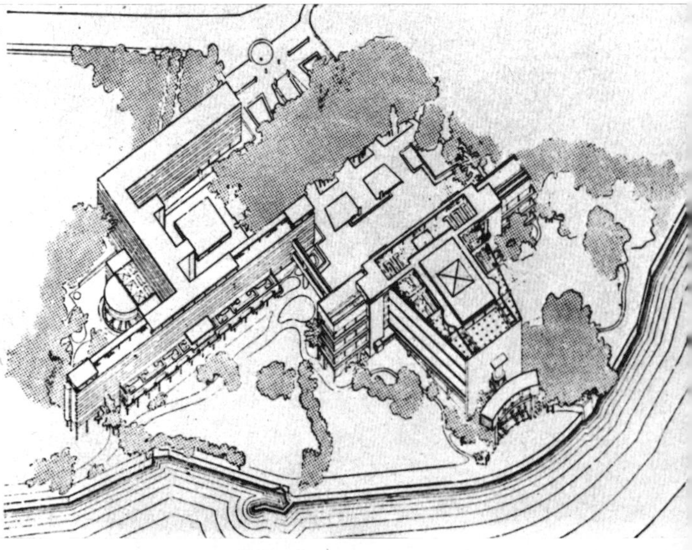

图 211　勒·柯布西耶：日内瓦，国联总部竞赛方案，平面，1927 年

图 212，图 213　勒·柯布西耶：日内瓦，国联总部竞赛方案鸟瞰图，1927 年

图 214　勒·柯布西耶：巴黎，救世军收容所，1929—1933 年

图 215　勒·柯布西耶：巴黎大学瑞士学生宿舍，1930—1932 年

与其文脉相协调，从而体现出该建筑的优越性。这座体量巨大的建筑可看作是城市各部分的组合体。柯布西耶通过运用曾尝试过的手法解决了建筑中的各种矛盾。在 1931 年莫斯科苏维埃宫(Palace of Soviets)方案中，他以更为复杂的形式再一次探讨了过去日内瓦国联总部方案中所探索过的问题。在该方案中，技术至上的纪念主义控制着建筑周边环境，与克里姆林宫、瓦西里大教堂(Kremlin and St. Bails)的墙和塔形成一种空间上的组合关系。这种布局方式与比萨大教堂、洗礼堂和斜塔间的关系有相似之处，柯布西耶这种低调的历史主义是他自信的根源，但这种自信不久便陷入危机中。

而在巴黎大学瑞士学生宿舍(Swiss Building of the Cité Universitaire)中，情况发生了彻底变化。柯布西耶不再玩分解建筑的游戏了，而是考虑了各部分的有机组合。建筑立于支柱之上明显地隐喻伏瓦生规划中脱离地面后形成的水平视线，多种方法、材料、技术进行重新组合，以满足建筑的多项功能。1929—1933 年在巴黎设计的救世军收容所(Cité de Refuge－the Salvation Army Building)则更彻底地体现了柯布西耶风格上的这种转变。该建筑平面布局紧凑，交接清晰的主体被简化为纯粹的几何形式，表明了一种在社会慈善旗帜下的集体化的乌托邦。柯布西耶这第一座新颖建筑强调了规则与例外之间明确的划分。由玻璃体建成的低层建筑与沿对角线方向后退的建筑顶部之间没有过渡，生硬碰撞在一起。在这里，建筑形式不再致力于解决矛盾，而是以其自身来隐喻美好的城市生活。同时，柯布西耶在处理建筑与环境时那种紧张与对立的情绪开始缓和。在 1930—1932 年建于日内瓦的克拉公寓(Clarté block apartment)中，柯布西耶明显地回归到他在“光明城市”(Ville Radieuse)设想中的基本思路。该公寓可以看作是“雪铁龙式住宅”的叠加，部分立面外挑以显示其灵活性。这种公寓建筑隐喻着一种新的秩序，而这种新秩序只有在类型学建筑充斥整个城市的条件下才能实现。

因此，在“伟大工程项目”中得到明确体现的常规与例外之间的矛盾仍未解决，与 20 世纪 20 年代的方案不同，柯布西耶在 30 年代公共建筑设计中以一种崭新的方式来表现其隐喻手法。从前，他通过给分散的形体赋予不同的秩序以隐喻这种以综合为基础的构成体系的完整性，而以后他则用隐喻来表明，如限制单体建筑的规模，这一目标将无法实现。如果前者是综合，那后者即为片断组合。苏维埃宫的设计有力地证明了这点。但是片断组合这种处理技巧是从作为各部分组合体的城市中借鉴过来的；因此建构一种形式，并体现出一种组织方

式成了柯布西耶在 20 世纪 30 年代城市规划中所主要解决的问题。他于 1929 年为圣保罗、里约热内卢与蒙得维的亚(Montevideo)做了规划草图,他为这一问题的解决提出了三种不同的方法。在这些规划中,城市秩序完全是通过人造环境形成的,柯布西耶在他自己《光明城市》(La Ville Radieuse)一书中写道:“你认为布宜诺斯艾利斯令人窒息吗? 如果是,那么必须给它轴线,而该轴线应一直延伸至内地和其他省份。该城市中心区的关键位置上还有空闲的土地吗? 如果没有,那么填海吧! 这没有什么大碍,很容易! 你认为蒙得维的亚的地形不适合,旧城快倒塌在港口上了,又没有空间? 那么造人工平台吧! 如果斜坡上危险的迷宫式的道路系统对汽车通行很不利,那么就在平台顶端设计出水平的道路系统来取代迷宫式的道路;对圣保罗城而言,你是否觉得完全被困在了山上和山谷中,无法详细了解自己的城市! 整顿交通吧! 无论是地上、地下、天空中,你都会找到办法解决交通问题,在任何地方你都是自由的。”

柯布西耶以 1931 年开始为阿尔及尔所作的奥勃斯规划(Obus Plan)为例,表明了他的这种观点。他认为片断组合法则应被运用于整个地区,城市组织形式与其各部分应相互协调,并保持城市的秩序。环绕在海滨周围的长长的带状建筑与位于皇家城堡山上的弧形建筑群之间有一条干道穿过,该干道向下伸延至岸边的摩天楼群。为南美城市规划所提出的所有观点在这里终于得以全部实现。柯布西耶在该地域内的处理是新颖的,该风格体现出了以构成手法处理人工场景,同时,它也是一种不考虑场地原来状况的强加的解决方法。无论是自然还是古代阿拉伯的宫殿,它们的形式常常是对环境进行了重新诠释。多种风格的汇合反映出充分的自由,城市由此不断地向新秩序演化。大型建筑对应着多样的表现方式,摩尔风格(Moorish style)的住宅也渗透到"雪铁龙式住宅"的特征之中,进行着蒙太奇式的拼贴。从理论角度看,柯布西耶预先安排了这样的建筑元素,即在该地域固定的结构框架内,这种建筑单元是可拆开并能到处移动的,可安放在任何一个地方。每一个建筑单元都可被替代,而不影响该项目的本质,也不与整体风格发生冲突。这一设想的目的不是清除多样性,而是保证他们的共存。城市也只有在遵循自身生产规律的基础上才能存在。就像机器一样,它本身既不创造价值,也不产生等级制度,它不过是形成价值的生产体系内的一种工具。城市也是如此,积极的参与来自于公众对它的使用。在地形崎岖的地区,只有大型人工平台才能使建设获得最大的自由度,平台将为放置住宅提供宽广的空间,从而使公众成为建设城市和消费的主动参与者。基于空想主义的消费循环理论,柯布西耶在阿尔及尔项目中明确强调,公众参与机器文明世界的创建是不可缺少的,公众不再作为消积的旁观者,而是作为消费者,引导着物质革命。此外,城市机器对单个有机体的变化毫无影响,这种基本单元通过自我更新以保持有机的生命力,而事物发展中的叛逆性是机器文明潜在的非常规因素的革命性爆发。建筑形式也是这样,它在任何地方都要复制,再现自身,以表现自身的无限威力。

柯布西耶的努力一直延续到 1942 年,才不得不承认他没能成功地推行他的规划思路。奥勃斯规划之后进行的一些城规项目,如 1932 年巴塞罗那的马西亚规划(Macia Plan),1933 年为安特卫普人海口及 1935 年赫洛科特(Hellocourt)的项目中,他都用以往实践过并得到认可的常规方法进行规划。自 1926 年以来,柯布西耶与法国右翼势力中一些雄心勃勃的政治与文化团体保持联系,在二次大战中的一小段时间内,他还乐意与维希政府合作,但若因此而认为他是一个无政府主义者就错了。他的这种状况大多出于对权力的本能追求以及受政治因素影响而形成的。柯布西耶浪漫主义的处理手法是具有延续性的,这超越了他的公民意识。他与现实世界的关系经常发生改变,这就是他为什么宣称“我不是一个革命者……”。事物都处在运动发展过程中,因此,我们必须远距离去观察它们。随着时光的流逝,这种与现实世界的鸿沟越来越大,那些具有抒情意味的孤独语言成了柯布西耶与现实之间赖以沟通的唯一桥梁。他在设计共产主义领导人维兰特·康图里尔(Vaillant Couturier)的纪念碑时(该方案未被接受),以一只张开的具有超自然尺度的大手来表达他的思想,这似乎意味着要消除诗人与公众间的陌生感。在一本旧版的《查拉图斯特拉如是说》(Thus Spake Zarathustra)上,柯布西耶标注了日期:1961 年 8 月 1 日,并写道:“自 1908 年以来就再未读过这本书 = 51 年 = 我个人的生活。今天,我觉得从这本偶然发现的书中获益非浅,我明白了现实抉择及命运这些都是一个人终生的主题,因此我决定为这本书做个注释。”在阅读中,柯布西耶感到了他在现实世界中旅行的孤独感,柯布西耶的乌托邦世界彻底地远离了尼采的否定学说,同时他从尼采的格言中找到了隐喻的材料,这本书的第 8 页上,在“我乐于奉献与布施我的智慧,直到智者再度因自己的愚笨而喜悦,贫者因自己的财富而快乐”一句的旁边,柯布西耶批注道:张开双手吧(La Main Ouverte)。

图216 勒·柯布西耶：莫斯科，苏维埃宫竞赛方案的剖面、室外透视及会议大厅，1931年

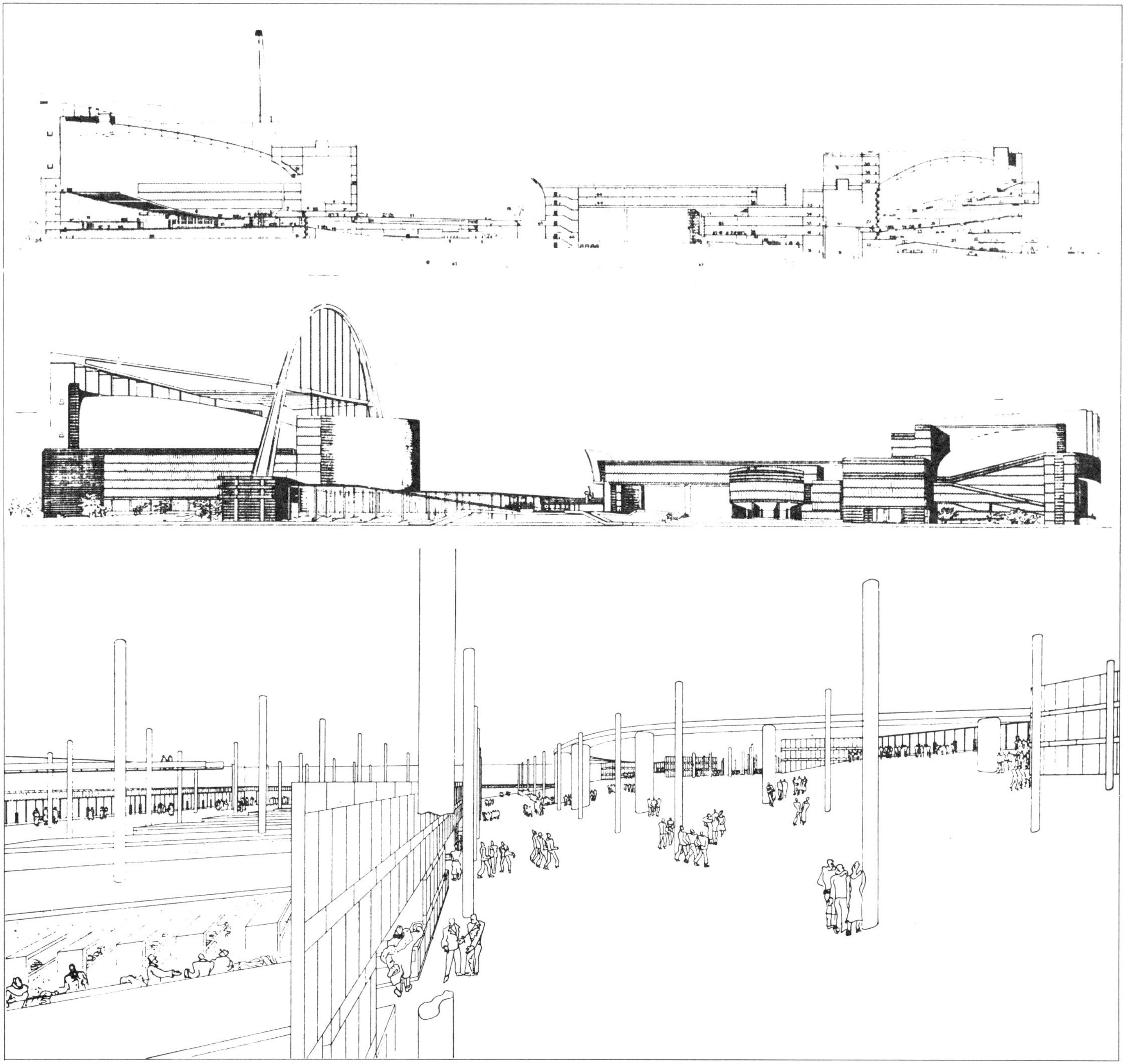

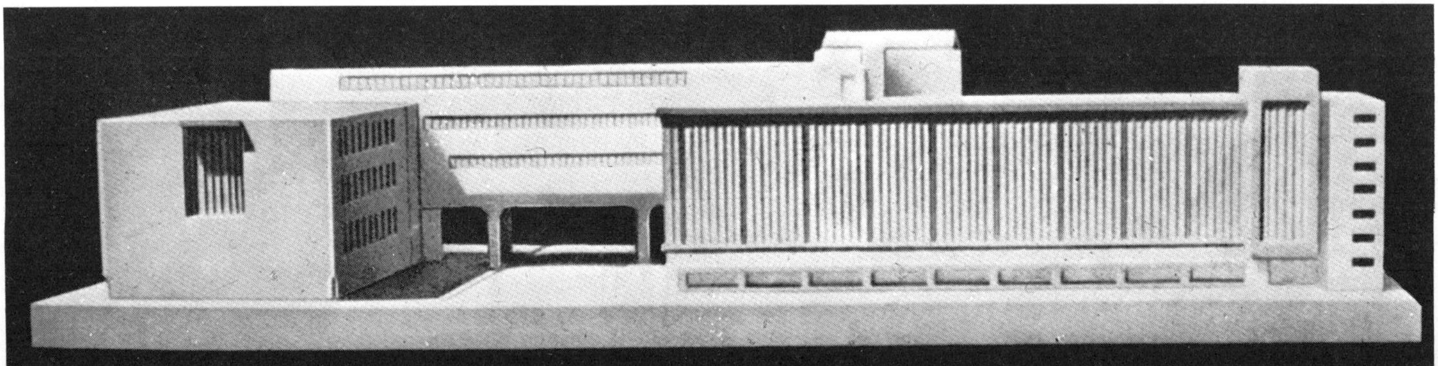

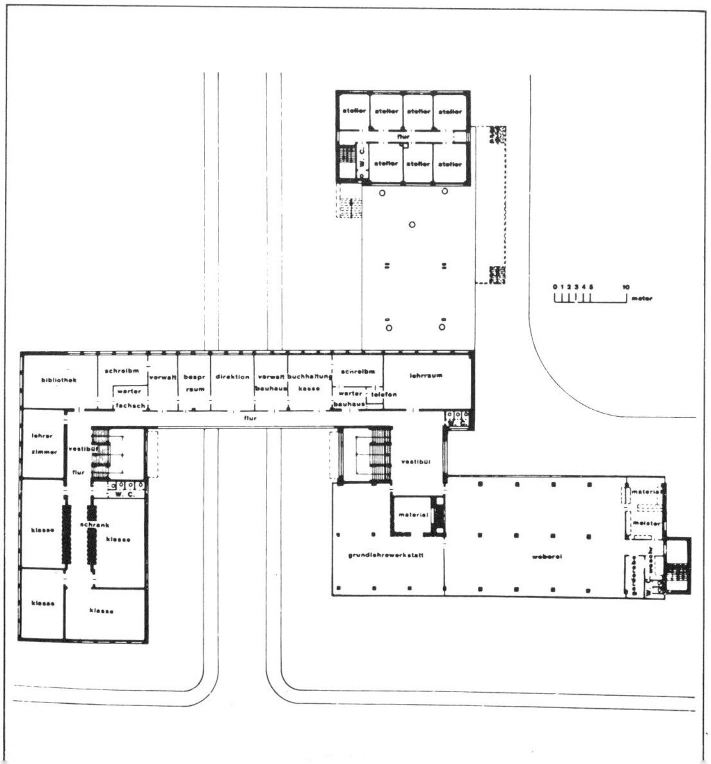

图 217　勒·柯布西耶:阿尔及尔的奥勃斯规划,总平面,1931 年
图 218　勒·柯布西耶:阿尔及尔的奥勃斯规划,高架公路,1931 年
图 219,图 220　格罗皮乌斯:德绍,包豪斯校舍第一份草图与模型,1925 年
图 221　格罗皮乌斯:德绍,包豪斯校舍,1925—1926 年
图 222　格罗皮乌斯:德绍,包豪斯校舍平面,1925—1926 年

二、1923 年后的格罗皮乌斯与包豪斯

我们看到,在 1923 年,格罗皮乌斯采取了决定性的措施去改变包豪斯的方向,因为由约瑟夫·阿尔贝斯(Josef Albers)和莫霍利·纳吉(Moholy Nagy)这些新来教授们引入的不同的教学方针与目标,导致了混乱的局面。同年,费林格(Feininger)在给他夫人的一封信中明确地表达了他对这种局面的不安,他在信中写道:“我坚定不移地反对‘艺术与技术——一种新型的结合’这一口号,然而这种对艺术的误解却普遍存在于我们这一时代。从任何角度看,这种要求将两者联系起来的观点都是荒谬的。技术极端完美也无法替代艺术的美丽火花。”应该说还是有人对这种风气进行过批评的,如保罗·韦斯特海姆(Paul Westheim)于 1923 年出版的《复制品》(Das Kunstblatt)中就曾写道:“在魏玛三天,整天面对着那些方盒子,你会腻味得要死。”

但是另有其他一些原因迫使包豪斯离开魏玛。在 20 世纪 20 年代初期,种族主义政党出于自身利益,摆出了一副维护本地小资产阶级利益的姿态,对包豪斯进行了日益恶意的攻击,这种敌对的政治气氛迫使包豪斯做出立即离开的决定。1925 年 3 月 24 日,在民主派和社会民主人士的投票支持下,德绍市议会满足了包豪斯在该城建校的申请。在德绍,教师队伍得以扩大,并公开了办校的基本方针。格罗皮乌斯于 1926 年写道:“工业和手工艺正处在不断地相互联系中,旧的工艺已经改变,未来的手工业将被纳入一种新型、统一的生产体系中,他们要在这个体系中对工业产品进行实验性研究。实验工场中的制作可为进行产品生产提供样品。”由此可见,这种观点明显地表现出对德意志制造联盟主张的回归,然而,格罗皮乌斯所号召的这种技术与艺术的结合并不触及建筑问题,甚至在学生们的课程安排中也未有反映。格罗皮乌斯在手工业与美术之间苦苦思考,他追求的目标是通过引入先锋派最激进的体验将艺术家的创作提高到一个新的境界,但结果却仅局限于学校内已争论不休的那几个主题的探讨。早在 1923 年,在阿道夫·梅耶(Adolf Meyer)和恩斯特·诺伊夫特(Ernst Neufert)支持下,一些学生采用完全不同于格罗皮乌斯在一次大战后作品中所奉行的原则对建筑风格进行了探索。

同时,在新教师的推动下,包豪斯学校对技术先锋派们的一些狂热举动持默许态度,费林格写道:“保罗·克利(Paul Klee)之类的老师进行着那些前卫而时髦的试验:奥斯卡·施勒默尔(Oskar Schlemmer)让时装模特们在具有抽象而机械主义式的剧院空间中走来走去;纳吉则研究复制技术,他运用照相与电影技术从理论上分析建筑物的照

图 223 赫尔伯特·拜尔：包豪斯杂志封面，1928 年
图 224 法尔卡斯·莫尔纳：进行住宅研究的“红方块”，1923 年

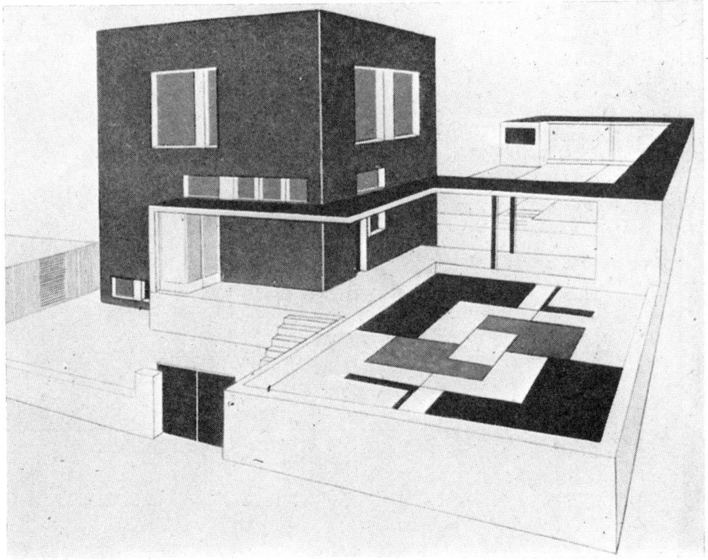

明；赫尔伯特·拜尔（Herbert Bayer）的图解法则受到构成主义实验的影响；舍佩尔（Scheper）的色彩研究和马赛尔·布劳耶（Marcel Breuer）的家具设计引入了对环境进行全面协调的思考，而这一问题在包豪斯的教学方案中并未预见和考虑。”另一方面，格罗皮乌斯在 1923 年设计的校长书房内就采用了新造型主义（Neo-plasticist）家具，以及在搬到德绍之前学生们的作业中，都明确体现了一种认识，即在 1923 年提出的艺术与技术的综合不光是实验室中的试验，更需在日常生活中加以运用和检验。法尔卡斯·莫尔纳（Farkas Molnár）的一个框架与墙体脱离的住宅方案，以及布劳耶于 1924 年对住宅类型的研究都预示着与新造型主义和新构成主义之间的密切联系，这在乔格·莫奇（Georg Muche）和理查德·潘立克（Richard Panlick）于 1926 年设计的一个钢结构住宅中，以及于 1927 年设计的本波斯（Bambos）住宅试验中也得到明确体现。然而在 1928 年以前，教学计划在安排最后两个学期进行建筑设计研究时，这一趋势仍未得到官方认可。为了准备教学改革，格罗皮乌斯与在 1927 年成为包豪斯教师的汉纳斯·梅耶（Hannes Meyer，1889—1954 年）保持了密切的联系。梅耶于 1928 年接替格罗皮乌斯担任了校长。事实上，正是他对包豪斯教学体制进行了巨大的变革。

包豪斯办学过程中的种种压力和是非争论极大地牵扯了格罗皮乌斯的精力，影响了格罗皮乌斯的建筑创作，与他全力以赴地综合协调校内的紧张气氛一样，在战后错综复杂的条件下，他以一贯的小心翼翼的态度吸取了当时在各地兴起的建筑试验成果。他与阿道夫·梅耶一道在 1923 年对住宅类型的研究，与其为包豪斯校长办公室的设计一样，都处于实验阶段，此后具体成果可体现于 1924 年在耶拿（Jena）设计的奥尔巴赫住宅（Auerbach house）中。

从 1922 年的芝加哥论坛报大楼（Chicago Tribune Tower）的设计竞赛到奥尔巴赫住宅，以及两年后的埃朗根哲学研究院（Academy of Philosophy in Erlangen），格罗皮乌斯和梅耶的创作方向迅速转向了新客观论（Neue Sachlichkeit）冷静的理性主义。但是埃朗根学院的设计方案所表现的内容也未能超出他们在柏林设计的一座小住宅的范畴，这座具有赖特式解体特色的住宅没什么名气，从 1923 年以来，它只在一本名为《建筑》（Bauten）的小杂志上刊登过。这座住宅提前解决了 1926 年包豪斯校舍建造面临的问题。德绍市政府委托格罗皮乌斯设计了很多项目，如位于学校附近的四座教师住宅（该方案归功于 1923 年进行的类型学实验）和位于城郊的托顿小区（Törten）。在这些项目中，格罗皮乌斯采用了标准化的建筑形式以及半多边形的平面构思。

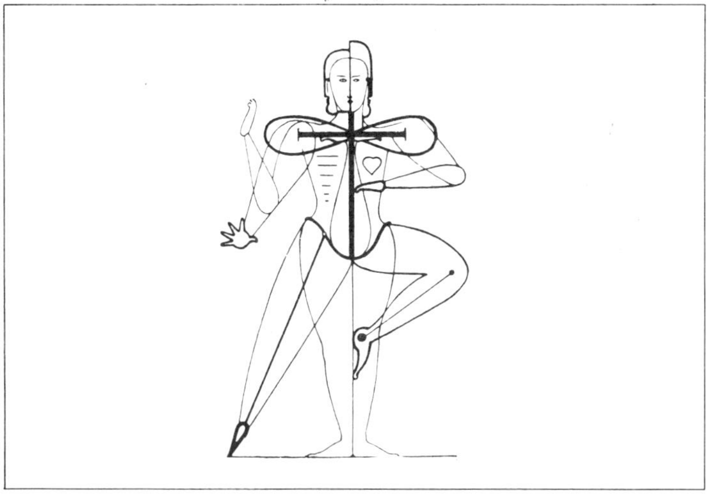

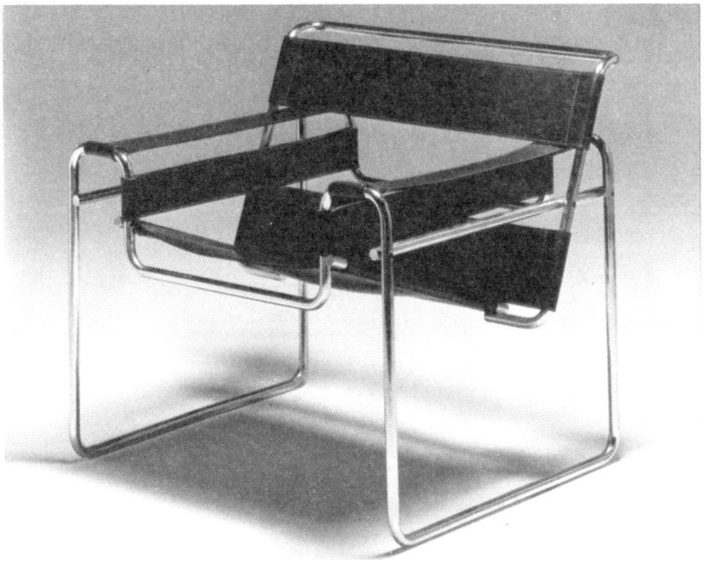

图 225　奥斯卡·施勒默尔：包豪斯，为机器芭蕾设计的人物，1925 年
图 226　马赛尔·布劳耶：瓦西里扶椅，1925 年
图 227　保罗·克利：城市末日，1926 年

同一阶段，他还和奥托·哈斯勒（Otto Haesler）合作对卡尔斯鲁厄（Karlsruhe）的住宅区进行了规划（1927 年）。在此项目中，他们改变了在托顿小区中用过的设计模式。这里，连续的住宅楼沿一条朝阳的轴线进行布置，理论上住宅群可以无限延伸；同时，由于该住宅区位于城市边缘，从而使它不必处理一些特殊的城市问题。然而，在包豪斯校舍自身建设中，情况则完全不同。实际上该校舍是一个缩小比例的城市模型。如果包豪斯校舍希望在社会中用和谐组织的建筑来净化矛盾，如果其目标是为了消除因劳动中的资产分配问题而产生的隔阂，那么该校舍在形式上必须进行有机地组织。并继续作为范例来解释设计人的意图，表明开始进入这种新生活给居民所带来的好处。因此，该校舍的各种功能相互独立，并在形式上反映功能，一条连绵的通道向前延伸，穿过行政办公楼，联系着侧翼的教学楼、实习工厂和宿舍楼。与外界相通的交通线从上面为办公楼的天桥下穿过，没有对校舍形成干扰，这里充分体现了自由平面解决问题的优越性。该校舍形式上的均衡感来自与其功能的完美结合，也来自于对这一和谐的社区机制的有机组织。

1927 年，格罗皮乌斯为另一项由市政府委托的德绍市职业介绍所（Dessau Employment Office）的办公楼作了设计。但在该项目中，包豪斯校舍中明晰的图解式设计不见了，取而代之的是一种不确定的体量间相互穿插的方法。同年，在为恩温·皮斯卡托（Erwin Piscator）设计的剧院方案中再次运用了这一手法。该剧院不仅有着一个大型的舞台，它还十分灵活，可根据这位德国导演的要求，变幻空间以满足不同的用途。该剧院的舞台为可旋转的平台，它能使一个普通的观众厅在演出过程中不断调整大小和形式；同时，为数众多的屏幕使观众处于电影或投影图像的包围之中。该剧院的设计是施勒默尔和纳吉在包豪斯的剧场试验和前苏联构成主义思想结合的产物。万能剧场（Totaltheater）一直处于探索试验阶段，其目的是使公众进入一个有声的技术世界。对于皮斯卡托来说，这个技术世界要成为与布莱希特（Bertolt Brecht）的剧院齐名的政治宣传场所。对格罗皮乌斯而言，这种剧院是其主张的技术与建筑完美组合极好的表达。格罗皮乌斯的创作被视为舆论宣传的武器，较 20 年代其他类似的研究则大为改进，清楚地表现了隐藏在魏玛共和国先锋派的实验下的政治空想。格罗皮乌斯另一项与此有关的重要工程——哈雷的城市公共会堂（the stadtkrone in Halle an der Saale，1927 年），这是一种最新式的建筑，形式简洁，体现了一种布鲁诺·陶特式的共产主义幻想。

图 228,图 229　格罗皮乌斯:万能剧院的平面与模型,1927 年
图 230　格罗皮乌斯:高层公寓竞赛方案,1931 年

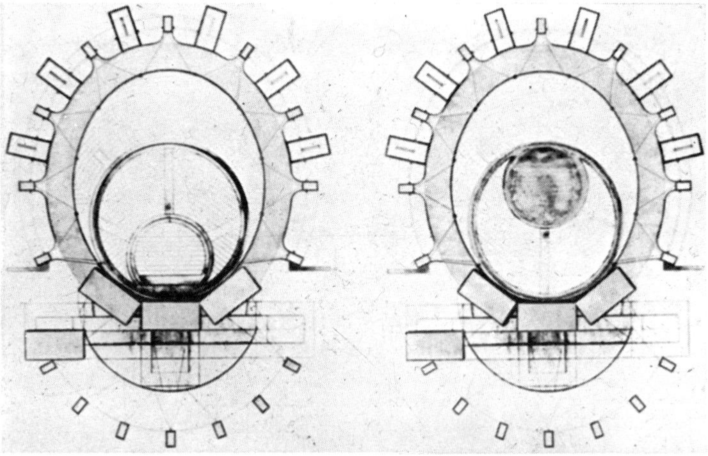

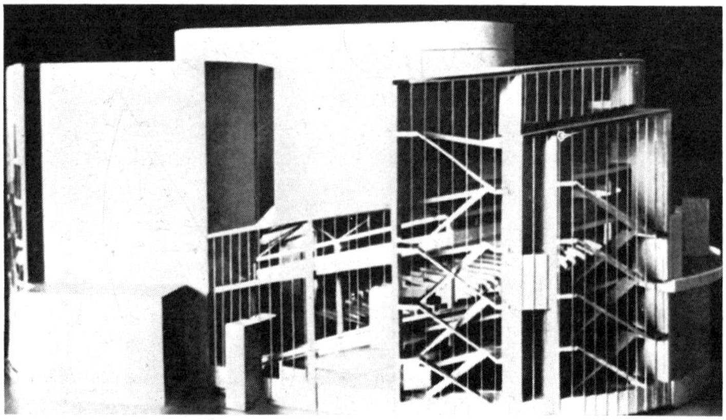

1928 年后,格罗皮乌斯将其注意力转向了城市设计,他提出一种在绿地间嵌入高层板式住宅的规划模式,这种模式可见于 1929 年在柏林哈塞霍尔斯特(Spandau-Haselhorst)新区的规划竞赛方案。在该方案中,他毫不犹豫地运用了几何形式。同年,他在哈根(Hagen)的一个技术学校设计竞赛中,以及为柏林的西门子城设计的公寓中,和 1931 年为柏林温西区(Wannsee)设计的方案中,都没有清楚地表现出他在德绍的托顿小区或达姆斯托克小区(Dammerstock)中所运用的类型学。

格罗皮乌斯的工作是对德意志制造联盟时代的完满总结。包豪斯建筑独特的英雄主义特征应归功于它所处的历史氛围,体现于它特定的形式中。这是一个新型的"艺术阵地",代表一种完美的形式。该形式表现了德意志制造联盟曾认可的公有社会的平等性,消除了所有的对立和冲突。从那种意义上说,我们可以清楚地从格罗皮乌斯的设计中体会到他当上包豪斯校长后的调解方针。我们可以看到先锋派间的紧张与不和都已融入到一种"风格"之中,尽管格罗皮乌斯一再声明他绝不妥协的立场,但他本人却成为这种风格的第一个俘虏。

三、密斯·凡德罗:惊人的警句

在现代建筑运动那些充满空想主义色彩的发展阶段,是找不到路德维希·密斯·凡德罗(Ludwig Mies van der Rohe,1886—1969 年)的位置的。如果人们试图将他列入神秘主义阵营,那么,这将使我们更加难以理解这位大师的作品。出于某种未知因素,他成为顽固的谜一般的人物。他不可思议地表现出对古典主义的回归,而实际上,这种回归是通过对古典主义彻底的否定来实现的。其实密斯对古典主义采取的是一种置之不理的态度,由此他才会对决定现代建筑形式的调和性、延续性以及辩证使命持批评态度,也才会出现与先锋派间那种模糊不定的关系。在回顾了现代建筑的辉煌成就与苦难历程,并仔细体会柯布西耶充满感情的诗意,以及了解到从德意志制造联盟到 19 世纪改革的一系列形式的演变后,我们再来讨论密斯的建筑创作。密斯一步步地超越了现代传统,从他父亲那里,密斯逐渐地掌握材料的特性,他还锻炼出只有工匠才具有的对建筑材料强烈的敏感性。他还曾在贝伦斯这位现代建筑运动的奠基人身边工作过。由此密斯对建筑创作的初次尝试与探索都和建筑先锋派紧密联系在一起。

密斯在监督由贝伦斯设计位于圣彼得堡的德国大使馆工程建设的同时还在德意志制造联盟工作室中与布鲁诺·保罗(Bruno Paul)合作过一段时间。他自己也于1907年在柏林独立设计了自己的第一幢

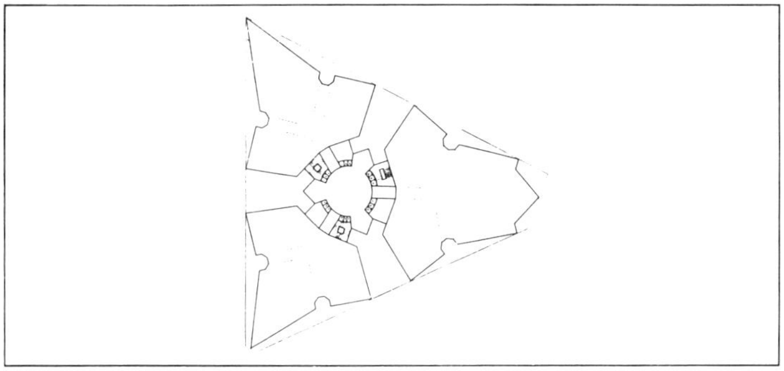

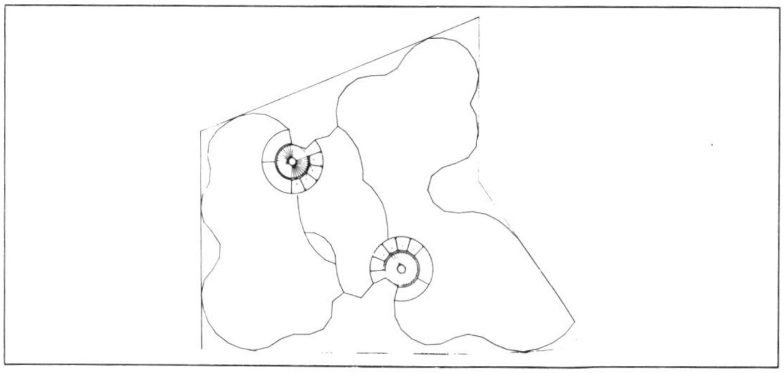

图 231 密斯·凡德罗：柏林，腓特烈大街，办公楼底层平面，1919 年

图 232 密斯·凡德罗：柏林，玻璃摩天楼的底层平面方案，1920—1921 年

图 233 密斯·凡德罗：柏林，玻璃摩天楼模型，1920—1921 年

房子——里尔住宅(Riehl house)。正是通过与贝伦斯的接触，他逐渐了解了 19 世纪早期辛克尔的创作，而他于 1911 年在柏林设计的佩尔斯住宅(Perls house)也正是他对辛克尔热情研究的成果。密斯于 1912 年受贝伦斯委托，在海牙设计的克吕勒住宅(Kroller house)是一项具有实习性质的工程。该工程有着赖特式住宅的痕迹，但它那平整的外观，以及朴素的形体组合更多借鉴了贝伦斯、路斯和克瑞斯所倡导的现代主义的和谐风格。密斯不想让拉丁语成为古典的语言，在他于 1914 年为自己在韦尔德尔设计的住宅(Werder house)，以及于 1919 年在柏林设计的肯帕纳住宅(Kempner)中，他都乐于将不可调和的对立面组织在一起。

第一次世界大战后，随着德国的战败以及威廉二世时期的到来，德国艺术界弥漫着困惑无奈的情绪，密斯则成为改变这种状况的艺术领导人。从 1921 年至 1925 年，他担任“十一月学社”的领导人。1923 年至 1924 年，他资助并编辑了汉斯·里希特(Hans Richter)发起的定期刊物《创作》(review G)，同时他与国际上的前卫艺术流派，尤其是风格派(De Stijl)进行了密切的接触。1919 年他参加了在柏林腓特烈大街(Friedrichstrasse)上一块三角形地段修建高层办公楼的竞赛。他的方案为三座独立的玻璃塔楼包围着中央服务塔，我们虽然不能完全相信菲利普·约翰逊(Philip Johnson)的话，可的确我们在让·阿尔普(Jean Arp)的基本形式中发现了该方案的痕迹，令人吃惊的是，密斯早就开始探讨应用先进的结构技术来实现陶特梦想中的形式和勒克哈特兄弟(the Luckhardts)的玻璃体。在这个项目，以及 1920—1921 年间所作的玻璃幕墙高层建筑的探讨性方案中，密斯完全脱离了德国建筑界的前卫阵营，这一点明确体现在艺术工作委员会(Arbeitsrat für Kunst)的文件中，密斯的思路也不同于格罗皮乌斯和阿道夫·梅耶在萨默菲尔德住宅(Sommerfeld house)中表现出的神秘主义玄想，密斯的方案尽管摒弃了空想神秘主义的成分，但仍回到了保罗·谢尔巴特(Paul Scheerbart)所预言的方向。密斯在 1920—1921 年间设计的摩天楼方案不仅比 1919 年的作品观赏性更强，同时，也考虑到了与城市环境的协调问题。该摩天楼自由流动的平面中含两座内有服务设施的圆筒形塔楼，这种平面形式不同于古典布局。该建筑的玻璃幕墙反映出邻近环境的影像，反射着不断变化的城市生活场景，这种建筑形式完全将自身从城市环境中抽象了出来。

密斯的这种处理手法更彻底地体现在他于 1922 年在柏林设计的一幢办公建筑中。在该建筑中，密斯将建筑形式净化为对建筑元素的

图 234　密斯·凡德罗：柏林，非洲大街公寓，1925 年
图 235　密斯·凡德罗：柏林，亚历山大广场改建方案，1928 年

展示，形式反映建筑元素是通过透明的玻璃，简化的结构，对环境的反射加以实现。密斯在这里进行了另一次辩证的尝试，但却否认玻璃会成为不可逾越的障碍。在此谢尔巴特式的幻想风格并没有得到具体的体现，而是把建筑形式淹没在周围的环境之中：各种周围的形象都通过玻璃表面反映出更为丰富的画面。这些被反射的形象与运动的物体间并没有交流：密斯的玻璃墙将都市形象映入很小的范围内，而由这很小的范围却可以引出无法估量的空间。这个珠宝盒似的玻璃体边缘呈多边形，在它周围运动的一切事物均被折射成扭曲的形状。扭曲是一种对话的形式，也是先锋派人物采用的一种手段。V·艾格林(Viking Eggeling)拍摄的实验电影就充满了变形与隔离。

但建筑语言有自己的特性，并体现在不同空间的创造上。城市中，玻璃幕墙验证着都市中有节奏秩序的超现实性。密斯的镜面玻璃渴望记录像 M·雷(Man Ray)在《理性的回归》(Retour à la raison)电影中所描述的爆炸性事件。密斯的玻璃幕墙风格吸收了以往的经验，但却不照搬沃尔特·拉特曼(Walter Ruttmann)在电影中表现的式样。密斯和先锋派的交流没有超出《创作》中他的主张，也没有逾越 1923 年的一幢砖住宅及 1924 年的水泥住宅所运用语言的范围。从密斯设计的砖石住宅到 1926 年设计的卢森堡－李卜克内西纪念碑(Monument to Karl Liebknecht and Rosa Luxemburg)，我们可看到，他充分展示了建筑中套用先锋派风格的不现实性。1925 年密斯被委任主持斯图加特的维森霍夫住宅建筑展览会(Weissenhofsiedlung in Stuttgart)，次年，他被选为德意志制造联盟的副主席。斯图加特的工程从未全部完成，但密斯为之设计并建造了一幢公寓楼，在那些冰冷单调的建筑群中，密斯的创作显得极有生气，这归功于其对住宅类型深入的研究。密斯最初的设计意图十分有趣，这是一幢形体简洁的建筑，内部空间却很灵活。这些手法早在 1923 年的一幢乡村别墅中已初见端倪。密斯净化形式的目的在于显示一种复杂性，以免使建筑陷入平庸。这种平庸是所有自然主义者无可避免所陷入的困境。在这座住宅的平面中，各种建筑空间元素都遵循一种理想模式进行布置，它们都是完全独立的。该住宅底层平面的分隔没有形成一条穿过住宅的通道，也许是暗示某种秩序，那么底层空间的连续性是显而易见的，这些墙体隔断是一种信号，它表明该迷宫内没有通道。该住宅底层平面灵活自由的秩序与乏味的形体相矛盾，使建筑形式背离了它的内容，建筑符号不再成为建筑语言的有机部分，风格派通用的建筑语汇在这里毫无用处。在先锋派人物强调延续性的地方，密斯的设计则表现出分离。密

图 236　密斯·凡德罗：巴塞罗那博览会德国馆平面，1929 年
图 237　密斯·凡德罗：巴塞罗那博览会德国馆内院，1929 年

斯的建筑完全是孤立独行的，且不考虑交流的可能性，这种形式将自身简化为一系列错置符号的片断组合，丝毫没有怀旧的痕迹。

1923 年对密斯是很关键的一年，从他的一座砖墙住宅设计以及发表在《创作》杂志第 2 期上一篇名为"建造"的短篇文章中清楚地表明，密斯已经摆脱了先锋派的教条，同时，他开始用以下言论来批判一种新传统："我们拒绝承认形式的问题，只承认建造的问题；形式不是我们设计的目标，只是建造的结果；形式自身并不存在，如果刻意去追求，那就是形式主义，这是我们所反对的。"

密斯写下这段言论时，他正努力地研究一种新型砖块的尺寸。两年以后，位于柏林非洲大街上（Afrikanischestrasse）的住宅群清楚地表明了密斯所写的这段评论的含义。当新客观论将那种新型"网格"城市编入典籍成为范本之时密斯则对此保持沉默。密斯主张，建筑符号应是真实和独立的，建筑物形式应反映其技术特征，在建造过程中，建筑本身并不涉及形式秩序问题，它只有与一种工业生产体系完美地结合起来才能保证不让建筑语言的贫乏成为一种时尚。密斯对卡尔·克劳斯（Karl Kraus）断言到：缺乏对建筑的一些基本条件和性质的认识，必然会导致现代建筑的肤浅现象。而这种认识的表达方式则既不是肤浅的，也不是空洞的，因此，密斯创作的客观性在于表达出与某种建筑风格保持距离，表明建筑由于市场和业主口味影响所处的状况，表现建筑源于技术因素所具有的特性，这一创作态度与路斯的态度完全相反。

1926 年在古本（Guben）的沃尔夫住宅（Wolf house）和 1928 年在克雷弗尔德（Krefeld）豪华的兰格住宅（Lange house）是在柏林非洲大街的两座住宅基础上进一步发展的结果。其空间与形式都是相互独立的，而且室内与建筑外形毫无关联。沃尔夫住宅没有采用兰格住宅那具有水平张力感的体形，功能主义者强调的建筑内外要保持辩证统一的形式，在这里根本不予考虑。而密斯与利利·赖克（Lili Reich）在 1927 年合作，为柏林的流行用品展览会（Fashion Exhibition）和斯图加特维森霍夫区住宅展所做的装修更加大了这种室内外的差别，但中性的建筑空间与分隔该空间的人工建筑符号却总是独立存在的。

但在一些大型项目中，如 1928 年柏林莱比锡大街（Leipzigerstrasse）上的亚当大厦（Adam Building）以及同年斯图加特的一座银行设计中，密斯表明了他对战争刚结束后的这些短命项目的失望。这种态度极其隐晦地体现于 1928 年柏林亚历山大广场改建方案中，密斯没有遵照该项目的设计要求，而建议用一系列玻璃幕墙建筑围在广场

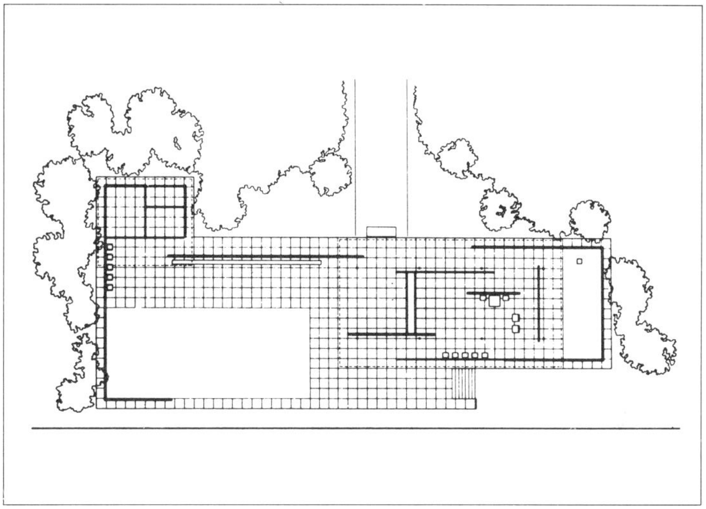

图238 密斯·凡德罗：布尔诺，吐根哈特别墅底层平面，1930年

图239 密斯·凡德罗：布尔诺，从地面看吐根哈特别墅，1930年

图240 密斯·凡德罗：布尔诺，吐根哈特室内（现已毁），1930年

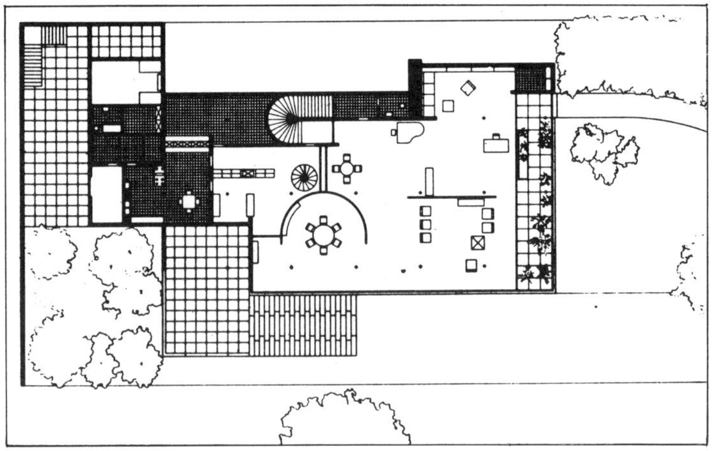

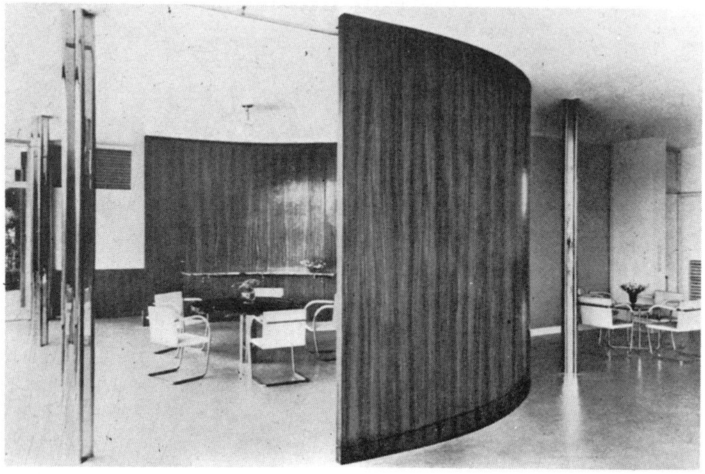

的四周，形成一种不对称的开敞空间。广场上的每一幢建筑都很完整独立，各自都采取与其基地相适应的形状，但立面处理极其相似。结果是这些幕墙建筑反射出的只是它们自身空虚的身影。由于这些建筑围绕广场呈环形布置，因而每幢建筑都成为它对面建筑的镜子。这些建筑与所在城市文脉之间没有必然的联系，因此该方案的透视图可以与任何一不知名城市的街景照片叠合在一起。这种虚无的形象可以与任何场景相融，放之四海而皆准。就建筑而言，它和悲剧中表现出的静默有异曲同工之妙。密斯为该项目设计的建筑单体绝没有背离他于1919年确定的设计方针，也没有超出其1923年发表的小短文的表述范围。一个重要的事实是，这些由玻璃和混凝土构成的水晶楼就像是从天外之物飞出的碎片插入了城市。这种玻璃体具有一种任何技术复制都无法实现的效果。这种玻璃体作为一种建筑符号存在着，但却是消极的，它在发展，却没有结论；它能反射，却只映现着自身。密斯的这种反常规性的表达使他设计出了大师级的作品。

密斯于1929年为巴塞罗那世界博览会设计的德国馆采用了纯粹空间构成的建筑语汇。这座展馆是片断组合的产物，其各部分：如灰色的大理石地面，朝向内院水池的大理石墙面，纤细的镀克罗米钢柱，墨绿色的玻璃窗以及强调空间连续性的条纹玛瑙石隔墙等都表现出自身材料的特色。德国馆纯净的形式中包含一种明显的流动空间感。在这里，透明的玻璃隔断成为一种无法逾越的屏障。展览馆那贴着黑色大理石的水池上的抽象空间里，有一点非常复杂的符号，那就是池中伸手不可及的由乔格·柯尔贝（Georg Kolbe）制作的少女雕像则给这里带来一丝生气。该展览馆的外壳与室内连续空间之间的交接是位于薄薄的白色屋顶之下，这片屋顶可以说是唯一用来协调的纤巧构件。

1930年在布尔诺（Brno）的吐根哈特住宅（Villa Tugendhat）则对这些设计手法进行了折衷处理。一系列经过简化的空间入口放在二层上。该住宅有南北两个立面，沿街道的入口立面，采用紧密的线条进行划分；朝向花园的立面，则开着不规则的大玻璃窗。在室内空间处理上，该住宅对巴塞罗那展览馆迷宫式的复杂空间加以相当的简化，并去除了一些妨碍交流的空间，取而代之以一个开敞的大空间，用固定的家具加以分割，并引入一些神奇的符号加强室内的节奏感。该住宅宽敞的起居室部分由一些隔断进行划分。这些隔断包括一段条纹玛瑙石墙体，及用乌檀木制成的一片弧形墙体。这些隔断与那些自由布置在室内的精致、纤细的钢柱相脱离。该住宅内的所有陈设都固定在一定位置上，不能随意移动，这种室内陈设进一步表达了一种不

图 241　密斯·凡德罗：马格德堡，哈贝住宅方案，1935 年

图 242　赖特：洛杉矶，霍莱虎克住宅，1916—1920 年
图 243　赖特：加利福尼亚州，埃默拉德湾，太和夏季度假营地方案，1922 年
图 244　赖特：洛杉矶，恩尼斯住宅，1924 年

可改变性。密斯在为 1931 年的柏林建筑博览会所设计的试验性住房的室内再次运用了此种手法。1934 年密斯又设计了两座住宅，一座有三个庭院，另一座有一个花园，密斯通过对空间的分解进一步发展建筑的构成序列，并排除了该序列中的综合因素。尽管建筑符号在空间位置上是固定的，但其自身组合不停地交替变幻，致使该空间序列不致陷入固定的模式。

密斯于 1930 年在万湖（Wannsee）设计了格里克住宅（Gericke house），于 1935 年在马格德堡（Magdeburg）设计了哈贝住宅（Hubbe house），在这两幢住宅中，他着重解决了建筑与环境的关系问题。力图使自然成为室内陈设的一部分，并使自然成为可在一定距离内欣赏的景观。密斯将室内外之间的相互渗透以一种幻觉形式表现出来。例如在这个有三个院子的住宅中，自然就像是一幅照片上的风景而被欣赏。如果强迫自然成为一种幻觉，那么其价值绝不会超过照片，但是由于人工构筑物的介入就使得周围环境的关系非常微妙，密斯的玻璃墙成了覆盖在图画上的玻璃，也成为一种将欣赏者与欣赏对象加以隔离的工具。另一方面，作为雕塑设置的场所常常表现有自然景色，用一些希奇古怪的古典艺术品点缀，可以使抽象的庭园更增加神秘的气氛，从而让建筑周围的环境变成绝不只是供远距离欣赏的景观。根据常规，人的视觉总会首先对建筑室内符号进行分析，在此原理作用下，再沿一条预先设定好的路线移动。当一个人进入自己的家中时，他的眼前便出现了各种各样难以捉摸的形象以及一幅活动的全景画。密斯的空间成为经典的语言，只有这种语言才能对建筑形式的极限进行单独阐述，并揭示决定空间划分的理由，表示出辩证的不妥协的思想。密斯于 1923 年写的一篇论文很有启示性，它阐释了对“多”的定义并对“多”的含义进行了澄清：“少就是多”（less is more）。密斯通过其建筑中的“悲剧”部分，表达了一种阿波罗与狄奥尼索斯（Apollo and Dionysus）之间动态不安的情景。亚历山大广场的空虚感，不是通过形式表达出来的，而是以一种纯粹的消极方式体现出来。

四、弗兰克·劳埃德·赖特：天才与反叛者的较量

赖特一离开橡树园工作室（Oak Park clan），他就开始着手实现他自己的奇妙构思。他以一位威尔士诗人的名字命名了自己的新住所——塔里埃森（Taliesin，意为闪光的前额）。从此，他在新宅中发布着孤独的预言。1910 年至 1912 年间，他提炼和总结了自己一贯的反古典语汇。次年，出版了《日本画：解释》（The Japanese Print：An Interpretation)一书，这本书常为人所忽视，但对赖特而言意义却很大。正是由于他发现了隐含在几何体中的秘密，他才开始构筑象征的、隐喻的、救世主式的建筑语言。赖特在本世纪二三十年代的作品中大量应用这些建筑语言，他在书中写道："艺术不仅是一种表现，它还是人们美好感受的保存形式和传播者。"建筑必须体现出艺术的这种优秀品质，正如诗人爱默生(Ralph Waldo Emerson)所说，建筑凌驾于历史之上，并将历史片断组织起来。所以赖特的创作充满了理想主义特点。在1912—1913年，他和芝加哥学派发生了争执，并断绝了同该学派的关系，仅保持了与沙利文的联系。沙利文的自传《构思自述》(Autobiography of an Idea)出版后的第一本就送给了赖特。对赖特而言，1914年8月14日是个灾难性的日子，塔里埃森遭受火灾，他的伴侣切尼夫人(Mamah Borthwick Cheney)于火灾中丧生。这使赖特工作中少了助手，生活中痛失亲人。于是赖特全身心投入到塔里埃森的重建工作，同时他的建筑风格也经历了重大转变。从1915年芝加哥的巴赫住宅(Bach house)，以及同年威斯康星州里奇兰中心(Richland Center)的未完工的A·D·德国货栈(A.D. German warehouse)中可以看出他回归到对封闭形体的研究。在这些设计中，赖特努力探索一种不同于欧洲古典主义那种僵化，不自然的表现形式，檐部装饰着具有玛雅文化特色的几何图案。1916年，一个新的影响深远的机遇来到了。由于业务稀少，塔里埃森的重建工作陷入了资金缺乏的危机中，这迫使赖特很快做出决定，接受东京帝国饭店(Imperial Hotel)的设计任务。这种对以往经历的逃避成为一种痛苦的感受，它给赖特的生活和精神打下了深深的烙印。在日本的6年时间中，赖特还接受了一系列美国项目的委托，并体现了其在离开橡树园工作室后创作上不可逆转的飞跃。

1916—1920年间，赖特设计并建造了位于洛杉矶的霍莱虎克住宅(Hollyhock house，蜀葵住宅)。这项设计与他以往的草原式住宅(Prairie houses)完全不同。该住宅位于橄榄山顶(Olive hill)，它那巨大的，封闭的体量成为周围的环境视觉焦点。它有着相互咬合的体块，连续厚重的屋顶包围着宽广的内院，建筑中还能处处发现凝聚着玛雅人灵感的精巧装饰。和东方庙宇相似，该住宅将自然引入了室内。赖特回忆并借鉴了美洲古印第安人的艺术形式，这就打破了与地方环境的联系。因此，该住宅成为一个带有历史文物风貌的建筑。赖特在1921年在马德雷山(Sierra Madre)上的多赫尼农场(Doheny Ranch Development)中，则将自己记忆中的古代文明的浪漫与诗意完全体现在大面积山地的规划设计中。

霍莱虎克住宅是赖特为女演员艾琳·彭斯坦尔(Aline Barnsdall)设计的，其封闭的城堡式外形可以保障女演员贵族化和多姿多彩的私生活不致外泄。同样，赖特于1922年在加利福尼亚州的埃默拉德湾(Emerald Bay)设计的太和夏季度假营地(Tahoe Summer Colony)中又使用了蕴含着几何象征主义手法的封闭的六边形平面，这表明他正陷入一种新的神秘主义。这种形式上的变形手法是他对古代或遥远文明热心关注的产物。1924年在威斯康星州麦迪逊(Madison)的纳科马乡村俱乐部方案(Nakoma Country Club)中，赖特吸取了美国西南部印第安部落中一种新型的自然组织形式。赖特还于1920—1924年间在美国设计了7座建筑，其中后4座采用了一种新型建筑材料——预制的有装饰纹样的混凝土砌块，这是赖特创作生涯的一个决定性转变。这种新型建材首先运用于1923年赖特在帕萨迪纳(Pasadena)设计的米拉德住宅(Millard house)，尽管是初次应用，其意义深远。同时，这种建材的运用使1924年建于洛杉矶的恩尼斯住宅(Ennis house)与弗里曼住宅(Freeman house)独具特色。建筑的室内外都运用了这种材料，砌块表面的纹路使得整个墙体看似覆盖了一层彩色饰面。这种几何形的图案装饰被自然生动地引入了压抑的室内，这种构思精巧的装饰网面可以让藤蔓植物随意地紧贴攀缘在巨大体量的建筑上。在藤本植物的掩盖下，经过精心装饰的建筑具有历史遗迹的风貌，因此建筑语言不仅是将建筑空间与自然联系统一起来的工具，而且以自身形象吸引人们视线，唤起对古代文明的回忆。在这种意义上建筑成了一种象征形式。

沙利文的去世，结识奥尔杰瓦娜·米拉诺夫(Olgivanna Milanoff)，由于缺乏资金而陷入困难境地，以及塔里埃森的再次失火等，这些都是赖特在战后危机中的一些小插曲。在奥尔杰瓦娜帮助下，赖特又一次开始重建塔里埃森学园。奥尔杰瓦娜以她在法国枫丹白露学院(Fontainebleau Institute of Georgi Gurjieff)学到的制度和条例管理着学园。这样，一个聚在赖特周围的团体形成了，并以塔里埃森为基地向建筑创作的前沿迈进。同年他又在亚利桑那州的奥科提洛建立了一个临时营地(Ocotillo Camp)，奥科提洛又成为一个新的征战的前沿阵地。在赖特喜爱的这块荒野土地上，他致力于实现他的信条，即于沙漠中孕育一种崭新的生活方式。奥科提洛营地的中心，有一个供奉牺牲的圣坛，门徒们围绕在圣坛周围，聆听大师的教诲。在这片未被污染的土地上，在这块以它的黄沙叙述美国人民史诗般的历史的空旷沙

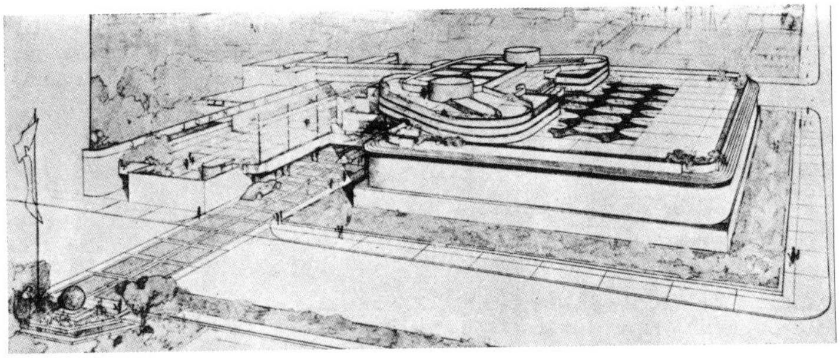

图 245　赖特：威斯康星州，雷辛，约翰逊制蜡公司办公楼方案，1936—1939 年

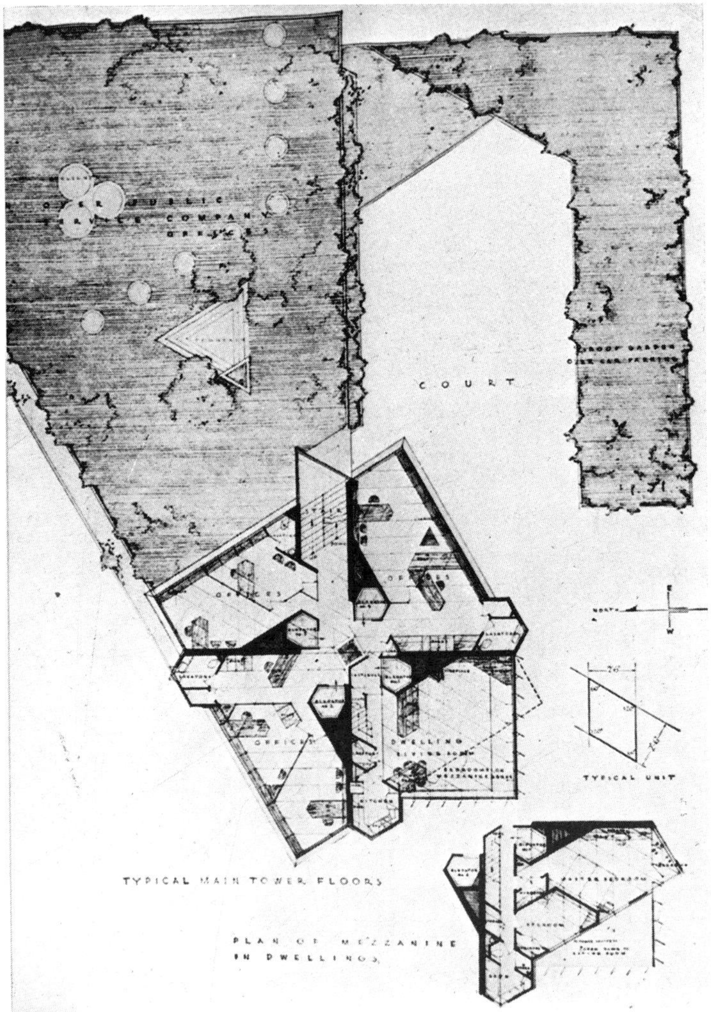

图 246　赖特：俄克拉何马州，巴特勒斯维尔，普莱斯塔楼标准层平面(1929 年圣马克斯塔楼的实现作品)，1953—1956 年

图 247　赖特：威斯康星州，雷辛，约翰逊制蜡公司办公楼室内，1936—1939 年

图 248　赖特：俄克拉何马州，巴特勒斯维尔，普莱斯塔楼外观图，1953—1956 年

图 249 赖特:宾夕法尼亚州,熊跑泉,考夫曼流水别墅,1936年

漠上,赖特开始了与原始形式的对话:在石头上,在沙地上,他的临时性建筑像飞舞的蝴蝶一样尽管生命短暂却异常美丽。如果塔里埃森是赖特发布预言的圣殿,那么,奥科提洛则是他在晚年宣扬的"广亩城市"(Broadacre)式的空想主义社区的原型。当赖特停止对历史题材的热衷后,他就又开始了根植自然的建筑语言。1927 年,赖特设计了钱德勒集体住宅(Chandler Block house),这种住宅类型成为联系 1919 年的巨石之家(Monolith home) 和 30 年代"美国风"住宅(Usonian houses)间的过渡类型。现在,赖特要将他源于美国文化传统的独创性感受表达出来,基于这一立场,他强烈地反对国际式的泛滥。

赖特于 1929 年在塔尔萨(Tulsa)设计了琼斯住宅(Jones house)和诺勃尔公寓住宅(Noble Apartment),再次改变了他个人的创作风格。此间,他还致力于实现他那空想主义的"蝶形城市"(city of the butterflies),在该设想中,复杂的建筑体量以一种崭新的方式进行交接。只有在 1929 年纽约圣马克斯塔楼(St. Marks Tower)及 1930 年芝加哥的住宅塔楼群设计中,更清楚地表达了反对国际式(International Style)建筑语言的痕迹。纽约的这个方案采用了多边形的居住单元围绕着多功能塔楼布置的方式;这是赖特将奥科提诺营地的象征主义引入纽约,并将其与摩天楼结合起来。摩天楼成为一种仪式的符号,这种仪式的目的在于以自己的方式改造工业化的美国城市,使其更贴近自然。圣马克斯塔楼设计时,完全忽视了美国城市的现状,将建筑存在的环境视作不毛之地。该塔楼的创作为美国公众提供了一种理想,及一种新的希望。1931 年在纽约社会研究院新校(New School for Social Research)的一次演讲中,赖特将他对国际式风格的批评与对美国城市摩天楼问题的迫切思考联系起来。通过一位美国建筑师对欧洲建筑的评价,赖特从摩天楼这个美国文明典型的产物中找到了一种迄今仍不为人所知的与现代社会最具价值的默契。

20 世纪 30 年代,赖特这种对未来的预测口吻变得更加直接和犀利,除了在 1933 年在芝加哥世界博览会中达到实验的顶点外,他又陷入了孤独的创作之中,并致力于塔里埃森学园建筑的设计。他的住地变成了一所学校(当然不排除赢利的成分)。这些学生严格执行由奥尔杰瓦娜制定的制度,生活在大师的周围。赖特以绝对的权威,毫无争议地控制着该学园的工作。赖特 1932 年在现代艺术博物馆(Museum of Modern Art)展出了他于 1931 年设计在丹佛的梅萨住宅(Mesa house),其后他就开始调动塔里埃森的全部力量来进行"广亩城市"的研究,发起了对国际式风格的挑战。在该项目中,赖特总结了过去岁月中的所有设想与构思,这成为他在 20 世纪 30 年代工程的基本出发点。

位于宾夕法尼亚州熊跑泉瀑布(Bear Run Fall)之上的考夫曼住宅(Edgar J. Kaufmann house)和位于威斯康星州雷辛(Racine)的约翰逊制蜡公司行政办公楼(S. C. Johnson Wax Company)都是 1936 年的作品。坐跨在瀑布之上的别墅淋漓尽致地体现了相互渗透的建筑空间观念。这正是他在加利福尼亚别墅设计中对封闭体块探索的结果,也是他在梅萨的住宅中对简洁形式探索的顶点。在该住宅中,天然材料

的使用表明自然已完全融入了人工环境。该别墅相互穿插的体形将整体分解为建筑元素的叠加。对诺勃尔公寓设计中小心翼翼的探索在这里变成了激情的渲泄。如果说考夫曼住宅成功地将一所住宅扎根于郊野中，而没有表现出对自然丝毫的胆怯，那么，约翰逊制蜡公司行政办公楼则是广亩城市空想的极好延续。赖特的"美国风"住宅中各种元素相互交错，但却并不影响建筑的完整性。住宅中纤细的蘑菇形柱子支撑的覆盖系统取代了传统的天棚，表达了一种自然的情趣，而这种自然性与有节制的机械主义令人吃惊地共生在一处，暗示着"美国风"式住宅不再延续圣马克斯塔楼所表达的那种与城市文明冲突的特性。这种手法不仅见于"美国风"住宅设计中，即使像1937年在雷辛建的约翰逊住宅(H. F. Johnson house)这样的草原式住宅中也可见一斑。同年，建于麦迪逊城的雅各布斯住宅(Jacobs house)是赖特对国际式发起的又一次攻击。而1936年在加州帕洛阿托建造的汉纳住宅(Hanna house)中，他采用了有机的建筑语言，建筑体块之间互以30°和60°的夹角进行交接，通过模仿自然界花木的形式来获得与环境的融合。

西塔里埃森(Taliesin West)是赖特为他自己在亚利桑那州修建的冬季住宅，它似乎是联系奥科提洛营地模式与"美国风"住宅类型的桥梁。西塔里埃森几何形式的组合似乎缺乏考夫曼住宅的紧凑性。赖特职业生涯中的这一时期以1938—1940年设计的杰斯特住宅(Jester house)为标志而结束，该别墅位于帕洛斯弗迪(Palos Verdes)。在该住宅中，一系列平滑并叠加起来的圆柱体上顶着薄板屋面，赖特在这中间还加入了一些他曾于20年代大量采用过的古代装饰题材。这幢住宅悬跨于一个圆形大水池之上，一系列弧形和内向的空间引导着通向内院。这座住宅没有霍莱虎克住宅中的闭塞忧郁气氛，而约翰逊制蜡公司中应用的圆柱形手法却在这里重被应用，其实早在1921年就已用过这种符号，它预示着更复杂含义的螺旋形的即将出现。

从20世纪40年代初期开始，赖特又开始了新的探索。尽管赖特的反叛作风常使他无法与公共管理部门进行合作，但这对他没有产生多大影响，他在20世纪20年代经历的挫折反使他成为胜利者，他的设计被接纳，并被认为具有超前意义。他在20世纪30年代的作品使他成为美国文化最重要的传播者。他是美国的旗帜，从日本文化，从玛雅人的世界，从印第安的部落，以及印第安小屋中，他找到了对欧洲文明进行变革的支点。他的危机意识与他对这种传统文明的无休止探索密切相关，一旦探索获得了结果，他就成为美国本土文化最直接的继承者，并成为美国民主最忠实的传播者。基于他的反叛精神，赖特以他那贵族化和地方化的创作语汇阐述了美国的文化和意识形态。

第十章　欧洲现代运动的辩证关系:表现派与严谨派的对立

由大师们和国际现代建筑协会所阐明的建筑发展路线绝不是20世纪二三十年代欧洲唯一主要的建筑思潮。

首先,当时存在一种折衷的论调,它反对柯布西耶的技术隐喻主义和密斯那种对沉默语言固执的追求,而是追随着上个世纪末才在德国繁荣发展起来的晚期浪漫主义思想。汉斯·波尔齐希(Hans Poelzig)就走上了一条不同于新客观论(Neue Sachlichkeit)的建筑道路。他于1919年在柏林设计了格罗瑟斯剧场(Grosses Schauspielhaus),该剧场有着新中世纪风格的朴素外观,而其观众席被大量层叠的钟乳石般的下垂式顶棚所包围。1921年到1927年,波尔齐希呈交给马克斯·莱因哈特(Max Reinhardt)的萨尔茨堡音乐节剧场(Salzburg Festspielhaus)的设计表现出体块和形态的多变。这些都与他战前的那些具有戏剧效果的表现主义作品一脉相承。他于1928—1930年设计了法兰克福的法本(I. G. Farben)总部,1931年在柏林设计了龙德福克斯住宅(Haus des Rundfunks),在这两个作品中,他那拘谨的几何造型完全反映了他的创作特征。必须指出,至少在20世纪20年代,人们对贝伦斯的简洁风格和波尔齐希的浪漫主义风格之间区别的议论还很少,也就是从这一时期开始,出于某些个人内在的危机感迫使贝伦斯发展了一种含有悲悯思想的几何学语言。这种语言在建于法兰克福郊区风格独特的法本大楼(1921—1925年)或1925年巴黎博览会上的"冬季花园"(Winter Garden)中得到了很好的体现。

1917年11月俄国革命之后,德国戏剧性的政治气氛使贝伦斯的建筑语言发生了混乱,战前细致的探索不见了;而仅限于为传统的手法加上一件摩登的外衣。这种趋势在1918—1930年间的德国得以极广泛的传播。而弗里兹·赫格尔(Fritz Hoger,1877—1949年)设计的某些作品则淋漓尽致地体现了这种趋势。赫格尔于1923年在汉堡设计了智利大厦(Chilehaus),这个建筑以其变形的巨大体量粗野地挤入城市景观,具有明显装饰意味的砖石外观则更夸大了这一效果,从而使整个地区均控制在智利大厦的巨大体量下,该地区因此成为一个得以精心开发的地段;与智利大厦相比,赫格尔与吉森兄弟(Gerson brothers)合作设计的斯普林根霍夫银行(Sprinkenhof Bank)中则使用了较少伪装的建筑语言并在1928年汉诺威(Hanover)的安才格大楼(Anzeiger block)中再次运用。

赫格尔设计的建筑具有鲜明的特色,这种特色表现为娴熟地运用砖石结构,对建筑片断及体块的有机组织,其建筑外观粗糙,并带有含混的新哥特式装饰。这些建筑体现出浪漫主义依然固执地进行着自我表现,建筑反映了对过去手工艺时代和建筑的精神意义的怀念,以此表达对先锋派技术美学的抗争,可惜这种抗争已是日薄西山,落后于时代要求了。赫格尔的抗争还是产生了一些反响的,如伯纳德·霍特格尔(Bernnard Hoetger,1874—1949年)于1926年设计的不来梅的保拉·莫德松-贝克纪念堂(Paula Modersohn-Becker Memorial)就是典型的学院派风格的实例。与霍特格尔极端的巴洛克手法不同,波尔齐希在1925年为汉堡所做的麦塞大厦(Messehaus)竞赛方案中,则采用了超大尺度,这个方案费了很大力气来反映德国文化中都市部分的异常现象。

我们所提到的所有这些建筑都表现出对形式的强烈追求,目的是为了表达乌托邦渴望的意义。无论是波尔齐希还是赫格尔都接受这样的观念,即形式已落后于当代城市发展,他们所面临的问题也就是本世纪初曾折磨过德国思想家的那些难题。在这个时代,形式有存在的必要吗?面对快节奏的现代生活,原有的形式是否已经过时与崩溃?这是G·卢卡奇(G·Lukács)在其《精神与形式》(Soul and Form)一书中所面临的一个重大命题,也将是E·门德尔松(Erich Mendelshon,1887—1953年)重新进行有机阐述的主题。门德尔松首先在慕尼黑与T·费希尔(Theodor Fischer)进行了探讨,又和青骑士(Blaue Reiter)的艺术家们和雨果·鲍尔(Hugo Ball)进行了接触。1914—1919年间,他在表现主义绘画的启发下创作了一系列充满幻想的作品,这些作品中那流动和逼人的形象与圣伊利亚(Sant' Elia)的未来主义幻想相近,又似乎是来自于自然界的灵感,凡·德·费尔德的浪漫和奥伯里斯特(Obrist)的巴洛克式象征手法融为一体。1919年,柏林的卡西尔画廊(gallery of Paul Cassirer)展出了门德尔松的这些建筑草图。正是这次展览使他获得了爱因斯坦天文台(Einstein Tower)的设计委托,该天文台于1920—1924年间建于德国的波茨坦(Potsdam)。在天文台设计中,门德尔松在新科学理论的影响下进行空间造型。这幢建筑呈现出流动性与延续性的统一,充满了生命力。那充满动态的体量拔地而起。尽管该天文台仍采用传统方法建造,但门德尔松力图找到一种能塑造其动感形态的语言,好似那几年芬斯特林(Finsterlin)所作的空想设计方案中所表现的。门德尔松后来的作品都各具特色,仿佛一幕幕戏剧定格在观众面前,呈现出一种新的建筑文化,该文化常常出现在大型的消费城市中。门德尔松于1921—1923年设计了柏林日报总部(Berliner Tageblatt),1926—1927年在杜伊斯堡(Duisberg)设计了柯亨·爱泼斯坦商店(Cohen-Epstein Stores),门德尔松将抽象派的拼贴画

图 250 汉斯·波尔齐希：柏林，格罗瑟斯剧场，1919 年

图 251 汉斯·波尔齐希：城市想像草图，1922 年

技法运用到建筑创作上，这种技法曾被柏林达达派（Berlin Dada Group）中的 R·奥斯曼（Raoul Hausmann）使用过。这些建筑都采用蒙太奇式的拼贴手法，将现代元素贴到原先建筑的外面。这种蒙太奇手法不正好反映出当代都市中的非连续性与多元化特色吗？正是采用这种手法，门德尔松才解答了最初设计中遇到的一个难题：如何用能够引起公众注意的开放形式来强调出人们由大都市的快节奏所引发的紧张情绪。无论是 1926—1928 年的斯图加特，还是 1928—1929 年的开姆利茨（Chemnitz，现在卡尔·马克思城，Karl-Marx-Stardt）的肖肯百货商店（Schocken Department），甚至在柏林一座包括公寓、办公室、娱乐厅以及宇宙电影院的 WOGA 综合大楼（1925—1928 年），门德尔松进一步发展了他的复杂造型并将所有注意力都集中在重点体块上，由此发展出了一种被阿道夫·贝奈（Adolf Behne）称为“广告式建筑”的创作语言，E·珀西科（E. Persico）称之为现代运动成果的结晶，而 B·赛维（B. Zevi）则认为这是对形式张力的表现主义式爆发。可以确信的是，无论如何，门德尔松的创作思想在本世纪二三十年代表现得还不够明朗。他将重点放在消费城市研究上是很明智的，而这种研究是建立在一种公认的卓有成效的符号体系之上。门德尔松于 1931—1932 年在柏林波茨坦广场（Potsdamer Platz）上设计的哥伦布大楼（Columbus Haus）则是其创作手法达到顶峰的标志建筑。在该建筑中，具有古典成分的国际式窗子横贯整个建筑立面。建筑造型简洁，建筑立面与结构体系分离，所有这些都被组织为一个有机的整体，以呼应城市环境。门德尔松于 1931 年在柏林举行的亚历山大广场改造竞赛方案中也采用了同样的处理手法。在设计中，门德尔松建议用连续的环形建筑覆盖在通向广场的街道两边，从而使该地区具有鲜明的特色，成为城市中独特的区域。然而最终贝伦斯在设计中获胜，而门德尔松的成功之处在于他的部分构思被采纳了。

1933 年，由于纳粹对犹太人的迫害，门德尔松离开了德国移居英国，他的建筑生涯中最辉煌的阶段也结束了。在这个阶段，大都市中的人们对他的建筑自发地给予高度评价，他的一些商业建筑和公共娱乐建筑随着城市的发展逐步成为城市的中心建筑。必须指出，门德尔松选择为一些有钱的资本家客户工作，这些人可以资助他快速地进入解决城市发展问题的研究领域中去。门德尔松在持续反对激进建筑师的空想主义斗争中，反对激进建筑师所热衷的在城郊进行住宅区规划的做法，而尝试着在修正原先标准的基础上去创造一个新城市。门德尔松在商业中心这一充满刺激性的混乱场所找到了其广告式建筑的立足之地，他可以用表现主义方式去掉中心一些不愉快的部分，以期对魏玛德国大众的视觉形成有力的冲击，这才是他建筑风格背后所隐藏的真正目的。但他原先并未充分预料到他风格独特的公司与百货商店建筑会成为现代城市发展的重要的内在驱动力。

实际上，门德尔松采用了与先锋派相一致的路线，只不过变通了表现的形式。他所创造的作品——WOGA 综合楼正表明了这种与传统城市辩证的对话，所以荷兰杂志《文丁根》（Wendingen）以特刊形式（1920 年 10 月号）对他的作品进行专题介绍也就不让人意外了。这份杂志是同名的创作集团的自办刊物，该集团是在贝尔拉格（Berlage）的早期作品以及E·克伊波斯（Eduard Cuijpers）、J·M·范德梅（Johan

图 252　彼得·贝伦斯:赫希斯特(法兰克福),法本公司办公楼室内,1921—1925 年

图 253　彼得·贝伦斯:赫希斯特(法兰克福),法本公司顶棚细部,1921—1925 年

Melchior van der Mey)的影响下于 1912—1926 年间发展起来的。所谓的阿姆斯特丹学派是由克伊波斯的两名弟子米歇尔·戴克拉克(Michael de Klerk,1884—1923 年)和 P·L·克雷默(Piet Lodewijk Kramer,1881—1961 年)组织的,以后 D·格雷纳(D. Greiner)、J·F·斯塔尔(J. F. Staal)和 H·T·维特维尔德(H. T. Wijdeveld)的加入更充实了该学派的力量。该集团创作受赖特影响。文丁根集团的建筑创作比门德尔松更关注与传统城市的内在联系,由他们设计的住宅单元楼多采用改良的手法,建筑具有可塑性的体量和高质量的组成部分。由戴克拉克于 1913—1917 年设计的埃根哈尔德住宅区(Eigen Haard)和克雷默于 1918—1923 年间设计的德·达格拉德住宅区(De Dageraad Estate,部分房屋由戴克拉克设计),体现了这种手法。这些建筑展示出一种讨人喜欢的假象。阿姆斯特丹学派在这里充分表达了其融合历史时代的想法,然而文丁根集团发展出了一套易于流传的通用的建筑创作手法。贝尔拉格在其负责的阿姆斯特丹南部新区规划中就运用了这种手法,从而成功地在该区创造出一种良好连续的城市秩序。

在该集团设计的低租金住宅中,我们可以从其家庭布局的形式上明确地看出社会民主主义的内容,也就是说,设计者希望在该工程设计中创造出一种理想化的复杂模式,这种方法可以逃避对形式的追求。净化阿姆斯特丹学派中的各种奇异思想的实践主要由 W·M·杜多克(Willem Marinus Dudok,1884—1974 年)承担。作为具有田园风貌的希尔弗瑟姆(Hilversum)小镇上的建筑领袖,其主要建筑活动均集中在该镇。1918 年他起初提出了一个新颖的三角形的规划方案,住宅区环绕在公共服务设施的周围。在主要公共建筑,如学校、公共浴室、屠宰场,特别是他于 1924—1930 年间设计的风格独特的市政厅中,他对赖特创造的建筑体块相互穿插的手法进行了重新诠释。该市政厅形成了一个具有强烈导向性的城市焦点。该设计主要的侧重点在于内部空间和塔的处理上,后者形成一个城市标志和视觉中心。由于有了杜多克,具有本土浪漫主义色彩的荷兰"第三条道路"获得了一种有效利用城市有限空间的方法。

欧洲大陆上的其他建筑师和组织也在寻求对先锋派路线的改革途径。在本世纪 20 年代,雨果·哈林(Hugo Haring,1882—1958 年)创造了一种他自己称为"有机"的设计方法。不同于勒·柯布西耶的几何先验论,哈林提出应根据可能发生的人类活动来组织空间形式,也就是说建筑形式是建筑空间中发生的人的行为图释。建于 1924—1925 年间吕贝克(Lübeck)附近的古特·戛考(Gut Garkau)模范农场是哈林

图 254　彼得·贝伦斯：柏林，亚历山大广场改建后的景观，1930—1931 年

图 255　彼得·贝伦斯：柏林，圣亚当百货商店方案，1929 年

图 256　弗里兹·赫格尔：汉堡，智利大厦，1923 年

图 257　门德尔松：为汽车工厂和货栈所做的设计，1914—1915 年

图 258　门德尔松：杜伊斯堡，柯亨·爱泼斯坦百货商店，1926—1927 年

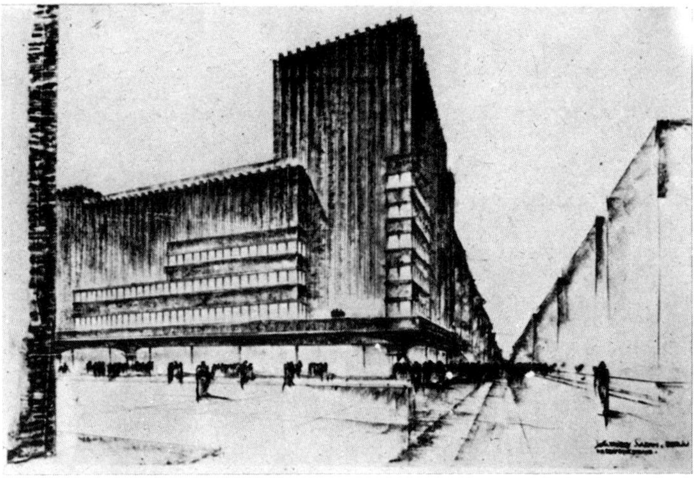

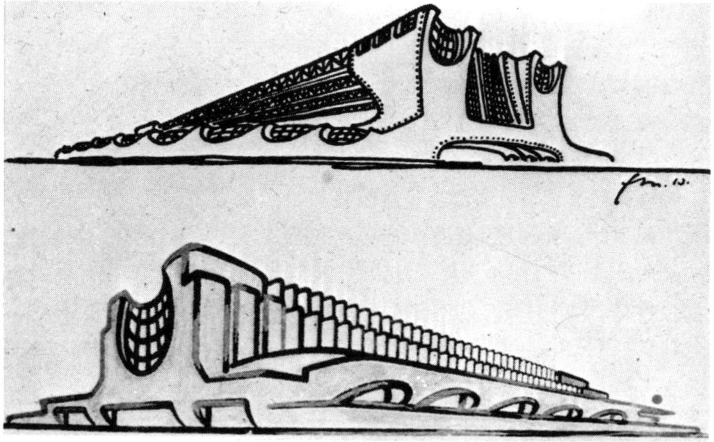

图 259　门德尔松：波茨坦市，爱因斯坦天文台，1920—1924 年
图 260　门德尔松：柏林，WOGA 综合楼，1925—1928 年
图 261　门德尔松：开姆利茨（现卡尔·马克思城），肖肯百货商店，1928—1929 年

最受好评的建筑作品。该农场的环绕空间及相互交织的材料组合给人的视觉带来愉悦的享受，这与数年后阿尔瓦·阿尔托（Alvar Aalto）的作品如出一辙。在柏林的泽伦多夫区（Berlin-Zehlendof）的费施塔格伦德住宅区（Fischtalgrund Siedlung）及 1929—1931 年建于柏林的西门子城（Siemensstadt）联排式住宅设计中，哈林在反纯净风格的道路上走得更远了。他所挑战的是由柯布西耶所倡导的技术再生理论的全部内容，这就和 CIAM 产生了正面的冲突。他也不苟同格罗皮乌斯的主张。哈林提倡的是有自身特点的富有诗意的建筑形式。但同时，哈林却没有足够的勇气来推出自己的一套设计语言。

当哈林觉醒到要重新回到“玻璃链”（Gläserne Kette）时候，汉斯·夏隆（Hans Scharon，1893—1970 年）则组织了一个攻击理性主义的小派别。1928—1929 年间在布雷斯劳（Breslau）举行的德意志制造联盟展览会上，他展示了其设计的集体宿舍单元方案，该方案因其丰富的住宅类型而独具特色。在他为柏林的西门子城设计的曲线形住宅楼，尤其是在 1932—1933 年间在柏林的施明克和本奇住宅（Schminke and Baensch houses）设计中，夏隆提出了一种“反语言”构想——一种“反优雅”的建筑。人们对它评价过高并常将其与阿诺德·舍恩伯格（Arnold Schonberg）的十二音符系统进行某种联系。夏隆在 1934 年以后的工程中，主观上可能反映出希望摆脱纳粹政权制约的想法，如果真是这样的话，那么正如他在战后的作品中充分表现出来的那样，这将成为诠释自身风格的极好途径。

为了反对那些将多样化的作品都强加上表现主义标签的风气，20 世纪二三十年代出现了一种新的探索，该探索致力于完全清除建筑语言中暗含的主观交流成分，而以一种政治任务方式介入到由技术进步引发的新组织关系中。这样，技术进步引发了整个社会重建。瑞士人汉纳斯·梅耶（Hannes Meyer，1889—1954 年）和法国人 A·吕尔萨（André Lurçat，1894—1970 年）则承担起这项任务。不管这两人的创作态度如何不同，但我们仍有意选择他们两人来作为我们迄今所分析的晚期浪漫主义与有机论的对立面的代表人物。

梅耶和吕尔萨所从事研究工作的新颖之处不在于承认建筑是技术生产系统中的一个方面，而在于通过与德国和法国共产党的接触，为他们所从事的研究项目提供政治势力的保障，这就意味着他们能在集体组织内进行工作，可以去前苏联进行设计与教学工作。

梅耶工作的第一阶段受到了汉斯·伯努利（Hans Bernouilli）的影响，主要从事花园城市和合作运动的探讨。在1912—1913年，他对英

图 262 《文丁根》杂志，第 9 期封面，1926 年

图 263 P·L·克雷默：《文丁根》杂志，第 11—12 期，Bijenkorf 商店立面图，1925 年

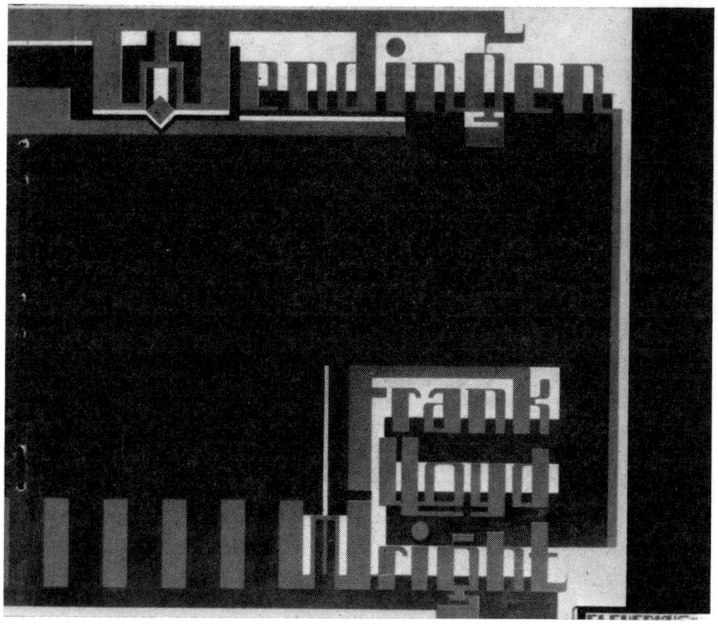

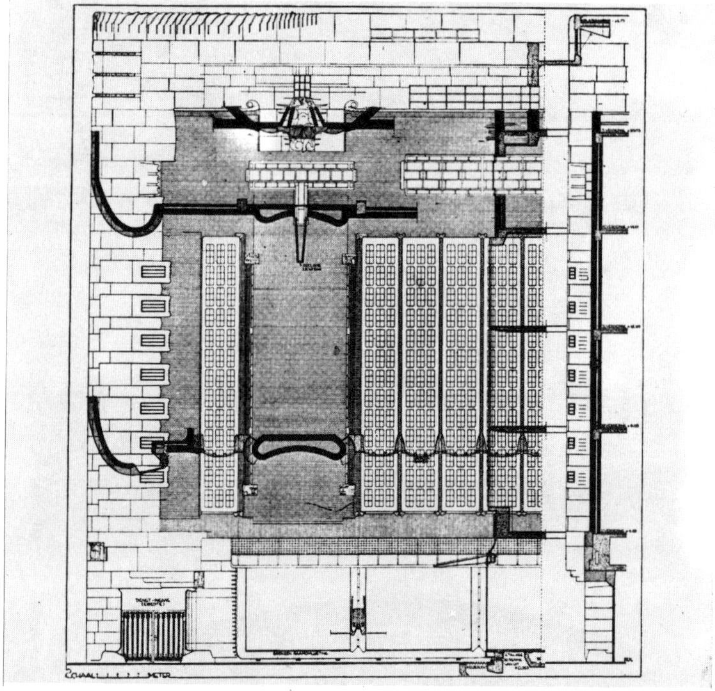

国开展的试验成果进行了研究；1916—1918 年，他帮助乔格·梅岑多夫(Georg Metzendorf)为联邦德国埃森市(Essen)的克虏伯工人们(Krupp workers)设计马格雷塞霍居住区(Siedlung Margarethenhöhe)。梅耶于1919—1921年在穆滕茨(Muttenz)为瑞士合作运动设计的弗雷多尔夫住宅区(Freidorf siedlung)体现了他这些年研究的成果，在该住宅区中，风格相同的建筑群形成整齐划一的布局，平行于一条中央轴线，中央轴线则连接着一些公共服务设施。该住宅区设计风格简洁，具有 19 世纪纯净主义模式特征，而丝毫未夹杂英国浪漫主义的气息。但设计者本人却于 1925 年对该项目进行了批评，并指出该项目是在特殊时期和复杂状况下诞生的产物，它纯粹是对现实的妥协；同时，他又认为只有对整个社会进行重组，才能使弗雷多尔夫表现出来的个人和社会生活得以真正实现。然而当梅耶在 1924 年首次与欧洲和前苏联先锋派的接触，特别是和风格派(De Stijl)、新精神小组(L'Esprit Nouveau)以及里西茨基(El Lissitzky)接触后，其态度明显发生转变。1926 年，他加入了埃米·罗思、汉斯·施密特、马特·斯塔姆和里西茨基(Emil Roth ,Hans Schmidt, Mart Stam and Lissitzky)的队伍从事《ABC》杂志的编辑工作。由此他从前一阶段在工作中关注社会任务而转变为研究由技术进步引起的人类活动的变革。1926 年，他在一篇意义重大的名为“新世界”(The New World)的文章中，宣称：“九个缪斯女神早已被凡人诱拐，现在她们已从天上来到了凡间，过上了真正的生活。艺术身份的降低是毫无疑问的，而且由新科学代替艺术也只是一个时间问题——艺术正成为发明创造一类的东西，并控制着现实。”他的新理想是使建筑成为生产体系的一部分，成为一种技术，完全抛弃形式的约束。建筑只有否定它的涵义，放弃它的实际价值观，消除它的象征作用，它才能在世界上真正起到作用。

与文丁根集团和门德尔松所支持的将艺术当作有意义的空想主义的表达相反，我们所拥有的建筑是技术中立的空想思想的体现，梅耶与汉斯·威特沃(Hans Wittwer)合作，在 1926 年至 1930 年期间设计了一些项目：如 1926 年，巴塞尔(Basel)附近的彼得学校 (Peterss-chule)；1926—1927 年，他们为日内瓦国联总部做了竞赛方案；1928—1930 年，他们于贝瑙(Bernau)设计了德国工会联合会(German Trade Union League)的学校。在他们的作品中以矛盾的方式表达了这样一种思想：“建造完全是一种基本过程的组织”。在彼得学校和国联方案中，一方面，使用了构成主义的机器隐喻手法，以提醒人们不要忘记前苏联人在那一时期的所做所为；另一方面，在贝瑙的学校设计以及梅耶为格罗皮乌斯设计的德绍市托顿小区(Törten-Dessau Siedlung)续建的五座住宅设计中，建筑形式加以了简化，使之几乎成为纯粹由技术和功能因素按科学程序产生的物体。就像《ABC》杂志和合作社内的其他成员，尤其是汉斯·施密特和保罗·阿塔里亚(Paul Artaria)所希望的那样，这一设计思想在瑞士的一些项目中，如 1928 年里恩(Riehen)

图 264—266　米歇尔·戴克拉克：阿姆斯特丹，埃根哈尔德住宅区，1918—1919 年

的舍费尔住宅(Schaeffer house)或在他们于巴塞尔附近设计的住宅群中得到了尝试。

这种过分强调建筑与形式追求无关的观点产生了一些令人不解的现象，尤其当梅耶 1928 年接替格罗皮乌斯成为包豪斯的校长后，情况更为明显。在梅耶熟悉了包豪斯的情况之后，他提出要建立建筑与政治之间的关系，使之成为建筑工业中科学的组成部分。经过改组后的包豪斯在 1923 年到 1928 年间面临着周围的种种责难。而建筑学最终亦成为一门颇受重视的课程。其他课程还包括路德维希·希尔伯施默(Ludwig Hilberseimer)于 1928 年开设的城镇规划课程，以及 A·鲁德尔特(Alcar Rudelt)开设的结构工程学和 F·克吕格(Felix Krüger)开设的格式塔心理学。同时，梅耶有意加快了建筑风格与工业密切联系的步伐，而学生们也投入到德绍市托顿小区和贝瑙学校的设计中去。在格罗皮乌斯领导下立场含糊的包豪斯，现在已经从思想上认清了艺术、手工艺和工业之间的关系。包豪斯的立场从此转变为在新的集体观念下，通过直接对建筑与建筑工业现状进行科学的调查研究来解决问题。梅耶引入包豪斯的实际上只是产业循环的表象，梅耶希望通过介入其组织过程，使之趋向合理化。在梅耶领导下，德绍包豪斯早期保持的魏玛时代那种浪漫主义试验不见了，这里，建筑被视作经济循环中的一种组织形式，并以集体化的方式去创作。这很快就与包豪斯学校本身模糊的政治主张相抵触了。梅耶作为功能主义者，他从不否认自己的思想倾向："拒绝空想"具有禁欲主义的俭朴价值，这样可以使建筑师成为一位在生产组织中的工程技术人员，而且也可以认为这是一种社会革命。

共产主义学生团体与右翼势力之间的紧张气氛为德绍当局提供了借口。1930 年，梅耶被解除了包豪斯校长的职务。于是他来到前苏联，在那里，他写道："我们面对的是一个在资本主义制度下所向往的社会。"对于梅耶、梅和吕尔萨来说，前苏联的第一个五年计划被认为是理性乌托邦所达到的顶峰。

在观察欧洲激进建筑师在前苏联的活动之前，我们应简略地看看吕尔萨的活动情况，在法国他的经历虽比梅耶简单得多，但具有同样的意义。与梅耶不同，从一开始他就努力想将他作为建筑师的职责与共产主义战士的职责等同起来。有例为征，那就是吕尔萨曾攻击柯布西耶的"工业化的号召"(Appel aux industriels)是错误的，而且是反动的。从吕尔萨的作品，如为他兄弟让·吕尔萨(Jean Lurçat)设计的工作室，和他于 1924—1926 年间在巴黎设计的古根布尔住宅(Guggenbühl house)，

图 267，图 268　W·M·杜多克：希尔费瑟姆，市政厅方案，1924—1930 年
图 269　W·M·杜多克：希尔费瑟姆，市政厅，1924—1930 年

图 270，图 271　雨果·哈林：吕贝克附近，古特·戛考模范农场的平面与透视，1924—1925 年 ▷
图 272　雨果·哈林：独户住宅，一层平面及立面，1922 年 ▷

以及 1929—1931 年间在科西嘉岛(Corsica)的卡尔维(Kalvi)设计的北苏德旅馆(Nord-Sud hotel)中都可以看出，吕尔萨并不想在他的建筑中表现其意识形态的倾向，北苏德旅馆设计实现了他努力按照功能要求进行设计的目标，同时也满足了他对柯布西耶的建筑风格进行简化的需求。从这种意义上看，珀西科(Persico)据此认为吕尔萨是瑞士大师平庸的追随者也是相当有道理的。然而，与柯布西耶不同的是，吕尔萨鼓吹他能说服业主遵循他的设计理念，例如在 1931—1933 年间，

T GARKAU
KÜCHE
MÄDCHEN
EINGANG
WOHNRAUM

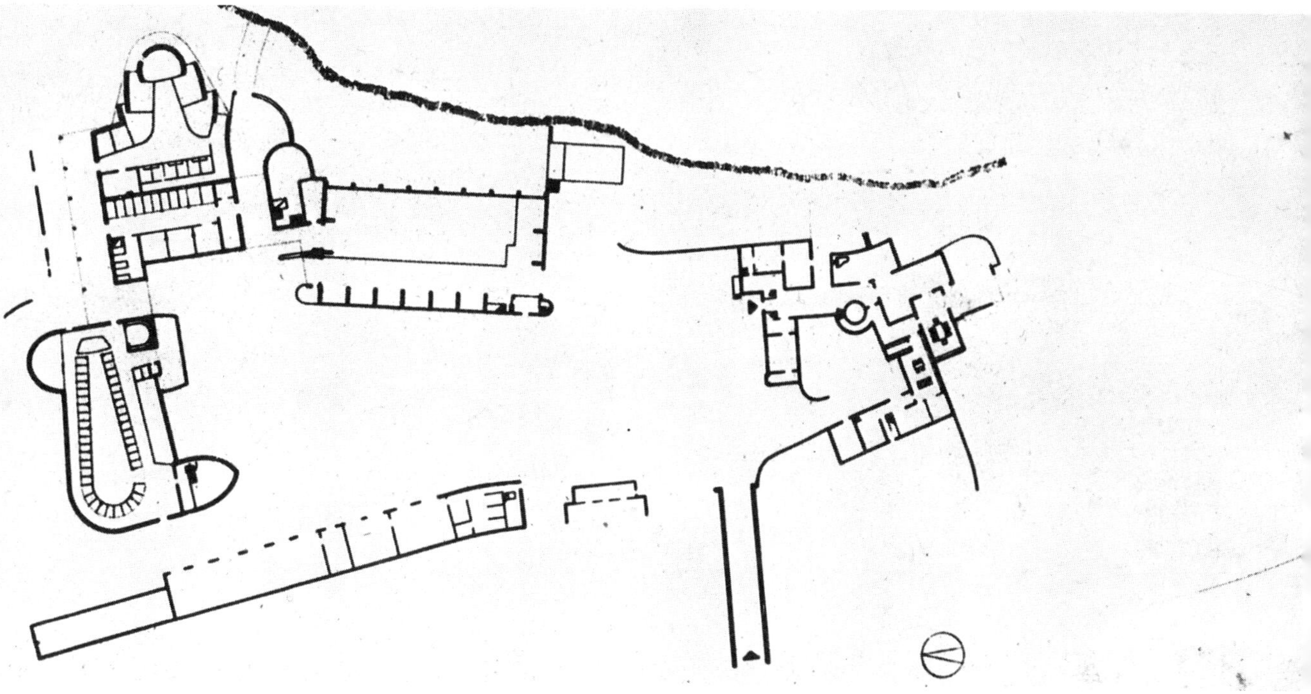

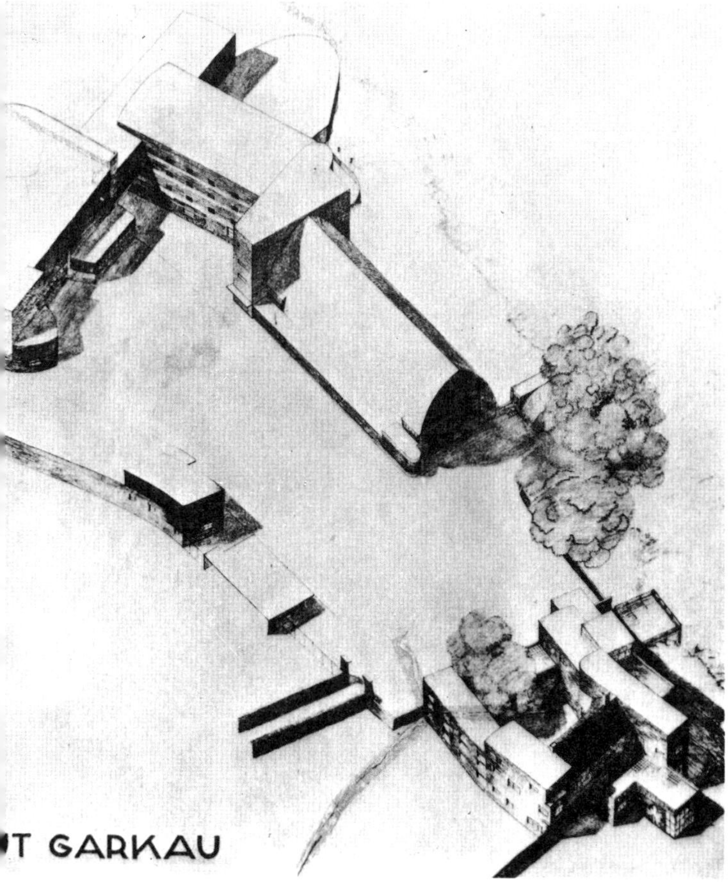

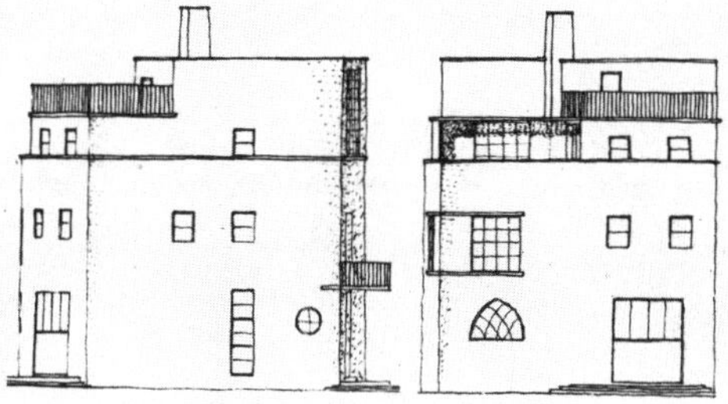

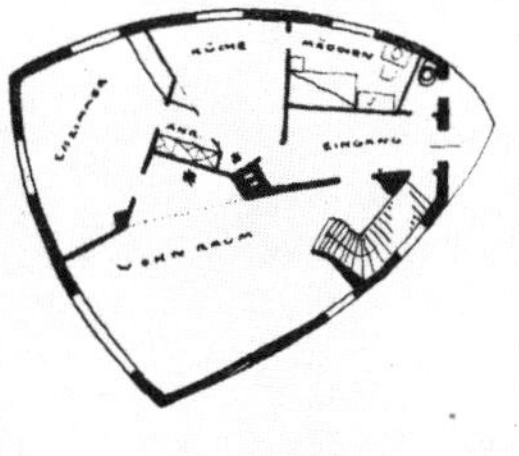

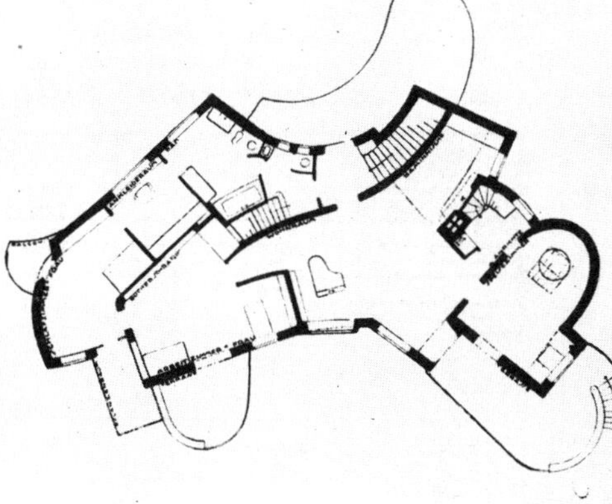

图 273　汉斯·夏隆：柏林，凯撒坦住宅区的公寓住宅，1928—1929 年

图 274　汉斯·夏隆：柏林，西门子城公寓住宅，1929—1931 年

图 275　汉纳斯·梅耶：穆滕茨（巴塞尔附近），弗雷多尔夫住宅区，社区建筑，底层平面及立面，1919—1921 年

图 276　汉纳斯·梅耶和汉斯·威特沃：巴塞尔，彼得学校方案，1926 年

图 277　汉纳斯·梅耶和汉斯·威特沃：日内瓦，国联总部竞赛方案，1925—1927 年

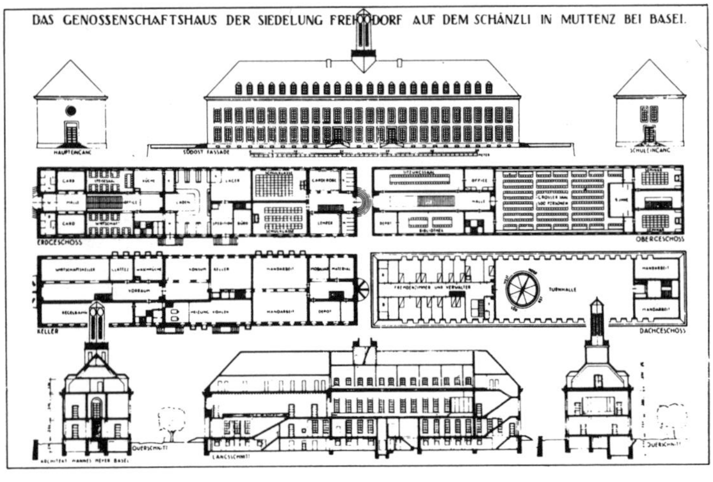

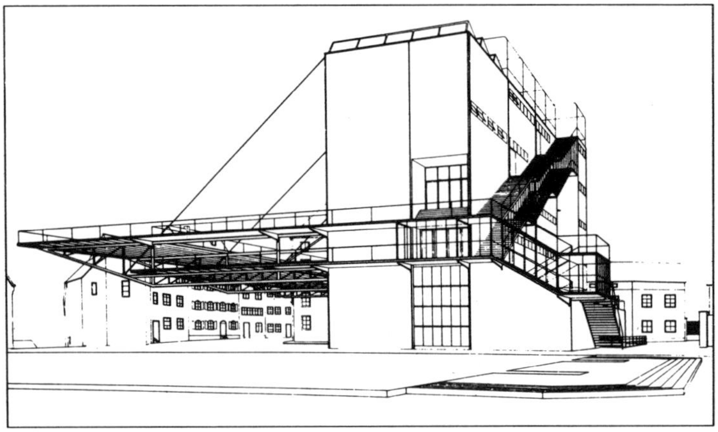

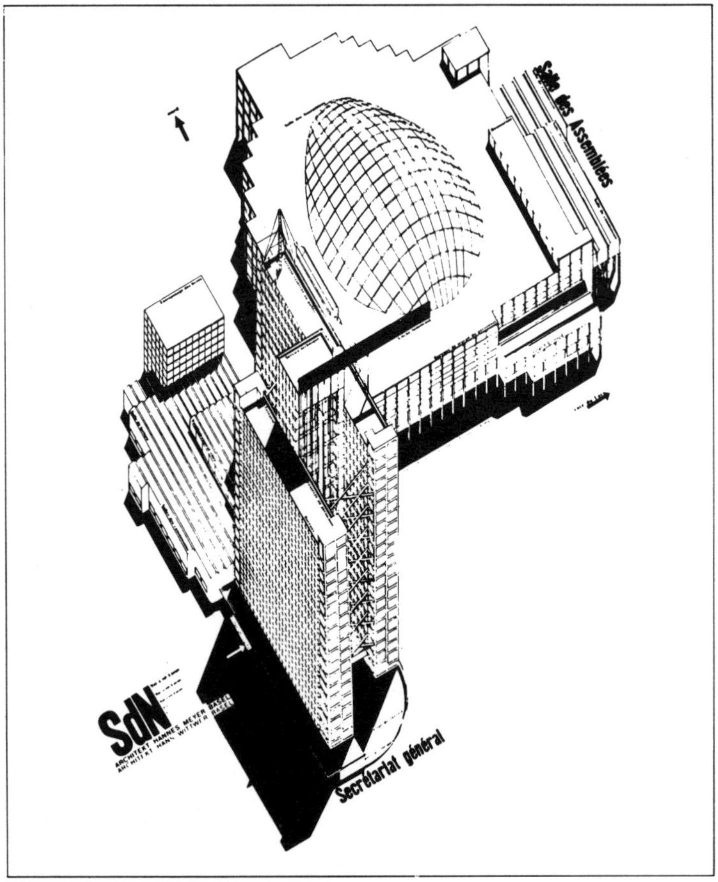

图 278　A·吕尔萨：凡尔赛，邦塞尔住宅，1925—1926 年

图 279　A·吕尔萨：维也纳，制造联盟实验住宅，1932 年

图 280　A·吕尔萨：维勒瑞夫，卡尔·马克思学校，1931—1933 年

他在巴黎郊区的维勒瑞夫（Villejuif）设计了卡尔·马克思学校（Karl Marx school），他寻求到教师协会的合作，这些教师希望这座学校能体现出先锋教学模式的形象，该校被设计成为拉长的长方体形式，建筑立面被两条带形窗贯通，整个建筑支承在钢柱之上，建筑端部与城市系统相联系，并留出一片开阔的场地。这座由钢与玻璃制成，外观光洁的建筑被法国共产党领导人维兰特－库图里尔（Vaillant-Couturier）和共产主义报刊《人道报》（L'Humanite）颂扬为社会卫生建筑的典范，也被称为是插入充满矛盾的资产阶级城市中的新世界的片断。尽管维勒瑞夫的这所学校被认为是吕尔萨最成功的作品，但这座建筑与其说是经过严谨构思得出的作品，不如说是对建筑形式进行最大简化与机遇之间的一次偶然结合的产物。吕尔萨在 1930 年为“垂直城市”（vertical city）所作的平庸设计中，明显反映出吕尔萨对建筑原则过于简单的认识。尽管如此，他的建筑生涯对法国学术界中罗伯特·马勒－斯蒂文斯（Robert Mallet-Stevens）的现代主义模式和米歇尔·鲁·斯皮茨（Michel Roux-Spitz）温和的装饰艺术风格有着重要影响。但吕尔萨对他在法国缺少表现机会的命运很不甘心，并于 1934 年毫不含糊地决定，离开巴黎去已实现社会主义的国家工作，这壮大了那些充满幻想的建筑师队伍，他们认为前苏联能够帮助他们去解决在资本主义国家所无法解答的难题。

第十一章　欧洲在两次大战间的城市改革尝试

一、德国魏玛在1919—1933年的城市政策

正如我们所知，现代主义运动的中心目标是积极改革建筑工业的组织形式和城市开发管理的控制方式，然而在现代的城市规划方法和勒·柯布西耶的设想或先锋派的意识概念之间，即使不算是抵触，也存在着一条可观的鸿沟。尽管斯图宾(Stübben)、埃伯施塔特(Eberstadt)和昂温(Unwin)的立场各不相同，可他们都不相信新建筑语言和城市结构的综合改革之间存在着直接的联系。他们想去调整、改革的大城市，显然是19世纪资本主义的产物。对他们而言，规划只是一种富于远见的方法，它能"纠正"放任自流的政策所带来的弊端，并通过它有望用低租金住房建设这样的公共事业来实行一种平衡政策以减少社会矛盾。

由于德国依然被1918—1919年的各种事件所纠缠，所以其城市化的进程受到了限制，发展不够充分。当时B·陶特和艺术工作委员会(Arbeitsrat fur Kunst)正在号召"思想革命"，这场革命充满生气，在魏玛共和国时期达到了顶峰，此外，他们还投身于工会运动，推进一种新的技术论来解决城市问题。早在1919年建筑师M·瓦格纳(Martin Wagner, 1885—1957年)就建议制定关于建筑社会化和建筑工业化的国家计划，6年之后，他成了主管柏林城市问题的官员，建议让建筑活动摆脱私人企业家控制，并消灭房产投机活动。这些是结构性的改革，要求由公众来控制城市，使住宅成为社会的住宅而不再是商品。帕夫斯(Parvus)和瓦格纳的观点及有关工会的整体概念均产生于1919年，而就在这一年中，社会民主党人古斯塔夫·诺斯基以社会稳定和政治和解为名，将炮口对准了起义中的柏林工人。可不管怎样，对城市加以直接控制的理念已深入德国建筑界。一些建筑师如在策勒(Celle)的O·哈斯勒(Otto Haesler)，在法兰克福的E·梅(Ernst May)，在布雷斯劳(Breslau)的M·贝格(Max Berg)，在柏林的M·瓦格纳，在汉堡的F·舒马赫(Fritz Schumacher)都认为应该用特殊的新技术来控制和管理建筑生产和城市领域。他们的这种观念与十一月学社和早期的包豪斯在意识形态上的模糊不清是毫不相同的。

对萨克森(Saxony)和图林根(Thuringia)工会的血洗事件以及商会与工人运动团体在低造价住宅问题上的激烈冲突导致了社会民主党的政策及共产党左翼极端主义的破产。1919年新的德国共和宪法规定国家有权直接控制土地使用，力图保障各个阶层都获得拥有住房的权利，但令人绝望的经济危机和通货膨胀使得宪法上的这种保证变成了一纸空文，只能大约于1920年采取区域合理管理措施来作为替代。其中一项是鲁尔工业区规划，另一项为大柏林(Greater Berlin)行政区规划。M·马奇勒(Martin Mächler)为后者拟了一个初步计划，规划的范围半径为50km(31英里)，人口450万。然而住房的巨大需求，材料的费用，工人居住区的可怜状况，都使得新的经济手段力不从心，直至1924年美国道斯计划(Dawes Plan)的援助基金到位以及德国的主要工业走上垄断性集中之后，那些规划才真正得以实施。ADGB工会委员会暗中操纵了社会民主党，把廉价住宅建设作为政策的一个核心，并利用原有的生产合作社，组建DEWOG，形成一种由工人和雇员组成的联合会及工会银行共同持股的股份公司。DEWOG在德国主要的城市中有十一个分支机构，它力图成为建筑领域集体经济的第一个核心，在实际的生产和管理中都发挥作用。当时政策的一个目标是将私人企业家从建筑部门中驱逐出去，至少在两个例子中是如此：在柏林，M·瓦格纳利用GEHAG这样一个股份组织来实现他著名的"理性住宅"计划；在法兰克福，政策形成为控制城市发展的一种真正模式，这一切都有着特别重要的历史意义。

从建筑学科变迁的角度来看，那些具有民主传统的德国城市中建筑师官员所接受的新任务是十分重要的。但正如我们所看到的那样，一直到1924年，这种新任务还不能充分地发挥作用。实际上在布雷斯劳的M·贝格、在马格德堡的B·陶特两人在1921—1923年的作品都非常模棱两可。尤其是陶特，他作为掌管城市规划的市议员，尝试着在城市中心体现当时最领先的意识形态。他在马格德堡所实现的住宅区改革，只不过是现实政治和带有无政府主义色彩的城市消亡主义梦想之间的折衷做法而已。同时，他在"盛妆马格德堡"活动中发动了一些像K·克雷尔(Karl Krayl)、O·费希尔(Oskar Fischer)这样的前卫艺术家，该活动的基本想法是：把艺术综合起来引导人们进入共同的城市节庆气氛中去，这是陶特在那段时期乌托邦思想盛行的气氛下的表现主义设计之一，另外的例子有家畜和农业展览馆、通用展览馆和露天电影院，还有如"科隆城"综合楼等，所有这些建筑都位于马格德堡。一直到1922年他所编的评论杂志《晨曦》(Fruhlicht)都希望在大势已去的情况下充当垂死的晚期浪漫主义的代言人。

城市不能由无政府自由主义的乌托邦来操纵。O·哈斯勒深知这一点，他在本世纪20年代早期做了一些试验性的作品之后，于1923—1924年在策勒(Celle)创作了两个低成本住宅区——意大利尼希尔花园区(Italienischer Garten)和设计上更为成熟的乔治花园区(Georgsgarten)。这两个小区布局合理，采用平行组团和标准居住单

图 281　B·陶特：马格德堡，农业和家畜展览馆，平面和全景，1921—1922 年

图 282　O·哈斯勒：策勒，意大利尼希尔花园住宅区，1923 年

图 283　O·哈斯勒：策勒，乔治花园住宅区，平面，1924 年

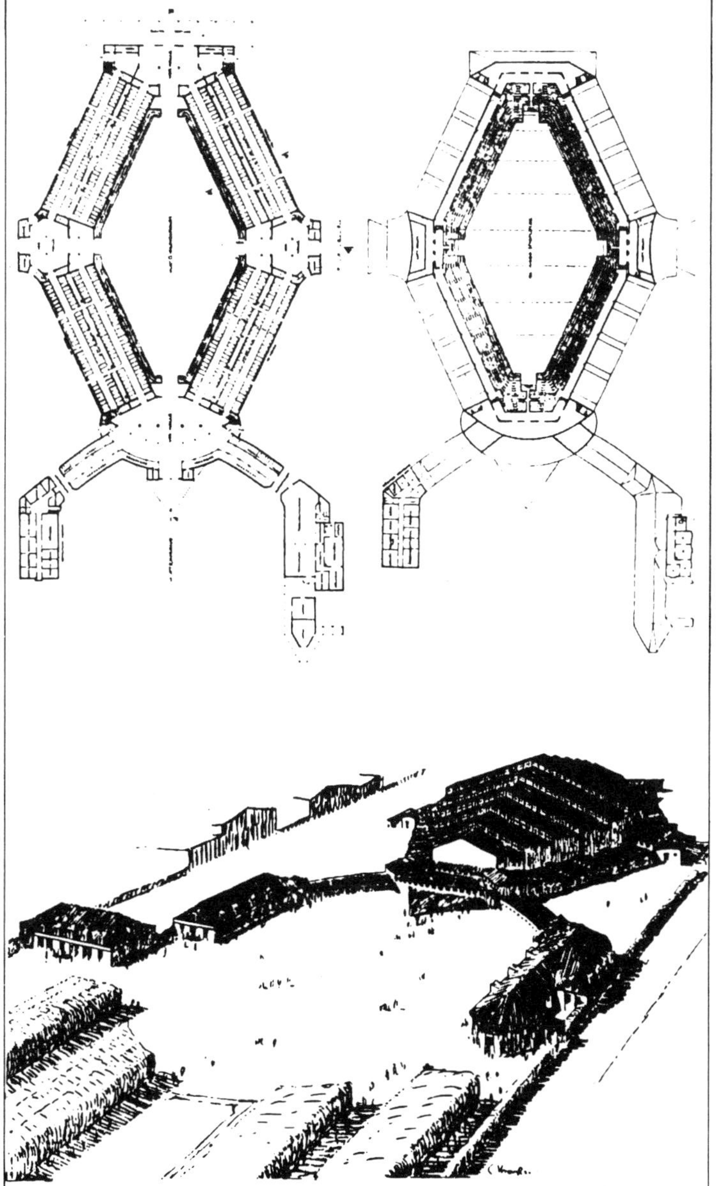

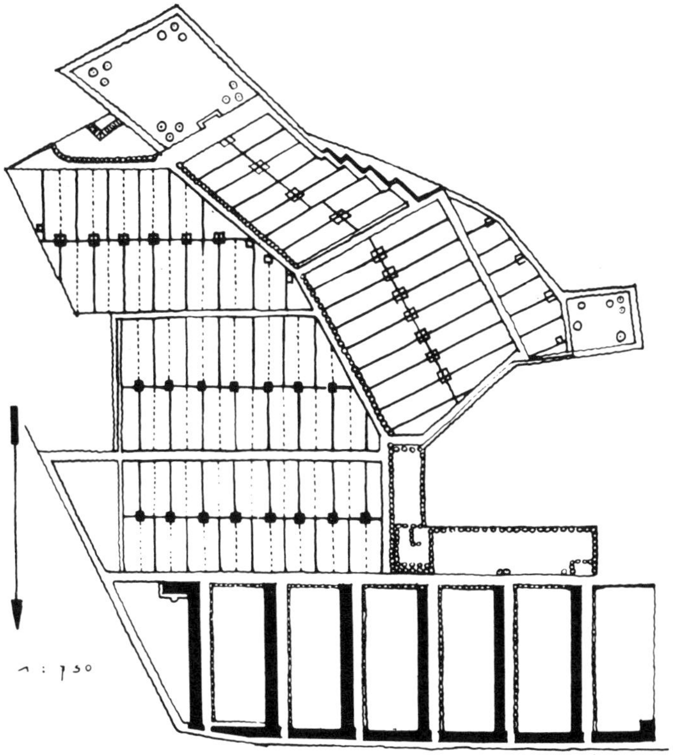

图 284 O·哈斯勒：拉特诺，弗里得利希·艾伯特环形住宅区平面，1928—1929 年

图 285 O·哈斯勒：拉特诺，弗里得利希·艾伯特环形住宅区，1928—1929 年

图 286 O·哈斯勒：策勒，沃克舒勒体育馆，1929 年

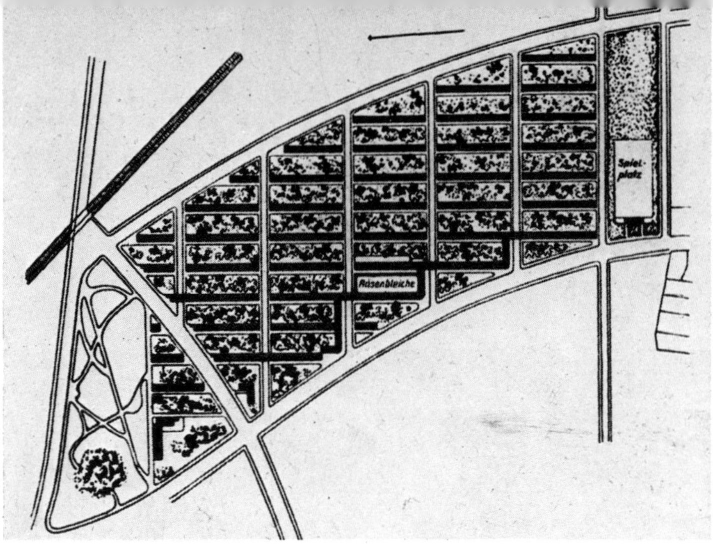

元，并离开主要的城市干道。哈斯勒在策勒和其他地方继续进行了这种纯净主义的试验，并使之与建筑工业化挂钩。这些试验包括：在策勒的布鲁曼拉格弗尔德居住区（Blumenlägerfeld）；1928—1931 年在卡塞尔（Kassel）的罗森堡住宅区（Rothenberg）和 1928—1929 年在拉森诺（Rathenow）的弗里得里希·艾伯特环形住宅区（Friedrich-Ebert-Ring）。

由工会和社会民主党所提倡的政策在法兰克福得到了最大的发展。其市长 L·朗德曼（Ludwig Landmann）在 1919 年发表了一篇论文名为《大都市的居住区》（Das Siedlungsamt der Grosstadt），表达了他自己对城市的一些想法，并于 1925 年请 E·梅（1886—1970 年）到法兰克福就任建筑部门的专家组成员。

E·梅通过与 R·昂温（Raymond Unwin）的接触吸收了花园城市最先进的经验，于 1919—1925 年间，他在西里西亚（Silesia）建成了一系列农业社区。事实上，他在 1921 年为布雷斯劳所做的整体规划就已经明显地超越了 E·霍华德思想中强烈的“反城市”主义倾向。E·梅设想建造卫星式集中居住点，它们距主城 12—18 英里（19.3—29km），其城市组织可以明显有不同，但通过交通网络来紧密联系，并根据工业中心的分布情况来定点。该规划于 1924 年被布雷斯劳地区议会批准，并由 E·梅在后些年中加以改进实行。他在区域范围内把城市中心和那些半自主的城市单元联系起来，使 19 世纪以来所有关于廉价住宅的研究和试验在这种具体实施的模式里达到了顶峰。

在 1925—1930 年间，E·梅尝试着在法兰克福实现与上相同的模式。他在这个城市中的地位非比寻常，在有关当局的充分合作下，他可以通过官方去管理和监督城市之中的建筑活动，并拟定全城规划。他还先后就任两家建筑公司的副总裁和总裁，这两家公司 90% 的股份属于市政当局，并被委托建设新的廉价住宅。此外市政当局通过土地政策控制了大量土地，从 19 世纪末起到那时为止，共拥有43.2%的房地产权，其中 22% 位于城市南部，辟为森林公园预留地，对某些特别有利可图的地区，比如尼达河（Nidda）沿岸地区始终运用了集中征用这一方法。梅还在那里实现了普劳恩赫姆（Praunheim）和勒姆施达特（Römerstadt）模范住宅区工程。1923 年随着马克币值稳定，再加上外国资本的流入，使 1919 年的宪法条款得以不断实行。在豪斯兹因斯特（Hauszinssteuer），对战前所建住宅的地产征收了一项新税，并把其中的 25% 用于公共建设。这样在 1924—1929 年间，在城市中为居住项目至少投入了1.18亿马克，其中0.665亿用于贷款，

图 287　法兰克福有关房地产的现状与规划平面图,1930 年

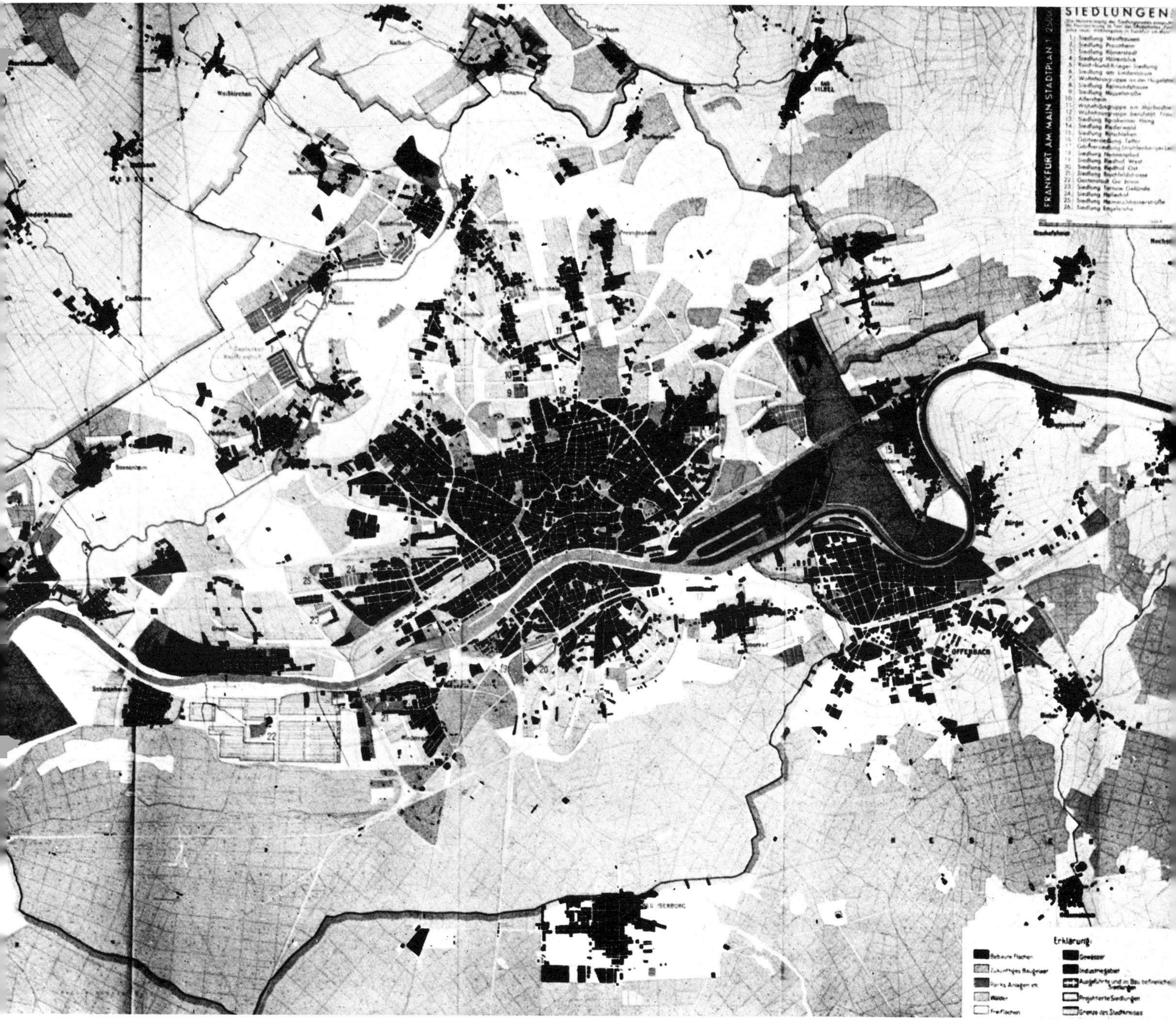

图 288 E·梅及其合作者：法兰克福，勒默施达特居住区，模型，1927—1928 年

图 289 E·梅及其合作者：法兰克福，普劳贝恩居住区鸟瞰图，1926—1930 年（引自《新法兰克福》，1930 年，第 2—3 期）

图 290 E·梅及其合作者：法兰克福，勒默施达特居住区，中部街区，1927—1928 年

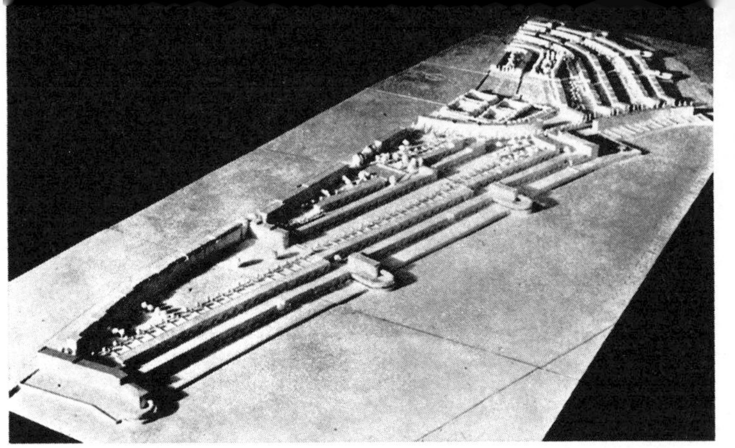

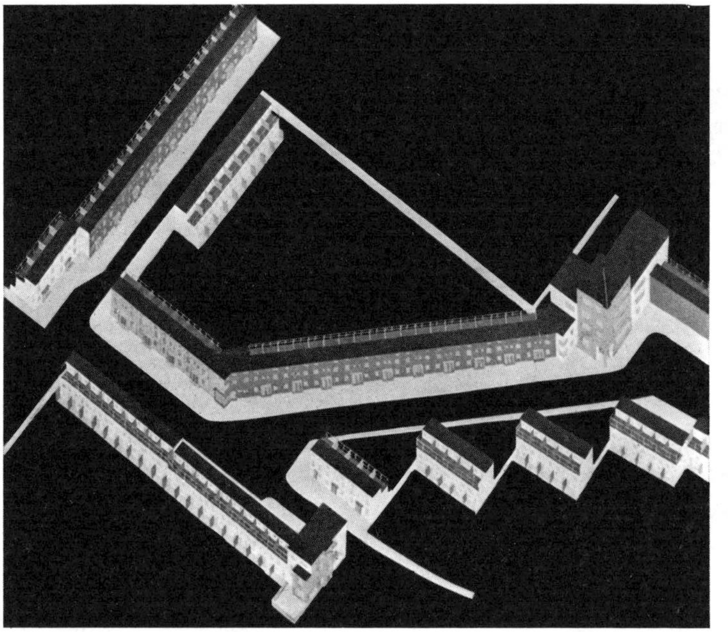

因而梅才能够实施 1925 年制定的十年计划，并于 1926 年和 1928 年进行了修改。

法兰克福和布雷斯劳一样，其“核式城”（卫星城前身）生活设施齐全，并离就业中心不远。这是结合了英美由昂温发起的城市实践与先锋派基本精神的结果。1926—1930 年之间，E·梅与伯姆（Böhm）、班格特（Bangert）、鲁特罗夫（Rudloff）和其他人合作，在普劳恩赫姆和勒姆施达特建成了两个大型居住区，还在韦斯特豪森（Westhausen）、里德霍夫（Riedhof）和布鲁赫费尔德街（Bruchfeldstrasse）开始了居住区实验。在这些项目中，他们尽量避免哈斯勒在卡尔斯鲁厄（Karlsruhe）和格罗皮乌斯在达姆施托克（Dammerstock）的作品中出现的那一种单调的面目。

在这些住宅设计中，E·梅发展了他来自技术先锋派的建筑语言：模数、预制混凝土板、整个居住区的一些最小标准单元——如著名的“法兰克福式厨房”，就显示了一种流水线生产的形象。然而，这种形式上的“禁欲主义”并非最终目标，它要发展，要显示大众支持的建筑有着新的理性特征，并表明这样的建筑可以很好地与周围环境相协调，其目的是反对资本主义城市的非理性，反映劳动力解放的形象。为此勒姆施达特住宅区中布置了大量的绿地和社会服务设施，整个建筑组团沿尼达河两岸延伸，以半圆形建筑起头，其中心脊线呈曲线形，并沿单一路线发展，与功能相和谐。E·梅在普劳恩赫姆和布鲁赫费尔德街设计的项目和 D·M·斯塔姆（Dutchman Mart Stam）设计的黑勒霍夫（Hellerhof）住宅区一样考虑周全，为城市的工人阶层提供了良好的居住形象。在 1926—1931 年间，E·梅出版了一份评论杂志《新法兰克福》，不仅反映了创建新城市方面的进展，还涉及到了先锋文化的方方面面[1]。

在法兰克福，E·梅有了实现新型城市模式的机会。他把居住区的端部与城市的中心相连，但同时又接近工作地点。他希望就此实现舍夫勒（Scheffler）和昂温依然只是停留为理想的理论。这些开发不仅将确保独立的住宅区与自然相结合——这是一种美国式的理想，还要重点建设低租金住宅而不是豪门大院，另外它们还反对 19 世纪以来出于投机目的而不断地更新现有城市结构。因而法兰克福模式既反对奥斯曼的巴黎改建模式，也反对美国的城市分散模式。在这里，建筑学似乎已经弥合了先锋派乌托邦思想中的新世界与民主管理的现实可能性之间的裂缝——它实际上比德绍包豪斯更早更多地成了现代主义建筑运动的实验基地。由于建筑学摆脱了一些传统的局限，诸

图 291　E·梅及其合作者：法兰克福，布鲁赫费尔德大街住宅区，公寓楼，1926—1927 年

图 292　B·陶特和 M·瓦格纳：柏林，布里茨住宅区，鸟瞰，1925—1931 年

图 293　B·陶特和 M·瓦格纳：柏林，布里茨住宅区，总平面，1925—1931 年

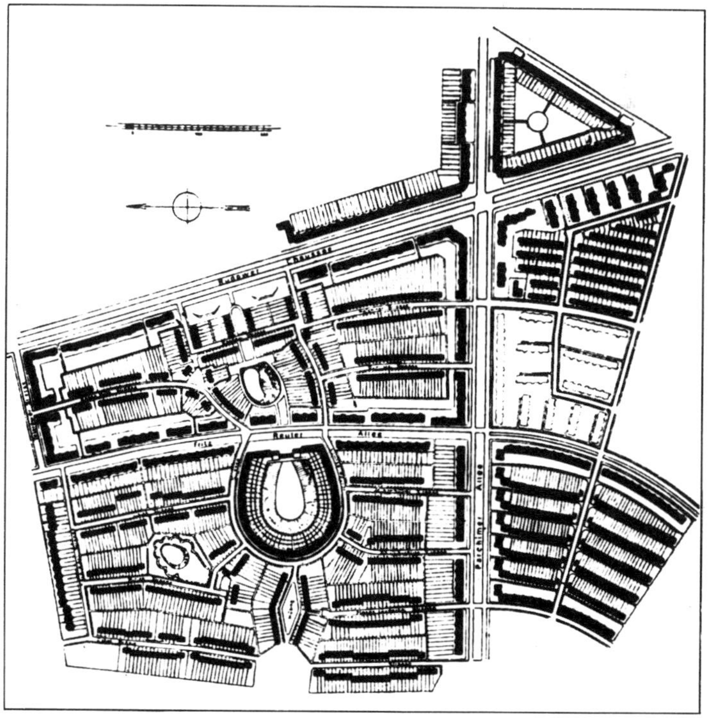

如只将建筑看成一种独立的专业活动，因而能越过具体的方法论对它进行评判。E·梅所取得的成就的重要性在于表明了德国社会民主党在城市改革中的严明的政策和管理，对于整个体系的运行是多么重要。

在建筑领域全面或几乎全面地消除私人企业并不表明真正有力地控制了城市机制和地产市场，这不仅表现为朗德曼和 E·梅的城市政策无力实现对房地产领域的使用状况进行全面重组，还表现在由于 1929—1930 年建筑材料发生了令人震惊的涨价（比起战前，涨幅达 140%—190%），使合理建设住宅的想法一下子陷入绝境。这正如 1930 年在布鲁塞尔召开的 CIAM 大会上 K·泰吉（Karel Teige）宣称的那样，如果不进行信贷和材料价格的严格控制，建筑的合理建设程序和对最低居住标准的研究势必一无所成。正因为这些，法兰克福住宅的租金超过了大部分工人阶层的承受能力。在为小资产阶级造了勒姆施达特模范住宅区之后，E·梅继续为专业工人建造 1532 个单元的韦斯特豪森住宅区。由于受价格上涨的影响，必须相应地减少花费，这使得住宅区的形象有所恶化，在 E·梅、博姆、施瓦根夏特（Schwagenscheidt）和莫斯纳（Mauthner）设计的有 30000 居民的戈尔德斯坦（Goldstein）住宅区中，这一变化显得更为突出，它的规划基础是一副刻板但可扩张的网格，缺少以前项目所具有的灵活性。那时期的经济因素成了影响这类工程规模的最主要原因，即使在这种情况下，E·梅也未曾放弃更令人满意的追求。戈尔德斯坦住宅区最后不得不安置在花费较小的农业用地上。

法兰克福的经验从此成了一种典型，社会民主党工会的政策对它做了最为清晰的表达。可这些成果被独立的金融垄断资本的兴起抵消了，这证明：“只在某一特定部门进行孤立的改革而脱离综合的机构改革，不加以相应的配套策略，这样的改革注定要失败。”该例子的特殊之处在于要解决房屋与土地所有者之间的关系；另一方面也说明了与建筑学科相关的知识分子在质量上和数量上都有了提高，比起传统意义上的建筑师，梅更像是一个管理者，不过他被迫认识到他们心中的城市模型并不是不偏不倚的。当他和许多一起合作“新法兰克福”的同事于 1930 年离开德国去前苏联参与第一个五年计划时，已经很明显地把“卫星城原理”（Trabantenprinzip）——一种把城市划分为许多半自主核的想法——与社会和平城市的理念结合了起来。但是霍华德、昂温、格迪斯以及 E·梅自己的关于平衡的梦想在大城市是无法实现了，因为它们似乎永远就是充满不平衡、充满冲突的地

图 294，图 295　B·陶特：柏林，翁克尔－托姆斯－许特住宅区，1925—1931 年

图 296　B·陶特：柏林，布里茨住宅区，红色外观街区，1925—1931 年

图 297　F·舒马赫：汉堡发展规划图解，1929 年（引自《美丽的住宅》，1929 年，第 270 期）▷

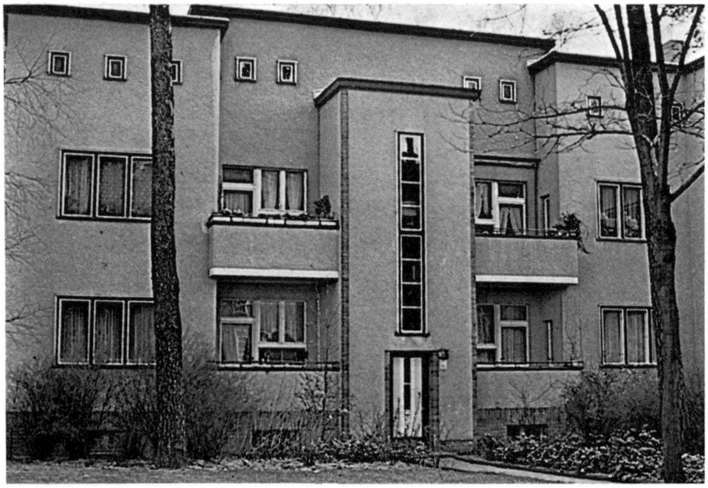

方。此外核式城市模式反对现有城市的混乱，追求周围住宅区绿洲样的环境，以此反对几十年来有关现代城市化的理论和想法。

斯图宾、埃伯施塔特和 O·瓦格纳（Otto Wangner）认为大城市是无限发展的。因此，城市规划只是用来纠正资本主义自由经济形成的扭曲现象。但是在一个垄断的时代，住宅区——作为一个地区总体控制的基本组织核心——被证明只能是特尼厄斯（Tönnies）向往的那种公有社会和城市理论之间的一种折衷产物。法兰克福的工程和 M·瓦格纳及陶特在柏林的工程都表明了他们建筑的目的与以往同出一辙：住宅始终是一种明确的整体。我们必须注意到，依照本雅明（Benjamia）的说法，他们只是换了一种类型而已。当 J·甘特纳（Joseph Gantner）认识到新法兰克福在 1931 年失业率增加的情况下解决了居住问题时，他坚持有必要控制全部地区和它的产业中心。他指出并不是因为 ADGB 或社会民主党有力量、有能力面对并解决这一问题，进一步说，是因为法兰克福只有不超过 50 万的居民，它非常小，足以进行整个城市规划的实验，而在柏林，尤其在马奇勒（Mächler）的大柏林总体规划之后，都市中的每一英里地方都充满了更为复杂的问题。

M·瓦格纳（Martin Wagner）在与自称为“环”（Der Ring）的社团争论之后，成了柏林的城市发展顾问。他是一个积极的社会民主党成员，推崇 GEHAG，他通过与陶特合作，参照法兰克福制定并实施了郊区计划，它们可以算是先锋派城市规划的杰作。陶特宣称柏林－布里茨区的弗雷·斯科勒住宅区（Siedlung Freie Scholle）（建筑围绕着一个开放的马蹄形空间布置）以及翁克尔－托姆斯－许特（Onkel-Toms-Hütte）住宅区和埃里希·韦纳街（Erich Weinerstrasse）住宅开发区都是理性的绿洲，它们全都符合新客观主义的美学观念。他在那时已抛弃了战后初期在《晨曦》评论中所表现的那种浪漫的乌托邦主义，而代之以新的想法：建筑学就是由公众管理的区域及在其范围内的建筑物，它是一种对类型单元的组合过程。按照这种想法，有节制的设计被视为是一种新的道德标准，理性的纯净主义被用来明确地反对新巴比伦式的折衷的资本主义大都市。

但在 1929 年，施瓦布（Alexander Schwab）却直言不讳地批评了由格罗皮乌斯、费希尔（Fischer）和保尔森（Paulsen）为柏林提倡的合作社城方案，每城约可容纳 24000 居民。它被作为乌托邦社会主义的后继者而受到批评，施瓦布写道：“它并不是一个由合作社组织包围着的资本主义体系，相反将是资本主义城市包围着合作社的乌托邦。”1931 年瓦格纳离开社会民主党后，他清楚地看到了一些由德国资本垄断集

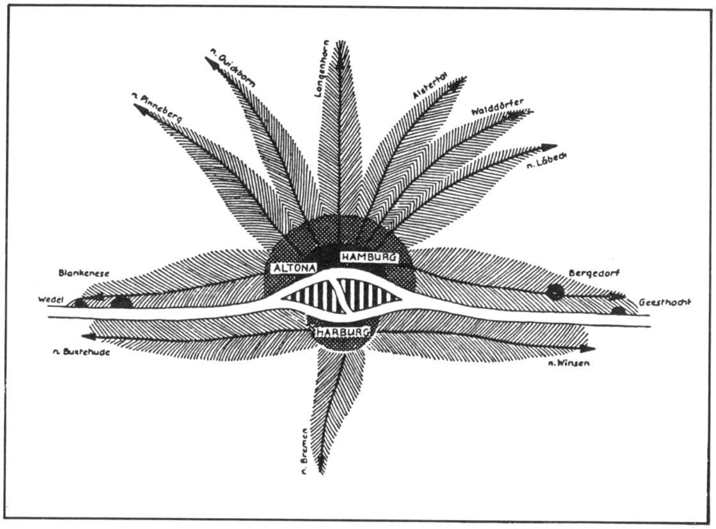

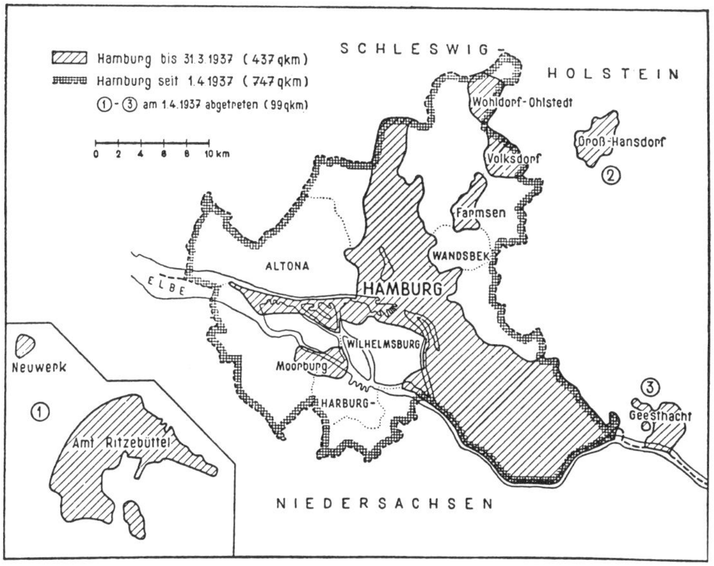

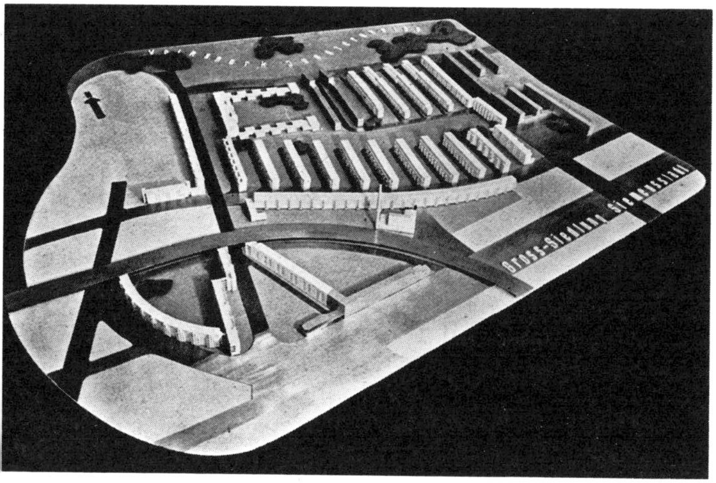

图 298　汉堡，1937 年通过大汉堡法案之后制定的规划（引自《美丽的住宅》，1929 年，第 270 期）

图 299　H·夏隆及其合作者：柏林，西门子居住区方案模型，1929—1931 年

中和工业核心区域分散化所带来的新问题，而这些问题及其后果暴露了社会民主党、工会及合作社缺乏有效的城市化控制。他提出的唯一的解决办法是在区域范围内制定经济计划来进行总体控制，由于这个原因他关注前苏联规划的发展。可不管怎样，关于更新柏林中心区的种种竞赛依然是不见行动（除了某些个别的例子如新亚历山大广场），城市的分区和工厂的区域分散过程要求重新对建筑学进行全盘考虑。1933 年，W·克里斯泰勒（Walter Christaller）提出了区域平衡的模型（中心地理论），尽管这只是一种图解式的土地利用策略。

管理问题是 F·舒马赫最为关心的，他在汉堡更多地致力于解决大城市腹地如何协调区域规划的关系，而不像陶特和梅那样只致力于解决区域规划中理想的建筑模式，这并不是说在汉堡没有高质量的住宅区，特别值得注意的是像 K·施奈德（Karl Schneider）这样的建筑师所设计的作品。这里的规划并没有采用在一片区域中把建筑全部排成一行的办法，而采用了一些半开敞的院落，它们的形式与传统的城市住宅相去不远。魏玛共和国十分热衷于城市规划，比如科隆市长 K·艾登劳耶（Konrad Adenauer）就曾邀请舒马赫担任一场异想型竞赛的顾问，这场竞赛要求在城市里建设一些具有象征意义的摩天大楼，并要求布置城市公园体系。在汉诺威，P·沃尔夫（Paul Wolf）运用了周边式住宅区的标准原则；在马格德堡，戈德里兹（Johannes Göderitz）实现了低成本高质量的住宅建设。与此同时，准确地说是 1927 年后，成立了一个名叫“国家调研局”（Reichsforschungsgesellschaft）的官方部门来专门研究大批住宅项目中的经济和建设问题，格罗皮乌斯和希尔伯施默（Hilberseimer）都曾担任过其中的职务。A·克莱因（Alexander Klein）在这方面做出了最重要的贡献，他于 1928 年制订了一种合理的户型——最低标准住宅单元，这是一项注定会获得巨大成功的计划，他本人也顺利地将这一计划用于莱比锡附近巴德－杜伦堡（Bad-Dürrenberg）的住宅项目中。虽然国家调研局基本上只是一个研究性的团体，但它对建筑活动和实验性的建筑群建设的资金筹集，也有一些直接的影响。这些实验中有些先后由格罗皮乌斯与梅耶负责，比如柏林市内的斯班道－汉斯霍斯特（Spandau-Haselhorst）住宅区和在德绍的托顿住宅区（Törten-Dessau）等项目。

最负盛名的例子是位于斯图加特的魏森霍夫（Weissenhof）住宅区（1927 年）工程和柏林的西门子居住区（1929—1931 年）工程。这些项目汇集了德国全体建筑师的智慧。虽然它们不一定是最重要的，可起码是一种特例。魏森霍夫住宅区由德意志制造联盟授权密斯·凡德罗

图 300　H·哈林：柏林，西门子居住区，公寓
图 301　H·哈林和 O·巴特宁：柏林，西门子居住区，公寓
图 302　A·克莱因：最小住宅类型平面，约于 1928 年
图 303，图 304　A·克莱因：居住区方案平面和鸟瞰，1928 年
图 305　斯图加特，魏森霍夫住宅区，鸟瞰，1927 年

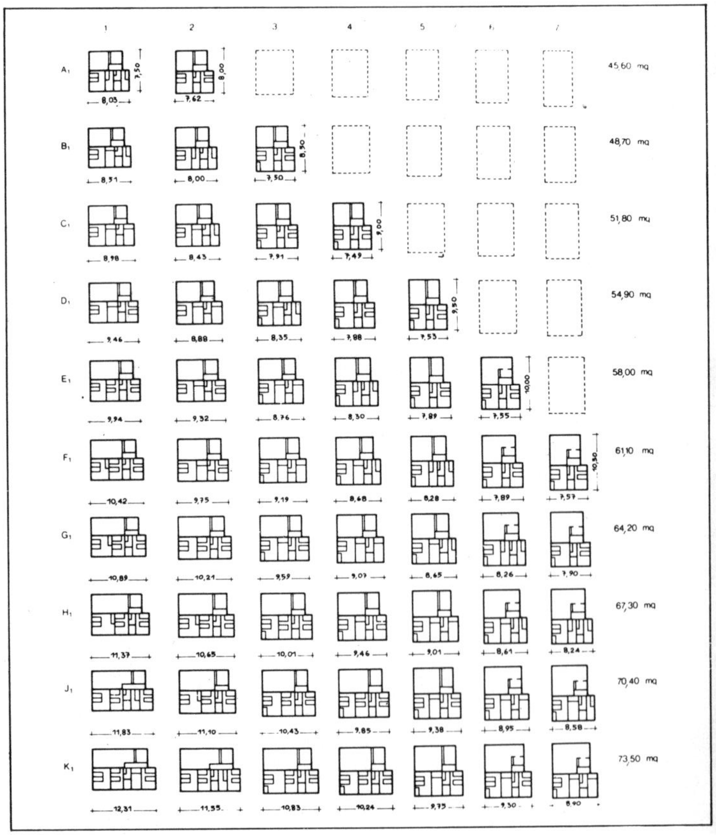

负责，由奥德、贝伦斯、斯塔姆、勒·柯布西耶、格罗皮乌斯、夏隆和其他一些人设计，它们是独户家庭住宅的建筑群，其中密斯设计的板式公寓特别醒目。整个项目对新建筑进行了最好的宣传展示，毫无疑问非常富于成效，但在总体上还缺乏有机概念，那是梅和瓦格纳作品中的指导思想[2]。西门子居住区从某种程度上说是西门子公司的工人们居住的“公司城”，它由合作社团建于 1914 年。夏隆规划了蜿蜒曲折的平面，为其设计保留了不和谐的前奏。格罗皮乌斯、巴特宁（Bartning）、福巴特（Forbat）为它设计了规矩的纯净主义建筑，而这种理性的建筑语言受到了夏隆和哈林（Häring）的冲击，尤其后者作品的体块组合虽有争议但蔚为壮观。这样，在西门子住宅区中体现了中欧两大主要建筑先锋流派的直接碰撞：一边是“空间形式”，热衷于追求新客观主义刻板严谨的作风，另一边则求助于“有机”神话来塑造建筑形象，并对前者发起了挑战。

德国多种多样思潮之间的争论并没有妨碍它们各自的努力。1927 年 L·希尔伯施默（Ludwig Hilberseimer，1885—1967 年）出版了他的主要著作《大都市建筑》（Grosstadtarckitektur），在这本书中他用有关辛梅尔（Simmel）甚至尼采的观念来反对住宅区理论家们所持的观点，这些理论家将住宅区看作是一种替换城市的核心，对希尔伯施默而言，大都市是无可替换的，它是国家经济发展的动力所在，它在资本集中的过程中不知不觉地创造出来。他诠释辛梅尔时写道：“在大城市中紧张的生活节奏，压迫着每一个居民。”他认为在大都市中所谓的人与人之间的亲密感都是谎言，他反对零散的合作孤岛并毫不含糊地指出城市机器处于资本主义进程中的最高阶段，具有综合的功能。他认识到作为经济发展动力的城市，只存在赤裸裸的结构，没有什么特性可言。他所提供的城市形象非常模糊：一方面，它们是一种没有任何个性特征的建筑，就好像处于卡夫卡小说的世界中，它们只是由泰勒塑造出的神话式的管理形式；另一方面，它们还摆出因组织模式的功能需要而产生的样子。因而希尔伯施默所构想的大城市缄默致密、层次分明，它与建立在卫星城原理基础上的有机城市模式毫无共同之处。前者强调城市真实功能的必然逻辑，而后者希望分开从最低标准住宅单元、线状街区、住宅区到整个区域的居住区分布的整个环节，而这一切都是为了分解大城市，从而找回已经失落的社区价值。

这种争论从来就只是停留在理论上。1930—1933 年德国发生了政治经济危机，并导致希特勒上台。这次危机使许多富于想像力的尝试成为泡影，使希望破灭，建筑活动在脆弱的魏玛共和国遭到了注定

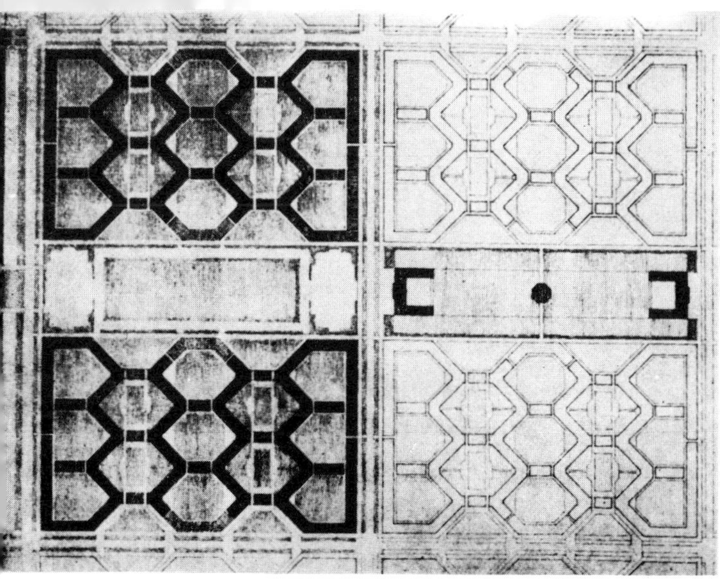

的失败。

二、"红色维也纳":一座社会主义城市中的住房政策

在奥匈帝国倒台之后,维也纳占多数席位的社会民主党制定了住房政策,对德国先锋派的城市方针作了巨大变动,这是由奥地利首都的特殊情况所决定的:战前的房产投机导致房租大幅提高,还导致工人阶级居住条件异乎寻常地恶劣,这种情形增加了帝国解体的可能,也使奥地利失去了许多生产中心的支持而只剩下首都,成了只有头部没有躯干的国家,而维也纳也沦为一个非生产性的聚集地,绝望地寻找尽可能的出路。另外尽管维也纳的社会主义者占多数,可其他地区和国家本身却都掌握在保守阶级手中,因而1920—1933年维也纳成了一个小小的国中之国。面对矛盾,维也纳的首要问题是解决历史遗留下来的灾难性局面。1917年的人口普查表明,73.21%的出租房过分拥挤,并且卫生条件不良,此外由于长期大量的失业,所以急需采取支持就业和出口的政策。奥地利的马克思主义者们的选择是:采用征收土地并直接干预大量的住宅建设这样一条激进政策,目标在于争取降低工人工资,以此来交换社会福利住房,最终是为了控制劳动力成本并刺激出口。1919年至1925年之间,在O·鲍尔(Otto Bauer)这位最有影响力之一的社会民主党人领导下,起草了基本政治纲领,在维也纳采取了三项相互关联的措施:发布征集住宅的命令从而保证44838人能分配到住房;颁布控制租金的法律;另外从1923年起,启动一项每年建5000套住宅的计划(后来增加到每年30000套)。建造公共住宅的资金通过对新住宅建设征税来保证,这一点对寄生阶级影响巨大,而该政策的本来目的就是要促进社会的公平分配。实践中,住宅建设几乎被公共机构所控制。到1934年为止,维也纳已建造了63754套住宅,相当于两次世界大战之间全部建造量的70%。这样做的代价很高,事实上它降低了奥地利国内的资金流动量,也因此加剧了早已对生产行业产生影响的经济危机。当然,消除土地投机、具体落实建房政策使社会民主党立即得到了政治回报——赢得了工人运动和小资产阶级的支持——现在他们只用不到工资的2%去支付房租而不是战前的25%了,但也因此而不可避免地导致了经济的停滞不前并减少了劳动力资源的流动性,而富裕阶层又通过为最极端的右翼组织提供资金来打击报复社会民主党。

历史性地分析"红色维也纳"现象时,不能不注意到它自己走进了死胡同这一戏剧性的情况:维也纳的社会主义者似乎是命中注定走向死路,并在实际中排斥了任何选择的余地,这并不是指它抑制了有关新住宅应该有什么样的建筑特点的激烈争论。一方面L·鲍尔(Leopold Bauer)、J·弗兰克(Josef Frank)和A·路斯这些建筑师认为应该用低密度的独户住宅来建设郊区,甚至在食物方面也考虑自给自足,每家每户都设小菜园,从而像19世纪的老式住宅。另一方面,公社政策自身在P·贝伦斯(Peter Behrens)支持下倾向于1918年由O·鲍尔制定的计划(贝伦斯从1921年就开始在维也纳学院教书)。这个计划反对将城市分割成乡村式的花园城市,也不接受德国的替换城市理论,它最后接受的主张是:在城市中心的附近区域内,建设一系列统一集中的建筑群,这样可以在利用务实政策低价收购的土地上建设超级小区,以及小区内部的学校、洗衣店、公共绿地和小商店,这种模式采用大院(Hof)形式,是一种可以用传统材料和技术来实现的封闭或半开放式组团的社区——奥地利的实际情况使得无法指望在建筑工业化上作任何尝试。大院中人口密度很高,有理想的卫生条件,并能提供充足的社会服务,而住宅的类型还是19世纪常有的几种低成本住宅。维也纳的"工人城堡"模式最终由建筑师K·埃恩(Kall Ehn)、施密德(Schmid)、阿奇格(Aichinger)、R·奥利(Robert Oerley)、H·格斯纳(Hubert Gessner)、R·珀科(Rudolfo Perco)及其他人完成,而他们几乎都是瓦格纳学派的门徒,这样的"工人城堡"被右翼党派称为工人们组织颠覆的核心。这种模式成功地体现了一种社会意识形态(维也纳特色的傅立叶主义),颂扬了工人阶级掌握下的居住民主化的自主价值。

新工程与过去由路斯建造的洪堡(Heuberg)住宅区中的亲切感不同,就像是一座不和谐的孤岛,成了无产阶级的丰碑,它的尺度和形式与维也纳城市中的19世纪建筑格格不入。威纳斯卡大院(Winarsky-Hof)项目共有534个单元,由贝伦斯领导了一个庞大的小组于1924—1926年实现,它展现了史诗般的特点,与F·梅的"人面机器"或是希尔伯施默的"无个性之城"形成对照。尽管这样,维也纳的大院建设从类型的角度来看是不足的,它更关注的是其布置及设施,从它对奥地利马克思主义政策的依赖可以说明一切。1927年,K·埃恩设计的卡尔·马克思大院达到了"红色城堡"设计的顶峰,他还另外设计了一些重要的工人阶级住宅如贝贝尔大院(Bebel-hof)。卡尔·马克思大院长达5/8英里(1km),覆盖190000平方码(15.89公顷),可容纳1382个居民,内设幼儿园、集体洗衣房、图书馆、办公室、商店、诊所和公共绿地,它是维也纳最壮观的超级社区。厚重的建筑上开着巨大的拱门,浑然一体,充分强调了单一的体量,使得它成为一种具有象征性

图 306　L·希尔伯施默：柏林，中央车站方案，1927 年（引自《大都市建筑》，1927 年）

图 307，图 308　L·希尔伯施默：某住宅方案平面和透视，1927 年（引自《大都市建筑》，1927 年）

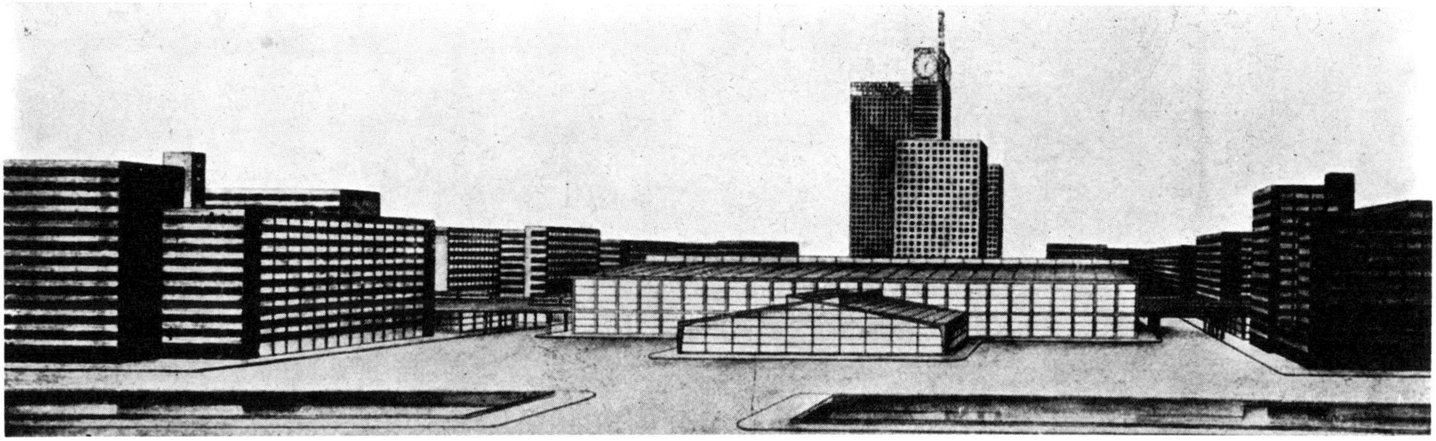

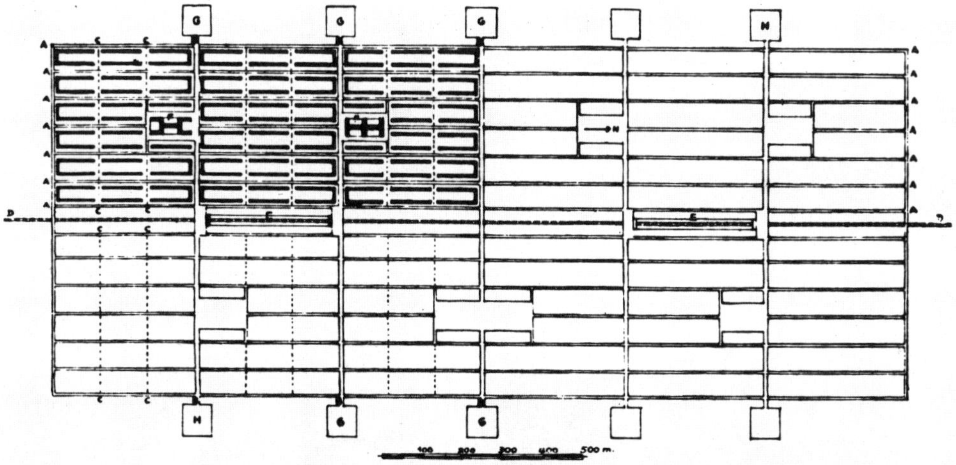

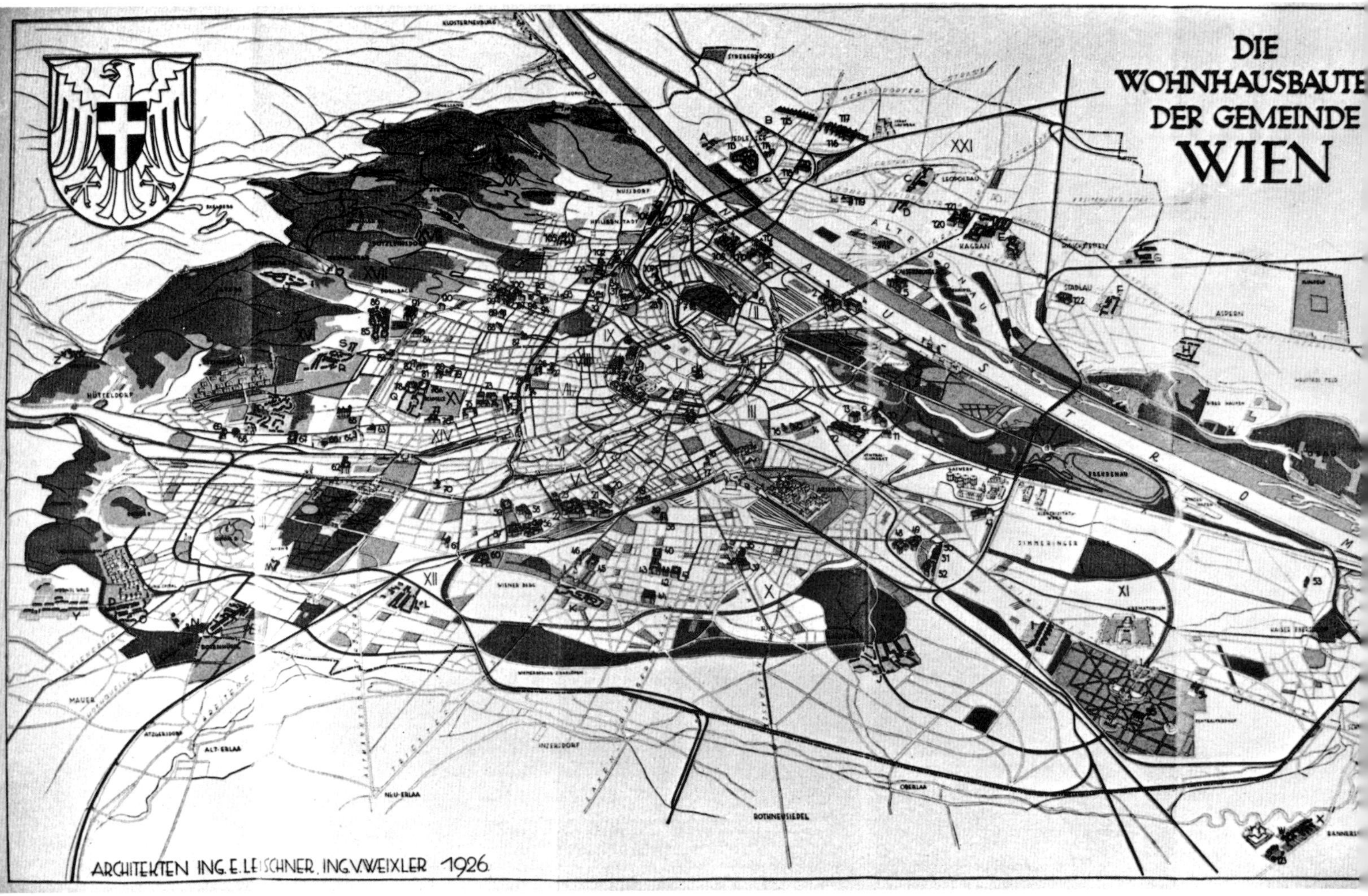
DIE
WOHNHAUSBAUTE
DER GEMEINDE
WIEN
ARCHITEKTEN ING. E. LEISCHNER, ING. V. WEIXLER 1926

图 309　维也纳居住区与房地产分布图，1926 年
图 310　P·贝伦斯及其合作者：维也纳，威纳斯卡大院，1924—1926 年
图 311　施密德和阿奇格：维也纳，马蒂奥第大院，1925—1927 年

的统一体，与城市的文脉傲然相对，人们不禁去想：伟大的资产阶级小说的本质总是表现了正面的英雄与社会相对抗，K·埃恩的创造也可以看成是在两次世界大战之间欧洲城市文化中最重要的一部"建筑小说"。当然，卡尔·马克思大院中的乌托邦色彩与后来维也纳的一些具有表现主义面貌的建筑毫无共同之处，比如乔德大院（Professor Jodl-Hof），它由 R·珀科（Rudolf Perco）、R·弗拉斯（Rudolf Frass）和 K·杜夫迈斯特（Karl Dorfmeister）设计，建于 1925—1926 年。K·埃恩作品中基本的"乌托邦语意"在社会主义人性论的论述中消失了，这种人性论反对废除文化及其传统。我们在这里真正地拥有了社会主义现实主义，卢卡奇（Lukás）所宣传的关于全新人类的神话也被广泛地接受了，资产阶级的神话塑造了奥地利马克思主义者最完整的"神奇山峰"。

我们无法断言 K·埃恩的经验教训的影响，但可以肯定施密德和阿奇格具有更广泛的社会影响力，他们是两位在维也纳公共建筑事务上起着重要作用的建筑师。在 1924 年的赖斯曼大院（Reismann-Hof），1925 年的雷朋大院（Reben-Hof），1925—1927 年的马蒂奥第大院（Matteotti-Hof），1927 年的索莫基大院（Somogyi-Hof）之中，类型上的经验主义，强调了大院的城市尺度与最基本的建筑语言。同时这些社区还运用无可争辩的暗示把它们与城市区别开来。

1926 年格斯纳设计的塞茨大院（Karl Seitz-Hof），既像是对城市开放，而实际上又与城市分开，它的特点表现为一个巨大的半圆形，其实这与它最后细分成独立的社区的总体结构是相矛盾的。该建筑群建在梯形基地内，基地用一条道路分为两部分，而这条道路又垂直于面向杰勒塞大街的半圆轴线，半圆中间的绿地则十分引人注目。整个社区的整体性及富于特色的服务设施与周围地段由投机商所建的住宅形成了鲜明对比。

在这里，民粹主义的史诗风格又一次特意与城市文脉相分离——通过运用混杂的大众的语言，使一些塔楼突出地耸立在半圆场地的左侧。然而由 K·埃恩所提出的威纳斯卡大院和超级街区模式还是受到了力图减少分离的不同设计的挑战，其优秀典型是 R·奥利（Robert Oerley）和 K·克利斯特（Karl Krist）于 1927—1930 年建成的乔治·华盛顿大院，该大院中的 1085 户住宅围绕着占地 76％的开敞绿色空间自由布置，用所谓的斯堪的纳维亚新经验主义取代了无产阶级的英雄主义效果。它追求诗意的效果，细致地组织自然要素，采用全国流行的风格如尖屋顶、突起的三角形墙等。这个超级大院的个性是模糊的，在城市与住宅区之间打开了联系的通道。

不管怎样，R·奥利和 K·克利斯特抛弃了自主性的大院模式之后，在政治圈中对"红色堡垒"的频繁攻击增多了。尽管这些攻击没有什么根据，城市当局似乎想去证明，他们所设想的"人的城市"并不像它看起来的那样具有社会的制约性。出于这个目的，他们指望华盛顿大院，就像卡尔·马克思大院项目一样，这个被"稀释"的超级大院被当作对社会主义现实主义的另一种选择。它带有大众化的语言，试图这样去削弱 K·埃恩设计的无产阶级大院的影响。

在纳粹大炮来临之前，"社会主义公社"所作的最后住宅项目又转向了卡尔·马克思大院模式，摒弃了所有的浪漫情调。在 1930—1933 年珀科设计弗里德里希·恩格斯广场上的住宅和 1929 年的施佩塞大院（Speiser-Hof）时，由于社会民主党政策的不确定和工人阶级与党的破裂迹象，红色维也纳的实验走到了尽头。这样维也纳的改革政策失败了，原因是它局限在住宅领域一个部门中进行。在 1935 年 A·西格尔斯（Anna Seghers）的小说《通向二月的路》（The Road to February）中，有一个工人这样概括了失败："没有什么东西再像过去那样。卡尔·马克思大院并没有毁坏。真的，它好好的，但我们对党的信心……却确实已被打入了地狱。"

三、荷兰的经验：鹿特丹的 J·J·P·奥德和 1935 年阿姆斯特丹的规划

荷兰的城市化活动并没有像德国和奥地利那样遭到令人震惊和戏剧性的中断。由于这个原因，再加上 1901 年城市规划法所带来的影响，荷兰的发展呈现为一条单一的循序渐进的路线，因此 CIAM 所提出的设想能够在这样一个富于经验的国家中进行验证。

虽然如此，我们必须强调荷兰政治经济形势中的特殊之处，荷兰对于 1901 年的法律有两次修改：一次是在 1921 年，另一次在十年之后，这两次修改把住宅措施与区域规划联系了起来。荷兰的资本主义将其资金主要投放于直接生产，只用很少一部分放于不动产投资，再由于土壤的地理特性，使得任何城市开发都非常昂贵。因此土地所有者热衷于合伙，并乐于让他们的土地被征用，一旦该地段通过注入公共资金开发以后，合伙者们就购回已经城市化了的地段，从而能从建筑物开发中获取充分的利润。因而荷兰的资本主义者支持土地征用法，而不像欧洲其他地方那样加以反对。

此外从 1918 年后，政府开始干预建筑业并予以资助，在建筑业中投资额高达总量的 75％。在这方面，社会民主党（SDAP）起了最重要

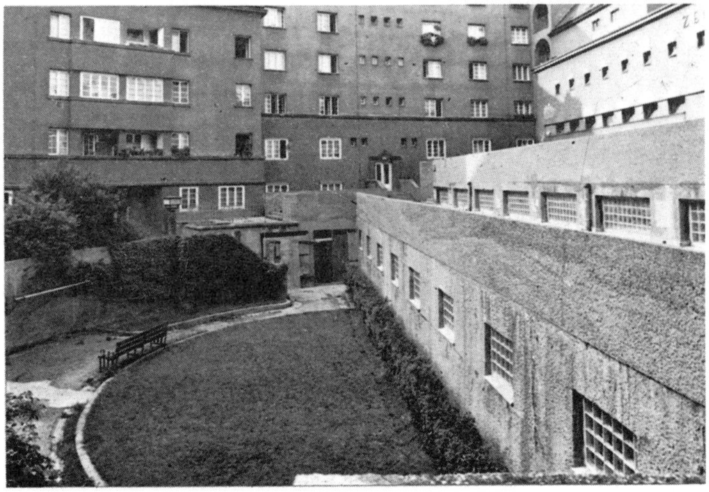

的作用，在它执政期间，它的目的与产业阶级的目的一致。它对房地产利润进行限制，鼓励建造用于社会的建筑，用立法的方式固定合理的房租，以此控制作为工业成本因素之一的工资。荷兰作为一个福利国家，通过这些来保证产业资本具备令人满意的发展条件。1918—1925年之间，荷兰的有关社会部门推行了一项政策，使住宅成为一种社会权利，并把房租定为工资的1/6，同时大力发展城市服务设施。

然而到了1925年，这种趋势发生了逆转，4年之后随着经济危机的发生，不得已又决定回到了保守主义的老路上。政府对低造价住宅上的拨款大幅减少，房租政策实际上也被取消了。而在那之前，荷兰的特殊情况为城市规划和建筑生产工业化提供了大量的实验机会。奥德(Oud)设计了一些最著名的城市小区，在贝通道普(Betondorp)小区项目中，范洛汉(J. B. Van Loghem)等人也一同参与了。荷兰的先锋派建筑师同样都负责地参加了对城市变革的直接管理。我们已注意到了杜多克(Dudok)在希尔弗瑟姆(Hilversum)的作品，但更重要的要数J·J·P·奥德，他是T·费希尔(Theodor Fischer)的学生，并且还是鹿特丹1918—1933年间最主要的建筑师，另一位很重要的建筑师是C·范伊斯特伦(Cor van Eesteren，1897年生)，他是范杜斯堡(van Doesburg)生前的合作者，阿姆斯特丹市镇规划的负责人。

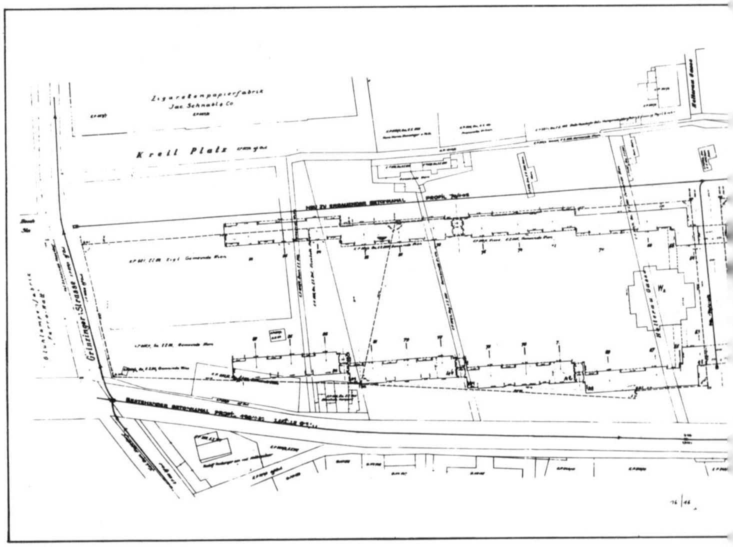

奥德和范伊斯特伦都是风格派的成员。对他们而言，蒙德里安的预言应该立刻付诸于具体实验。这一预言是：未来在某种意义上艺术将在生活中消失，生活本身会吸收像新造型主义所表达的“均衡”的需要。

1917—1920年，在贝尔拉格(Berlage)带领下，奥德开始了某些理论尝试，以融合赖特影响下的新造型主义的分解原则与立体主义倾向。他在鹿特丹设计的联排式住宅及外加的大楼(1917年)，在皮尔默伦德(Purmerend)的工人住宅(1919年)和工厂项目中，都采用了风格派的手法，但他为鹿特丹设计的第一个小区，尤其是在图欣迪肯(Tusschendijken)(1920年)和在奥德·马塞涅斯(Oud Mathenesse)(1922—1923年)项目中已表现出他正在艰难地把先锋派的法则转变到都市建筑群设计中去。

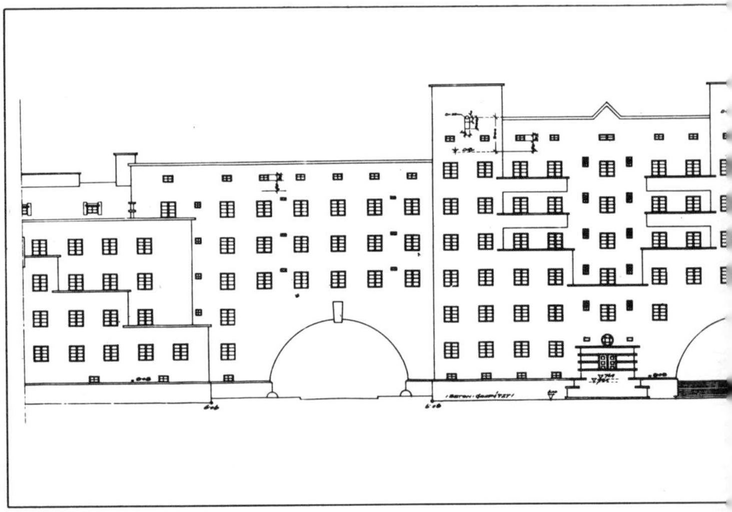

在这些项目中，他似乎注重两个传统——贝尔拉格传统和浪漫小屋的传统。图欣迪肯住宅区中半封闭的、对称的、砖墙面、有着圆墙角的组团源于城市结构连续的原则，与文丁根(Wendingen)小组所表达的奇异变化以及新造型主义的原则相左。他与范杜斯堡的破裂不可避免，尽管不是出于个人原因。奥德在鹿特丹的经验与苏维埃的例子

图312，图313　施密德和阿奇格：维也纳，马蒂奥第大院，1925—1927年

图314，图315　K·恩：维也纳，卡尔·马克思大院，平面和立面，1927年(引自《莲花》，1975年，第10期)

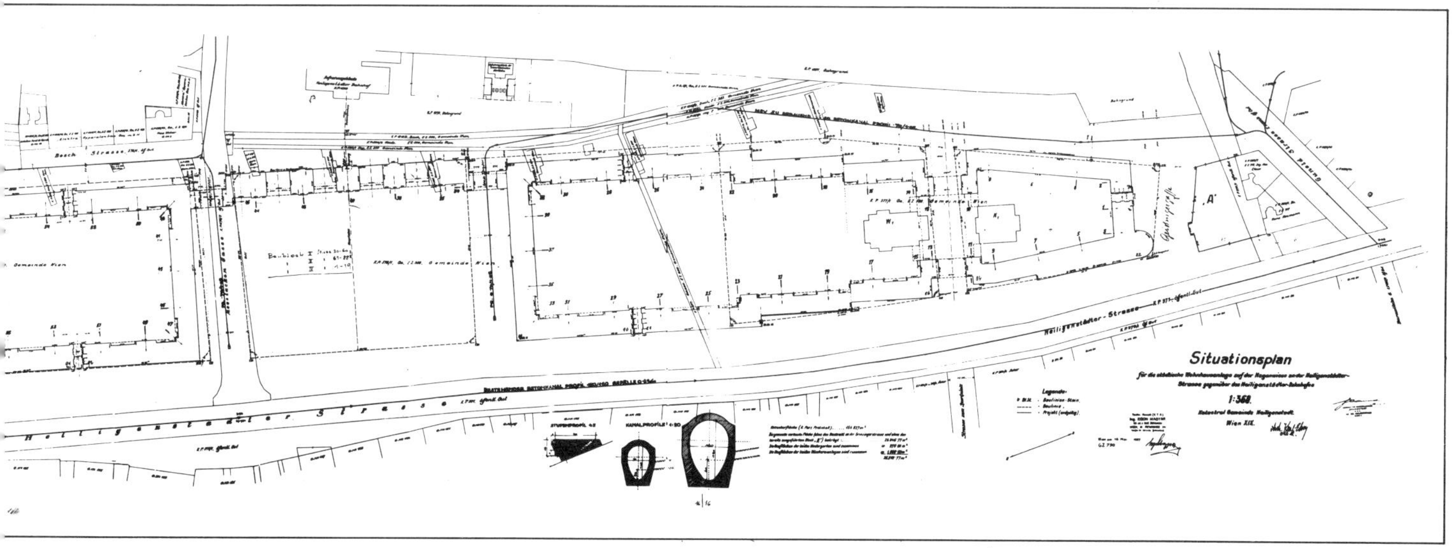

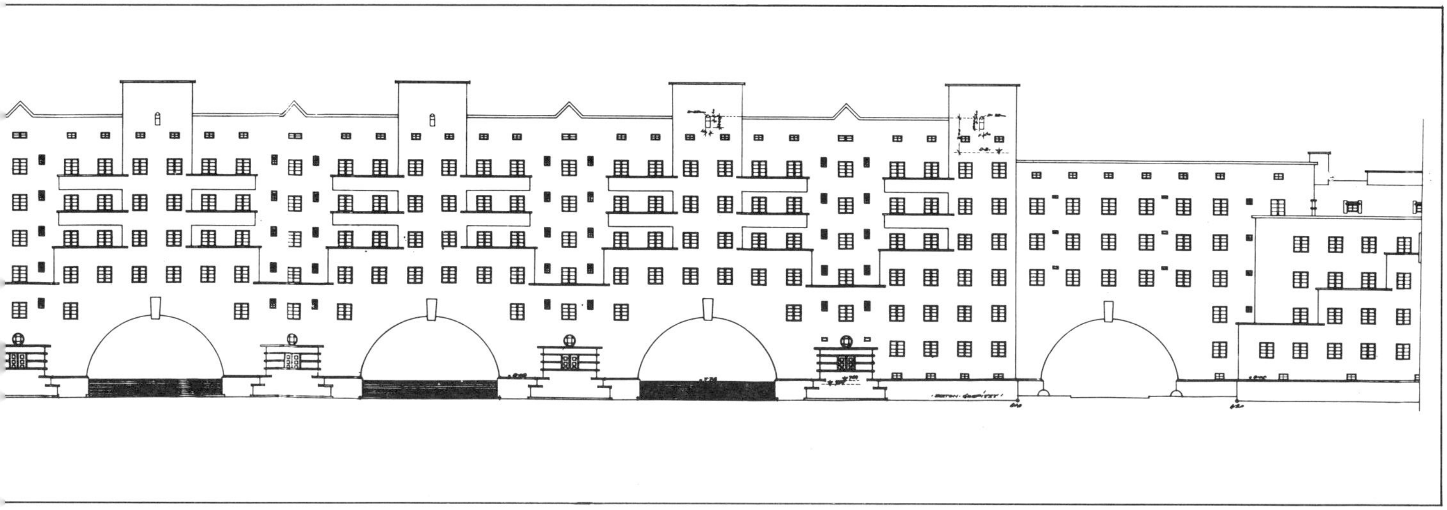

KARL MARX-HOF

图 316,图 317　K·埃恩：维也纳,卡尔·马克思大院,1927 年

图 318　R·奥利和 K·克利斯特：维也纳,乔治·华盛顿大院,1927—1930 年

图 319　R·珀柯,R·弗拉斯,K·杜夫迈斯特：维也纳,乔德教授大院,1925—1926 年

图 320　R·珀柯：维也纳,弗里德里希·恩格斯广场,1930—1933 年

一样,虽然形式上有所不同,又一次证明了先锋主义和城市的现实不符。他在奥德·马塞涅斯开发项目中,把三角形基地布置得非常形式化,而一至两层带斜屋面的独立住宅明显地表现了建筑师的犹豫,完全没有考虑城市结构或住宅本身结构的标准形式。然而早在 1919—1921 年,也是在鹿特丹,M·布林克曼(Michael Brinkman)已实现了特殊的斯班根住宅区(Spangen)项目,它围着两个大院,院里集中了所有的社会服务设施(这很像维也纳的社区,非常社会化),三层设有阳台,并作为通道使人可以沿周边进入一排二联式单元。布林克曼在这里打破了所有的传统设计,把阳台和坡道当作抬高了的人行道,这样把城市的建筑群类型引入到了住宅区开发之中。斯班根住宅项目中多种多样的形式与克莱默(Kramer)或戴克拉克(De Klerk)所设计的纯粹外部变化十分不同。直到 50 年代或 60 年代,有了英国的史密斯夫妇的作品之后,人们才全面地认识到斯班根模式的预见性。

然而对奥德来说,布林克曼的成果是很怪诞的。由于积极参与和新客观主义的争论,奥德 1924 年在荷兰角港(Hoek)设计了两幢采用并联式布置的住宅,这两幢双联式住宅的立面为白色,造型抽象,做工细致,只通过有特色的砖和水泥的细部来加以表现。这些成熟的非常规手法使这个小而独立的建筑产生了玄学意味和虚幻的气氛。

奥德比陶特和格罗皮乌斯更为精炼简洁的纯净主义作品弥补了他在城市规划上的不足。在他的杰作鹿特丹南部的基夫霍克(Kiefhoek)工人之村中,他设计了均匀的双户联排住宅,供五口之家使用并带有独立花园,这是一种高度理性化的住宅单元,而这些单元前的一排连续窗线更是强调了这种统一性。高质量的外部造型,丰富而精致的细部,弥补了整体规划平面的平庸。从总体上看,它虽然是城市边缘的一个显著的界标,但是对于周围的总体环境来说,并不是一种良好的选择。奥德迟钝的城市研究态度符合经验主义的城市政策,它经不起与马克思主义者的维也纳的政策或是社会民主党的魏玛共和国的政策进行对比。奥德设计的作品中优秀的工艺技巧,在诸如鹿特丹乌尼咖啡厅(Café de Unie,1925 年)这些单体的作品中取得了意想不到的效果,在那里,新造型主义又一次抬头,他把咖啡广告插入了立面设计,但是奥德基本的人文态度明显地趋向后退,例如海牙的谢尔大厦(Shell,1938—1942 年),或是鹿特丹中心的重组计划(1942—1943 年),这两者都毫无疑问地带有 19 世纪的印记。

即使奥德不再负责,鹿特丹在城市方面的实验依然一件件持续不断。由于缺乏固定的住宅模式,格罗皮乌斯1930年在CIAM大会上

图 321 M·布林克曼：鹿特丹，斯班根居住区，1919—1921 年
图 322 J·J·P·奥德：荷兰角港，并联式住宅，1924—1927 年
图 323 J·J·P·奥德：鹿特丹，基夫霍克住宅区，联排住宅，1925—1929 年

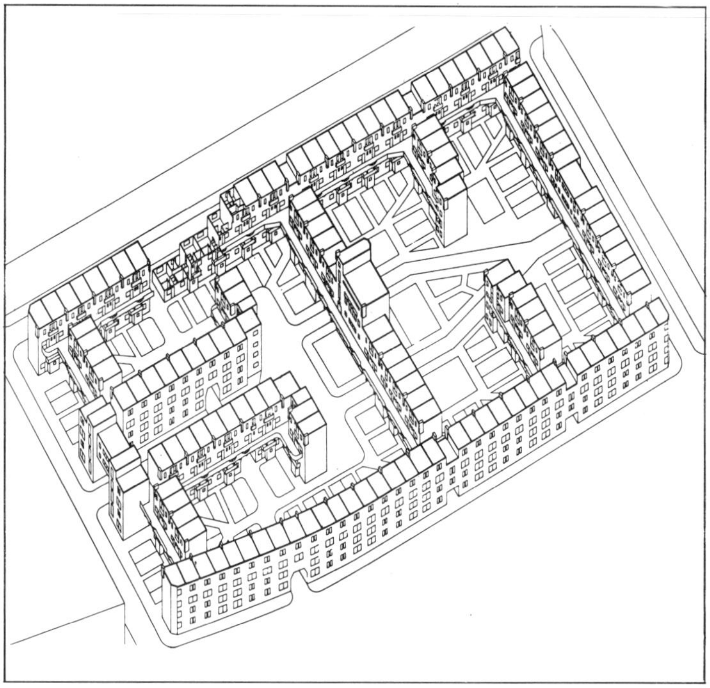

提出了高层板式住宅楼的设想，它们在鹿特丹以两种不同的方式得到了实现。这样设想中的优点：如能更好地利用土地，适度的经济规模，广泛的集体服务设施等等，都能在实践中加以研究。即使两幢实际建成的大厦在生疏的环境中依然显得很孤立，城市的各个部分依然在盼望这些新的形式。1934 年布林克曼（1902—1949 年）、范德弗拉特（L. C. van der Vlugt，1894—1936 年）与范蒂杰（W. van Tijen）（1894—1974 年）实现了贝格保德（Bergpolder）居住综合体——一座十层钢结构板式大楼，配有电梯（第一次在低租金项目上装电梯），并可通过阳台进入最小户型单元，但这并没有模仿斯班根方案，它和后来范蒂杰和马斯康德（Maaskant）设计的布拉斯兰房地产大楼（Plaslaan estate，1938 年）一样，阳台完全是功能性的，用来强调两座房屋作为微型城镇的特点。

鹿特丹的实验始终是零乱的，而阿姆斯特丹在 1935 年就有了城市规划，甚至早在 1928 年就建立了由舍费尔（S. P. Scheffer）领导的独立的城市问题办公室，作为公众事务的一个部门。正如我们所知，该城请伊斯特伦来指导规划办公室，他与范杜斯堡联合发表了一个宣言，题为《走向集体建设之路》（1923 年）。他在职业生涯的初期就与城市问题打上了交道，1923—1924 年在索波恩（Sorbonne）参加了城市规划过程，1924 年，和 J·G·皮诺（J. G. Pineau）一同修订了巴黎的交通系统规划，1927—1929 年在魏玛国立建筑学院担任城市规划的教授，同时又是阿姆斯特丹城市规划部门的首席建筑师。1935 年的阿姆斯特丹规划由一个小组完成，该小组能够运用有关人口流动、出生率的科学数据作出人口预测，形成规划的基本依据。舍费尔、范伊斯特伦和洛胡森（T. K. Lohuizen）预计，到 1939 年阿姆斯特丹有 75 万居民，到世纪末将不超过 100 万人口。因而规划中的扩建部分只提供不超过 25 万居民的住宅，然后把这些人口再分到 10000 人的标准邻里单位中去，每个邻里单位都设有绿地、服务设施和其他附属建筑物。这些邻里单位主要朝城市西部发展，并在城市详细规划确定后才开始建设。通过这些方法，1935 年的规划才能够确保控制建筑开发商与私人委托的任务得以正常运行，甚至对私人建筑的位置、建筑风格和外部形式也都能有所控制。

这个规划及它所采用的措施，在多方面具有重要的历史意义：第一，把用于城市扩张的土地掌握在城市当局的手中，从而克服了规划实施中的一些最大障碍，这得归功于富有远见的征用政策（虽然没有解决好居住地点与工作地点的关系问题：城市主要的生产部门集中在

图 324　C·范伊斯特伦：阿姆斯特丹总平面，1935 年（引自《城市规划》，1963 年）

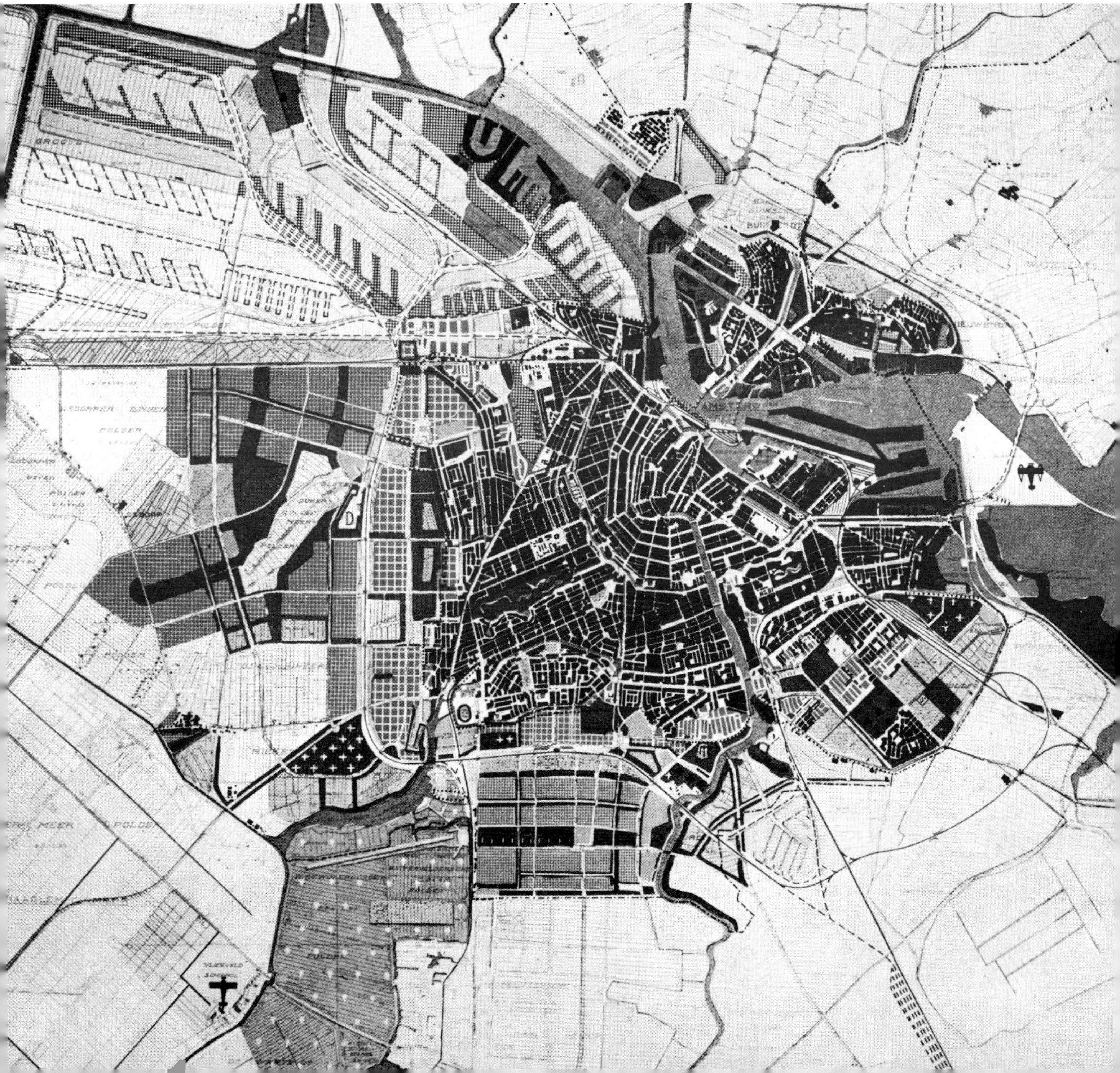

图 325　W·范蒂杰，J·A·布林克曼，弗拉特：鹿特丹，贝格保德住宅区，1933—1934 年

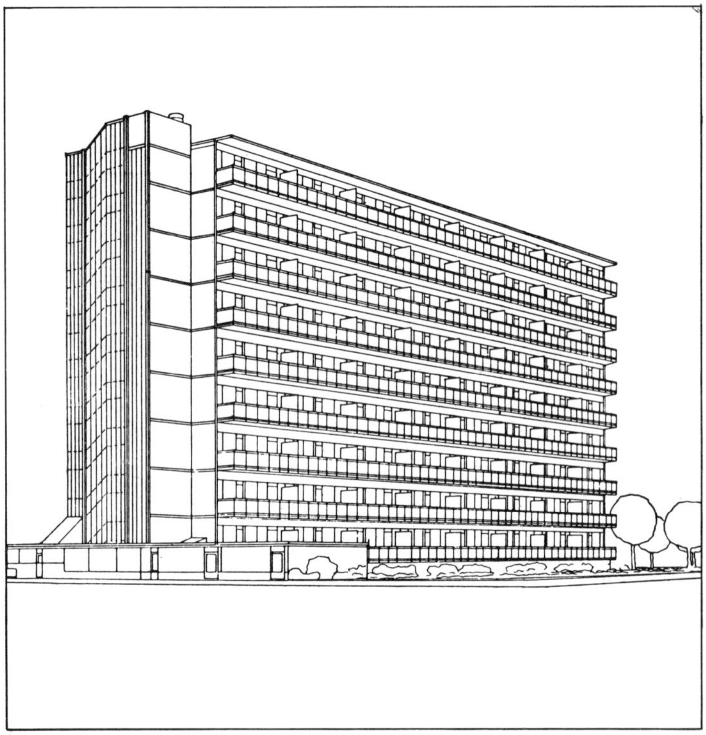

西部港口一带，大多数工厂和码头在这一地区，而居住区却在城市南部）；第二，断然拒绝花园城市和半自主住宅区模式，规划中坚持城市结构的连续性（即使各个万人居住区都被绿地所包围），甚至在把传统组团转变为小区的线状排列时也是小心翼翼。此外，它结束了 19 世纪以来各种盲目的都市扩张发展：单一方向上的扩展代替了传统的像油渍一样的中心向周边式扩张，从而创造了一种崭新的旧中心与新城的关系，使这种关系在欧洲城市化进程中盛行起来。因此，阿姆斯特丹比法兰克福和柏林更好地体现了《雅典宪章》原则（关于雅典宪章，我们将在第十四章中讨论），当然这一切与范伊斯特伦于 1933 年当选为 CIAM 的主席不无关系；第三，在城市逐步回到密集状态的过程中，城市与各区的关系是通过建设整个地区的基础设施作为前提的，为此有关方面综合了荷兰的三个主要城市的中心区：鹿特丹、阿姆斯特丹、海牙作为总体规划的参考。斯洛特普拉斯的人工湖和其周围的公园，城市南郊的 2223 英亩（900 公顷）的大型人工森林，都不只满足于一个城市的需要，它还是区域联系的元素和多中心城市结构的一个核心。

1935 年批准的阿姆斯特丹规划为适应新的情况再三进行了修改。在它的落实过程中没有采用范蒂杰或布林克曼所作的那些先锋派模式，相反由 B·默克巴赫（B. Merkelbach）和卡斯特恩（C. J. F. Karsten）这样一些建筑师选择了基本的城市建筑类型，再加上单调的功能主义，但是他们在该规划中允许详规时可作适当的变化，只要它能与永久性规划相协调。

为了将阿姆斯特丹的经验放入历史背景中去考察，就必须将它与纽约或巴黎这样的大城市进行比较。前者拥有 1923—1931 年的区域计划，而后者则通过核式花园城来进行新巴黎区域规划分散布局的尝试。1922 年对巴黎南部地区和卫星城德朗西（Drancy）以及布特热（Butte Rouge）的整体规划方案（建筑师巴松皮埃尔，de Rutté 和 Sirvin），都必须解决制度特点所带来的困难，这些特点使重组这一地区的计划成为徒劳。尽管是在规模中等且人口增长缓慢的阿姆斯特丹，现代主义建筑运动看来还是从乌托邦王国回到了现实王国，只有当目标确定，并且当探索已有了坚定改革的传统来作为支持的时候，这种结果才可能实现。当然，有时也会出现与这种情形相矛盾的一面：那种被称为可以普遍适用的规划常常只是意外情况的产物，无论如何，拥有悠久历史的荷兰城市化传统的局限性，不久就会暴露出来。1929 年，政府中的保守派使所有这些活动陷入了停滞。随着郊区公共住宅资助基金数量的持续减少，这块区域被迫开始向私人投机开放，与此同时荷兰的工业由于受到经济危机的剧烈影响，不得不转向高技术部门发展，并征收工薪阶层住房税，1935 年也就是阿姆斯特丹规划被批准的那一年，失业率达到了危险的程度。社会民主党视美国罗斯福政府所用的办法为榜样，提出了建造社会建筑、公共建筑的计划，以稳定经济形势，并对失业进行补救措施。这项计划被否定了，公众参与的住宅建设量也于同年下降到整个住宅建设的 7.5%，直到二次大战后，荷兰才在全国范围内开始了新的城市规划。

第十二章　苏俄的先锋派，都市化和城市规划

对于俄国的先锋派文化来说，十月革命使幻想成为事实，而这种幻想曾深深地吸引了他们革命前的象征主义。先前的梦幻成了现实，进入了历史，并作为积极因素加入了争取共同解放的历程。十月革命带来了全面的新生，随着提倡艺术体验回归大众生活，主观的创作开始走向了"社会化"。

一小群先锋派知识分子参加了革命，明确表示了他们在美学上的反叛和对资产阶级冷漠世界的不满。他们要创造一个新的世界，这个世界能解放大众，消除一切苦难和人与人之间的差别疏远，在这个被解放了的世界里，个人活力将得到释放并融入共同的自由，这就是马雅可夫斯基(Vladimir Mayakovsky)、里西茨基(El Lissitzky)和罗德钦科(Alexander Rodchenko)所进行城市宣传的主题。先锋派们视自己为城市的主人翁，为集体追求快乐，从而排除自己的苦闷。马雅可夫斯基呼吁艺术要走向街头，而M·查格尔(Marc Chagall)则尝试使维捷布斯克(Vitebsk)整个城市浑然一色，这一切似乎都使先锋派最重要的神话变得有血有肉了。他们试图实现一种包含一切的艺术，这种艺术能消除所有艺术品之间的隔阂，同样也能消除都市大潮中四处浮荡的各种偏见和疏离。

1918年，新苏维埃政权开始实施"宏伟的宣传计划"，为实现这一梦想提供了首次机会，但结果很不如意。学院派艺术家很快就使自己适应了新的政治形势，并采用现实可行的措施去表现新的宣传内容。他们于1918—1921年用木材和纸板建造的纪念物成了矫揉造作艺术的滥觞，这类作品在1933年以后进入了鼎盛时期。在建筑方面情况也一样，新政权提供的第一个重要机会迅速为传统主义者所攫取：1918—1925年莫斯科地区的第一个城市规划，由I·V·茹尔托夫斯基(I. V. Zholtovsky)、萨库林(Sakulin)和A·舒舍夫(A. Shchusev)主持，他们毫不犹豫地运用了从花园城市的传统中借来的模式，甚至推广到了整个区域。

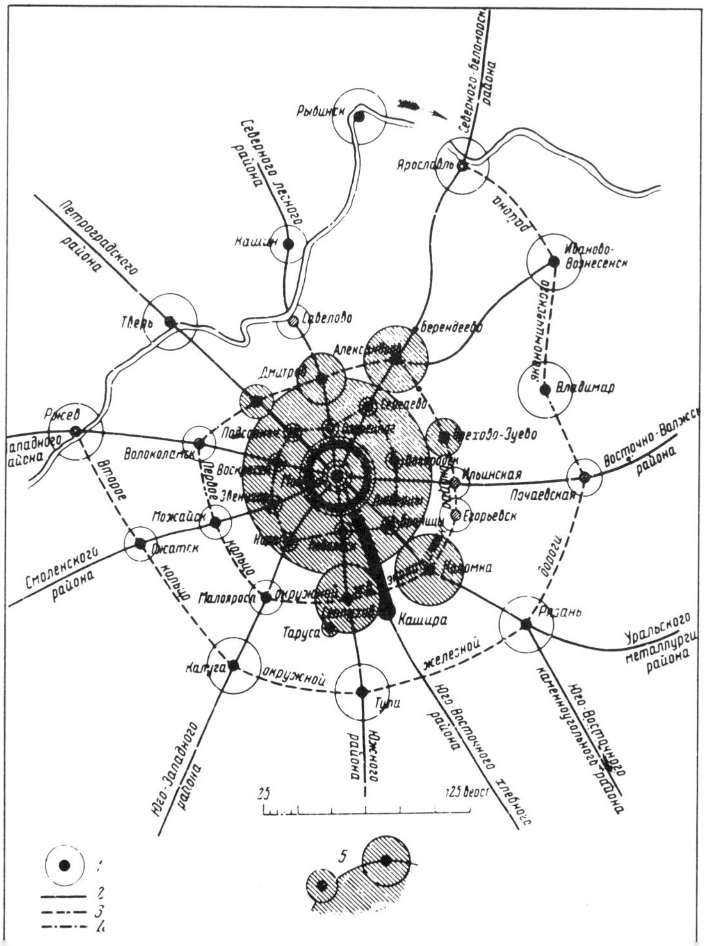

苏维埃政权初期，艺术和建筑流派纷呈，他们的代表之间不可避免地发生了公开冲突，这种冲突由于政局不稳而更为严峻。在1918—1921年苏联共产主义战争年代，各种各样的文化团体在深刻的社会经济转型的背景下发展，并用简明的术语来阐明自己的观点，他们每个都认为自己的意识形态内容与社会主义传统的绝对价值相一致。共产主义战争时期的政策原则是避免经济崩溃，但受到了严重的阶级划分的制约，因为不但要治愈农民阶层内部的剧烈创伤，还要处理好更为广泛的农民阶级与工人阶级之间的关系。在一个依然被

◁图 326　V·马雅可夫斯基:《神秘的滑稽剧》中的舞台布景,1918 年

◁图 327　B·萨库林:大莫斯科区域组织规划图,1918 年

图 328　V·塔特林:第三国际纪念碑模型,1919 年

图 329　N·拉多夫斯基:公社大楼方案,1920 年

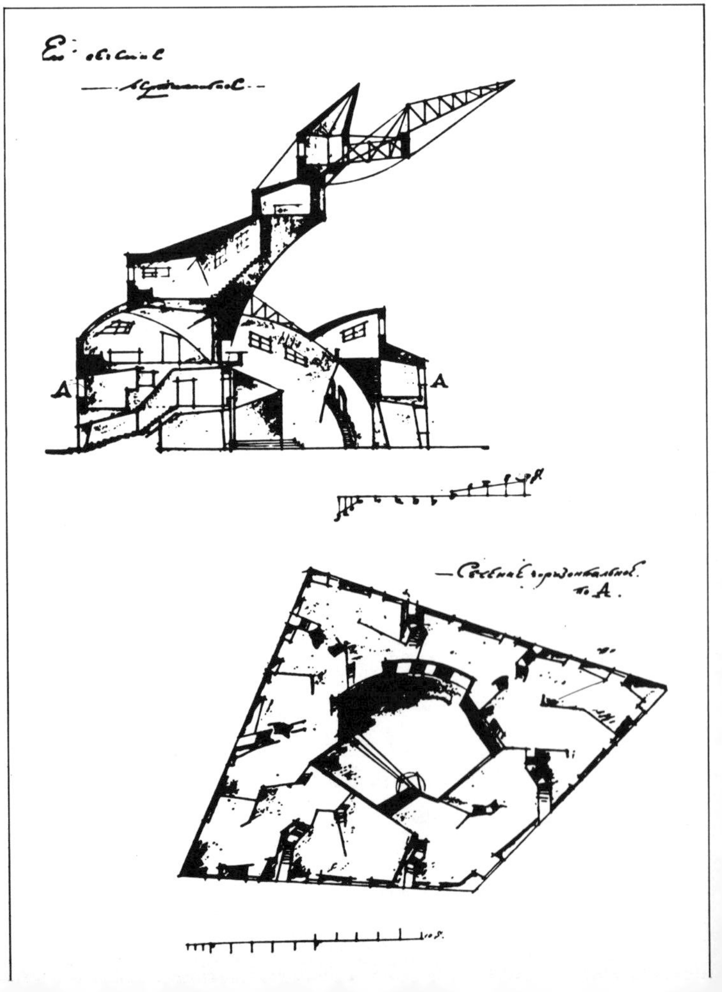

战争所折磨的国家中,由于紧迫而沉重的财政债务压力,加上要避免社会结构发生进一步分裂,以致采用了物物交换体系这一惊人的权宜之计,这是绝望中的努力,甚至从理论上倡导立即废除一切形式的交易。为解决危机所采用的各种措施给乌托邦观念的滋生增加了动力,先锋派知识分子立即接纳了这种乌托邦观念:把权力集中诠释为实现恩格斯的意识形态;把“计划”等同于“社会主义”;把取消市场宣扬为消除城乡差别的第一步。实际上,鉴于军事的需要,面对工业生产的崩溃不得不进行各种各样的干预。为战士和工人提供粮食的强制性政策,大大加剧了早已存在的为城市而放弃农村的趋势,而 1920—1921 年的危机需要一个根本的转变,这导致列宁于 1921 年开始实行的新经济政策(NEP),深思熟虑地恢复了传统形式的生产组织,鼓励市场要素,并承认在经济与社会体系中存在着持续不断增长的矛盾与冲突。战时共产主义政策所试图逃避的压力,现在成了通往新的生产和社会组织形式过程中的新矛盾。新经济政策之下的苏联在某些方面与知识分子所梦想的模糊的集体主义有很大的不同,甚至相反,它的目标是恢复经济体制,为工人提供就业机会,维护良好的劳动纪律,驾驭复杂的社会格局及社会关系。

列宁的政策一开始就明确扩大工厂生产,在全国范围内加速工业化过程。在这样的计划之下,必须解决城市与乡村之间联系不足的问题。它并没有像战时共产主义乌托邦一样采用绥靖政策,而是逐渐调节农业经济转向工业经济,这一趋势已经体现在促使全苏电气化的 GOELRO 计划之中。1921 年 GOELRO 和 GOSPLAN 计划(由全国计划委员会拟定)构成了总体计划的第一步,其基础是把全国划分成二十一个经济区,它们被确定为生产特定产品的经济组织区。这种划分并不考虑它们的传统疆界和民族组成,每区都建立了新的行政机构,以代替从沙皇政权遗留下来的旧机构。此外,GOELRO 还对各地的工业选址作了规划,尤其在库兹巴斯(Kuzbas)和乌拉尔(Urals)矿区,还确定了它们与莫斯科之间的运输线路,作为新工业点的基础设施。在此意义上,电气化计划预先勾画出了第一个五年计划的大致去向。

1917 年十月革命所带来的变化与先锋派们所希望的乌托邦设想只有部分相契合。但不管怎样,先锋派们热情地颂扬十月革命,再加上新经济政策的大气候,继续加深了他们与这场巨大变革的联系。新经济政策中出现的矛盾,促使马雅可夫斯基重新使用了早期未来主义幽默的讽刺诗,N·普宁(Nikolai Punin)更是反对 V·施克洛夫斯基(Victor Shklovsky),宣称“国际式和其他所有富于创造性的新形式一

图 330 A·维斯宁:莫斯科,卡莫涅剧院,G·K·切斯特顿的戏剧《星期四的男人》中的舞台布景,1923 年

图 331 E·里西茨基:在为梅耶霍德剧院设计 N·特雷蒂亚可夫的戏剧《我要一个孩子》的舞台布景

样,都是一种未来主义的形式";V·塔特林(Vladimir Tatlin,1885—1953 年)的"反浮雕"创作则成为艺术与工业产品相结合的一种象征,这意味着他超越了艺术的绝对概念,在艺术品的创造、构成方面为知识分子带来了生产的任务。"生产式地创造"是驱除早期先锋派精神压力的良方,使他们在面临混乱且无法控制的情况时不再惊慌失措。1920 年创立的技术与艺术学校"伏库特玛斯"(Vkhutemas)把培养新的"生产者式的艺术家"作为其中心思想,此外,在梅耶霍德(V. Meyerhold)的生物 - 机械剧院中通过维多夫(Vertov)和 S·爱森斯坦(Sergei Eisenstein)的实验性作品达到了电影探索的高潮。在生产主义和构成主义大旗下的各种团体全都同意一点:在资本主义体系中引起苦闷和疏远的一切事物,都会在社会主义体系中不断减少,从而满足人类的功能,使人与机器之间取得积极的空前综合。

对革命前的先锋思想加以拒绝也因此而变得具有正面价值:马雅可夫斯基在 1918 年的作品《神秘的滑稽歌剧》(Mystery Bouffe),罗德钦科(Alexander Rodchenko, 1891—1956 年)和斯蒂潘诺娃(Varvara Stepanova, 1894—1958 年)在 1920 年的《生产主义宣言》中都表明了这一点。对机器的着迷转变成了夸张的工业主义意念:苏维埃的先锋派欢迎抽象主义、机器主义和古怪的活力主义——只要提起爱森斯坦的"娱乐装配线"或库兹因切夫(Kozinchev)和特劳博格(Trauberg)的"滑稽演员工厂"(FEKS)这些例子就足够了。以上这些都体现并沟通了发展超级工业化(Superindustrialized)的意识形态,希望这种发展能够赶上并超过美国这个令人振奋的目标。人们期望未来主义能在某种语言体系中改造自身,从而既能暗示计划生产和计划社会,同时又不丧失其最初的活力。但是苏维埃先锋派在这里显然遇到了矛盾,最基本的问题在于如何能够既与群众建立良好的关系,又不放弃自身的本质、传统和技巧,新的表现方法只能在先锋派积极参与社会活动和保持艺术活力价值的紧张关系中寻求出路。一方面让无产阶级自然而然地站在民粹主义阵营,另一方面是使马列维奇(Kasimir Malevich, 1878—1935 年)的继承人,主要指里西茨基(Lissitzky),另外是拉多夫斯基(N. Ladovsky)给予先锋派以支持。在很长一段时间内纯粹的生产主义者们试图取消智力劳动和工业项目及工业设计之间的所有差别,这些人有罗德钦科以及理论家塔拉布金(Tarabukin)和阿瓦托夫(Arvatov),他们不断在冲突中进行活动。这一幕清清楚楚地表现在剧院之中,它们成了冷言冷语的机器主义的构成主义试验的第一个场所。1922年梅耶霍德上演了比利时剧作家F·克劳默林克

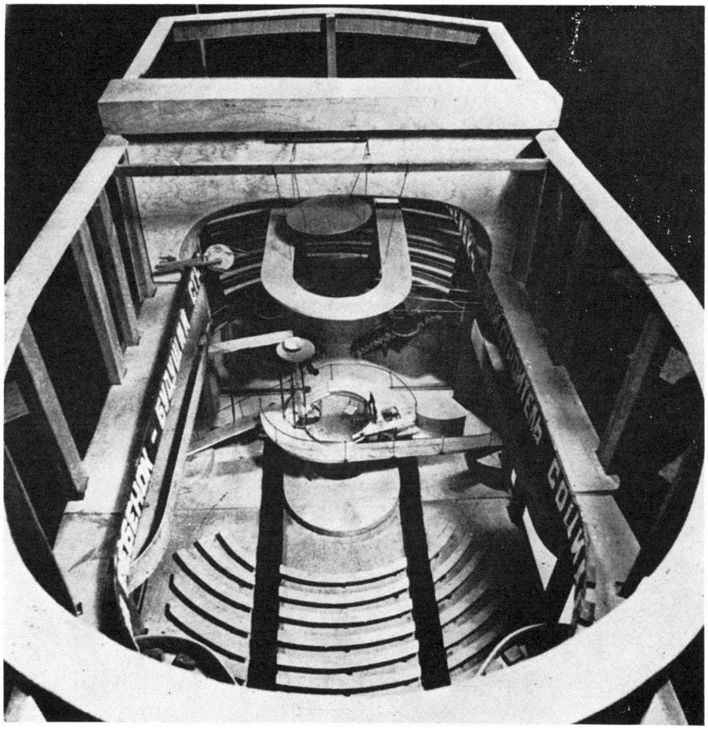

图 332　M·金兹堡和 I·米里尼斯：莫斯科，纳科芬住宅区，1928—1930 年（现状）
图 333　M·巴尔什和 V·弗拉基米若夫：为某一公社大楼所做的方案设计，1929 年

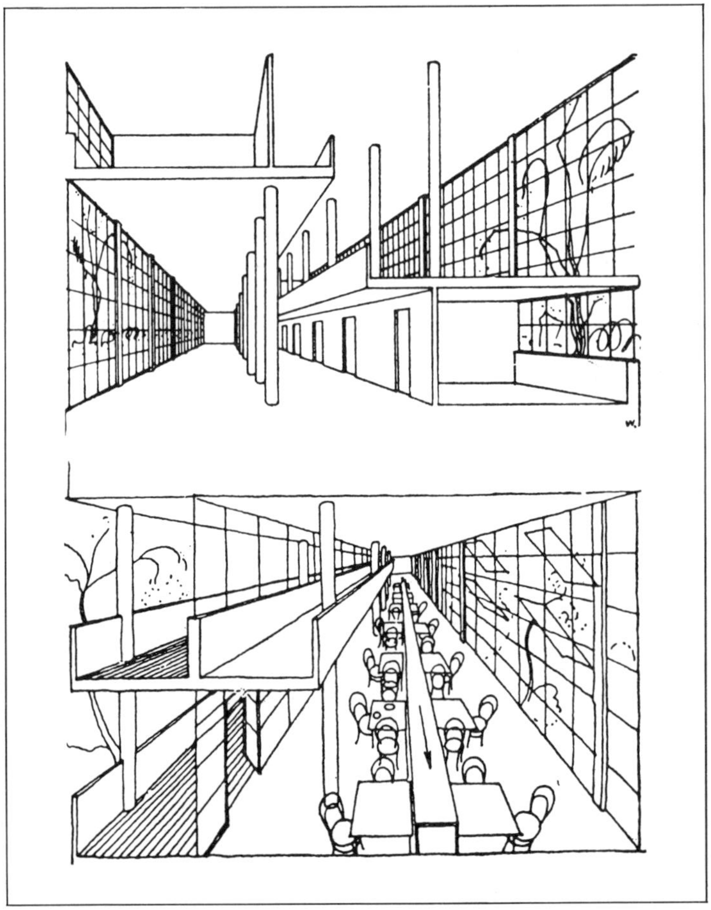

(Fernand Crommelynck) 的《慷慨的绿帽子丈夫》(The Magnanimous Cuckold)，由 L·波波娃(Liubov Popova，1889—1924 年)设计布景，她创作了一种“生物－机器”舞台，用来表达群众对新世界的渴望，在这个新世界中自由的行动与有计划的使用机器融为一体。在紧接的一年里，A·维斯宁（Alexander Vesnin）在为 G·K·切斯特顿（G. K. Chesterton)的戏剧《星期四的男人》(The Man Who Was Thursday)，由坦洛夫(Alexander Tairov，1885—1950 年)所作的舞台布置中又设想了一个完全由机器构成的城市。

里西茨基的普鲁恩(Prouns，意为“肯定新事物的设计”)，构成主义的舞台设计，罗德钦科在金属实验室中所进行的实验创作，塔特林(Tatlin) 设计的第三国际纪念碑，都表达了他们的共同主张：艺术家的职责是宣布旧的符咒业已破裂，一切都要为有组织有计划的劳动者所统治的新世界服务。形式主义者则为技术异化作理论辩护并加以宣传。

1922 年，在柏林范·戴曼(Van Diemen)美术馆举行的苏维埃艺术展览成为一个意义深远的标志：欧洲先锋派认为他们的神话与苏维埃至上主义和生产主义意识形态潮流是一致的，并以此为基础开始了国际性的构成主义运动。无论如何，运用这种广泛的实验性概念去直接影响建筑师创作的时机已经成熟了。1923—1924 年，在两个重要的竞赛：莫斯科劳动宫和莫斯科《列宁格勒真理报》分社竞赛之中，一些建筑师如维斯宁三兄弟（L. A.，1880—1931 年；V. A.，1882—1950 年；A. A.，1883—1959 年)和金兹堡（ M. I. Ginzburg，1892—1946 年）开始大胆地面对纯净主义语言与机器主义暗喻之间的辩证关系，尤其在维斯宁兄弟的一些方案中，如阿科斯商店(Arkos，1924 年)、莫斯托格商店(Mostorg，1926—1928 年)、列宁图书馆设计(1928 年)以及 ZIL 工厂的工人俱乐部(1930—1933 年)，试图变这种辩证关系为一种基本法则。而金兹堡在 1924 年(这一年他发表了重要著作《风格与时代》，此书在很多方面受勒·柯布西耶的《走向新建筑》的影响)之后的作品更是表现出他考虑在纯净主义和要素主义(elementarism)及有关形式的基础上建立新的形式语言库，为新社会服务，这些体现在他建于阿尔马·阿塔(Alma-Ata)的法院(1927—1930 年)设计中和莫斯科诺文斯基林荫道的双联式单元住宅区及其服务设施(1928—1930 年)的设计上，他作为反城市主义理论家的活动也说明了这一切。

事实上，一旦俄国先锋派的知识分子们跨出了纯粹的研究和实验的圈子，他们在贯彻新的国家机关的命令和解决建筑的实际需要时

图 334 K·美尔尼科夫：莫斯科，为运输工人建造的鲁萨科夫俱乐部，1927 年

图 335 K·美尔尼科夫：莫斯科，布里瓦斯尼克俱乐部，1929 年

图 336 K·美尔尼科夫：莫斯科，重工业部大楼方案，1934 年 ▷

都遇到了很大的困难。只有当最初进行实验时的兴奋感屈从于严酷的现实时，阻碍才会有所减少。

1922—1923 年，折衷的莫斯科建筑师协会(MAO)举办了两次莫斯科的居住区设计竞赛。方案中占主导地位的是大量传统的民粹主义方案，在而维斯宁兄弟、戈洛索夫(Golosov)兄弟、贝洛戈鲁德(A. Belogrud)和美尔尼科夫(Konstantin Melnikov)所提交的方案中，其形式结构是不明确的，主要还是一些传统的民粹主义风格，但他们的设计模式与城市的尺度更相符合。美尔尼科夫提出了富于创造性的后未来主义形式的扇形底层平面，特意回避所有的标准类型，它与维斯宁兄弟的呆板方案形成了对比(维斯宁又回到了机器崇拜的方向)。总之，由于拒绝了德国的住宅区模式、奥地利的社区模式以及荷兰的实验经验，大约到了 1928 年，苏维埃建筑先锋派只能完全根据经验行事：在经济优先的体制下，他们在建筑部门中明显地处于次要地位。

在另一方面，新经济政策的新机制试图提供新的激励办法，尤其是建筑合作社，以便展开工作时不妨碍实施先进的措施。1923 年由马可夫涅柯夫(N. Markovnikov)在莫斯科附近实施的索科尔(Sokol)花园城市仅仅是一个平庸的小资产阶级庄园的集合体，它甚至比 1911 年在喀山附近由西蒙诺夫(V. N. Semenov)设计的这种革命前的花园城市更落后于时代。少数几个在城市规模上获得统一成就的实例有兴建于 20 世纪 20 年代中期，位于列宁格勒的基洛夫大道(Kirov Prospekt)和特拉克托纳亚大街(Traktornaya Ulitsa)，它们是在城市学家伊林(L. Ilyin)管理下实施的。这其中包括纳尔瓦门(Narva gate)附近的一片区域的城市化过程，它是块三角形地段，由格格罗(Gegello)和克利切夫斯基(Krichevsky)于 1925—1927 年设计的文化宫，尼柯尔斯基(A. Nikolsky)于同时设计的学校和附近由建筑师特洛特斯基(N. Trotsky)于 1930—1934 年设计的苏维埃总部这三个建筑为标志。在城市尺度上，这些建筑设施沿着斯塔切克大道形成了一道连续的、富于特点的景观，1925—1927 年格格罗、尼柯尔斯基和西蒙诺夫又设计了特拉克托纳亚街区作为次一级的结构与之垂直相交。他们的建筑有两个方面令人感兴趣：一是由于他们改进了建筑类型；二是由于一些构造设计如联系两个分离的缺口拱等等具有新意。

不管怎么说，直到 20 世纪 20 年代后半期，“社会主义城市”问题只限于意识形态领域内作专门讨论，实践研究和理论假设都仅仅只是纸上谈兵，始终局限在上层建筑的范围内。舒舍夫和肖斯塔科夫(Shestakov)提出的莫斯科抽象规划，继续保存了该城的放射性结构。

1933

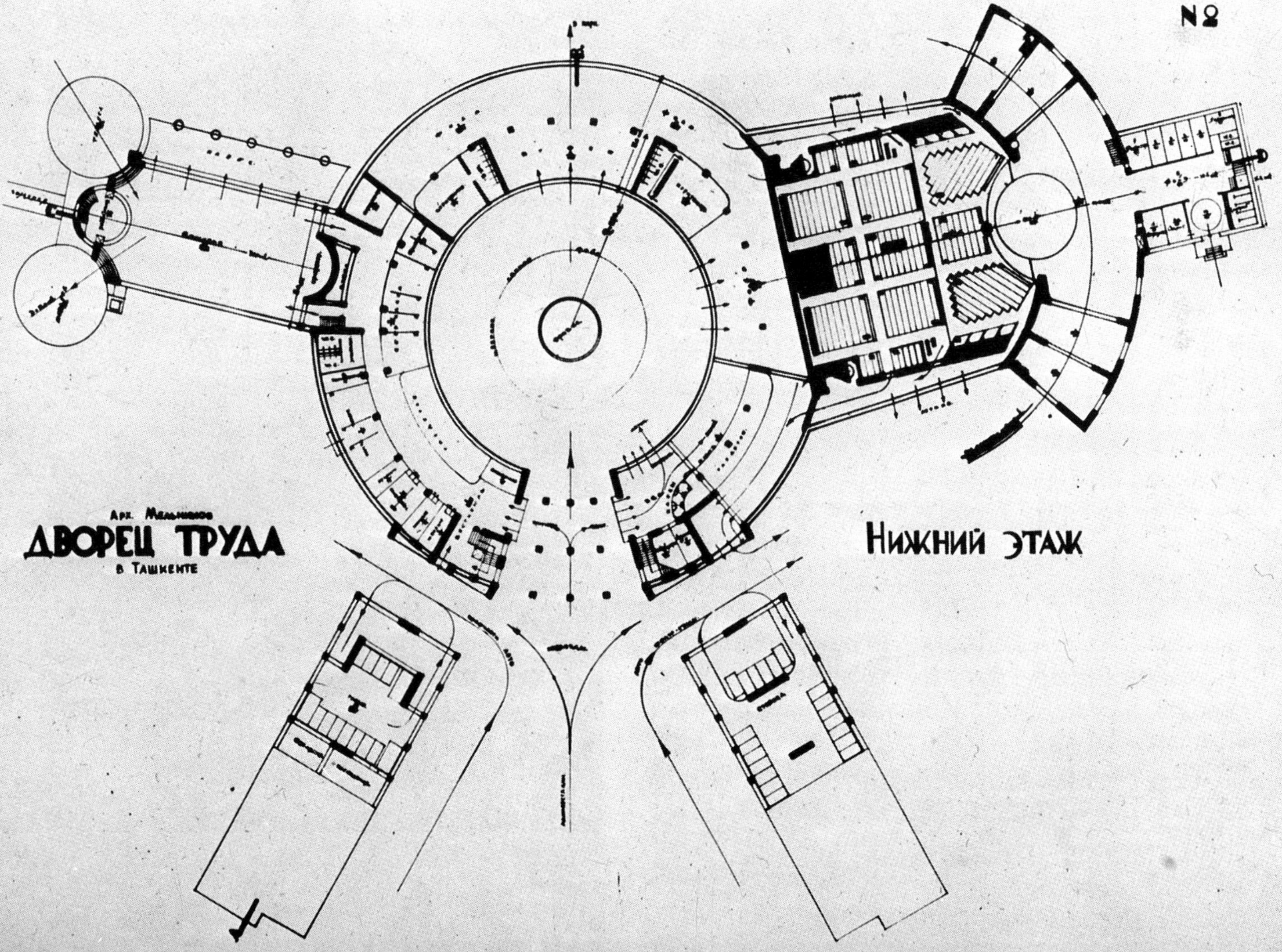
№2
Арх. Мельников
ДВОРЕЦ ТРУДА
в Ташкенте
Нижний этаж

◁图 337　K·美尔尼科夫：塔什干，文化宫设计，1932—1933 年

◁图 338　K·美尔尼科夫：塔什干，文化宫底层平面方案，1932—1933 年

图 339　K·美尔尼科夫：莫斯科，柴木斯克街区设计竞赛方案，1922—1923 年（引自《莲花》，1975 年，第 9 期）

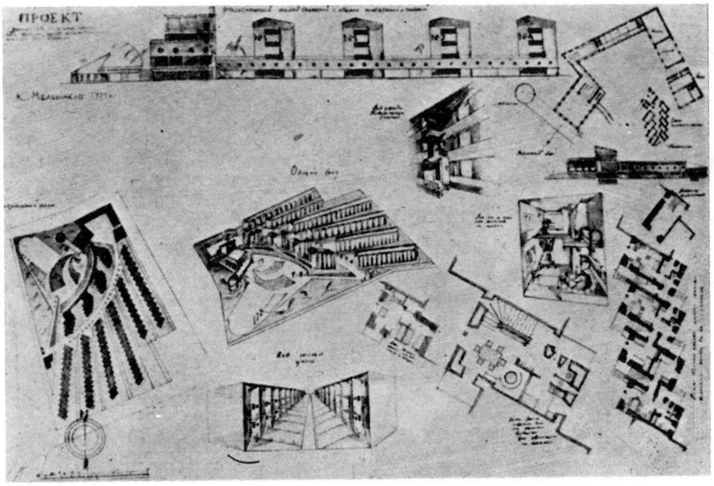

图 340　G·B·巴尔钦：莫斯科，《消息报》社，1927 年

里西茨基不赞成这项规划，并于 1924 年提出了另一项规划：城市围绕着市中心向边缘呈环形扩展，而环由 T 形摩天楼组成。这项规划受关注的原因显然是在于它的装饰价值。这些摩天楼表示了对该地区战胜土地私有制的称颂，它们的形状充分利用了周围的空间环境，不再以舞台布景式的外貌出现，而是作为城市心脏的真正建筑出现了，这与里西茨基的兴趣是一致的，他的目的总是想给群众展示一个整体的建设环境，这种意图不仅体现在他的绘画作品和宣传作品中，更体现在 1922 年柏林展览会上他设计的“新颖房间”之中，它是一个真正的对于空间方面的抽象而有力的二维－三维实验。

里西茨基和生产主义团体尤其是罗德钦科的努力终于越来越为大众所知了，同时一批造型艺术家组织了 ASNOVA（新艺术家协会），由拉多夫斯基于 1923 年创立，它是一场关于社会主义城市争论的产物。该组织于 1928 年分裂产生了 ARU［城市建筑师协会（Association of Urban Architects）］。在各种先锋派团体顽强生存的情况背后，不难看出新形势的发展，那就是雄心勃勃想保持自主的知识分子如何面对党的立场，而党则试图建立一个指导群众文化的整体框架以控制所有的文化活动。两者之间的矛盾在 20 世纪 20 年代后期最重要的文化组织中尤为明显，那就是由 A·维斯宁、金兹堡、A·布洛夫和 V·克拉西尔尼可夫等人发起的 OSA［当代建筑师协会（Association of Contemporary Architects）］，成立于 1925 年。他们的评论刊物《当代建筑》（Contemporary Architecture）成了进行有关现代建筑国际交流与探讨的媒介，该组织试图将欧洲的当代思潮与俄国的构成主义综合起来，从而为苏维埃建筑的发展提供一些最为重要的建议。

戈洛索夫兄弟的某些作品［如 I·戈洛索夫（Ilya Golosov，1883—1945 年）设计的莫斯科勒斯尼大街俱乐部，或 P·戈洛索夫（1892—1945 年）设计的莫斯科《真理报》社建筑］，或是巴尔什（Mikhail Barshch）和辛雅夫斯基（Mikhail Sinyavsky）设计的莫斯科天文馆（1929 年），巴尔钦（G. B. Barkhin）于 1927 年设计的莫斯科《消息报》馆，或是于 1925—1928 年由舍拉费莫夫（S. Serafimov）、A·克拉维茨（A. Kravets）和费尔格（Felger）为 GOSPROM 设计的一个位于哈尔科夫（Kharkov）的大项目（建筑平面为半圆形，用天桥相连），标志着苏维埃建筑取得了令人叹服的高质量成果。茹尔托夫斯基以及甚至是舒舍夫这类学院派建筑师也走上了这样一条道路（至少是暂时的，后者是列宁墓的设计者，它按新古典主义设计，呈台阶式的金字塔形）。这证明了先锋派与大大小小的折衷派、保守派传统的公然支持者之间具有

图 341　A·舒舍夫：莫斯科，农业部大楼，1928—1933 年

图 342　A·维斯宁，L·维斯宁，V·维斯宁：莫斯科，ZIL 文化宫，1930—1933 年

图 343　P·戈洛索夫：莫斯科，《真理报》大楼，1934 年

图 344　I·列奥尼多夫：莫斯科，重工业部大楼方案，1934 年

图 345 OSA(当代建筑师协会):马格尼托戈尔斯克规划,1934 年
图 346 M·斯塔姆和 E·梅:马格尼托戈尔斯克规划平面,1930 年
图 347 A·维斯宁,L·维斯宁:库兹涅茨克新城规划,1929—1930 年(引自《建筑师》,第Ⅻ卷,1931 年)

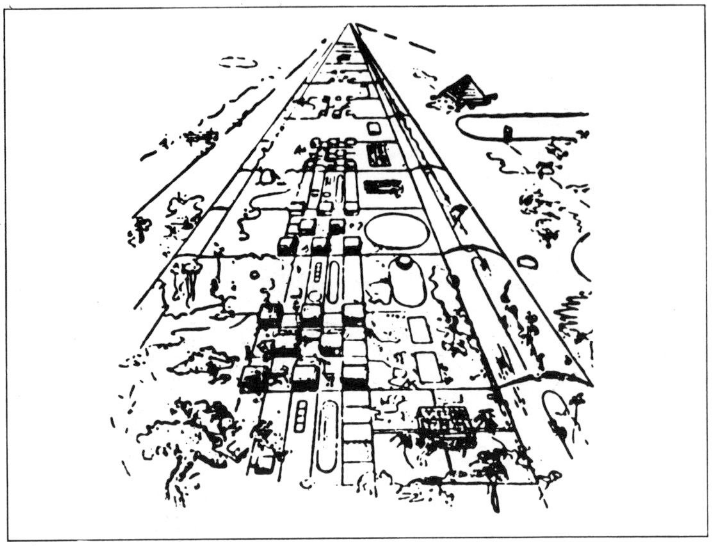

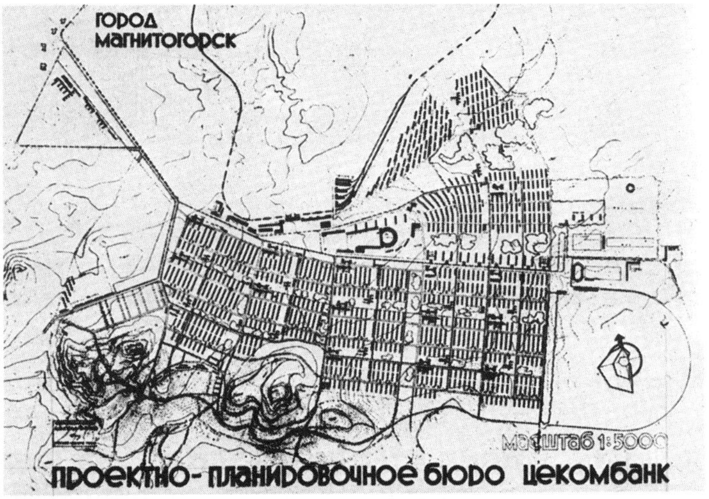

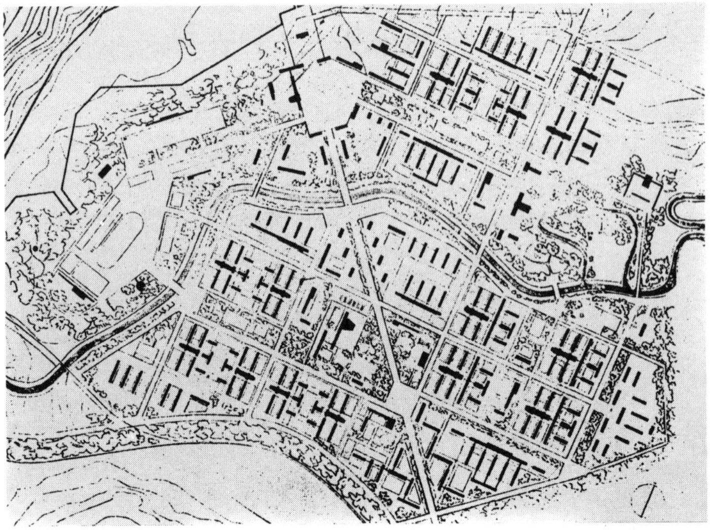

模糊的一致性,这种一致性一俟遇到建筑部门对规划程序和新的城市化道路作有目的的选择时又很容易被打破。至少到 1928 年,关于城市规划的讨论和关于建筑本身的讨论始终是完全分离互不相关的。社会主义城市的建筑不断让人想起一些特殊的类型如工人俱乐部等,在那个领域特别是美尔尼科夫(1890—1974 年)无疑成了苏维埃构成主义中最为杰出的人物。

美尔尼科夫为 1925 年巴黎展览会设计的苏联展览馆立刻使他获得了国际声誉,这是一座充满活力的建筑,它的几何体块变形穿插,使得参观者能够沿着特定的对角线行进,把那些穿插咬合理解为对社会主义活力的隐喻是毫无意义的,他为展览馆所作的前期草图,显示了圆形建筑如何被打碎、倾斜,并以非常规的方式相连接的过程。毫无疑问,使建筑师感兴趣的是对形式语言的试验,他使互不相干的物体经过设计取得了体量变形相互叠加的效果。在任何情况下,如果看到美尔尼科夫的以下方案:1923 年真理报社(Pravada building)竞赛方案,同年全俄农业展览会上的马霍卡展馆(Makhorka Pavilion),或著名的工人俱乐部——如 1927 年在鲁萨科夫(Rusakov)和伏龙芝(Frunze)、高尔基(Gorky)、杜勒夫(Dulevo)和 1928 年在考丘克(Kauchuk)建造的俱乐部建筑,还有 1927 年在巴黎的展览馆及在莫斯科建造的令人震惊的自宅,这是建立在两个圆柱体咬合的基础上的,就自然会认识到它们都是综合的逐步提炼过程中的一个个分阶段,而这种综合源自于立体主义和未来主义对形式富于创造性的使用和对形式语言的变形方法。建筑语言的素材——几何形式和一些装饰的元素(如他于 1925 年在塞纳河上设计的可容车千辆的停车库,于 1934 年设计的莫斯科重工业部大楼中都不无幽默地插入了舞姿弄态的雕像)——这两者都被看作是一种中性要素,但是通过富于技巧地对比使用,使整个建筑充满了活力和表现力,整个语言形成了一种自我的游戏。从这个观点看,美尔尼科夫是俄国二三十年代建筑句法始终如一的解析者。他与 V·施克洛夫斯基或艾肯鲍姆(Eichenbaum)的理论一致,认为形式应该不依赖其他因素而独立存在。在这个意义上,他的工人俱乐部一度成了"社会冷凝器",正如其定义的那样,他无心于任何所谓的革命性或宣传性目的。他的方向与里西茨基和金兹堡相反(他们在寻求一种社会主义艺术的决定条件),而与拉多夫斯基的相似——在后者为科斯季诺(Kostino)卫星城所做的方案或者苏维埃宫设计竞赛方案中可以明显地看出这一点。他与戈洛索夫兄弟也相似——他们是莫斯科工人俱乐部和 1928 年斯维尔德洛夫斯克

图 348 E·门德尔松:列宁格勒,K·茨纳亚工厂模型,1925 年

图 349 A·卢卡特:莫斯科,科学院物理研究所竞赛方案,1934 年

图 350 A·维斯宁,L·维斯宁,V·维斯宁:莫斯科,重工业部大楼方案,1934 年

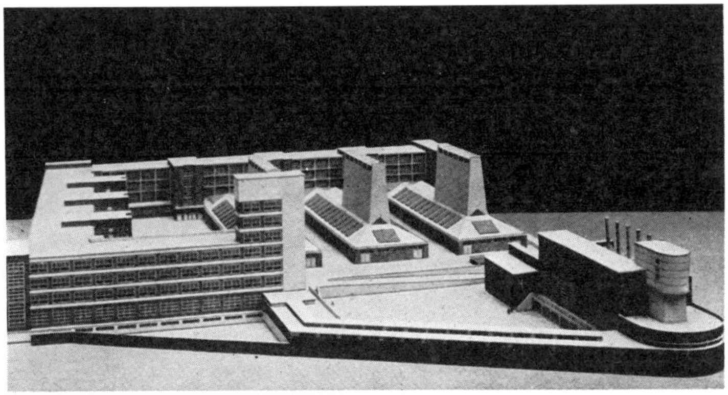

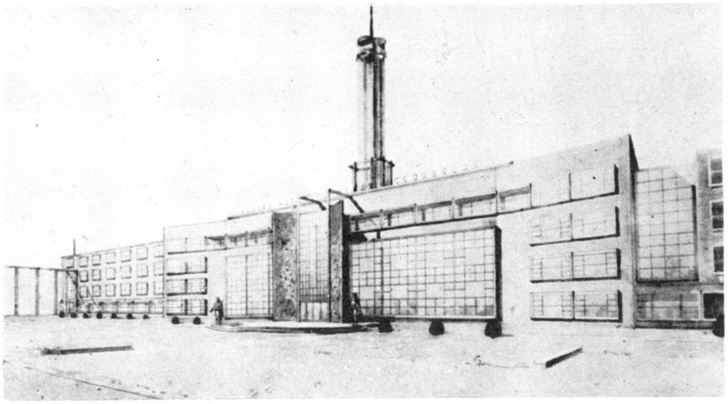

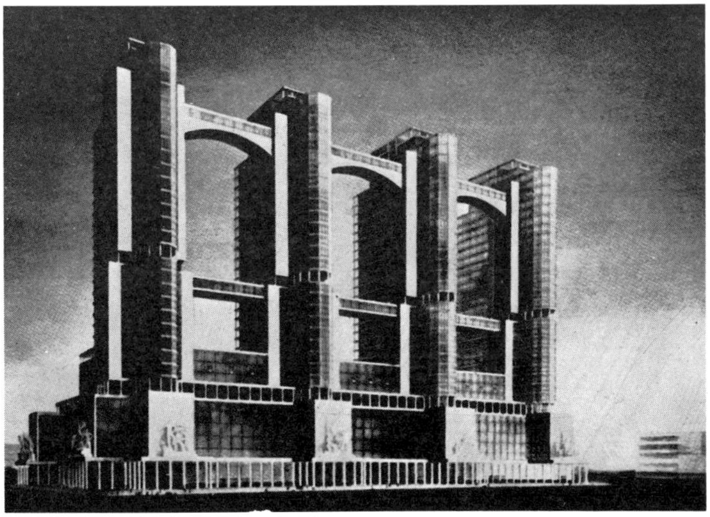

(Sverdlovsk)剧院的设计者。这种方向坚持建筑有其自身的规律,所以必然会与苏维埃政权在第一个五年计划开始时要求回到呆板传统的命令相冲突,因而,它面临着特别严酷的环境。但应该指出俄国的构成主义——按经验方法使用的这一术语表明由正统先锋派所进行的全部实验——有自己独立的意识形态。从 20 世纪 20 年代早期的生物－机械剧院和舞台设计的经验中,构成主义继承了这样一种清醒的认识:在无政府主义和计划体制之间、在革命目标和计划生产之间、在形式解放和计划体制下的新生活方式之间,需要不断地进行协调。

面对新经济政策时期(NEP)的矛盾,创造一种新的生活方式成为先锋派建筑师进行实验的中心,他们尤其致力于设计“社会冷凝器”和设计新住宅类型。这些实验与 1923 年工业化问题有关的所谓“剪刀危机”(Scissors Crisis)之后的政治争论有直接的关系。这场争论使苏维埃经济学家形成了很多新观念和假设,过了几十年以后,西方资本主义世界才发现它们的价值。理论探索和政治斗争总是纠缠在一起,N·I·布哈林(N. I. Bukharin)制定了平衡工农业争取持续发展的经济计划,受到党的左翼理论家普里奥伯拉仁斯基(E. Preobrazhensky)的反对,后者主张:在两大经济基本部门公开冲突的情况下,需要对工业增长提供新的动力,这将更利于发挥工业所具有的快速发展潜力。普里奥伯拉仁斯基的观点证明了这一预言:危机和发展作为一对矛盾能来回转化,它们符合马克思一开始的直觉思考,并且丰富了马克思主义的经济科学。

面对这样激烈的争论,1928 年的第一个五年计划成了斯大林提出的第一项重要政策。五年计划的主要路线是优先发展基础工业,但并没有理会普里奥伯拉仁斯基的复杂的政治主张,尽管计划在实质上对左派进行了大量的让步,仅仅排除了他们在政治意识形态领域中的位置。这项计划同时也抛弃了任何乌托邦式的平衡发展思想:乌托邦除了一些口号以外,没有采用任何具体的措施来促使工农业之间的平衡发展,这使得主张城市分散及城乡平衡的理论陷入了危机。前苏联对于重工业的大量投资——约占总量的四分之三,意味着收缩消费品生产,并加速发展农场土地的集体化。它在工业领域内的重大举措是按照以前的区域组织划分来进行发展。全苏联共分为 6 个经济区,以联合企业为生产单元,采用竖向联合作为各个地域的基础。乌拉尔—库兹涅茨克(Ural-Kuznetsk)联合企业围绕着两项中心生产任务来组织:马格尼托戈尔斯克市(Magnitogorsk)致力冶金,库兹巴斯市(Kuzbas)负责采煤,两市合作进行钢铁生产。但这显然要求大力解决运输问

题，在此充分发挥了强硬的政治优先权从而苦了某些特定的服务部门。由于政治上的价值，在一些联合企业之中，为刺激落后部门的发展，某些运输距离竟长达 2000km。

为了执行这样的政策，同时也要求建设城市中心来适应产业发展，新的城市不仅要用以安置农民的迁移，而且要完成一些更重要的功能，如开发劳动力市场。由于建筑业所要的农民工无需很高的技术，所以能吸纳大量的劳动力，此外新的居民点还可以促使 20 年代在农村游荡的流动人口固定下来。这就是头两个五年计划中建筑业所起的作用，这期间共建了 354 个新城市，例如：马格尼托戈尔斯克、奥尔斯克(Orsk)、新西伯利亚(Novosibirsk)、卡拉干达(Karaganda)、马克耶夫卡(Makeyevka)和斯大林格勒(Stailingrad)，大批欧洲建筑师也参与了设计。建设新的居民点不可避免地会遇到经济上的限制和整个建筑部门中的衰退，起初采用的办法与先锋派建筑师的实验观念相差无几，但不久之后就出现了关于社会主义者新生活方式的争论，在面对建筑工业中劳动者的真实状况之后，观念就开始陷入了模糊的乌托邦思想。在 20 年代末，萨布索维奇(L. Sabsovich)和泽伦科(Zelenko)又重新回到了傅立叶的思想并打着含糊的列宁主义口号，提出了公社住宅的理论，这种公社住宅采用集体组织的方法建立了集体食堂和其他服务设施，用社会生活方式取代原来以家庭为单位的个人关系，并从中锻造共产主义新人。这种公社住宅距现有城市 30～50km 远(大约 19—31 英里)，并围绕它们进行各种改造农村的活动。

这种模式受到了所谓反城市主义者的反对，后者的主要成员为金兹堡、巴尔什和奥克托维奇(M. Okhitovich)，他们在 1930 年 2 月的评论《SA》上发表了对公社住宅的宣言，他们认为这种模式只不过是费钱的"兵营"，经济区域化要求在整个区域中分散布置工业建筑和居住建筑，只有这样才能实现城市和乡村的融合。这样，城市才能逐渐消失，其功能才会越来越分散。为此巴尔什和金兹堡于 1930 年起草了"绿色莫斯科"的方案，将古老的城市中心作为文化活动和休闲的场所，同时沿着呈放射形的大道和铁路布置线型城市，线型城市可以自由地穿越整个地区，并可以整体移动小型的预制木头住宅。其实这一想法只是把无政府主义者的城市消失理论简单地加上索里亚·马泰(Soriay Mata)的线型城市理论，再加上了对未来流动工作人口的展望而已。

城市主义者和反城市主义者共有的基本意识形态显示出他们对于早期先锋派的"超级工业化"具有相似的态度，这种在资本主义西方注定是乌托邦幻想的模式，在社会主义土壤上变成了平常之事。米柳金(N. A. Milyutin)在 1929 年之前一直是俄罗斯苏维埃共和国(RSFSR)的财政部长，并和 OSA 小组保持联系，他为新斯大林格勒和马格尼托戈尔斯克的规划作了经济预算，以所谓的装配线组织为名，在 30 年代初作了理论上最后一次线型城市的规划尝试。尽管像金兹堡这样的一些建筑师很快就放弃了抽象研究，与规划的新研究机构进行合作，但城市主义者和反城市主义者之间的争论结果对由政治决定的计划程序完全没有产生作用。由金兹堡、米柳金、列奥尼多夫(Leonidov)所提倡的线型城市，被视为愚昧、浪费、过分强调运输系统，完全不符合经济方针和经济预测而被否决了。尽管他们是出于良好的意愿去构想社会主义城市，可这些模式毕竟还是与时代不符。关于实现快速工业化的目标，反城市主义者建议允许群众个人自由流动，并保持城乡之间的平衡，这种建议似乎只是一种恋旧的表现。正如卡冈诺维奇(Lazar Kaganovich)在 1931 年共产党中央委员会全体会议上清楚表达的那样：不允许任何事物阻碍确立社会主义经济建设原则，社会主义的城市建设也同样要遵循这一点。工业中心的任务就是限制劳动力的去向，用稳定的方式把他们组织起来，为整个生产体系的利益服务。另外还要重建富于纪念性的城市中心来宣扬它的重要性，莫斯科城市中心的重建就是这一模式的典范，在新的纪念性的城市中心，必须塑造出象征工人阶级力量的标志，从而表现新的历史舞台。

苏维埃先锋派面对上述决议只能在绝望与混乱中力图保住一些东西。在他们创造了一些城市规划中可望实现的形象之后，却只能空对着不管他们是否同意都在进行的现实规划而无所事事。他们别无选择，只得退出这一领域，为乌托邦想法和现实生活之间的永久鸿沟而悲哀。1930—1931 年塔特林在诺沃德维基修道院(Novodevichi Monastery)的私人工作室里，拼装了他的最后一台"无用机器"——"Letatlin"，一个单人滑翔机。他不管现实的技术，却恢复了已逝的达·芬奇式的梦想。它不仅自嘲无聊，还想说明不要用生产的标准来衡量另外一类技术的可能性。在同一时期，还有一些"无用"的乌托邦方案设计了出来，如切尔尼舍夫(S. Chernyshev)的建筑幻想和克鲁特柯夫(Krutikov)的"飞翔住宅"。同样列奥尼多夫(1902—1960 年)也在构想转瞬即逝的建设幻景，他唯一实现的工程是位于克里木(Crimea，1937 年)的一个小型露天剧场(它毗邻金兹堡设计的疗养院)，他凭借几个富于才气的作品而在现代建筑史上占有一席之地，这

图 351　莫斯科总平面图,1935 年

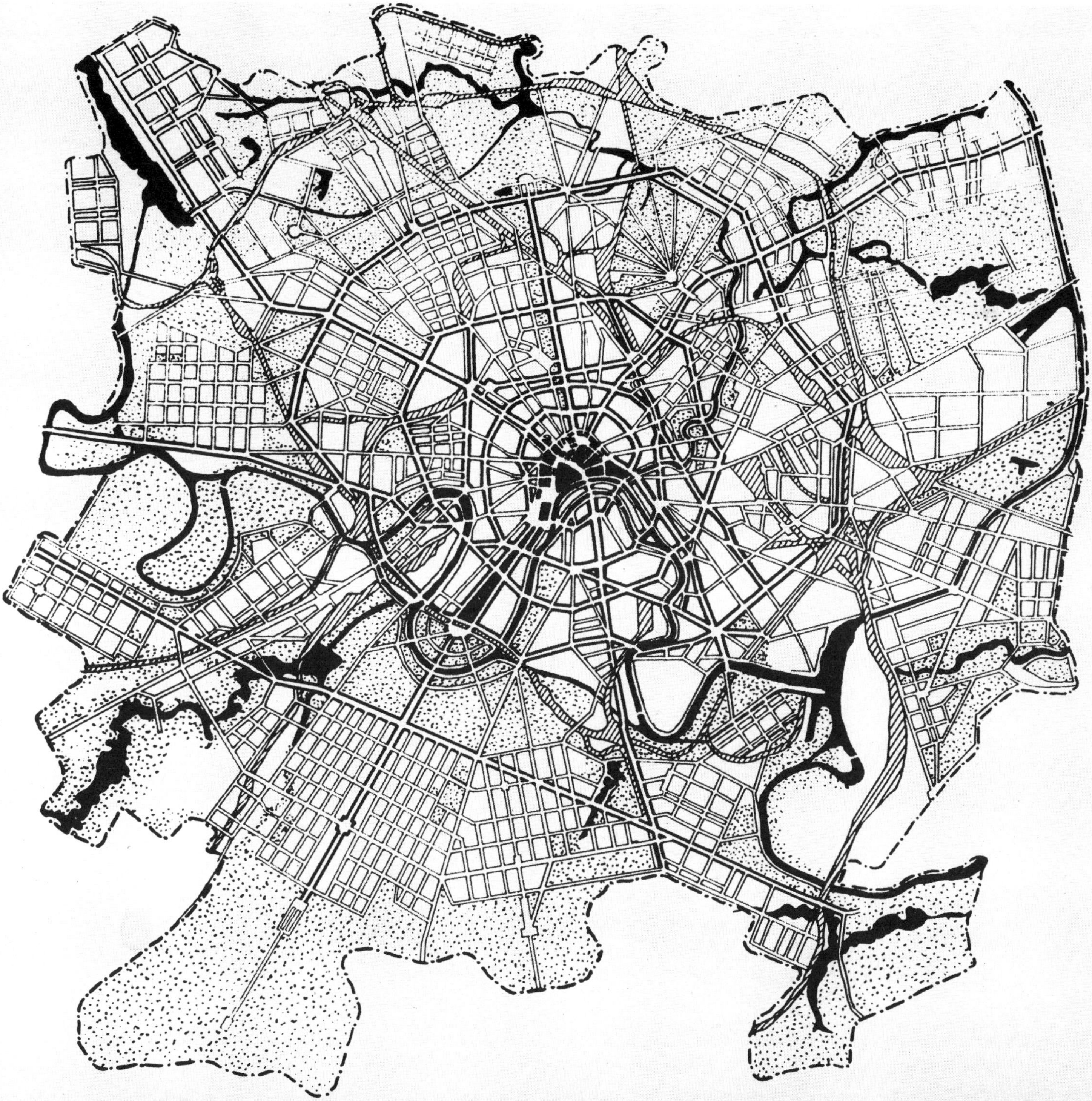

图 352　1946 年计划的苏维埃宫莫斯科中心与西部地区眺望

图 353　莫斯科大学，1949—1953 年

些作品包括：莫斯科列宁学院（Lenin Institute，1927 年），马格尼托戈尔斯克的电影工作室（1930 年），工业部（1929—1930 年）和重工业部大厦（1934 年）。在列宁学院的建筑群中，玻璃球体浮在地面上，就像是一个悬挂的气球，通过图书馆塔楼把它吊住，这种纯净主义的设计又回到了最初的先锋派风格，同时还借用了剧院使用的技巧。在列奥尼多夫的设计中带有明显的类似性，尤其是在重工业部大厦中，三个独立的体量以及它们的连接方式，明显地形成了一种“模糊的语言”——又一个“Letatlin”，并且是最后一个至上主义的作品。在这些冒险的实验中，正如马列维奇（Malevich）所宣称的那样——由于它完全自成一体的气质和与现实世界相对立而使自己倍受打击。列奥尼多夫最后的设计方案采用了新正统主义的手法呼唤着具有表现主义特色的“光明城市”，这绝不是一种偶然。

所有这一切，使先锋派于 30 年代初在苏维埃政权下无可奈何地停止了他们的游戏，里西茨基和马雅可夫斯基由于宣传的艺术与其实验的冲突而各自受到了冲击。自相矛盾的是：党在那时的实践中，已经吸收了先锋派早期宣言中最短暂仓促的部分，并热情呼吁建立“社会主义建筑”的基础，而这一点，不仅被卢卡奇（Lukács）和尼赞（Poul Nizan），而且也被恩格斯指出必须跟随“积极的”资产阶级艺术主流才有可能，它们是巴尔扎克、普希金而不是未来主义文学的分行诗，是古典折衷主义而非构成主义。卢卡奇同志他本人不也是指责先锋派对“理性破坏”吗？

在考虑是否有可能在某种情况下——例如本身就处于变革过程之中的建筑界——形成一种积极的社会主义特征的问题上，答案肯定是含糊不清的：清除一些富于主见的组织——OSA（当代建筑师协会）、ASNOVA（新艺术家协会）、ARU（城市建筑师协会）等等，并把建筑师成批纳入一个专业性组织（这个组织成立于 1932 年），这样才可能直接控制他们所设计的建筑形状和特征。这一切是在折衷主义的招牌下进行的，它对于矫揉做作的作品毫不回避，并说“人们有权选择柱式”，此外，每一个民族都有权在建筑上取得一点本民族传统的反映。

先锋派们以含糊的态度发起了关于艺术与大众的关系这一并不明智的争论，它们也因此而中止了。1931—1933 年的苏维埃宫设计竞赛成了一个转折点，它由约凡（B. M. Iofan）、茹尔托夫斯基的折衷主义方案获得了头奖，并为确立苏维埃的官方建筑特点铺平了道路。在竞赛中失败的不仅有新艺术家协会的高水准方案，还有 VOPRA 集团、格罗皮乌斯、波尔齐希（Poelzig）、贝瑞（perret）和勒·柯布西耶等人的方案；其中后者的方案并没有什么价值，他通过不加掩饰地叠加机器一样的体块，清晰地表达了他对于构成主义的追念。

斯大林主义者喜欢矫揉造作的作品，他们欣赏茹尔托夫斯基回归帕拉第奥式的设计（例如现在的莫斯科国内旅游总部），也喜欢布洛夫的折衷主义作品和莫斯科地铁站。社会主义现实主义永远地将火焰举向对人文主义的追求和对乌托邦的构想。这也是先锋派的核心思想。

疲惫的建筑先锋已不能再创造什么富于戏剧性的事件了。1933—1935 年以后，20 年代的许多主要人物的作品都似乎陷入了迷雾而悄无声息。大量建筑师在研究机构或规划部门寻找职位，默默无闻地贡献自己的力量，比如金兹堡，像许多其他一度曾是艺术界的领导人一样，使自己的职业生涯走向了一条抛物线的低谷。与此同时，20 年代的新事物正在朝向实用迈进，这甚至成了一种要求。迈向工业化的第一步需要持续不断地、大量求助于外国的技术专家，由美国人 A·康（Albert Kahn）领导的集团对苏维埃建筑工业的发展做出了有力的贡献，而在先进的欧洲机构中受过训练的建筑师则在住宅领域做出了引人瞩目的成就。如来自荷兰的范洛汉（Van Loghem）、斯塔姆（Stam）、尼格曼（J. Niegeman）及另一些人；又如来自德国的 E·梅，还有定居德国的人如福巴特（F. Forbat）和梅耶，他们都在新城市规划中发挥了决定性的作用。

E·梅和一些欧洲建筑师由于有丰富的技术经验而被钦科银行（Tsekombank）聘为顾问，同时也是为了结束苏维埃建筑师之间关于意识形态的争论的僵局，在第二个阶段梅及其小组参加了城市规划标准的研究，还规划了五年计划中的新工业城市。其中为马格尼托戈尔斯克所作的规划显然马上体现了重要的意义，它不仅是一个示范城市——有 150000 居民，是苏联东部地区最远的工业前沿基地——还成了未来城市的可能模型。如何完成从一个居住区到一个城市规模的过渡是值得注意的，梅和斯坦姆为马格尼托戈尔斯克所做的第一个项目只不过是一个扩大了的居住区，其原则是重复建筑单元，与戈德斯坦（Goldstein）居住区相似。只是到了后来，在马格尼托戈尔斯克、卡拉干达、马克耶夫卡和其他一些地方的工程中才用超级街区代替了离开街道网络的简单重复的住宅类型。关键的问题在于确定一种城市模式——居住区要有便利的服务和公共绿地，这些都要按需建设，但又不能破坏城市的一致性与紧凑性——这是社会主义城市的首要原

第十三章 美国的城市与建筑：进步的年代与新政（1910—1940年）

则，这种方法吸收了苏维埃20年代的经验，并成了所有苏维埃城市规划中的法则。

但欧洲建筑师和苏维埃政权还是发生了冲突，这并不是因为他们在结构构件上有分歧，而是由于前苏联指责E·梅、H·施密特（Hans Schmidt）、斯塔姆和另外一些建筑师正在创造“缺乏人性”的城市。他们的城市模式尽管已经采用了服从五年计划的基本建筑技术，却仍被指责表现了一种令人无法接受的意识形态，而五年计划一直把建筑部门当成影响财政的活跃因素。E·梅的小组奉命参加了马格尼托戈尔斯克、奥尔斯克（Orsk）和列宁斯克（Leninsk）的规划，甚至1932年的大莫斯科规划竞赛，这些规划都要求按照劳动者的城市形象来构思，而当时苏维埃正在用社会主义人类的新观念来取代传统劳动的意识形态。这就解释了何以欧洲先锋派代表能够和苏维埃建筑师一同去建立长远的城市学科发展模式，而他们所提模式的特殊形式却又被遣责为颓废的表示和反人性的机器。梅耶、福巴特、斯塔姆和另外一些建筑师希望在苏联寻找机会验证他们在德国和荷兰所作的假设性实验，最后却被迫离开了苏联。

1935年，在V·N·西蒙诺夫指导下的莫斯科规划，其指导思想是城市以社会主义人民为基础。在规划中，街道布置由中心向外放射，并在围绕市中心的环路上布置了七幢摩天楼，从而实现了里西茨基早在1924年就已提出的想法。它在公共区域的形式语汇非常夸张，又恢复了欧洲先锋派艺术业已摒弃的形式概念。此外它还发掘了资本主义城市中的社会和平思想，使城市严格地形式化。在“社会主义城市”的意识形态中，不再颂扬技术异化，而希望通过重组人和集体、人与环境、社会与历史之间的关系来取代它。先锋派们又一次因为留下了太多的难题而受到了惩罚，他们的过失尽管只是一些遗漏，可还是遭到了报应。今天，谁要是对斯大林时期建筑的退化感到震惊或不安，甚至于把苏联建筑与法西斯或纳粹矫饰的纪念主义作类比，那么最好停下来思索一下这种意识形态变化的起源，并试问自己，如果它们恰巧不是孕育在马雅可夫斯基这样的民粹主义活动，或是纯粹的表现主义意识形态之中，那么情况又会如何。

在20世纪初期，有两种不同的倾向支配着美国对城市规划与住宅问题的思考。第一种倾向起源于我们曾经讨论过的进步传统：它与欧洲同时代的经验联系密切，这一倾向的目的在于创造出足够的基于公众参与的规划方法。第二种倾向则寄希望于私人的积极性，而这一点则在这个世纪刚开始的时候，便已在雄心勃勃的城市规划师所提的建议中显示了出来。1909年，在伯纳姆正在执行宏伟的芝加哥规划的同时，马萨诸塞州宅地委员会（MHC）也成立了，它作为政府机构，负责确定如何通过发展郊区来缓解拥挤地区的压力。既作为领导者又作为执行人，委员会实现了由科米（A. C. Comey）设计的几座小型住宅方案，虽然这些设计所代表的朴素倾向并未受到人们注意，而委员会的年度报告要比科米为洛厄尔城所设计的方案重要得多：尽管这些报告并未脱离反城市的论调，但它们确实澄清了公共资金在居住的分散倾向中所能起的作用。在此意义上来讲，MHC所做的工作不仅仅是概括了已经成熟的理念，而且开创了引导所谓的战时城市实现新政的进程。

美国加入第一次世界大战时，威尔逊政府以“准备好”的口号进行了总动员，使战时经济成功地脱离了流行的自由市场体制。1912年后，随着社会党在城市政府中引人注目的成功，负责计划战时工作的第一个官方实体似乎意识到了人们对革新者的鼓励。负责为安置战时工厂的工人们而建造新城镇的政府企业开始求助于与《美国建筑学报》（Journal of the American Institute of Architects）有联系的那些主要的规划专家们。

除了以最经济的方式安置劳动力之外，这些“战时村庄”——其中包括由利奇菲尔德（E. D. Litchfield）建造的新泽西州的纽克西普村；由哈伯德、布洛特和乔安妮斯（H. V. Hubbard, F. H. Bulot, F. Y. Joannes）建造的宾夕法尼亚州的希尔顿村，以及由布雷泽（C. W. Brazer）建造的南费城，几乎都建于1918—1919年之间——重申了“拥有自己的住房”的理念，并且被看作是控制劳动力市场的一种严格而综合的体制。到战争结束时，联邦政府抽回了补助，这与改革者希望的破灭之间并非毫无关系，私人企业家收购了这些村庄，他们以更精明的伪装形式取代了公司城镇的传统。

20年代，在一片轻快的经济气氛中，一种双重倾向生了根：与公司城镇的再生相伴随的是向郊区发展的回归，以及由佛罗里达州城市化所引起的土地投机的繁荣。例如德雷珀（E. S. Draper）等建筑师就是这些公司城镇的设计人。在佛罗里达州，这最后的开发地区所

图 354　小奥姆斯特德（市镇规划师）和阿特伯里（建筑师）：纽约，森林山花园住宅区，始建于 1909 年

产生的激烈的土地投机活动达到了无节制与混乱的地步，这必然会导致即将到来的致命的经济大崩溃。为佛罗里达州这些轻率的投机所做的方案，成了炫耀美国城市化盛况的机会，而这盛况恰恰决定了以后的衰微。在美国城市化的新进程中，诺伦（John Nolen，1869—1937 年）是有代表性的人物之一，他曾在 20 世纪 10 年代的工作中成功地表达了众多城市的更新要求，并曾参与战时住宅计划，他具有融合不同文化的不寻常的天赋。然而，尽管他在 20 世纪 10 年代为中小型城镇所做的规划中，对市民俱乐部、商业会所及商务俱乐部等场所作了一定的探索，但他为佛罗里达州的弗洛伦斯市所做的规划依然只是回归不合时代潮流的规整布置。

不过，改革者雄心的失败只是到了战后社会充满自信的氛围中才明显起来。20 世纪 20 年代工人运动所遭受的挫折，为进步的思想家们开启了不曾预料到的前景；事实上，动荡的 20 年代也是某些文化团体与政治势力之间结合日趋紧密的年代，这种结合构成了新政初期的特征。美国区域规划协会（Regional Planning Association of America）是一个典型的例子，这个知识分子团体的成员在 1923 年以前不仅有惠特克，而且有经济学家埃迪斯·E·伍德（Edith Elmer Wood）和斯图亚特·蔡斯（Stuart Chase），建筑师弗雷德里克·L·阿克曼（Fredrick L. Ackenman），克拉伦斯·S·斯坦（Clarences S. Stain）和亨利·赖特（Henry Wright），进步思想家刘易斯·芒福德（Lewis Mumford）和本顿·麦凯耶（Benton Mackaye），以及凯瑟琳·鲍尔（Catherine Bauer）和阿尔伯特·梅耶（Albert Mayer）等重要人物。由于区域规划协会（RPAA）中包含了许多不同领域的专家，因此它能够确立自己的真实而正确的区域规划哲学，1923 年，麦凯耶为衰落的阿巴拉契亚·特雷尔（Appalachian Trail）地区所做的复兴规划可以看作是这个哲学的起点。他的哲学基础是从美国文艺复兴那里继承来的，表现为反城市传统价值观的回归，和用最新的城市经济分析技术相结合。不过，如果认为 RPAA 的重要性仅仅在于理论上的话，那就错了。RPAA 的一些成员参与了由纽约州发起的一项调查，该调查起于对低价住宅的问题，并继之以一个涉及面广泛的区域规划设计。这项工作所使用的谨慎的分析方法及其所牵涉问题的复杂性，使之成为进步的美国规划专家做出的最重要的贡献之一。同时，RPAA 的成员也通过城市住宅协会（City Housing Corporation），一个非赢利的社团的建立，得以在实践中检验自己的观点。在由斯坦、亨利·赖特及阿克曼（1924—1928 年）所建，位于纽约州的森尼塞德住宅开发区中，以及在由斯坦和亨利·赖特在

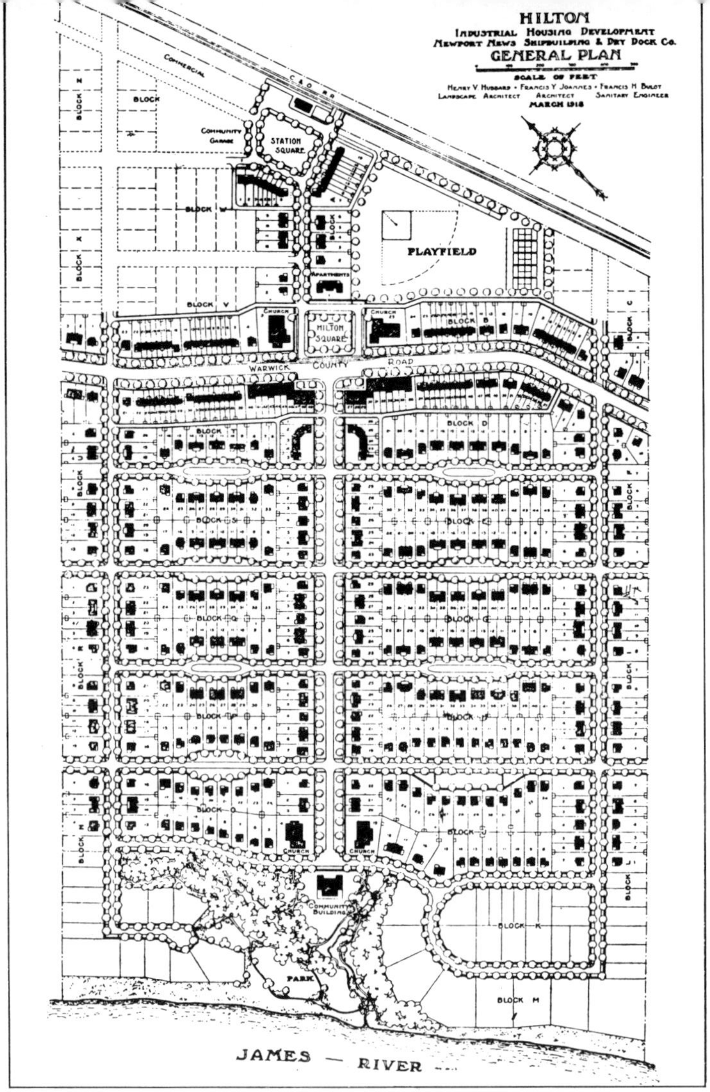
HILTON
Industrial Housing Development
Newport News Shipbuilding & Dry Dock Co.
GENERAL PLAN
Scale of feet
Henry V Hubbard • Francis Y Joannes • Francis H Bulot
Landscape Architect Architect Sanitary Engineer
March 1918
Commercial
Station Square
Community Garage
Playfield
Hilton Square
Warwick County Road
Church
Community Building
Park
James — River

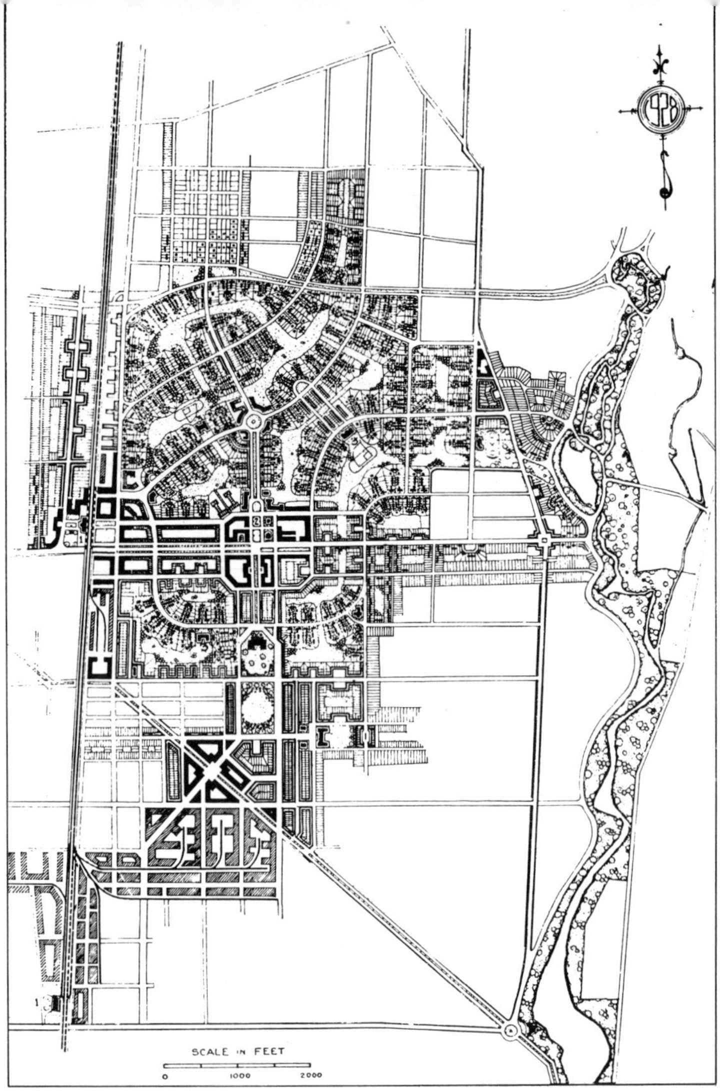
SCALE IN FEET
0 1000 2000

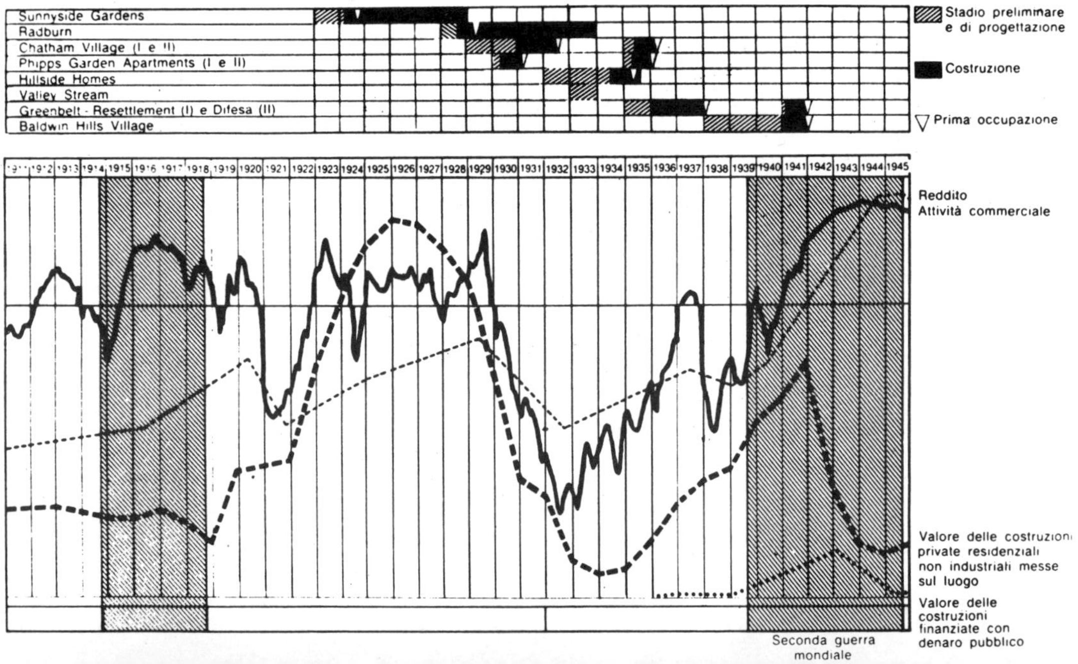
Sunnyside Gardens
Radburn
Chatham Village (I e II)
Phipps Garden Apartments (I e II)
Hillside Homes
Valley Stream
Greenbelt - Resettlement (I) e Difesa (II)
Baldwin Hills Village
Stadio preliminare e di progettazione
Costruzione
Prima occupazione
1912 1913 1914 1915 1916 1917 1918 1919 1920 1921 1922 1923 1924 1925 1926 1927 1928 1929 1930 1931 1932 1933 1934 1935 1936 1937 1938 1939 1940 1941 1942 1943 1944 1945
Reddito
Attività commerciale
Valore delle costruzioni private residenziali non industriali messe sul luogo
Valore delle costruzioni finanziate con denaro pubblico
Seconda guerra mondiale

图 355 哈伯德，乔安尼斯，布洛特：宾夕法尼亚州，希尔顿村总平面图，1918 年

图 356 C·斯坦，H·赖特，阿克曼：新泽西州，拉德伯恩住宅开发区规划，1928—1933 年

图 357 1911—1945 年住宅开发区和新城的建筑质量与建造时间关系图

图 358 C·斯坦：纽约，菲浦斯，花园公寓，1930 年

1928—1933 年间所建的位于新泽西州拉德本(Radburn)的住宅区中，设计者通过应用克拉伦斯·佩里的邻里单位概念及有着明显区别的道路网与绿地，使居住类型的试验为花园郊区的概念提供了新的解释。尽管在建筑形式中插入了相当多在该住宅区内部使用的特定符号，设计者们还是希望把这个规划应用到整个城市中，不过，就现在所知，这一愿望仅在邻近的有限地区实现了。虽然 1929 年的危机终止了这一类的许多工程，但这些冒险实验中的成功实例还是为 RPAA 的成员在 30 年代的工作中提供了良好的机遇。在建于 1930 年的纽约城的菲普斯花园公寓中，斯坦参考了荷兰和维也纳的范例，这与亨利·赖特对类型学的研究一样，进一步证明了这个知识分子团体在文化上引人注目的开明思想。

RPAA 在工作中所确立的方向使它在 1920 年代的美国开始为人所知。接着就成立了许多区域规划组织，其中有成立于 1922 年的洛杉矶区域规划委员会，旧金山区域规划协会，以及费城三州地区(Tri-State District)区域规划联盟，领导者是布莱克(Russell van Nest Black)。从技术的层面上讲，RPAA 以其对大城市不加选择的扩散造成的浪费所持的激烈反对态度，以及对通过有机和平衡的规划来达到回归社区价值观所抱的信念，无疑抢在新政之前便做出了确定的选择，但它还是谴责自己在 20 年代和 30 年代再度出现的城市集中化中，仍然只停留在这一爆炸性大发展的边缘。RPAA 所持的理论由于太复杂而无法简单地定义为反城市理论，这个理论其实完全是一个乌托邦，而它的革命性也因为对过时的文化传统的怀念而受到局限。

但这些并未阻止 RPAA 的成员们，特别是刘易斯·芒福德，以其敏锐的批判性眼光认识到 1920 年代区域规划中那些雄心勃勃的建议的重要性。这个区域规划指的是由一个私人团体，拉塞尔·塞奇基金会(Russel Sage Foundation)赞助的纽约区域规划，它由一批著名的技术与行政管理人员在英国人托马斯·亚当斯(Thomas Adams)的指导下进行工作。完成于 1923—1931 年间的这个纽约及周围地区规划，无论在理论上还是在方法上都与纽约州年度报告中所阐述的观念相左。这个由有名望的建筑师、技术人员、行政管理人员及城市学家参加设计的亚当斯规划，反映了参与城市规划的私人投资者的选择。考虑到它打算付出的巨额投资，它所使用的宣传技巧，以及它鼓动私人企业的哲学，拉塞尔·塞奇基金会可称得上是芝加哥商务俱乐部(Commercial Club of Chicago)合格的继承者。基金会的慈善与财政目标从 1909 年始建的浪漫居住区森林山花园(Forest Hills Garden)的建

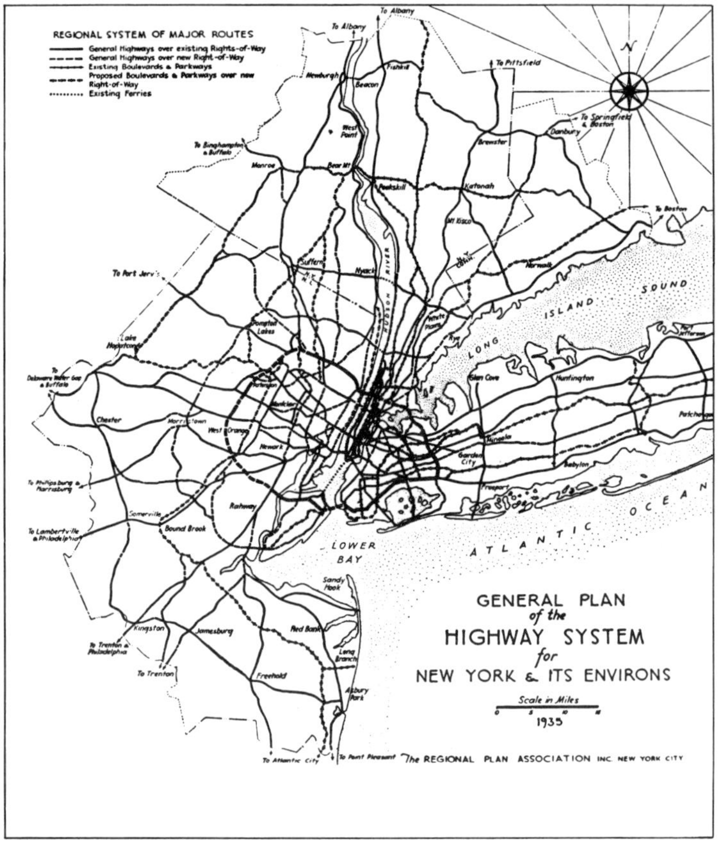

图 359　鲁塞尔·塞奇基金会与区域规划协会：设想有高速公路系统的纽约及其周边环境区域规划，始于 1923 年

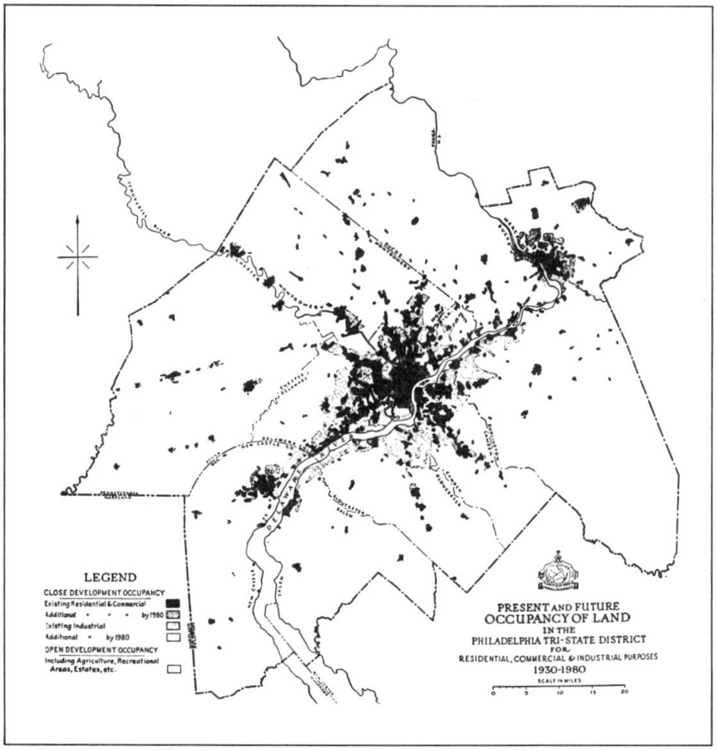

图 360　R·V·N·布莱克：费城三州交界区的现状和未来土地使用区域规划图，1932 年

设中就可以看出来。而亚当斯规划正是基金会这种姿态的明确后果，正如休·费里斯(Hugh Ferriss)所称，强调了对未来的美好向往。虽然这个基金会在纽约区域发展规划中，把二千万居民当成了发展的极限，但他所提出的建议还是有着明显的进步特征。这些建议并不与现存制度相矛盾：他们在提倡将高度拥挤地区的密度降到适当程度的同时，也建议建立新的分散的第三产业中心；他们支持发展郊区的一贯方针，但也接受摩天楼作为城市集中的典型表述。在立法的层面上，他们赞成在分区制中的限制性政策，并建议政府对清除贫民窟的工作加以监督；他们将一切希望都寄托于私人交通系统大规模扩张以及随之而来的基础设施的完善上。然而，虽然这个规划试图制约第三产业的集中，但这个规划中所包含的内容对于有效缓解城市的拥挤状况而言却并不那么令人信服。同时，亚当斯模糊的民主理想也伪装了他的建议有非政治性特征，实际上，他的建议只是被动地如实反映了当时的制度与规范状况。

像卡斯·吉尔伯特(Cass Gilbert)、H·W·科贝特(Harvey Wiley)和马克斯韦尔·弗赖伊(Maxwell Fry)这些建筑师在规划设计中仅有点缀性的介入，这在基金会的出版物中已得到证明，这一点加上基金会出版物中休·费里斯那些令人钦佩的透视图，都显示出纽约区域规划的真实特点：它是以理论上的假设为基础的一种倒退，它无法在它想控制的长时期中有效地实施。正如芒福德所指出的(但并非特意针对该问题而言)，要想对现实的大都市产生影响，就需要有“不一样的”政治视野、非常不同的区域概念以及更复杂的哲学。然而，该规划中所包含的想法，如弗赖伊设计的摩天楼，由 G·福特(G. Ford)提出的高层住宅街区，以及克里斯蒂－福尔塞斯林荫道等项工程，还是说明它考虑了 20 年代时对第三产业结构与摩天楼类型发展的研究。

在战后再次起步的建筑工业遇到困难的状况下，1922 年举行的新芝加哥论坛报大厦国际设计竞赛显得尤其重要。这是欧、美建筑师之间的第一次正式交流，并且是在前者并不熟悉的环境之中进行的。最令人感兴趣的竞赛方案有两种截然不同的倾向，但它们的对峙暗示了许多东西。像德拉蒙德(Drummond)和格里芬(Griffin)这样的建筑师关心的是有机的价值观，他们的设计属于老式“草原学派”(Prairie School)；而利平科特(Lippincott)和比尔森(Billson)，或是哈丁(Harding)和较年轻的博伊德(Boyd)则期望对 1920 年代后期的建筑方向进行探讨。约翰·M·豪威尔斯(John Mead Howells，1868—1959 年)和雷蒙德·M·胡德(Raymond M. Hood，1881—1934 年)设计的获奖方案所

图 361 区域规划协会:图表显示了1924 年、1932 年、1940 年每天进入曼哈顿的人数

图 362 C·吉尔伯特:纽约,渥尔华斯大厦,1911—1913 年

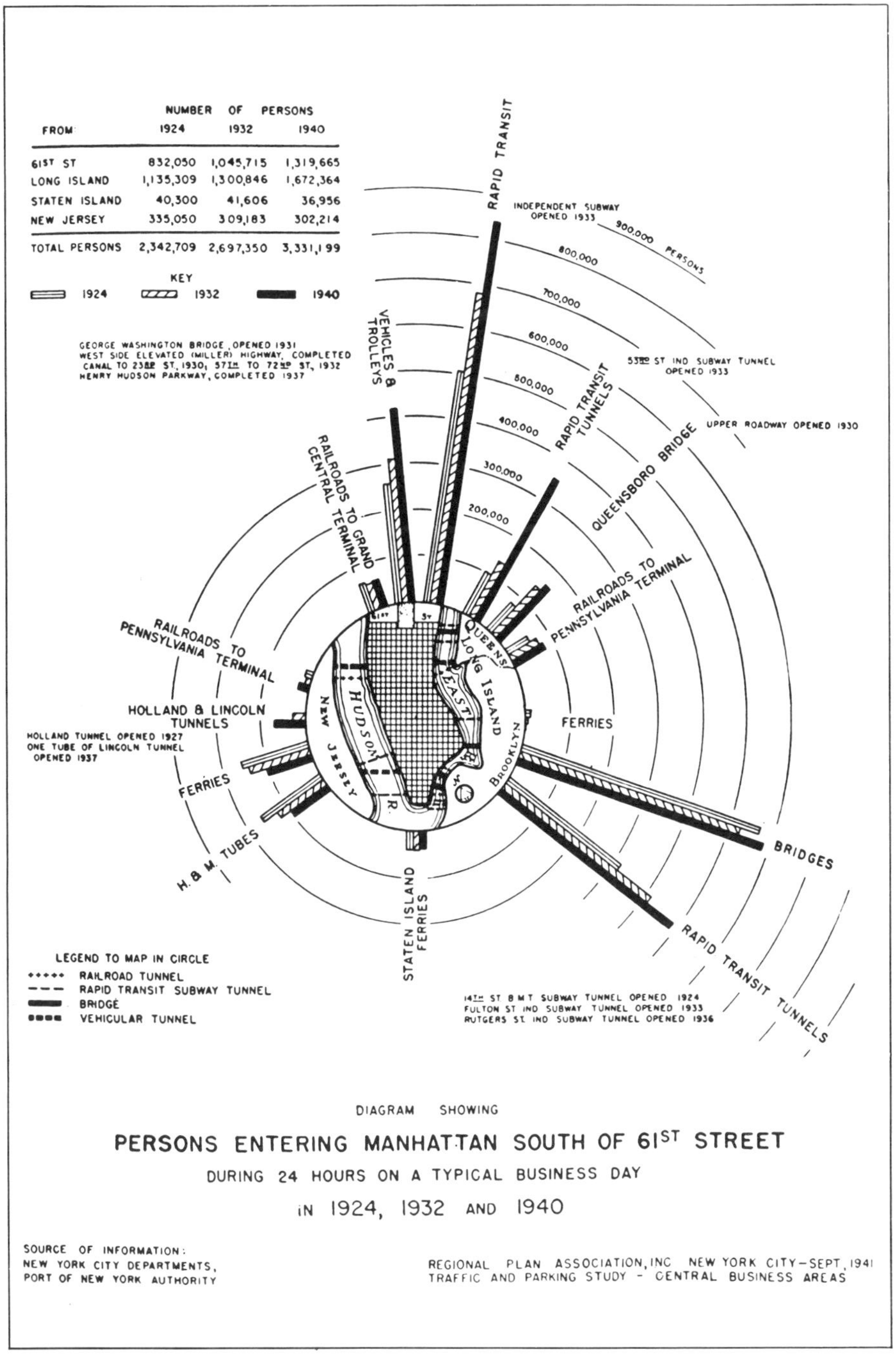

NUMBER OF PERSONS
FROM 1924 1932 1940
61ST ST 832,050 1,045,715 1,319,665
LONG ISLAND 1,135,309 1,300,846 1,672,364
STATEN ISLAND 40,300 41,606 36,956
NEW JERSEY 335,050 309,183 302,214
TOTAL PERSONS 2,342,709 2,697,350 3,331,199
KEY
1924 1932 1940
GEORGE WASHINGTON BRIDGE, OPENED 1931
WEST SIDE ELEVATED (MILLER) HIGHWAY, COMPLETED
CANAL TO 23RD ST., 1930; 57TH TO 72ND ST., 1932
HENRY HUDSON PARKWAY, COMPLETED 1937
RAPID TRANSIT
INDEPENDENT SUBWAY OPENED 1933
900,000 PERSONS
800,000
700,000
600,000
400,000
300,000
200,000
53RD ST IND SUBWAY TUNNEL OPENED 1933
UPPER ROADWAY OPENED 1930
VEHICLES & TROLLEYS
RAPID TRANSIT TUNNELS
QUEENSBORO BRIDGE
RAILROADS TO GRAND CENTRAL TERMINAL
RAILROADS TO PENNSYLVANIA TERMINAL
RAILROADS TO PENNSYLVANIA TERMINAL
HOLLAND & LINCOLN TUNNELS
HOLLAND TUNNEL OPENED 1927
ONE TUBE OF LINCOLN TUNNEL OPENED 1937
FERRIES
FERRIES
H. & M. TUBES
STATEN ISLAND FERRIES
BRIDGES
RAPID TRANSIT TUNNELS
NEW JERSEY
HUDSON R.
EAST
QUEENS
LONG ISLAND
BROOKLYN
LEGEND TO MAP IN CIRCLE
RAILROAD TUNNEL
RAPID TRANSIT SUBWAY TUNNEL
BRIDGE
VEHICULAR TUNNEL
14TH ST B.M.T. SUBWAY TUNNEL OPENED 1924
FULTON ST IND SUBWAY TUNNEL OPENED 1933
RUTGERS ST. IND SUBWAY TUNNEL OPENED 1936
DIAGRAM SHOWING
PERSONS ENTERING MANHATTAN SOUTH OF 61ST STREET
DURING 24 HOURS ON A TYPICAL BUSINESS DAY
IN 1924, 1932 AND 1940
SOURCE OF INFORMATION:
NEW YORK CITY DEPARTMENTS,
PORT OF NEW YORK AUTHORITY
REGIONAL PLAN ASSOCIATION, INC NEW YORK CITY—SEPT. 1941
TRAFFIC AND PARKING STUDY - CENTRAL BUSINESS AREAS

造成的最深远的后果是导致芝加哥学派的结束。这个世纪最初20年出现的折衷主义方案越来越强调摩天楼的主题:与对功能性问题持续增长的关心相伴随的则是对所使用的建筑语言的不重视。卡斯·吉尔伯特设计的纽约渥尔华斯大厦(1911—1913年)极好地说明了这一现象。这座大厦盲目地使用了新哥特式风格,这使它所运用的最先进的技术手段变成了一场滑稽戏。但是吉尔伯特在渥尔华斯大厦中开创的根据功能安排空间的方式是成功的,这也就是为什么豪威尔斯和胡德在芝加哥论坛报塔楼的设计竞赛中也选择了这一方式,而这次竞赛对其他许多建筑师来说,却成了放纵、讽刺与表达矫揉造作的美国式的机会。获奖设计凭借有效的技术手段和熟练的风格技巧,理所当然地获得了成功。

在这次竞赛中,来自欧洲的应征方案中充满了个性化和文化上的暗示,这一点很重要,这些欧洲建筑师们不像同时代的美国同行们那样敢于面对问题。在竞赛所使用的象征性主题中最重要的是圆柱,阿道夫·路斯以最暧昧而又使人印象深刻的态度解释了这一点。在讲究效率、秩序和无历史形式的前提下,路斯巧妙地在装饰与克制之间取得了平衡,显示了其高超的技巧:这些建筑词汇之间的差别可以衡量彼此疏远的人们心中的向往,也可以衡量形式的差别以及在他的设计中表现都市人的觉醒。但是在路斯设计的摩天楼中,多立克柱式所具有的悲剧性格在他的欧洲同行中间只是一个孤立的插曲。在德国的后期表现主义设计以及格罗皮乌斯或M·陶特的严谨的作品中,再次出现了一种象征的倾向,即希望能对建筑单体的局限性及其交流能力的日渐匮乏有所补偿。只有希尔伯施默的方案表现出完全不同的姿态:他的作品中没有任何同别的建筑类似的怀旧式的表现,它只传达自身的逻辑。

伊利尔·沙里宁(Elied Saarinen)赢得了二等奖,他的设计在欧洲建筑师们的试验中属于中间路线。体量与外部形式的完美结合,以及通过象征表达出来的对城市环境的尊重,使他的设计获得了路易斯·沙利文的赞扬。他设计的望远镜式的结构在一片连续的变形形体中展开,这些变形的形式为在城市心脏地区重新引入有机概念的尝试赋予了一种勇气。这就是为什么沙里宁毫不犹豫地对竞赛条款本身提出了批评,对他来说,这样一座摩天楼应该是组织起整个城市结构的元素。这种直觉是他1923年为芝加哥湖滨地区改造所做的方案的基础(在此期间他定居在美国)。在这个设计中他改变了自己在20世纪10年代的城市规划中所使用的方法,这种方法在1909年的伯纳姆的规划中已有所表现。他的目的在于通过以激进的手段使交通体系合理化,从而解决随着芝加哥闹市区的发展而产生的问题:芝加哥闹市区强调的是新功能与步行者,而不是汽车与交通,与此新概念相联系的则是间距很大的摩天楼与地下停车设施。换句话说,这是为一个完整的城市地区所做的规划,它回到了最初出现于芝加哥论坛报大厦设计以及城市美化运动中的观点,它是在一个巨大而不同寻常的尺度上所做的"城镇设计",它将第三产业集中成超常规结构的新形态来作为合理化的手段。这种方法论装扮成一种乌托邦式的意识形态,以否定房地产投资者的经济体制。要"赋予形式以意志",即要确定形式法则,这对于市场和效益的规律来说,再次显得不切实际。然而,沙里宁在为底特律(1924年)河边地带所做的方案中提出了类似的东西,在此,他再一次试图以与1922年方案相同的"英勇"气概从自然环境中显出摩天楼的形式。另一方面,沙里宁所作的摩天楼在城市景观中表示出一种迷人的感觉,能紧紧吸引观众。作为整个城市布局中的重要因素,摩天楼是城市扩大的标志:完全没有理由把摩天楼的世界孤立起来。

在1925—1931年间的大萧条时期,为了使混乱的建筑活动复古思潮重建"规则",摩天楼逐渐成了都市发展的主角。芝加哥论坛报大厦设计竞赛,与欧洲日趋频繁的接触,沙里宁思想中的迷人之处,所有这些都对1925年以后形成的方法有着决定性的影响,同时,正如赫尔姆莱(Helmle)和科贝特(Corbert)著作中的实例所说明的(该书出版于1923年),新的建筑类型是由分区制决定的。1925年,在艺术学院组织的柏林展览会上,科贝特和A·博瑟姆(Alfred Bossom)向欧洲人展示了美国建筑最重要的成果,1923—1926年间在纽约建起的商业性摩天楼非常多。由麦肯齐(Mckenzie)、沃里斯(Voorhees)、格梅林(Gmelin)和沃克(Ralph Walker)设计的巴克利－维齐(Barclay-Vesey)大厦,肯定受到了沙里宁的芝加哥论坛报大厦方案与德国后期浪漫主义的影响,而E·J·卡恩(Ely Jacques Kahn,1884—1972年)设计的保险中心大楼(Insurance Center Building,1926—1927年)则是对分区制所暗示出的类型学的清楚说明。卡恩是纽约最活跃的建筑师之一,他在1925—1931年间做了大约三十个工程,其中最著名的是派克大道200号的办公楼(1927年)和斯奎布大厦(Squibb Building,1929—1930年)。

在纽约,阿姆斯特丹学派的试验,维也纳的教训,及令人愉快的表现主义口味逐渐与多少来自于赖特的本土的建筑语言及讽喻的想法融合在一起。除此之外,1925年巴黎博览会后装饰艺术风格占据了

图 363　W·德拉蒙德：芝加哥论坛报大厦投标方案，1922 年

图 364　L·希尔伯施默：芝加哥论坛报大厦投标方案，1922 年

图365　伊利尔·沙里宁：芝加哥湖滨地带的改建方案，1923年

主导地位，并被立刻移植到欧洲前卫风格之中。像钱宁大厦（Chanin Building，1927—1930年）这样的大型建筑物成了精致与折衷建筑的原型，该大楼由斯隆（J. Sloan）和罗伯逊（M. T. Robertson）设计。都市建筑的大厅与尖顶像是1920年代经济扩张的赞美诗，大都市变成了一台奇妙的集体舞蹈。它们的装饰与讽喻的主题深化了价值观与图像，也易于被严格的经济和技术因素所制约的方案采纳。可以理解的是，像胡德这样一些建筑师的哲学只不过是价值对利益的简单陈述而已。同样可以看到的是摩天楼逐渐被用于新的与不寻常的功能：J·M·豪威尔斯设计的泛希腊大楼（1927年）是第一座摩天楼公寓，它的原型是沙里宁的试验以及第63街上的公寓住宅，该街位于派克大道与麦迪逊大道之间，公寓的设计者是亨利·丘吉尔（Henry Churchiu）和H·李普曼（Herbert Lippmann）；赫尔姆莱、科贝特、哈里森（Harrison）和休格曼（Sugarman）、伯吉（Berger）在他们的技工协会大厦（Master Institute，1928—1929年）中尝试了经过适度的表现主义变形的多功能结构。装饰艺术风格建筑很容易适应变化多端的状况。其古怪的装饰恰好是大型连锁店建立公共形象所需要的，而它潜在的巨大的象征能力也正适合于大型企业与公共建筑。奢华的室内，对竖向与高度的强调，以及第一流材料的使用，这一切都为身处混乱衰退与消费都市中的大众带来了新的品味与质量。威廉·范艾伦（William Van Alen）的克莱斯勒大厦（Chrysler Building，1928—1930年）是这变态都市的最后呻吟：机器的主题与表现主义细部不同寻常地融合，在三角形大厅和奇异的尖顶上达到了高潮，建筑师在此使用了层叠的拱券，并将该公司汽车产品的细部放大到巨大的尺度，从而塑造出了机器时代的怪兽装饰。

由施里夫（Shreve）、拉姆（Lamb）和哈蒙（Harmon）在1930—1931年间设计的帝国大厦是克莱斯勒大厦的平庸翻版，它将与众不同的标新立异要求和对数量与尺度的崇拜紧密结合在一起，以自身的高度从一开始就成为扩张时代那种傲慢态度的标志，而这个时代正在令人绝望地走向大萧条时代。装饰艺术风格的摩天楼力图掩盖这样的事实，即在全球城市表现虚假繁荣形象的倒退潮流中，它们是技术的产物或已开始通向了迷人的技术世界，只表现它们特殊的商业功能。因此，RCA大厦华丽的装饰，或是布里肯娱乐场（Bricken Casino）大厦表现破碎的几何体逐走了机器的诗意，前者由克罗斯兄弟（Cross and Cross）设计，后者则由E·J·卡恩设计。但是在20年代后期，爵士风格的摩天楼似乎已预示出了一种巨大的转变。

图 366 麦肯齐公司(设计人为 R·沃克):纽约·巴克利－维齐大厦,1923—1926 年

图 367 斯隆等设计:纽约,钱宁大厦,1927—1930 年

图 368　斯隆和罗伯逊：钱宁大厦正立面的细部，1927—1930 年

图 369　赫尔姆莱，科贝特，哈里森，休格曼和伯吉：纽约，技工协会大厦，1928—1929 年

图 370 B·伯克利(舞蹈设计者):电影《第 42 大街》中的舞蹈片断,1933 年

1929—1930 年胡德的每日新闻大厦(Daily News Building)标志着折衷时代的结束。装饰性的成分削弱到了仅是镶嵌在入口上方的板块,这象征性地宣告了扎根于人间的摩天楼城市的出现;另一方面,缺乏变化的竖向连续窗带则构成了这类建筑物的特征。从这个角度讲,每日新闻大厦与胡德 1929 年做的乌托邦方案"曼哈顿 1950 年"之间有着密切的联系,这个乌托邦方案主要包括许多桥式的住宅,共可容纳三百万居民。这些桥跨越哈德逊河与东河,最后汇聚成许多组团的摩天楼。但是,显示出与欧洲先锋派的交流起到了比较重要作用的是下一个建筑,胡德1930—1931年的麦格劳－希尔大厦(McGraw-Hill Building),它的直接先驱是由霍尔姆(Lönberg Holm)设计的芝加哥论坛报大厦方案以及由 F·L·赖特在芝加哥为国家人寿保险公司(National Life Insurance Company)设计的板式大楼。麦格劳－希尔大楼简洁的结构有着重要的意义。设计者在此故意使用了前卫风格的习惯语汇和门德尔松的怀旧设计使大厦为公众形象服务。在宽宽的带形窗后面隐藏结构成了预示即将来临的外墙面的消失,以及将其取而代之的是连续的玻璃幕墙。

每日新闻大厦和麦格劳－希尔大厦是矗立在新开发地区的两座孤立的桥头堡。只是到 1931 年至 1940 年间洛克菲勒中心建成,摩天楼才成为整个城市体系中的主角,成为普遍秩序的一个组成部分。洛克菲勒中心包含了建筑业组织引人注目的变化。从那以后,这些企业与摩天楼的装饰艺术风格仍在使用过时的纯艺术形象之间便不再有共同之处。小洛克菲勒为了对普遍的经济衰退做出积极的反应,他回到了 B·W·莫里斯(Benjamin W. Morris)在 1926 年到 1928 年间为大都会歌剧院公司所提出的想法,并巧妙的利用了大萧条所带来的有利形势,发起了一项大规模的不动产业务,建筑业的改变正始于此时。要感谢当时产品的低价格,这使洛克菲勒在将相当一部分资本转入这样一项操作时获益匪浅。如果将他的姿态看作是一个关心危机中的国家集体命运的企业家的姿态,那他就是在已经升值的纽约房地产市场内部发起了一场真正的斗争,他将自己的全部经济实力投入了市场,以确保对市场的控制。这项工程的巨大规模需要有高度专业化的管理组织及设计纲要。每一个方面都要服从严格的经济控制,并且与此概念有关的所有建筑和设计都被分成好几个部分。由莱因哈德、霍夫迈斯特、哈里森和麦克默里、胡德、戈德利(Godley)和福尔霍克斯(Fouilhoux)、科贝特等人组成的顾问建筑师委员会,在一切管理部门都发挥作用,即使这一部门已委托给有关专业的公司。建筑上的选择与经济上的前景紧紧相连,形式与观念受到严格限制。由胡德设计的中心广场及空中花园是洛克菲勒中心工程的核心地区,它的处理方式是这种态度的典型。这里的建筑不得不采用纯净的设计手法,而结构与基地的选择则取决于相关经济因素所占的比例,比如 1935 年建的国际大厦(International Building)就因可出租空间的问题而更改基地。实际地讲,建筑师们只有在考虑到十四座大楼的整体布局与外观形式时才能发挥作用,这十四座大厦中占支配地位的是 RCA 大厦,它的设计又回到了每日新闻大厦那种强调垂直线条的方法。

虽然迷人的装饰能使裸露的形式显得生动,但实际上设计者刻意

图 371　W·范艾伦：纽约，克莱斯勒大厦，1928—1930 年

图 372　胡德和豪威尔斯：纽约，每日新闻大厦（中间一座），1929—1930 年

图 373　E·J·卡恩：纽约，派克大道200号大厦，1927年(图左)；施里夫·拉姆和哈蒙：纽约，帝国大厦，1930—1931年(图右)

图 374　R·M·胡德：纽约，麦格劳－希尔大厦，1930—1931年

图 375　E·J·卡恩：纽约，布里肯娱乐场大厦，1930—1931 年

图 376　R·M·胡德："曼哈顿 1950 年"方案，1929 年

图 377—379　莱因哈德、霍夫迈斯特、科贝特、哈里森和麦克默里、胡德和福尔霍克斯等人：纽约，洛克菲勒中心透视研究，空中花园设计及鸟瞰，1931—1940 年

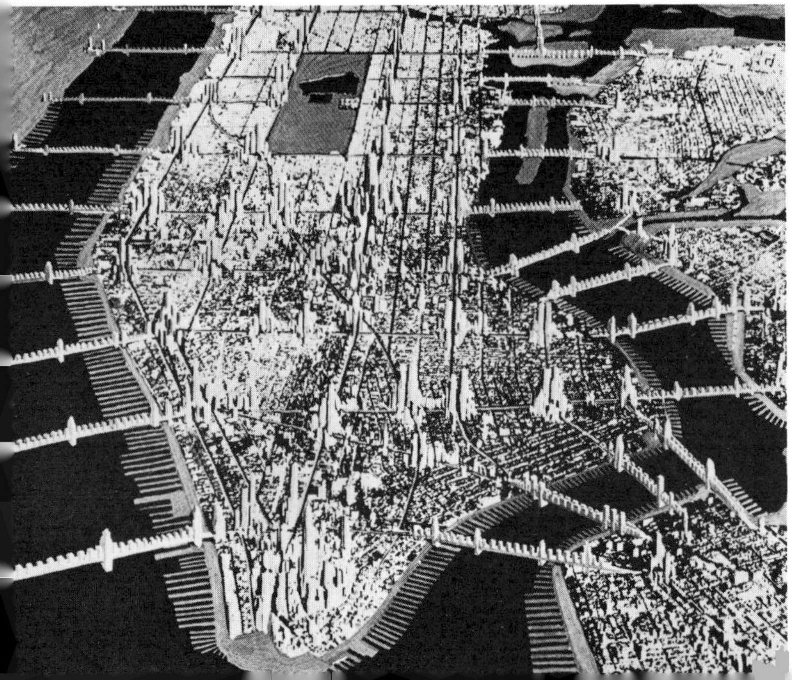

KLM

强调的这一建筑群的巨大尺度已弥补了形式的贫乏。因此在这组建筑群中,即使只是下沉广场这样一个单一的组成部分也能代表它的整个特征,下沉式广场经历了无休止的修改,直到地铁入口的建成和溜冰场功能的确定才通过方案。在1930年代的最后几年,人们认真考虑了在现代艺术博物馆(由斯通和古德温设计并在1939年落成)和联合出版大厦之间建造第二个广场,以完善洛克菲勒中心的整个设计,并将城市的这个地区建成为令人难忘的文化中心。这些高质量的建筑可以提高这个当时还处于拥挤地区外围的建筑群的价值,它所达到的社会目的对于城市中心所赖以存在的房地产投机动机而言是一种值得赞赏的补偿。然而这个方案最终也只是停留在图板上。小约翰·D·洛克菲勒的进步思想和新政的主张一起倒退了:市场需求与集体需要之间的融合依然只是一个梦想。评论家认为市中心的想法并未能超越沙里宁的乌托邦,也没给胡德已做过的试验增加什么东西。这也附带说明了把城市中心区的改造从乌托邦变为现实确实是一个专业化的过程:在资本家组织的最高层你会发现劳动分工的最极端的形式,而这些分工部门彼此之间又只有层级关系而没有交流。建筑设计保留已久的特点如今只剩下了尺度。建筑也只不过是"无关紧要的意识形态"。

不过站在严格的建筑立场讲,1920年代的摩天楼,胡德的简化,以及像R·诺伊特拉,鲁道夫·M·欣德勒和阿尔伯特·康这些人所做的试验为美国建筑思想中对形式的看法带来了决定性的新生,而此时正是美国思想与学院派风格和新哥特式传统之间的联系日益削弱的时候。但克拉姆(Ralph Adams Cram)和古德休(Bertram Grosvenor Goodhue)仍然在他们的作品中炫耀着这些传统。由G·豪(George Howe,1886—1955年)和莱斯卡兹(William Lescaze,1896—1969年)在1929—1932年间所建的费城储蓄基金会(Philadelphia Savings Fund Society)大厦是个有代表性的实例。它的创新既与功能也与类型有关。各种不同功能的分布方式决定了大楼与街道网之间特别的连接方式,这正是典型的理性主义者的语言。对功能性元素的处理方式取决于房屋的种类,例如可以把出现在主要体块之前的电梯间处理成入口;基座将两个分开的"L"形体块连在一起,这就形成一个向公共通道开放的统一形体。建筑的外表面消失在竖向重复的窗带中,整个建筑构成了一幅紧凑简洁的图画,既微妙又引人注目。这个独立的摩天楼再现了高层建筑独有的特点,设计者以纯粹建筑的,并且是适合于技术要求的方式将各个组成部分组织到一起。豪(Howe)和莱斯卡兹(Lescaze)因此而超越了胡德的成就。他们在1930—1931年间所做的纽约现代艺术博物馆方案似乎是明显地重温了构成主义的试验,而他们1931—1932年为纽约克里斯蒂-福赛思林荫道所做的重建规划,则显示出在美国很少见到的城市规划理念及对勒·柯布西耶和荷兰理性主义者试验的关心。

人们可以将阿道夫·梅耶和格罗皮乌斯合作的芝加哥论坛报大厦方案,以及R·诺伊特拉发表于1923年的名为《繁忙城市的重建》(Rush City Reformed)的想像方案和柯布西耶的例子都可看成为豪和莱斯卡兹的作品的先例。美国的建筑师们当时已准备吸收国际理性主义的通常语汇了,他们通过欧洲移民,首先是维也纳人,如瓦格纳以前的学生乌尔班(J. Urban),以后则是德国人[1],至少已部分地学到了这种思想。

在这个大背景中,理查德·诺伊特拉(Richard Neutra,1892—1970年)起到了非常特别的作用。要想确切指出他在洛杉矶所做的著名作品中——1927年的花园公寓,1929年的洛弗尔住宅(Lovell House),1935年的科伦纳大街学校——究竟哪一处导致了欧洲式途径的传播是困难的,要说明美国的经验在多大程度上影响了这位早年与路斯和门德尔松关系密切的奥地利人也是困难的,他在自己的著作《怎样建设美国》(1972年)中研究了赖特的作品并小心翼翼地提到了美国的影响。从他作品纯净清晰的体量中人们的确可以看出他为恢复美国本土价值观所做的深思熟虑的努力。对环境的关心,受心理学启发而使用的空间基本元素,以及对技术细节的精确考虑使他的作品非常暧昧。正如诺伊特拉在著作中暗示了,而欣德勒又加以强调的,这些具有欧洲背景的建筑师的优点在于他们精确地发挥了美国建筑中多用途建筑类型的技术与结构潜力,而这些正是学院派传统思想在建筑中尽力掩盖的。

鲁道夫·M·欣德勒(Rudolph M. Schindler,1887—1953年)甚至比诺伊特拉更坚持这一点。在1917年到1920年间与赖特合作后,欣德勒在洛杉矶开办了自己的事务所,并将主要精力放在了私人住宅的设计上。尽管他与赖特的私人关系水火不相容,但在他的作品中,橡树园事务所那段经历仍构成了他自己的原创性方法的基石,并使他潜心于预制配件体系的研究。他在1930年代所使用的建筑语言将赖特的语句结合进了一种极端个性化的构成主义语法之中,这段时期他也在与诺伊特拉合作,他们一起设计了国联总部(League of Nations)竞赛方案(1927年),该方案以对体量大胆而违背常规的处理而闻名;他在

图 380　乔治·豪和威廉·莱斯卡兹：纽约，现代艺术博物馆方案，1930 年

图 381，图 382　乔治·豪和威廉·莱斯卡兹：纽约，克里斯蒂－福赛思林荫道的重建规划，1931—1932 年

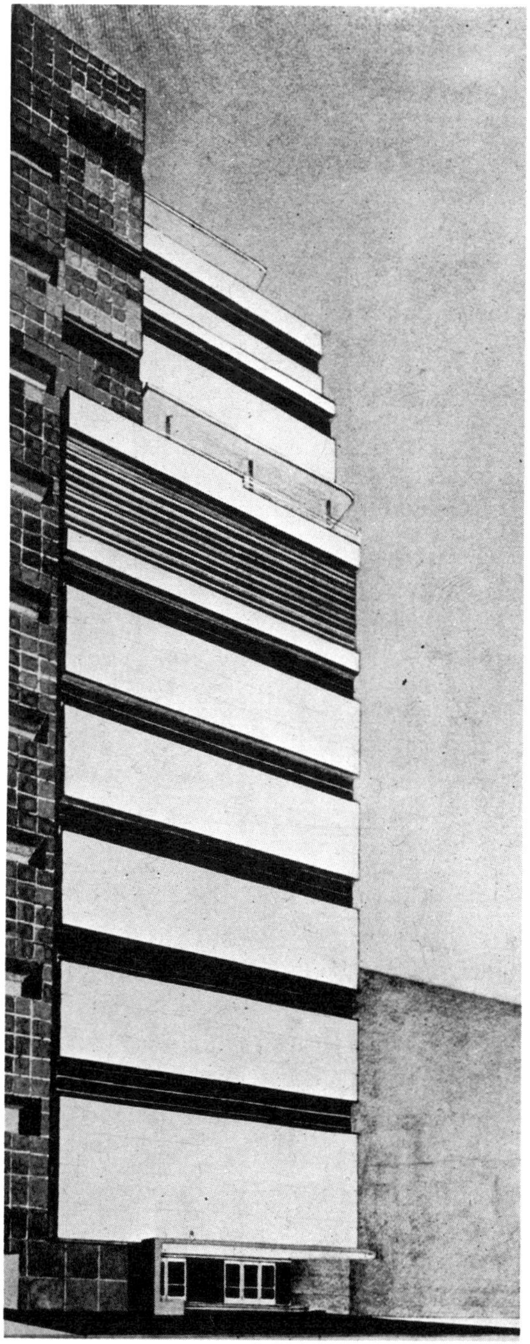

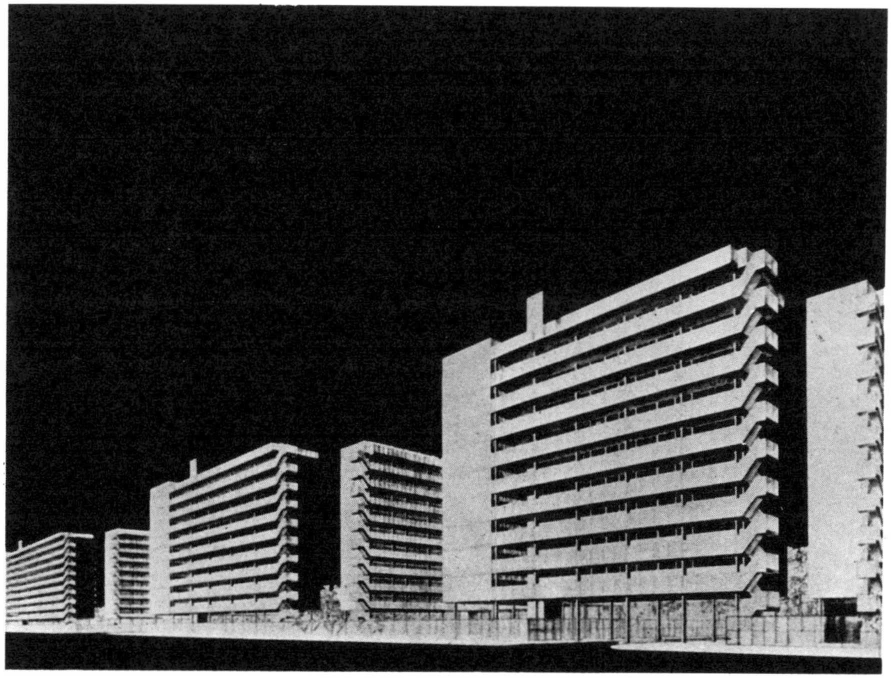

图 383，图 384　R·诺伊特拉：《繁忙城市的重建》中的方案，1925 年

图 385　A·康：密歇根，食品工厂，1922 年

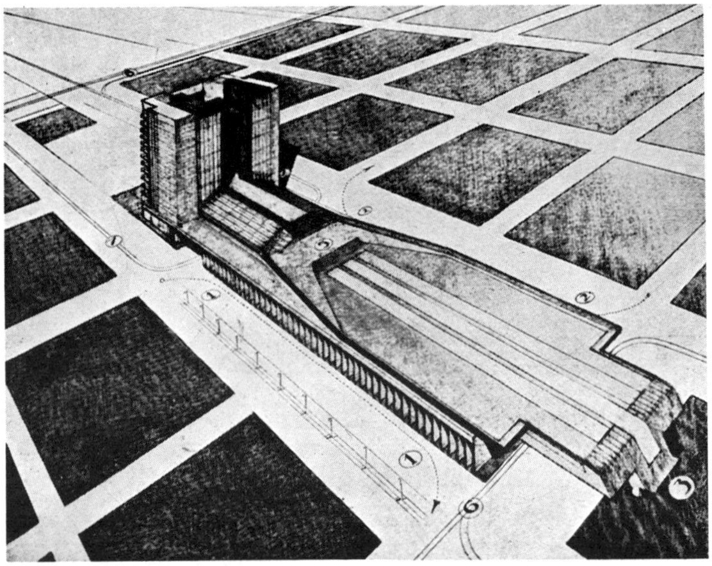

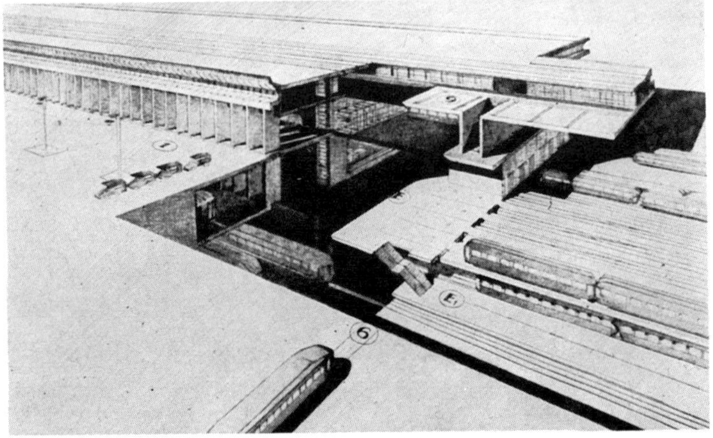

那些年里所设计的小别墅很清楚地表现了他的语法，这些别墅的外墙大部分面积都开有窗户，这也反映出某种新造型主义者的态度。另一方面，他在加利福尼亚州纽波特比奇的洛弗尔住宅(1926 年)，或是洛杉矶的沃克住宅(1935—1936 年)中，对盒子状结构体所做的强有力的处理则是希望将打碎的体块融入自然环境中：因此他的空间处理手法仍然是在有机的方法和前卫的理念之间摇摆不定。

如果说来自欧洲的建筑师已尽力将两种非常不同的传统综合起来了的话，那么其意义就像诺伊特拉在《怎样建设美国》一书中阐述的观点那样，他从营造的基本技术开始，最后以对村落概念的回归而结束。欧洲的先锋派适时地接管了美国人的新思想，并对美国同行们的技术产品与工业建筑特别注意。

阿尔伯特·康(Albert Kahn，1869—1942 年)是复兴了美国的建筑语言并使之可以应付新需求的美国本土建筑师的代表，此人个性古怪，并有分裂的倾向。在他设计大型城市办公建筑时，例如底特律的通用汽车大厦(General Motor Building，1917—1921 年)，他相当谨慎地再次使用了最正统的学院派规则；但是在工业厂房的设计中，他所提供的却是美国曾经有过的最富有逻辑并且是最有意义的功能主义方案。早在 1905 年设计底特律的帕卡德工厂时，他就用复杂的技术，将裸露的本质要素组合在一起。这一设计方法在 1909 年密歇根州海兰德园(Highland Park)的福特工厂，以及 20 世纪 20 年代巴吞鲁日(Baton Rorge)的福特车间得到了进一步的发展，并在马里兰州的米德里弗(Middle River)为马丁公司所建的骨架式综合大楼中达到了顶点，该设计开始于 1929 年。

1932 年，美国建筑师得到两个重新思考并评价自己工作的机会。一个是亨利·鲁塞尔·希区柯克(Henry Russell Hitchcook，生于 1903 年)和菲利普·约翰逊(Philip Johnson，生于 1906 年)在纽约现代艺术博物馆组织的展览会，另一个则同样是这两位领导人物出版的一本非常有影响的著作《国际风格：1922 年以后的建筑》(International Style：the Architecture Since 1922)。展览会详细展示了欧美建筑作品之间的对峙，但是那本书对美国人的作为就不那么客气了，它仅谈了麦格劳－希尔大楼和费城储蓄基金大楼。在小阿尔弗雷德·巴尔(Alfred Barr，Jr.)为该书所做的序言中，显出很明显的说教意图。但是在论及历史事件时，整个解释十分武断。为从当代建筑作品中离析出某些普遍的设计原则，作者提出了一种比较简化和有局限性的分析方法，这种分析预言了并不存在的一致性，而更糟糕的是只为了易于理解，在

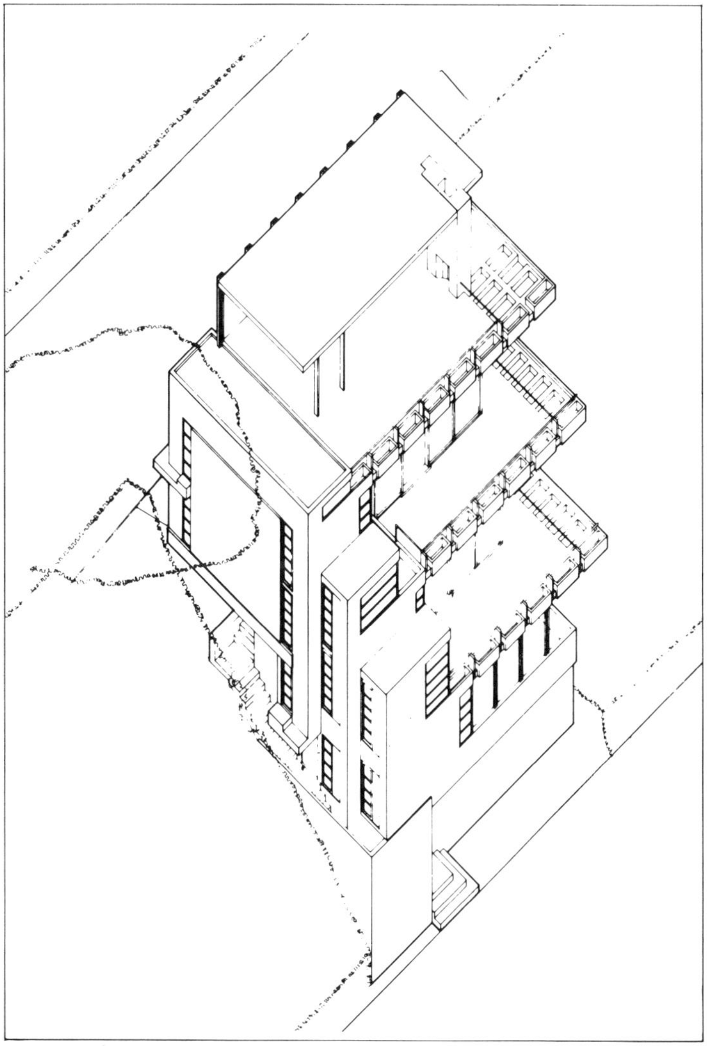

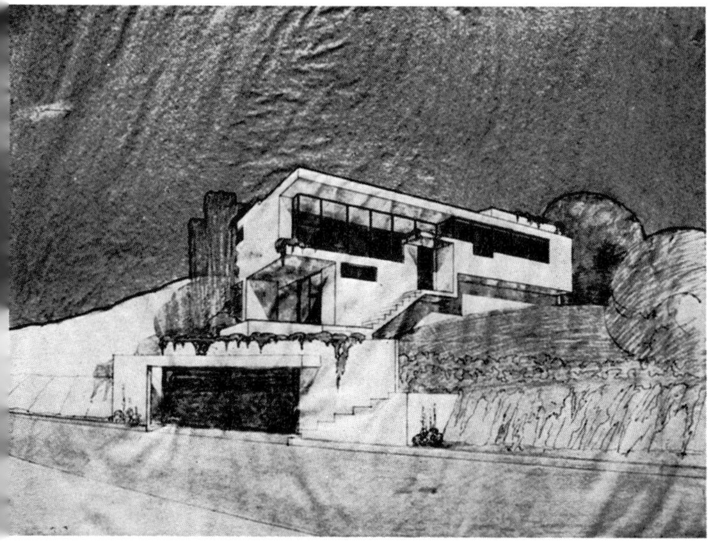

图 386　R·M·欣德勒：加利福尼亚州，沃尔夫住宅轴测图，1928—1929 年（引自《建筑与城市》，1975 年，第 59 期）

图 387　R·M·欣德勒：洛杉矶，W·奥利弗住宅，1933 年（引自《建筑与城市》，1975 年，第 59 期）

试图确定一种超历史的普通语言时，他们粗暴地对待了当代建筑多样化的特征。这样一种做法不可能维持很长时间，只能在神秘化中结束。希区柯克和约翰逊分析出来的许多原则实际上是一场坚决反对将先锋派的试验简化为一种“风格”的斗争的产物。在美国，现代建筑语言的成熟有着复杂得多的历史渊源和结构上的动机。与 1920 年代摩天楼的演进，以及胡德的作品和阿尔伯特·康的试验相比，现代艺术博物馆所做的尝试显示出它自身的极度浅薄。就像在 1893 年芝加哥世界博览会发生过的，处于巨大危机中的美国再次需要一个可以依靠的稳定的价值观：就像需要一个救生艇以再次逃离来自欧洲的巨浪。

在新政的年月里有各种不同的考验在等待着美国的建筑和城市。从表面上看，在 1930 年代美国资本主义引起的过程中，由所谓的国际风格所确定的事实正在衰败为过时的意识形态。但美国城市的建筑现实却仍在迅速地变化之中，即使有些装饰风格的摩天楼，那也只是经济集中过程中的孤例，也在无意中预示了在失去控制的投机热潮之后的大萧条。1929 年 10 月 24 日那个黑色星期四之后，整个国家陷入毫无解决办法的灾难性危机之中至少三年。胡佛村（Hoover-Villes）——移民与失业者在城郊的宿营地——是伴随着大崩溃的痛苦与绝望的象征。被没有能力对危机采取有效手段的政治机器束缚了手脚的胡佛总统，未能成功地发起任何修复被破坏的经济的计划，而更开明的资本家和进步的发言人则强调住宅的悲惨状况是整个体制崩溃的征兆。到 1930 年代的第一年，地方主动鼓励在区域规模内进行规划，规划采用了在 1920 年代早期便已在进步思想家中成为主流的观念，从而使危机中心力量的惯性得以平衡，但是越来越清楚的是一定要有公众权威和公众财政的直接监督。1932 年随着弗兰克林·罗斯福（Franklin Delano Roosevelt）入主白宫开始了新政。为回应危机所做的某种程度上还算积极的断断续续的尝试在新政的头一百天就被新政府强有力的紧急措施所取代了。罗斯福政策的基础在于提供基本条件以使工业和农业能够重新启动，而中央政府则对特定部门加以干涉，这为前所未有的理性规划和资本集中创造了条件，同时也为劳资双方建立新的关系做了铺垫；因为认识到商会所起的作用，新政策也提出了从制度上对金融市场加以控制的办法。新政撼撼了美国体制的根基，然而，智囊团（总统政策的顾问小组）的集体主义并不比强化和合理化的市场经济所引入的规划方法更有效，这种规划则可以充分控制供不应求的发展状况。这一措施的历史重要性是无可否认的：改良倾向和激进的立场都能在其中找到位置，政府机关的大量

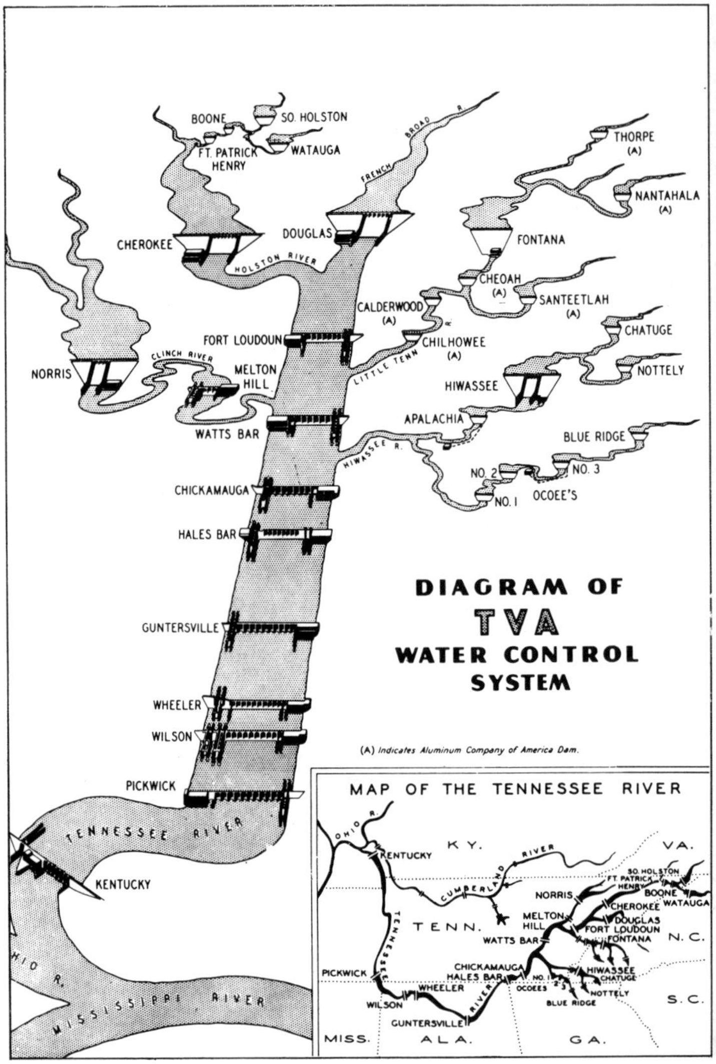

图 388　田纳西流域管理局:田纳西河流域水利控制系统示意图,始建于 1933 年

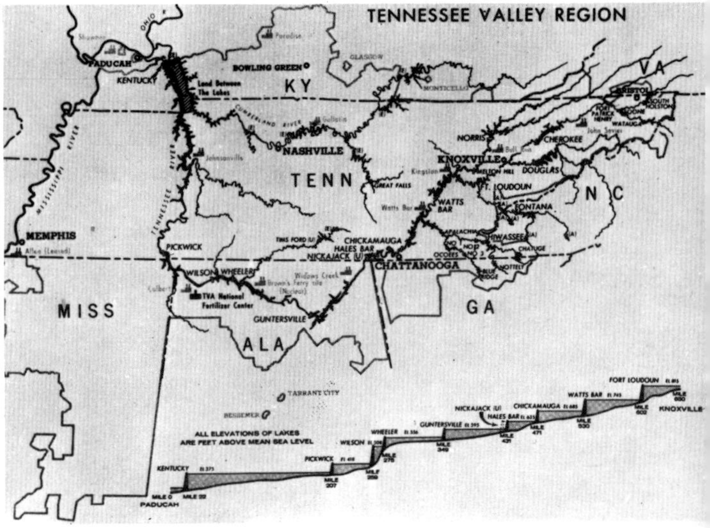

图 389　田纳西流域管理局:田纳西流域地区电力生产与分配系统,始建于 1933 年

增加,将这两种倾向都表达了出来并使之发挥了作用。

因此新政的第一个计划就是公开的反城市化,这并不令人惊奇。新政采取的最重要的措施之一是田纳西流域管理局(Tennessee Valley Authority)的建立,TVA 使得早在 1910 年代后期就已被讨论过的观念付诸实践,当时讨论这些观念的正是那些对城市无序扩张持最激烈反对态度的政治与文化团体。然而,TVA 也反映了新政规划中的局限性:他们设想新方法可以通过开发和控制能源以及重组内部航线来为广大不发达地区建立一个新的全面而合理的基础,从而使农业产品与基础设施得到发展,并刺激工业活动来开发市场,但是内部管理的困难始终笼罩着 TVA 的活动,而它也无法引起深刻的生产和社会变化,TVA 最终只能作为脱离国内环境的孤立实体而告结束。所有传播开的意识形态,蛊惑人心的宣传,和活跃在该实验周围的假民主标记,使得该实验的结果实际上是令人失望的。同时,像德雷珀(E. S. Draper)和奥格尔(Tracy Augur)所做的莫里斯镇规划这样的城市试验也没有超出地方上的老一套做法,而为城市的两极分化做的区域规划也是无足轻重的。然而,尽管 TVA 固有制度上的局限性导致了这些不足与矛盾,但它仍是新政实现的最重要的项目之一,是新政的象征和永远的神话。

一般地说,新政至少在最初的年份里帮助了反都市观念与计划的重新启动。国家恢复部(National Recover Administration)为公共服务和城市改进的计划拨出了数目可观的基金,保留家园计划(Subsistence Homestead Program)包括建造试验性的社区和分散工业的规划。由于该计划取得了某些成果,1935 年在特格韦尔(R. G. Tugwell)的指导下组成了重新安置部(Resettelment Administration),并迅速开始创建绿带城镇,以替代霍华德的花园城市以及 RPAA 的试验。正如重新安置部所认识到的,该计划是迈向采用可使国土重新达到平衡的全面规划的第一步,这也符合与 TVA 相似的哲学,但该计划对于农业部却无关紧要。既然如此,新政中最先进的建议也就必然会失败了。在 25 个绿带城镇规划中只实现了三个:马里兰州的格林贝尔特(Greenbelt),威斯康星州的格林代尔(Greendale),和俄亥俄州的格林希尔(Greenhill);它们的建造花费了大约三分之一拨给新社区的基金。虽然这些城镇的居住标准很高,但它们作为有效分散的功能还是失败了,并迅速成为通行者的卧城。由于完全没有自己的生产部门,这些新城镇至多只能为传统自发形成的郊区带来一些秩序。因为缺乏任何真正的区域规划手段,重新安置都不可避免地失败了,它的失败对

图 390 N·B·格迪斯：纽约世界博览会，未来世界，1939 年

图 391 D·D·埃林顿和 R·J·华特斯渥斯(主任建筑师)及 H·沃克(市镇规划师):马里兰州,绿带城镇(格林贝尔特),始建于1935年

图 392　H·H·本特利和 W·G·托马斯(建筑师),J·克兰和 E·皮茨(市镇规划师):威斯康星州,绿谷规划(格林代尔),始建于 1936 年

图 393　F·L·赖特:广亩城市(Broadacre)方案,1934 年,1950 年修订

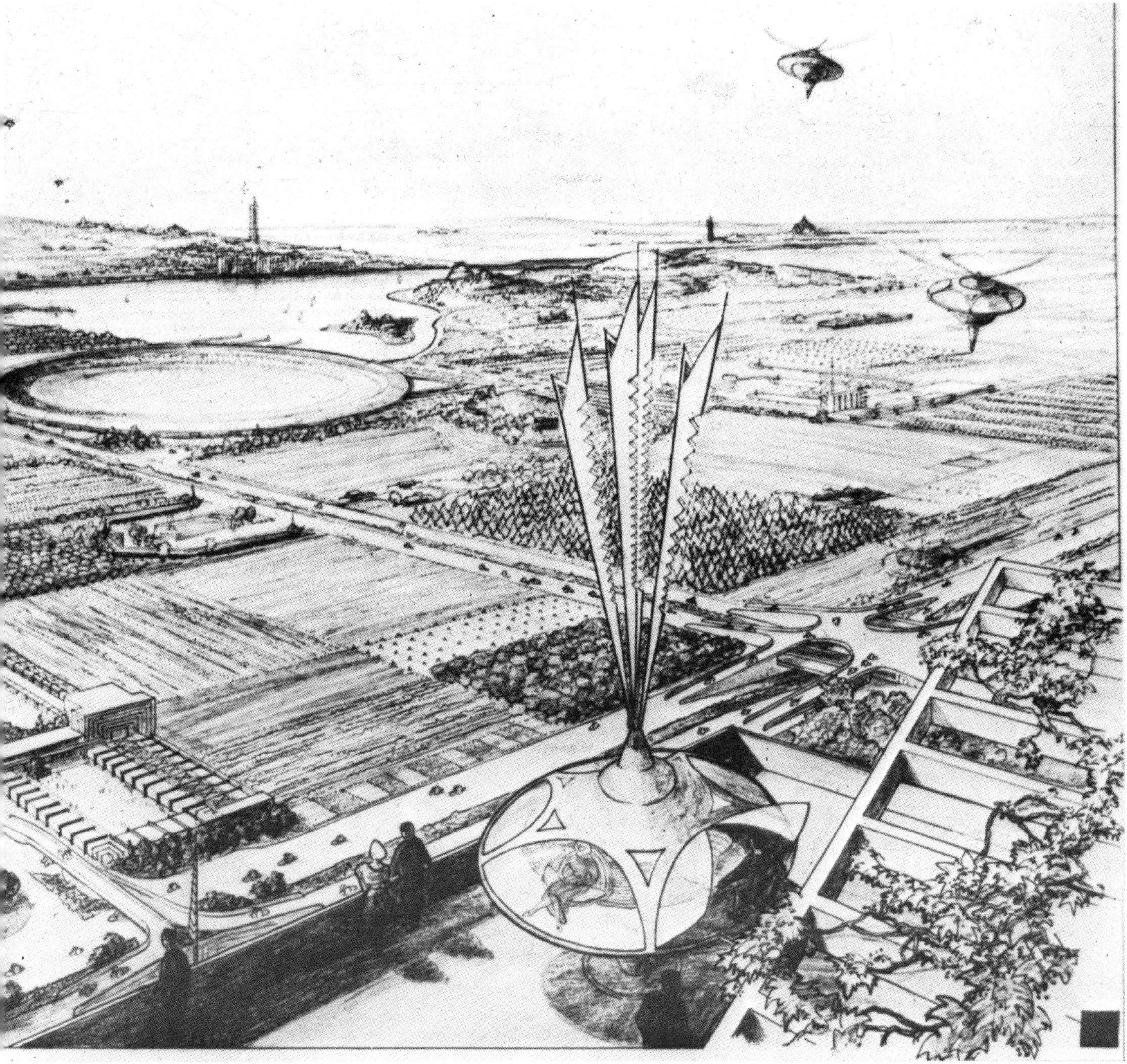

图 394　N·B·格迪斯：纽约世界博览会，通用汽车公司展览馆方案，1939 年（引自《透视》，1971 年，第 13—14 期）

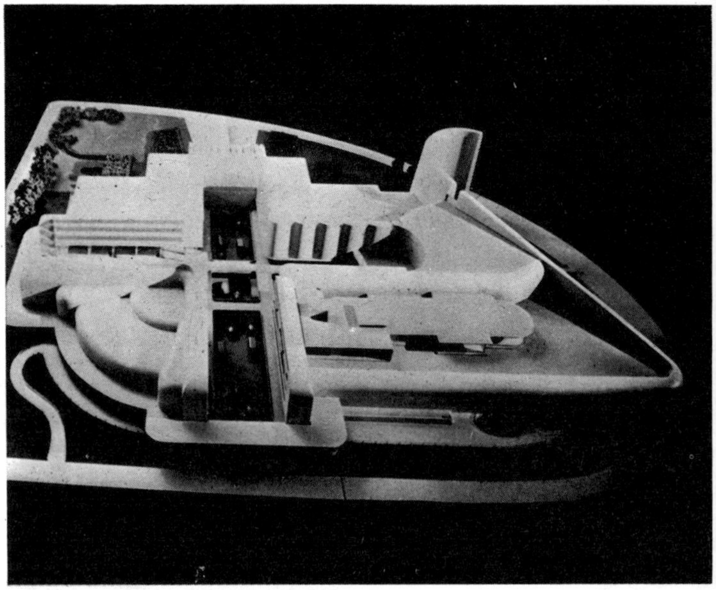

于改革者自 1920 年代早期便已怀有的希望来说是一次沉痛的打击[2]。

甚至从方法论的意义上讲绿带城市计划也没有成功。它仅仅是新政规划政策结构性弱点的又一个例证而已。1937 年的住宅法(Housing Act)同样受到了整个体制的全面抵制，这个法规似乎想颠倒联邦政府的传统职能并为中央计划与财政注入新的动力。由于微不足道的基金与市场经济的反对，致使革新转变成了对私人活动的财政支持。但从所采用的住宅与新建筑的普遍政策上讲，这种倒置的前提从未能形成过。1937 年到 1938 年间，新政的伟大革新经历了相当大的修改：罗斯福创立的新部门遇到了一种新的资本主义，这种资本主义不仅更强大更集中，而且即使在政治方面也具备了一种新的合理性。

很明显在这种情况下建筑规划与设计的传统形式只能起到一种意识形态的作用。例如，它有足够的能力来检验两种非常不同的想法，这两种想法令 1930 年代整个建筑界的图景更为完整。1935 年，赖特在洛克菲勒中心展示了广亩城市方案。橡树园这一"田园之诗"的杰出例证如今又在一种新的乌托邦中得到了具体表现。在这一空间广阔的理想城市中，曾隐现于奥科提洛营地中的想法由于技术的进步而增加了信心。技术，正如他所见，可以使人口与服务的不同分布成为可能，从而导致地区流动的灵活性和区域分散，而这一点实际上是回到了道格拉斯和亨利·乔治在 19 世纪提出的乌托邦自由图景和经济组织模式。然而，赖特的想法绝对不是一种激进的想法。目标在于将农业劳动与工业劳动综合起来返回土地的思想，最多也只是亨利·福特他们所提建议的新版本而已。亨利·福特提出这个建议是为了建立一个由带有杰斐逊式标记的自治政府来管理持久的经济。因此，很明显这种思想与新政的政策非常不协调，而这不协调在政治方面甚至比在普通的意识形态方面更强烈。在实用主义和乌托邦之间摇摆的赖特，又回到了他曾提倡的"优质郊区"观点，并再次坚持孤立而偏僻的塔里埃森的结构主题。在"空间广阔的城市"（即他的广亩城市方案）中，他再次表达了对大都市及其混乱的贵族式的反感，他说："只有精神能控制它。而精神是统治阶级所无法了解的科学。"广亩城市一点都不像城市。在这个城市中，各种建筑被毫无关系地放置在一起，每一幢都非常优秀，这种单一而从不重复的状况表达了一种个人主义伦理，也说明该方案是一个完全脱离历史现实的作品。

如果对赖特来说，与机器的潜力相结合的自然为他提供了回归过去价值观的机会，那么在诺曼·B·格迪斯(Norman Bel Geddes，1893—1958年)的作品中，同样的尝试提供的则是意识形态上的指导。格迪斯设计的目标是成为大众交流的手段：按照生物体构造起来的这个方案暗示了通过模仿有机形态来统治机器世界。很容易就能看出这种途径与新政策的意识形态是相符合的。这种恢复机械世界有机平衡的信心是与资本主义发展集体参与的要求相呼应的。在 1939 年的纽约世界博览会上，获得新生的美国资本主义显示出其迷人的民主面孔：格迪斯和蒂格(W. D. Teague)分别为通用汽车公司和福特汽车公司设计的展馆引起公众参与的热情甚过于使他们感受到的震惊。格迪斯做过的所有事情，从舞台设计到工业项目，从为壳牌石油公司所做的都市规划到为 1939 年的博览会设计的展览馆和未来世界展示，都将设计转变成了一项公共事务。他的作品与其说是依靠令人吃惊的技术手段，不如说是基于对工业产品潜力的清醒认识，基于质量与实用价值之间的联系：当建筑成为大众的媒体，在一个声称可以无限发展的资本主义体系中，设计就能通过由平衡整体所提供的服务成为强化价值观的手段。

格迪斯的作品中没有道德上的犹豫和踌躇：这是在罗斯福时代充满信心的行动。因此，他矫正了阿尔伯特·康严格的功能主义，并将克莱斯勒大厦的夸大显示法与国际式的简化手法融合到了一起。他摆脱了在新政中令人烦恼的紧张状态，为我们保留了乐观主义的种子。在庆祝新需求的活动中，前卫的方法已通过摩天楼城市令人激动的现实得到了推广，并且也转变为推销商品的广告。

第十四章　二三十年代的欧洲建筑

一、国际现代建筑协会

20世纪20年代后期，欧洲激进派建筑师有了自己的文化机构，该机构没有正式的组织形式，而是对建筑思想和成果方面进行非常广泛的交流活动。现代主义者们在很大程度上控制了专业书籍和杂志的出版，尤其是通过报纸及其他媒介的宣传，使现代建筑引起从未有过的公众的广泛关注。1925年以后，如何组织这些活跃因素的问题变得非常迫切：有了一个永久性的组织，激进派建筑师就能联合成一个强大集团，并通过统一的行动原则，以制定各方面的城市和建筑政策与计划。1928年在德意志制造联盟驻瑞士的干事古伯勒（F. T. Gubler）的建议下，戴曼德罗（Hélène de Mandrot）曾与柯布西耶、夏卢、加布里埃尔·古夫里坎（Le Corbusier, Pierre Chareau, and Gabriel Guevrekian）联系，准备在她瑞士的家乡拉萨尔拉兹（La Sarraz）组织召开一次欧洲主要建筑师的盛会。当时建立这样一个"国际现代建筑协会"（Congrès Internationaux d' Architecture Moderne）机构的时机是合适的，第一次大会结束后，简称CIAM的组织正式成立了[1]。

在拉萨尔拉兹召开的第一次大会只是进行一些建筑思想的交流，而且主要受勒·柯布西耶观点的左右。1929年在法兰克福召开的会议上，讨论的内容就变得非常具体，主要内容是关于"最低限度生存"（Existenzminimum）的理论，该理论是由评论家S·吉迪恩（Sigfried Giedion）提出并以此作为探索用工业化方法进行建设和规划的基础。在认真研究住宅类型的同时，CIAM还冒险在充满政治气氛的领域内活动。从某种意义上讲，争论的根源仍然是德意志制造联盟曾经试图回答的问题，只不过参照的标准有所变化而已：工业化的问题与城市管理政策和公众参与计划有关（这样的计划已在德国和荷兰进行试验）。争论表面上仅仅表现为方法论上的分歧。在第二年布鲁塞尔大会上，大会主席范伊斯特伦（Cor Van Eesteren）明确宣布此次大会的主题为"功能型城市"，认为必须优先考虑创造一个城市管理和行政的模式，而非仅做建筑类型和形式上的研究。在这次大会上，勒·柯布西耶提出了"光明城市"（Ville Radieus）的规划构想，所有这些引起争论的构想都集中用一个方案表现出来。吉迪恩给予这次大会的主题一个真实的评价："就像居住个体细胞影响建造方法那样，建造方法也将影响整个城市的组织。"

CIAM的道路反映了所有激进派思想的局限性：他们认为系列化建筑生产与城市建设之间是一脉相承的，这完全是一种乌托邦式的信念。他们还用机器美学观将小尺度私人住宅中的设计和建造体系直截了当地运用于整个城市范围。CIAM提出的政策把建筑师的传统作用转化为生产过程的组织者，并预测所设想的新模式将能保证对在城市发展过程中出现的所有功能问题实行绝对控制。CIAM的探讨使得城市特征几乎等同于建筑所包含的特征，所以一旦能保证控制建筑形成和生产的模式，就能掌握城市整体发展规划的关键。这种设计观的不当之处在于僵化地援引了住宅类型研究的有关概念：CIAM的城市建设原则是基于对"最低限度生存"理论及低造价住房方案的探索结果，没有考虑城市内部经济与社会因素复杂的相互作用，也就是说没有涉及到城市构成的全部功能和机制问题，而只是出于对工业化理性的单纯追求。这种模式是按照当时在布鲁塞尔会议上提出的思想，并没有超出已经在20年代德国官员们实验的局限。

1930年，CIAM内部形成了一个分组——CIRPAC（当代建筑问题国际研究会），这是一个致力于分析城市问题的工作团体。1933年，原打算在莫斯科召开第三次大会所做的努力化为泡影后，协会成员们改在航行于马赛和雅典之间的帕特里斯（Partis）二号邮轮上召开会议。这次长途航行使建筑师们有足够的时间去分析33座城市，在分析的过程中比较他们各自的理论。航行中的主要活动由莫霍利·纳吉（Moholy-Nagy）拍成了电影。虽然这次会议缺少像前两次会议对具体事例的结论，但它探讨了在新时期城市更新过程中产生的一系列问题，并促使了1943年《雅典宪章》的出版。该宪章将以往会议中讨论的城市分区问题作为主题，提出了诸如区域规划、城市新旧结构关系等问题[2]。然而这部宪章只是对各种不同的经验作出了求同存异的妥协，仅表面上做了一些预先的分析和推测；并再次确立了现代技术作用的信心；还列举了土地私有制下的资本主义制度和无能的管理所带来的种种矛盾。该宪章缺乏第一次大会所具备的那种动力和紧迫感。CIAM第一次大会的目标不在于炮制出某种城市规划的使用手册，而是探索具有可行性的方法，沿此方法，建筑师可以在城市规划中起重要作用，即使建筑师在政治上并没有明确的地位。

城市规划的主要实验性活动结束后不久，《雅典宪章》就出版了。宪章阐明的一些观念在1933年勒·柯布西耶为安特卫普（Antwerp）所做的规划中有所反映，该规划与他在阿尔及尔奥勃斯规划（Obus Plan）中采取的综合性尝试相比有明显的退步。由于当时德国激进派建筑师的实验活动已被取缔，宪章的出版可算是一次很大的冒险。它把激进派建筑的矛盾和缺点暴露无遗，因此雅典宪章有其"消极"的成分。宪章可能是要建立大规模的现代建筑思想信誉，它赋予建筑师灵

图 395　阿姆斯特丹南部鸟瞰

图 396　H·T·维特维尔德:布卢门市政厅方案,1920—1921 年(引自《Nieuwe Nederlandsche Bouwkunst》,1924 年)

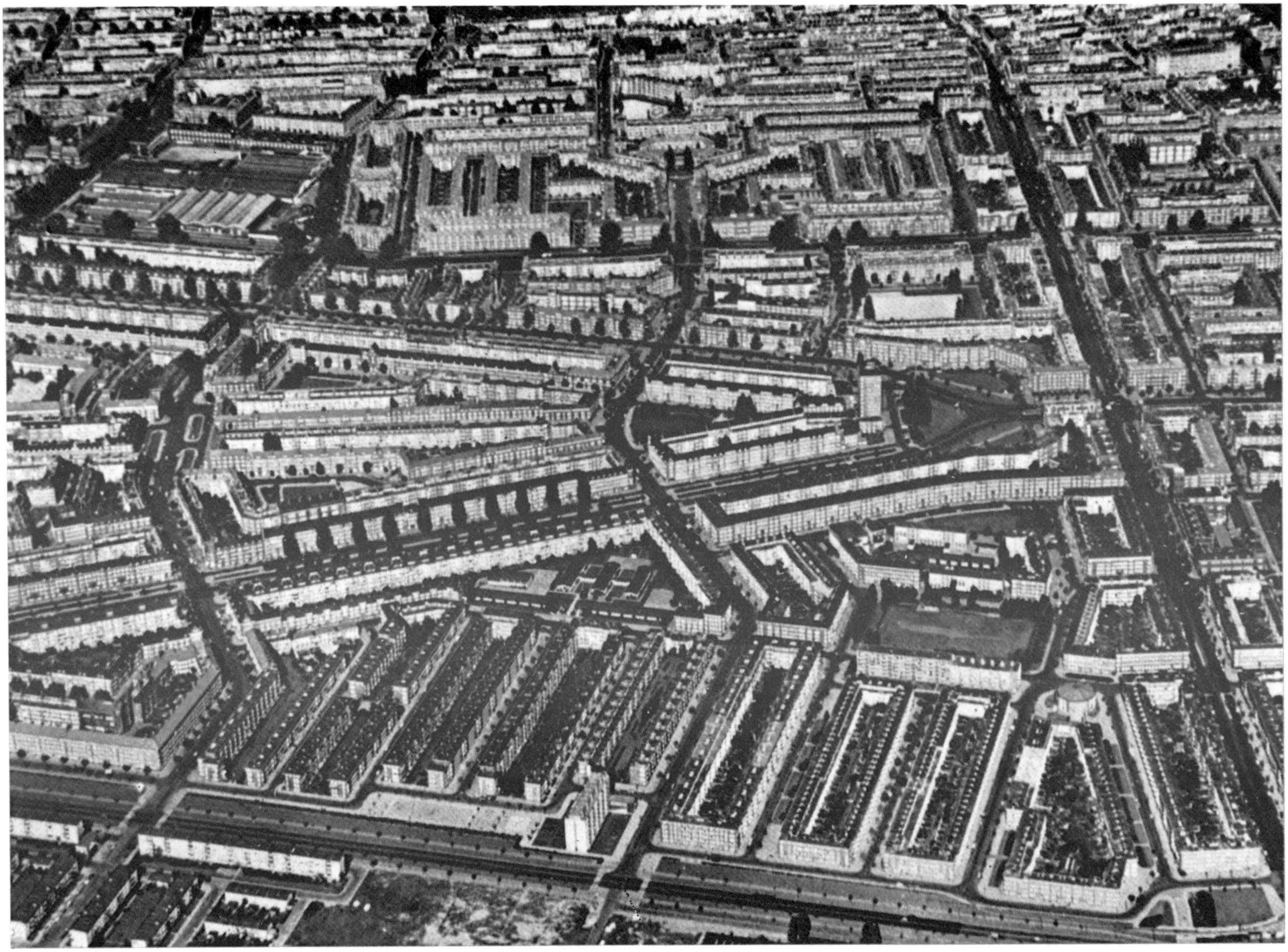

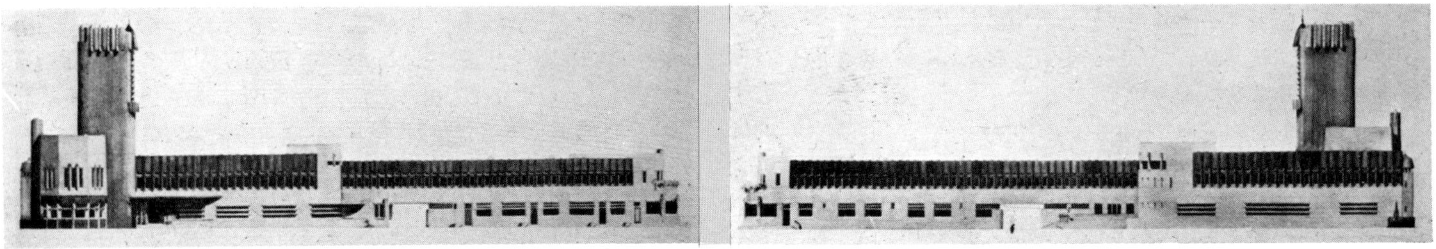

活多变的行为模式。从另一种角度看，宪章是各种各样的激进主义的极端表现，它汇集了当代建筑早期英雄主义年代各种意义深远的探索活动。宪章试图对大量相互矛盾的活动加以综合总结，恢复它们的本来面目，但却磨平了它们的创造性，也忽略了它们的缺点，模糊了它们的界线。

CIAM 的创建和发展时期，在欧洲大陆发生的建筑现象是十分复杂的，不同的国家有着各自不同的道路和具体方法，要理清这些事件是相当艰苦的任务。要想了解欧洲现代建筑何时成熟或何时走向孤立，应更多地将目标对准那些远离主线之外的创作。这就是为什么下面几节我们的注意力会集中在各个国家出现的互不相同的探索活动，而不在乎它们之间富裕程度的差异。从某种层面上来讲，至少有一个事实可以作为引导线索，那就是不能只注重普遍性而忽略重大的差异。准确地说，在 30 年代，大师们的观点、建筑制度改革的措施以及对形式的自由探索之间发生了重大的分歧。各种前卫思想的碰撞仅仅是这些分歧的表现之一，而这些分歧到二战以后则变得更为严重。

二、荷兰的建筑状况

20 世纪 20 年代，荷兰的城市政策经历了重大的调整。正如我们所见，1917 年荷兰通过了限制低租金住宅的租金增长法规，一年以后，又出台了王林诺德(Woningnood)法，这是一部涉及住房需求的法规，它使得更多的公众能参与住房建设。该法规的实施在 20 年代初因经济危机而受到了阻碍，迫切需要采取新的措施：1921 年经过修改的住房法规硬性要求每个行政区都必须建立自己专门负责低价住宅的机构，1927 年出租住房全部被取消。此后，荷兰的建设活动一直经受巨大的波动，阿姆斯特丹由于采取了灵活的城市管理政策，部分避开了这些波动的影响。即使在 20 年代的形势下，行政当局仍进行频繁的建设计划，而且在冒险的合作社事业中得到显著的增长。我们可以看到阿姆斯特丹城市规划的要点在于将城市向南扩张至由贝尔拉格(Berlage)规划的南部地带。从 1916 年到 1930 年，阿姆斯特丹学派的代表人物有：范德梅(J. M. van der Mey)、M·戴克拉克(Michael de Klerk)、P·L·克雷默(P. L. Kramer)。他们几个为学派的共同事业通力合作。此外为荷兰建筑做出贡献的值得一提的人物还有：布鲁德(J. Boteren Brood，1886—1932 年，阿姆斯特丹的利地亚(Lydia)公寓的设计者)、艾宾克(A. Eibink，1893—1975 年)、斯奈列布兰德(A. Snellebrand，1891—1963 年)，这几位的设计可归类到有机或象形表现主义的手法。格雷塔马(J. Gratama，1877—1947 年)在 1919 年与贝尔拉格(Berlage)、维斯替格(G. Versteeg)一起设计了阿姆斯特丹的特兰斯瓦(Transvaal)住宅区之后，坚定不移地沿着老一代大师们铺设的道路走下去；格罗威尔(J. Grouwel，1885—1962 年)在 1926 年建成的哈林根(Harlingen)中学中转向了赖特风格；斯塔尔(J. F. Staal，1879—1940 年)的早期作品采用了克雷默和戴克拉克在 1918—1920 年建于阿姆斯特丹的昂斯-休伊斯(Ons Huis)居住区中采取的手法。在 1927—1928 年建成的阿尔斯米尔鲜花市场，特别是在建于 1929—1931 年由贝尔拉格规划的阿姆斯特丹市维多利亚区的高层大厦中，斯塔尔有机地组织了建筑，简练地表现了其特殊的城市功能。

H·T·维特维尔德(H. T. Wijdeveld，生于 1885 年)的职业生涯也对荷兰建筑起了重大作用，他是《文丁根》(Wendingen)杂志的编辑，20 年代荷兰文化圈的中心人物。他对欧洲的新生事物十分关心，着迷于未来主义但主要受赖特和门德尔松的影响。他的巨大贡献体现在 20 年代早期为阿姆斯特丹南部做的最初规划和 1925—1926 年为阿姆斯特丹市的霍夫德威格区(Hoofdweg)所做的主要建筑中。后者弯曲的建筑立面打破了 1925—1927 年间由贝尔拉格建于附近的麦卡托区(Mercatorplein)建筑群的节奏和几何形状。

麦卡托区的设计代表了贝尔拉格晚期作品的典型特征，该设计布局大胆，将进入广场的道路与建筑物柱廊内的小路区分开来，建筑之间通过粗糙质感的材料、雅致的怀旧风格、精心处理的细节相互呼应。海牙的尼德兰顿·凡·1845 公司大楼(Nederlanden van 1845 Company)设计于 1921—1922 年，建于 1924—1927 年，该建筑也采用了同样的手法。建筑主体以三幢半六角形的塔楼连接，两侧对称排列，光秃秃的钢筋混凝土结构，简洁对称的形象明确地表达了群体的布局。

海牙吉敏特博物馆(Gemeente Museum)是贝尔拉格建筑生涯后期最重要的作品，建于 1919—1935 年。该建筑的特色表现为一系列由天窗采光的展厅和立方体块犬牙交错地组合在一起，形成连续空间。贝尔拉格为同一城市的基督教科学教堂(Christian Science Church，1925—1926 年)同样展示了这种手法。在这一作品中，赖特的影响在这位设计阿姆斯特丹证券交易所(Amsterdam Stock Exchange)的大师身上表现得十分明显。

严格遵循赖特风格的还有 J·威尔斯(Jan Wils，1891—1972 年)的早期作品。他在 20 世纪第一个 10 年中的作品与同时期的霍夫(Robert van't Hoff)的作品有着许多方面的共同点；他在 1920 年建于

图 397　B·比耶沃特和 J. 杜依克：阿姆斯特丹，贝尔丹德艺术学院设计竞赛方案，平面和立面，1917 年（引自《透视》，第 13—14 期，1917 年）

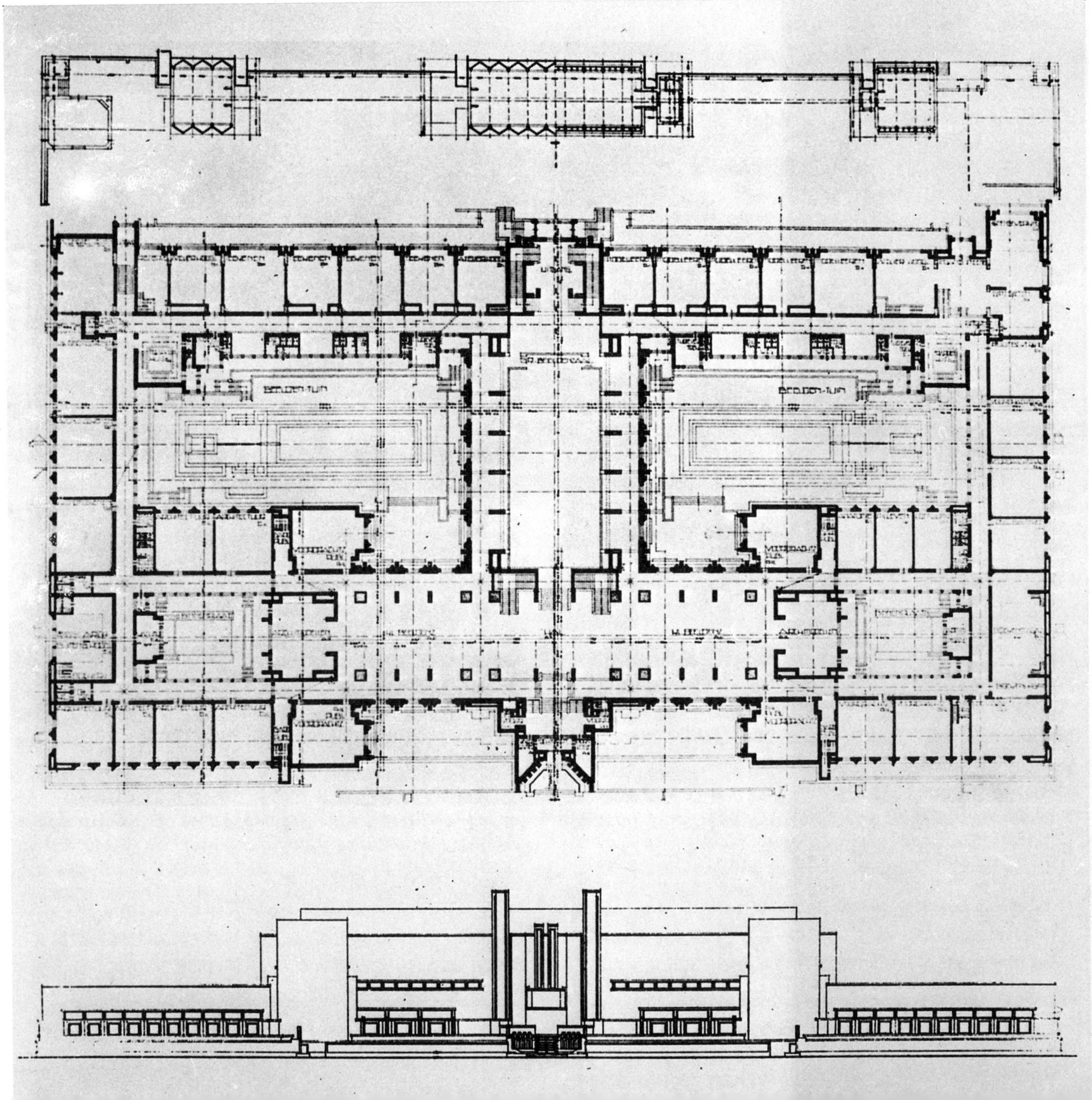

图 398　阿姆斯特丹，贝顿道尔普区规划，1922 年(引自《论坛》，1966 年)

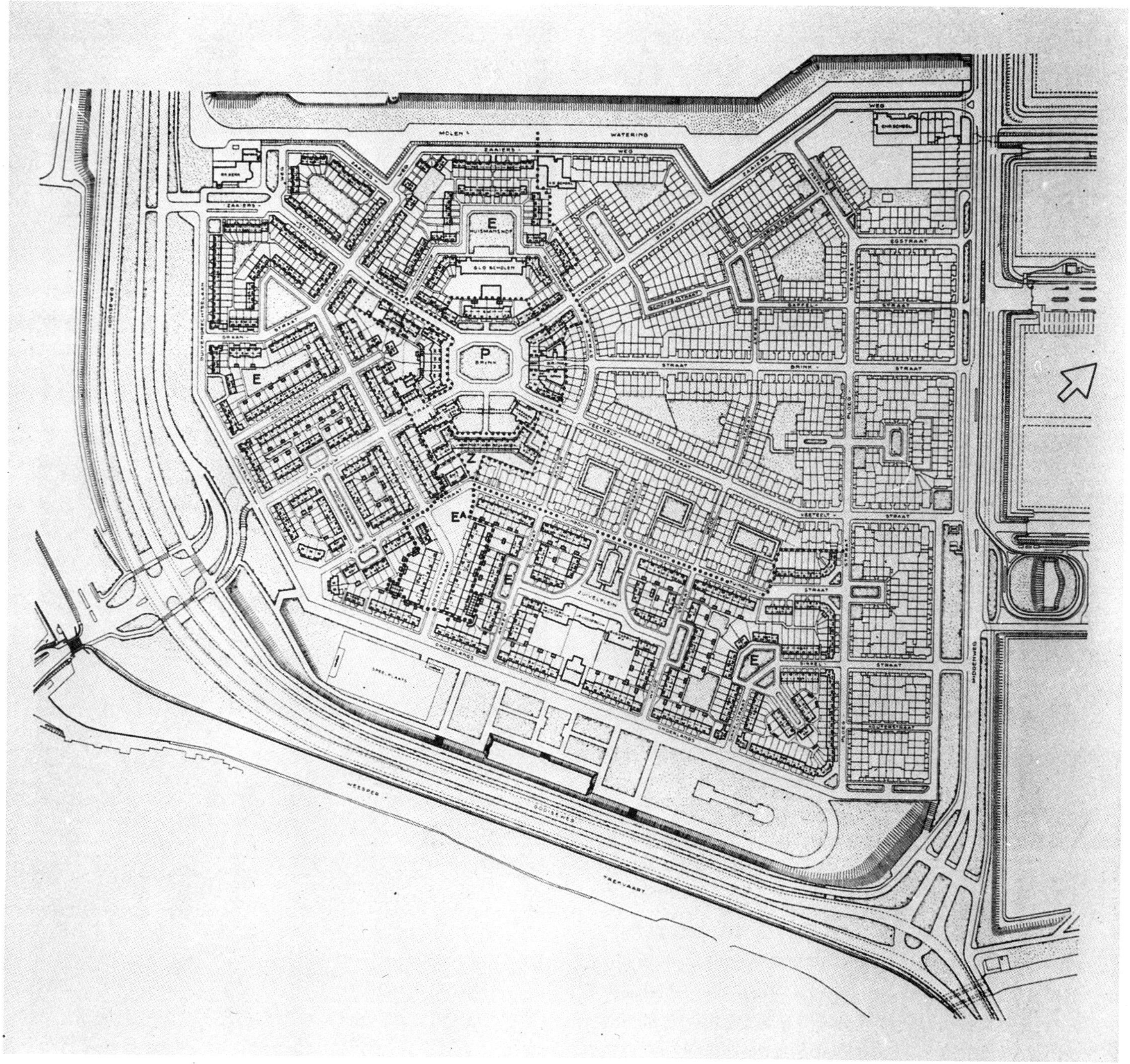

图 399 H·P·贝尔拉格：阿姆斯特丹，麦卡托普兰区改造示意图，1925 年

图 400 D·格雷纳：阿姆斯特丹，贝顿道尔普区中央广场的建筑平面与立面，1924 年（引自《论坛》，1966 年）

图 401 M·斯塔姆：乌拉尔斯基，某露天剧场设计，1931 年

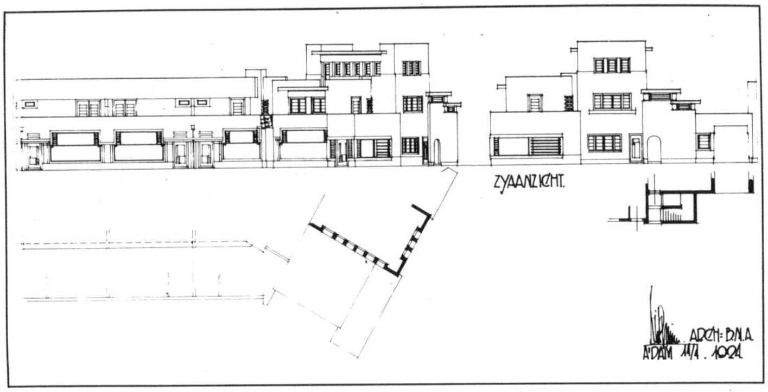

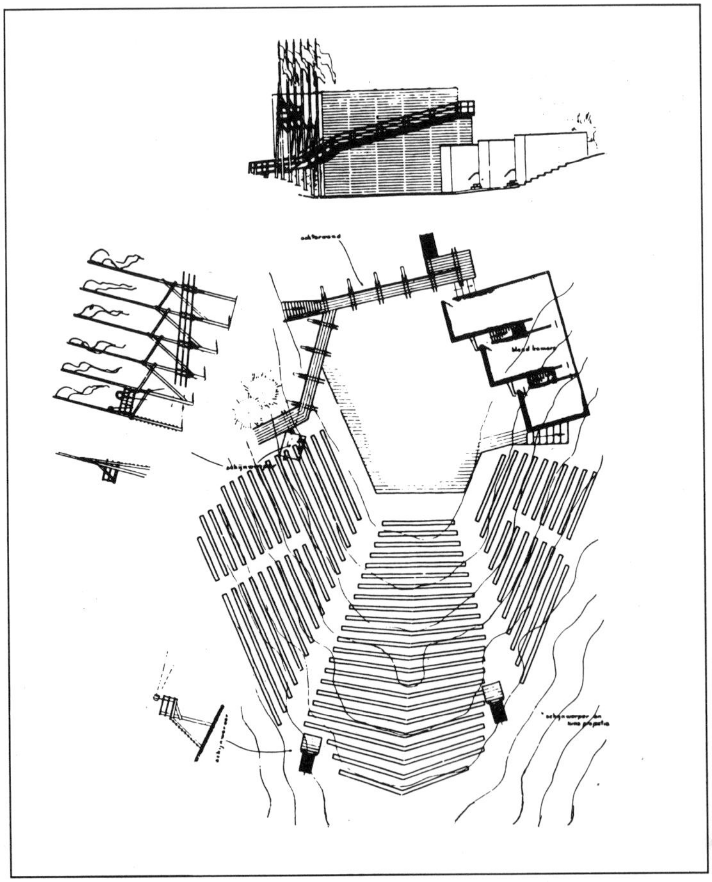

海牙的帕帕弗小区(Papaverhof)住宅群中体现了相当的创造性。威尔斯的后期作品包括海牙的摄影实验室、1924 年阿姆斯特丹奥林匹克体育场和 1930 年海牙的奥尔佛赫住宅等，尤其后者是他最重要的实施作品，其作品风格介于赖特和新造型主义之间。范洛汉(Jahannes Bernardus van Loghem，1881—1940 年)的贡献则更具创造力，他负责哈勒姆市(Haarlem)大量的住宅区规划，如 1917 年的克利夫住宅区(Huis ter Cleeff)。他在同一城市所作的罗森哈格开发区(Rosenhage)规划则体现了城市的有机性可以作为自给自足的社区生存的条件。在 1920—1922 年哈勒姆市斯帕纳南区(Spaarnelaan)的混合住宅区方案中，巨大的拱门打断了连续排列的建筑群，将区内区外的街道系统分离开来，强调了社区内外环境的划分。范洛汉对建筑细部的处理反映出赖特的影响。但是从他 1922—1923 年设计的阿姆斯特丹市比通道普(Betondorp)建筑群采用的简洁的预制体系中已看不到形式主义的痕迹[3]。1926 年和 1927 年范洛汉在苏联工作了一段时期，之后，他的风格固定在简洁的功能主义上。从他 1933 年设计的隆讷克市南廷威格区的(Lentinkweg)的多栋住宅、1937 年为海牙的苏特兰德伦住宅区(van Soutelandelaan)所作的方案，或 1932 年为鹿特丹的一个住宅区所做的设计方案和 1934 年设计的阿姆斯特丹的一组高层建筑等作品中可以看出这种风格。

1931 年，《文丁根》和《风格派》两本刊物停止出版。作为 20 世纪 20 年代实验性活动的喉舌，这两本杂志反映了在一段时间内各流派之间争论的状况。从 1925 年起，代尔夫特(Delft)技术专科学校的教授莫利尔(M. J. Granpré Molière)笼络了大批建筑师，其中有阿姆斯特丹学派的一些代表人物。莫利尔与当时德国右翼天主教文化活动有联系，这股势力在德意志制造联盟内部也是相当活跃的，他充当起回归传统一派的代言人，反对由前卫建筑师们提出的廉价住宅的实验性活动。他设计的 1916—1919 年建于鹿特丹的弗里维克(Vreewijk)社区、1939 年建于哈伦市的斯明纳瑞(Groot Sminarie)教堂是反映当时荷兰建筑界错综复杂状况的典型实例，体现出早已存在于各派建筑师之间激化的分裂状况。

G·里特维尔德(Gerrit Rietveld)的后期工作没有实现他在施罗德(Schröder)住宅中的承诺，这也促使了范伊斯特伦(Cor van Eesteren)后来做出重大选择。我们已经注意到他在阿姆斯特丹的作品的重要性，但现在我们应更关注那些表明他早期前卫方向发生转变的作品。发行于1927年的杂志《I10》(Arthur Müller Lehning担任主编)所担当

图 402　M·斯塔姆：里西茨基构想的莫斯科摩天大楼的变体，1924 年

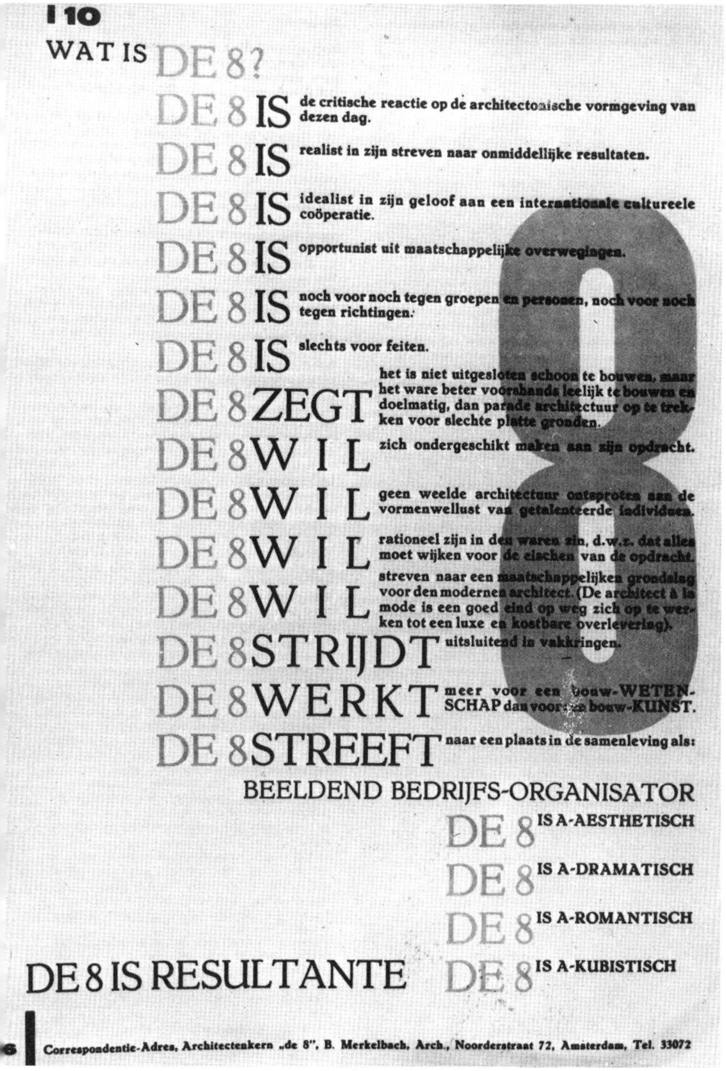

图 403　阿姆斯特丹，《I10》杂志，“第 8 小组”的宣言，1927 年

的责任清楚地说明了这一点。该杂志得到了像范伊斯特伦、马特·斯塔姆（Mart Stam）、奥德（J. J. P. Oud）、布林克曼（J. A. Brinkman）、范德弗洛特（Van der Vlugt）这样一些前卫派荷兰建筑师的支持，从而成为欧洲知识分子、艺术流派最重要的新据点。像沃尔特·本雅明（Walter Benjamin）、莫霍利·纳吉（Iáslzó Moholy-Nagy）、柯特·施维特斯（Kurt Schwitters）、卡莱（Ernst Kállai）、伯奈（Adolf Behne）、爱伦堡（Ilya Ehrenburg）、康定斯基（Wassily Kandinsky）等都是其撰稿人。当时，前卫风格被视作这场广泛的知识分子运动的统一现象、一种艺术活动的全球性表现，而不是无穷尽的诗意的争辩。1920 年在鹿特丹组建的“奥普博夫小组”（Opbouw）和阿姆斯特丹的“八人小组”（De 8）确定不移地朝着前卫方向前进，从他们的杂志《奥普博夫的八人》（由默克巴赫领导）以及他们与范洛汉、斯塔姆甚至范伊斯特伦合作的设计中可以看到这一点[4]。默克巴赫倾向于强调在实际工程和设计中体现出反对任何美学妥协的极端功能主义，默克巴赫和卡尔斯坦工作室（1935 年杜依克的遗孀加入该工作室）的作品坚持了他们既定的路线。

马特·斯塔姆（生于 1899 年）的观点与《奥普博夫的八人》周围的前卫派们的观点相似但不完全相同。毫无疑问，他是荷兰文化圈中最独特的人物。他曾为范德梅和莫利尔工作过，之后于 1922 年迁居柏林。当时，柏林是对整个前卫知识分子圈颇具吸引力的中心，也是传播正蓬勃发展的具有进步革命意义的苏联文化的中心。在那里，他认识了陶特（Max Taut）和里西茨基（El Lissitzky）。他设计的建于柯尼斯堡（Königsberg）的 Am Knie 住宅（1922 年）带有未来主义的痕迹。他也为原由里西茨基初步设计的构成主义的莫斯科摩天大楼所做的修改方案（1924 年）、阿姆斯特丹公共汽车站（1926 年）简洁的处理和法兰克福市赫勒霍夫（Hellerhof）开发区规划走向要素主义道路做出了令人瞩目的贡献。尽管斯塔姆仍坚持其一贯性工作，但也从中逐渐体会到 20 年代后期荷兰和欧洲前卫派建筑师所共同经历的令人痛心的矛盾。作为苏联建筑师协会（ASNOVA）的准会员、评论杂志《ABC》和《I10》的撰稿人、CIAM 的倡导者，在移居苏联之前，斯塔姆与捷克斯洛伐克的激进派建筑师们曾有所联系。作为前卫派中最激进分子的核心代表，他生活在苏联这样的新世界里是带有紧张而伤感情绪的，这种情绪也反映在马克耶夫卡市（Makeyevka）规划等大量的城市规划工作中。

1926 年，斯塔姆与布林克曼（J. A. Brinkman，1902—1949 年）、范德弗洛特（L. C. Van der Vlugt，1849—1936年）一起参了军。他们的

图 404　J·A·布林克曼和 L·C·范德弗洛特：鹿特丹，波伊夫住宅，1932—1934 年

图 405　J·A·布林克曼和 L·C·范德弗洛特：鹿特丹，范奈尔卷烟厂，1926—1930 年

合作早在这年前就开始了。范德弗洛特与维本格(J.G. Wiebenga)于1922年合作设计了相当简洁的格罗宁根(Groningen)技术学校，1924—1925 年与布林克曼设计的须德霍恩(Zuiderhorn)市的 Vink 住宅已是引人瞩目的作品。在 1926 年到 1930 年期间，布林克曼和范德弗洛特实现了他们一生中最有声望的作品——鹿特丹的范奈尔卷烟厂(Van Nelle Factory)，该作品引起了强烈的反响，并毫无疑问地在 20 世纪建筑成就中占据了一席之地。建筑物外观上长条的玻璃窗和水泥窗下墙相间组成，两端有垂直的办公楼相接，长条玻璃窗是为了适应现代生产劳动的需要，同时，通过玻璃可以看到室内有着精巧的蘑菇形支柱，支柱严格地按照生产组织的要求来排列。从任何方面来看，该建筑都是一个开放结构，便于将来的扩建。它的优点在于对功能恰当地简化。合理的组织还能使室内得到良好的自然采光，从而提供了最佳的工作条件。这套现实的建造方法是基于人和机器之间明智的关系之上。

建筑语言的分解和功能的简化成为布林克曼和范德弗洛特作品中常见的特征。这些特征在范奈尔卷烟厂莱顿分厂(1925—1927年)、范德利沃(van der Leeuw)别墅(1928—1929 年)、波伊夫住宅(Boevé, 1932—1934 年)和代科奈森大厦(Diakonessen Huis, 1934—1938 年)等作品中可见一斑，其中后三个项目都建于鹿特丹。建于鹿特丹的贝格波德(Bergpolder)高层住宅楼是他们与范蒂杰(van Tijen)合作的，设计于 1933—1934 年，他们将用于范奈尔卷烟厂的手法运用于这座城市公寓建筑，街区的尽端采用了两种不同的形式，暗示将来可以扩建成更大的居住建筑群的可能性。贝格波德大楼的设计与当时 CIAM 流行的思想保持高度的一致，并成为一个常被模仿的范例。第二章中曾提到的由范蒂杰和马斯康特(Maaskant)于 1938 年设计的鹿特丹市普拉斯兰(Plaslaan)区的居住建筑就引用了其中的某些语汇并进行了再创作。

只有杜依克(Johannes Duiker, 1890—1935 年)在 1917 年到 1935 年期间的创作遇到了困难。杜依克常与 B·比耶沃特(B. Bijvoet)合作，他们的作品与我们所分析的荷兰先锋派建筑相去甚远。从 1917 年到 1919 年期间，他们为阿姆斯特丹建筑艺术科学研究院所做的竞赛方案仍明显地停留于贝尔拉格的手法上。然而 1920 年建于海牙的一批住宅则采用了令人厌烦的变形的赖特式语言和风格派的母题。1922 年为芝加哥论坛报大厦做的竞赛方案则比较简洁和紧凑，开创了杜依克建筑活动的新阶段。1924—1925年，他与比耶沃特合作设

图 406 J·杜依克:高层建筑群研究,1927—1929 年

图 407 J·杜依克:阿姆斯特丹,新奈克电影院,1934 年

计了地默堡(Diemerbrug)市科普伦－斯特伦芳茨(Koperen-Stelenfonds)公司大楼,从这一作品可以预见他们在1926—1928年设计的希尔弗瑟姆市(Hilversum)的仲奈斯特拉尔疗养院所运用的风格。该疗养院完全融合在自然环境中,由一系列独立的体块严格按对称布局进行组织,每幢建筑通过精心设计的通道相联系,像镜头剪辑一样在规则的结构框架内互相连接,为室内外之间提供了完美的连续性;中心建筑以不规则的薄板构成的体系进行叠加,组成一个非常有趣的主题,特征鲜明。通过和谐的结构组织与体块以及功能性的技术装置等要素连同宽大的窗户一起丰富了建筑的塑性造型,同时,底层则让更多的裙房围绕中心建筑布置。1927—1930年建于海牙的尼凡纳公寓更说明了杜依克所坚持的创作道路。1927年他为国联总部大楼竞赛做的落选方案也采取了以小体量围绕中心体量的方法。1929—1930年,他设计的阿姆斯特丹克利奥斯特拉露天学校采用了同一类型的手法,更早的还有建于1928年希尔弗瑟姆市的仲奈斯特拉尔露天学校。然而,在1934—1936年间设计的该市古伊兰大饭店、1934年阿姆斯特丹的新奈克电影院以及阿姆斯特丹的另一幢多功能建筑中,这种片断、蒙太奇剪辑式、分解等早期手法消失了。到30年代中期前卫影响越来越淡化,在杜依克最后的作品中,他坚持寻求一种变通的方法,这种变通方法也是所有荷兰建筑师们以各自的方法所正在探索的,并希望以此开创一条新的创作途径和摆脱僵化的名声。

三、德国和奥地利建筑的发展与倒退

魏玛共和国的城市政策和社会法规为先进思想的传播创造了非常有利的条件。然而,激进派建筑师尽管享有文化上的霸权并控制像帝国研究学会(Reichsforschungsgesellschaft)这样的重要团体,但到了20世纪20年代中期,却遇到了来自与民族主义相关的文化潮流的反抗。这一派别作为一次大战战胜方强加的《凡尔赛条约》的产物,在德国政治生活方面显示出日益增强的灾难性的后果。

尤其在建筑政策领域,德国存在着各种不同的探索活动。通过这些活动,我们可以看到徘徊于最前卫的思想与民族主义运动培育的复古主义思潮之间的建筑成果和方案。保罗·沃尔夫(Paul Wolf)在汉堡的作品以及瑞士人奥托·萨尔维茨堡(Otto Salvisberg,1882—1940年)的作品将英国的城市模式与本地和本民族的建筑形式相结合。1925年左右,这些作品成为如何去进行建筑交流的优秀范例:从特森诺(Tessenow)和林斯(Josef Rings)的手法转到沃尔夫的新学院风格几乎

图 408 汉斯和瓦西里·拉克哈特：柏林，居住建筑群，1925—1927 年

图 409 M·陶特：柏林，德国印刷业联合会总部，1924—1925 年

不会有什么冲突和中断，而同时梅伯斯（Mebes）和埃默里奇（Emmerich）正醉心于在严格的正统功能主义语言与北欧的手法之间摇摆。除了某些像古特金德（Erwin Gutkind）在柏林设计的非传统居住区或者由施奈德（Karl Schneider）设计的汉堡行政区外，受较多约束的建筑师对这条特殊路线没有显示出更多的信心。

从 1922—1923 年建于柏林的德国工会联合会大楼（German Trade Union Association）简洁紧凑的外形开始（其内部是后表现主义风格），陶特在 1924—1925 年间于柏林设计的德国印刷业联合会总部（Printers' Union）中继续采用了机器主义语汇。1926 年在杜塞尔多夫的盖苏莱（Gesolei）博览会 ADGB 展馆设计中又重复使用了这一手法。他也为柏林 Reinickendorf 居住区提出了切实可行的规划。同样，在这几年里，勒克哈特兄弟（Hans and Wassily Luckhardt）已减少了对建筑形体组合技术上的追求，这项技术曾在 1925 年和 1928 年的柏林 Dahlem 住宅区和 1927 年建于柏林的钢框架类型的住宅群中试验过。

陶特和勒克哈特兄弟对大量精心简化的常用建筑手法进行了整理，并做出了贡献。这些常用手法运用于居住建筑中曾获得相当的成功；当然他们对城市尺度的设计贡献则更具创造力。在 1928 年建于柏林鲁本霍恩区的别墅中，勒克哈特兄弟丰富了建筑的艺术形式。而 1924 年在柏林卡洛登堡（Charlottenburg）区的一个汽车库设计中又提出了他们对城市有机体的连续性思想。1929 年柏林波茨坦广场（Potsdamer Platz）上设计的门德尔松式的特邵（Telschow）住宅以及为亚历山大广场（Alexanderplatz）重建所做的方案采用的弯曲立面明确地体现了这一趋向。勒克哈特兄弟的具有活力的设计和陶特不断发展蒙太奇手法的纯净形式都是当时最流行的创作倾向。这一倾向与即将出现的清教徒似的新客观派手法截然不同。由埃米尔·法伦坎普（Emil Fahrenkamp，1885—1966 年）在 1925 年至 1932 年间设计的建筑，除了柏林的贝壳大楼之外，还有埃森的埃温吉利卡教堂、杜伊斯堡的住宅区、莱沃库森市的泰布莱顿工厂、波鸿市的一个旅馆，这些作品同 1927 年以后陶特、阿道夫·雷丁、卡尔·施奈德的作品以及由梅事务所在法兰克福的合作者伊萨塞（Martin Elsaesser）做的更严谨的设计一起将功能主义带入了诗意的境界。至此，建筑语言的争论已由功能决定形式最终转变为一种风格语言了。

20 世纪 20 年代维也纳的情况也是如此。战前的探讨已经失去了机遇，而普利斯基（Ernst Plischke）和奥斯卡·斯特纳德（Oskar Strnad）这样的建筑师仍然显示出不可否认的创造力，而路斯则尽其所能

图 410　E·古特金德：柏林，赖尼肯道尔夫居住区，1928—1929年

图 411　E·法伦坎普：柏林，贝壳大楼，1932年

地使反维也纳的争论不再出现。1932年，危机变得十分明显：当时奥地利制造联盟提出了在城市郊区发展示范住宅区的建设计划，该计划在许多方面公然反对由维也纳政府支持的集中大楼模式(Höfe)。在这次制造联盟组织设计的住宅中出现了许多不同的倾向，不仅有路斯而且像霍尔兹梅斯特、弗兰克、哈林、诺伊特拉、里特维尔德(Clemens Holzmeister、Frank、Häring、Neutra，Rietveld)这些建筑师和斯特纳德(Strnad)都参加了设计，与此同时，一些折衷主义建筑师也不失时机地在纳粹主义到来之前的文化领域中做出激进的变化。在众多手法不同的作品中，有一组建筑以其独特的紧凑和独创性备受注目，那就是由吕尔萨(Lurçat)[5]设计的住宅。政治危机引起的后果就是建筑展览活动的很快消失，制造联盟住宅区成为传统的最后一幕。从此以后，深思熟虑的创作努力不见了，代之以平淡无奇的风格的大杂烩。

广泛传播的某些通俗的建筑形式和类型、经过提炼的精致体量、受现代方式训练出的建筑师所喜爱的弯曲和单纯的形式等，这些只为20年代末进退两难的戏剧化困境提供了一条前途不明的出路：一方面是打算向传统退缩，向民族主义自鸣得意的价值观让步，而这种价值观鼓舞了大众文化；另一方面，则更强调妥协和折衷——而不是走纯学术的道路。建于1932—1933年由霍尔兹梅斯特(Clemens Holzmeister)设计的柏林圣艾代尔伯特教堂(St. Adalbert Church)和多米尼库斯·伯姆(Dominikus Böhm)设计，1930年建于科隆的圣安琪尔伯特教堂(St. Engelbert Church)就体现了浪漫主义的影响，这是我们前面提到的复古潮流的反映之一。保罗斯兄弟(Paulus Brothers)的新表现主义的变形手法同样回归到对传统形式复古的道路上。1923—1931年建于不来梅由B·霍特格尔(Bernhard Hoetger)设计的新中世纪风格的莫德森－贝克(Paula Modersohn-Becker)纪念馆则是矛盾激化的象征，其中体现的思想直接与弗里兹·朗(Fritz Lang)在1926年拍的电影《大都市》中所表现的思想密切相关，该电影由亨特、凯特哈特和沃尔伯里奇(O. Hunte，E. Kettelhut and K. Vollbrecht)制作布景。

新客观论建筑的语言最终发展成一种功能主义风格。而新表现主义的观点与传统主义却有着许多相同之处，这些相同点被民族主义的代言人发掘出为自己的目的服务。但是两者都与前卫派的理想保持距离并竭力抵抗即将到来的政治风暴。格罗皮乌斯的风格、令人沉醉的门德尔松式的流线形手法、陶特的理想主义都成为20年代后期各种探索方向的参照。当时，德国正在平息秘密的动乱，这种政治状况在1924年以后无情地削弱了魏玛共和国的基础。大都会中贪婪的

图 412　C·霍尔兹梅斯特：安卡拉，国防部大楼方案，1926年（引自《现代建筑造型》，1929年）

图 413　C·霍尔兹梅斯特：纽伦堡，马丁教堂设计方案，1928年（引自《现代建筑造型》，1929年）

图 414　B·霍特格尔：不来梅，莫德森－贝克纪念馆，1926—1927年

图 415　弗里兹·朗：《大都会》电影中的剧照，1926 年

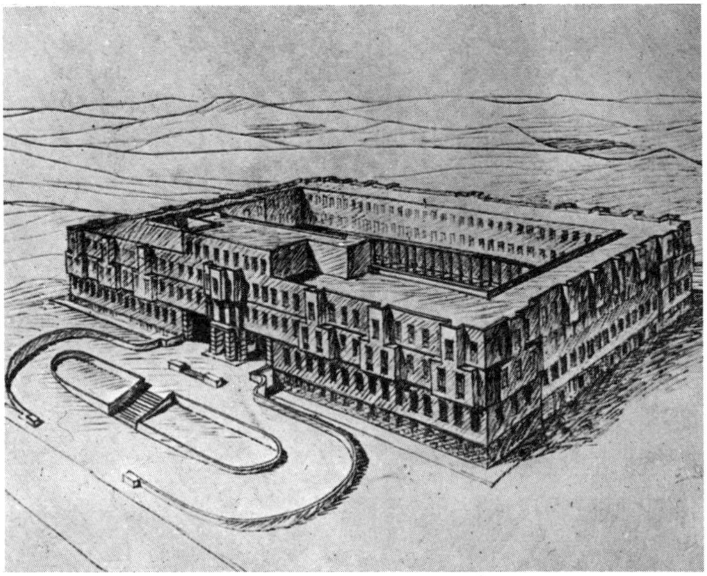

图 416 E·A·普利斯基：维也纳，劳动大厦，1930—1931 年

怪兽变得不再可怕。在弗里兹·朗拍的电影中，开发商和暴动工人握手言和，实现了一种不可能的美好理想——联合的状态，两者共同控制着荒唐的机器。电影中反映了两种截然相反的城市面貌，一个是未来主义的豪华都市，另一个是工人操作完机器下班后所回到的迷宫般的贫民窟，两者在不可调和的矛盾下达成危险的暂时的和平，这恰恰是纳粹主义企图以他们的方式解决的问题。

四、二三十年代的英国建筑及避难建筑师的作用

纳粹主义到来后，一批建筑师离开德国移居到英国和美国，担负了传播现代建筑的重任。这些散居各地的说教建筑师对 CIAM 辉煌时期所作的阐述，增强了现代建筑运动所担负的"进步"使命感。由于德国历史学家尼古拉斯·佩夫斯纳(Nikolaus Pevsner)的引荐，这些建筑形式在英国被全盘吸收。1936 年出版了佩夫斯纳的《现代建筑先驱》(Pioneers of Modern Architecture)一书，为现代建筑被英国人所接纳做了准备。该书据认为描述了自莫里斯的工艺美术运动以来现代建筑的整个发展状况，消除了对现代建筑历史延续性的疑虑。佩夫斯纳所写的东西有着重要的意义。他不仅以赞扬的态度阐述了少数杰出领导人物在这一进步合理的运动中所起的重要作用，而且以文字的方式刻画了现实中不可避免地交织着辩证和矛盾的建筑现象的复杂性。

1933 年，门德尔松移居英国并与 S·车尔梅耶夫(Serge Chermayeff，生于 1900 年)建立了合作关系。他们于 1934—1935 年设计了建于贝克斯希尔(Bexhill)海边的德拉沃展览馆(De La Warr Pavilion)。该建筑的另一位合作者萨莫莱(Felix Samuely，1902—1959 年)是一位曾在前苏联工作过的奥地利移民。1934 年还设计了建于查尔芬特·圣·吉尔斯(Chalfont St. Giles)的尼莫住宅和引人注目的伦敦白城区方案。这些作品提高了门德尔松在英国青年建筑师中的威信。1935—1936 年，他设计了位于伦敦教堂街的造型简洁的柯亨住宅(Cohen house)。同年，格罗皮乌斯与埃德温·马克斯韦尔·费赖伊(Edwin Maxwell Fry，生于 1899 年)合作设计了相邻地块的一幢别墅，该别墅标志着格罗皮乌斯离开德国后在英国建筑舞台上的初次亮相[6]。

尽管做出了如此多的贡献，前卫派建筑师所起的作用仍是非主流的[7]。30 年代初，英国不幸遭受了严重的经济危机，建筑创作被限制在零散的住宅建设中。在这样的历史背景下，一些不知名的公共或私人设计小组走上了工业建筑和公共建筑设计的创新之路，这些创新可

图 417　欧文·威廉斯爵士：伦敦，温布利区，帝国游泳馆，1934 年
图 418　富勒、豪尔和福尔沙姆：伦敦，伊贝克斯住宅，1937 年
图 419　欧文·威廉斯爵士：诺丁汉附近毕斯登镇，布茨化工厂，1931—1932 年

见于伦敦的地铁站和学校建筑中。建于 1928 年由伊斯顿和罗伯逊公司(Easton & Robertson)设计的英国皇家园艺协会展览馆(Royal Horticultural Society Exhibition)大厅体现了对法国结构主义手法的兴趣；而新西兰人阿米亚斯·康内尔(Amyas Connell，生于 1901 年)设计的在阿美尔沙姆(Amersham)的高地住宅(High-and-Over house)和在哈斯尔梅尔(Haslemere)的新农庄的体量中可以看到受有风格派的影响。以下这些作品也属于此类情况：建于 Burnham-on-Crouch 的皇家科林斯游艇俱乐部(Royal Corinthian Yacht Club，1931 年)，约瑟夫·恩伯顿(Joseph Emberton，1890—1956 年)设计的更简洁的伦敦帝国会堂(Empire Hall，1930 年)，欧文·威廉斯(Owen Williams)爵士设计的靠近诺丁汉(Nottingham)毕斯登镇(Beeston)的颇有创新精神的布茨化工厂(Boots Factory，1931 年)和伦敦温布利(Wembley)的帝国游泳池(Empire Pool，1934 年)，伦敦贝克汉姆健康中心(Peckhem Health Center，1935 年)。30 年代，国际式得到了传播。康内尔与 B·沃德(Basil R. Ward，生于 1902 年)、科林·卢卡斯(Colin A. Lucas，生于 1906 年)合作在伦敦肯特住宅(Kent House，1935 年)和第二年希林顿的派克大道住宅(Park Avenue，Hillingdon)设计中沿用了这种手法。威尔士·科茨(Wells Coates，1895—1958 年)在伦敦劳恩路公寓(Lawn Road Flats，1934 年)中提出一种典型的紧凑简洁的手法，即采用暴露材质的方法。这既不同于第二年由弗雷德里克·吉伯德(Frederick Gibberd，生于 1908 年)设计的伦敦普尔曼院住宅群(Pullman Court)采用的精致的材质，也不同于丹尼斯·拉斯顿(Denys Lasdun，生于 1914 年)设计的伦敦纽顿路上的建筑(Newton Road Building，1938 年)。

在科茨的前粗野主义和年轻建筑师的形式主义之间，有一批建筑师选择了对前卫派建筑进行折衷的再创作道路。富勒、豪尔和福尔沙姆(Fuller、Hall、Foulsham)合作的事务所在伦敦伊贝克斯公寓住宅(Ibex House Flat Building，1937 年)设计中采用了局部弯曲的简洁紧凑的体量，建筑开有带形玻璃窗，明显受到门德尔松设计的杜伊斯堡城柯汉恩－爱泼斯坦(Cohen-Epstein)百货商店的影响。无论如何，这是一种手法，并被希金斯、托马森和 ECA(Higgins、Thomerson or Eills，Clark & Atkinson)等建筑师和事务所采用。ECA 事务所设计的位于伦敦舰队街(Fleet Street)上有着望远镜般曲线的每日快报大楼(Daily Express Building，1932 年)已成为一幢成功的报业总部大楼及公共宣传机器。另一方面，在以纪念主义手法来更新和简化公共建筑的方面也不乏尝试，如格雷·沃纳姆(Grey Wornum)设计的英国皇家建筑师

图 420　F·吉伯德：伦敦，普尔曼院住宅群，1935 年

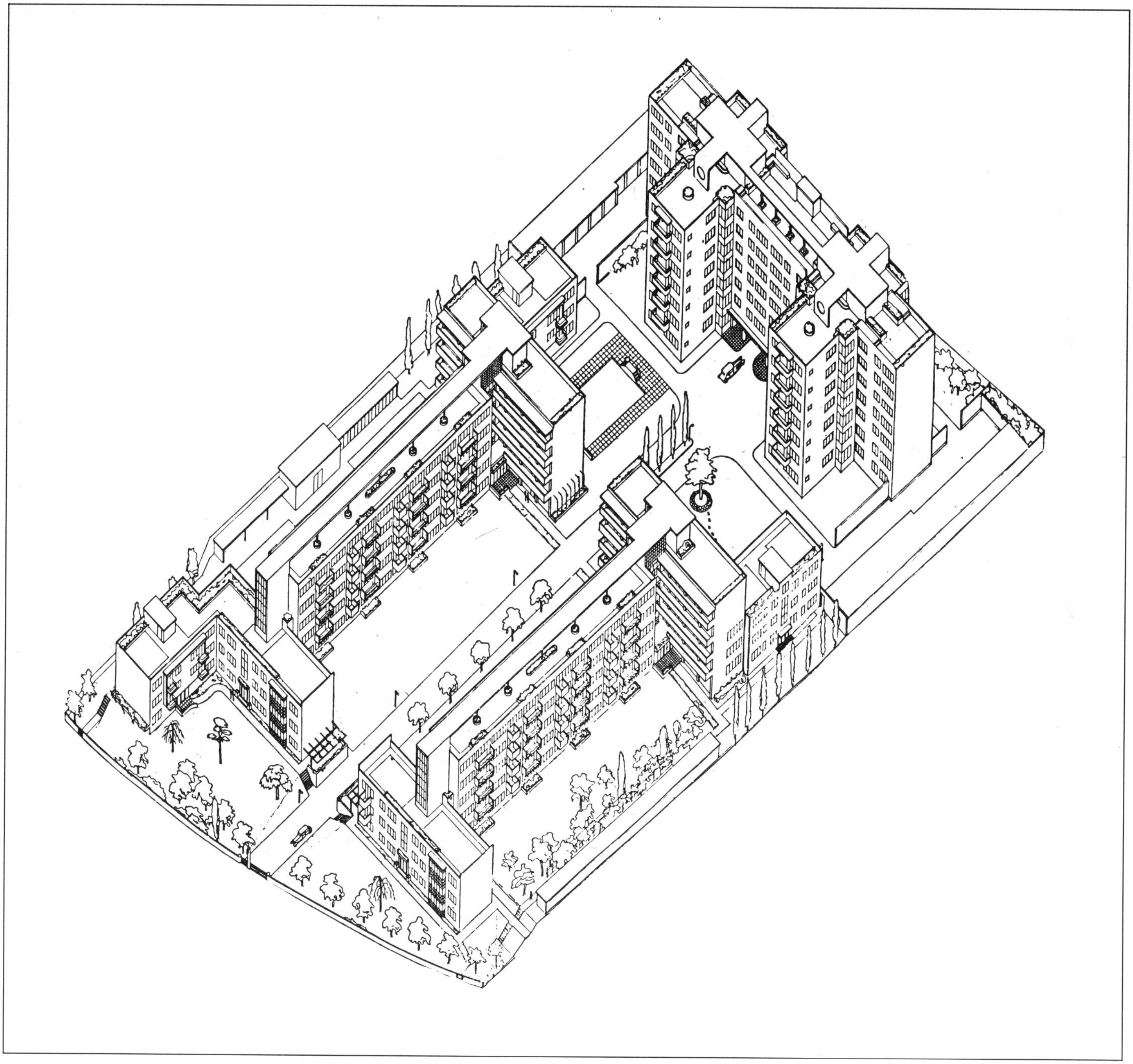

图421　B·卢贝特金和“特克顿小组”:伦敦,高门区,高点2号公寓群,1938年

图422　B·卢贝特金和“特克顿小组”:伦敦,摄政王动物园,企鹅池,1933年

学会大楼(Royal Institute of British Architects Building ,1934年)、马丁－史密斯(属 Adams, Holden & Pearson 事务所成员)的作品如上院大厦(Senate Hall ,1933年)以及埃德温·勒琴斯爵士(Sir Edwin Lutyens)的作品等。

在当时的历史条件下,贝特霍尔德·卢贝特金(Berthold Lubetkin,生于1901年)起了非常特殊的作用。1922年,他离开苏联,起先在巴黎与让·金兹堡(Jean Ginsberg)一起工作,于1932年设计了凡尔赛大街25号公寓楼。以后1933年在伦敦又与德雷克、斯金纳、奇蒂、达格代尔、萨缪尔和哈丁(Lindsey Drake、R. T. F. Skinner、Anthony Chitty、Michael Dugdale、Godfrey Samuel 和 Valentine Harding)等人一起组成了“特克顿小组”(Tecton Group)。该小组与O·阿勒普(Ove Arup,生于1893年)有着密切的合作。阿勒普的合作者J·L·基尔(J. L. Kier)负责大部分工程的结构设计。1935年,特克顿小组完成了伦敦高门区(Highgate)高点1号(Highpoint One)住宅群——30年代英国建筑史上意义重大的住宅开发项目。该工程的某些建筑语言在由卢贝特金和别列丘夫斯基(Pilichowski)设计的杰奈斯塔大街(Genesta street)的住宅中有所运用。与伦敦发因斯伯里健康中心(Finsbury Health Center,1938年)甚至伦敦的六柱住宅(Six Pillars House,1935年)一样,高点1号住宅群是受柯布西耶影响的颇具创新的有机整体。高点2号住宅群是高门区的第二组街区,始建于1938年,但和一期工程相比显得不够紧凑。该建筑群令人惋惜地并具有讽刺性地在入口处以两座女像代替了柱子。高门二期工程令人痛惜地揭示出,那些国际式为之奋斗的成果退化了:国际风格最后竟演变成为一些奇怪而矫饰的手法应用。这个结果无论如何是卢贝特金所意料不到的。1933年,特克顿小组设计了伦敦动物园的新企鹅馆(New Penguin Pool),在这一并不常见类型建筑上该设计集中尝试了各种引人瞩目的建筑语言。企鹅馆成为激进派建筑常备主题的变形版本:支柱,精致的突出物,在公众和企鹅表演的坡道之间设置的围栏上布满了连续的孔洞,从水池中伸出的螺旋状坡道,使人联想起里西茨基为梅耶霍德剧院(Meyerhold Theater)所做的舞台布景。在前卫运动中经过熔炼的建筑语汇和符号在此以一种示范的方式重现,但却故意带着荒诞的意味。这里,建筑语言得以自由发挥。企鹅馆的设计显然已经超脱了激进建筑植根和发展的温床。因其形式的纯净,该建筑已成为一道风景,如同自然一样,它变得可望而不可及,除非有意去破坏它的平静。

图 423 H·索瓦热和 C·萨拉齐：巴黎，瓦文路退台公寓楼，1912 年

图 424 H·索瓦热：巴黎，阿米洛路，退台公寓楼，始建于 1922 年（引自法国《现代建筑》，1923 年）

由于公众对区域及其结构有了新的迫切要求，30 年代中期，创新者的冲击进一步加剧了建筑界的争论。从 1934 年开始，各种各样的会议报告为 30 年代末期城市法规的制定做了准备[8]。现代建筑研究小组（MARS）在这些活动中起了重要的作用。该小组创建于 1933 年，聚集了大批进步的英国建筑师。该小组参加了自 1934 年以来最重要的一些建筑展览，因其支持文化更新和关注文化社会职责的斗争而闻名。特别值得一提的是 1942 年该小组曾向英国皇家建筑师学会的特别委员会提出的伦敦城市重建规划，该规划创造性地构想了一个线性城市的模型，虽然最终因为战争的原因该方案未能付诸实施[9]。

尽管 30 年代英国建筑思想并不统一，而且自满于它在隔绝状态下取得的成就，但战后全欧洲在城市规划和建筑领域取得的一些重大成就都受到英国建筑思想的影响。

五、法国学院派和革新派的建筑

除了像戛涅（Garnier）、贝瑞（Perret）、勒·柯布西耶和吕尔萨（Lurçat）这样的人物在法国受到孤立以外，诸如索瓦热（Sauvage）、鲁-斯皮茨（Roux-Spitz）、马勒-斯蒂文斯（Mallet-Stevens）和帕托特（Patout）等建筑师在法国则在追求一条不与任何传统相关的中间道路。

在弗朗兹·儒尔丹（Frantz Jourdain）的庇护下，新艺术运动在法国有了辉煌的开端。代表作有南锡（Nancy）的马乔雷拉别墅（1898—1900 年）和巴黎的路易-富勒剧院（Théatre Loïe Fuller，1900 年）。此后不久，亨利·索瓦热（Henri Sauvage，1873—1932 年）在 1903 年开始将其注意力放在工人住宅的设计上。1922 年，他着手设计了其最重要的作品之一——巴黎阿米洛街（Amiraux ）的一座带游泳池的公寓楼。在此项工程中，他重新启用一种设计模式，该模式在他与查尔斯·萨拉赞（Charles Sarazin）10 年前合作设计的巴黎瓦文路（Rue Vavin）街的一座阶梯形后退的公寓建筑中曾经试验过[10]。对索瓦热来说，这种后退式处理并不表明任何未来主义的含义。在尝试探索将此类型推广至城市范围的过程中，他提出的所有方案能使建造空间和整体环境符合实际需求，并希望以此设计出高质量的群体住宅来体现其社会良知。

这样的进取心虽然并没有完全贯穿在索瓦热所有的实验活动中，但 1925 年在巴黎举办的“现代装饰工业艺术国际博览会”（Exposition Internationale des Arts Décoratifs et Industriels Modernes）却充分体现

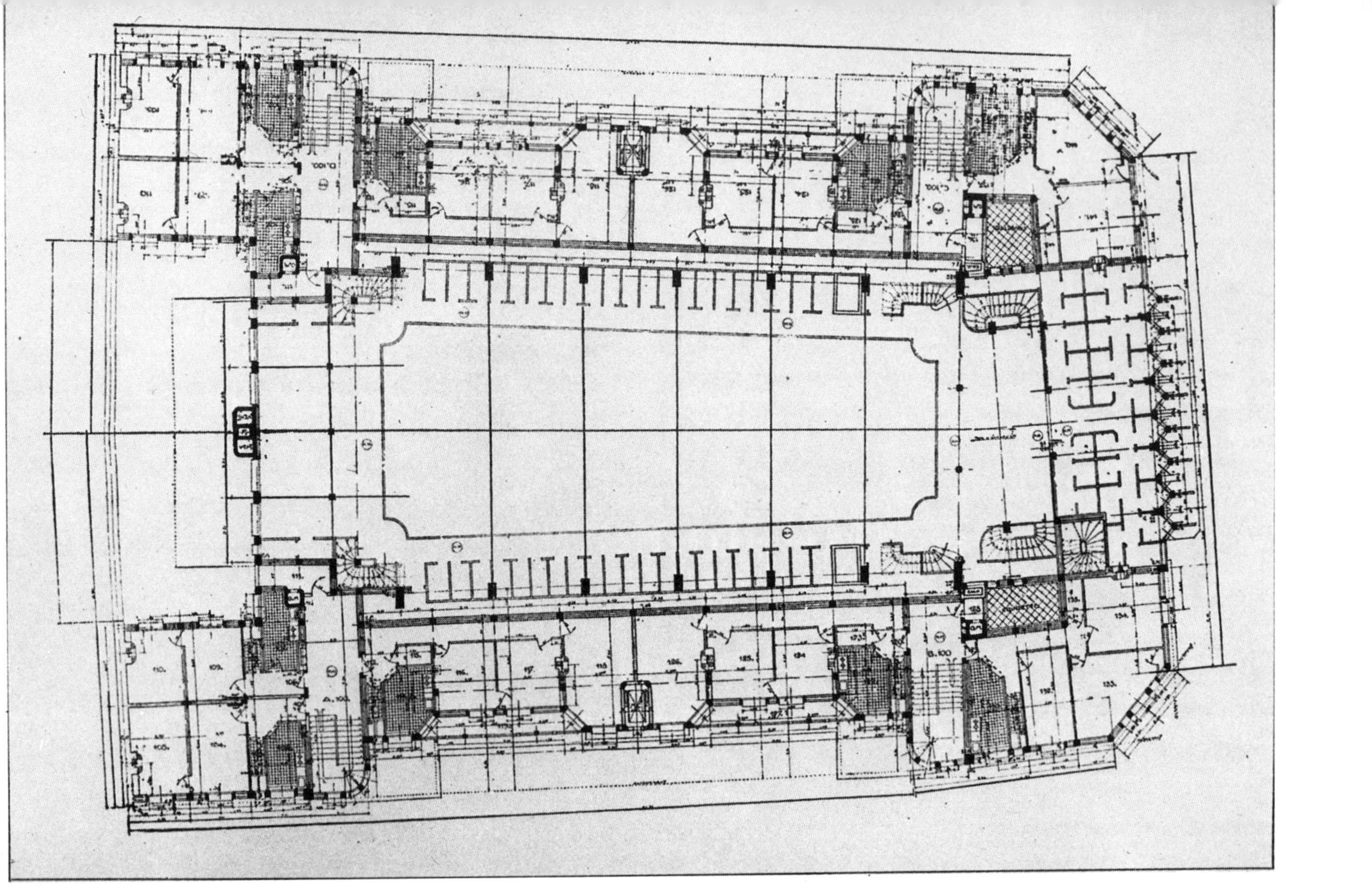

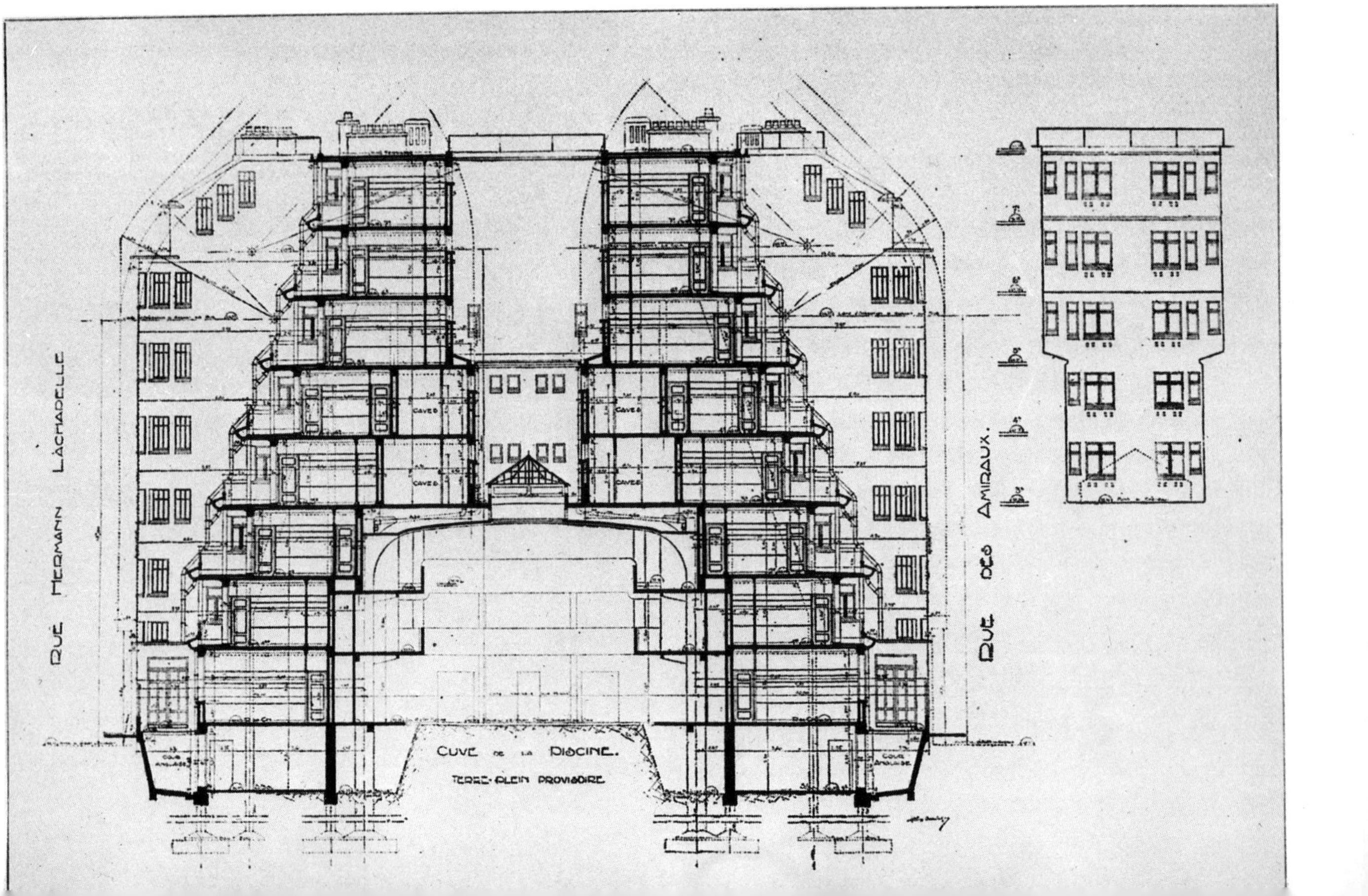
RUE HERMANN LACHAPELLE
RUE DES AMIRAUX
CUVE DE LA PISCINE
TERRE-PLEIN PROVISOIRE

图 425,图 426　H·索瓦热:巴黎,阿米洛路,退台公寓一层平面和横剖面,始建于 1922 年(引自法国《现代建筑》,1923 年)

图 427　P·夏卢和 B·比耶沃特:巴黎,玻璃住宅,1928—1931 年

图 428　M·L·赫尔比执导,R·马勒－斯蒂文斯制作舞台背景:《非人性》电影剧照,1923—1924 年

了这一趋向。早在 1906—1907 年争论就已开始,争论的结果就是决定在 1922 年组织一个重要的展览会,以展示整个欧洲实用艺术发展的成果,这一决定明显受到制造联盟展览会的直接启示。各个欧洲国家参展的作品与主办者的目标很不一致,并不是所有国家都选送了严肃的革新者作品。承包商 G·瓦赞(Gabriel Voisin)和亨利·弗鲁杰斯(Henri Frugès)资助了由勒·柯布西耶设计的"新精神馆",马勒－斯蒂文斯(Robert Mallet-Stevens,1886—1945 年)与皮埃尔·夏卢(Pierre Chareau)合作设计了导游亭和被称为"法国大使馆"的展览馆;贝瑞设计了展览会剧院;戛涅设计了里昂市的展馆;索瓦热和韦布(Wybo)为普林坦布斯百货商店设计了艺术画室。尽管法国人对以上这些成果颇感自豪,但从建筑发展角度来看,这次博览会的意义并不大。《现代风格:法国的贡献》(Le Style Moderne: Contribution de la France)一书清楚地说明了这点。该书由亨利·凡·德·费尔德撰写序言,它和让·帕托特(Jean Patout)的《美容·女装》、妇女发型杂志、夏卢(1883—1950 年)的家具设计书籍放在同一层书架上。大体来说,举办此次展览会仅仅相当于开创一种新时尚和满足大众对现代化的趣味,这种趣味特别针对中产阶级市民,而非乡下人。适合对象是那些温和而又容易相处的社会人群。正如我们所见,这种趣味逐渐影响了大部分美国建筑,在法国则被当作介于传统和前卫之间的折衷方式而被接纳。

马勒－斯蒂文斯(Mallet-Stevens)作品中精致洗炼的风格以 1923 年耶尔市(Hyères)的德诺埃尔斯别墅(De Noailles Villa)为开端。1926 年建于达夫瑞城(Ville d'Avray)巴尔扎克街的住宅和第二年在巴黎街上建造的斯蒂文斯公寓楼等等建筑,都显然与立体主义的表达方式迥异,但仍然紧跟最新的样式和时尚。在错综复杂的前卫世界中,斯蒂文斯沿其舒适的折衷道路前行:他为德诺埃尔斯(Vicomte de Noailles)设计的别墅被曼·雷(Man Ray)制作的电影《神秘的城堡》(Les Mystères du Chateau du Dé)用作拍摄布景。早在 1923—1924 年,斯蒂文斯已和莱热(Léger)、夏卢以及卡瓦肯特(Alberto Cavalcanti)在一部由赫比尔(Marcel L'Herbier)执导的电影《非人性》(L'Inhumaine)中合作,该电影选用的住宅具有显著的特点:它是斯蒂文斯对立体主义、新造型主义、装饰主义细部进行折衷和集锦式综合的最好例证。

新时尚有助于说服那些顽固的学院派建筑师。鲁－斯皮茨(Michel Roux-Spitz,1888—1957 年)已在大量的多层公寓设计中明显地表现了这一点,例如巴黎古奈默路(Rue Guynemer)的一幢多层公寓(1925年)。鲁－斯皮茨的作品精致优雅,例如在讷伊建于1929—

图 429　R·马勒－斯蒂文斯:巴黎，斯蒂文斯路公寓楼，1927 年

图 430　R·马勒－斯蒂文斯:巴黎，消防站，1935—1936 年

图 431　P·帕托特：巴黎，胜利大道，公寓楼，1929—1934 年

图 432　P·帕托特：塞纳河边布洛涅，克利门大道住宅，1929 年

1931 年的因凯曼大道上的建筑，就完全不同于斯蒂文斯的简朴风格，保持着一种中产阶级的品味。当 30 年代法国建筑又一次陷入自满、不再进取时[11]，这两位建筑师也与此有关。P·帕托特（Pierre Patout，1879—1965 年）的设计则具有相当的原创性，尤其表现在他设计的巴黎胜利大道的公寓建筑中（1929—1934 年）。在该建筑中，他将装饰艺术风格惯用的语汇和模糊不清的带有船舱意味的体量结合起来。我们可以看到实际上乔治·亨利·平格松（Georges-Henri Pingusson，生于 1897 年）的作品比较严肃，早在他与斯蒂文斯合作设计巴黎现代艺术博物馆方案和布尔日（Le Bourget）飞机场之前，已经在 1932 年设计了圣特罗佩茨市（Saint-Tropez）的纬度旅馆（Hôtel Latitude），其封闭的体量散发出一种紧凑正规的构成主义信号。当像 J·金兹堡（Jean Ginsbeg，生于 1905 年）或加布里埃尔·古夫里坎（Gabriel Guevrekian）这样的建筑师努力追随勒·柯布西耶或吕尔萨时，夏卢设计了在博瓦隆（Beauvallon）的俱乐部，在此建筑中提出了 1925 年中最富创造力的样式。1928—1931 年建于巴黎由他和荷兰人伯尔纳德·比耶沃特（Bernard Bijvoet）合作设计的玻璃住宅看上去像标准成品材料在进行试验性拼贴后的产物。两个三层楼高的玻璃立面，开敞的室内空间被不断插入的简单的家具和纤细的、锚固的钢柱分隔。通过对每一个结构细节的强调，使得现代材料的大胆运用更具价值。装饰艺术风格在升华了的技术母题面前屈服了[12]。

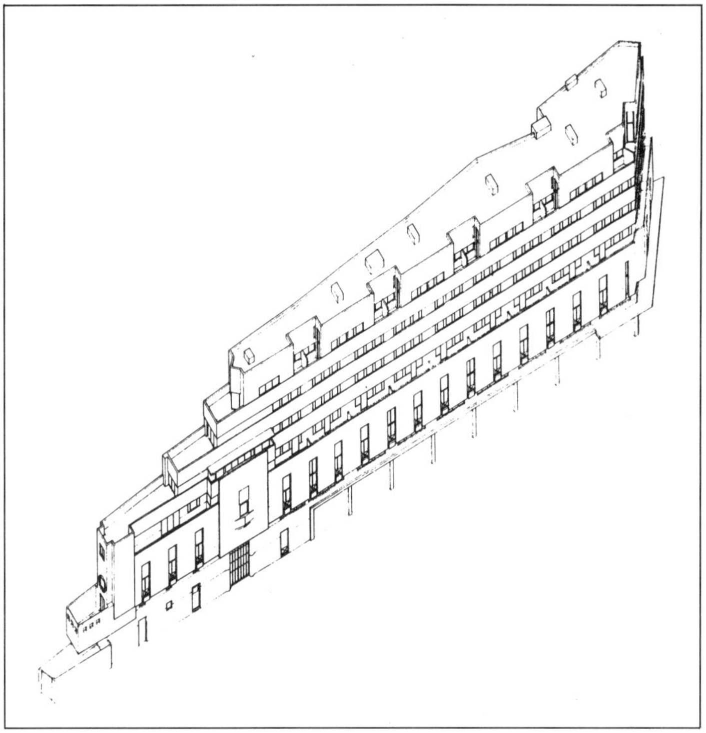

随着 30 年代岁月的推移，建筑业的衰落没有丝毫的减弱，普遍性的经济危机也到来了。对那些主要依靠不在总体规划之下的巴黎郊区的住宅发展项目或者左派及进步管理人员偶尔开发的项目中进行实践的建筑革新者们而言，情况更为不利。跟随 1894 年的西格弗里德法（Siegfried Law）之后出台的一系列法规刺激了低租金住房（HBM）的建造，经过 1928 年的卢金法（Loucheur Law）的进一步补充，为廉价住宅的推广奠定了基础。但其功效在 1933 年左右经济危机影响建筑行业的情况下无法发挥。与此相关，令人感兴趣的是 1924 年到 1930 年之间所做的巴黎地区的规划方案，以及在首都周边地区建立大量花园城市的一系列举措。从 1918 年的夏坦奈－马拉伯里区（Châtenay-Malabry）的建筑群开始，至 1922 年德朗西的新区规划截止，巴松皮埃尔（Bassompierre）和德鲁特（De Rutté）采用昂温（Unwin）的模式和在法国传播开的伯努瓦－莱维（Georges Benoit-Lévy）的手法，使城市化的观念和城市化建筑类型在法国逐渐开始发生变化。在城市观念演进的过程中，具有重要价值和意义的实例包括：巴黎附近

图 433　巴松皮埃尔、德鲁特、阿费森和西文：夏坦奈－马拉伯里花园城市规划，始建于 1918 年

图 434　E·格雷：海滨别墅设计，1926—1929 年（引自《建筑运动续集》，第 37 期，1976 年）

图 435　E·博多恩、M·洛兹、V·包坦斯基和让·普路维：克利希，多功能大厦，1937—1939 年

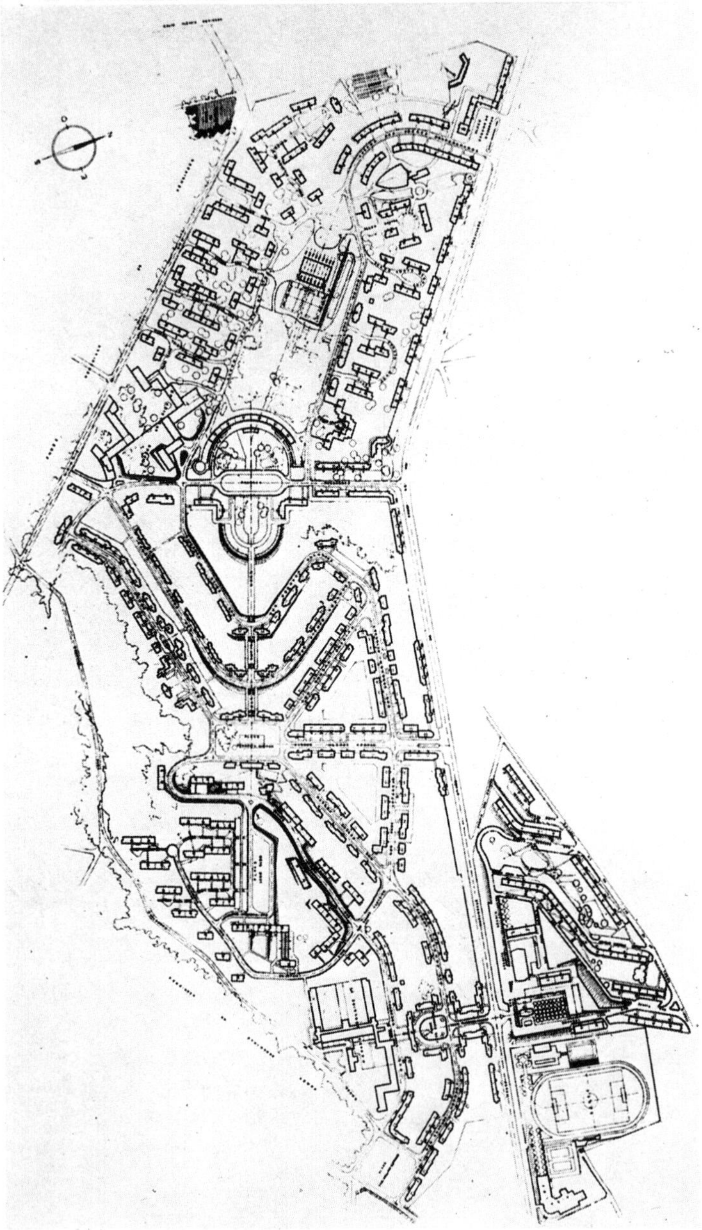

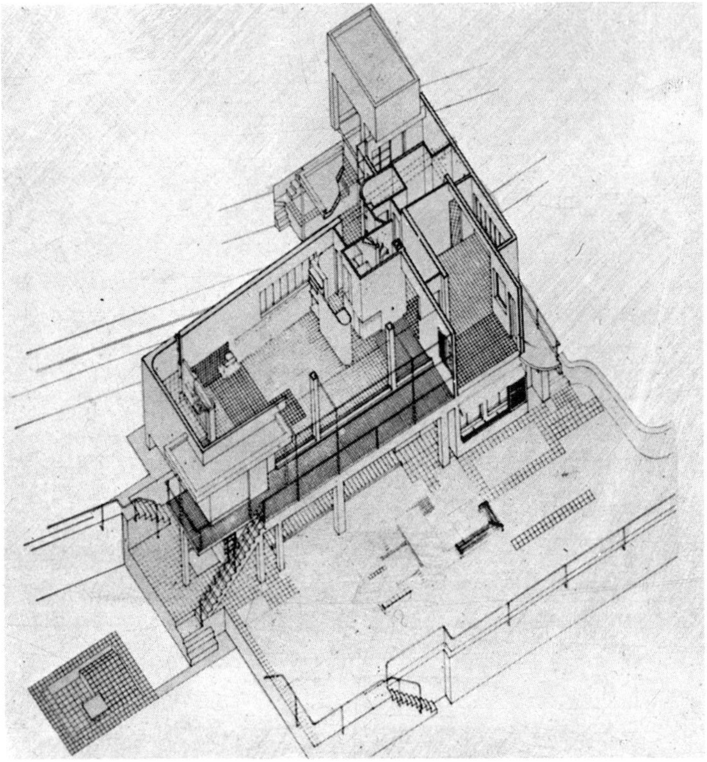

图 436　E·博多恩、M·洛兹：德朗西居住区，始建于 1933 年（1976 年被毁）

图 437　E·博多恩、M·洛兹：德朗西居住区平面

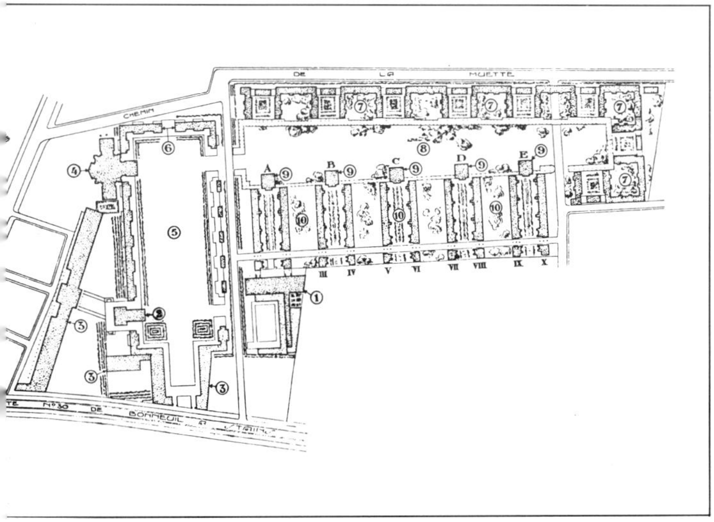

的斯坦斯花园城(Stains)，该城由岗诺特(M. Gonnot)和阿尔本克(Albenque)在 1921 年至 1933 年间创建；1924 年建于普莱西斯－罗宾逊(Plessis-Robinson)的另一座花园城最初是由贝雷－多泰尔(M. Payret-Dortail)设计的，以及最先进的花园城市模式：建于 1933 年德朗西的“居住城”(Cité de ba Muette)，由 E·博多恩(Eugène Beaudouin，生于 1898 年)和马赛尔·洛兹(Marcel Lods，生于 1891 年)设计[13]。

在德朗西，博多恩、洛兹和弗里辛纳特(Eugène Freyssinet，1879—1962 年)合作，又对巴黎郊区巴诺地方(Bagneux)的奥伊塞新城(Cité du Champs des Oiseaux，1931—1932 年)做了进一步的实验，他们在此项目中试用了先进的预制技术[14]。德朗西规划的特点和最新技术的运用都体现出对精确、合适预算的考虑，并提供了一个符合革新派关于工人住宅设计设想的模式。所有与传统花园城市有关的事物都被避免：长长的平行排列的建筑群对应着五幢公寓塔楼，它们的设计观可以追溯到在夏坦奈－马拉伯里区(Châtenay-Malabry)已尝试过的观念，但是却不如夏坦奈区的景观突出。规划将居住者集中于塔楼内，以便腾出集体使用的开放空间，整个新区提倡一种高度组织化和集中化的生活方式，由此引起了管理此项目的政府部门的忧虑。这种观念是“人民阵线”(Popular Front)成立前夕法国紧张局势的暗示。博多恩和洛兹在他们后来的作品中又相继出现了与政治气候相关的暗示，这样的作品有：1935 年建于叙雷纳(Suresnes)的户外学校，甚至包括 1939 年建于克利希(Clichy)的精巧的多功能大厦，该建筑是与博丹斯基(Vladimir Bodiansky，1894—1966 年)和让·普罗维(Jean Prouvé，生于 1901 年)共同设计的。其创新之处在于采用了精巧的机械主义的手法，该建筑能转变成室内市场、群众集会大厅或政治文化活动中心。作为有机社区观念的示范和体现公众参与态度的场所，该建筑是自治意识的特殊产物，这种意识深刻地影响着法国社会主义的历史而且对“人民阵线”的成长大有贡献。但是具有进步思想的官员们为革新派建筑师们提供的实践机会仅仅局限于几个孤立的范例中，在反主流的运动中作用甚微。实际上，在人民阵线成立后的第二年即 1937 年，在巴黎举办的国际博览会就证明了学院派建筑师的胜利。1933 年委托给贝瑞的新夏洛特宫设计(Palais de Chaillot)则须由卡吕(J. Caru)、布瓦洛(L. A. Boileau)、阿泽玛(L. Azéma)、奥伯特(A. Aubert)、东代尔(J. C. Dondel)、达斯图日(M. Ddastugue)和维亚德(P. Viard)组成的行政委员会进行监管，他们还接管了现代艺术博物馆的设计，贝瑞只被委托设计国家动产大楼，这可谓是众多学院派建筑师控制的建筑群

图 438　A·波姆普：布鲁塞尔，圣兰伯特区，卡皮勒维德花园城的双联住宅设计，1922—1926 年（引自 1969 年在布鲁塞尔的 A·波姆普的作品展览会）

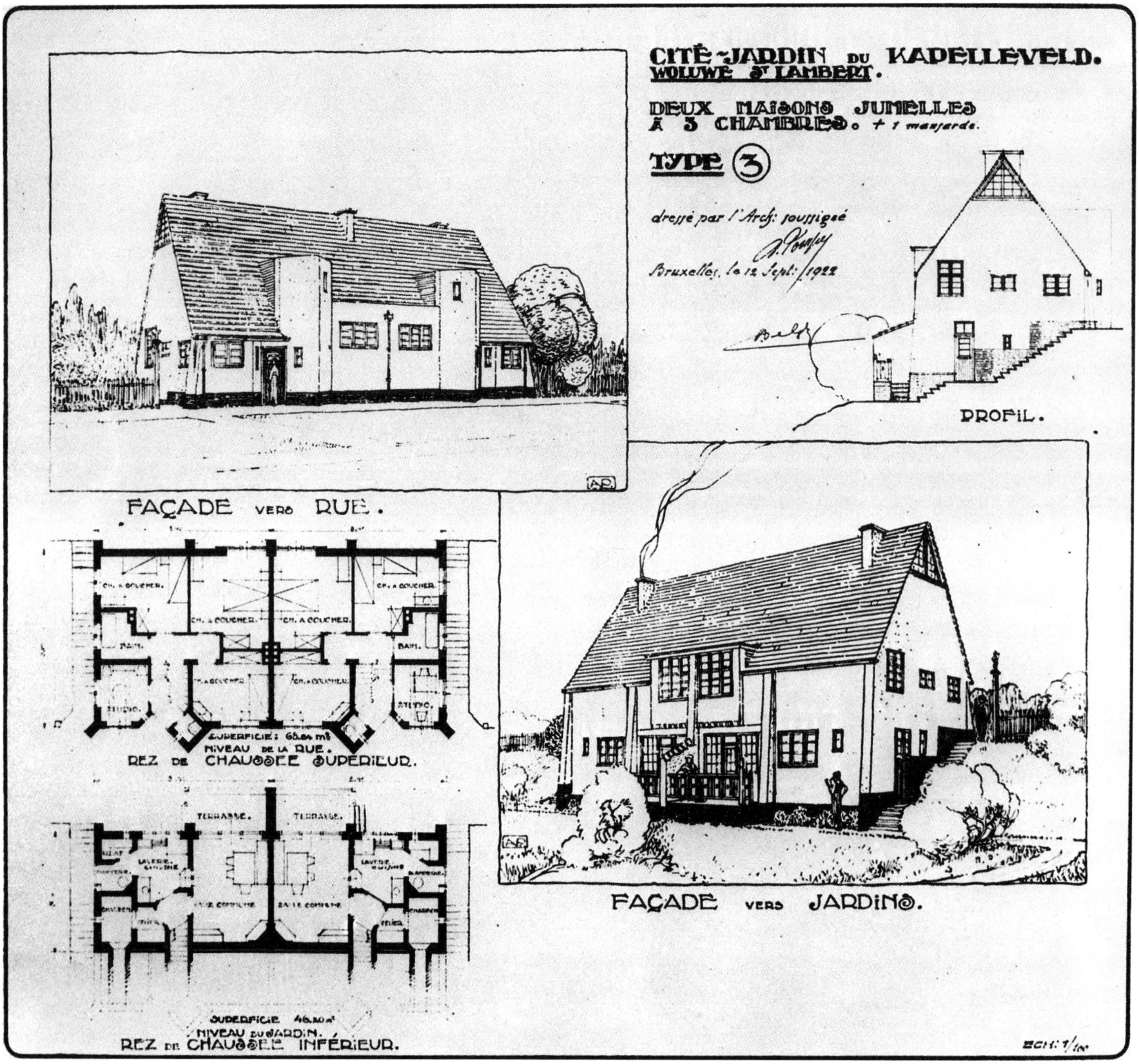

图 439　L·H·德科尼克：布鲁塞尔国际博览会，塞洛特克斯公司展览馆方案，1929年（引自1973年德科尼克作品展览会）

图 440　L·H·德科尼克：布鲁塞尔，通特列蒙特住宅初期方案，1931—1932 年（引自 1973 年德科尼克作品展览会）

图 441　V·布尔茹瓦：布鲁塞尔，现代城市住宅类型，1922—1925 年

图 442　V·布尔茹瓦：布鲁塞尔，现代城市住宅组团，1922—1925 年

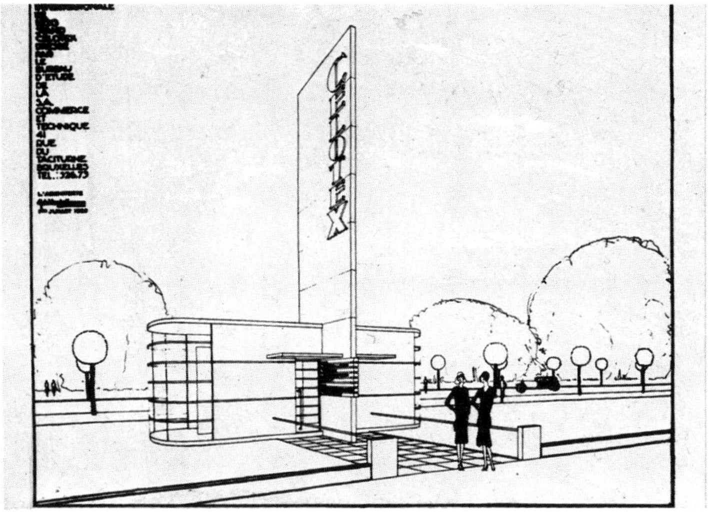

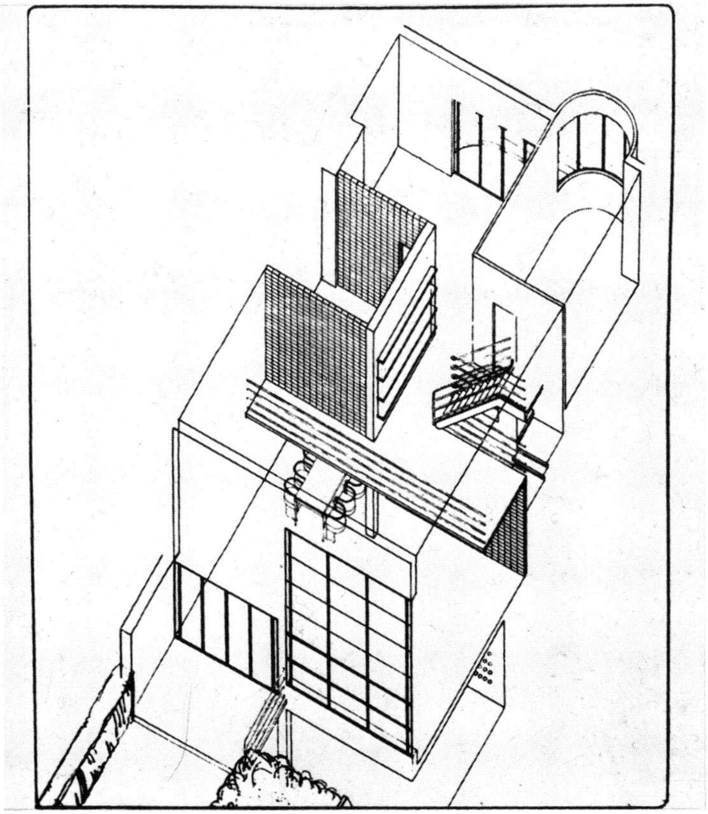

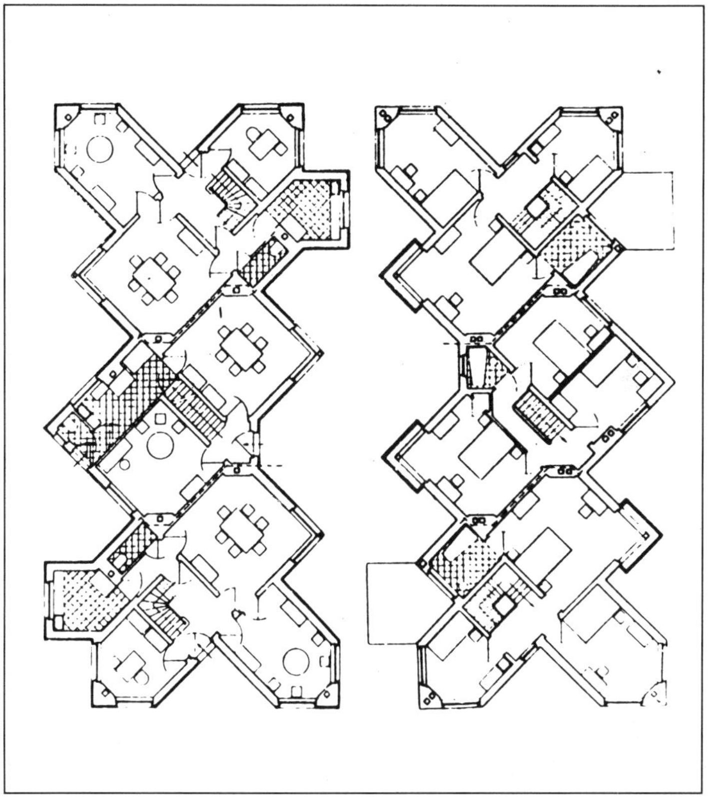

图443,图444　J·希勒曼斯:为3500万个居民的世界性大城市所作的建筑群构想方案,1930—1935年(引自1969年在布鲁塞尔的A·波姆普作品展览会)

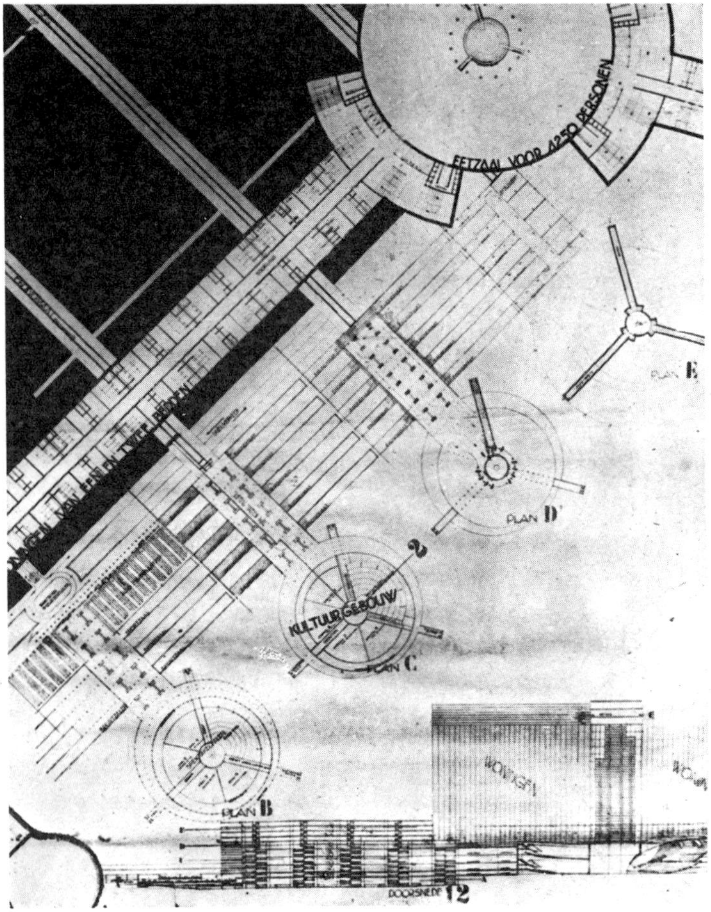

中一段微弱的插曲。革新派的参与作用被大大削弱:勒·柯布西耶只做了临时的“新时代展馆”(Pavilion of the New Times),斯蒂文斯和平格松做了“光明展馆”(Pavilion of Light),平格松还设计了现代艺术家联盟展馆(Pavilion of the Union of Modern Artists)。甚至外国参展者也面临着不和谐的一幕:与阿尔瓦·阿尔托、坂仓准三(Junzo Sakakura)和J·克雷卡(Jaromír Krejcar)设计的本国展馆,及路易·卢卡斯(Luis Lacas)和何塞·路易·塞特(José Luis Sert)设计的展有毕加索绘画“格尔尼卡”的西班牙馆摆在一起的是由阿尔伯特·斯皮尔(Albert Speer)设计的布置有凶恶的鹰徽和卐字的德国馆。

六、比利时新建筑

在比利时,安东尼·波姆普(Antoine Pompe,生于1873年)占据了特殊的地位。他最初是个善于提炼素材的设计师,这些素材仍属于新艺术风格范围,同时在很大程度上受荷兰建筑的影响。然而很快,在1910年为布鲁塞尔的凡奈克博士的研究所做了富有创意的设计之后,波姆普对花园城市产生了兴趣。尤其在一战结束后,当局发现他们面临因工厂的回迁而变得日益尖锐的住宅问题。波姆普和波德森(Fernand Bodson ,1877—1966年)首先于1921年在北霍特拉治(Hautrage-Nord)花园城规划中试验了新的预制体系,并且在布鲁塞尔圣兰伯特区(Woluwé St. Lambert)的卡皮勒维德(Kapelleveld)住宅群设计中将新颖的类型观念与民族主义的趣味结合起来。然而此时在建筑品质方面真正向前迈进一步的是维克多·布尔茹瓦(Victor Bourgeois,1897—1962年)的作品。作为革新派阵营的一员,他对激进派建筑师们的实践活动抱有同情心。布尔茹瓦为布鲁塞尔做的现代城市规划方案(1922—1925年)似乎预示了戛涅1929年的布鲁塞尔中心火车站周边地区的改造方案。同时,布尔茹瓦也在尝试其他东西。如1923年他支持出版了杂志《7 Arts-L'Équerre》(直角艺术),1925年在意大利蒙扎(Monza)举办的抽象艺术展上他设计了展览馆[15]。1925年之后,他的作品深受勒·柯布西耶的影响,例如1925年和1934年建于布鲁塞尔的自用住宅,特别体现在1928年为雕刻家约斯伯斯(O. Jespers)设计的工作室中。

同样,德科尼克(Louis Herman De Koninck,生于1896年)热忱地欢迎国际建筑界最前卫的思想,尽管他的作品反映出类似于布尔茹瓦的脱离意识形态的倾向。与亲荷兰的革新派建筑师霍斯特(Huib Hoste ,1881—1957年)不太相同,德科尼克的作品精致细腻,常采用折

图 445　M·E·海菲里、C·胡巴舍、R·施泰格尔、P·阿塔里亚、W·M·莫泽、E·罗思和 H·施密特：瑞士，苏黎世，纽布尔，瑞士制造联盟居住区鸟瞰，1929—1932 年

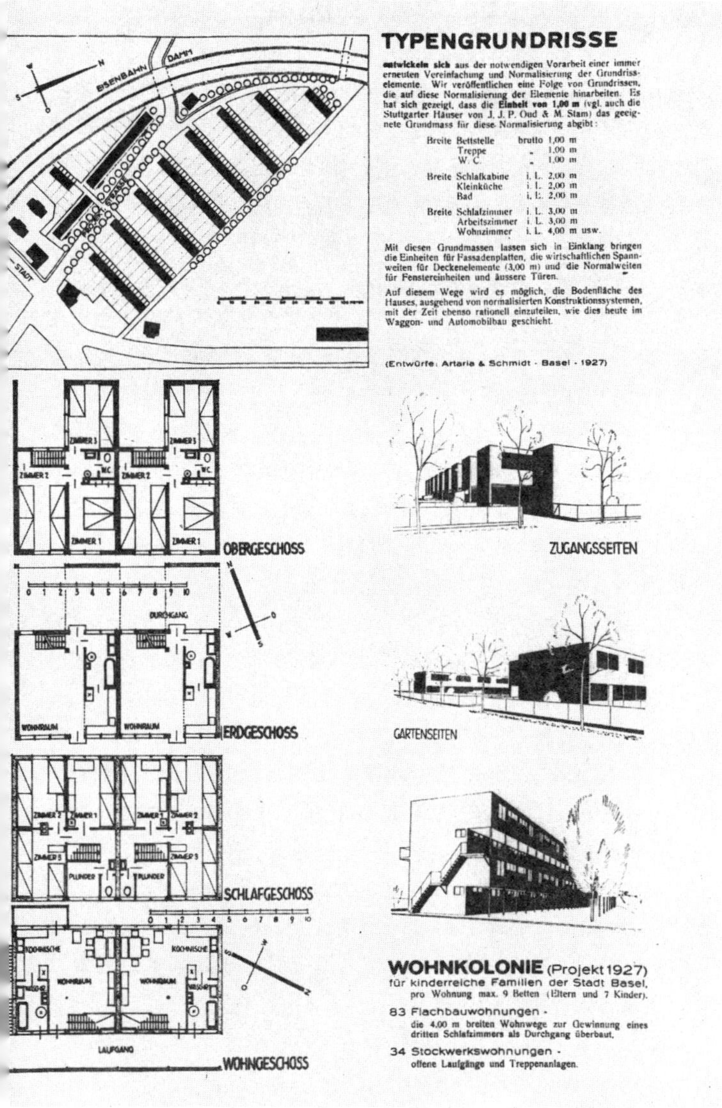

图 446　P·阿塔里亚和 H·施密特设计的住宅类型，《ABC》杂志，1927—1928 年

衷的手法（其 1920 年设计的 Wervik 商店和 1922 年的 Zonnebeke 住宅区尤为引人注目）。德科尼克在为齐尔扎特（Zelzate，1921—1923 年）做的方案，和为布鲁塞尔卡皮勒维尔德新区（Kapelleveld，1923—1926 年）的设计中，他采用了布尔茹瓦的手法，但相比之下，他对国外来的新观念显得更为开放。他的早期作品受工艺美术运动传统的影响，如建于道尔（Dour）花园城的纪念大厦，1922 年建于布鲁塞尔圣日内斯区（Rhode-St.-Genèse）的科林斯别墅。但在 1924 年设计的自用住宅和他与 L·弗兰科斯（Lucien François，生于 1894 年）同年合作设计的具有相当试验性质的一幢公寓中，都采用了现代建筑的语汇。同样的情况还出现在 1926 年为画家兰勒特（Lenglet）设计的住宅和 1929 年的阿尔本（Alban）大楼设计中，这两幢建筑都建于布鲁塞尔。另一方面他为塞洛特克斯（Celotex）公司做的方案反映出后期未来主义的影响，甚至带有明显的构成主义倾向并强调了大众的需求。莱伊住宅（Ley House，1934 年）有着勒·柯布西耶式的语汇，贝陶住宅（Berteaux House，1938 年）则反映出明显的精致特征（所有这些建筑都建于布鲁塞尔）。

但是，比利时建筑不仅包括以上的探索活动，其他还有布朗福特（Gaston Brunfaut，生于 1894 年）的实验活动、加斯东·埃塞林克（Gaston Eysselinck，1907—1953 年）和马赛尔·勒伯恩（Marcel Leborgne，生于 1898 年）的构成主义风格、R·布拉姆（Renaat Braem）的视觉表现主义风格。比利时人的思路还与苏联前卫派最后的幸存者希勒曼斯（Julien Schillemans，1906—1943 年）的城市乌托邦主义有关。他在 1930—1935 年间做了一个世界村的设想方案，这是一个有着 3500 万居民的城市，城市的主体有 23km 长，集合式居住区呈放射形围绕中心布置，各居住区都与多功能社区中心相联接。

七、两次世界大战之间的瑞士建筑

本世纪的瑞士建筑是在苏黎世工学院的体系中发展起来的，它带有明显的世界主义的特性。瑞士建筑强调以严格的职业化方式进行合作组织，并保持着一贯注重技术和结构的传统。从 1901 年建于佐兹（Zuoz）附近的第一座箱形梁式大桥开始到二三十年代享有盛誉的实践，罗伯特·梅拉特（Robert Maillart，1872—1940 年）的作品将瑞士结构主义的传统提高到很高的水平。由梅拉特设计的高架桥在建造方式上有着创新和实验性质，技术方法多样，钢筋混凝土的制模技术也十分高超。尽管没有做任何修饰和对自然进行刻意模仿，这些高架桥却以大胆的结构与瑞士地方风景完美融合在一起。萨拉辛(Alexandre Sarasín，生于1895年)对结构的认识也是如此，他同样大胆地发掘结构技术的潜能，同样坚持梅拉特所提出的观点——即将工程学从传统形式中解放出来并得到充分的独立，同时不失对问题整体性的了解和对材料进行最有效、完美地利用。

与梅拉特的贡献具有同样价值的改革有一战前建筑师拉菲里尔(Alphonse Laverrière，1872—1954年)、布雷拉尔德(Maurice Braillard，1879—1965年)和卡米内·马丁[Camille Martin，1877—1928年，他最早翻译了卡米罗·西特(Camillo Sitte)的著作]等人的工作。1918年后这项改革得到充分的发展。在这次改革运动发展中的领导人物是汉斯·伯努利(Hans Bernoulli，1876—1959年)和卡尔·莫泽(Karl Moser，1860—1936年)，他们都是苏黎世工学院的教师，该学院培养了许多战后最重要的建筑师。正是他们将战前谨慎的探索活动和后来最具创新意识的实验活动联系起来。从1913年开始，伯努利在苏黎世教授城市规划，在他的学生、密友中有C·马丁、阿诺德·霍切尔(Arnold Hoechel，1889—1974年)、梅耶和汉斯·施密特(Hans Schmidt，1893—1972年)。1915年到1928年间，莫泽身边召集了许多年轻人才中的佼佼者，在更新瑞士建筑思想方面做了很多工作，特别注重与荷兰建筑界保持紧密联系。在拉萨尔拉兹(La Sarraz)召开的CIAM第一次会议上，这一贡献得到承认，与会的建筑师推举他为这一新组织的名誉主席。

战争结束时瑞士面临的住房危机为建筑新思想的创立提供了条件。瑞士也面临着自己紧张的社会局势：日益发展的合作社运动和廉价住宅的问题，这些都是1918年瑞士制造联盟展览后建筑师首要面对的严重问题。在这种气候下，由赫尔曼·穆特修斯(Hermann Muthesius)提出的解决方法在德语国家得到了支持：独立式住宅和花园城市的想法非常符合合作社运动的喜好，合作社的观念与根植于怀旧的新古典主义城市模式关系密切，两者之间即便没有共同的历史渊源，也有着牢固的思想上的姻亲关系。在瑞士，这两者间协调一致地表现出特殊的活力。改革派的建议并没有受到像欧洲其他国家不得不应付的诸如社会性质和经济成分等问题的阻碍，也未因工人运动而受到影响。

1918年至1919年间，一个为日内瓦市 Piccard.，Pictet & Cie 工业公司兴建的工人社区而举行的竞赛标志着这些观念的突破，虽然一等奖由罗伯特·瑞特梅耶(Robert Rittmeyer)和沃尔特·弗雷尔(Walter Furrer)获得，但是令人感兴趣的是二等奖获得者H·施密特的方案。合作社运动促进了住宅区建设的兴旺，这对革新的建筑师有利，同样对花园城市的提倡者有利。如我们所知的梅耶(Hannes Meyer)设计的巴塞尔市(Basel)的弗雷多夫住宅区(Freidof Siedlung)就属于该时期的作品。其他一些有重要价值的作品有：弗雷德里克·吉拉德(Frédéric Gilliard)和弗雷德里克·戈德特(Frédéric Godet)设计的洛桑Prelaz区的住宅发展规划(1921年)，C·马丁和A·霍切尔在1920—1923年对日内瓦d'Aïre大街进行的花园城市式规划。H·伯努利的建成作品也同样很有意思，其中引人注目的有1924年苏黎世汉特姆街(Hardturmstrasse)的Wohnkolonie大厦和1924—1930年建于巴塞尔市Hirzbrunnen区的工程。从这些经历中伯努利总结出建设方案的基本措施。其方案旨在解决企业在自由竞争的市场中面临的严重困难，带有古典改良主义的印记。他于1946年出版的《城市和土地》(Die Stadt und ibr Boden)一书中充分阐述了他关于地方管理(Kommunalisierung)的观念，呼呼对土地私有制进行有计划和可接受的限制。

有了这样的前提，先锋建筑思想在瑞士受欢迎是不足为奇的。几乎所有年轻一代建筑师们的早期职业生涯都是在国外度过的，所以瑞士从未中断过与国际建筑界的交流，而ABC小组以及他们的刊物也成了理所当然的产物。ABC杂志所倡导的反学院派和主张严格的技术化、功能化的思路有助于树立一种新的创作态度，同时可以理解的是：为什么在CIAM创建初期有相当多的瑞士建筑师参加，这不仅仅是地理上的方便。当时，马克斯·恩斯特·海菲里(Max Ernst Haefeli，生于1901年)、鲁道夫·施泰格尔(Rudolf Steiger，生于1900年)，埃米尔·罗思(Emil Roth，生于1893年)和汉斯·施密特(Hans Schmidt)的作品；保尔·阿塔里亚(Paul Artaria，1892—1959年)和施密特设计的巴塞尔郊区的谢菲尔和科纳吉两幢住宅(Schaeffer and Colnaghi Houses)；霍切尔设计的勒·柯布西耶式的作品；米尔(Henri-Robert von der Mühll，生于1898年)设计的简练的住宅类型以及他设计的斯泰曼别墅(Steinmann villa，1926年)方案和洛桑市女子寄宿学校方案(1928年)；阿尔伯托·萨托里斯(Alberto Sartoris，生于1901年)为日内瓦市的一组工人公寓所做的抽象几何式的设计(1929年)和采用钢、钢筋混凝土、大理石和玻璃建造明灯圣母教堂(Cathederal of Notre-Dame du Phare，1931年)的理论性探讨方案。所有以上作品都竭力紧跟国际舞台上最先进的潮流。

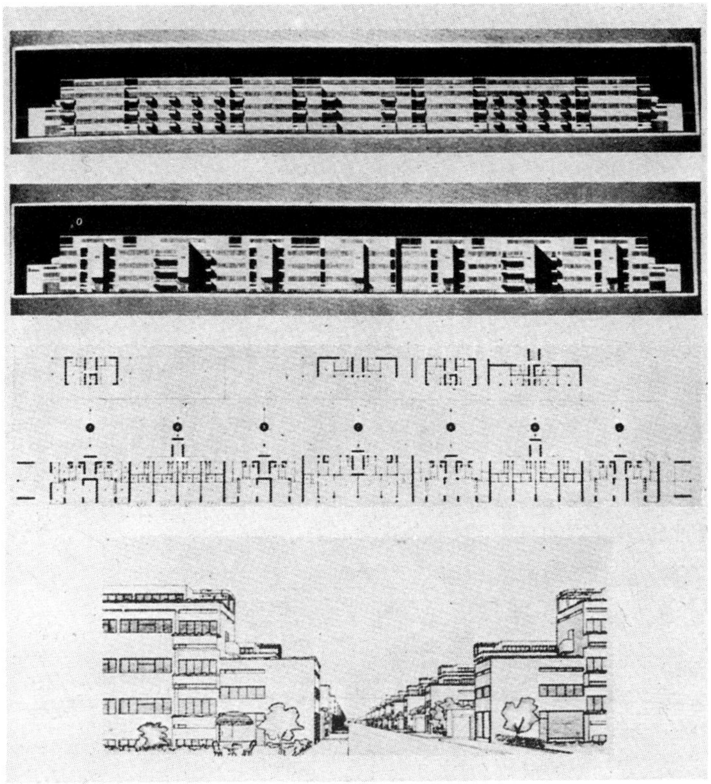

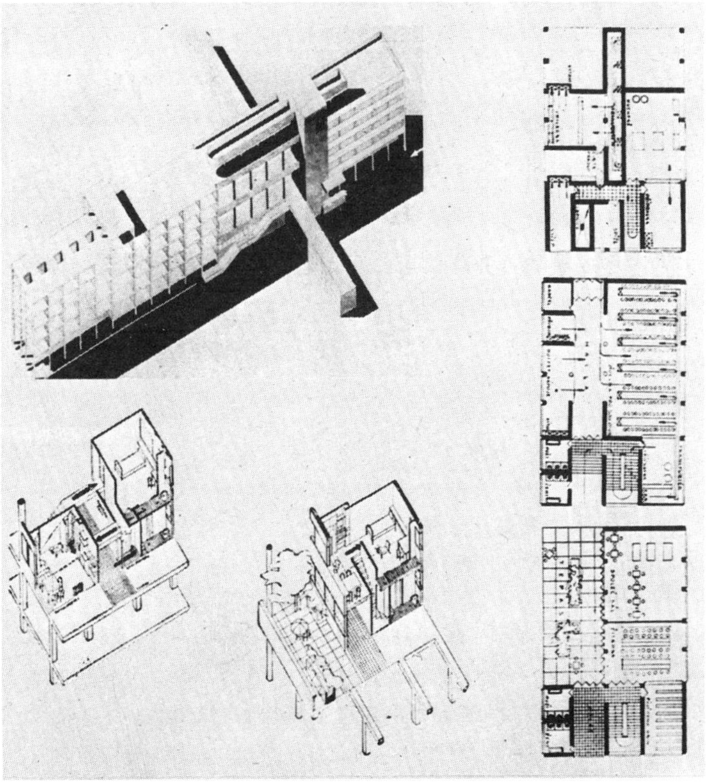

图 447　J·哈夫利采克：各种住宅类型，1927 年左右（引自《建筑师》，1928 年，第 9 期）

图 448　J·吉拉尔和 J·斯帕勒克：布拉格，住宅设计竞赛方案，1930 年左右（引自《建筑师》，1930 年，第 11 期）

在当时的历史情况下，有两件事值得一提，1931 年至 1932 年间，古约奈特（Adolphe Guyonnet，1877—1955 年）在日内瓦以仅仅八个月的时间设计建造了国联裁军会议大楼（Disarmament Building）。为了能大幅度地减少建设时间，因而采用了先进的技术和简洁的布局。古约奈特在这个国际性会议建筑的结构上采取严格正规的解决方法是非常重要的，借此机会，他从一个学院派的建筑师转向了现代建筑的创作道路。更重要的一点是，这幢建筑同时反映出高技术已来到建筑工业领域并刺激了新的建筑观念的发展。这里有更进一步的证据证明，瑞士制造联盟在二三十年代所起的特殊作用就是充当了建筑实验活动和建筑生产之间的桥梁。瑞士建筑之路看上去侧重于解释建筑生产，这点在 ABC 的文章中显而易见，似乎在这种倾向和瑞士制造联盟的实验性建筑活动之间并没有什么矛盾。从海菲里设计的苏黎世水厂大街（Wasserwerkstrasse）的示范住宅；特别是 1929—1932 年建于同一城市的瑞士制造联盟纽布尔模范居住区（Werkbundsiedlung Neubühl）可见一斑。纽布尔居住区是由阿塔里亚（Artaria）、海菲里（Haefeli）、胡巴舍（C. Hubacher）、莫泽、罗思、施泰格尔和施密特等人联合设计的。这些例子说明了 20 世纪 20 年代由欧洲建筑师们发起的模范住宅的想法已在瑞士全盘实现。纽布尔模范居住区布置在一座小山的两块坡地上，设计了三条道路将住宅区分成四行，如果这样的布局还算是顽固的传统式样，那么住宅的形制就相当简洁了，在建造质量方面也达到值得称赞的高水准，结构计算具有实验性并考虑大规模生产的可能。在 30 年代中期经济危机导致 1936 年瑞士法郎贬值的影响下，建筑领域开始反省并增强了对 20 年代开始的实验成果进行总结的应用，同时也证明了这种建筑研究与生产实践紧密结合的价值。

八、捷克斯洛伐克共和国的建筑

捷克斯洛伐克虽然在一战结束后的最初几年里，走的是明显的自我创新之路[16]，但建筑发展的道路基本与其他先进的欧洲国家相同。大约 1920 年左右，由于在建筑领域内气氛活跃，社会政治思想宽松，促使了捷克前卫运动所制定的普遍法则趋于成熟。组建于 1920 年的 Devětsil 小组是前卫建筑师中最重要的代表，其成员包括 K·泰吉（Karel Teige，1900—1951 年），J·克雷卡（Jaromír Krejcar，1895—1950 年）和 J·乔科（Josef Chochol）。其中前两位创办人起着决定性的作用：泰吉不仅宣传了捷克实验性活动的成就，而且还与欧洲最前卫的艺术家和艺术团体建立了密切的联系；克雷卡精力旺盛，他从事各种不同类型的设计并成为振兴布拉格前卫运动的人物[附带说一下，他是米莲娜·吉森斯卡的丈夫，与卡夫卡(Kafka)有通信联系]。大批建筑师聚集在这些名流周围，对生动和创新的理论进行探讨；这些建筑师出版了评论杂志，如《Stavba》、《Stavitel》和后来的《MSA》；他们不仅与维也纳也和德国先锋派保持了相当密切的关系。1927年后，评论杂志《Devětsil Red》报道了有关前苏联建筑新发展的重要消息并促使捷克政府达成了一项政治承诺，因而导致1933年"社会主义建筑师联盟"(Union of Socialist Architects)的建立。大批捷克建筑师直接参与了前苏联的建设，并在1925年至1936年间为前苏联建筑的多样化发展做出贡献[17]。

诸如像B·福伊尔斯坦(Bedric Feuerstein，1892—1936年)和B·斯莱马(Bohumil šláma，生于1887年)设计的宁布尔克市(Nymburk)火葬场(1921年)、J·克罗哈(J. Kroha，生于1893年)设计的姆拉达－博莱斯拉夫(Mladá Boleslav)的工业学校(1923—1925年)和克雷卡设计的兹布拉斯拉夫市(Zbraslav)的一座独户住宅(1923年)，所有这些作品都证明了这样一个事实：捷克正紧跟欧洲最前卫的探索工作，虽然他们走的途径可能有所不同。1928年，在布尔诺(Brno)举办的当代文化展览(Exhibition of Contemporary Culture)吸引了大批激进建筑师的参与。在E·克拉利克(E. Kralik)的指导下，展览会成为一个面向所有先进流派开放的场所。K·贾洛斯(K. Jalous)和J·瓦伦塔(J. Valenta)、克雷卡共同设计了大玻璃外墙的中心展棚；B·富克斯(B. Fuchs，生于1895年)为布尔诺市设计了展馆；P·扬纳克(P. Janák)和斯塔里(O. Starý)提供了两种住宅类型；在优秀美术流派作品展馆中，J·克罗哈(J. Kroha)表明了捷克建筑师对构成主义的兴趣。与展览会建筑同时兴建的还有一个小型的示范住宅区——"新住宅"，在该项目中，前卫建筑师们实现了众多实验性的住宅类型[18]。

20世纪20年代末期，受前苏联建筑界争论影响的种种问题在捷克变得日益突出。1928年布拉格博览会苏联展馆的入口、1928—1929年布拉格Letná区的规划，尤其是由克雷卡于1929—1932年建在Trenčianské Teplice的疗养院，这些作品的手法都与围绕在金兹堡和《SA》评论杂志周围的前苏联建筑师的手法十分相像。

30年代早期是各种思想和文化流派相互碰撞和影响的时期。1930年至1932年间，J·吉拉(Jan Gillar，生于1904年)和J·斯帕勒克(Josef Špalek)在布拉格Baba区的规划中借鉴了英国的做法并研究了具有普遍性的住房问题，最后在1930年提出了一个5000人的居住区方案。该规划由1930年加盟CIAM的左翼阵线小组完成，小组的成员有P·布金(P. Bücking)、吉拉、A·米勒罗瓦(A. Müállerová)和斯帕勒克。尽管捷克进步建筑师曾经在一战后以其激进的政治主张而闻名，但30年代后期政治形势的发展并未带给他们希望。如果还有什么值得慰藉的话，也只有当纳粹主义的恶梦结束后，E·林哈特(E. Linhart)和V·希尔斯基(V·Hilský)转而开始为一个新政权工作。1946年他们为建于Horní Litvinov的斯大林工业建筑群设计了大型的集合住宅区，这个居住区成为20年代后期左翼阵线建筑师的实验性思想最早的直接产物。

九、佛朗哥独裁之前的西班牙建筑

1925年左右，西班牙建筑开始跟上国际建筑舞台上最先进的潮流，并经历了一次简短但剧烈的改革过程。改革受到了来自国家政治形势和不同地区的抵制，还有少数重要人物不置可否的态度，以及与学院派传统之间悬而未决的关系等诸多问题都成为障碍。

废除君主制和独裁之后，西班牙的共和形势伴随着妥协和巨大的矛盾在发展着，这一切最终导致了"人民阵线"(Popular Front)的诞生，接着就是内战，这就是西班牙在完成其戏剧性命运过程中所处的历史阶段。在此期间建筑业处于良好的发展阶段，但要人们放弃当时思想中根深蒂固的观念并非易事。人民阵线的经历和西班牙对法西斯主义的英勇反抗都是人类历史不可缺少的一页。西班牙内战促使了思想方式的更新和创造力的高涨，这些建立在欧洲知识界的良知之上的思想和想像至今仍然有参考价值。

始于本世纪20年代中期的新文化气候所产生的最重要的成果之一就是创建于1927年至1936年马德里中的大学城。君主制下的政治改革派需要去建造这样一个大规模的大学建筑群。虽然工程委托给由擅长折衷手法的M·L·奥特罗(Modesto Lopez Otero)领导的小组，但新一代的建筑师们在操作过程中占了上风。因此而产生的热烈争论在马德里进步建筑师争取官方承认时达到了极点。R·伯加明(Rafael Bergamin，生于1891年)和L·B·索勒尔(Luis Blanco Soler，生于1891年)设计的基础课部大楼(1928—1930年)、A·阿奎尔(Agustin Aguirre)设计的文学院(Faculty of Letters Building)和L·拉卡萨(Luis Lacasa，1899—1966年)设计的学生宿舍(1935—1936年)都是该大学建筑群的主要组成部分，建筑群中还包括桑切斯·阿卡斯(Sánchez Arcas)、米格尔·德·洛斯·桑托斯(Miguel de Los Santos)和布拉伏

图 449 J·M·艾茨普鲁亚和 J·拉贝扬：圣塞巴斯蒂安，诺蒂科俱乐部，1930 年

图 450 J·L·塞特和 J·T·克拉夫：普韦布洛·德·维拉尼科，卡辛诺旅馆和俱乐部方案

(Pascual Bravo)设计的建筑。

这绝不是一项孤立的成就。20 年代，许多前瞻性的马德里建筑师聚集在评论杂志《建筑》(Arquitectura)的周围，不少欧洲建筑的领导人物给该杂志投稿。特别是在 1927 年后，他们的首要目标就是打破地方性的折衷传统。赵佐(Secundino Zuazo，生于 1887 年)接受了维也纳建设工人住宅的思路，并应用于他在马德里设计的 Casa de las Flores (1930—1931 年)。同时，伯加明则坚持注重严谨的形式[19]。由梅卡达(Fernando García Mercadal，生于 1896 年)设计在 1927—1928 年间建于萨拉戈萨市(Saragossa)的 Rincón de Goya 斗牛场，将地中海传统融入国际式风格，并企图寻找一条植根于本土和大众文化的新建筑道路。伯加明严谨的功能主义与费尔南德斯·肖 (Fernadez Shaw)的折衷主义产生了冲突，前者来源于路斯(Loos)，而后者倾向于采用门德尔松的经验。路易·马丁内斯·费杜齐(Luis Martínez Feduchi)的某些作品则显得模棱两可。但是，当时先锋建筑师已能很好地进行妥协和合作，其中，赵佐在马德里城市规划方面做出的贡献值得注意。1929 年，赵佐和德国建筑师赫尔曼·扬森(Hermann Jansen)为沿干道朝丰卡拉尔(Fuencarral)方向呈线性发展的区域——帕修·得·拉·卡斯特拉那(Paseo de la Castellana)做了规划，该规划方案在 1930 年马德里扩展规划竞赛中获胜。随着共和时代的到来，赵佐成为自独裁以来马德里最主要的规划师，他的作用变得日趋重要。赵佐与政府中的社会主义代表亲密共事，在他设计的卡斯特拉那(Castellana)扩展方案(开始于 1933 年)中将政府各部门建筑重新安置。该工程并未按计划贯彻：政府各部门的建筑师没有响应赵佐的号召，而赵佐设想的新政府中心应该是"一首高尚严肃的石头建筑的赞美诗"，并以此作为更广泛的城市和行政机构重建计划的第一步，这样的重建计划可在 1933 年马德里总体规划中看到。

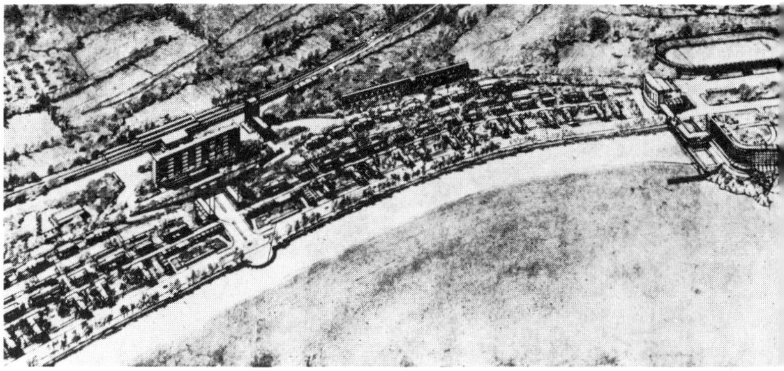

在其他引人注意的马德里建筑师中还有 E·陶鲁加(Eduardo Torroja，1899—1961 年)，他和卡洛斯·阿尼基斯(Carlos Arniches)、马丁·多明克兹(Martín Domínguez)共同合作设计了马德里跑马场的有顶看台(1936 年)，和桑切斯·阿卡斯(Sánchez Arcas)合作了阿尔格西拉斯(Algeciras)的市场(1933—1935 年)，和赵佐合作设计了首都的弗朗顿修道院(Frontón Recoletos，1935 年)，他也和拉卡萨(Lacasa)合作过。其他还有一些建筑师对改革的支持态度相对不很明显：V·尤萨(Victor Eusa，生于 1894 年)的作品徘徊在温和的改革道路上；R·P·盖拉尔特(Ramón Puig Gairalt，1886—1937年)在马德里的格雷塔塞医院

图 451 《A.C.》杂志 1934 年第 11 期封面，图为 1932 年由 J·L·舍特设计，建于 1932—1936 年的巴塞罗那住宅区

Un concepto mezquino y miserable de la vida ha presidido la construcción de las viviendas obreras en nuestro país, dando por resultado un mínimo inaceptable.
La vivienda mínima puede tener pocos metros cuadrados de superficie, pero en ella no pueden excluirse el aire puro, el sol y un amplio horizonte. Elementos que necesita todo hombre, de los que la sociedad no tiene derecho a privarle.
Espacio verde, circulación libre de peatones, deportes
2,75 PTAS.
PUBLICACIÓN DEL G.A.T.E.
A.C.
DOCUMENTOS DE ACTIVIDAD CONTEMPORÁ

"Hay que exigir la creación de grandes zonas de esparcimiento próximas a la ciudad (zonas de reposo). Éstas ocuparán emplazamientos que reúnan las mejores condiciones y más atractivos naturales, así como excelentes medios de comunicación con la ciudad."
Una de las conclusiones del IV Congreso Internacional del C.I.R.P.A.C. sobre la Ciudad funcional (Atenas, agosto 1934)
PUBLICACIÓN DEL G.A.T.E.
A.C.
DOCUMENTOS DE ACTIVIDAD CONTEMPORÁ

(Gratacels de l'Hospitalet)设计中尝试将简洁倾向与装饰艺术的母题相结合。而米格尔·马丁·费尔南德斯·德·拉·托尔(Miguel Martín Fernández de la Torre)和德国人理查德·E·欧佩尔(Richard E. Oppel)的创作则集中在加那利群岛(Canary Islands)上。

在附近的加泰罗尼亚地区，最重要的建筑师有 B·J·艾茨普鲁亚(Basque J. Manuel Aizpurúa，1904—1936 年)。他设计了位于圣塞巴斯蒂安(San Sebstián)郊外乌利亚(Ulía)山上的一座餐厅，该餐厅像是 1928 年同一城市中设计的雅卡酒吧和萨查茶室的翻版。1930 年和 1932 年他分别在伊瓦拉(Ibarra)和卡塔赫纳(Cartagena)设计了一所小学和一所中学，后者是与 E·阿奎纳加(Eugenio Aguinaga)合作设计，这两所学校手法上十分新颖，其创造性在 1930 年圣塞巴斯蒂安的诺蒂科(Naútico)俱乐部中发挥得淋漓尽致。

对艾茨普鲁亚和加泰罗尼亚地区的建筑师而言，勒·柯布西耶的影响是决定性的。早期崇尚世界主义的巴塞罗那文化圈对各种新事物都持开放态度，例如 20 年代出版的杂志《城市和住宅》(La Ciutat i La Casa)就是代表。巴塞罗那的建筑师素有高度职业化的口碑，无论是 A·P·盖拉尔特(Autoni Puig Gairalt)对贝瑞风格的精致改编还是R·拉文托(Ramon Raventó)和 F·福尔奎拉(Francesc Folguera)温和的现代主义都是例证。

1929 年 4 月，在巴塞罗那 Galeria Dalmau 举办的建筑博览会展示了当时建筑界的状况，也提供了一次让当权派建筑师如 P·盖拉尔特(Puig Gairalt)和图杜里(Rubiói Tudurí)与以塞特为首的年轻一代建筑师直接交锋的机会[20]。同一年，塞特、希克斯蒂·伊利斯卡斯(Sixt Yllescas)、吉尔马·罗德里格斯·阿里亚斯(Germá Rodriguez Arias)和法布里格斯(Francesc Fabregas)组成了"当代进步建筑加泰罗尼亚艺术家小组"(GATCPAC)。1930 年 9 月，在圣塞巴斯蒂安举办了一次建筑和绘画的重要展览，该展览会聚集了所有前卫派的领导人物。一个月后，由塞特和默卡达(Mercadal)发起在萨拉戈萨召开会议，该会议产生了 GATEPAC——类似于加泰罗尼亚小组的全西班牙的建筑师组织，作为 CIRPAC(当代西班牙建筑艺术协会)的西班牙分部；1931 年在巴塞罗那召开的会议则是为原打算在莫斯科举办而最终未能实现的 CIAM 大会做准备的[21]。从 1931 年起，设在巴塞罗那的格拉西亚林荫路上的 CATEPAC 总部成为主办各种不同类型的文化活动包括欧洲顶尖建筑师的演讲的一个重要据点。

1931年当代西班牙建筑协会(GATEPAC)创办了一本评论杂志

图 452 《A. C.》杂志 1934 年第 13 期封面，图为 GATEPAC 为巴塞罗那附近雷波苏城设计的方案鸟瞰

《当代建筑活动和实录》(A. C. Documentos de Actividad Contemporánea)，公开宣称其参考的模式是恩斯特·梅(Ernst May)的《新法兰克福》(Das neue Frankfurt)。该杂志也成为宣传西班牙和国际上革新成果的基本阵地。然而，巴塞罗那集团的主要活动与加泰罗尼亚政府管理机构有着密切的联系。1932 年后，建筑业经历了重大的危机，其间，加泰罗尼亚当局向前卫派建筑师提供了委托任务。1933 年，雷波苏城(Giudad de Reposo)的规划终于制定出来，该规划打算在巴塞罗那的工业区以外发展新住宅区，其最早的草图和分析图曾于 1929 年在达尔莫展览馆(Galeria Dalmau)的建筑展上展览过。该规划仅仅代表了 GATEPAC 对巴塞罗那城市发展设想的一个方面。GATEPAC 的目标是建立一种城市管理新模式；该模式的建立要考虑政治因素并与城市范围内财产私有制和管理方式的改革有关。该目标的实践作品之一就是为巴塞罗那的圣安德烈区(Avenida Torres y Bages de Sant Andreu)建造一个低收入者的住宅区，该住宅区建于 1932 年至 1936 年间，由加泰罗尼亚地方政府建立的一个公共团体——巴塞罗那住房基金会(Patronat de I'Habitació de Barcelona) 提供资助。该建筑的底层平面借鉴了勒·柯布西耶的手法和 CIAM 所倡导的激进思想。群体布局上重点考虑服务设施的集中组织。该规划的思想倾向是很明显的，因而导致了各种政治力量间激烈的争论。1932 年，GATEPAC 超越了 1930—1931 年制定的巴塞罗那城市发展规划图式的局限，与勒·柯布西耶合作，开始构想马西亚规划(Pla Maciá)。该规划是以加泰罗尼亚政府首脑弗朗西斯科·马西亚 (Francesc Maciá)命名的，坐落在一块块 400 m 见方的基地上。它对总体规划(Cerdá plan)做了根本的调整，采用了新的功能分区构想并对交通系统进行了彻底的改造。规划的街区连续排列着整齐的建筑物，其开放的结构不同于 19 世纪城市规划中那种封闭的组织方式。

关于建筑语言，GATEPAC 既没有忽略国外最先进的思想，同时他们也试图在本民族传统之上来寻求答案。一个名叫《A. C.》的刊物就致力于研究地中海建筑的特征。这样的工作在塞特、伊利斯卡斯、阿利亚斯、R·D·雷纳尔斯 (Ramon Duran Reynals) 和丘鲁卡 (Ricard de Churruca)等人设计的各种城市建筑类型中有所反映；同样的情况还出现在 1934 年至 1936 年建于巴塞罗那由 J·T·克拉夫(Josep Torres Clave)、塞特和 J·B·萨比拉纳(Joan B. Subirana)设计的抗结核病药物中心(Central Anti-Tuberculosis Dispensaries)，以及塞特那些严格按柯布西耶式手法设计的建筑：如巴塞罗那盖洛巴特住宅(Galobart house，1932 年)。另外，GATEPAC 在低收入者住宅类型研究和学校设计方面也有着引人瞩目的探索和贡献，1933 年，塞特设计的巴塞罗那博盖特尔路上的建筑群就是学校建筑采用新手法的优秀例子。GATEPAC 与加泰罗尼亚政府之间的关系是巴塞罗那当地最令人感兴趣的话题。这一切大大鼓舞了小组内部重要人物克拉夫的热情。克拉夫是 1936 年加泰罗尼亚建筑师工会的创建者之一，该工会与其他工人组织在争取建立建筑行业的新组织和对土地管理权的斗争中起到了领导作用。该组织的目标是完全控制建筑业并创造一个新的建筑工业管理体系。一些政治事件的冲击抵消了建筑思想中的乌托邦色彩：工人和集体化控制了商业和工业，然后是行政和经济管理的中央机构(the Consell d' Economia de Catalunya)形成，最终导致 1937 年 6 月 11 日地方自治法规(Decreto de Municipalización)的出台。这就是加泰罗尼亚地区革命经历的各个阶段。这一过程不可避免地削减了建筑先锋派脱离政治势力而独立行动的空间。当革命的政治行动变得越来越激进时，任何想脱离这一形势的企图都难以实现。内战迫使人们做出抉择。并不是所有西班牙建筑师都站在共和派的一方。T·克拉夫(Torres Clavé)在与佛朗哥部队的战斗中牺牲，J·M·艾茨普鲁亚(J. Manuel Aizpurúa)，这位可能是巴塞罗那地区以外最早的前卫派建筑师，却被当作佛朗哥分子被共和部队枪杀。这两位建筑改革先驱者在法西斯分子横行的乱世中不幸死去，由此人们将他们的死亡与二三十年代的政治动乱相联系并不是毫无道理。新政权上台后最初几年带来了向学院派的回归，但这一趋向很快被建筑师们摒弃。建筑师们再次加入国际思潮的主流中，尽管最初还带有几分怀疑态度。

十、斯堪的纳维亚建筑

在斯堪的纳维亚国家，一方面那些徘徊于新艺术派和表现主义之间的手法伴随着我们已经谈到的浪漫主义因素发展，如由 P·V·杰森·克林特(P. V. Jensen Klint，1853—1930 年)设计的哥本哈根的格伦特维奇教堂(Grundtvig Church)、S·弗罗斯特洛斯(Sigurd Frosterus)设计的赫尔辛基的斯托克曼百货商店(Stockmann Department)以及 K·克林特(Kaare Klint)的简洁设计作品；另一方面至少在瑞典建筑师，例如坦鲍姆(Tengbom)和阿斯泼伦德(Asplund)和以评论杂志《建筑》[Arkitekten，1918—1920 年间由 K·菲斯克(Kay Fisker)任主编]为中心的丹麦建筑师团体的作品中体现出一种奇特的缺少学院气息的简化新古典主义风格，该风格同样含有浪漫主义因素。某种带有怀旧情

图 453　P·V·J·克林特：哥本哈根，格林特维奇教堂，1913—1926 年

图 454　E·G·阿斯泼伦德：斯德哥尔摩，公共图书馆，1920—1928 年

绪的建筑语言混合着有节制的抽象手法，这样的抽象手法一定程度上与特森诺(Tessenow)所谓的"要素的减少"有关。在伊瓦·坦鲍姆(Ivar Tengbom)和瑞典新古典主义的精简表达中，E·珀西科(Edoardo Persico)发现"全体民众对理想美的长期渴望几乎与对智力美的追求一样强烈"，这也是 E·G·阿斯泼伦德(Erik Gunnar Asplund，1885—1940 年)第一批作品产生的背景。这批作品包括 1922—1923 年的斯堪的纳维亚电影院(Scandia Cinema)和 1920—1928 年的斯德哥尔摩公共图书馆(Stockholm Public Library)。在后者的设计中，一个光秃秃的圆柱形体量插入矩形体量中，产生了与古埃及神庙形式相似的稳重感，该设计是对启迪性的隐喻和永恒的几何主义的表达。在那些年中，有许多受严格功能主义激励的作品，例如由奥斯瓦尔德·阿尔姆奎斯特(Osvald Almqvist，1884—1950 年)在 1925—1928 年建于哈默弗森市(Hammarforsen)，1926—1929 年建于克朗弗森市(Krangforsen)的发电厂，以及 U·阿伦(Uno Åhrén，生于 1897 年)在 1929 年建的福特工厂(Ford factory)。由这些新方向引起的争论，在丹麦以 K·菲斯克(Kay Fisker，1893—1965 年)为代表，在芬兰以 E·J·胡图宁[Erkki Juhani Huttunen，1901—1956 年，赫尔辛基索库斯商店(Sokos Store)的设计者]和 Y·林德格伦(Yrjo Lindegren，赫尔辛基奥林匹克体育馆的设计者)为代表，这些争论并不像德国和法国那样具有意识形态特征；斯堪的纳维亚新建筑和坦鲍姆的建筑一样与前卫派不同，它们并未试图从政治上改造世界。

除了芬兰之外，斯堪的纳维亚国家在 1929 年至 1933 年间采取了社会民主制度，在推行城市化和进行住宅建设方面，有些国家的道路并不一帆风顺。其实，早在 1904 年，斯德哥尔摩就开始以农田价格征用城市郊外的土地，通过拨放信用贷款鼓励建设独户住宅和与第三产业中心城市相连接的花园卫星城市，例如恩斯凯德城(Enskede)和布罗马城(Bromma)。但只有在 1933 年，农业党与社会民主党达成一致后，国家才介入建设领域并制定了具体的规划政策。"住房和城市问题皇家委员会"(Royal Commission for Housing and Urbanism)和政府的"住宅贷款办公室"(State Office for Housing Loans)不仅通过增加贷款数量而且通过控制材料价格来刺激合作建房和对建设进行合理安排。另一方面，在丹麦，1925 年出台的城市规划法和丹麦城市研究中心(Danish Center for Urbanistic Studies)的成立为后来 1951—1954 年被称为哥本哈根"五指规划"方案(Five-Finger Plan)的采用创造了前提。该规划构想了一个紧凑而结构清晰的城市而不是一种从核心向

图 455　S·弗罗斯特洛斯:赫尔辛基,斯托克曼百货商店

图 456　E·G·阿斯泼伦德:斯德哥尔摩,恩斯凯德城郊墓地火葬场,1935—1940 年

图 457　A·雅各布森:哥本哈根附近,贝勒沃海滨胜地的餐馆与剧场,1930—1935 年

图 458　A·雅各布森:哥本哈根附近,贝勒沃海滨胜地鸟瞰,1930—1935 年

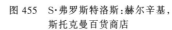

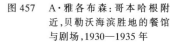

图 459　阿尔瓦·阿尔托：帕米欧结核病疗养院，1929—1933 年

图 460　阿尔瓦·阿尔托：维普里公共图书馆，演讲厅顶棚，1927—1935 年

图 461　阿尔瓦·阿尔托：1939 年纽约世界博览会芬兰馆

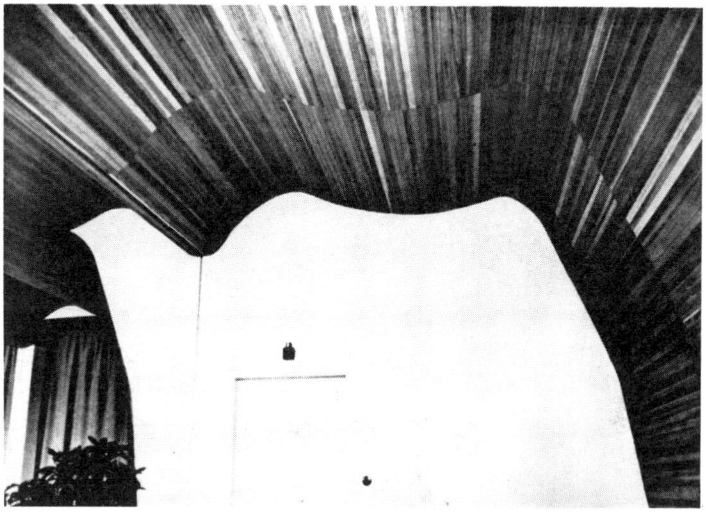

外扩展的城市模式。在丹麦，20 世纪 20 年代后期由评论杂志发起的争论和第一批理性化的设计就已承袭了进行的改革。所以像菲斯克那样对纯洁主义建筑语言进行创新（瑞典的阿斯泼伦德等人亦是如此）的行为并未受到刁难，现代建筑语言只不过是某种曾经流行的新古典主义风格自然而然的演变而已。

和中欧不同的争论方式导致了斯堪的纳维亚地区产生了一种对建筑语言本身进行分析批判的方法。1930 年，正当瑞典经受着严重的经济危机之时，在斯德哥尔摩举办了一场由阿斯泼伦德牵头协调的大型展览会。展览会建筑采用处理精致的钢柱、钢梁、遮阳板和玻璃墙，显示出与协调一致的表达方式相反的意味；展览会建筑非物质化的形式以暗示的方式将观众带入一个建筑盛会。这样，阿斯泼伦德可以在现存的历史环境与现代建筑之间进行隐喻对话的实验。在 1933—1935 年建于斯德哥尔摩的布雷登堡商店（Bredenberg Store）清晰的体量中，甚至在哥德堡市政厅（Göteborg City Hall）的扩建工程中（该工程的竞赛举办于 1913 年，建于 1934—1937 年），新插入的部分恰当地将新古典主义的几何体转化为一组包含自由清晰空间的明快而富于韵律的体量。因此，哥德堡市政厅被誉为是在这样一个尊重历史的民主社会中自由交往的象征绝非偶然，该建筑为整个欧洲所仿效。

阿斯泼伦德的抒情主义并未局限于教条的方法论，而是植根于古典传统的实验之上。他所设计的斯德哥尔摩附近的恩斯凯德城火葬场（1935—1940 年）坐落在一块林木葱郁的坡地上，他将中庭（atrium）对室外敞开，建筑外观为一列柱子支撑着一片水平屋顶。佩夫斯纳（Pevsner）以其敏锐的眼光指出这个瑞典火葬场与某些意大利实验活动的密切关系：该建筑对古典形式的变形和纯净主义的表达与特拉尼（Terragni）在丹吐姆（Danteum）的设计和为利托里奥大厦（Palazzo del Littorio）做的最初方案达到了同样的抽象程度。

S·马克利乌斯（Sven Markelius，1889—1972 年）的早期职业生涯与阿斯泼伦德关系密切，但他选择了一条不同的道路，1920 年他与 U·阿伦合作设计出体量相当自由的斯德哥尔摩学生俱乐部（Students' Club），32 年后的扩建工程由马克利乌斯和林德卢斯（B. Lindroos）合作。后来，1935 年他设计的斯德哥尔摩某公寓住宅和 1939 年纽约世界博览会的瑞典馆开创了所谓的斯堪的纳维亚新经验主义的探索道路。

在丹麦，表现突出的建筑师是 A·雅各布森（ArneJacobsen，1902—

1971年),他是菲斯克的学生。1929年,他与F·拉森(F. Lassen)设计了引起争论的“未来住宅”。这是一个螺旋形的图解方案,其屋顶上可以停放直升飞机,建筑体现了许多机器的特点,其中包括一个带有超现实主义特征的摩托船的底座。从该建筑之后,他的设计开始走向更严格的理性主义,例如1931年建于奥尔德普鲁-克拉特(Ordrup Krat)的罗森堡住宅(Rothenborg house)。他早期职业生涯中的杰出作品是位于哥本哈根北部浴场胜地的贝勒沃建筑群(1934年),该建筑的底层平面布置成锯齿状的后退形式,角部的处理精致,有计划地安排了阳台,这一切表明其有能力遵循一个简单的工作程序来处理建筑语言的排列组合:建筑语言可以在严格规范和突发奇想之间自由灵活地发挥。有了这样的建筑语言,雅各布森能够在明显受阿斯泼伦德的哥德堡市政厅影响下的实验性设计中游刃有余,例如他和E·莫勒(E. Moller)合作设计的奥胡斯市政厅(Aarhus Town Hall, 1937—1939年),和拉森合作设计的索勒路德市政厅(Sollerrod City Hall ,1942年)。

瑞典和丹麦的探索活动不同于强调形式的中欧前卫派,它们的独特思想丰富了国际建筑语言。但是它们也显示了继承这种实用主义的危险。战后斯堪的纳维亚国家选择了两条道路:一条是民粹的新经验主义,另一条是正统的国际式,这两条路线为我们已追溯过的道路中所碰到的问题提供了补充答案。

在芬兰,这个国家先是笼罩在狂热的民族主义情绪和无处不在的恐吓威胁气氛下,接着是1930年左右右派的上台执政,后来又在无情的反共产主义和反法西斯主义斗争中受尽磨难。在这样的形势下,阿尔瓦·阿尔托(Alvar Aalto,1898—1976年)扮演了特殊的角色。他有意识采用与伊利尔·沙里宁(Eliel Sarrinen)的浪漫主义、H·西伦(Heikki Sirén,建于1931年的芬兰国会大厦的设计者)的纪念主义,以及胡图宁(Erkki Huttunen)和埃里克·布里格曼(Erik Bryggman)不同的手法。但是,1929年他还是与布里格曼合作设计了在图尔库(Turku)举办的朱比利展览会(Jubilee Exhibition)建筑。尽管阿尔托还设计了该市的圣诺马特报社大楼(Turun Sanomat,1929—1930年),但以前他一直从事的是一些实验性的设计工作。

在帕米欧结核病疗养院(Tuberculosis Sanatorium at Paimio, 1929—1933年)和维普里图书馆(Viipuri Library,1927—1935年)这两项设计中,阿尔托确定了其一贯手法中的某些基本要素。结核病疗养院采用的语言基本属于欧洲严谨的理性主义范畴,但该建筑体量的旋转、体量之间的斜向相交和建筑雄伟的入口在抽象形式和自然之间建立了一种超现实的联系。相反,在维普里图书馆中,阿尔托安排了一个复杂的平面和精致的过渡空间。演讲大厅的独特之处在于其根据声学原理设计的波浪形木制顶棚,这种处理与他1929—1930年间的定型胶合板家具有着相似之处,也类似于1933年在伦敦展出的用胶合板块进行抽象组合的实验,该项展览被《时代》杂志称为“非客体艺术”。因此,阿尔托的自然主义选择了有机抽象的道路,隐喻和暗示重又成为建筑处理的手段。对大众想像的感情以及在寻找永恒意义和微妙心理及含蓄暗示之间徘徊,这些都成为阿尔托建筑表达的主要内容。

阿尔托个人诗意般的情感,迅速被严格的几何法则所控制,这一特征在1938—1939年他为实业家H·古利申(H. Gullichsen)建于努玛库(Noormaku)的玛利亚别墅(Villa Mairea)和科特卡(Kotka)附近的山尼拉纤维素工厂(Sunila Cellulose)的部分住宅区规划(一部分建于1935—1939年,剩余的建于1951—1954年)中有所表现。在山尼拉工厂规划和1941年他的“实验性城镇”中,阿尔托尝试以一种直接继承雨果·哈林(Hugo Haring)的有机手法丰富他在城市方面的语法。战前他最重要的作品是1939年纽约世界博览会的芬兰馆。在该建筑中,通过不仅弯曲而且向前倾斜的宏伟的木制墙体打破、延展和扩大了公共空间,由此产生引导效果,在四个不同层次上为参观者提供多种视线。建筑整体在令人吃惊的三维空间内由视觉上的多重幻象进行了出人意料的综合。这样,一个富于文学意味的“故事”就完整地呈现在观众面前,用一种难以抗拒的形式吸引着他们。这样的形式与广为传播的诺曼·B·格迪斯(Norman Bel Geddes)展示的未来世界和构成主义机械式的剧院产生的效果截然不同。

因此,阿尔托以极具个人特色的“真诚”代替了前卫派的“冷酷”,只有在二战后,他在回归到语义学的创作过程中才含蓄地认识到他们反对城市现实的历史局限性。

第十五章　意大利和德国的民族主义与极权主义建筑

一、凤凰之梦：法西斯主义和意大利建筑

P·陶里亚蒂（Palmiro Togliatti）在1931年写道："复兴运动意味着意大利资产阶级的诞生，而资产阶级脆弱无援，内部参差不齐毫无组织……，由于这个原因，复兴运动就带上了不成熟的、保守的特征，完全缺乏其他资产阶级革命的热情……因此，复兴运动依赖于法西斯主义，并借此发展到了极端。如果马齐尼（Mazzini）现在还活着，他将支持那些有关合作的信念，绝不会去否定墨索里尼有关意大利在世界上的作用的演讲。反法西斯革命将必然是一次要反对复兴运动的革命，是反对其意识形态，反对其政策，反对其解决国家统一和人民生活提供的一系列办法的革命。"

陶里亚蒂的基本观点明确表达了第一次世界大战后，意大利既要发展资产阶级文化又对法西斯制度抱有希望的复杂心态。F·T·马里内蒂在1918年发表的《未来派宣言》中探讨了在法西斯运动所酝酿的狂热气氛中，意大利的先锋文化在多大程度上开始了辩证思考，知识分子宣称文化自主是他们的权利，当附和了墨索里尼的政策时，他们的这种思考就消失殆尽。《罗马未来主义者》（Roma Furturish）杂志主张国家统一的呼吁，法西斯对工人阶级的暴力，小资产阶级对"民族美德"的宣传，这些都和"要求秩序"的呼吁一致，也和一次大战前社会面临分崩离析的混乱局势有关，也是围绕在《巡逻》和《造型艺术的特色》两种杂志四周的温和派的体验。在实行法西斯主义制度的最初几年，未来主义者仍在呼吁关注城市文化，这与《营救》一类的刊物里竭力歌颂农民一样（那类杂志尽其所能称颂田园文化），法西斯主义在1924年社会党议员贾利莫·马泰奥蒂（Giacomn Matteotti）被谋杀之后迫于形势也开始这样做。

在这一背景下，本尼迪托·克罗齐（Benedetto Croce）和他含混的尚能被当局忍受的反法西斯主义观点成为贯穿20世纪20年代文化的几个主要特点之一。对于为数不少的非马克思主义反对派来说，克罗齐是他们的灵魂，而他的著作也对现代建筑思想产生了巨大影响。

然而，在法西斯统治的20多年期间，意大利建筑师的探索却很不一致。正因为如此，用各种方式与官方文化政策寻求复杂微妙的联系，如同超越个人观念、远离主流思想一样都很难。通过强有力的国家机器，法西斯控制了工业发展和战后转型引起的社会经济改革，但知识分子对城市问题的态度从来是模糊不定的。他们自封为文化阶层并与外界隔绝，并认为建筑探讨始终只能停留在自己的领域之中。

甚至20世纪20年代以后的年轻一代建筑师也仍然局限于此，包括那些第一批建筑学院的毕业生，这些院校都是在折衷文化的气氛下创建的，即为了培养建筑师新的职业特点，只对艺术学院和工程院校作了一次"平凡的嫁接"。但是，自从复杂的文化制度试图特意披上"民族主义"的伪装，来保护自身所谓的"流行性"、"群众性"之后，一个左右为难的角色留给了年轻建筑师——利贝拉（Libera）到特拉尼（Terragni）、菲吉尼（Figini）和波利尼（Pollini）——他们正在热切地观望富于理想主义色彩的国际大师们在作些什么？文化，作为意识形态的统一化身，成了给不同流派分配不同角色的工具。这就是说：每一种风格都有它明确的社会范围，都有为自己团体和支持者服务的途径。而国家制度则是管理他们的特殊工具。

到20世纪20年代中期，一个反映了严格的社会等级的建筑师阶层已经形成，他们对法西斯主义者言听计从。在米兰，G·扎尼尼（Gigiotti Zanini，1893—1962年），G·马齐奥（Giovanni Muzio，生于1893年）和菲尼迪（Giuseppe de Finetti）设计的建筑都表达了一种类似于M·邦特佩利（Massimo Bontempelli）的20世纪的诗意风格，这种风格表现了一种带有玄学气息的，对抽象的新古典主义的梦想和回忆，这些成了资产阶级在他们传统中探索新特点的标志[1]。但是当建筑要满足纯粹的功能任务时，资产阶级的这些要求就变得多余了。在1926—1928年，工程师M－特鲁库（Matté-Trucoo，1869—1934年）在都灵为菲亚特公司设计了钢锭厂，房屋顶上的汽车测试轨道和不拘形式的暴露结构，都引起了国际上的注意并得到好评，该设计被视为法西斯所创造的工业化新秩序的第一个标志。

到1925年，墨索里尼政策中的主要纲领均已出台。法西斯主义一俟解决同工业资本主义存在的矛盾之后，就越来越多地开始用自己来代表整个国家，而不单是同自己的政党揉和在一起，当意大利资本主义发展的独裁倾向越来越明显时，一种新的国家组织制度也逐渐形成了，这些使得复兴运动理所当然地退出了历史舞台。其中，城市人口极不平衡的集中、南北方在发展过程中越来越大的差距，还有如罗马城第三产业中心的畸形发展，这些都是蓄意而为的结果，在相当一段时间里，几乎所有的建筑项目都留给了响应国家政策的传统主义建筑师。法西斯当权者熟练地操纵着激烈竞争的建筑师，并给予那些宣扬法西斯主义政党民族使命的工程以优先权，同时还很实际地给现代主义建筑师或学院派建筑师甚至是折衷主义建筑师分配各种任务。哲学家G·金泰尔（Giovanni Gentile）在指导编写巨著《意大利百科全书》一书中开宗明义地表达了他的观点，通篇充满对"民族主义作品"

图 462　G·马齐奥，P·巴雷里，V·科洛尼斯，卡·布鲁塔：米兰，公寓楼，1919—1923 年

图 463　G·M·特鲁库：都灵，菲亚特公司，钢锭厂屋顶试车道，1926—1928 年

图 464　G·M·特鲁库：都灵，菲亚特公司，钢锭厂，1926—1928 年

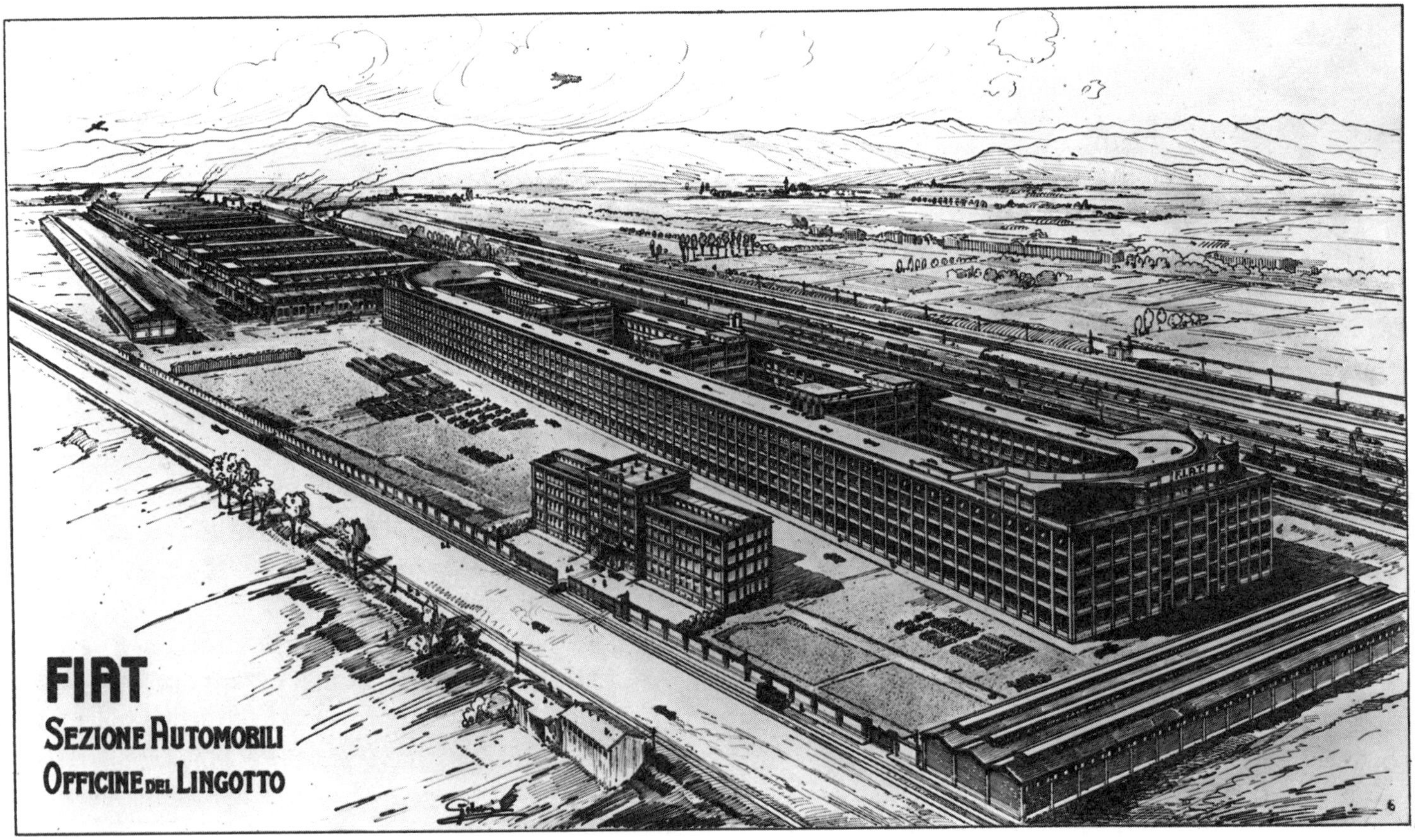

图 465　G·L·蒙塔西尼，G·帕加诺：都灵博览会，节日与时尚馆，1928 年

图 466　M·皮亚森蒂尼：重修后的布雷西卡城历史中心区，1927—1932 年

图 467　G·帕加诺，G·L·蒙塔西尼及其合作者：都灵，罗马路改造竞赛方案，1931 年

的希望。在建筑领域，M·皮亚森蒂尼（Marcello Piacentini，1881—1960 年），一位在 20 年代对维也纳分离派的建筑语言富于贡献的建筑师，曾参与过一些先进的城市规划设计，也试图通过金泰尔一样的主张成为各种建筑流派的官方调停人，结果取得了明显的成功。他开拓了一种倒退而拼凑的专业框架，为了避免强烈的抨击，法西斯主义最激进的代表们把所有的问题都集中为“极权艺术”。只有像朱利叶斯·伊沃拉（Julius Eola，生于 1898 年）这样的名人对这些退步的方式不断提出质疑。

1925 年以后政策发生了转变，为防止经济循环动荡，促使建筑业发展的城市政策出台了，这为后来大规模城市改造和国家公共建设奠定了基础。结果是取得了双重的作用：一方面出于投机的目的，变动历史中心的功能，改造历史中心；另一方面又发展了市郊和农村住宅的建设。在这样的情况下，公共建设不仅确实反映了经济需要，而且也实现了进行煽动的宣传效果。这些政策通过公开竞标来实施并产生了一批设计上经过仔细推敲的建筑范例，特别如 1933 年的佛罗伦萨火车站，就是由乔瓦尼·米凯卢奇（Givanni Michelucci，生于 1891 年）[2] 领导的小组设计的理性主义名作。在这种情形下，新建筑的倡导者发起了关于专业流派和工作方法的讨论。1926 年，革新派中最优秀的代表成立了“七人小组”。两年后，意大利理性建筑运动（MIAR）在罗马组织了第一次意大利理性主义建筑展览[3]。1931 年，在第二次罗马建筑展上，名为“恐惧展板”的大型海报嘲笑了旧式建筑，并且由于墨索里尼的出席，鼓舞了设计者 P·M·巴蒂（Pietro Maria Bardi，生于 1900 年）和 G·帕加诺（Giuseppe Pagano，1896—1945 年），希望他们的作品能成为法西斯精神的体现。R·乔利（Raffaello Giolli）主办的一些杂志以及帕加诺和 E·珀西柯（Edoardo Persico，1900—1936 年）主办的《美丽的住宅》（Casabella）杂志，巴蒂和邦特佩利主办的《四分之一圆》（Quadrante）杂志，积极支持现代艺术和现代建筑，反对过时了的学院式纪念主义风格。这场争论的结果是明显的，随着 1936 年三年一度的米兰博览会的开幕，年轻建筑师几乎垄断了建筑展。有时当局为了展示现代化和高效率，也特别考虑给理性主义建筑师提供一些设计展览馆、公共看台以及一些工艺品的机会。然而 1934 年米兰航空博览会上的伊卡洛斯（Icarus）展厅表明意大利的先锋派离“新古典主义”思想并不遥远。在 1936 年第六次“三年展”的荣誉沙龙（Salon of Honor）上，珀西柯、尼佐利（Nizzoli）和帕兰蒂（Palanti）都以隐喻的抽象方式来收场。他们的建筑倾向于自言自语的气息。尽管在不同阶

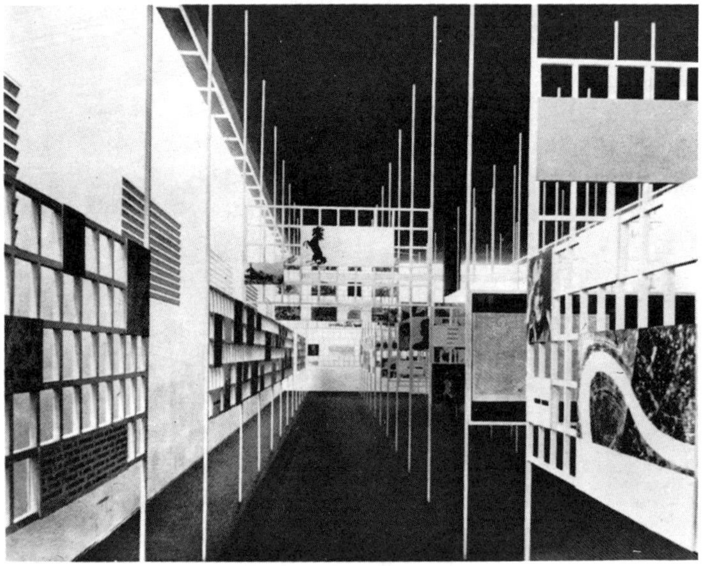

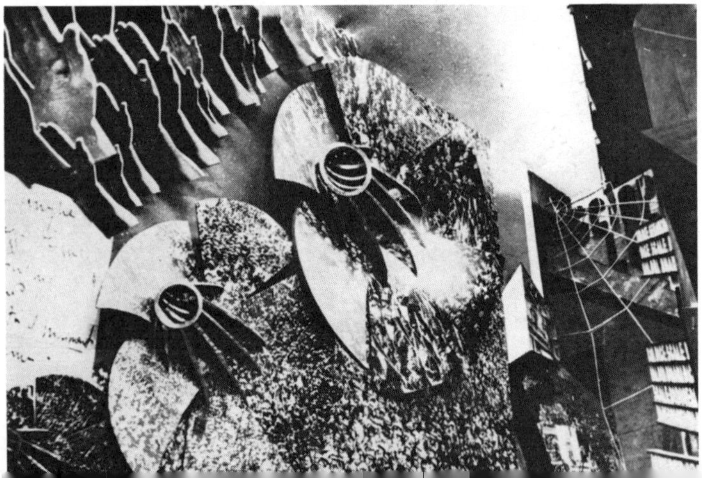

◁图 468　G·米凯卢奇及其合作者：佛罗伦萨火车站，1936 年

◁图 469　M·尼佐利，E·珀西柯：米兰，航空博览会，金质奖章馆，1934 年

◁图 470　G·特拉尼：罗马，法西斯主义革命展览会，宣传品，1932 年

◁图 471，图 472　G·特拉尼：煤气工厂方案与模型，1927 年

图 473　G·特拉尼：科莫，圣伊利亚托儿所，1936—1937 年

图 474　G·特拉尼，L·菲吉尼，G·波利尼，P·林格利：米兰，布雷拉学院新楼模型，1935—1936 年

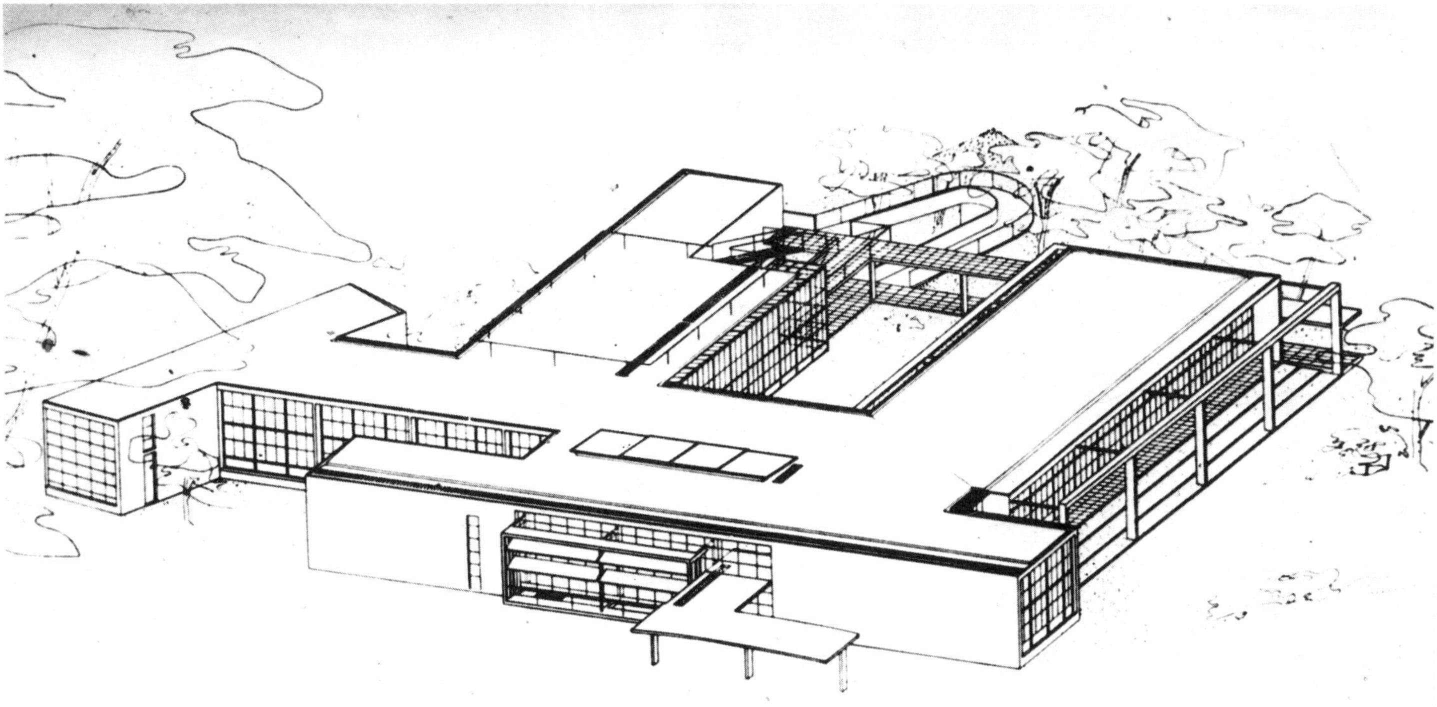

图 475　G·特拉尼：科莫，法西斯党部大楼，1932—1936 年

层的争论中，以“三年展”中的试验性作品和佛罗伦萨火车站出名的现代建筑师证明了他们已经吸收了许多国际化语言，但这些只是特殊情况，除此之外常常是一片模糊，要具体实施则更为困难，常常艰难地寻求妥协。

1931年在都灵的罗马路拓宽改造竞赛中，帕加诺、U·古兹(U. Cuzzi)、G·L·蒙塔西尼(Gino Levi Montalcini，生于1902年)、O·阿洛伊修(Ottorino Aloisio，生于1902年)和E·索特萨斯(Ettore Sottsass，生于1907年)都借助门德尔松式可靠实在的方法来解决含糊的城市问题。而在他们为罗马的各种邮局设计中，包括M·里多尔菲(Mario Ridolfi，生于1904年)、A·利贝拉(Adalberto Libera，1903—1963年)和G·萨蒙纳(Giuseppe Samonà，生于1898年)这些获胜者，很少采用当权者所希望的统一或单纯的形式。以后人们开始重新考虑他们的观点，1934年罗马大学城的建设就是一种新的标志。这实际上是一次典型的政治操作，由皮亚森蒂尼邀请了许多现代主义流派的代表进行共同设计。这个在城市拥挤地带的建筑群对整个城区产生的灾难性影响直到现在仍很明显，其中所取得某些协调效果则完全归功于高效的技术管理。帕加诺意识到他在这些问题中扮演的角色，毫不犹豫地宣称“这次实验，按照我的观点，很值得争论”[4]。但是除此之外，试图脱离当局控制的建筑师还很罕见。

1934年，罗马帝国大道上的法西斯宫竞赛中出现了不同流派激烈对峙的场面。由于反动派从不放过任何机会，因此由E·戴比欧(E. del Debbio)、A·福斯切尼(A. Foschini)和莫普尔格(V. B. Morpurgo)所作的方案获胜。一些零散的现代主义方案也参加了这次竞赛，其中包括里多尔菲(M. Ridolfi)把握适度的方案和L·菲吉尼·G·波利尼及BBPR工作室可贵的纯粹主义作品。最重要的方案出自G·特拉尼、卡米那蒂(A. Carminati)、林格利(P. Lingeri)、萨利法(L. Saliva)、维蒂(L. Vietti)、尼佐利和西罗尼(M. Sironi)等人。著名的意大利理性主义诠释者特拉尼(Giuseppe Terragni，1904—1943年)和画家西罗尼一起设计了三个不同的方案，前两个设计于1934年，第三个是在1937年，但缺乏前两个方案所具备的冲击力。在第二个方案中，清楚地表达了以面为基础组织起来的几何体块概念，暗示了玻璃房子所表达的与众不同的象征性秩序。因此，我们可以从理性和简洁方面获得了新的城市概念，显示了虚幻气氛之中神秘本质的概念价值。

这对于特拉尼来说迈出了有机的富于创造性的一步。在科莫的法西斯党部大楼(1932—1936年)方案中，他运用了理性主义建筑语言重新诠释了传统宫廷形式，并使它成为一种新型的城市结构的核心。对于他即使空中楼阁式的构想也表明了其根本目的在于实现“理性之梦”。他早已经在科莫的诺沃科蒙公寓楼(1927—1928年)中探索充满了幻想色彩的类似形式，并在1938年罗马的但丁纪念馆、1938—1939年的第42届在罗马的博览会的会议大厦(1938—1939年，现属欧共体)中再次探索了跨越时代的形象特征。在这些方案中，建筑成为纯粹的抽象概念，轻盈的体量体现了他的透明建筑学思想。特拉尼还在圣伊利亚托儿所和在科莫的G·弗里杰里奥(Giuliani Frigerio)住宅中将这种抽象的创造性思维提升到最高境界。与此同时在同一城市，结构学派也开始占有一席之地，其中奈尔维(Pier Luigi Nervi，1891—1978年)，一位杰出的大师，如1930—1932年设计的佛罗伦萨公共体育场，以及1935年以后设计的意大利空军飞机库等等。

在这种多元的大背景下，现代主义建筑的支持者不断发起一些讨论并出版刊物。而认为“民族艺术”是联系不同观点的唯一元素，它形成了革新派和反动派的共同背景。按理性主义的观点来看，保持与传统千丝万缕联系的同时也争取创新的形式，这可以为重新创造地中海神话以及所谓自发式的或者田园式的建筑风格提供机会。当珀西柯捍卫新建筑的国际主义时，学院式的纪念主义极端分子正在作家奥杰蒂(Ugo Ojetti)的支持下与更为聪明谨慎的皮亚森蒂尼进行论战。

以《美丽的住宅》杂志为中心的团体占据了最具创新的地位。其中帕加诺联系了一些温和派，把现代建筑思想解释成是重新肯定了促使法西斯运动的产生，而文化背景迥异的珀西柯则发表了更重要的观点。他在与一些杂志如《巴雷蒂与自由革命》合作时始终保持了自己的道德立场，坚定地反对法西斯主义的文化，并利用建筑讨论作为批判政治的机会。在这方面，他是回归复兴运动文化传统信念的代言人，而他对国外建筑的关心是他渴望道德和文明革新的结果，但这种革新在意大利却不容存在。作为20世纪二三十年代天主教思想和平等思想的诠释者，珀西柯反对法西斯主义，并预测法西斯主义在未来的伦理观和技术观中必将会过时。

在这种意义上，珀西柯可以和A·奥列维蒂(Adriano Olivetti)相比。后者是当时反对法西斯制度的资产阶级团体的最先进的代表。奥列维蒂在伊夫里亚(Ivrea)他的企业附近，创造了一个“文化的孤岛”，波利尼和菲吉尼在那里设计了一个整洁有序的居住区以及依维柯(IVECO)厂房(建于1934年)。为了寻找新的经济出路，奥列维蒂策划了一系列有关产品市场形象的真正理念。由波利尼、菲吉尼和

图 476　BBPR工作室，L·菲吉尼，G·波利尼：罗马，法西斯宫竞赛方案，1934年

图 477　G·L·班菲，E·佩雷斯蒂，E·罗杰斯：奥斯塔规划，1936年

图 478　P·L·奈尔维：奥尔贝泰洛，飞机库，1940年

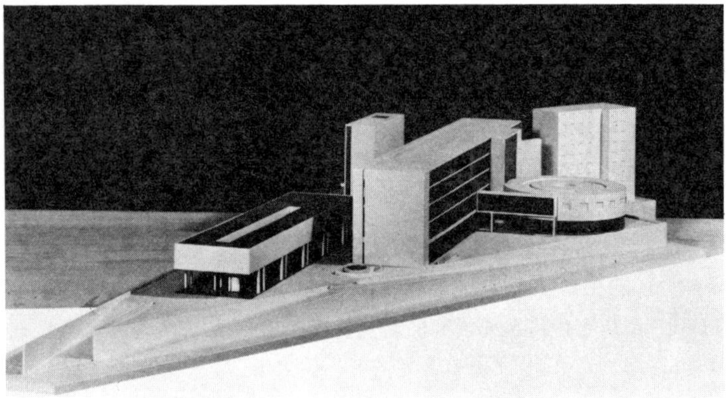

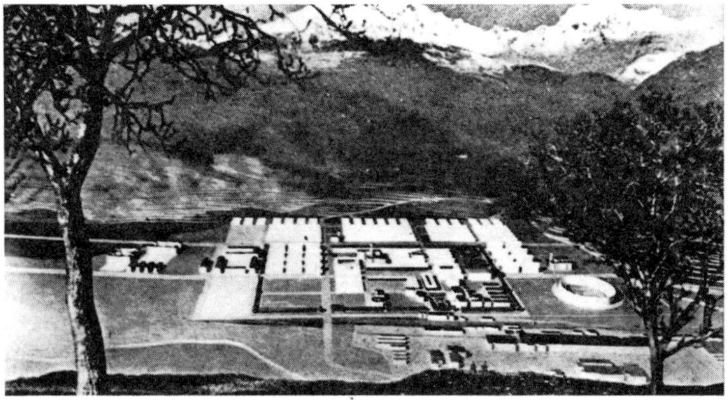

图 479　L·鲍尔德萨利：米兰，伊塔齐马工业综合楼，1933—1936 年

图 480　M·尼佐利：机器造型设计，1940 年

图 481　I·加德拉：亚历山德里亚，结核病门诊部，1936—1938 年

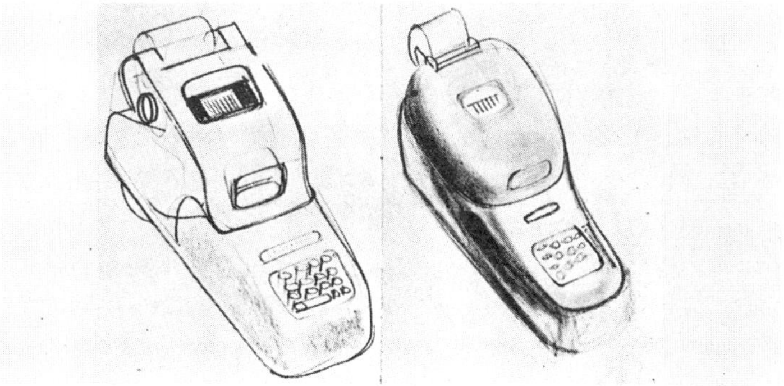

X·肖温斯基(Xanti Schawinsky)设计的作品——"STUDIO 42"在打字机上诞生的时候,企业的总体策划便已包含了这些良好的工业设计,并在1935年的文化世界里第一次给予这些设计真正的专利。在奥列维蒂的观念中,他认为建筑和城市规划是理性化过程中的基本元素,包括从单体建筑一直到整个区域的规划设计。许多重要的文化人如尼佐利成了奥列维蒂企业永久性的合作者;R·兹维特列米奇(Renato Zveteremich),以及诗人L·辛尼斯加利(L. Sinisgalli)又都先后指导了企业的宣传计划。辛尼斯加利在1938年还为奥列维蒂写了一本有关传记的专著,而E·维托里尼(Elio Vittorini)则在1939年为奥列维蒂另一本书《共同的出版事业》写了序言。

由于受美国社会学的影响,并通过与一些正在积极参与美国文化的文学团体保持联系,奥列维蒂将其宗教动机和简单的人道社会主义结合成了一种意识形态。1936—1937年,在瓦莱达奥斯塔区(Valle D'Aosta)的一个区域规划中,奥列维蒂负责协调BBPR工作室、菲吉尼和波利尼以及P·博顿(Piero Botton)之间的工作。这次基础性的实验没有摆脱BBPR工作室和阿拉提(Alati)、乔卡(Ciocca)、马佐奇(Mazzocchi)在帕维亚(Pavia)城市规划中有关合作城市的思想影响。

和珀西柯一样,奥列维蒂的活动成为当局传媒之外联结反法西斯主义和战后文化的纽带。他的乌托邦思想,仁慈的制度思想,以及宗教式的社会主义思想都对战后意大利文化产生了极大影响,同时"伊夫里亚之岛",也被战后文化界视为令人向往的神话。而在即将形成的"共和国文化和社会和平"的模式中,有些人的建筑思想准备向强权屈服。如果珀西柯是天主教文化信念的坚定代表,使天主教文化在法西斯主义统治下准备回归到过去,那么奥列维蒂则由于策划有组织的"合作的国家文化"而享有盛誉,因为那是1945年以后建筑师和规划师中第三种力量的起源。

在法西斯统治下的城市规划中,这类尝试毕竟有限,而且正是由于这些尝试带着有机合作的概念,使它们被当局打入另册。

法西斯分子要保证国家能稳定货币价格,实施独裁政策,更新企业设备,就必须制订有关政策以高度发展金融资本。这些都直接反映到了城市规划领域和土地规划领域。20世纪20年代末,在庞廷(Pontine)的沼泽地上开拓建设新城镇是一项系统工程,主要的目的是为了改善农业生产以支持落后的机械工业和化工工业的发展。这项工程计划建设5000到12000人的新住区,由老兵联合会管理整个项目的实施,并组织了设计竞赛,吸引许多年轻一代的建筑师参加[5]。但由于缺乏对整个项目的实施过程进行有效的批评监督,不久就在反对大开发商的斗争中显得无能为力了。最后,皮亚森蒂尼亲自提出在整个工程中放弃整体性限制,并表示无法在区域层次上提供一个整体方案,而只能通过独立而无联系的方式零散地维持地区发展。

对于城市的所做所为是对当局政策的直接补充。当局通过拆毁历史中心区来加速现代化进程,加强它们的功能并恢复原有的纪念性,这在某种程度上扩大了边远中心城市的经济收益。政府在那里以实行居住政策为名,建设了一些污秽的、非人道的无产者居住区和混乱的居民开发区,用以安置从改造地区大量被迫搬出的居民。依附政府的建筑师们直接落实了这些建设。皮亚森蒂尼参与了一些对历史中心区破坏最大的所谓现代化改造,1928—1932年改造了布雷西亚(Brescia),1938年在都灵,而1941年到1942年改造了热那亚。一直到现在,这些极不负责的改造浪潮仍留下了许多疤痕。与此同时,一些明显的不足愈发突出,仅在1931年全国就短缺一千一百万间住宅,迫切需要资助住宅建设。IACP的负责人A·C·比尼(Alberto Calza Bini)控制了相当一部分私人资本的调动,1929年在罗马创建了一个称为"加贝特拉"(La Garbatella)的模范小区,P·阿谢利(Pietro Aschieri)和伦兹(Mario De Renzi)将一些民粹主义的传统带入了新户型;同时萨巴蒂尼(I. Sabbatini)还探索了旅馆式的住宅楼设计。所有这些都符合总体政策,不久以后都成了以"帝国首都"为发展目标的一系列城市法规。

1931年,罗马通过了新的总体规划。又是由于皮亚森蒂尼,使这个规划忠实反映了城市政策与国家制度的统一:"重新确定首都的纪念性"意味着割裂现有的城市网络,创造英雄主义的,令人印象深刻的景观,这也意味着将穷人搬至市郊;比尼直接宣称"我们必须迁走周围的人,甚至那些完全没有必要留在城市中的所有人"。显赫的建筑师G·乔万诺尼(Gustavo Giovannoni)使罗马又一次成了突出的纪念建筑的聚集地而不顾历史背景。此外,政府机械的行政管理体制为地产投机行为增加了许多新的机会从而引起了实际的麻烦,特别是在详规上和其他一些含糊认可的情况下更是如此。随着不断地向山地和海面扩展,新罗马试图实现"地中海之梦"。加贝特拉(Garbatella)区的建设是迈向这一理想的第一步,它在统一的方案指导下一步步地得到了实施。

1928年,V·特斯塔(Virgilio Testa)提议在罗马和奥斯蒂亚(Ostia)之间建设一座线性城市。七年之后,他又领导了一个合作小组负责设

图 482 A·利贝拉:阿普里利亚新城城市规划竞赛方案,1936 年

计第 42 届世界博览会,以庆祝法西斯政权建立二十周年。1935 年当 G·博泰(Giuseppe Bottai)一开始明确博览会的性质时,就考虑到把它作为罗马向大海方向扩展的基础。包括帕加诺、L·皮奇那托(L. Piccinato)、L·维蒂(L. Vietti)、E·罗西(E. Rossi)和皮亚森蒂尼在内的委员会负责实施这项规划,但是他们于 1937 年提出的第一次建议被认为不够充分,委员会也因此被剥夺了权力,任务落到了皮亚森蒂尼的身上。一等到协商结束,皮亚森蒂尼就又开始采用了以往场合取得成功的办法。重要的是他可以完全控制建设过程,而一些具体的单体设计则通过设计竞赛招标。但时势已经变化,几乎所有所谓"现代"建筑师的设计方案都开始向法西斯追求的纪念性进行妥协。

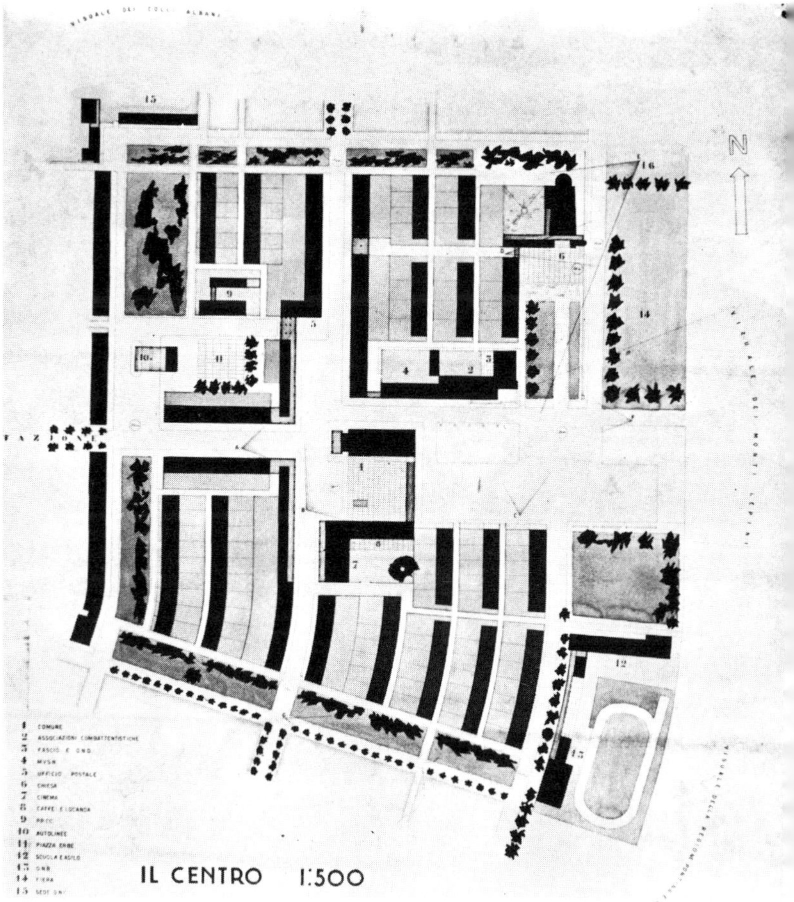

法里洛(Fariello)、穆拉托利(Muratori)和夸罗尼(Quaroni)为会议大楼设计了纯粹的新古典主义方案,阿尔比尼(Albini)、加德拉(Gardella)、帕兰蒂(Palanti)和罗马诺(Romano)设计的意大利文化宫体块简明宏伟,BBPR 工作室还为它设计了极其肃静的室内,D·伦兹、菲吉尼和波利尼设计了空旷的通讯大楼——所有这些全部脱离了学术研究,它们完全缺乏任何严肃的整体意义,在任务面前流露了失败和无能的迹象。在帕加诺赞扬了皮亚森蒂尼 1937 年的规划之后,也指责了他的失败并认为他赞扬了热衷传统和表现的语言。实际上,现代建筑师们面对创造性感到十分困惑,因为他们是第一次试图全面领会法西斯建筑思想去做设计,在严格明确的计划面前只能放弃所有的异议。因为作进一步的争论毫无用处,这最多只是个检验自己的道德品质是否正直的机会。

理性主义建筑师的最后一些抗争也遇到了这种问题。帕加诺和《美丽的住宅》归纳了一些民粹主义的特点,才使人注意到了部分有活力的理性主义作品,比如阿尔比尼、加德拉、米诺雷蒂(Minoletti)、帕加诺、帕兰蒂、普雷德伏(Predaval)和罗马诺在 1938 年设计的"绿色米兰",阿尔比尼、坎姆斯(Camus)和帕兰蒂在 1936 年设计的米兰阿格尼大道街区,以及 I·加德拉(Ignazio Gardella)的重要作品,比如 1936—1938 年设计的亚历山德里亚城(Alessandria)的结核病诊所。其实法西斯主义的最后几项法规并不缺乏创造性,在 1937 年罗马举行的第一次城市规划会议上,讨论范围就早已不止限于上层建筑的问题了。在 30 年代末期,皮亚森蒂尼发起了最后一次对"新建筑"激进主义倾向的攻击,他并没有去抨击形式的不同,也没有去反对他早于 1930 年出版的一本小册子《今日建筑》中所攻击的对象。他只是理所当然地在他所掌握的不同建设项目中坚持把一些特定的任务分配给

图 483　萨包迪亚新城鸟瞰

不同流派。在学术上，他保留官方宣称的建筑观，但也建议在一些资助项目中为民粹主义倾向留一些空间，并承认功能主义倾向的一些合理之处。他甚至剥夺了先锋派建筑师们的最后的借口，他宣称“法西斯建筑不能成为任何流派的特权”。

在此过程中，很容易注意到博泰(Bottai)在《第一》评论上所作的回应。在以博泰为中心的团体中，针对新的城市规划法争议日益增多，互不妥协。到 1937 年的城市规划会议上，法规的通过第一次碰到了困难，一直拖到 1942 年才通过。其实从 1933 年开始，博泰就一直在考虑这样一个法规了，直到 1941 年，他仍坚持“对建筑问题的探讨应该超越对形式的争论，不管怎样，能引导建筑学道德和精神信念的只能是城市规划”。援引首相戈拉(Gorla)的话就是：“这并不会吓倒正直的人，只会吓倒那些拥有财富从而希望保护投机的人。”法律为规划制定了革命性的标准，而且还确定了实施区域、社区、城市的规划设计的方法和建设程序。这些法律要求城市必须拟定一个总体发展方案，并确认分权管理的价值，同时在有关征用权的第 18 章，赋政府以有效的权力来控制土地市场——但可惜的是这些法律不过是一个理想，从 1942 年到 1973 年，法规的第 18 章总共才用了两次。

这些法规暗示城市规划应该掌握在专家手中，这与皮亚森蒂尼倡导的建筑设计的整体概念是一致的。《第一》杂志并未对帕加诺提出的文化和道德标准置之不理，而且迅速根据政治情况的变化来确定了道德标准。只有后来的建筑师们才发现要将自己的反抗思想转变为直接的政治行为。

意大利的先锋派建筑在再生后的新气氛中总结了他们的历程。其中早已加入反抗者行列的法西斯主义者帕加诺因备受意大利共和国(1943 年 9 月成立)的折磨后，与班菲(Banfi)一起死于奥地利的毛特豪森城，这表明意大利的建筑即使不对历史也要对他们的道德操行付出其代价。当然并不是说，这就意味着不值得去重视在艰难的生存环境中形成的各种神话和意识，那些形式已作了局部的更新，继续成为意大利历史的一部分，甚至成了在 1945 年后才成长的有些建筑师手中的一部分。幸运的是在战争期间，它也是另一种为解放而战斗的文化，是一种在流放和监狱中产生的洞察法西斯主义本质的文化，是一种逐渐拒绝了所有妥协的文化，是一种使人们能更珍视本章开篇陶里亚蒂讲话的文化。

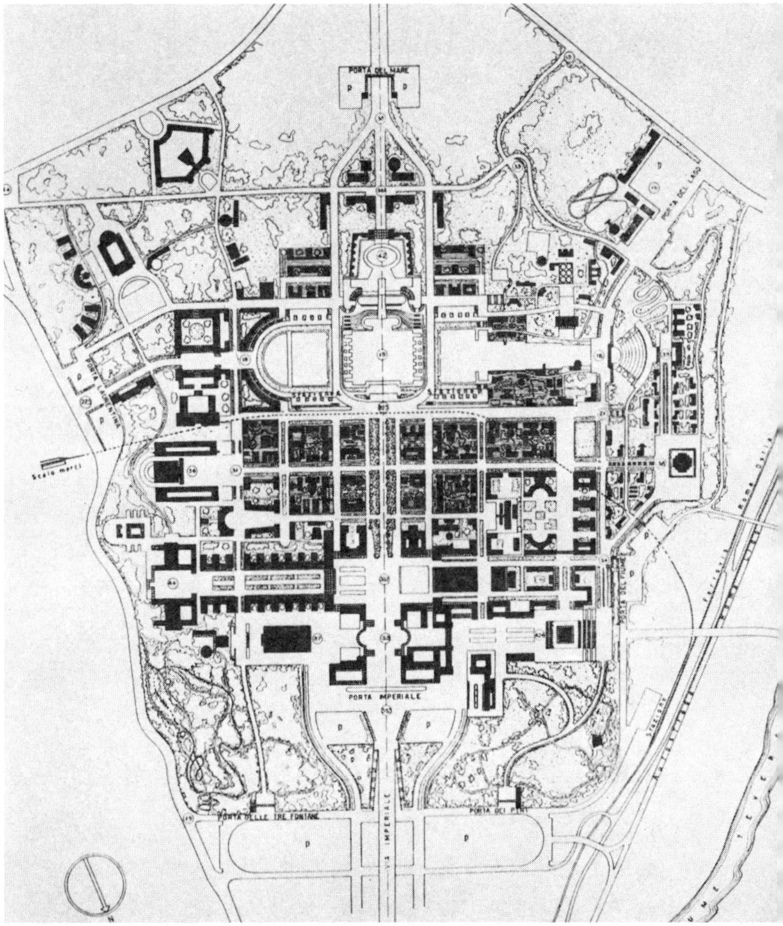

图 484　M·皮亚森蒂尼及合作者：罗马，第 42 届博览会总平面，1937—1942 年(引自《建筑》，1938 年)

图 485　罗马，第 42 届博览会模型，1937—1942 年

图 486　A·利贝拉：阿普里利亚竞赛方案，中央广场设计，1936年

图 487　G·特拉尼，P·林格利：罗马，但丁纪念馆方案，1938 年

图 488　F·阿尔比尼，I·加德拉，G·米诺雷蒂，G·帕兰蒂，G·普雷德伏，G·罗马诺：米兰，"绿色米兰"规划，1938 年

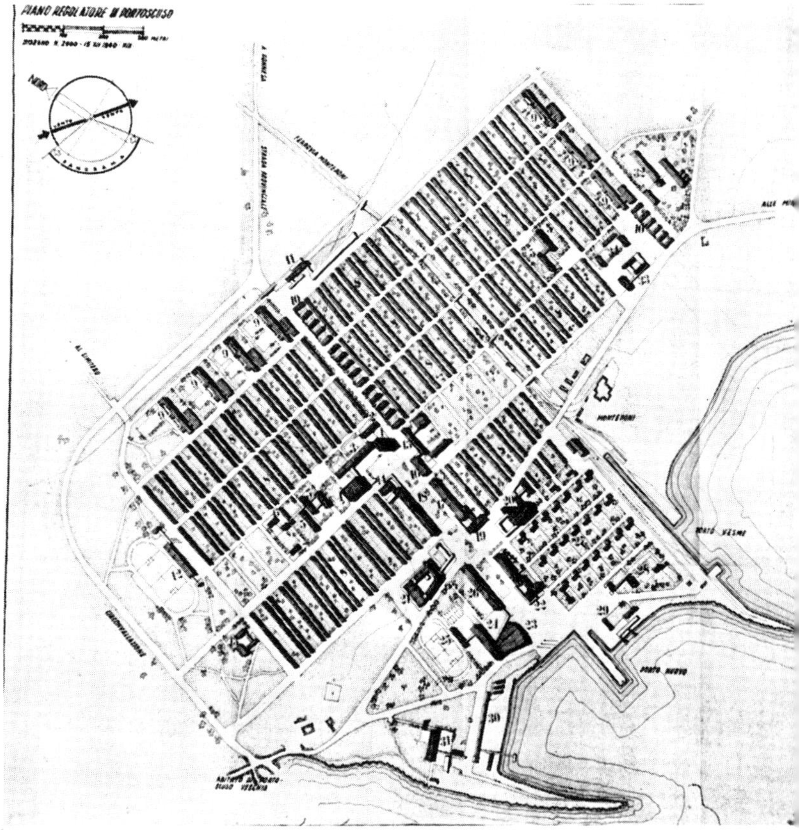

图 489　G·帕加诺:波尔托斯科索规划,1940 年

二、纳粹德国的建筑与土地政策

纳粹对于建筑领域的调整政策早在本世纪 20 年代中期就开始明确起来。通过解散脆弱的魏玛共和国时期形成的知识圈和学校,希特勒政权逐步得以实施。我们知道德意志制造联盟的成员和前卫运动的领导人在 20 年代主要的城市探索中起了决定性的作用,1925 年以后,类似功能主义和新客观性的思想会经常在活跃的文化讨论中出现,20 年代后期,革新派建筑师开始拥有自己的组织和出版物。1925 年以后《形式》杂志开始宣传他们的成果。1926 年,格罗皮乌斯成为德意志建筑师联盟的主席。但当现代建筑刚刚发展到顶峰时,却遭到了最猛烈的抨击。保罗·舒尔茨－诺伯格(Paul Schultze-Naumburg)和 P·施米特黑纳(Paul Schmitthenner)以及 G·贝斯特梅耶(German Bestelmeyer)成立了名为"体块"的组织,并成为种族主义思想(Völkisch,纳粹用语——译者注)最典型的代表,种族主义思想是一种含混的民粹主义和民族主义思想。1928 年瑞士建筑师森格尔(Alexander von Senger, 1880—1968 年)在他的《建筑的危机》一书中,肯定了民族主义对布尔什维克主义文化的种种抨击。当他自以为对勒·柯布西耶的作品进行了基本分析后,用基督人道主义的名义对现代艺术发动了突然攻击,形成了令人困惑的与反动的反资本主义思想交织在一起的种族意识形态。民族主义的拥护者支持他的观点。K·诺恩(Konrad Nonn)、霍格(Emil Hogg)和费斯特－罗默德(Bettina Feistel-Rohmeder)都积极地鼓吹他毫无创见的理论:现代建筑不利于德国的统一,因为它反对德国的古北欧传统——这也是由舒尔茨－诺伯格采用的反对使用平屋顶的理由。他们还进一步认为当代艺术对技术的强调是对民俗传统的否定。而建筑的工业化也被指责为:不仅要对失业负责,还要对艺术形式的不合格负责。这样,种族主义和反资本主义狼狈为奸,为混淆的、模糊的、伪浪漫的、反城市的意识形态打下了基础。

这令人作呕的一幕原封不动地又一次出现在纳粹的著作中。直至 1938 年 W·里特切(Werner Rittich)仍在他所著的《现代建筑与雕塑》一书中抨击立体主义建筑以"令人堕落的利润"与"人民精神"相对抗。启发纳粹灵感的形式模式十分有名,那是克吕格尔兄弟(W. And K. Krüger)为纪念坦嫩贝格战役——该地埋有 1934 年去世的兴登堡总统,他的去世意味着魏玛共和国的消亡——设计的将士纪念碑,它成了纳粹展示他们欣赏的巨大开敞空间的原型[6]。

种族主义的思想来源错综复杂。总体说来,1933 年以前,对激进主义建筑最猛烈的攻击来自于斯宾格勒的思想、A·巴尔特斯(Adolf

Bartels)的反犹太主义思想、C·施米特(C. Schmitt)的思想以及他们的追随者们(C·施米特是以后希特勒国家社会主义法律理论家)。他们都夸大了德国的历史使命,按照布鲁克(Arthur Möller van den Bruck)的观点,它简直就是西方文明的最后堡垒。1928 年,在德意志国家人民议会会议上,曾对激进主义建筑和城镇规划的社会民主管理进行了极端猛烈的攻击,并从此视包豪斯为布尔什维克的代表,与此相比,对纳粹及其文化组织却采取了比较宽容的态度。1928 年《民族观察者》的编辑——A·罗森堡(Alfred Rosenberg)建立了德意志艺术战斗联盟(the Militant League for German Art)以统一国内所有右翼组织并接受纳粹党的控制。战斗联盟的喉舌《德意志文化守卫者》组织全面抨击现代艺术的战斗,《民族观察者》在 1929 年之前始终公开面对激进主义建筑。

后来随着国家社会党(NSDAP)确立新的政治地位,导致了它在态度上的转变,但是这种转变在纳粹内部并不是没有争议的。直到纳粹取得政权的前夕,他们的有关意识形态和计划,怎样衡量 W·达雷(Walther Darré)和费德(Gottfried Feder)理论的问题变得十分重要——费德是希特勒在《我的奋斗》一书中唯一承认受到影响的作家。在种族主义者关于"血统和国土"的理论中,费德的有关概念与达雷热情赞美农民阶级优越性的思想相一致。疯狂的反城市主义辅以同样疯狂的经济和社会计划,它们形成了纳粹攻击当代艺术和当代建筑的基础;它们的目的可谓是一目了然。

1928 年,《民族观察者》杂志社出版了一本书,名为《来自柏油荒漠中的新闻》(News From the Asphalt Desert),显然不满对民族主义的离经叛道。在对大都市辱骂中,更是运用了种族主义的术语,那就是骂为"绝育机器",民族主义者的反资本主义逐渐与国家社会主义者复仇主义倾向一致,这种态度实际上与 30 年代初期在国家社会党内对文化政策的争吵同出一辙。当 W·弗利克(Wilhelm Frick)在 1930 年成为图林根政府中的内政和教育部长时,这些政策迅速产生了影响。通过弗利克,罗森堡的思想第一次转化成了政策方案。他们颁布了反对奴隶文化的法令,像康定斯基(Wassily Kandinsky)、保罗·克利(Paul klee)、施勒默尔(Oskar Schlemmer)和巴拉赫(Ernst Barlach)这些被认为是"劣等民族"艺术家的作品都从魏玛画廊中被清除了出去,建筑学院的负责人 O·巴特宁(Otto Bartning)也被达雷的追随者舒尔茨-诺伯格替代。达雷的论调迅速取得了成功;他还与弗利克、罗森堡一起操纵了 1930 年战斗联盟大会,创立了 KDAI(德意志建筑师战斗联盟)。并得到了具有种族主义倾向的代表们的支持,并由 F·赫格尔(Fritz Höger)、F·舒马赫(Fritz Schumacher)和 T·费希(Theodor Fischer)等成员组成。一些后浪漫主义和表现主义的建筑大师轻松地成了新政权的显贵。在对现代运动的讨论中一些基本命题常常模棱两可,这种特点突然变得更明显起来。

在 KDAI 的一些纲领性宣言把达雷的思想忠实地转化为建筑术语之后,国家社会党开始攻击激进主义建筑倾向。包豪斯、"环形学社"(Der Ring)和国家调研协会在纳粹的新闻媒体中遭到反复诋毁,尽管言论之间存在细微差异,罗森堡的目的是使战斗联盟成为控制文化艺术界的工具,但这种观点遭到戈培尔(Paul Joseph Goebbels)的反对,他对现代艺术的态度比较宽容,这种态度符合他在国家社会主义左翼时同 G·斯特拉塞尔(Gregor Strasser)的接触中形成的观点和政治思想。这样法西斯政党的文化期望和先锋派的最后希望都集中戈培尔身上。国家社会主义学生联盟的施雷伯(O. A. Schreiber)与罗森堡展开公开辩论,并在 1933 年在柏林默勒(Möller)画廊组织了一次"坠落艺术家"展览,这之后在党内讨论的机会就越来越少了。1933 年 7 月希特勒一上台,就宣称结束国家社会主义革命,并在军队和经济建设中准备实施一系列复杂的"调整",这使国家社会党中革命派的希望彻底破灭。而在文化领域,这也意味着"正规化"过程的开始。1932 年,要求关闭德绍包豪斯已经是国家社会党和 DNVP 在安哈特(Anhalt)选举所采取的许多步骤中的一部分。当时由密斯领导的包豪斯在解雇了康定斯基和希尔伯施默之后,于 1933 年 8 月 10 日在柏林被迫关闭。1933 年底之前,文化清洗全面展开,先是驱逐了制造联盟的负责人,马丁·瓦格纳(Mattin Wagner),然后由 K·洛尔切(Karl Lorcher)、W·文德朗(Winfried Wendland)和 P·施米特黑纳分别接替了格罗皮乌斯、希尔伯·施默和波尔齐希的位置。

在几个月中,战斗联盟接管了德意志建筑师联盟和德意志制造联盟,并对激进主义建筑进行了毁灭性打击,彻底清除了曾经支持激进主义的经济团体和所有学院机构。普鲁士艺术学院也被迫解散。海因里希(Heinrich)和托马斯曼(Thomas Mann),珂勒惠支(Käthe Kollwitz),A·德布林(Alfred Doblin)以及数不胜数的人士也从公众视野中消失了。施米特黑纳也代替波尔齐希占据了柏林的各所国家建筑、绘画、应用美术学院的领导位置。夏隆、雷丁(Rading)和施勒默尔也被清除出布雷斯劳艺术学院。20 年代负责制定城市化政策的人员也遭到清除:曾经协助过梅的 M·伊萨塞(Martin Elsaesser)被法兰克福当

图 490　P·施米特黑纳：斯图加特，科钦霍夫住宅区住宅，1933 年
图 491　德国 1936 年高速公路网

局解雇，贝伦特(W. C. Behrendt)同样遭到普鲁士当局的解雇。此外 GEHAG 也被“工人战线”吞并了。当时许多大学领导和教授还煽动学生烧毁所有禁书，只在某些地区，由于戈培尔含混的主张才得到幸免。为此，《新城市》直接向戈培尔表示呼吁，勒克哈特、格罗皮乌斯和瓦格纳也不断在争取战斗联盟代表的支持，这些都是全面屈服前的最后战斗；面对纳粹的野蛮行径，激进主义文化写下了悲惨的一页。

戈培尔扮演的角色有着明确的政治动机，他打着积极反对种族主义艺术退化的旗帜反对罗森堡以及战斗联盟。1933 年 11 月，戈培尔作为宣传部长，创建了国家文化协会。这个组织由一个委员会主管——其领导是 W·富特文勒(Wilhelm Furtwängler)，它负责主管各级知识分子社团的活动，并与“工人战线”这样的团体保持直接联系，共同调整安排政府任务。这些机构的活动的确说明民族主义文化组织的影响和重要性都在减小。实际上，1934 年以后像舒尔茨－诺伯格等许多人的地位开始不断下滑，这样去特意鼓吹施米特黑纳和波那兹(Bonatz)所作的宏大的、与政治气候一致的新模范居住区设计就没什么稀奇了。

建筑业除了可以用作扩大工匠和劳动人民就业的借口之外，还可以反映国家社会主义经济政策，满足支持希特勒的“康采恩”和金融资本家的要求。对建筑任务进行控制——1930 年总建设量提高 67.5%，1938 年提高 80%——是实行经济政策的基本手段，从而可以通过扩大建筑领域就业来稳定劳动力市场，并利用公众投资来维持需求状况。其中最典型的政策就是发展高速公路建设和住宅建设。早在 1933 年，国家高速公路局就开始统筹全国范围内的高速公路建设。三年后，KDAI 的区域负责人 F·托特(Fritz Todt)成为该项目的负责人，并在数量和质量上都取得了辉煌的成果。到二战开始之前，高速公路网已拥有 4000 km 的公路，说明第三帝国的区域性规划已迈出了关键一步。这成为德国统一的象征和大规模机动车时代来临的前奏，在某些方面，甚至加强了“返回土地”的意识形态。高速公路的整体设计真正地重视景观要求，同时，尽管主体工程由波那兹这样的建筑师设计，但按照种族主义的概念，这些公路设计还是联系技术和自然的纽带。

然而纳粹的住宅政策却自相矛盾。由于斯特拉塞尔和费德权威性的降低以及 H·沙赫特(Hjalmar Schacht)思想的动摇，住宅政策实际上在不断地更改。由于第三帝国自行制定了降息政策和一系列保障制度，从而在住宅建设上公共资助体系遭到了摒弃而由私人企业大量

图 492　P·科勒：威斯特伐利亚，大众汽车工厂，1938 年始建

图 493　F·舒普，M·克莱默：埃森－卡腾贝格，科伦贝格厂，1928—1932 年

图 494　H·林普尔：奥拉宁堡，海因克尔工人住宅，1936—1938 年

图 495　W·克吕格尔，K·克吕格尔：坦嫩贝格，将士纪念碑，1927年

图 496　W·克赖斯：德累斯登，阿道夫·希特勒广场，1942 年

图 497 W·克赖斯：阵亡将士纪念碑方案，约于 1943 年

图 498 W·克赖斯：对非洲阿尔莫里德地区阵亡将士纪念碑方案，约于 1943 年

图 499 E·萨格比尔：柏林，坦佩尔霍夫飞机场，约于 1936 年

接管，以致到 1937 年，公有住宅只占建筑总量的 10% 左右，而同年估计约短缺两百万户住房。在进入战时状态之前，新的住宅建设量一直稳定增长。所有这些措施都是纳粹政策的一部分，目的是鼓励市民回到乡村，以减少过于拥挤的城市人口的主要计划。如果城市建设借鉴 1933 年以前的设计模式并略做调整，那么小住宅区和“工人战线”的工人居住区设计就会更好些。这些设计都带有反城市的概念，卢多维奇(J.W. Ludovici)清晰地阐述了这些概念的政治倾向，他是希特勒政府处理住宅问题的负责人。卢多维奇宣称“我们必须为工人和农民回到德国农村扫清道路”。小住宅区的目标是把减少失业和重新给劳动力进行土地分配作为政策的一部分，为发动战争打下经济基础，也为帝国扩张把独裁组织和种族意识结合起来。

达雷的思想作为城市化政策的基础，其理论支点就是重新改造“沥青地狱”式的城市。然而，这并不能阻碍“工人战线”1938 年以后重新参考 20 年代激进主义最前卫的住宅建设，以学习经验。这丝毫不让人奇怪，甚至 1933 年以后的政府项目就一直在折衷民粹主义到纯功能主义的范围内选定。工人住宅在形式上必须服从独裁者反城市宣传的命令，但是工业建筑或军用建筑则可以按功能主义或完全采取现代方法建造[7]。这是受纳粹指令影响下典型的建筑业的倒退。各个学派的思潮竞相表现，如位于黑森堡城由尤利斯·舒尔特－福林德(Julius Schulte-Frohlinde)设计的阿道夫·希特勒学院等建筑被视为“新秩序”的象征。在艾费尔高原地区，由 C·克劳兹(C. Klotz)设计的 O·弗格桑(Ordensburgen Vogelsang)学校以及另一所在宗特霍芬城(Sonthofen im Allgau)由吉斯勒(A. Giesler)(国家社会党高等学院的设计者)设计的学校则成为第三帝国公共建筑的典范，其关键在于他们对“精神态度”的考虑甚于对“风格”的选择。

环境和景观的要求、类型学的方法以及对当地传统形式的提炼都不断体现出对于一些价值和理想形式的追求，这些据信都能由一些确定的模式表现出来。希特勒青年运动中心和行政领导培训学校都企图表现社会制度的本质并深受种族主义传统的影响，这些正是国家社会主义建筑学希望在地道的“综合”中所塑造的。建筑一旦成为纯粹理想的表现，并超越了它的历史必然性，它就上升到了“政权艺术”的地位。

1941 年，W·克赖斯(Wilhelm Kreis)被委托设计所有的烈士公墓。他设计了一种试图超越时间和种族的范围，以表现战争永恒性的纪念形式。他在培训学校那种风景如画的气氛中，在大型露天剧场里，将

图 500 A·斯皮尔:纽伦堡,国家政府部门地段鸟瞰,1934 年始建 ▷

图 501 A·斯皮尔:柏林重建规划,始于 1937 年(引自《建筑》,1939 年) ▷

理想的象征纪念性设计发展到了极致,他设计的一些纪念碑就像小住宅区一样,实实在在地成了僵化的机器。

然而在大城市中心设计中试图取消原有的城市特征。1938 年,当第一届"德国建筑展"讨论的主题还是"风格",提倡在城市中简化建筑形式,为建立统一风格表现政治制度的城市政策打下了基础。

保罗(Paul)、特罗斯特(Ludwig Troost,1878—1934 年)重新设计了慕尼黑的国王广场,并由 G·特罗斯特和 L·加尔(Leonard Gaal)一起于 1937 年完成。广场追求国家社会主义纪念性城市设计的特点,简化成了表现景观的纯粹几何关系的结点。城市空间作为"虚体"而纪念碑作为"实体"两相对比,预示了纳粹城市的理想结构。接着在纽伦堡的齐柏林广场设计中思路变得更为明确,建筑的核心目标就是成为"绝对综合"法西斯政党权力和生活的表现。

按照纳粹的观点,建筑的任务在于传达视觉形象,超越历史表现永恒的权力形式。齐柏林广场的设计者 A·斯皮尔(Albert Speer,生于 1905 年)是"工人战线"美工部负责人,也是特森诺的一个平庸的助手,由于设计党代表大会会堂大型舞台布景而引起政府注意,并因此最后成为纳粹政府的建筑代言人。1935 年起,他全权负责建设纽伦堡的巨大工程项目,在组建战俘集中营工程之前,他一直是纳粹的御用建筑师。斯皮尔将齐柏林广场设计成一系列用于特殊仪式的场所,并配以一幢幢灌输了纳粹思想的建筑。由 L·鲁夫和 R·鲁夫设计的体育馆、训练场、阅兵大道以及会议大厦都丧失了建筑的真实性,可与斯皮尔为党代表大会所构思的壮观的灯光效果相媲美,但都只是宣传工具而已。这种精神一定程度上在 W·马奇(Werner March)于 1930—1936 年设计的柏林运动中心中也得到了体现,在那里举办的奥林匹克运动会粉饰了带种族偏见的"新秩序"下的太平盛世。

20 世纪 30 年代末,纳粹政府甚至提出,主要城市均应以此为典范。吉斯勒在汉堡,R·菲克(Roderich Fick)在林兹,斯皮尔在柏林都负责创造纳粹城市的新面貌。1930 年,斯皮尔开始通过与希特勒的直接联系制定柏林城规划,后来采纳的规划中有两条明显的东西向、南北向相交轴线,同时有一个极度空旷的纪念中心,而以前的所有标志都被新标志所取代。希特勒对空旷的空间非常感兴趣,他最关心中央大道的范围以及南北轴线。正如斯皮尔所想,又大又空才能使人同时看见所有的纪念标志,集会大礼堂的宏伟穹顶成了从南边新火车站开始展开的城市景观的焦点,这条轴线上耸立着一座座巨大的凯旋门,道路两边排列的办公楼整齐划一[8]。斯皮尔认为这种统一整体的纪念建筑群才能消除建筑之间的凌乱感。如慕尼黑由特罗斯特设计的国王广场中,空间和纪念建筑实体之间并不追求所谓的辩证关系,把时间概念也完全排除在外。纳粹的反都市主义试图超越历史,并取消历史以及所有的辩证关系。在这种状态下,城市的历史有机性被完全忽视了,建筑完全成了没有差别的事物,被强行灌输了抽象"秩序"的价值体系。斯皮尔的方案比"工人战线"的郊区住宅区走得更远,他的方案表达了种族主义和达雷的反城市思想意识,将城市设想成为单一的完全反历史的纪念碑:空荡的城市和无声的万物相一致,对权力的表达成了唯一的声息,他对齐柏林广场中礼仪感的向往完全取代了大道上正常的活动。

纳粹的反城市主义总是希望成为实现更高理想的工具,促使人们意识到他们的特殊使命。希特勒向宏伟的纽纶堡工程的建设者们解释道"为什么总需要最伟大? 因为我希望恢复每个德国人的自我意识"。

所有的纳粹建筑都笼罩在"超越"的概念下,每一幢建筑都必须超越其他人的建筑,或者超越其他时期的建筑。对于希特勒,宏伟壮观凌驾于历史之上,而柏林将是绝对壮观的,是永恒的。纳粹试图再创造一个世界中心,回归"伟大的综合",恢复世界生机,消除一切冲突。他们的罪行使他们获得了具体的结果:他们企图回归民粹主义和机械化统一的梦想终于通过建筑有了个统一的模式。

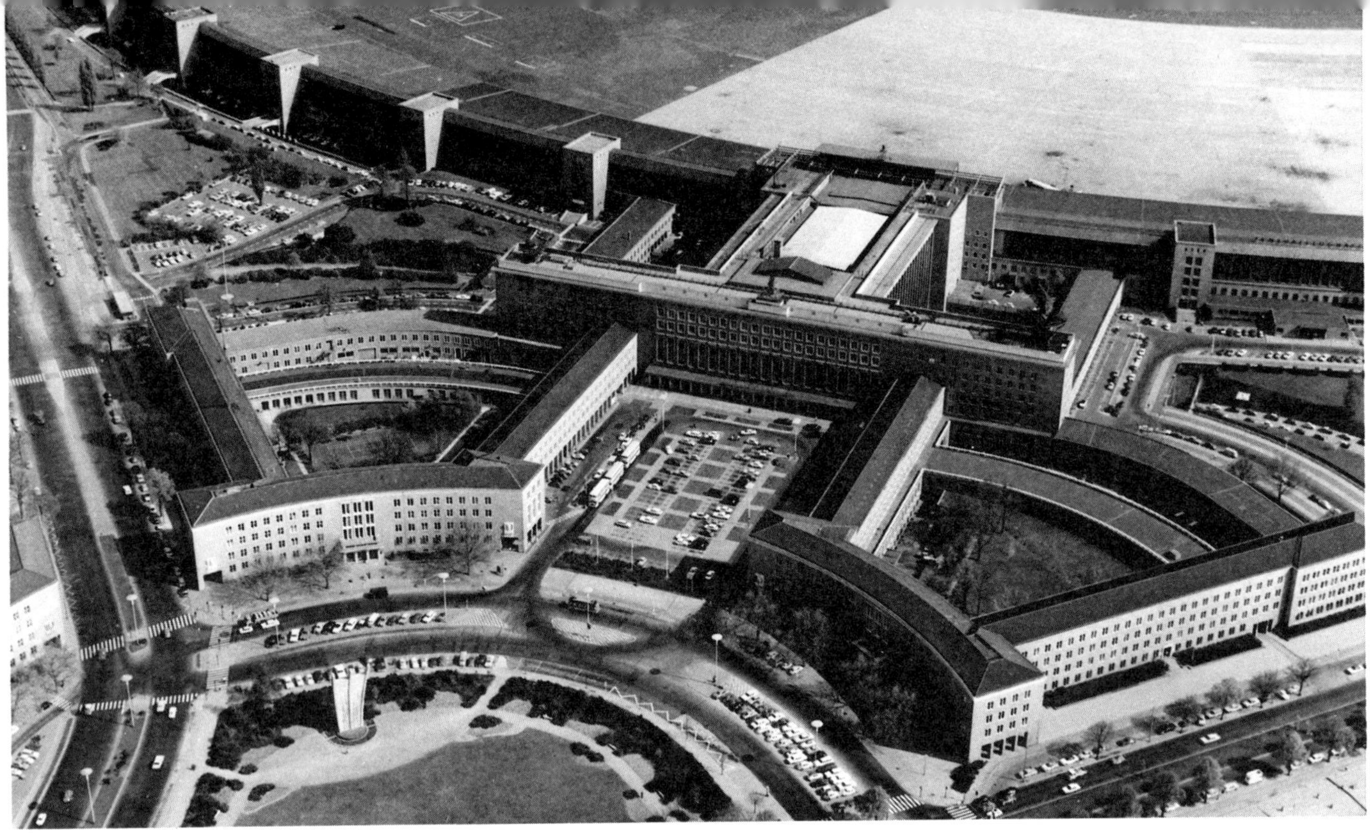

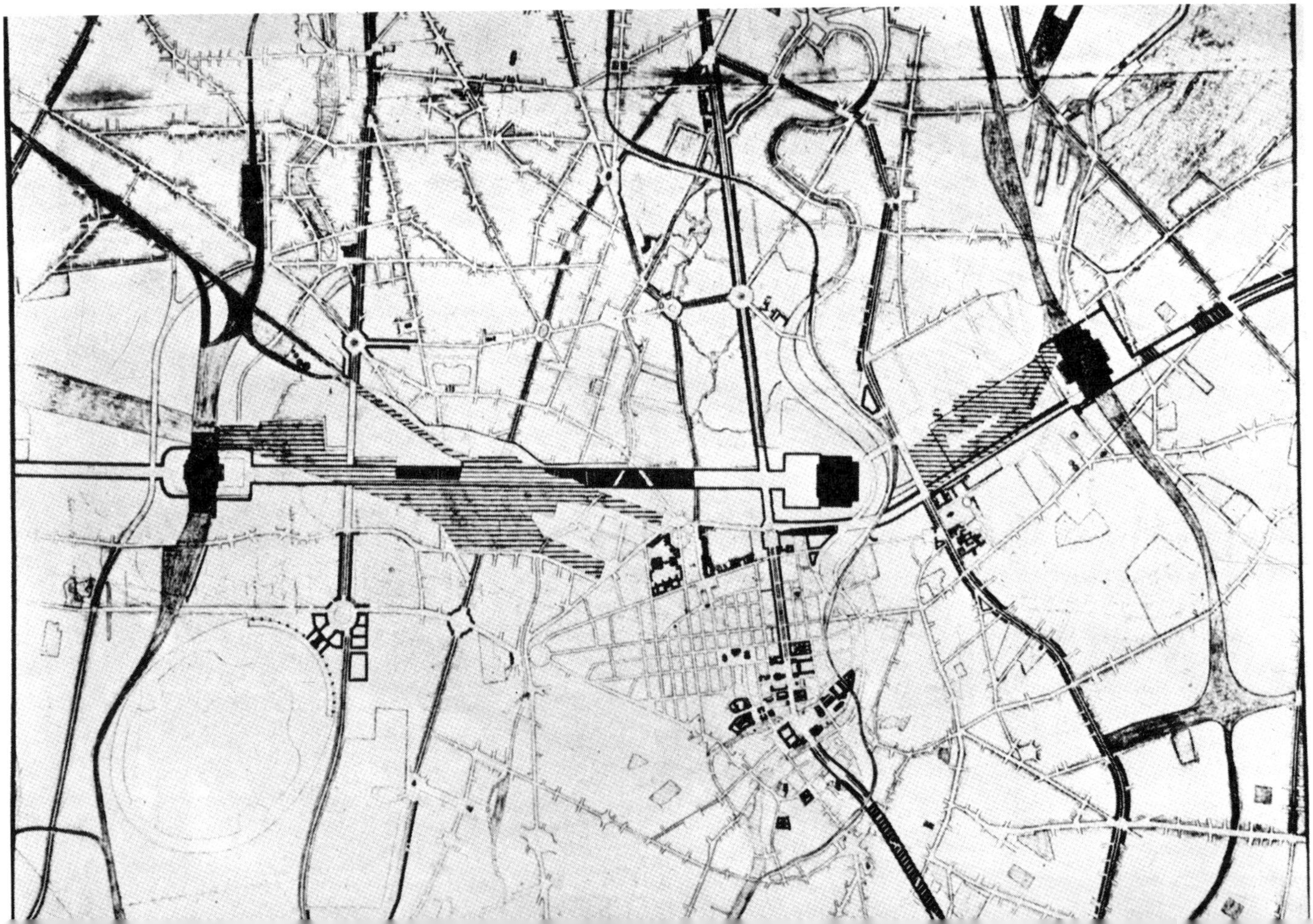

第十六章　第二次世界大战以后的城市管理和建筑政策

30 年代社会经济发生深刻变化以后，知识分子和体制之间的关系变得含糊不定，这一特征在二战后才基本得到改变。1945 年以后出现的这些变动和冷战的特殊气氛、资本主义秩序的变化以及社会主义国家政权的巩固——所有这些都引发了各种制度进行重组和加强。想混淆“知识”和“权力”的作用已经不再可能；风起云涌的群众运动开始向知识分子具有特殊地位和享有高度自主权发起挑战；其作用和组织也越来越多地反映了劳动力的社会分化。

这意味着：随着发展资本主义和建立社会主义经济政策开始日益渗透，意识形态领域相对于大众思想领域在不断收缩并成为众多社会、政治网络中的一部分。建筑学别无选择，必须面对新的时代参照点，必须在新的层出不穷的社会分化中，抛弃它在反叛的时代中在自己的专业领域内发动政治运动的传统，否则将只能蜷缩在自己的领域内孤芳自赏，陷入到作茧自缚的语言牢笼中去。要使建筑学领域充分地觉醒，必须首先清除大量的残余幻觉，避免战前先锋派对城市规划方法的含糊不定。所谓的国际式建筑危机——这个提法实际是为所谓现代运动的固守者伤心失望所找的借口——是一次重新审视建筑学的契机。要理解这一点，需要一分为二地看待历史：既要看清规划方法的巨大变革，还要看清建筑学上的相应反映。要特别关注那些不同领域之间可能存在的联系以及他们各自的发展走向。本章选择的材料旨在为这种分析提供一个框架，而对范例的选择则完全取决于它们与文章的相关程度。当然，我们所做的工作还远远不够，而且，我们也充分意识到：简化那些从过去到现在都在不断变化的事件，对它们所作的任何评价都只是暂时性的。

一、美国：城市更新和公众参与的政策危机

美国新政所采取的最重要的措施是参加二战，这在某种意义上有些自相矛盾。始于 30 年代的大量“公用事业工程”建设，在达到高潮的同时也陷入了危机。如今经济圈内，资本主义对经济的调整和政府对经济的干预已被认为是理所应当的，不再需要过多的公用建设政策，而只需要激活垄断市场就可以。这在杜鲁门和艾森豪威尔这两位总统任职期间的城市政策中均可见一斑。1949 年的新住宅法提出了住房补助计划，并提供十亿美元的联邦贷款来解决贫民窟问题，然后把清理贫民窟得到的土地卖或租给私人。在参议员 J·麦卡锡正在猖獗的时期，许多牵涉公共福利的工程都没有完成。不管怎样，1954 年城市更新观念又一次成了住房法的核心，它规定项目要在通过住宅金融管理机关批准以后才能为地方政府提供城市发展资金。该机构是由这个领域内的所有联邦机构于 1947 年合并而成的，但程序制定过于繁琐以致收效甚微。在肯尼迪任职期间新自由竞争政策出台后，许多棘手的问题才迎刃而解。经济繁荣的气氛掩盖了日益尖锐的贫富差距、不断增长的失业率和技术不熟练的劳力逐渐成为社会的不安定因素——这些问题增加了大量的社会经济负担，并使那些人口密度过高的城市居住问题进一步恶化。在新疆域内处理不发达地区的问题时，尽量以满足社会需要为目的，同时，在一些特定领域制订公共事务法规。1961 年以解决不发达地区问题为主要目标的“区域再发展法”，以及同年以改进城市更新机制为目标的“住房法”和影响区域基础设施建设的 1964 年的“城市交通法规”都是为此服务的。1961 年的住房法修正了一些建筑标准和经济条款，将公共部门筹建的年度目标定为至少 100000 户居住单元，此外还设立了私人贷款基金，并通过鼓励形成具有综合社会结构的社区，来刺激城市的更新发展。

城市更新在各地作为“反贫困斗争”的具体表现受到公众欢迎，同时，也展示了政府的良好形象。更新地区的年度财政收入增加额是根据预期增产值来计划的，但正是年收益的税收问题显示了整个操作过程中的自相矛盾性。由于在大范围内用免除税收来刺激发展私人企业，年收益的增加量就无法精确计算。城市更新最直接的影响就是：指定更新地区的资产迅速增值，那些地区内投机商随心所欲、无所顾忌。按照市场规律，那些穷困的邻里单位不是被搬迁就是被开发成高标准的高价住宅区。这就导致了许多人无家可归，还同时导致了社会消费迅速上扬，从而引起了地产价格的恶性爆炸。对该项政策的强烈反应和广泛反对迫使联邦政府改变了管理方式，于 1966 年提出模范城市计划来作为彻底解决城市恶化的办法，并争取在规划过程中邀请各种社会组织参与，因而有望减少那些无法解决的矛盾[1]。但 1969 年初，随着问题的扩大化和严重化使计划受到了巨大的压力，尼克松政府便命令将模范城市计划的预算削减 40%，从而对它形成了致命的打击。

当这项计划失败之后，政府开始重新加强传统的美国城市开发路线。1954 年 75% 的居民住在郊区，但与先进的规划师设计的田园式社区毫不相同。在纽约莱维顿(Levittown)住宅区无限制、无秩序的扩建过程中，严重的投机行为完全破坏了与自然之间的所有关系，造成了城市环境的恶化和混乱。莱维顿是中产阶级居民区的真实写照，这些住宅区的扩展和汽车市场的发展同步。面对郊区的蔓延每天上下

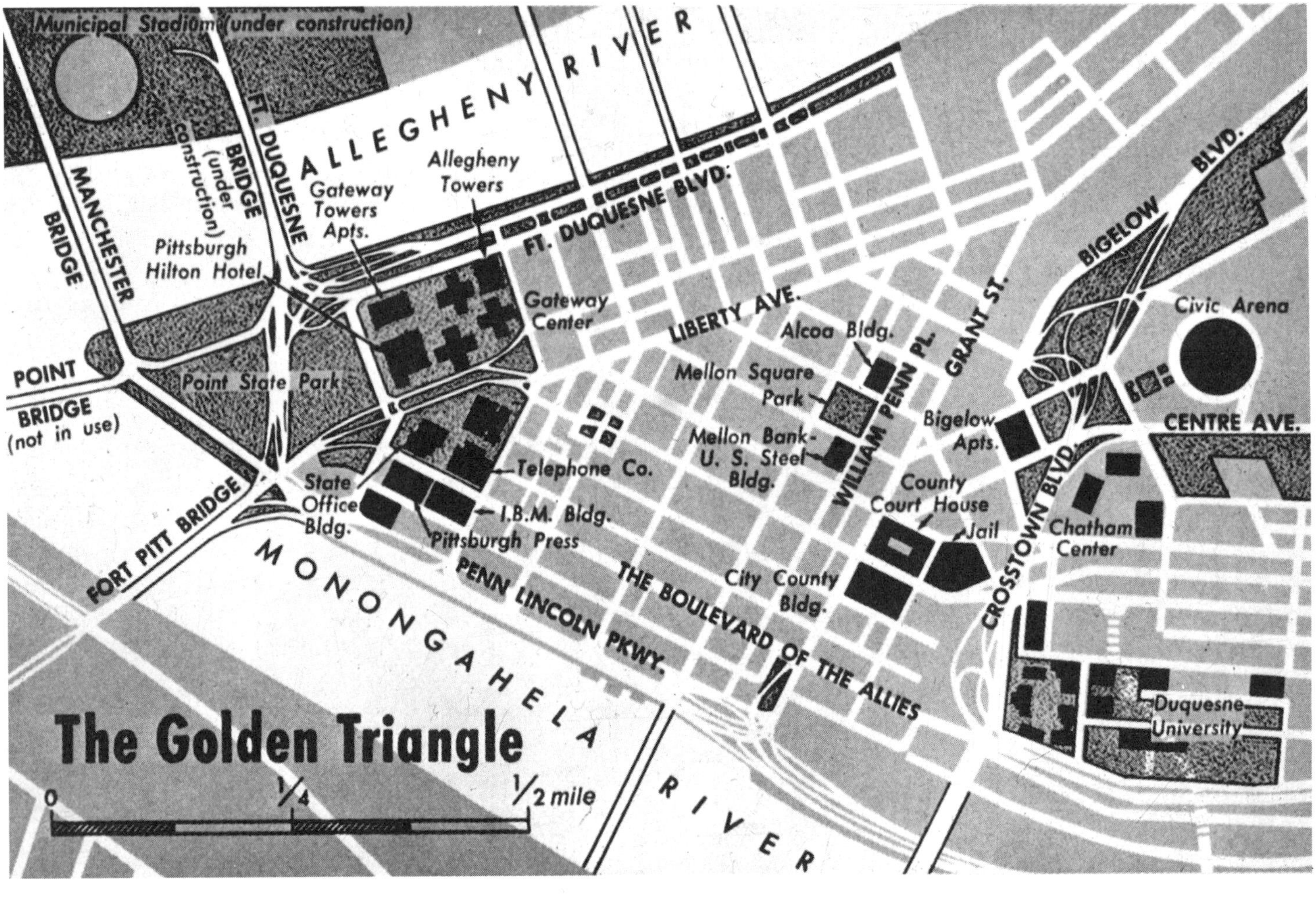

Municipal Stadium (under construction)
ALLEGHENY RIVER
FT. DUQUESNE BRIDGE (under construction)
MANCHESTER BRIDGE
Gateway Towers Apts.
Allegheny Towers
FT. DUQUESNE BLVD.
Pittsburgh Hilton Hotel
Gateway Center
LIBERTY AVE.
Alcoa Bldg.
WILLIAM PENN PL.
GRANT ST.
BIGELOW BLVD.
Civic Arena
POINT BRIDGE (not in use)
Point State Park
Mellon Square Park
Bigelow Apts.
CENTRE AVE.
Mellon Bank-U. S. Steel Bldg.
Telephone Co.
State Office Bldg.
I.B.M. Bldg.
Pittsburgh Press
County Court House
Jail
CROSSTOWN BLVD.
Chatham Center
FORT PITT BRIDGE
MONONGAHELA RIVER
PENN LINCOLN PKWY.
THE BOULEVARD OF THE ALLIES
City County Bldg.
Duquesne University
The Golden Triangle
0
1/4
1/2 mile

图 502　匹兹堡金三角地区鸟瞰(包括城市更新地区)
图 503　匹兹堡,金三角地区规划方案

班的职工来回奔波,他们巨大的流量使高速公路似乎成了城市的巨型动脉系统。60年代开始的区域规划研究和实验曾试图改变这种情形,但所有企业家却似乎都只注意现存的城市更新改造问题。

匹兹堡和费城的情况具有典型意义。在20世纪20年代,它们在城市郊区的各种商业活动和不加节制的城市发展都造成了城市的严重恶化。1939年,匹兹堡商业委员会在该市金融资本的头面人物R·K·梅隆(R.K.Mellon)的鼓动下,开始发展金三角地区。但直到1946年,一场大火袭击了以后,才终于考虑早已提出的建议,不再拖延实施计划。新的立法促使成立了城市再开发部门并争取到了"公平生活保险公司"的赞助。到1950年,按R·摩西(Robert Moses)在1939年提出的路线制定了高速公路建设计划,并确立了"金三角规划",金三角逐渐成为高楼林立的中心区,并通过高速公路网和周边地区联系,但这些计划对解决住宅问题毫无帮助。贫困阶层和社会边缘阶层被挤出市中心,周围商业大厦不断建设明显说明了该计划的主要目的还在于发展金融。

费城的情况与此类似,只是具体的操作实施有所不同。早在30年代后期,富于民主思想的知识分子和政治团体就呼吁城市更新和行政改革。他们在1942年取得了第一次胜利,成立了城市规划委员会来准备年度规划,并于三年后,第一次发布了广泛的更新计划。其目的在于阻止地区结构的不断恶化和改善城市中心商业区,从而也遏制在城市外围甚至郊区建造大型超市和购物中心的趋势。1947年,在"让费城更美好"展览会上介绍了这些提议,最后被广泛采纳。1953年经济赞助商答应负责实施。"宾州铁路公司"承建了"宾夕法尼亚中心"。随着一项改善市场大街东端商业设施计划的实施,使得费城再开发部门为提高居住条件所做的工作降到了次要位置。这样,尽管建造了由贝聿铭设计的高质量的社会山(Society Hill)高层公寓区,工作的最终结果像所有"联邦推土机"式的管理一样,只改变了城市商业中心区的社会结构。

从建筑学的观点看,波士顿的情况是最引人注目和最为矛盾的。1958年,波士顿城市规划委员会要求亚当斯(Adams)、霍厄德(Haward)和格雷利(Greeley)草拟了一个方案,后来于1962年由贝聿铭作了部分修改。方案明确表明:拆除85%的现有建筑,保留一些历史性建筑,并逐渐增加该地区的税收,同时削弱该地区的居住功能。设计咨询委员会包括H·斯塔宾斯(Stubbins)、P·贝鲁齐(P.Belluschi)、L·安得森(L.Anderson)、N·奥德里齐(N.Aldrich)和J·L·塞特(José Luis Sert,已移民美国),控制了这个方案,并将这个地区划分为十五个独立部分来实施。在新的公共建筑中,有两栋建筑的设计水平极高:保罗·鲁道夫(Paul Rudolph,生于1918年)设计的市政服务中心和KMK(Kallmann,McKinnell & Knowles)设计的市政府建筑群。它们建筑语汇中的细部特征克服了整个设计中的凌乱感。然而,就像刺激城市与都市区发展的新高速公路网一样,波士顿的建设改造了恶化地区,并使之转变为赚取商业利润的地段,这取得了相当重要的成果。市政中心对面,建在交通枢纽地区的布鲁登修综合楼(Prudential Building)的建造对更新改造起了均衡作用,并引发了一片新高层区的建设。这些高耸的大厦掩盖了城市更新的真正目的。

纽约的城市更新改造更为复杂。它于1956年开始了城市西区改造,这次改造并不迫切,只是为了提高声誉和扩大声势及利用高价土地。其中,P·约翰逊、W·哈里森和M·阿伯拉莫维兹(Max.Abramovitz)设计的林肯中心在新的公共建筑区中占据重要位置,但是对该地区不容乐观的住宅建设却没有采取有效措施。1960年,430000个纽约居民生活在标准线以下。虽然纽约市至少接受了联邦基金的15%和州政府基金的80%来用于城市改造,但在25年中,最多建设了110000套低价住宅单元。1964年,城市规划委员会划定了七个改造地区,并建议建造适中价格的住宅,但这项计划却没有实施。两年之后委员会草拟了一个曼哈顿端头的规划方案,据称要沿西岸建造六个住宅开发区以容纳10000到15000个居民。它们将按高质量模式建设,并与快捷的市区服务交通系统相连。世界贸易中心的建造和巴特里公园城(Battery Park City)的开工使得这个项目搁浅。1960年,洛克菲勒财团出资在岛的端部建造了一座由SOM设计的曼哈顿银行大厦。1970年开始,雅马萨基(生于1912年)设计的两栋110层的摩天大楼——世界贸易中心,经过局部修改付诸实施,以促进这个地区的未来发展,完善其使用功能。这些建设的直接后果就是人流量迅速增加。1966年,N·洛克菲勒(N.Rockefeller)州长敦促在城中临水的一面建设新城区:因而在世贸中心的附近建设了巴特里公园城,为上下班人员创造了一个可供选择的、有吸引力的、有活力的场所,从而更好地利用了这块地段。

虽然在曼哈顿北面实施"模范城市计划"失败了,但在1969年P·约翰逊和J·伯吉(J.Burgee)曾为400000个居民在罗斯福岛上规划了"新城",但最后只由J·L·塞特(J.L.Sert)实现了部分设想。如果把巴特里公园城、罗斯福岛和世界贸易中心作为纽约象征的话,那么它们

图 504 费城城市规划委员会：费城市中心规划，1960 年。上：车行系统图解；下：步行系统图解（引自《美丽的住宅》，1962 年，第 260 期）

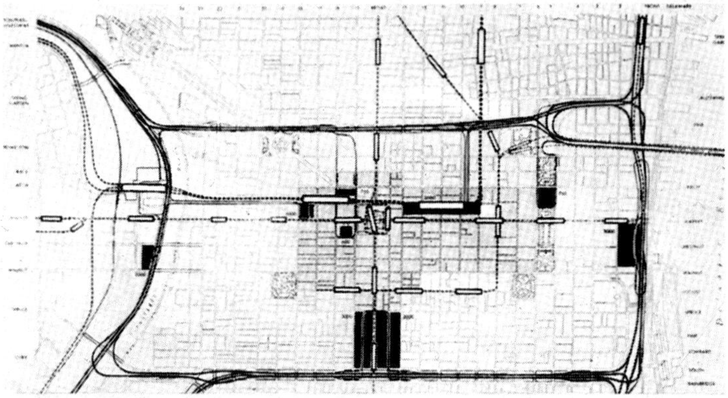

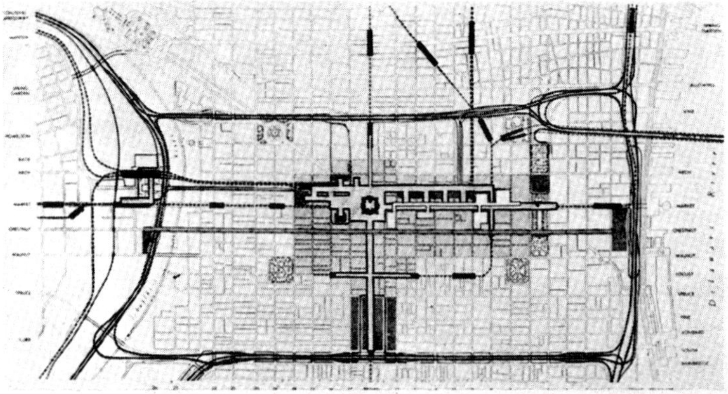

图 505 费城城市规划委员会：费城市中心规划，新市政办公楼及市场东大街改进，1960 年（引自《美丽的住宅》，1962 年，第 260 期）

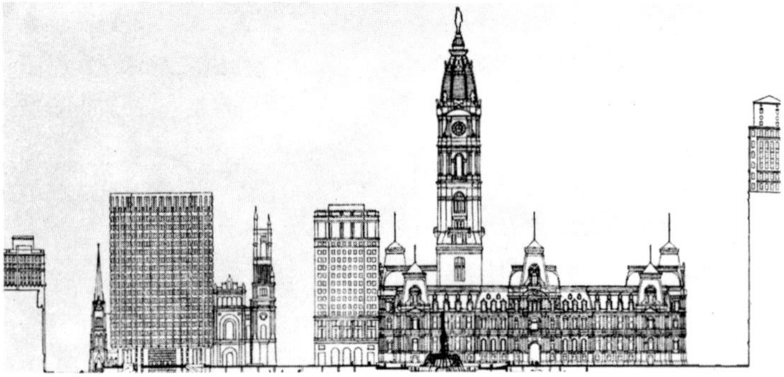

图 506　波士顿城市中心更新方案模型，1958 年起

图 507　G·M·卡尔曼，N·M·麦克金内尔，E·F·诺尔斯：波士顿市政厅，1963 年起兴建

在某些方面修正并实现了胡德(Hood)设计的“曼哈顿 1950 年”方案中表达的概念。胡德曾想集中现有城区中的自给自足的商业区，并和跨河的居民区相连。要在大范围内实现城市重组所需的经济协调过程，必须统一控制城市管理机构；否则，将无法承受像第三产业中心和摩天楼这样的新概念。纽约世界贸易中心、芝加哥汉考克大厦、西尔斯大厦、贝聿铭事务所设计的波士顿汉考克大厦都是完全独立的、自成一体的人工巨岛。这些摩天楼完全是政治和企业策划的综合结果，完全改变了城市结构的使用和功能。然而，这些工程无法用任何有效的手段来减轻像纽约这样的主要经济中心衰落的悲剧性危机。

面对这些过程，在曼哈顿和布朗克斯由州政府资助的为中产阶级和低收入阶层进行的住宅开发只是一种陪衬。城市开发联合会在市长林赛(John F. Lindsay)支持下，成功地提高了居住建筑的质量，例如由戴维斯(Davis)和布劳迪(Brody)设计的高层公寓与在布朗克斯由理查德·迈耶和潘萨尼拉(Giovanni Pansanella)设计的双园住宅群(Twin Park complex)。但是，这些只是充满矛盾的大背景中的几个比较特殊的情况[2]。在这种制度下，城市更新改造的历史说明：政府对公共事务的处理无法形成建设性的、有意义的社会政策，相反在美国，这样的处理往往会越来越充分地证明：只有垄断资本家才是最终的获利者。

二、英国的城市和区域政策

在两次世界大战之间，英国发现自己面临着由战争造成的经济发展不平衡问题。由于住宅和普遍的经济危机，这些问题在经济萧条地区——例如威尔士、苏格兰和东北部地区更为严重。

花园城市思想的拥护者特别是 C·B·珀登(C. B. Purdon)和 F·G·奥斯本(F. G. Osborn)继承了霍华德的遗愿，提供了似乎可以全面解决危机的办法。保守党首相 N·张伯伦(N. Chamberlain)很关心城乡规划委员会的讨论，并在 1937 年组成了由 M·巴洛(M. Barlow)爵士领导的委员会负责研究全国生产性活动的分布状况。在 1940 年，巴洛委员会公布了他们的调查报告并提出一项分散政策，希望依靠中央机构来鼓励拥挤地区建造花园城市、卫星城来重组城市结构，改善已有中心区的条件。斯科特(Scott)和厄塞瓦尔特(Uthwart)等委员们肯定了这些提议，并支持立足于花园城市思想的分散方针，而且还强烈要求限制伦敦的工业发展。

1938 年国会通过了绿化带法用以控制伦敦的扩建，并规定在首

图 508　雅马萨奇及其合作者：纽约世界贸易中心，1973 年竣工

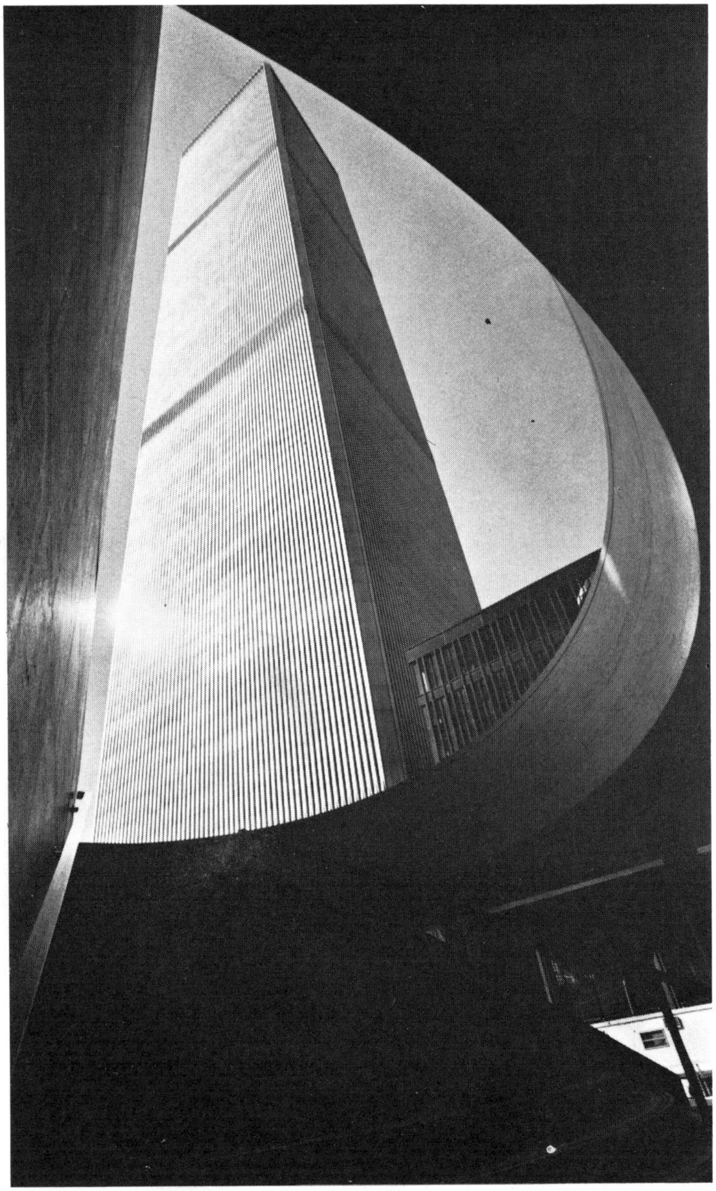

图 509　纽约西部城市更新区住宅的改造方案，1964 年：1. 改造前；2. 小改造；3. 适当改造；4. 双联改造；5. 全面改造；6. 全面改造

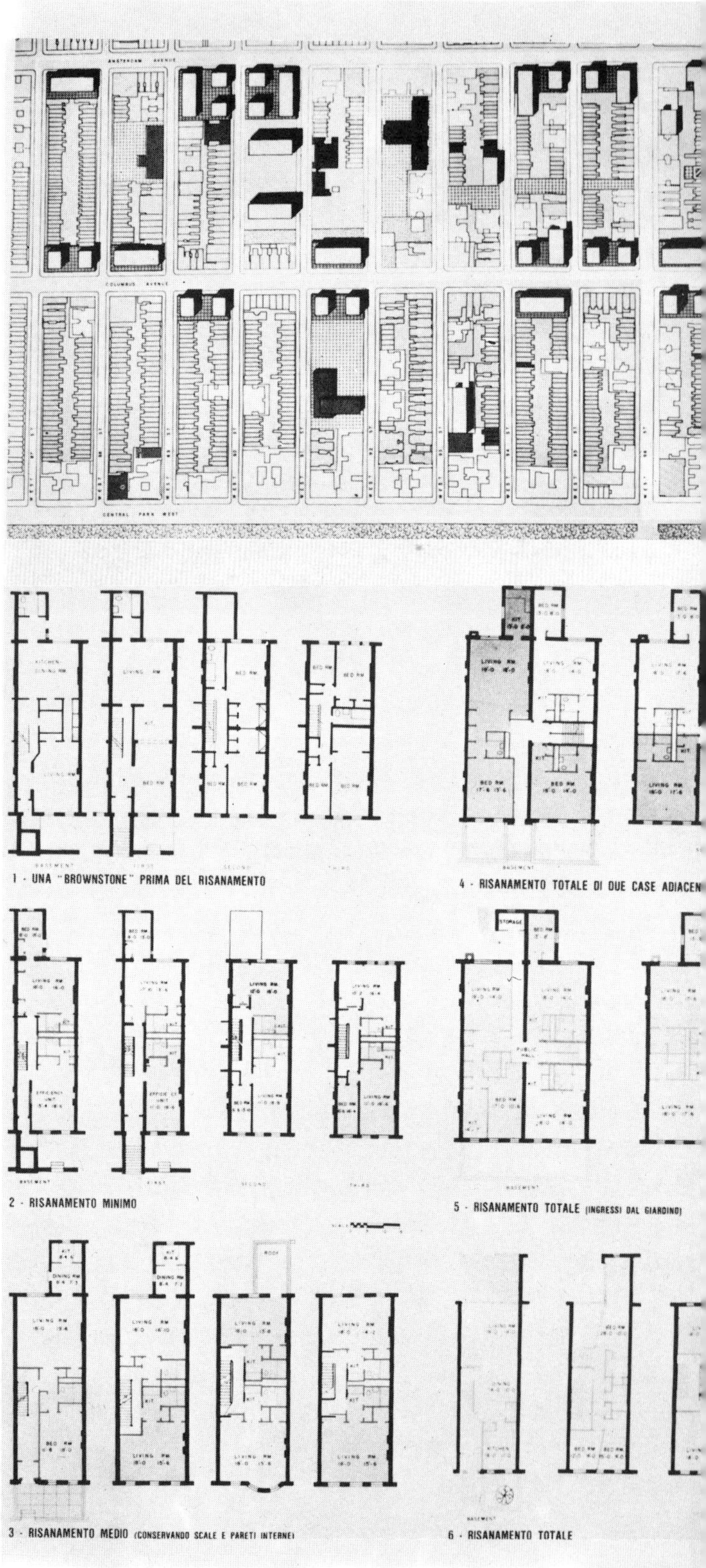

图 510　W·哈里森及其合作者：纽约，巴特里公园城首轮方案，1966 年

图 511　贝聿铭及其同事（设计者 H·考伯）：波士顿，汉考克大厦，1976 年

都周围至少 5 英里内必须建造农业绿化带和公园，这也是霍华德追随者的又一次胜利。这些方法的兴起最先促使了 1944 年“大伦敦规划”的出台。该规划由艾伯克隆比爵士（Sir Patrick Abercrombie，1879—1957 年）和 J·H·福肖（J. H. Forshow，生于 1895 年）负责，并于 1942 年开始设计。它断然反对现代建筑研究小组（MARS）提供的线性规划模式。其占地达 2587 平方英里（6700 km^2），涉及 134 个地方政府。它不只是伦敦市区的规划而是整个集合型大城市的区域规划。格迪斯（Geddles）的区域规划概念被转化为富于活力的规划手段，形成了五个专业主题：限制工业扩建，分开住宅区和工业区，在整个区域内停止人口迁入以减少区域人口密度，使伦敦港承担主要功能，并给予规划以新的权力用来控制土地价格。这项规划还具体要求形成四个地域圈，城市内圈要降低人口密度，外迁 400000 个居民；近郊圈必须加以改善和重组后才能继续发展；绿带圈通过 1938 年法律规定，将为整个地区提供休闲活动场所；外圈预备建设卫星城和扩建一些原有社区。这样，该规划不仅是世界上最大城市之一的区域规划，还完全符合英国规划师设想的模式。这些最初来自反城市主义思想的方法结果证明对城市的自我更新也非常有益。

然而，这个规划只是在静态的区域观上形成的。它所提出的缓解拥挤人口、加快建设卫星城和阻止工业占地扩张等建议都试图取得一种并不可能的新平衡——既没有考虑到改变伦敦自身的第三产业功能，也没有考虑到那些相关因素真正的复杂性。虽然 1945 年规划的最后一点——建造卫星城已经开展实施，但并没有达到预期的效果。而伦敦目前的各种第三产业活动和新办公楼的建设均已失控，这些都证明了所有的规划是那么苍白无力。

当工党掌权后就着手将英格兰银行、煤气公司、电力机构、航空和铁路以及医疗服务机构国有化，并开始采取措施扩大国家对工业选址和土地控制的权力。1947 年通过的城乡规划法规定：所有面积超过 538 平方码（450m^2）的新建厂房必须获得贸易委员会的批准，并且必须遵守工业选址规定。而一年前的新城法已经为实现战前报告中设想的全国范围内的分散政策奠定了基础。该法规要求建立特殊机构——新城建设公司来规划、建设和管理新城的设施建设。新城将容纳 20000 到 60000 人并将住宅区和工业区连接起来。

新城政策似乎集中了利于区域规划的许多内容，其中包括：用区域分散来解决城市拥挤问题，作为措施之一的新城法显然不止来自于巴洛的报告，也来自于从欧文到霍华德再到格迪斯形成的传统；使社

图 512　英国新城
A)克劳利新城,1952 年
B)昆布兰,1951 年
C)科比,1952 年
D)斯蒂文乃奇,1954 年
E)克劳利新城的三个住宅开发区,1951 年
F)哈罗新城,1952 年
G)F·吉伯德:哈罗的市场与住宅开发区,1952 年
H)巴西尔登,1951 年
I)格伦罗西斯,1954 年
L)东基尔布赖德,1949 年

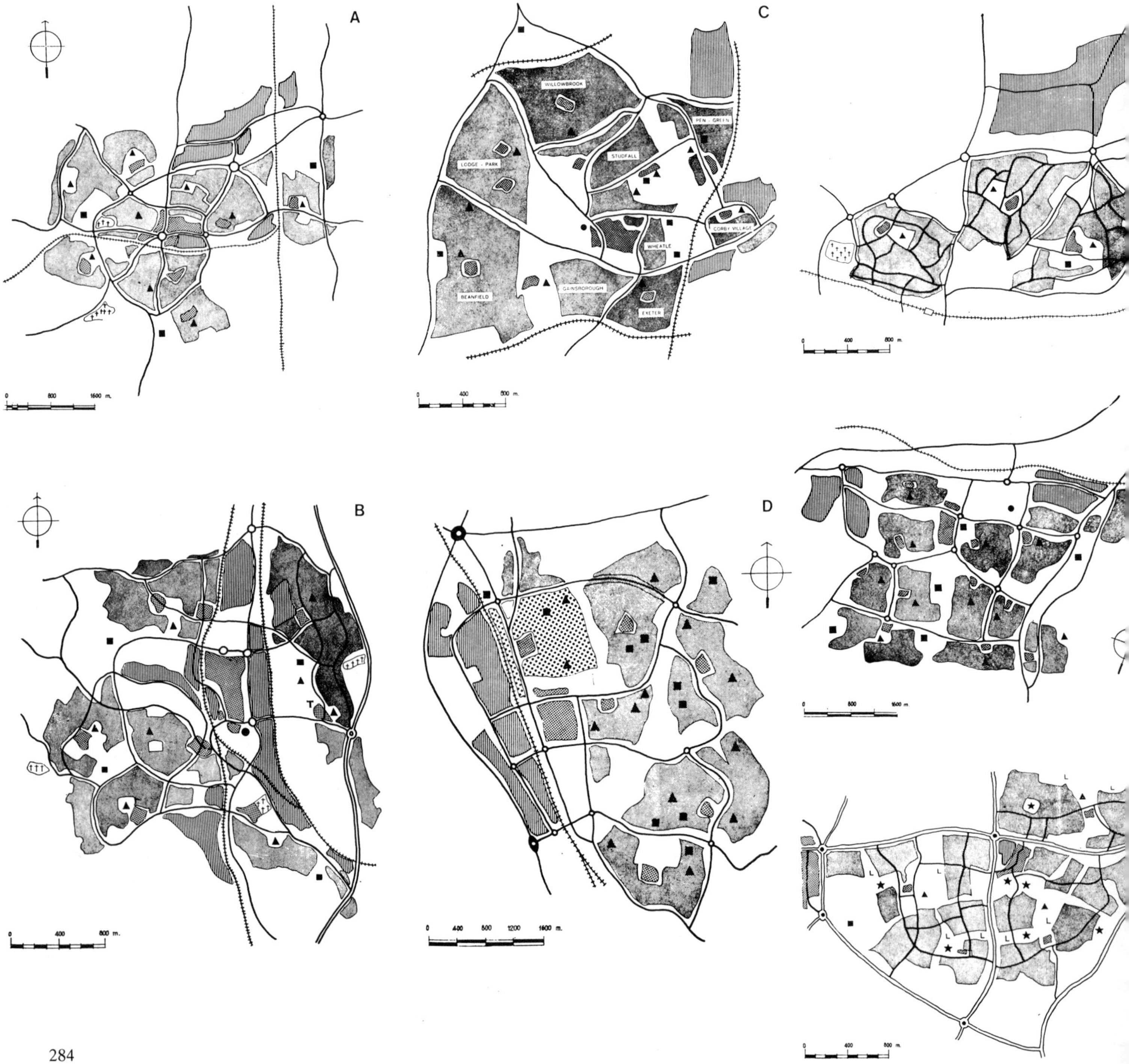

图 513 克劳利市中心，1952 年
图 514 哈罗市中心，1952 年
图 515 赫默尔·亨普斯特德市中心，1952 年
图 516 科比市中心，1952 年

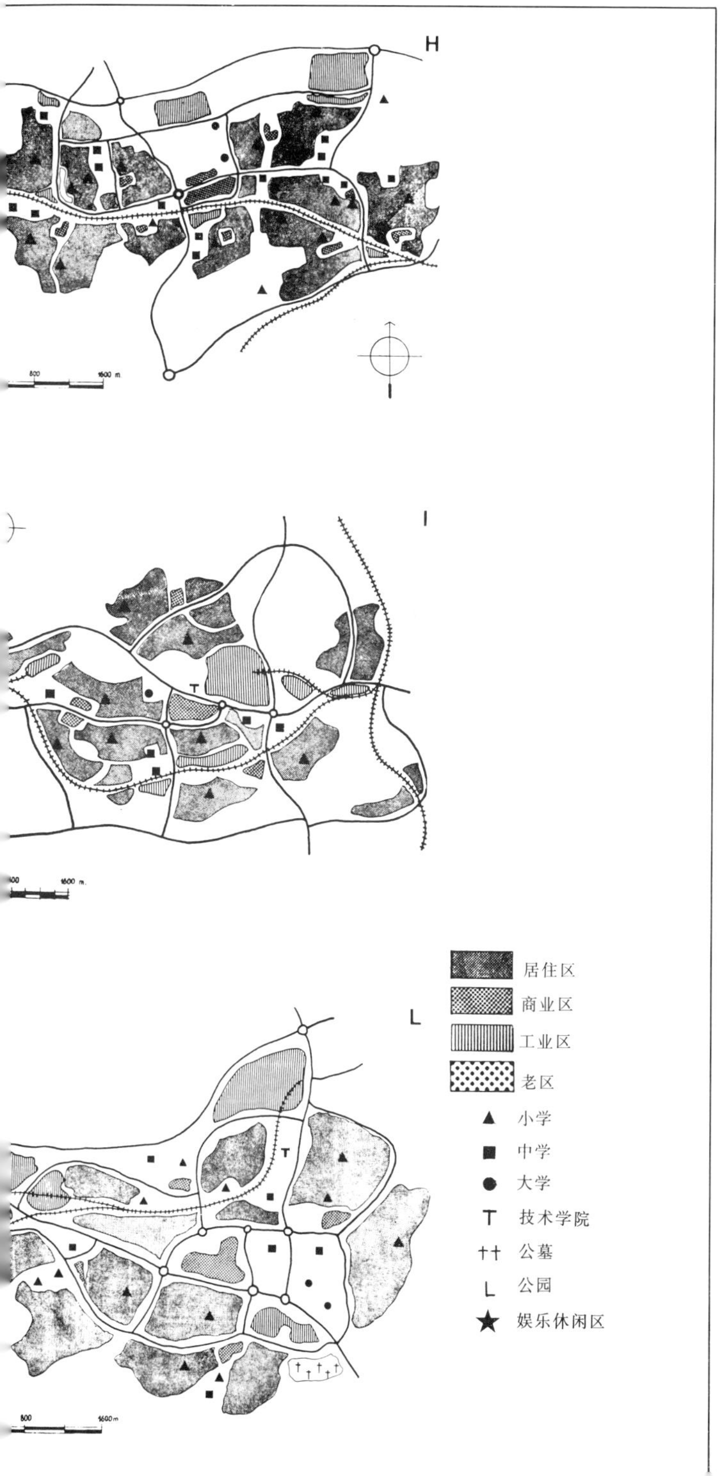

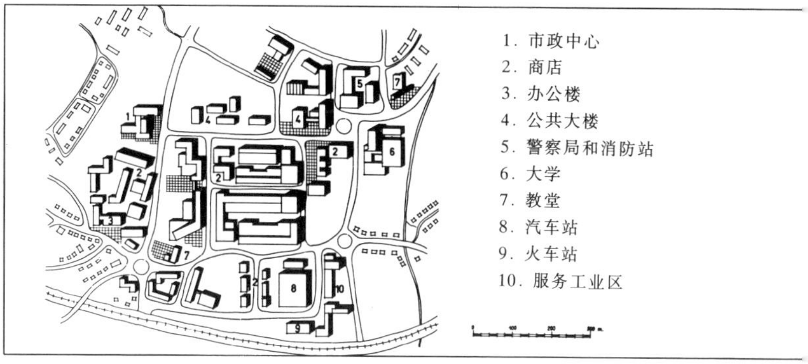

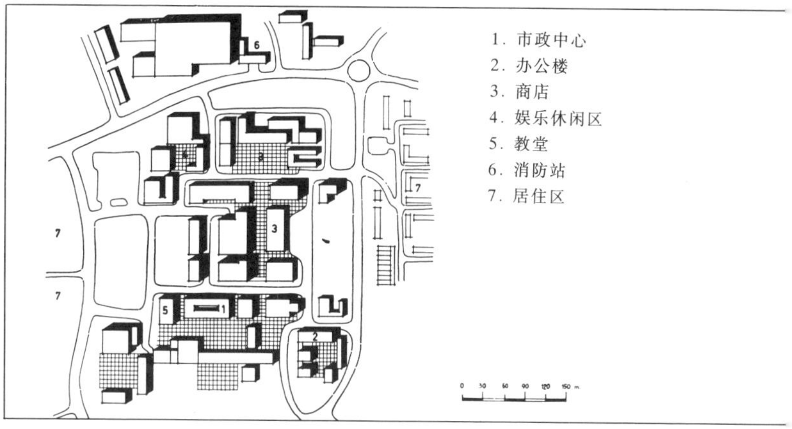

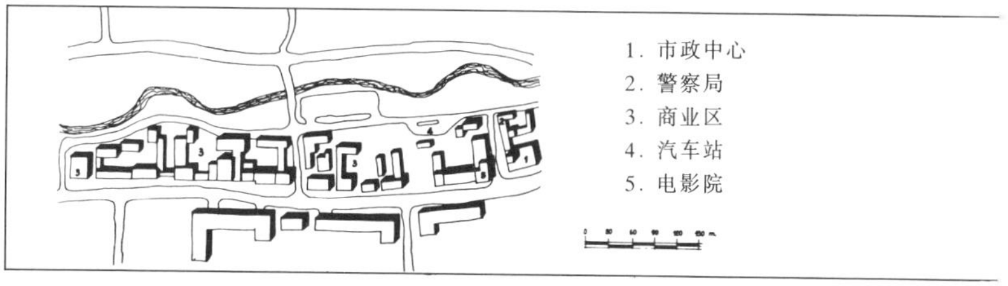

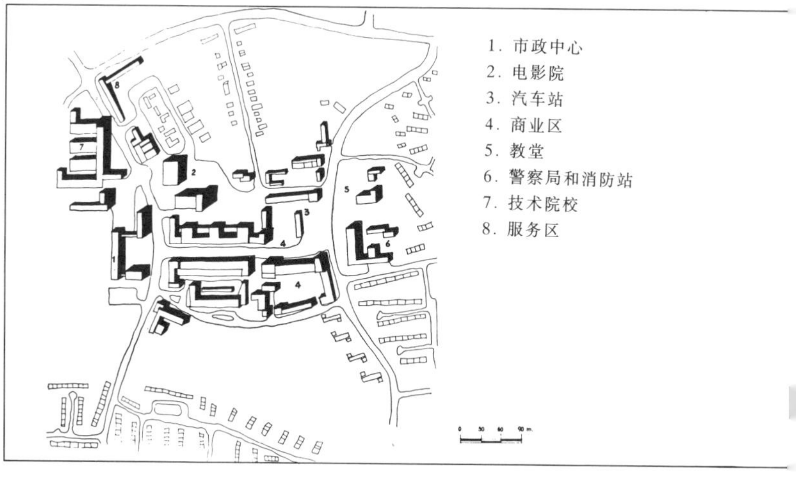

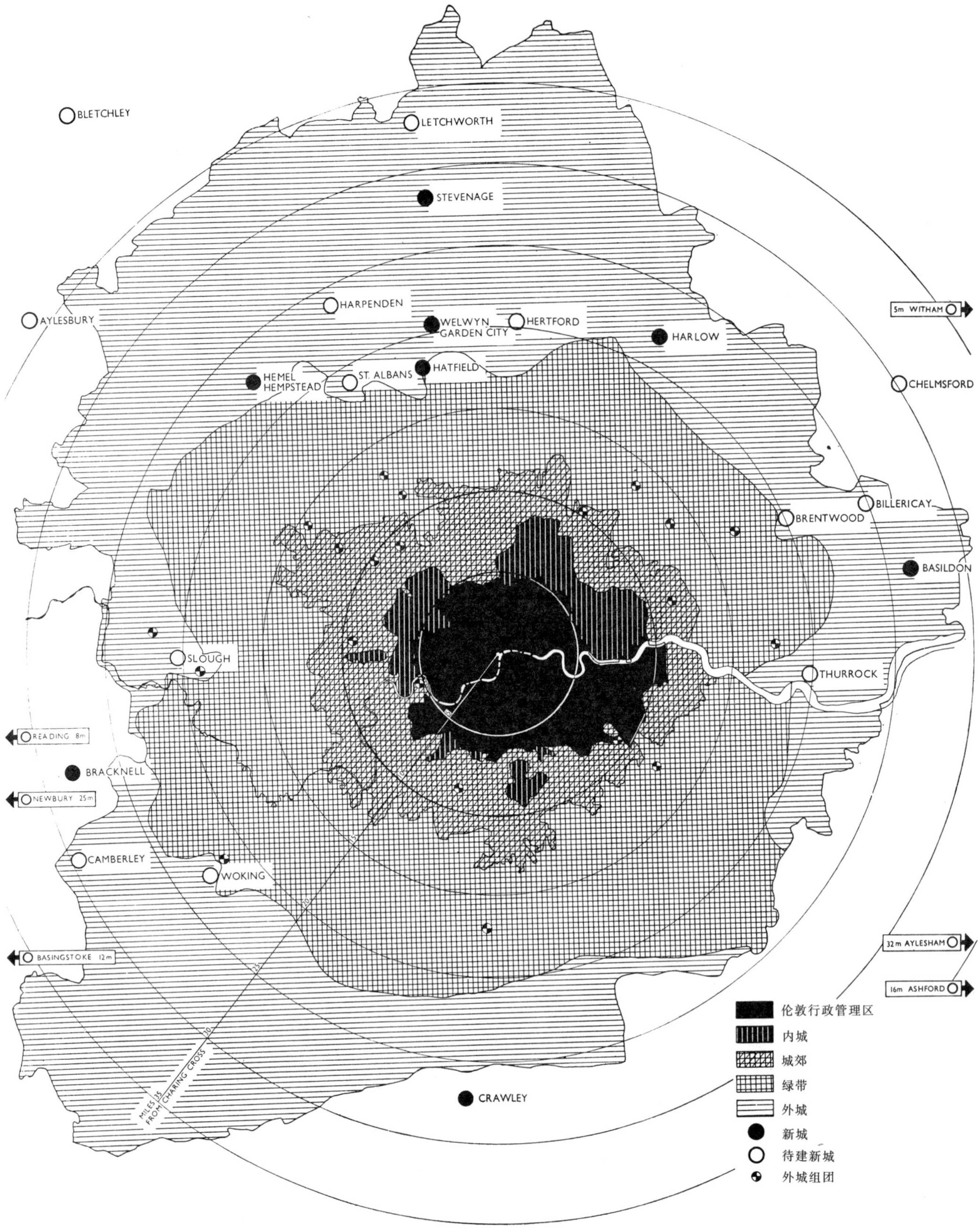
BLETCHLEY
LETCHWORTH
STEVENAGE
HARPENDEN
AYLESBURY
WELWYN GARDEN CITY
HERTFORD
HARLOW
5m WITHAM
HEMEL HEMPSTEAD
ST. ALBANS
HATFIELD
CHELMSFORD
BILLERICAY
BRENTWOOD
BASILDON
SLOUGH
THURROCK
READING 8m
BRACKNELL
NEWBURY 25m
CAMBERLEY
WOKING
BASINGSTOKE 12m
32m AYLESHAM
16m ASHFORD
MILES FROM CHARING CROSS
CRAWLEY
伦敦行政管理区
内城
城郊
绿带
外城
新城
待建新城
外城组团

图 517　P·艾伯克隆比爵士及 J·H·福肖:大伦敦规划最终方案,1945 年

图 518　哈罗新城鸟瞰

图 519　汉普郡城市委员会:胡克新城规划,1960 年

区组织具有固定的规模和充足的服务设施;国家干预公共土地,新城建设公司接受国家资助管理新城 10 到 15 年(在土地控制权被当地政府接管后),并将土地租给那些希望安置的工业企业 99 年或者直接出租给住宅建设单位;全国范围内推广分散计划等等。

这样,大伦敦规划就不再是市政工程而是国家大事。1946 年 4 月以后,伦敦周围形成八个新城镇——斯蒂文乃奇(Stevenage)、哈罗(Harlow)、哈特菲尔德(Hatfield)、赫默尔·亨普斯特德(Hemel Hempstead)、布拉克内尔(Bracknell)、克劳利(Crawley)、巴西尔登(Basildon)和韦林花园城(Welwyn)。同时,在北部地区为发展钢铁业建立了科比(Corby)城。南威尔士的昆布兰(Cwmbran)设计成了地区工业中心。达勒姆(Durham)郡的彼得利(Peterlee)也将大量分散的矿区合为一个城区。在苏格兰则考虑建设东基尔布赖德(East Kilbride)和新坎伯瑙尔特(New Cumbernauld)缓解格拉斯哥过于拥挤的状况,而在法夫郡(Fifeshire)创建格伦罗西斯城(Glenroths)的目的和建设彼得利城的目的相同。

新城规划都由英国第一流的规划师和建筑师来完成,其中包括 F·吉伯德(Fredrick Gibberd)和 B·路贝特金(Berthold Lubetkin)。新城规划中从邻里单位到中心服务区规模都结合了许多思想特别是花园城市的设想。然而,随着新城日益发展成为一种规模巨大,配备齐全的郊区后,人们开始对它们提出批评,说它是"郊区乌托邦",指出它密度过低并极其缺乏独特的城市要素。为弥补这些缺点,促使了在卫星城建设大规模的商业中心,如在新坎伯瑙尔特就建造了一些新颖的建筑物。

对于这样的解决办法作出评判非常困难,但另一方面也说明可能要按照不同标准来评价英国的经验。首先,在结合新城规划和更为广泛的整体规划过程中存在严重的失败。按照城市平衡思想所作的优秀规划已经证明它们常常与经济层面的决策产生矛盾,这一事实使得把新城融入大环境的过程中产生了严重的反应。新城政策无法实现取得新平衡的希望。这不仅仅因为设计和选址并没有固定的标准,而且因为这种由计划所设定的功能分配证明很难于控制。伦敦的例子很典型,伦敦地区议会依法提出了一项与追求分散的新城思想相矛盾的计划政策,这导致了城市发展不断折腾,始终毫无起色。最后,面对全国范围内严重的住宅短缺,新城的建设似乎并不能解决问题,对市场也未能产生持续的影响。只是利用高额租金满足造价需要——而造价肯定与建筑材料价格的波动有关,这就限制了对整个房产市场进

图 520　密尔顿·凯尼斯新城规划（引自《参数》,1975 年）

图 521　密尔顿·凯尼斯新城,住宅区中心的住宅类型及围绕公共服务设施的住宅平面（引自《参数》,1975 年）

行计划的影响力。

实践说明再平衡的政策只是一种乌托邦,早在 50 年代就明显需要有新手段。1952 年的城市开发法案显然是新城法的一种变通,它呼吁发展现存的小城镇中心,并授权于当地政府来负责。其核心问题还是再平衡和消除拥挤状况。因此,像 L·路德温(Lloyd Rodwin)这样细心的观察者能在 1965 年得出公正的结论:在英国这个发达的资本主义国家,已把大部分精力集中在公共事业上,广泛的城市规划仍然是一种理想——还有待实现。

英国于 60 年代起草了新的计划,用新城市概念代替新城。现在正在建设的新城市密尔顿·凯尼斯(Milton Keynes)计划容纳 250000 人,这也是发展南部地区计划的一部分,希望通过它与北安普敦(Northampton)、彼得伯勒(Peterborough)这三个城市的建设扩大大城市影响的范围。这些工作不论在数量还是质量上都是全新的。

现在英国 34 座新城市容纳了 1500000 个居民,但城市设施状况只能满足 50 年代城市一半的需要。公共资金的流失已开始严重影响国家经济,而且如果不降低生产费用,重建建筑工业体系并提高生产率的话,计划的有效性将会受到限制。在 1969 年住宅造价增加了 7%,这就使中低收入阶层的住宅建设收缩,总价格中地价比例也随之上升,而私人企业却迅猛发展,并设法占据了 50% 的建筑市场。

正像我们所看到的,英国的经历为分析有关规划政策的复杂现象提供了无数经验教训,虽然在五六十年代,解决这些复杂现象的措施看来还并不完备。它们可能是本世纪城市思想方法中最优秀的成果,体现了最有创造力之一的文化传统。它们除了在表现超越传统的成就之外,还提供了一些非常矛盾的结论从而引人深思。

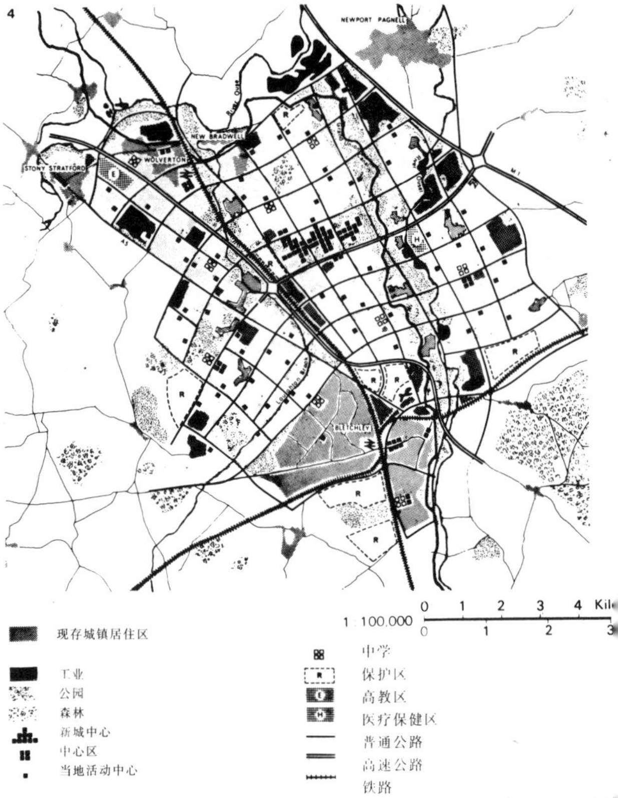

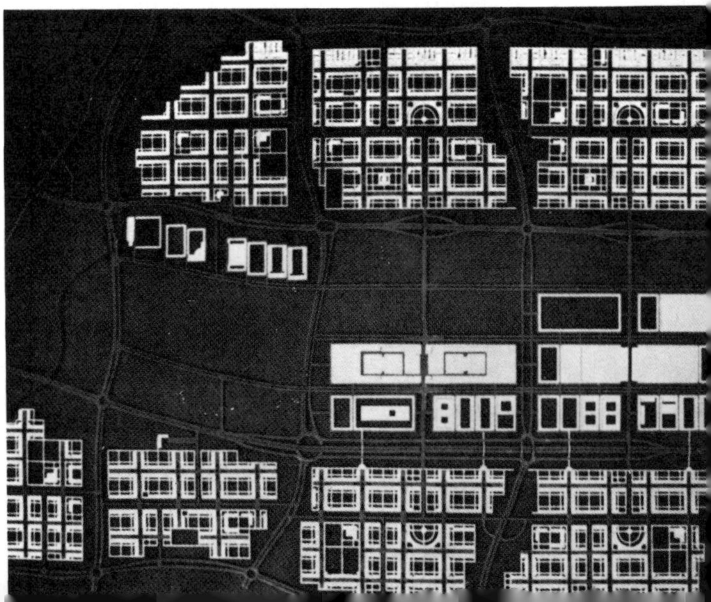

三、战后法国的建筑活动和城市体系

在廉价住宅建设领域,法国的行政干预有着 50 年的传统并在二三十年代明显加快了速度。1928 年卢舍尔法案设立了三个政府资助项目:合理租金建筑(ILM)、低造价住宅(HBM)、合理租金住宅(HLM)。随之而建的部分项目都由 30 年代法国最好的建筑师设计。二战后,这些政策得到修改。1945 年设立城市建设部,一年后,现代化装配计划总署随之成立,其任务是确定组织管理城市项目。

1950 年城市建设部部长 E·克洛迪斯(E. Claudius)发表了一份报告——《关于区域分布规划》(Pour un Plan d'Aménagement du Territoire),为法国区域规划制定了理论根据。当时,法国不仅面临战后转

图 522　密尔顿·凯尼斯新城鸟瞰

图 523　H·普罗斯特：巴黎区域规划，1934 年

型和重建的严重问题，还面临大量人口向城市迁移的问题。居住人口的压力在巴黎地区特别严重，1932 年确定的边界到 1941 年已必须扩大。巴黎采纳了普罗斯特(H. Prost)在 1928 年到 1938 年之间制定的规划，它始终是大量战后规划中可资参照的优秀范例。

1948 年政府颁布了建造大型住宅群的“新村”政策，来对付战后由于连续住房紧张、建筑业不景气、大量人口涌入城市导致的住房危机[3]。到 1963 年建成大约两百处此类工程。每一处都能提供 1000 余套公寓，出租率高达 95%。这类特色的工程建设是非常有意义的：主要住在这里的是年轻人，还有一些高于国家收入的特殊流动人口；住房质量与租金相比也比较高。在对这里的居民生活条件作了大量调查后，从社会角度来看，也发现了许多严重的不足之处[4]。一些严重失误已在后来的工程中加以局部改正，服务质量也得到改善，另外还试图创造各个有自己特色的城市环境。更进一步的是，60 年代初，明确提出新的建筑群不仅要具备吸引住户的特征，还要能吸引提供充分就业机会的企业。新倾向也带来了一些区域规划的问题，但也引起了城市管理的广泛改革。特别是在 1963 年随着全国区域组织委员会(CNAT)并入经济发展计划总会之后更是如此。

第四个国家计划制定了一项明确的政策，通过协调住宅区和工业区的发展来减轻高密度城市地区的负担。在分析全国范围内最适合的功能分区之后，下一步就是确定区域结构和当地的规划水平以形成合适恰当的城市形式。在这种情况下，德洛伏利尔(P. Delouvrier)在 1965 年发表了《巴黎区域指导计划》，他对未来前景的构想和所提的措施都具有特殊的重要性。他在该书中提倡打破一个地区只有一个大中心的概念，提议用专门地区取代它以引导城市新发展。这和国家规划一致：要求建造新城市作为地区和城市的重新平衡要素，并作为具备新功能的居住和工业综合区。在巴黎地区建设这样的新城市可以满足安置新居民的需要，也成为刺激生产和商业重新分配的手段。这样他们就需预先考虑城市周边的扩张以及区域范围内基础设施的情况[5]。

显然，这样的政策只能作为总体改造规划和控制计划的一部分来实施。这些政策在有关方面已取得显著进展，尽管在理性化和集中化过程中碰到了来自操作中的阻力，或遇到不健全的管理机构的困难。虽然已在 1967 年通过立法制定了征用土地的标准，但区域重组的整体政策，仍受到信贷限制和波动的影响。虽然法律承认信贷资金是公共企事业发展的主要杠杆，但是习惯于利用公共资金作为经济刺激体制的拖沓现象仍没有被克服。法国人拒绝学习英国新城开发合作委员会提供的经验，使他们逐渐走入了死胡同。如果戈利斯特(Gaullist)的梦一旦破灭的话，那只有通过刺激投机性经济干预这样的通常形式才能度日。容忍各种衰落和拖沓的传统城市化方法依然占据优势——它们与陈旧腐败的旧机构一致利用着第五共和国的宣传性项目和负责设计新城的专家管理的梦想。奥伯塞瓦特(Le Nouvel Observateur)写道：“城市化并不意味着花钱，而是赚钱，如今的城市是银行家们投机的乐园，一切都以最大的利润为中心，赞助商的目的显然不在于建筑而是为了赚钱，这些赞助商包括巴里巴斯公司、本凯尔联合公司、卢纳斯信托公司、威尔集团(Paribas, Union Bancaire, Crédit Lyonnais ,Groupe Weil)等。”虽然金融资本已经把干预范围扩展到区域，但仍未丧失重建传统第三产业中心的兴趣。近来巴黎的城市变化已完全脱离分散原则，这些清楚地表现为法国经济力量正在不断追求新的超大尺度。

四、意大利的住房政策和城市管理

在建设领域的私人开发上，法西斯主义开创的情况在 1945 年之后没有发生实质改变。按照塞科奇(B. Secchi)的说法：“战后的几年，建筑与房地产部门的行为，就像一台水泵从城市工人的工资汇成的泉水中抽出水，再送到房地产部门(也就是建设部门)内的中产阶级和资本家(不动产和产品的拥有者)组成的井中。”重建时期所采取的措施保障了这些机构的功能。1948 年 4 月 18 日的选举中，基督教民主党在恶毒攻击共产党之后，赢得国会中的绝对优势，并稳定执政长达 20 年，但对解决意大利固有的社会结构虚弱却无能为力。在建筑部门，随着 1949 年增加工人就业的《范范尼计划》(Fanfani Plan)开始实施，新政府的政策变得更明确了。该计划设想直接利用部分福利基金和工业利润资助廉价住宅建设。另外，为了振兴建筑市场，建设位于城乡结合部的工人新区，这种高层次的城市结构具备双重功能：既能过滤迁入城市的人口又能作为市中心的安全带——而市中心一向是高级房地产集团投资的乐园[6]。50 年代“地区意识”吸引了城市规划师的注意力，在这种情况下意大利建筑师显得无所适从。INA 的一些居住区建设提供了一次谨慎的实验机会，实际上，它们形成了一个城市和工人阶级之间的中介结构，其作用是保持劳动力市场的平衡，并加强掌权集团的地位[7]。

1955年范诺尼计划(VanoniScheme)的失败表明实际情况的脆

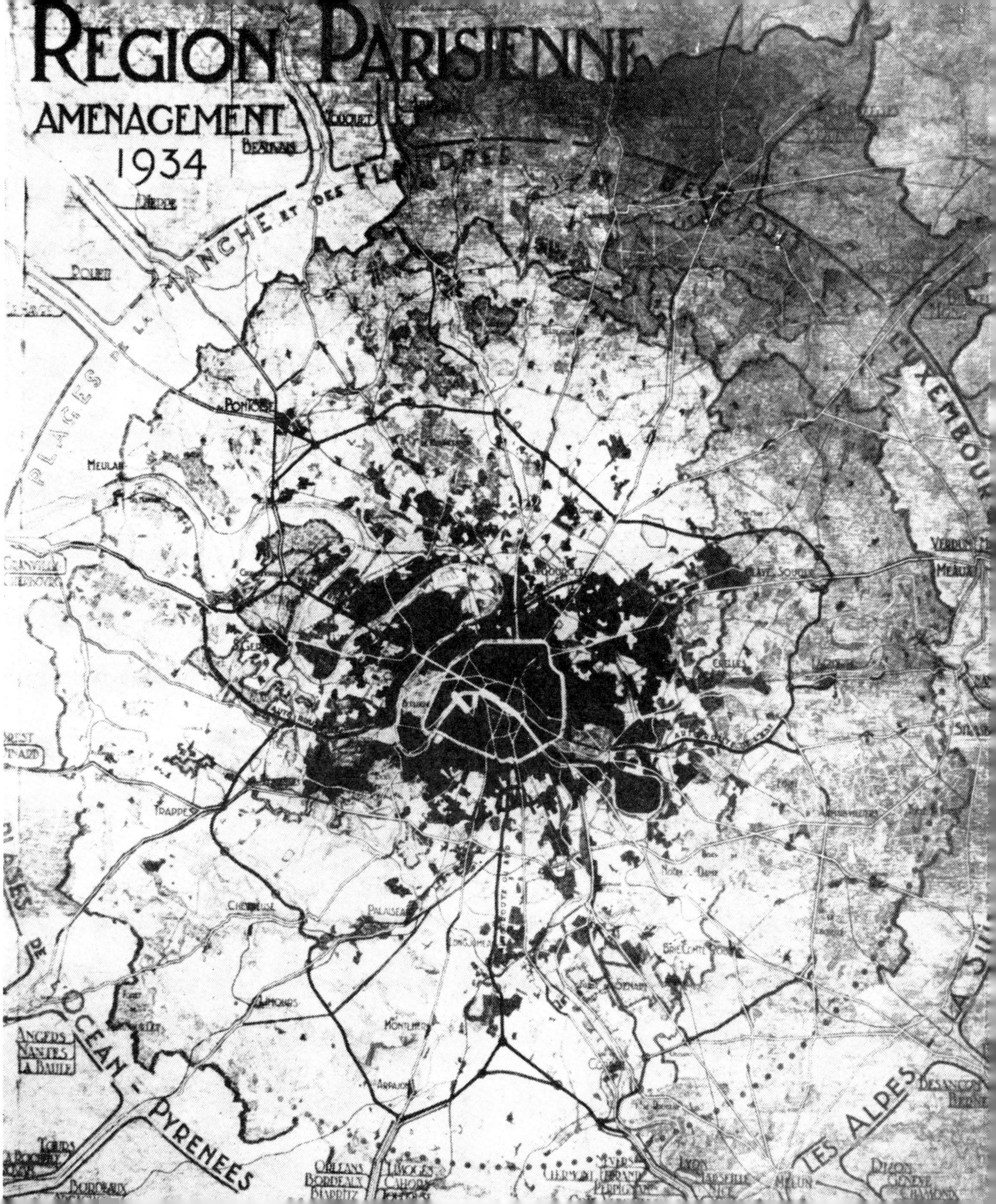
REGION PARISIENNE
AMENAGEMENT
1934
MANCHE ET DES FLANDRES
PLAGES DE LA
PONTOISE
MEULAN
GRANVILLE
CHERBOURG
TRAPPES
BREST
OCEAN
PYRENEES
ANGERS
NANTES
LA BAULE
LES ALPES
VERDUN
MEAUX
ORLEANS
BORDEAUX
LIMOGES
BORDEAUX
MELUN
DIJON

图 524　环巴黎新城分布图,1965 年

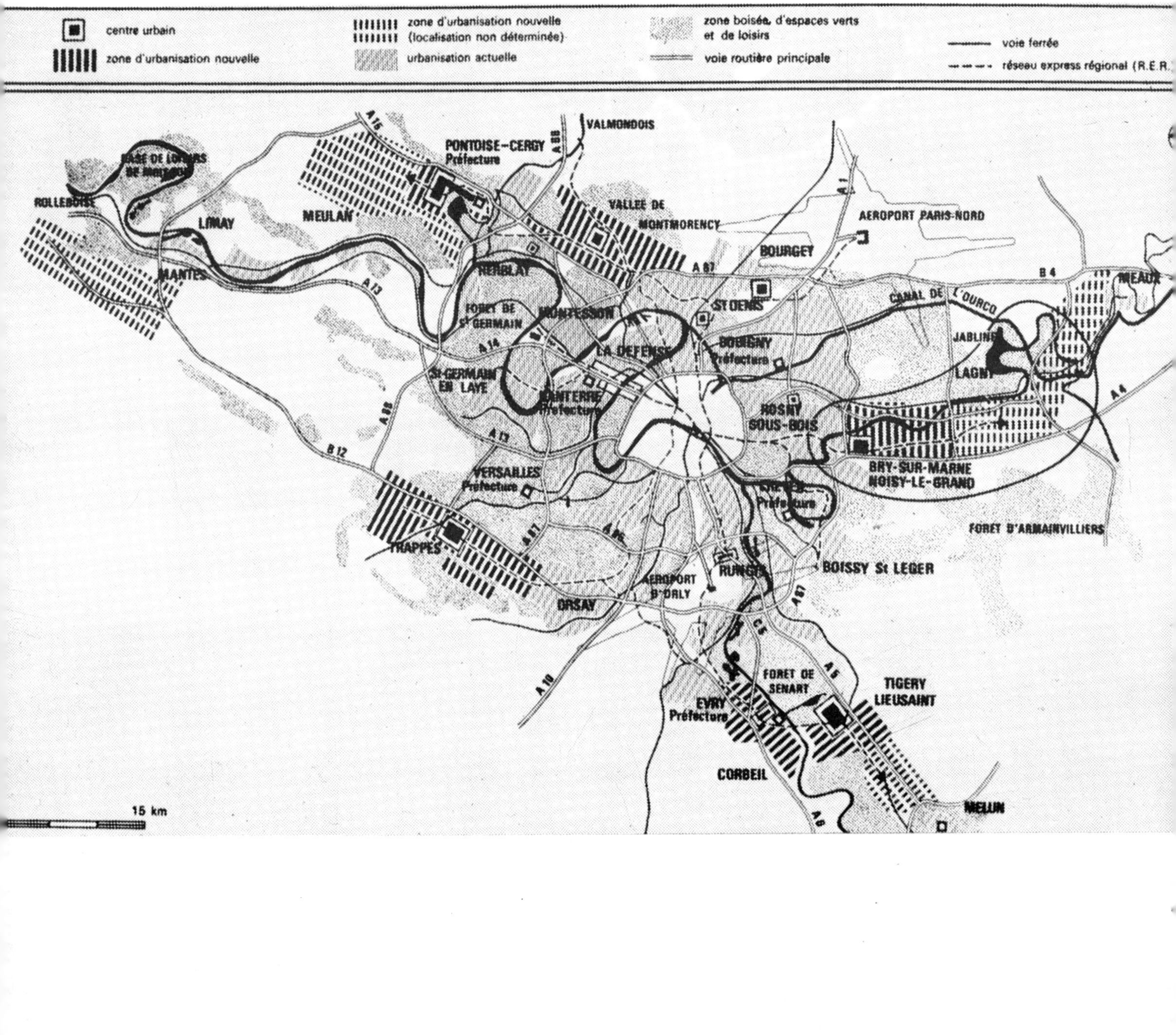

图 525 塞日蓬图瓦斯新城市中心
(引自《Val d'Oise》)

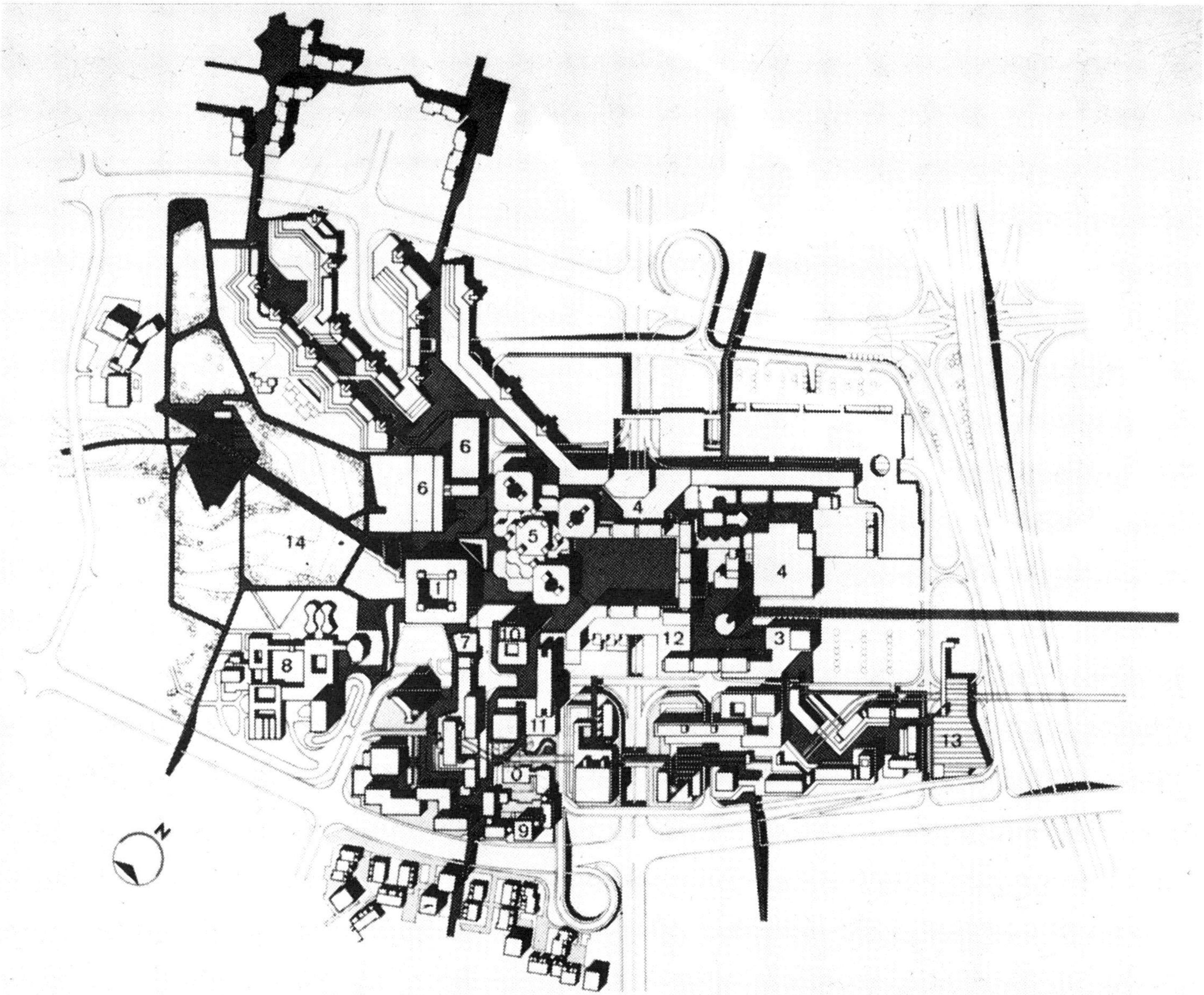

0. 地区开发办公楼;1. 市长官邸;2. 行政大楼;3. 市政厅;4. 商业中心;5. 文化中心;6. 游泳池和溜冰场;7. 电影院和药店;8. E.S.S.E.C.;9. 社会治安办公楼;10. E.D.F.;11. 公共援助办公楼;12. 邮局;13. 展览馆;14. 公共停车站

图 526 G·阿斯特格等：都灵，新法奇拉住宅开发区，社区中心，1950—1951 年

图 527 G·阿斯特格等：都灵，新法奇拉住宅开发区鸟瞰，1950—1951 年

弱，但它始终是天主教政治世界针对意大利经济发展所采取的最先进的改革方案[8]。在各种情况下，最先进的建筑思想家有关改革的观点都遵循范诺尼计划制定的政治路线。随着评论杂志《韵律》(Metron)的发行和 APAO(建筑师协会)的成立，B·赛维(Bruno Zevi，生于 1918 年)成为文化斗争的主角之一，他的政治观念充满了意大利进步人士中最流行的概念——"第三种力量"。1950 年奥列维蒂(Adriano Olivetti)开始负责 INU(国家城市研究所)的工作，他的观点对集体运动的思想影响极深。在美国社会思潮的影响下，特别是芒福德(Mumford)的影响下——《韵律》杂志的创刊号刊载了他对霍华德田园城市的介绍文章，同时，《集体》出版社出版了他主要著作的译本——促使了一种文化态度的形成，其政治路线是将奥列维蒂的思想、团体以及进步人士的专家论结合在一起。在建筑领域发起的反对政府管理不公平的城市斗争中，不乏道德说教，但这些斗争几乎没有破坏掌权集团论调的一致性[9]。1960 年政府提出的市政规划建议受到国家城市研究所提出的城市法规的反对。这标志着一场含糊的对政府依赖模式的改革开始了。争取不同城市控制方式的斗争变成了一场争取不同的统治国家和控制增长方式的斗争。激进思想并没有注意改革社会层面，而是把他们实现专家论的希望寄托在计划体制的神话上。

但是分配给城市规划师的新任务纯粹是表面上的。60 年代初独立文化阶层这类不现实的概念又一次出乎意料地出现在意大利的知识分子阶层中，但比起以往显然是以更微妙的形式出现的。建筑师和规划师要求他们自己的政治权利，在构想了要采取的步骤之后，又避到了一边，去匆忙寻找有关他们自主权的理论根据。建筑院校成为先进的建筑思潮形成发展的理想天堂[10]。

然而，城市法一出台，城市改革的问题就又开始集中在政治领域了。1961 年开始提出了一系列改革立法的建议，到 1962 年萨洛(Sullo)部长提出的一项法令使这次运动达到高潮。而这些法令对盛行的政治平衡体制来说操之过急而遭到政府的否决。尽管逐步采取了一些其他的有效措施，但在以后的一个时期，意大利传统中特有的不正常机制却反而更严重了[11]。

当低租金住宅建设在整个建筑业中跌到非常小的比例时，土地仍掌握在投机商手中。行政管理机关腐败猖獗，大量不动产由卑劣的投机商控制，这便在很大程度上损伤了城市外观，此外水系资源的恶化与城市本身的恶化也一样严重。再由于一系列可怕的自然灾害，这种情况变本加厉。1966 年 7 月 19 日，由于没有合理的管理与审查，阿

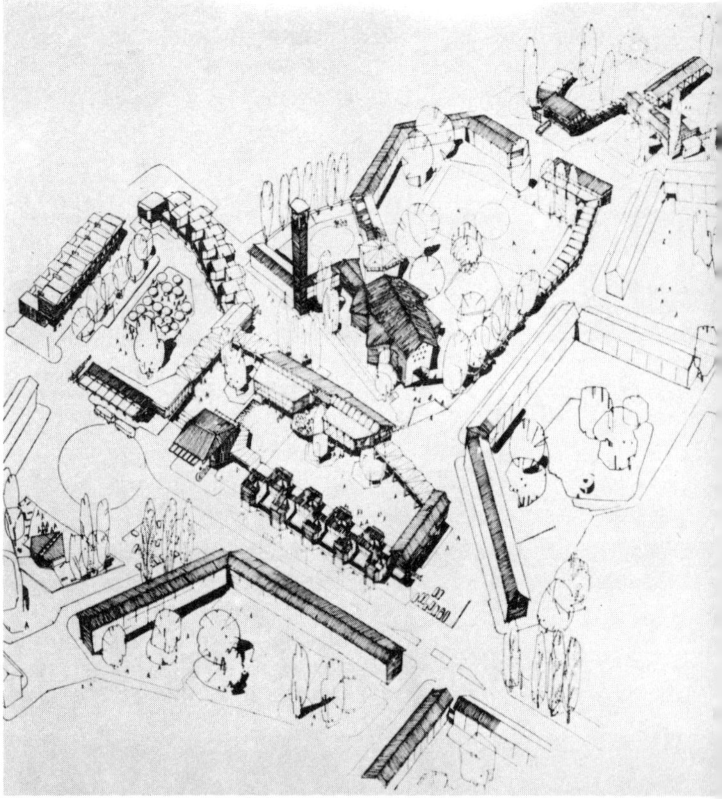

格里真托市(Agrigento)的一整块地段上的几千间房屋都倒塌了,同年11月4日阿尔诺(Arno)河的河水涌入佛罗伦萨,而塞伦尼西马大堤证明已不能为威尼斯防御更大的洪水,意大利最让人推崇的城市为不公正的政策和极端恶劣的势力付出了沉重代价。依靠基督教民主党和社会党的稳定联合,政府于1967年制定了新的规划和住宅法。这需要各个行政部门长期执行法定规划,满足一定的城市标准,这样,不管收效多么可怜,总算对那些基础不善的地方提供了一剂药方[12]。

但是,这些措施几乎没有造成国家政治形势大的变化。60年代工人斗争变得越来越频繁,在1968年到1970年期间,形成了一个以工人阶级为中心的新社会集团。以增加工人工资为目的的冲突诱发了要求全面改革的斗争,同时,为住房而斗争成为动员群众的口号,在这种不可阻挡的压力下,主要党派和国家城市研究所都准备了改革方案。这些方案的核心部分是由共产党提出的,它重新确认了总体征用原则。1969年9月,工会要求政府更多关注住房问题,这是一个决定性的转折点。1970年7月7日和1971年4月7日,工人全体罢工。在这种压力下,首先的结果就是通过了865法案,此法案重新确定了建筑领域公共经费的地位,并授予各地政府征收和征用土地的权利。虽然在法令实施期间,困难重重,同时法令本身不是没有一点矛盾之处,但这确实代表了在理论和制定标准的水平上向前迈出了实质性的一步,当然要想取得多大的效果,还要完全取决于利用这项法令的各地政府的政治愿望,也就是说,首先得取决于全国范围内政治形势发生根本性转变来完成。

在有关城市改革问题的理论争论展开之后,公开了相当多的有关历史中心区问题的调查。传统的抽象保护终于开始登上了前场,要求确立对一些现存建筑遗产再利用的基本政策,而这些地方迫切需要住房。在这种情形下,由社会主义者或共产党政府——还有以前的自由党提供的博洛尼亚城的经验为其他地方政府部门提供了示范。从1964年开始,博洛尼亚当局制定了一系列复杂的办法来保护历史中心区不受通常社会功能因素变化过程的影响。这些政策在1972年趋于完善,同时,历史中心区内的建设也满足了总体规划中兴建经济的低造价住宅区的要求[13]。

针对历史中心区的争论和博洛尼亚的经验说明建筑和城市措施不能脱离一定的政治环境进行实验,只能在改善过的、经过有效控制的公共结构范围内进行。这已经造成了建筑专业所扮角色的实质性改变——甚至重新定位,显示了传统的委托设计方式在不断变化的特征。此外,从60年代以后一些大的企业集团也对建筑业表示了新的兴趣,作为一部分尝试来扩展他们普通类型的生产活动,也确保自己因此而得到大量的不断增加的公共拨款。这促使产生了新的工业结构并证明在国际市场上具备相当的竞争力,当然还没有实现建筑业的所有潜力,而只是限制在促进宣传的开展上。虽然这些还远没有带来真正深远的影响,但却为旧的专家乌托邦制度注入了新的生机。

1975年6月15日到1976年6月20日的选举之后,政治格局发生了大的变化。一些主要城市的政府和最重要的地区已控制在左翼党派手中,同时,许多五六十年代文化斗争的领导者现在开始占据领导地位。虽然他们所面临的状况令人失望,经济困难也继续存在,但是这种新局势下终于有望实现寻求多年的改革。正是如此,意大利工人运动被称为是一次历史性的实验,其反响巨大,甚至超越了意大利的国界。

五、前东德的城市管理

随着执行第一个五年计划(1951—1955年)与1950年通过比尔城市建设法案,前东德的城市政策得到了有机的发展。1952年,德意志建筑科学院成立,并从此制定了完整的规划程序,明确了对城市与建筑的分析模式。

20世纪50年代期间,前东德的城市理论完全属于苏联模式,因此完全反对西方那些年所研究的一套理论,也反对德国20年代的各种理论。许多像德累斯登－城南区的住宅区都显示了所有一切都严重受到了前苏联副总理安德烈·茨达诺夫(Andrei Zhdanov)指令下形成的文化气氛的影响。在最重要的几个城市中心例如罗斯托克(Rostock)的朗吉大街和东柏林的斯大林大街的重建中也受到影响,都采纳了同样的形式。而后来的例子中,如果还把建设成果仅仅视为意识形态或宣传的结果,那就错了。实际上,斯大林大街是影响整个地区的城市重建工程的基点,创造了一条不同于以往的而是向蒂尔加滕区(Tiergarten)方向发展的轴线。另外这个方案推翻了在资产阶级城市扩建中将住宅区作为决定因素引入城市中心的方法。斯大林大街——现在是卡尔·马克思大街——纪念碑式的风格试图为非同寻常的市政建设形成一道英雄主义之光。实际上,这个方案成功地表达了对新型社会主义城市建设的构想,并认为社会主义城市不应划分建筑和城市化的界限,渴望把城市化看作一个整体结构。

50年代,由于更加关注实现伟大的统一事业,这种方法得到了进

图 528—530　L·C·丹奈里：热那亚，Forte di Quezzi 住宅区外景，平面，透视示意图，1960 年

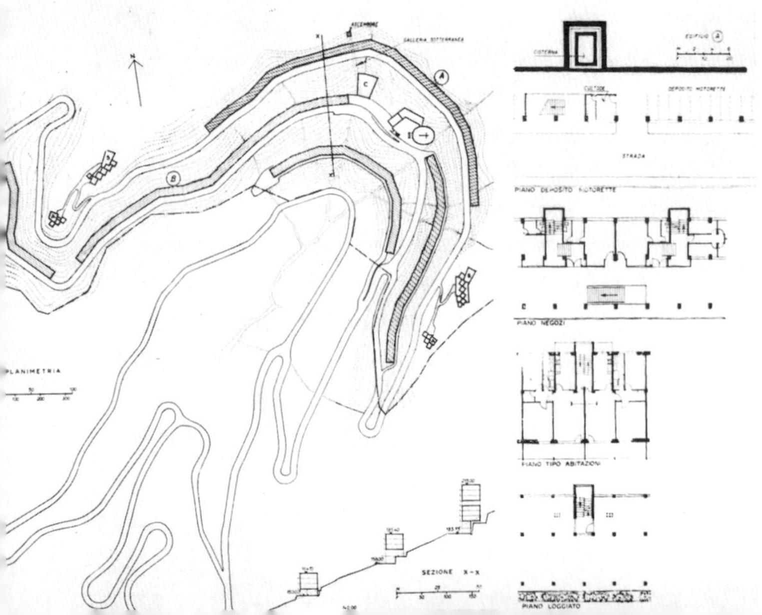

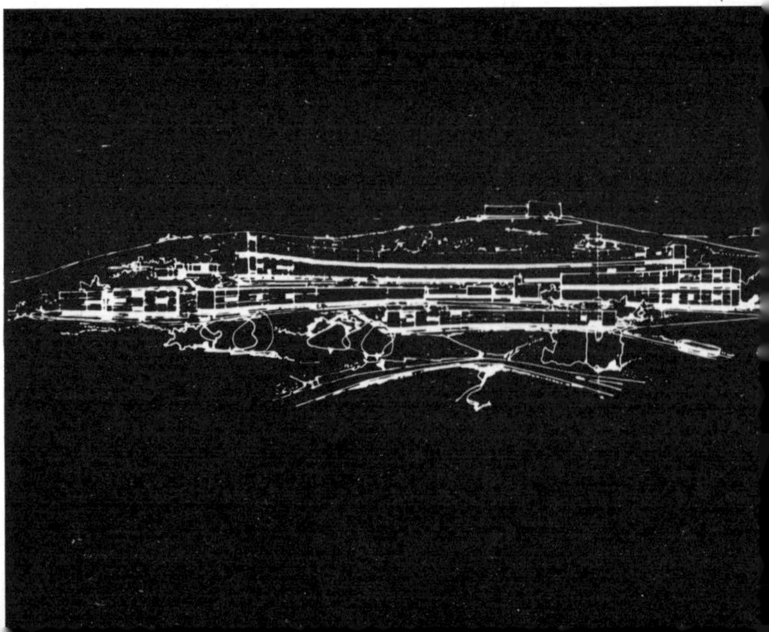

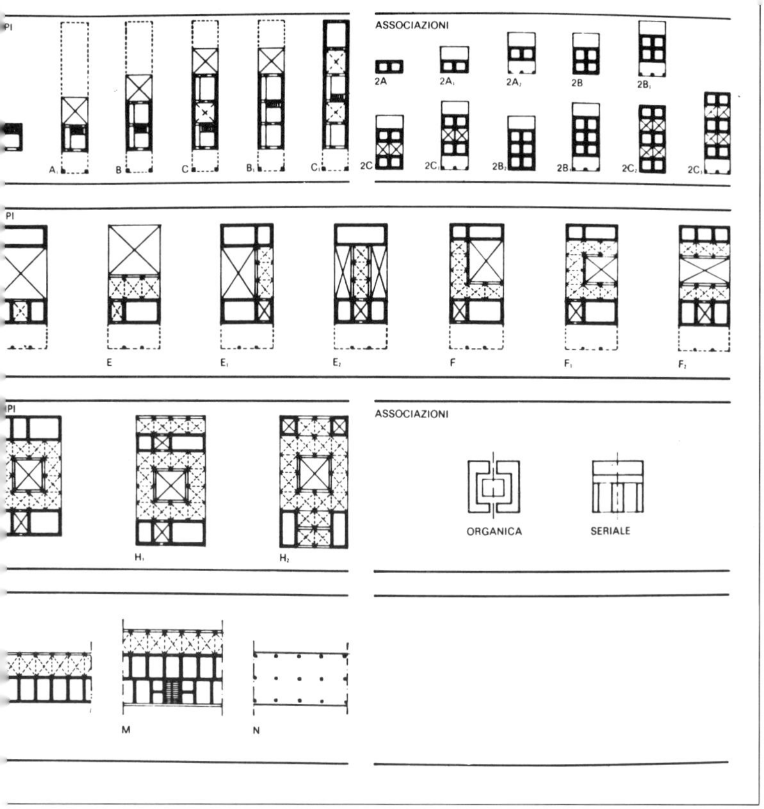

图 531　博洛尼亚市政府技术办公室:市中心区保护规划,建筑类型分类表,1969 年

图 532,图 533　博洛尼亚市政府技术办公室:历史中心区保护规划,1972 年

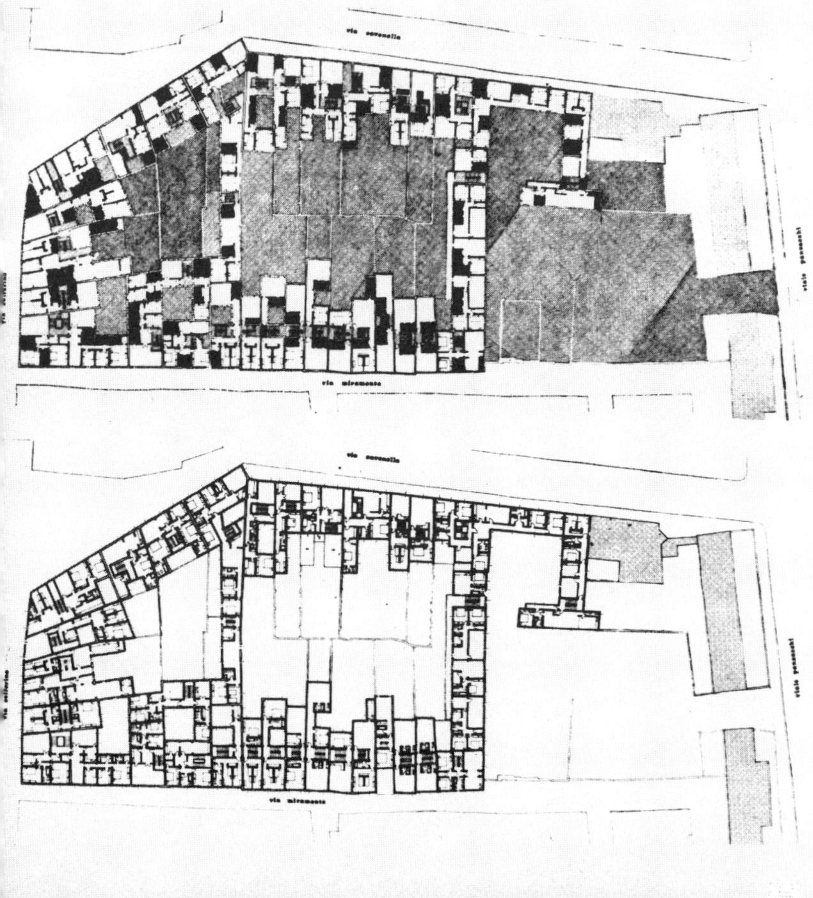

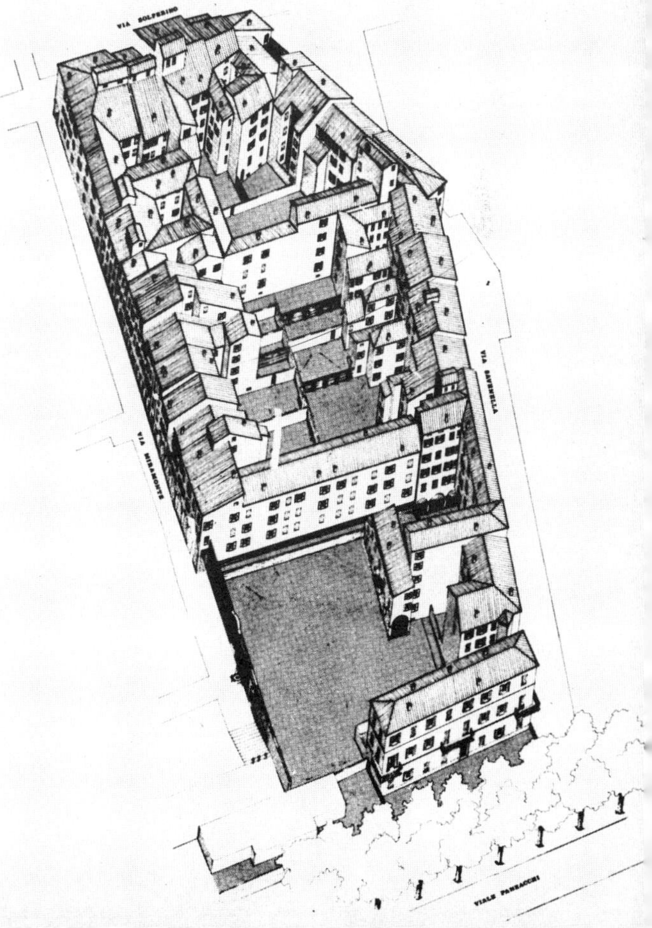

图 534 C·艾莫尼诺等:佩萨罗历史中心区规划,保护性复原与重建

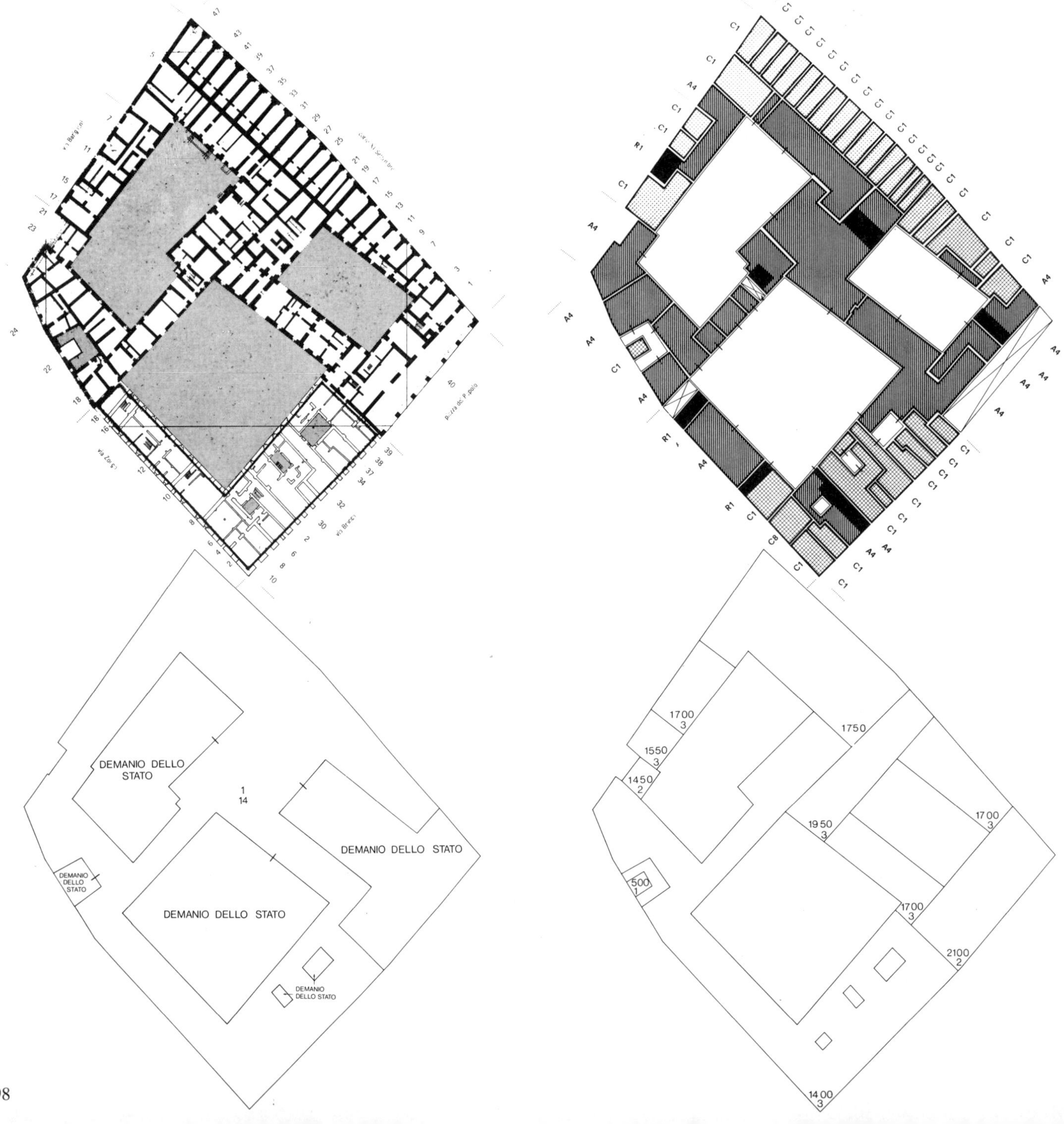

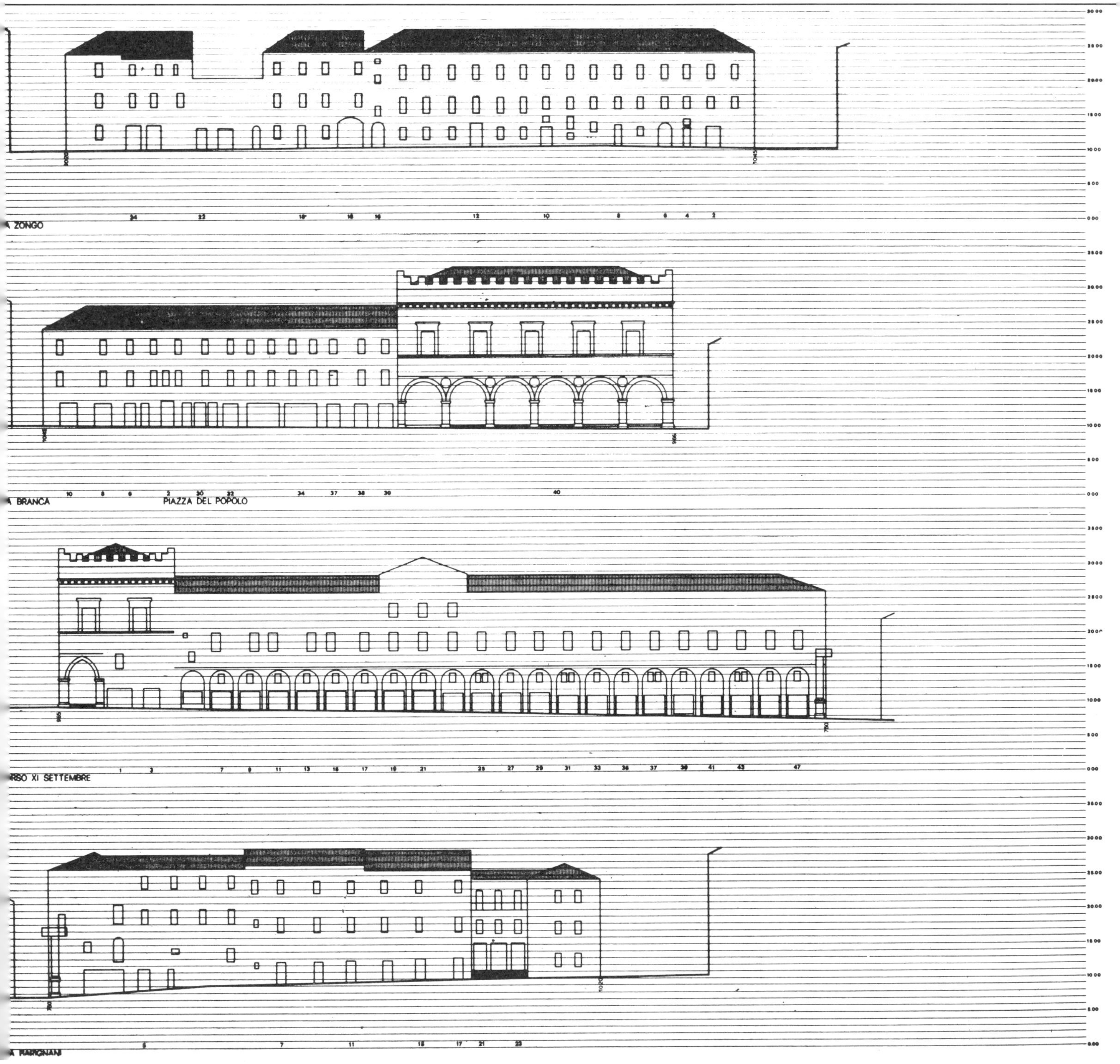
A ZONGO
A BRANCA
PIAZZA DEL POPOLO
RSO XI SETTEMBRE

一步巩固。而建筑风格上带有纪念碑式的特征是为了体现凝聚力，同时这些建筑本身还用来表现有关整个城市结构。典型的例子就是德累斯登新大街的建设，这条大街体现着城市的主要功能，这与前东德的其他城市一致。这一点在斯大林市的规划方案中也非常明显(又名为钢厂城)。城市中布置了十字交叉的两条轴线，轴线相交处建设城市公共建筑，这样在城市功能区和市中心周围的工业活动区之间建立了迅捷的交通系统。这些建设强化了第一个五年计划的思想，非常清楚地表明了城市的价值在于它是新的社会经济组织的核心，并从中整理出了第二个五年计划期间规划师需要集中对付的主题。

50年代中期，前东德开始讨论和研究处理城市工业建设问题。这些观点在1956年霍耶斯韦达(Hoyerswerda)城的建设中第一次广泛应用，并在1958年后形成一股主流。在将霍耶斯韦达方案与英国哈罗新城方案进行清晰的分析对比之后，E·柯林(E. Collein)开始批评隔离城市中心的观点，并提出了“紧凑城市”的问题，他说：“在霍耶斯韦达用于交通的街道包围了中心区，要用大量的方法来加强中心与邻近地区的联系，并首先要防止城市分裂成不同部分。”

在边远地区，随着预制技术的改善，各种建筑类型和由它们集中形成的城市建筑群之间的关系日益明确下来。这些住宅建筑群的规模根据类型和服务设施的布局而定，像罗斯托克的吕腾·克莱因住宅区(Lütten Klein)这样受到严密控制的工程中，围绕十字形的中心全对称地布置了四幢住宅大楼。工业发达地区的哈勒新城(Halle—Neustatdt)在60年代中期起开始作为居住中心来建设并明确地应用了这种模式，该任务的设计规模为70000个居民，采取的基本措施包括：十六层的住宅楼群呈蜂房状布置，并把底层设置服务设施与步行系统相连。

60年代中期，当经济和社会的进步使人民正式确认社会主义的胜利时，开始执行另一项修改规划方式方法的措施[14]，尽管已为更有机的区域规划控制打下了基础，并开始允许各地政府自做决定而不再由中央机关包办，但实际上，仍可以发现这是对强制模式和使用工业化生产方法的批评。

在1964年，过度单一的长条公寓建筑显示出“建筑工业化幼稚病”的特征。同时，主要城市的中心区开始进行重新设计，而理论上也已阐明城市规划的新阶段来临了，“紧凑城市”成了当时的口号。1968年，克伦兹(G. Krenz)写道：“我们必须为实现紧凑城市奋斗。在城市中，一旦孤立了那些干扰城市生活的因素，我们就一定能给城市各项功能带来更为广泛的结合。作为技术革新的结果，生产过程的改革一定会在许多情况下促使住宅区和工业区的融合。它简化了交通问题并能更经济的利用交通系统和运输方式，它符合城市经济的规律和居民的实际状况。”

70年代，由于生产分散和农业人口下降引起的经济原因使规划师把他们的注意力转移到重组小型城市，形势亦随之改变。住宅群中人口的高度密集遭到了批判，曾受到大量关注和其他城市部门支持的市中心中虚假的处理方法也受到了批评。前东德虽然开展了许多积极而有价值的自我批评，但事实上，顺从过度的计划和僵死的教条来发展城市的实践和政策依然存在。不断试验的新思想已经没有一点个性的火花，始终严格地服务于总体的指令性计划。

根据已知情况表明，前东德所取得的特色和质量并没有在其他地方出现，特别在住房领域，其规划和设计人员的工作已经达到了相当高的水准和效率——尽管僵死教条的模式也随之而来。不管怎样，这是一种政治经济结构的特殊产物，以致只在前东德出现。

六、前苏联的住宅和规划问题

1956年召开的20届苏联共产党代表大会从根本上改变了苏维埃政策的特征，也因此改变了规划体系的基本机制。1957年对1956—1960年间的五年计划进行了深入修改：其一就是将更多的资金投入农业和建筑领域，这些领域在30年代初期超级工业化政策时期和战时经济时期都遭到不同程度的破坏。其改革措施是分开行使政治权力和行政管理权力，促使管理部门在生产领域负担起更多的责任。

这些变化以及随之而来的政治气候的变化，恢复了建筑领域内的讨论。此外，为建筑部门制定的新目标也刺激了对建筑的反思，而有关工业化建造活动方面的问题也变得突出起来。解决住宅和公众设施建设的糟糕状况所能采取的唯一办法似乎就是按照不断增长的全面生产和专业生产的需要改革建造技术。根据50年代后期发生的转变可以看到，三四十年代曾讨论过的议题——比如“和传统的关系”以及”回归当地风格”密切相关的议题——表明前苏联曾经经历了建筑业的全面倒退：一度盛行的纪念主义建筑风格本身便是充分的证据。工业化生产的新模式和城市费用不断增长下的住宅建设需要协调一致，这要求对城市模式和新区采用的正式法规作出实质性的变动。

由于人口大量地涌入城市，1959年的调查结果显示出居住状况已变得十分严重。因此前苏联制定了三种实施办法以对付这个问题。

图 535,图 536　东柏林,卡尔·马克思大道

首先,从国家财政收入中抽出更多的资金用于农业发展以鼓励农民不要离开土地,它通过全面增加农业生产来获得成效,同时准备建设具有城市特色的集体农庄。第二,为城市中心制定相宜的城市事业,预先制止人口增长,取消吸引工人进城的经济刺激。最后,为城市大范围的地段或地区的功能配置提供理论基础,确保各个新城可容纳50000个居民。前苏联通过采用工业化体系,迅速增加了建设量,并使装配体系得到了广泛应用[15]。

到1959年,莫斯科人口增长的数据明显说明:1935年的规划对于人口控制的目标并没有实现。结果,1960年行政管辖范围扩大了一倍,一年后又公布了大莫斯科规划。这个规划限定了第一条内环线的发展范围,并创造了卫星城体系,它们位于离城市中心30—35km(19—22英里)的地方,两部分之间配备了休闲娱乐设施的绿地。这些规划设计在1961年举行的22届苏维埃共产党代表大会上被确定下来,并根据莫斯科市的发展,在1971年的总体规划中作了进一步的修改。这些方案的核心就是通过合理安排居住区和工业区的位置、通过合理利用用于公共目的的城市中心来结合居住活动和工业活动。这个规划明确要求扩大首都第三产业的规模。新地区和新交通系统应当像波索欣(Posokhin)说的那样使"每一个莫斯科人都不需要花30—35分钟上下班"。这就意味着限制到莫斯科上下班的人数,并在新地区刺激创造新的就业机会,按照规划,形成了拥有69个城市和75座村庄组成的集合城市。这样就创造了一系列吸引点,这些点围绕着11个城市和两个城市系统,而每一个点容纳大约20000到100000个居民。

对城市发展的控制包括严格服从经济政策中的整体指示:严格的发展计划要尊重城市现有的物质条件限制,并根据劳动力的需求和生产设备的配置情况来确定。结果既考虑了工厂的集中化过程和生产的合理化,又考虑了地方工业发展的需要。但规划并未考虑城市的增长,也未作出必要的区分,而用单一的方法同时解决市中心的特点问题和区域层次的政策问题。这种综合方法就形成了1971年规划的主要特点。所有影响系统功能的因素又一次成为规划的基础,甚至莫斯科中心区的第三产业部门也与生产活动的布局以及新的基础设施联系起来,为此在快速干线网上增加了两对正交轴线。

从具体实施的情况来看,新莫斯科明显地作为苏维埃城市的典范来设计。加里宁大道的重建工程完全按照波索欣为首的建筑师小组的设计构思进行,影响了克林姆林西部发展的主要路线。旧的住宅区

图 537　哈勒新城及哈勒区域规划图,1969 年

则用两种大楼来取代,其中塔楼作为住宅楼,V 形楼作为办公楼。这些楼群底部相连,设有宽敞的人行道、服务设施及商业设施。另外,与基洛夫大街平行的诺夫基洛夫斯基大道按照斯特勒(P. Steller)领导的创作小组的规划设计重建,在这个例子中,城市建设的宏伟尺度在第三产业区(建筑面积达 250000m²)与住宅区设施的结合中得到了体现。

与此同时,前苏联计划在城郊建造大量的工程项目,对于北切尔塔诺夫新城来说,计划容纳 20000 人,规划师尝试运用特别高的住房标准——人均居住面积 13 m²,同时建筑类型也多种多样,围绕齐备的服务设施区形成组团。从建筑角度看,奥列克霍夫·波里索沃(Orekhove-Borisovo)的新城规划显示了较多的传统特征,当然也不能令人很满意,但计划容纳 400000 个居民——至少在规模上值得一提。

以上引述的例子只是反映了一些局部情况。它们的意义在于反映了在计划体制绝对统一的特征下竟能产生如此不同的类型。“共产主义”城市被设想为取代复杂多样的资本主义城市的手段:它作为一个统一的结构将成为社会主义社会综合各种社会功能、协调生产活动的一座丰碑。摩天楼——在资本主义城市中是城市功能分离的证据,是房产作为财富的主要体现——在这里成为有组织有秩序的象征,成为合理和有计划发展的反映。他们不必交流任何价值,也不必亲自处理同城市的对话:它们的唯一特点就是彼此重复。但除了这些正式的问题,还有一些来自苏维埃经验中令人困惑的教训。不能用西方人的视角来看待前苏联区域再平衡问题、公共委托任务和设计、实施、管理的综合体制之间的关系问题,以及国家决策同地方决策的衔接问题。在前苏联,这种典型的综合方案与恩格斯设想的社会主义方式紧密结合,也就是与全体计划经济相关,这种体制严格地按照计划经济的目标来决定各种社会资金的运用。而 60 年代的马克思主义理论研究已开始脱离这种目的论。随着对苏维埃模式的批判探索不断发展,对于任何希望知道如何制定政治策略的人来说,只有了解过去的条件和错误,才可能从中得出超越他们的观点,从这一点来说,苏维埃模式的得失很富于参考价值。

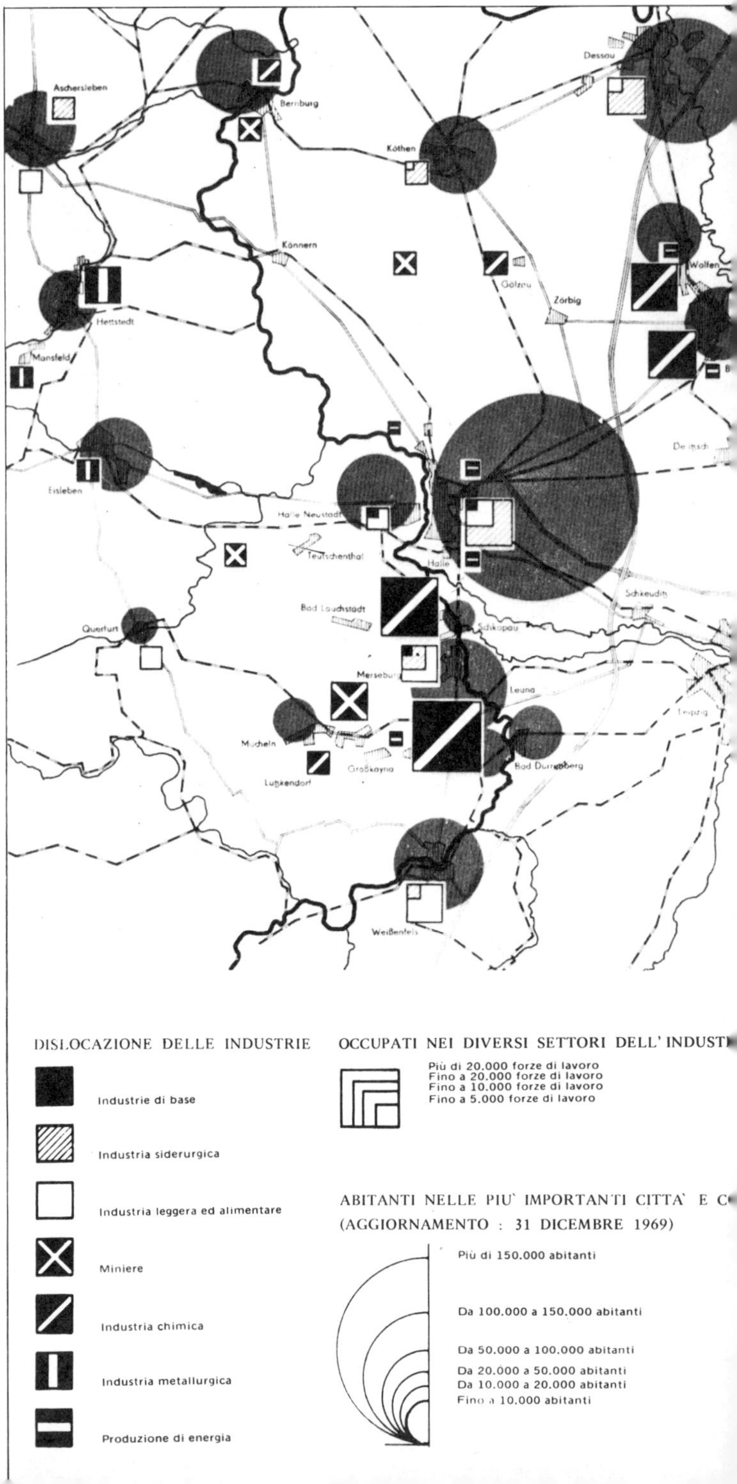

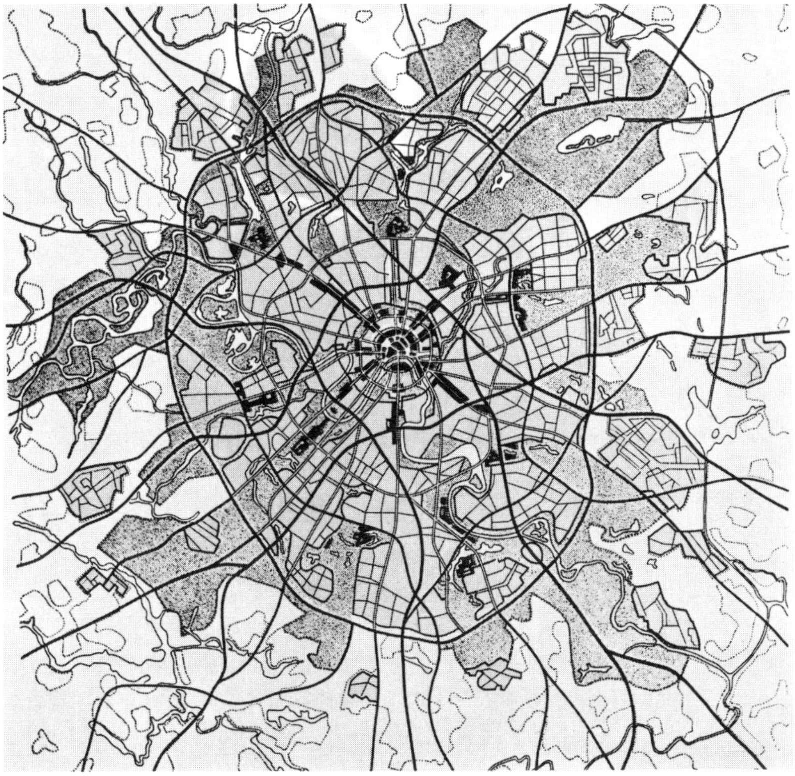

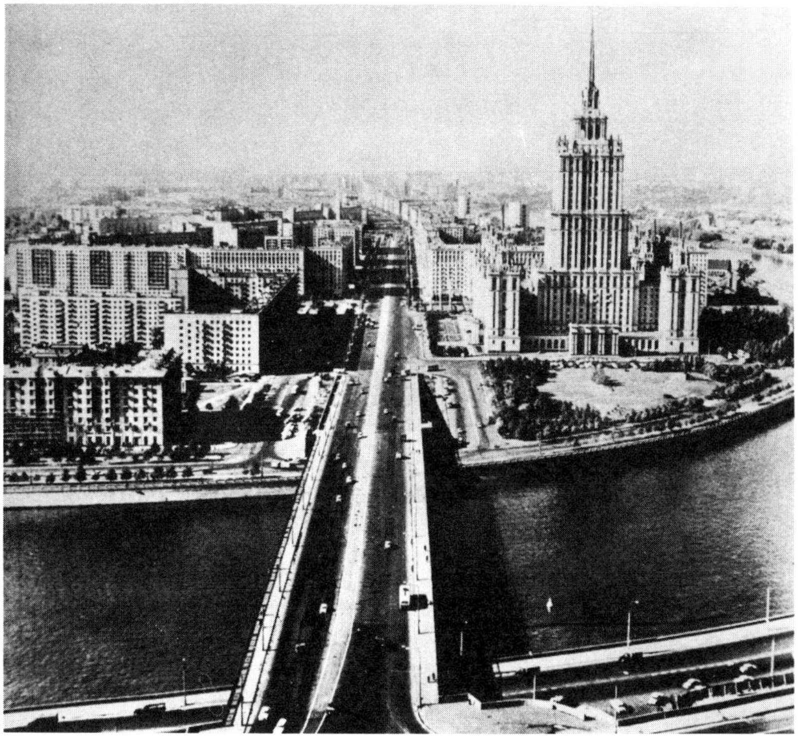

图 538　新莫斯科总体规划图解，1971 年

图 539　莫斯科，库图佐夫斯基大道和乌克兰旅馆

第十七章　二战后大师们的创作活动

在现代建筑复杂的发展过程中，先驱们的创作活动显得摇摆不定。大体而言，他们既未推动，也无法控制既成的事实，他们对自己在那个时代进行的建筑试验与经历通常是采用自传的方式加以叙述，而没有去分析。年轻一代对“国际现代建筑协会”旧传统的反叛则或多或少具有轰动效应。有时大师们特定的创作语汇难以理解，这就影响我们从勒·柯布西耶和密斯·凡德罗的晚期活动中获得经验，由此我们只有在重温本世纪六七十年代建筑发展历程后才能得到启示。

由于大师们对建筑发展所起的作用各不相同，而且大家今天亦公认对大师的评价也存在争论，因此我们若想正确理解他们的功绩，别无选择，只有分别研究大师们在战后的实践。

一、贝瑞、格罗皮乌斯和门德尔松

奥古斯特·贝瑞（Auguste Perret）在他生命最后十年（他死于1954年）中的实践与其个人立场完全相符。他于本世纪30年代一直在技术主义和形式主义之间保持中立，这使他的“新笛卡尔”式的方法免受任何形式的主观曲解和改变。可以肯定的是，他的理论是对时代的一种超脱，也体现了技术理性下的几何精神，用这种借口使他有可能按照自己的风格主持勒阿弗尔港（Le Havre）的重建工作。勒阿弗尔港市中心许多区域在战争中已被夷为平地。作为一个庞大且组织良好的工作团体的负责人，贝瑞可以自由地不受干扰地运用他自己的创作语汇。这个1947年开始建设的工程与法国政府中1948至1953年任城市建设部部长的克洛迪斯－珀蒂（Claudius-Petit）的设想不谋而合。珀蒂打算通过运用新技术和建造高质量的建筑来全面更新旧城中心，并竭力提高公众的参与性。勒阿弗尔港的新市中心位于福煦（Foch）大街，它的规划综合了舒瓦齐（Choisy）和赫纳德（Hénard）的思想。全部建筑采用6.21 m（20英尺4½英寸）的模数，这不仅决定着预制构件和细部元素的尺寸，而更重要的是它还决定着城市形象。这次重建的是一个完整的城市地段，城市中的低层公寓与高层建筑交错布置，保持了建筑与城市之间的连续性。因此，由贝瑞重建的勒阿弗尔港就像是一个固定单元的组合体，可无限重复。如果这种规划思想能在共产主义制度统治下的城市中得以实现，那么这将与国际论战的新发起者们所提倡的对城市进行一次性、永久的不随时代发展而变化的规划观点相悖。无论如何，这些都不能阻止贝瑞将变化和突破引入统一和标准化中。这一点明显体现于城市旅馆（Hôtel de Ville）和圣约瑟夫教堂（Church of St. Joseph）的设计上，他在教堂设计中努力寻求对光与现代技术的神奇力量，并进行哥特式手法的重新组合。

始于1954年建设的亚眠（Amien）车站广场中，贝瑞又采用相似的布局手法。该方案中由林荫道围合的广场周边安排了带柱廊的建筑。同时，贝瑞再次打破常规，一个高度超过328英尺（100m）的塔楼升起以作为哥特教堂的对景，它那由独立部分相互叠加而形成垂直的构图，很符合德国表现主义者们的口味。

贝瑞似乎打算有意维护这一落后的传统手法。当他在1948年和1953年设计建于萨克莱（Saclay）的国家原子能委员会（National Commission for Atomic Energy）的实验室以及马赛（Marseilles）的马里兰尼机场（Marignane airport）飞机库中，他坚持认为这一方法能在不背离寻求将学院派（Beaux-Arts）传统与符合城市形态学发展要求的形式结合起来的最低限度前提下有效地解决最复杂的工程问题。

另两位在美国避难的重要建筑师则在追求另一种完全不同风格的延续性。尽管他们的个人立场与结局各不相同，但无论对沃尔特·格罗皮乌斯（Walter Gropius）还是埃里希·门德尔松（Erich Mendelsohn）而言，脱离魏玛共和国的氛围被证明是致命的。在格罗皮乌斯与M·布劳耶（Marcel Breuer）合作的一些项目中，如马萨诸塞州林肯城（Lincoln，Massachusetts）的格罗皮乌斯自用住宅；1939年北卡罗来纳州（North Carolina）阿什维尔（Asheville）附近的黑山大学（Black Mountain College）；马萨诸塞州萨德伯里（Sadbury）的张伯伦住宅（Chamberlain house）；匹兹堡附近新肯辛顿（New Kensington）工人住宅群等（1941年），虽然在建筑风格上有些徘徊不定，但格罗皮乌斯仍保持对理性主义原则的忠诚。接着，他与K·瓦克斯曼（Konrad Wachsmann，生于1901年）合作努力使因战时需要而发展起来的预制构件装配体系进一步完善和理性化。此体系是以通用平板公司（General Panel Corporation）在1942—1945年设计的装配式住宅体系为基础。对格罗皮乌斯而言，这种新追求与他在1910年向沃尔特·拉特瑙（Walther Rathenau）所提的建议以及他于1931年在德国进行的研究完全一致。对瓦克斯曼而言，其目标是实现经过简化而成为体现元素之间关系的纯净的建筑体系。瓦克斯曼主要致力于建筑元素结合方式或结合部自身的研究：寻求总环境中的“零界点”（zero point），这是一种在高度概念化的实验中所获得的合理产品。但是这种闪烁着智慧光芒的空想主义不符合格罗皮乌斯的思想，相反，格罗皮乌斯在美国力图实现长期以来思考的合作设计构想，以此作为沟通专家与社会公众的桥梁。1946年，他成立了协和建筑师事务所（The Architects

图 540，图 541　A·贝瑞：重建后的勒阿弗尔港城市建筑，1945—1954 年

Collaborative)，成员皆为早年的一些学生。在小组内部，他又回到习以为常的教育家的角色，这也正是他的目标。在他们的早期工程中，著名的有 1949—1950 年的哈佛大学研究生中心(Graduate Center for Harvard University)，1953 年建于芝加哥的麦考米克 (McCormick)公司办公楼和工厂。协和建筑师事务所的工作方针延续了战前欧洲纯净主义风格那种抽象的统一性。出于事务所性质的需要，并在美国市场规律的影响下，协和建筑师事务所不久就变成了一个拥有多家分支机构，不受个人影响力所控制的事务所。事务所主要从事大型工程的设计，同时也力图满足各种公共和私人客户的委托任务。协和建筑师事务所于 1956 年在希腊雅典设计了美国大使馆(The United States Embassy)，1960 年设计了伊拉克巴格达大学(Baghdad university)，这些都是带有幼稚的当地环境印记的美国货，而这种思路严格意义上来说应出自迪斯尼。1958 年建于纽约的泛美航空公司总部大楼(Pan American Building)采用了一种不合适的商业摩天楼形式，使它阻隔了派克大道(Park Avenue)的远景。格罗皮乌斯试图以其充满矛盾的设计语汇为这座与城市格格不入的建筑披上合理的外衣。协和建筑师事务所的方向越来越趋向形式主义。就形式与质量而言，以 1961—1966 年间建于波士顿的肯尼迪联邦大厦(John F. Kennedy Federal Building)为最差。当然 TAC 也有持严谨态度的作品，例如 1967 年建于德国安贝格(Amberg)的托马斯玻璃工厂(Thomas Glass Factory)，以及 1964—1968 年建于西柏林的布里茨·布克诺·鲁道区(Britz Buckow-Rudow)。格罗皮乌斯拒绝扮演大师的角色及不表现美国职业建筑师生涯，必然会对他的创作评价带来影响。

相反，尽管门德尔松的追求与他在德国魏玛时的目标有所不同，但他仍试图维持其大师的地位。1935 年他在即将成为以色列的地方停留时曾写道：“我正在建设这个国家，并在重塑自我。我在这里既是农民，又是艺术家。”门德尔松在他的 WOGA 综合楼及商店中据以自傲的“大都市”情绪被证明是其荒诞不经创作的源泉。在巴勒斯坦(Palestine)以及他于 1941 年迁往美国后，他将个人的神秘主义玄想用于为宗教社团服务。战争期间，他又热衷进行城市意向设计(如位于匹兹堡的金三角地区规划)。战后，他对形成于本世纪二三十年代的建筑词汇进行了令人乏味的调整，在他所设计的以下两座建筑中体现了这种变化：一座是建于 1946—1950 年间的旧金山麦蒙尼德斯医院(Maimonides Hospital)，这是一座有着连续长廊的建筑，带有许多半圆形的小阳台，角上有圆形的柱子；另一座是位于加利福尼亚太平洋高

图 542　A·贝瑞：勒阿弗尔港，圣约瑟夫教堂钟塔仰视图，1949—1956 年

图 543 A·贝瑞:萨克莱,全国原子能委员会实验室方案,1948—1953 年

地(Pacific Heights)上的建于 1950—1951 年间的鲁塞尔住宅(Russell house)。1945 年他选择了加利福尼亚州作为居住之地,这是必然的,这位农民和艺术家还没有结束他早在巴勒斯坦岁月中就形成的对新生活的追求。尽管纽约是座令人激动的城市,但它仍然萌发着与 30 年代的柏林一样的危险,魔鬼并未全部死亡;而加利福尼亚是一块区域性与城市化有机融合的欣欣向荣的土地,这也正是当时门德尔松所梦想的。而且与赖特的偶然相遇也使这位哥伦布大楼(Columbus Haus)设计者的精神备受打击。从 1946 年起,门德尔松成为服务于美国犹太人社团的专职建筑师。他于 1946—1950 年在圣路易斯(Saint Louis),1946—1952 年在克利夫兰(Cleveland),1948—1952 年在大急流城(Grand Rapids),1950—1954 年在圣保罗(Saint Paul),1951 年在达拉斯(Dallas)设计了多个犹太社区中心及犹太教堂。在这些作品中他努力找回战前的有机方法,但是新表现主义者们试图以围合空间达到与自然进行超时空对话的目的似乎无法实现。美国犹太教堂的风格不同于爱因斯坦天文台(Einstein Tower),它不再声称抛弃准则,而是反映了建筑师在犹太教规下寻求庇护的情绪,这完全是一种职业水准的倒退。门德尔松还设计了被纳粹杀害的六百万犹太人的纪念碑,该碑拟建于纽约,它的碑上刻满了"摩西十诫"中的条文,通过这种明确而有修辞意味的手法使这位德国大师自相矛盾的追求获得了圆满结局。

二、密斯·凡德罗

密斯·凡德罗(Mies van der Rohe)的职业生涯在建筑发展史上的作用完全不同于贝瑞、格罗皮乌斯和门德尔松等人。他直到 1937 年才逃离纳粹德国,这是因为他受到了责难,这种责难与菲利普·约翰逊这位密斯后来的合作者有关。约翰逊那时持亲纳粹的政治主张,他在 1933 年发表的文章中称密斯为第三帝国未来的领袖建筑师。可以确信的是:密斯的思想体系与任何政治意识形态无关。对密斯来说,这个世界应保持其原样,我们不必去改变它的结构。密斯于 1924 年写道:"我们必须满足这个时代对现实主义与功能主义的迫切需要。"他断言,尽管这会导致平庸的建筑,但这是必要的,也是伟大的,这种对现代建筑风格不同寻常的理解使密斯高举起曾引导过他创作态度的极端建筑观在美国大展拳脚。

密斯于 1938 年首次在伊利诺伊理工学院(Illinois Institute of Technology)发表了大受欢迎的演讲,当赖特进行过简短的介绍后,密斯应答道:"真正的教育所追求的不仅是实用性的目标,而且还要发展

图 544　格罗皮乌斯和协和建筑师事务所：巴格达大学的科学技术图书馆，1960 年

图 545　格罗皮乌斯和协和建筑师事务所：柏林，布里茨·布克诺·鲁道区模型，1964 年

图 546　门德尔松：达拉斯，社区中心伊曼纽尔教堂草图，1951 年

图 547　门德尔松：被纳粹杀害的六百万犹太人纪念碑模型，1951—1952 年

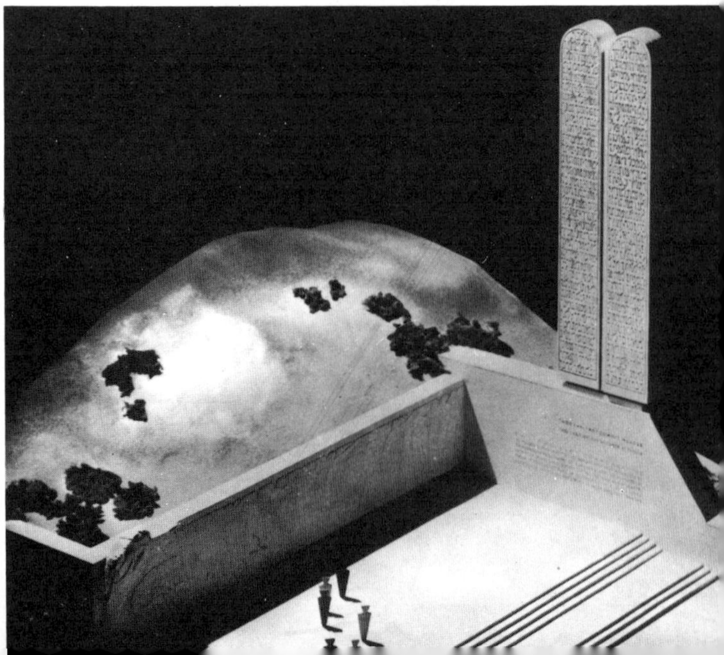

精神方面的内容。实用方面的教学内容只表现物质方面的进展情况，而精神方面的取向则意味着我们文化方面的水平。但不管现实目标和精神倾向间是如何不同，它们之间总是紧密联系的，我们精神方面的意向若不与实际目标相联系的话，还能和别的什么相联系？”这些看似普通的话似乎与他对“什么”与“为什么”的明确区分相矛盾，但从深层的角度看，就像密斯的全部个性一样，只有将他在欧洲的努力结果与他在新家园的工作联系起来分析，才能获得理解。

密斯刚到伊利诺伊理工学院建筑系时一直从事教育工作，很快他就被委托进行该校新校园的规划设计。他的设计构思始于 1939 年，工程动工于 1942 年。新校园基地靠近芝加哥市中心的一个混乱的贫民区，从设计伊始，密斯就考虑如何保持这个矩形校园的隔绝性。新校区建筑沿轴线呈对称布局，中心围绕广场布置，开敞空间由此向边缘扩散，以免显得过于呆板。尽管密斯不得不放弃他那使整个校园没有道路的构想，但这一构思在以后的规划设计中却得以保留。密斯确立了 24′×24′(7.32m×7.32m)的平面和 12′(3.66m)高的模数作为基本单位，这种模数关系清楚地体现于某些墙砖的尺寸和由暴露的钢结构固定着的平板玻璃格子的尺寸中，它还含蓄地控制着整个校舍的平面网格。只有在图书馆和行政建筑中，这种模数尺寸才被扩大至 64′×64′×30′(19.5m×19.5m×9.14m)。通过这种方式，就确保了日后 HR(Holabird & Root)、SOM 等公司以及密斯与其他公司合作的扩建设计能继续遵循这一理想模式。随着这一体系的建立，当总的构思及模数尺寸确定下来，下面他就将精力集中于单体建筑的细部设计，他以纯净而毫无修饰的几何体作为全部校园建筑的形象，并坚持永恒不变。关于他的矿物与金属研究楼和冶金化工楼以及校友纪念馆(Alumni Memorial)的设计，约翰逊曾认为其中体现出一种“虚无”的哲学。这令我们想起密斯那些非常严密精辟的格言，像“少就是多”、“上帝存在于细部”之类，如若将这些格言仅理解为致力于技术因素的净化那就是误解了，若将之归纳为新古典主义则更是大错特错。

1952—1956 年密斯还设计了一系列校舍建筑名作，如克朗楼(Crown Hall)，这是伊利诺伊理工学院建筑馆，也是一座在矩形基地上的纯净四方体，其屋顶和上层由四组平行的钢构架支撑，从而获得了一个无遮挡的内部空间。1950 年建于伊利诺伊州普兰诺(Plano)的范斯沃斯住宅，1951 年所设计的所谓 50′×50′(15.24m×15.24m)方形住宅方案(Fifty-Fifty House)，以及 1953 年的德国曼海姆国家剧院方案(National Theater in Mannheim)中都尝试了与克朗楼相似的处理手法，纯几何体形，离开地面，以包围无柱的内部空间形式出现，这三座建筑的屋顶与屋架支承都反映了新结构方式。范斯沃斯住宅外墙上的玻璃被八根漆成白色的柱子打断，这些柱子从地面托起体量，不禁使人联想到树木茂盛的自然景象。但正方形的 50′×50′住宅则由放在主体建筑各边中央的四根柱子支撑，这四根柱子的摆法似乎有意要清除建筑内的一切物质性。密斯的曼海姆国家剧院方案与克朗楼或更为复杂的建筑——1954 年为芝加哥设计的大会堂一样，在一个大空间内包含各种内部功能而不会影响封闭体量的单纯性。我们对这种极端纯净形式的意义所作的解释已经够多了，也听到了大量支持或反对这种灵活空间的意见，以及对密斯的这种自由空间体系局限性的评论。“少就是多”，在这种将建筑元素减少到最低限度的背后是对精神意义的追求。上帝从尼采哲学的废墟中复活，藏身于最少的元素中，藏于细部中，这种对建筑符号的净化，无论如何也是忠于先锋派中要素主义者的初衷的。在我们迄今所提到的密斯的所有建筑中，这些符号是显而易见的，如悬挂的屋架，结构与体量的明确区分，在这些方面，密斯仍然没有脱离《创作》(Review G)杂志的观点、汉斯·里希特(Hans Richter)的抽象电影以及他的巴塞罗那展览馆所表述的范围。但他并未混淆价值观和事实之间的区别。在这方面，密斯仍然保持对维特根斯坦(Wittgenstein)的逻辑哲学的忠实。甚至像维特根斯坦本人一样，为了使逻辑法则独立存在的普遍性得到认可，在怀疑那些与法则相关的神秘主义假设时，他发现自身也受到了约束。事实拥有自己的生存语言，而符号语言不能与事实相混淆，以免其既背叛了事实又违背了价值观。引用卡尔·克劳斯(Karl Kraus)的话就是：“既然事实有依据，那么任何有异议的人站出来闭上他的嘴。”因此沉默就成为某种意义上的“象征形式”。从这方面看，密斯与荷兰风格派的关系就不言自明了。而且密斯在美国的工程已超越了巴塞罗那展览馆中对于空间的净化。即使这些特征在体形上再次出现，那也不再作明显的表达。在这方面，密斯最无情地批判了莫霍利·纳吉和里西茨基的观点。如果所有内含的价值仅在于保留符号本身的象征意义或者以“责任”为由放弃对时代精神赋予命运的控制，那么解释符号，让它们“说话”将只能导致背离价值，使符号语言简化为大众工具，这是纳吉和里西茨基被迫做的事，而不是他所希望的——以一种自己的程式化方式来接受形式语言与存在语言之间的区别。密斯因此全力以赴地准备接受这种区别，在那种意义上他的空间是不可接近的，并不像他允诺的那样自由。相反克朗楼和 50′×50′住宅自身必然缺乏当今世界所

图 548　密斯·凡德罗：杰克逊荷尔，里索住宅设计方案，1938 年

图 549　密斯·凡德罗：芝加哥，伊利诺伊理工学院校园原始规划方案，1940 年

图 550　密斯·凡德罗：芝加哥大会堂，1953—1954 年

图 551　密斯·凡德罗：芝加哥，湖滨公寓，1950—1951 年

图 552　密斯·凡德罗：组约，西格拉姆大厦，1954—1958 年

图 553　密斯·凡德罗：纽约，从利华大厦的内院看西格拉姆大厦，1954—1958 年

要求的形式语言，这并不意味着放弃形式。密斯声称，艺术的任务是使混乱的现实变得有秩序，他的伊利诺伊理工学院校园就是大都市混乱区中一块无法再生的绿洲。几何规则的不可改变性表明，如果秩序是混乱的，那么通过引入规则的形式可以作为混乱秩序的无声和不容置疑的对照。从以上解释人们就能理解密斯的所谓古典主义精神，他的“辛克尔式回归”。密斯并未完全复原古典和奥林匹亚式平和的本质：恰相反，这是对重要变化的一种有意识的放弃——对愿望的放弃——以便更理智地控制它。1949 年的芝加哥海角公寓（Promontory Apartments）那暴露的混凝土网格立面，以及芝加哥的两处公寓摩天楼——1951 年的湖滨公寓（Lake Shore Drive Apartments）和两年以后的国民广场公寓（Commonwealth Promenade Apartments），都表现出密斯对歌德时期魏玛精神的复归。密斯在这里不再运用太多的符号，而是让大厦实体本身表现为一种中性符号。密斯采用了一种聪明的做法，获得了对混乱的控制，使它与现实世界保持距离以体现其存在。

在混乱内部保持完全沉默是令人担忧的，在某种程度上，建筑的风格与其文脉之间要保持一定距离而不受外界影响的想法会导致一种有争议的与传统的决裂。建于 1954—1958 年间的西格拉姆大厦是一幢办公摩天楼，它位于曼哈顿中区的派克大道上。密斯在这座建筑中采用了不同于伊利诺伊理工学院校园规划中运用过的尺度。在这里，他再次使用幕墙和连续玻璃的立面形式，但是暴露的金属部分是用青铜板贴面的，面板则采用磨光大理石，隔热玻璃呈棕色，所有这些处理手法加强了主体建筑和后部两个附属方柱体间形式和体量的一致性。

在这里，建筑的纯粹意义又显露得十分明确，建筑的形象极端简化，突出了结构的最大表现力，“无声的语言”表现在虚空之中，并与之产生共鸣。灰华石铺面的小广场上有两个对称的小水池和喷泉，小广场的设立使摩天楼与派克大道及周边交通分开，这里没有可供游人休息或沉思的地方。密斯要求两个水池的水面必须满至池边缘，以防游人坐在水池边。这个小广场在平面布局上的重要性在于它与建筑的意义相互补充，两个空间彼此呼应，共诉着虚无和沉默，以卡夫卡小说式的语言抵制着大城市的喧闹。这两块空白之处以一种将自身暴露于城市中心的方式来远离它。自制克己，这种古典的“放弃”精神在这里体现得十分明确。为了清楚地表达这种禁欲主义，密斯采取了后退一步并保持沉默的方式，空间作为象征形式——这欧洲理性神话的最后一幕——已被简化为只剩下幻象自身。就像康定斯基（Kandinsky）

图 554　纽约，洛克菲勒中心对面亚美利加大道上的新摩天楼

图 555，图 556　密斯·凡德罗：柏林，新国家美术馆，1962—1968 年

在其第一幅抽象水彩画中表达的一样，不再以"精神语言"去克服苦痛。我们并不就此认为西格拉姆大厦那由协调的青铜色与棕色玻璃构成的形体在某些方面与 K·马列维奇(Kasimir Malevich)白底上的白方块具有相似性，无论如何，密斯的少总是以矛盾的方式介入的。美国建筑师对此了如指掌，他们采用西格拉姆大厦这种都市建筑模式——带有前广场的板形摩天楼——并将之反复运用于曼哈顿大通银行(Chase Manhattan Bank Building)以及联合碳化物公司(Union Carbide Building)等建筑上。更重要的是这种模式还改变了美国旧的城区法规。1961 年，纽约新的区划法规要求摩天楼底部从街道一侧后退一定的距离，从而为公众提供一个开敞的公共活动空间，这一法规实施的结果使曼哈顿南区景观大为改变，尤其从洛克菲勒中心(Rockefeller Center)望去，第六大道由此形成了一个良好的轮廓线。像埃克森石油大厦(Exson Building)，新麦格劳－希尔大厦(McGraw-Hill Building)，赛拉尼斯大厦(Celanese Building)这样的透明玻璃摩天楼底部的小广场并列连接在一起，广场上装点着无任何实际功能意义的雕塑及喷泉，在混乱噪杂的大城市中，坐在这些广场上就像坐在众多无用途的室外休息厅一样。不幸的是，西格拉姆大厦在此以一种滑稽的方式被当作标准加以重复。密斯设计的形式简洁的幕墙也同样成为方便的可大规模照搬的模式。西格拉姆式摩天楼的推广是符合密斯意图的，但如此简单化地理解密斯的语汇却并不正确。

这位移居美国的德国大师的极端冷漠使他成为背离文化内涵的商业投机活动的牺牲品。比如在底特律拉斐亚特公园住宅区(Lafayette Park quarter)规划设计中，密斯与 L·希尔伯施默(Ludwig Hilberseimer)取消了一项平民区改造计划。该计划要求建造一批低成本住宅，这种有价值的项目最后被取代为建造整洁的高层板式建筑和低层建筑群，为那些中产阶级和高收入的银行家们提供优美的环境和居住设施。密斯的这种"沉默语言"一旦证明成功后，那么以后他就频繁地运用并不断改进。1962—1968 年间，密斯为西柏林设计了一座新国家美术馆。美术馆的主体放在地下，它与巴塞罗那展览馆一样，真正的建筑处理集中在其内部空间。在其他项目——如 1957—1958 年曼哈顿端区重建项目中，密斯通过设计修建三幢高层公寓楼，使端区与它后面混乱的住宅区分隔开来；在 1964 年巴尔的摩(Baltimore)的查尔斯中心(Charles Center)和芝加哥联邦中心(Federal Center)的联邦法院大厦(Federal Court Building)设计中，密斯对那些精致的体量进行了微小的调整。不仅以一种隐喻的方式，而且使建筑表面反映周

图 557 勒·柯布西耶："听觉"第 24 号雕塑，1953 年
图 558 勒·柯布西耶：马赛公寓，1946—1952 年
图 559 勒·柯布西耶：马赛公寓轴测图，1946—1952 年

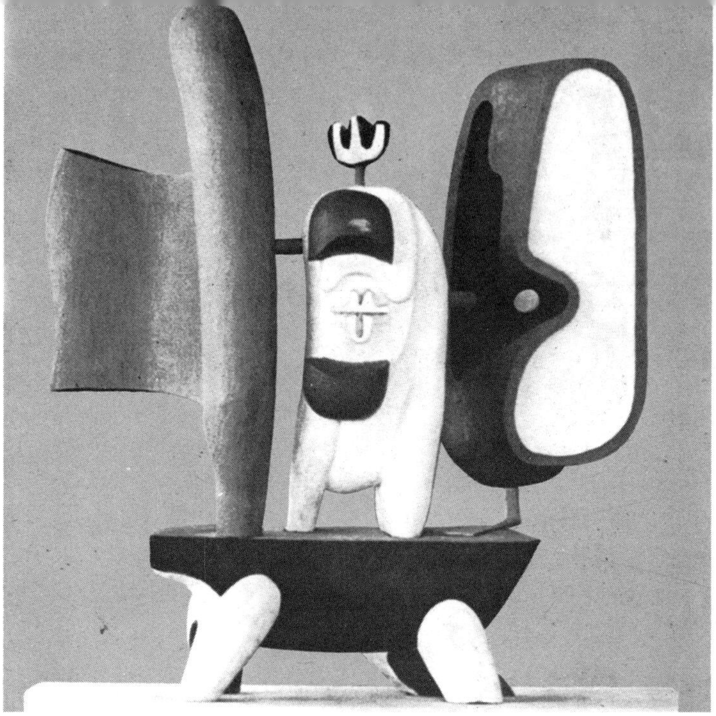

围混乱的景象。联邦法院大厦外表的统一纯净掩饰了室内的杂乱。法庭两层高的墙体两边是条形的办公室。风格极为协调的玻璃幕墙像一面大镜子，用文学语言说：这个几乎什么也没有的体量变成了一个大玻璃体。尽管没有刻上杜尚(Duchamp)的封闭的超现实主义手法的印记，但却反映出围在密斯的这种超时空的纯净形式周围的城市杂乱景象。让我们再一次寻根溯源：柯特·施维特斯(Kurt Schwitters)这位密斯在柏林岁月中的好朋友，醉心于他的"梅尔茨"(Merz)创作，将随手涂鸦和各种信手拈来之物组成抽象拼贴画，转变成"感情世界的表达"。正当五六十年代期间的波普艺术家劳申伯格和新美国达达艺术(New American Dada)重弹起消极先锋派的老调时，密斯则在大城市中心区树立起"梅尔茨屋"(Merzbau Plumb)，它不会受环境变化影响，这种形式接受、反映着周围物像，并以一种离奇的多重复制方式使物像恢复本来面目，就像一件通俗艺术的雕塑，强迫美国大都市看着自身被反射的情景，密斯的本意并不想强调由此产生的可怖形象。在这种打破城市网格的浅灰色镜子中，建筑语言发挥至极限。如托马斯·曼(Thomas Mann)在《浮士德博士》(Doctor Faustus)一书末章所写，这种完全异化的形象将自身从现实世界中脱离出来，宣告现实世界的无可挽救。

三、勒·柯布西耶

当勒·柯布西耶先与"人民阵线"(Popular Front)后与维希(Vichy)政府保持的一种既模糊又矛盾的关系结束后，他就全身心地投入到战后法国的重建工作中去。一旦摆脱这些经历，他不可避免地要幻想重新树立他个人的主角地位：马歇尔·贝当(Marshal Pétain)不可能成为他的太阳王，尽管开始他曾幻想在自己的国家内能实现由《规划和序曲》杂志(Plans and Prélude)提出的主张。解放后，拉乌尔·多特里(Raoul Dautry)这位临时政府中负责城市重建工作的部长委托勒·柯布西耶进行洛谢尔宫(La Rochelle Pallice)的重建和马赛居住单位公寓的设计，同年他还受委托为圣迪埃市(Saint-Dié)这座在战争中被夷为平地的城市设计新的市中心。尽管这一项目仍停留在草图阶段，它却包含了柯布西耶在以后设计中所追求目标的必要核心。阿尔及尔的奥勃斯规划(Obus Plan) 中所体现有机的复杂性在这里并无显示，相反本应在市中心广场两侧出现的政府中心现在被居民区所取代，这或多或少可预示着马赛公寓的雏形。

马赛公寓工程始于1947年，完工于1952年，它曾激起过激烈的

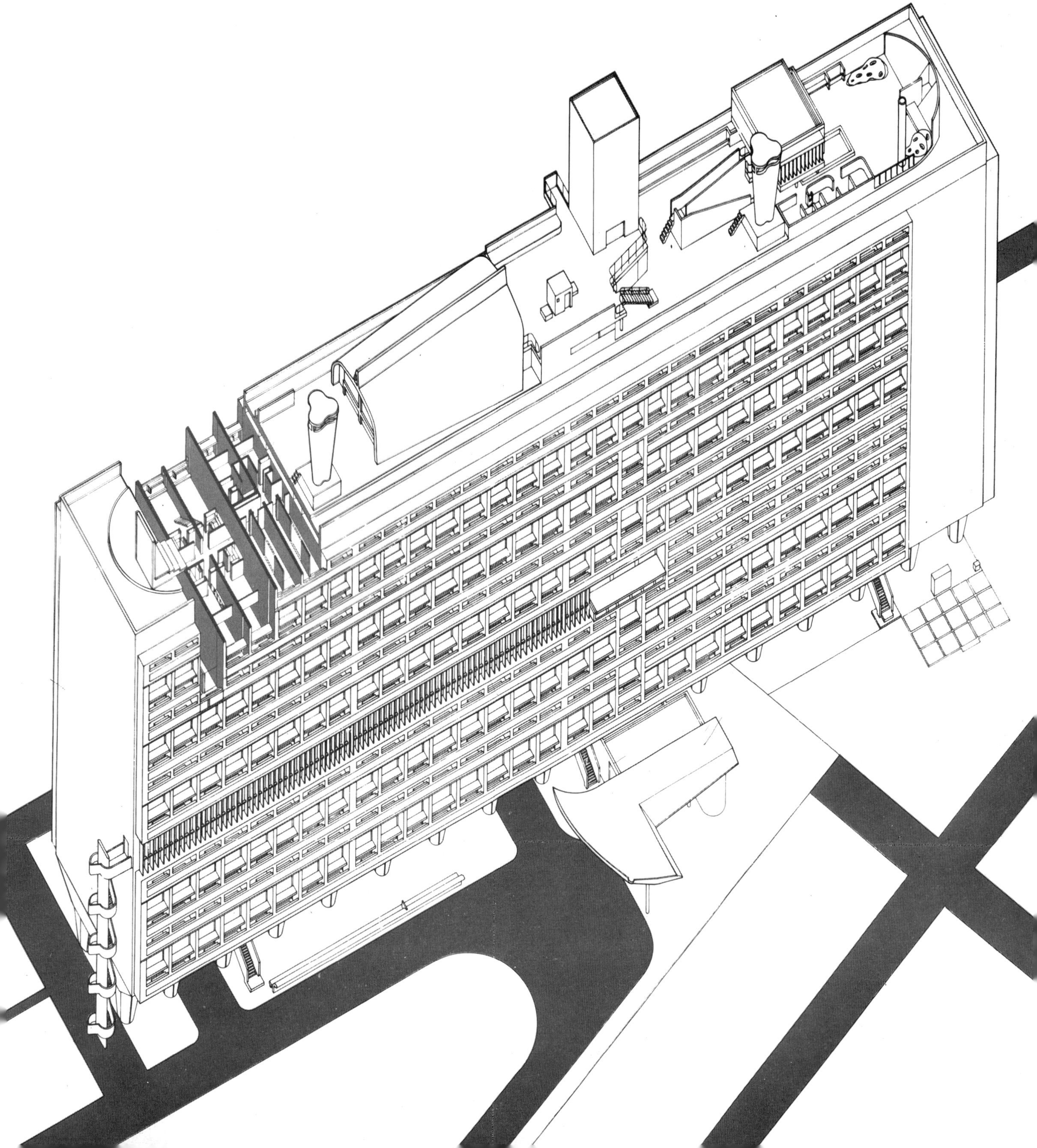

图 560　勒·柯布西耶:朗香圣母教堂轴测图,1950—1955 年

图 561,图 562　勒·柯布西耶:朗香圣母教堂外部景观,1950—1955 年

图 563　勒·柯布西耶:朗香圣母教堂,竖塔内部仰视图,1950—1955 年

图 564　勒·柯布西耶:朗香圣母教堂室内,1950—1955 年

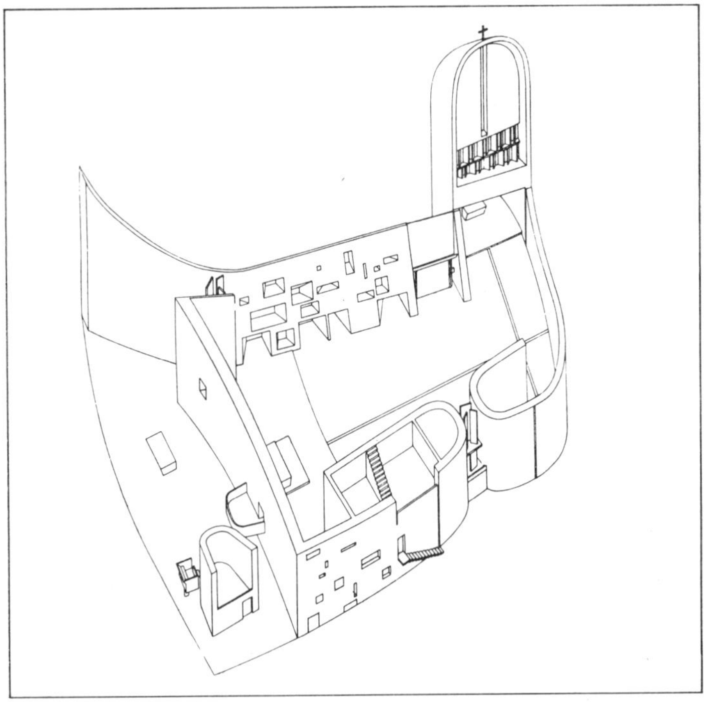

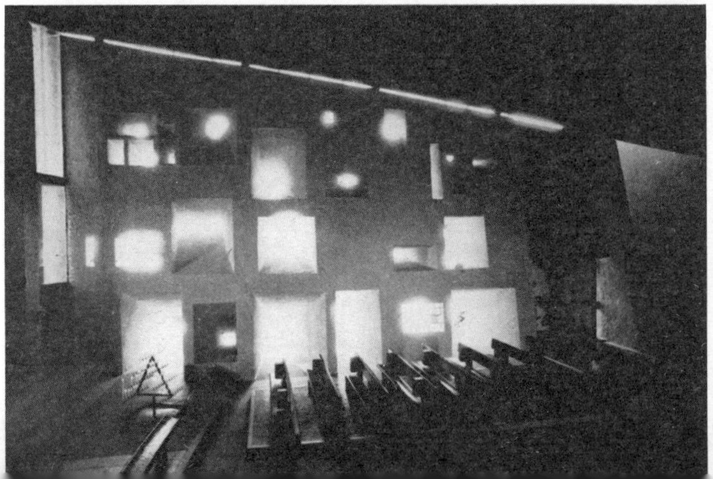

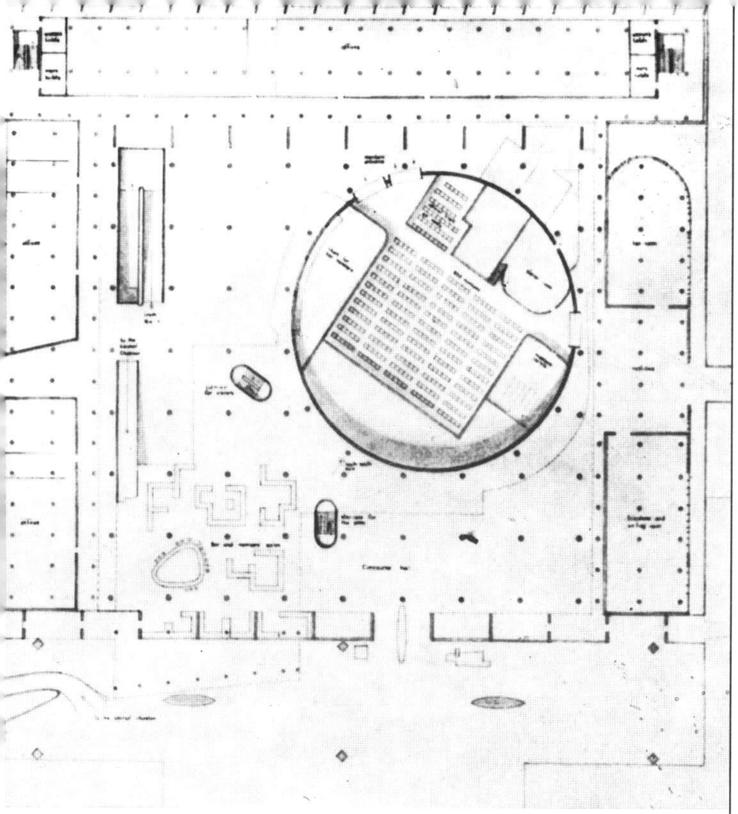

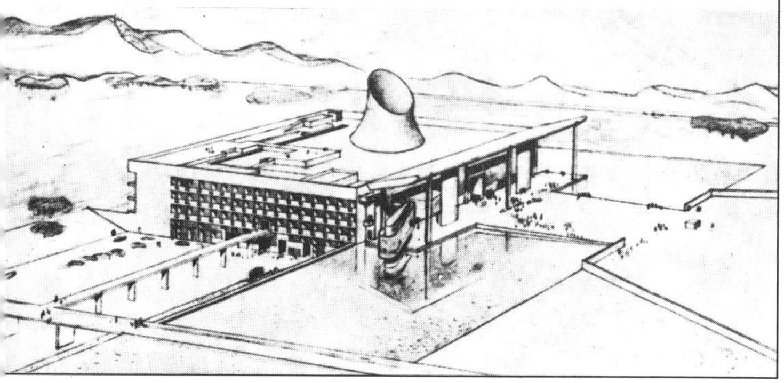

图 565　勒·柯布西耶：昌迪加尔，议会大厦的平面和鸟瞰图，1951—1965 年

图 566　勒·柯布西耶：昌迪加尔，从议会大厦看秘书处大楼，1951—1965 年

争论。在这幢粗混凝土表面的大体量建筑中，反映出修道院和横渡大西洋的快舟这两种柯布西耶最喜欢的模式。这两种模式被加以合成，形成了名副其实的傅立叶式的“法朗吉”（空想主义者的一种共产居住地）。马赛公寓是一幢可容纳 337 户共 1600 人的大型公寓，它可提供 23 种不同户型，从单室户到可供八个孩子家庭居住的户型都有。马赛公寓就像大洋中飘泊的小舟一样自给自足。事实上，在离地 82 英尺（25m）之处就有一个零售服务层，其外部则饰有富于节奏的密集的混凝土薄板以示强调。这座公寓内设有旅馆、餐厅、会议厅，屋顶还设有一所业余学校、托儿所、露天剧场、体育馆及游泳池。因此，这座公寓十分独立，很像本世纪 20 年代和 30 年代早期在俄国试验的公社住房。其所独创的跃层式住宅内空间相互穿插，十分复杂。这幢公寓被构想为可以推广的基本居住模式。这是一种对早期“分户产权公寓”（immeubles-villas）研究的回归，也是奥勃斯规划中的大型建筑写照，它说明一个永恒不变的原则，即建筑中应存在两套结构，一套是固定的，且尺度很大；另一种在理论上是可移动的，由那些插入主结构的小单元体构成，就像柜子上的抽屉一样。当然这儿的移动性还停留在理论阶段。

在马赛，柯布西耶遇到了与贝瑞在勒阿弗尔港相似的情况，珀蒂部长动用政府权威来极力推行“居住单位”的设计构想，但这种“居住单位”无法根据与其相关的社会学前提来进行评估。相反，从严格意义上说，这种单位所呈现出的纪念碑式的庄严外观提醒我们，在它庄严外观的背后，隐藏着令人不安的建筑语汇，即过分地强调这种单位的尺度以及建筑材料的视觉效果。让我们再次审视这个“居住单位”所隐喻的内容，首先，位于巨大支柱之上的这个单位离地面的高度以及其不开窗的西面表明：出于现实因素考虑，该大厦被建成为封闭实体的形式。因此，它努力去实现一种自身无法达到的目标，即通过庞大的自身体量树立所处地段的形象特征，这形象包含自然和城市两方面。就公寓室内和零售层而言，条件的制约使它们只不过是一种宽走廊的形式，而柯布西耶原来的梦想是将公寓中的走廊设计成交通工具能自由行驶其上的公路，旅客不是回到固定的单元内，而是回到可根据消费者意愿与需要而改变的活动住房内。最后，该建筑具有超现实主义的屋顶形式彻底揭示了这种“居住单位”内在的矛盾性，它不再表现出与萨伏依别墅中日光浴室的空间相似的物质性，而是突出它的间断性、不确定性和自由特点。这种“居住单位”反映出一种无法定论的非理性的构思，他把一座建筑要变成城市的巨型片断的设计注定只

图 567　勒·柯布西耶：昌迪加尔，议会大厦的细部，背景为高等法院，1951—1965 年
图 568　勒·柯布西耶：昌迪加尔，议会大厦，1951—1965 年

能是流于空想。

在马赛，柯布西耶已不再为私人客户进行设计，而是在集体创作的体制下为政府进行设计，以使公共机构在城市复兴建设中起到关键作用。尽管这位来自拉绍德封的建筑领袖仍坚持自己的理想，即脑力劳动能在影响建筑的同时保持自身的独立性，但看起来柯布西耶的这种控制欲愈来愈不符合时代要求了。此后，马赛公寓成为一种模式，1953—1955 年于南特 - 瑞则（Nantes-Rezé），1956—1958 年于柏林，1957 年于布里埃 - 福雷（Briey-en-Forêt）以及 1967 年于菲尔米尼（Firminy）被人们多次模仿和复制，尽管其中有些已经过变形处理。

此时，勒·柯布西耶在纽约设计的联合国大厦项目落选了，而改由 W·K·哈里森（Wallace K. Harrison）负责。按柯布西耶最初的意图，该大厦应坐落于未被开发的地带，但他不得不接受该大厦将位于纽约市区的现实，场地选在哈德逊河东岸 42 与 48 大街之间的地段上。因此，他只能服从于这一事实，即纽约还未开明到想成为以联合国总部为中心的“光明城市”的地步。

柯布西耶在这些年中的绘画和雕刻作品颇能反映出他当时的一些思想。他于 1949 年的绘画作品 Alma Rio’ 36 中，形式的透明性与连续性导致了人工与自然的神奇交汇。他的创作激情是 1930 年在为一个年轻的阿尔及利亚女孩画像时产生的，在家具设计师约瑟夫·萨维那（Joseph Savina）的帮助下，这种激情转化为一些彩色雕塑作品的创作。1946 年所作的表现“听觉”（Ozon）的主题：放大了的人耳的形象受到了梦境中有关意识的启示，柯布西耶写道：“这种雕塑属于我所说的‘听觉雕塑’，意为这种形式可发出声音，并可听到声音。”这表明了不可控制的超现实主义恰当而真正地侵入了现实世界。在 1943 年，这种侵入已很明显，在柯布西耶的一幅标题为“我在梦想”的大型油画中，某些混在一起的，人形样的抽象物体从一扇敞开的门中涌出来。激情源自于主观个体的分裂和紧张情绪，个体只有在紧张中才能从现实的泥淖中解放出来。如果说密斯为了服从康德哲学（Kantian）而放弃了这种激情，那么，勒·柯布西耶则为了能超越主观个体的局限性而主动去迎接它。矛盾的焦点主要集中于柯布西耶在 30 年代的作品，以及 1945 年后完成并展出过的作品。柯布西耶在晚年经受着两种不同危机的折磨，一种是他意识到他那追求“智慧是力量源泉”的文化主张逐渐变得过时，另一种来自于他自身的创作冒险活动。他发现他的对城市和区域规划进行彻底变革的思想和形式推敲的独立性之间无法再保持平衡，从那时起，他开始有意识地让这两者产生戏剧性

图569　勒·柯布西耶：里昂附近，拉土雷特修道院外观，1952—1960年

图570　勒·柯布西耶：里昂附近，拉土雷特修道院内院，1952—1960年

图 571 弗兰克·劳埃德·赖特：好莱坞，亨廷顿哈特福德乡村俱乐部方案，1947 年

的分离。因而他转向致力于倾听理想和现实的偶然碰撞所产生的共鸣声。1948 年，他在马赛和土伦(Toulon)之间的圣包姆(Sainte-Baume)设计了一座地下教堂，这是一座可通向大海的朝圣场所，1949 年，他又在马丁角(Cap Martin)设计了洛克埃罗伯台阶式住宅群(Roq et Rob Complex)。

1950 年，柯布西耶在法国东部朗香(Ronchamp)设计了圣母教堂(Notre-Dame-du-Haut)，评论家们认为该教堂是对非理性主义的回归，是对纯净形式的背离，它还是一种有着普遍意义的"精神语言"。柯布西耶本人则写道，它是一种"听觉风景"(或可解释为风景中的声音)和包含了无法表达与描述的空间。该教堂那只可意会不可言传的空间只能显示信息，却无法表达信息。该教堂贝壳式的混凝土顶部十分显眼，这是一种十分抽象的，引起争议的屋顶形式。该教堂内弯曲、环绕的空间令人联想起古老的史前墓地遗址，阿尔及利亚村庄以及自然的洞穴。在这里，凡是人们希望见到的相互联系的有关部位，柯布西耶都试图去打破和分离。即使是地面亦有意倾斜以强调中心的丧失感。该教堂室内墙体由可利用的废品材料及混凝土框架构成。这些厚薄不一的墙体上开着很深且幽暗的窗孔，在这座神奇的建筑里，柯布西耶以简练的建筑语汇记录下对先锋派各种表现的反抗。这座内向的具有古文物风貌的教堂有它深层次的内涵，它的符号可追溯到当代艺术追寻自身起源的过程。该教堂带有风格派趣味的窗洞与教堂内部抽象拼贴画似的诗意不相协调，而该教堂三座圆塔像潜望镜似的屋顶形式使其具有一种飘渺的意味，而这种意味是由纯净主义与超现实主义间的碰撞而成。在先锋派寻根溯源的过程中，他们渴望将建筑符号进行组合产生错综复杂的关系。因此，为将这种迷宫变成一个有组织的整体而进行的努力成为一种真正有意义的工作。这种工作能够超越那些设置在幻想和现实之间的障碍。

柯布西耶设计中的模度是一个以黄金分割比(Golden Section)为依据的比例单位，这种模度早在 1942 年到 1954 年间就被用来实现产品的标准化，并使难以表现的新人文主义(Neo-Humanism)思想以特定的形式表达出来。新人文主义形式在印度的昌迪加尔(Chandigarh)规划中得到充分展现。这座印度旁遮普邦(Punjap)新首府规划耗费了柯布西耶从 1951—1965 年(他去世那年)相当长的一段时间。规划方案起先是由一个叫阿尔伯特·迈耶(Albert Mayer)的美国人负责。迈耶是在一种由各种街道及社会服务部门形成的曲折网格体系内进行设计的。规划中的商业中心位于四条主轴线的交点，两条绿化带纵向穿过全城。1950 年，一位参与详规工作名叫马修·诺威奇(Matthew Nowicki)的美籍波兰建筑师去世了，于是柯布西耶参加了进来。柯布西耶的工作范围限定于迈耶已设计的网格体系中，他将各部分划定在 1200m×800m 的地块范围内。这一模数他早在 1950 年就在波哥大(Bogotá)的规划中采用过。他还给街道建立了一个更加严格的等级划分，曲折的商业大街穿越了各片私人地块，并确立了各自的特色，各地块与绿地间保持恰当的角度，绿地内布置有学校和医疗机构。

昌迪加尔总体规划中严格地套用了《雅典宪章》中的规范，城市各部分都严格地根据社会等级与阶层进行划分，这种做法招致众多批评。因此，柯布西耶决定从此不再到处使用他的模数制。在柯布西耶完成对该规划的调整后，他将规划的实施任务交给了珍尼·德鲁、马克斯韦尔·弗莱和皮埃尔·让奈雷(Jane Drew, E. Maxwell Fly and Pierre Jeanneret)。印度不是一块能充分实现资产阶级自我意识中城市机器构想的理想之地。在昌迪加尔，柯布西耶只能沿着他在马赛和朗香的个人表述中所提倡的路线前进，这条路线体现在与城市隔绝而与自然保持密切关系的政府部门的巨大空间中。在印度，柯布西耶的马赛公寓式屋顶，他的木制雕刻，以及朗香的圣母教堂中表现出来的造型语言再次传播开，并运用在彼此相对而又互相独立的三座大型行政建筑中。议会大厦秘书处办公楼(Secretariat)277 ¾码(254m)长，与法院相距 503 ⅛码(460 m)，它们之间的场地上布置着水池以及一些预留沟槽(即所谓的"思考之渠")，由下议院大厅上部的锥体和上议院大厅上面抛物线形圆柱体造型为醒目特征的议会大厦(Assembly Building)面对着高等法院(Palace of Justice)。

矛盾也直接影响着单个建筑的组织。法院那由遮阳隔板组成的墙体向前倾斜，似乎要迫使自己与其他大厦保持密切联系。连续的卷曲的拱顶与墙体脱离，立面上形成一条宽宽的空隙。议会大厦的大厅中光线半明半暗，大厅顶棚被刷成黑色，密密麻麻的细柱使大厅像一个迷宫，而上下议院大厅合抱在一起，打破了这一局面。秘书处大楼上一个向外延伸的斜面及内含两层办公室的部分的引入打破了立面的单调。在这里人们能感觉到这三座建筑在一定的距离内遥相呼应，相互间由于不能进行交流而产生紧张感，一旦能找到合适的地点，就能找到它们交流的机会。事实上柯布西耶设计了一个张开的大手形雕塑，该雕塑俯视着场地上的预留沟槽，当人们从地面向下进入沟槽时，这三幢建筑便从视野中消失了。这三幢建筑之间无法实现的对话最终以沉默的形式表现出来。

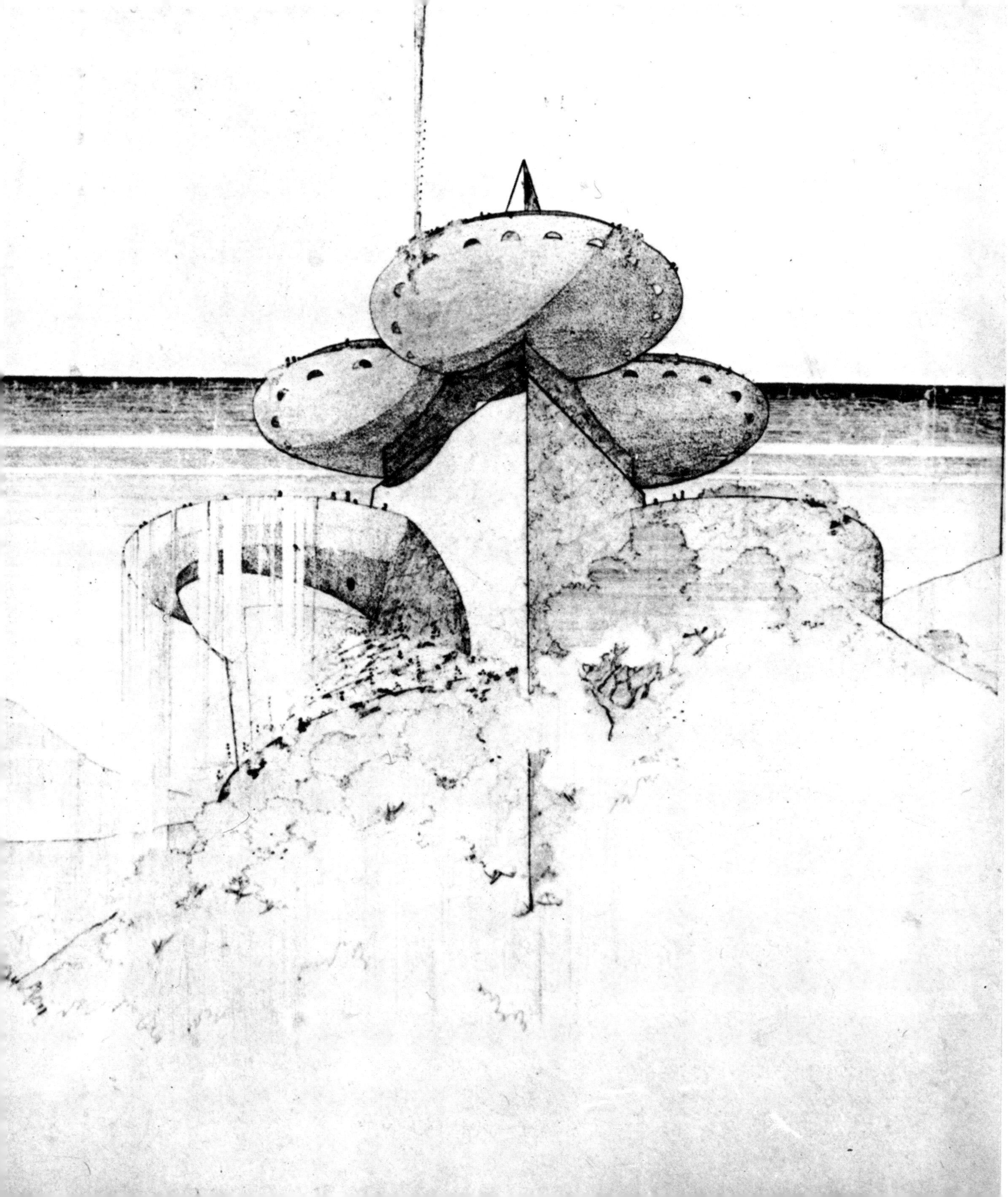

图 572　弗兰克·劳埃德·赖特：纽约，古根海姆博物馆方案，1949年

图 573，图 574　弗兰克·劳埃德·赖特：纽约，古根海姆博物馆，1956—1959年

当柯布西耶进行昌迪加尔规划和朗香的圣母教堂设计时，他还于1951年在印度艾哈迈达巴德(Ahmedabad)设计了米尔翁勒斯楼(Millowners' Building)，该楼于1956—1957年间建成。此外他在1952—1959年之间，于里昂郊外的埃弗(Eveux)设计了拉土雷特(La Tourette)的多明我会修道院(Dominican monastery)，这座修道院环绕着一个充斥着众多通道和宗教符号的内院布置，这种模式最终成为柯布西耶居住单位的构想原型。柯布西耶设计的这座远离尘世的修道院吸取了他于1953—1954年在巴黎设计的雅沃尔住宅(Jaoul house)和哈佛大学卡本特艺术中心(Carpenter Arts Center，1961—1964年)的空间形式。柯布西耶1962年在菲尔米尼设计的一幢教堂建筑中又采用了截去顶部的圆锥体造型，而这一造型他曾在昌迪加尔运用过。同样，柯布西耶于1958年在布鲁塞尔博览会(Brussels Exposition)上设计了菲利浦斯展览馆(Philips Pavilion)，作为建筑艺术综合体现的这座展馆含蓄地向我们描绘了一个无法实现的未来建筑蓝图。这一展览馆在空间中明确地割裂了经济因素和独立的建筑语言之间的辩证关系，其实只有当承受住一定的打击的时候这种建筑形式才会变成现实。而也只有在没有竞争的机器文明中，经济因素与艺术因素之间才能进行交流，才能反映各自恰当的地位。

在以货币流通为特色的城市中，柯布西耶力图理智地对待金钱，以使自身不致陷入金钱的泥潭中。然而，最后这位大师发觉自己依然无能为力。但在这一严峻的现实中，他发现他仍可以用建筑语言表达对现实的抗争。但是他在曾错以为可以与之和平共处的大城市中是无法倾诉这种语言的，而只有在远离大城市的神秘空间、修道院以及喜马拉雅山麓中，才可以尽情抒发。可以说，柯布西耶与毕加索的思想意图是一致的。建筑语言的最高境界是与现实世界有悖的。这种极端的建筑语言不断破坏自身的有机统一性，并拒绝与那些异分的因素和平共处。这种极端语言又回到了建筑形式的本源，这种建筑语言只反映自身而脱离现实，它凌驾于现实之上，并将上层资产阶级普遍的病态思想——对失落感无望地寻求，以建筑符号形式表现出来。

四、弗兰克·劳埃德·赖特

与柯布西耶因风格突变而倍受折磨的情况不同，战后的赖特不断地从亚利桑那州沙漠中的住处对他那前所未有的"美国风住宅"(Usonia)进行着新的探讨。赖特，这位年迈的大师现在已习惯于过度的赞颂而自信自负，他坚信不断地进行自我更新本身就含有象征主义内容。如果说密斯不断地进行自我更新从而打破了中欧的神话，那么赖特这位美国先锋人物在决定沉浸于个人的“精神世界”后，在建筑形式上永不停止的变化则完全陷入了神秘主义的境地。而在这个社会上，每个成员只有将自己纳入社会的整体结构，或者抛弃个人的反叛意识，才能为社会所接受和承认。

赖特没有卷入罗斯福时代建筑风格与城市问题的争论中，他依然继续他的“广亩城市”(Broadacre)研究，并于1958年出版了该研究的最终成果：《活着的城市》(The Living City)一书。这种城市设想的“伟大的和平”之处体现于其灵活性。其设想的核心是社会乌托邦思想，根源为18世纪的无政府主义思想，对暗含在莱布尼茨的“一元论”中的各个元素进行协调的渴望。赖特于1956年构想了惊人的“一英里高摩天楼”(Mile-High Illinois skyscraper)，该方案与“广亩城市”的空想并不矛盾。总之，这两个项目都忽视了城市的实际状况，是一首对具有绝对个人色彩的纯净形式的赞歌。

战后及本世纪40年代的经历使赖特感到乌托邦式的空想是不会有现实价值的，于是他转而求助于他在本世纪二三十年代的项目中就流露出的回忆迹象——既充满着对未来的渴望，但又清醒地意识到自己所处的位置。因此赖特年轻时在工作中和日常生活中放荡自由和个人化倾向都在50年代的作品中得到了明确而广泛的体现。

对于赖特建筑形式的多变性，及他以不屈不挠的精神投入到企图控制宇宙的不受约束的创作中去的特性，我们完全可以理解，而经过“美国风住宅”之后的短暂停滞，他又设计出异常复杂的几何形式，该形式表现为建筑的各部分彼此间依次互相咬接、渗透，同时，像他过去的工程中所表明的一样，追求弧线的动感。无论是赖特于1948年在威斯康星州的米德尔顿(Middleton)设计的第二座雅各布斯住宅(Herbert Jacobs house)，还是他于1952年在亚利桑那州的凤凰城(Phoenix)为侄子戴维·赖特(David Wright)设计的住宅，以及1947年在好莱坞(Hollywood Hills)设计的亨廷顿·哈特福德乡村俱乐部(Huntington Hartford Country Club)的大部分工程和1951年在棕榈泉(Palm Spring)为考夫曼夫妇设计的石头住宅(Boulder house)，赖特都试图通过语言学和结构上的激烈表现加强符号和空间的暗示和隐喻，从而使他这种富有诗意的开敞形式变得更为复杂。象征着重复运动以及联系偶然与无限之间的螺旋形成为了赖特喜爱的母题。在哈特福德乡村俱乐部设计中，圆形面根据螺旋原理沿多棱形柱子盘旋而上。这种螺旋形体量成为俱乐部人工形式与自然元素得以相互渗透的基础。事实上，赖特最早为位于马里兰州舒格洛夫(Sugar Loaf)的戈登·斯特朗天文馆(Gordon Strong Planetarium)设计中就用过螺旋形的母题。这种螺旋形也是进化过程中包容性、不确定性和综合性的象征。赖特于1948—1949年在旧金山设计的莫里斯礼品店(Morris shop)中，这种母题以螺旋形坡道形式出现，该坡道的照明来自于其上的凹面顶棚。同时，赖特于1947年为匹兹堡圆点公园(Point Park)作的总体规划中也运用了这种母题。为了构思莫里斯商店的拱形入口，赖特再一次求助于回忆，一方面，他想到了某些草原住宅的入口，另一方面，他又隐喻了有机论的主要源泉——理查森(Richardson)的新罗马风风格(Neo-Romanesque)与沙利文(Sullivan)的金色大门。

对于赖特来说，几何体从来都不是欧洲纯净主义之类的禁欲主义的专用语言。处理几何形式的方法与处理技术的问题都是赖特必须克服的障碍，也是对晶体形状想像的挑战。赖特认为，几何体与技术都必须升华到最高境界以达到艺术的顶峰，“解放几何形式与技术也就是解放了艺术”。推敲几何形式与技术也就意味着可以发现超越物质文明的出路，这句话本身又是对后技术文明的一种预言。赖特的这种反资本主义的浪漫思想的追求来源于父辈们的神话，这种追求暗示了内心要进行穿越时空的探寻，为了这种精神跋涉，一个人必须像牛仔一样，重新回到最质朴自然的状态，不要理会终有一死的命运，而是发挥最大的智慧去表现这种具有独创性的新追求。

赖特在他《活着的城市》一书中所画的飞碟插图绝不仅仅是一个图解式的噱头。在赖特的许多晚期工程中，从哈特福德乡村俱乐部到位于威斯康星州麦迪逊的蒙诺那台地(Monona Terrace)，我们都可以看到飞碟式造型的身影。赖特在1957年设计巴格达的大会堂和歌剧院时，他在同样的指导思想下塑造了一系列如梦如幻的山、瀑布的景象以及富于异国情调的灯饰。这种形式的堆积毫无必要，赖特一味地追求形式解放，最终却使其显得轻浮，或多或少有些像科幻小说中天外之物。在欧洲，先锋派的飞行建筑构想都遭受了同样的结局，例如L·克鲁特科夫(Letatlin Krutikov)的“飞翔别墅”，马列维奇的“行星别墅”(Planit)。但与它们不同的是，赖特的飞船不是伤感地来向世界告别的，而是以一种马克·吐温(Mark Twain)式的单纯眼光看待发展着的世界。但同时，赖特又坚决要将他那隐喻未来(电子时代)文明的建筑矗立起来，这点并不含有民主的成分，自然现在成为一个宇宙的法则，就像赖特于1959年在宾夕法尼亚州的埃尔金斯公园(Elkins Park)中为犹太教徒设计的教堂(Beth Sholom Synagogue)中表现的那

图 575 弗兰克·劳埃德·赖特:巴格达文化中心方案,1957 年

图 576,图 577 弗兰克·劳埃德·赖特:加利福尼亚,马林县市政中心,1959 年始建

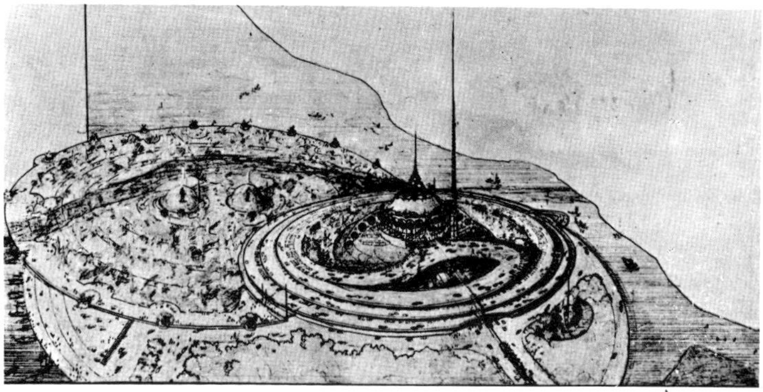

样,以山脉形状将太和(Tahoe)夏季度假营地的形式和赖特于 20 年代初尝试过的纳科马(Nakoma)圆锥形帐篷联系了起来。

赖特构想中的飞船只有一座出现在城市上空,尽管只是临时停靠:那就是古根海姆博物馆,它是赖特晚年一项意义重大的创作实践。该馆设计于 1943—1945 年,其间经过多次修改,最终于 1956—1959 年间建成。古根海姆博物馆的主要空间由一个螺旋形坡道构成,该坡道沿着悬挂着展品的墙壁盘旋而上,参观的人群先是被电梯快速送至展览馆顶层,然后走出电梯沿螺旋形坡道走下,从而完成参观过程。从该馆建成至今,它成为赖特对先锋派艺术最后也是最有争议的一次挑战。根据赖特的设计意图,展品要挂在沿倾斜坡道的墙上,采光通过各层之间的细细的窗带来实现。这种光线的运用和坡道方式吸引了参观者逗留下来,结果却转移了参观者的视线,他们的全部注意力已不放在展品本身。阿瑟·德雷克斯勒(Arthur Drexler)将古根海姆博物馆称作为“一个颠倒的戈登·斯特朗天文台版本”。实际上,古根海姆博物馆的这种围合而封闭的实体造型与纽约第五大道的环境是格格不入的,该馆逐层向上向外扩张的圆柱形体量仅由十二块夹角为 30°的厚板来支承。该馆的形式已超出了应有的逻辑,就像他于 1953—1956 年在俄克拉何马州巴托斯维尔(Bartlesville)设计的普莱斯塔楼(Price Tower)所表现的一样。在该塔楼中,赖特又回顾了他于 1929 年在纽约设计的圣马克斯公寓塔楼(St. Mark's Tower)以及 1951 年威斯康星州麦迪逊市的唯一神教派教堂(Unitarian Church)的形式。

古根海姆博物馆又表现出与 1936—1939 年间建于威斯康星州的雷辛的约翰逊制蜡公司办公楼之间有一定的相似性。在这座办公楼中,立方体的建筑体在角部抹圆后平滑地转过去,内部则采用了树状结构支撑体系。1956 年,赖特参观完罗马之后,适逢古根海姆博物馆刚刚动工,可以理解,他由此将该馆称为“万神庙”(Pantheon)。而在 1952 年,他将该馆特色总结为:“……它创造了一种异常平静且安祥的没有干扰的氛围:这种造型变化不会对视觉产生强烈刺激。”应当指出的是,该馆绝对连续的空间事实上是通过精巧的技术完成的。在 1954 年开始进行的二期工程中,斜坡道是自我承重的,而圆柱状办公楼的承重部分则是贯穿建筑的电梯间。电梯间一端插入展览馆主体,立于每层楼板的支架上,另一面则为整体连续的混凝土实墙,这一切都表明作者将技术以一种无与伦比的卓越方式表现出来,同时也将技术作为表达体验现存空间和记忆空间的工具。文森特·斯卡利

(Vincent Scully)敏锐地观察到古根海姆博物馆的坡道令人想到另一座非先锋派建筑即由吉乌西普·摩摩(Giuseppe Momo)1929 年设计的梵蒂冈博物馆。本世纪 20 年代,赖特在加利福尼亚州设计的住宅中曾采用了玛雅文化和阿兹台克文化中的古老语汇,而这里,赖特又引入了源自他个人经历的语汇。实际上,古根海姆博物馆的玻璃穹顶及其扁肋梁就是对其罗马之行的反映。当记忆抹去历史的因素时会产生偶然的碰撞。晚年的赖特迫切需要寻求设计的本源,并迅速展示出更加封闭的建筑形象,这也是他间或去乡村过了田园生活后重返城市生活的成果。赖特力图使美国城市的广阔空间接近于他熟悉的美国广袤的乡村氛围,这种超前意识与后技术文明的相通之处在于,两者如观察所见注定要走向同一命运,即成为迪斯尼游乐场似的狂欢之地,这也许是美国公众寻求童年生活的复归吧!

与对城市的态度相反,赖特晚期创作中对自然的态度发生了相应的变化,自然场所可以根据建筑的奇形怪状而改变自身的形态。在埃利斯岛的项目中,圆塔由四根钢缆加固的巨柱支撑起来,钢缆固定在地上,该塔所在地域被改造成为半圆形及圆形的洼地。赖特的自我流放不再只与大城市相关,连沙漠也不再包含这位大师泛神论的内容。赖特于 1959—1962 年间在加利福尼亚的圣拉菲尔(San Rafael)设计了马林县市政中心(Marin County Civic Center)。该中心像一个巨大的行星体卧在起伏的基地上。这片峰峦起伏的基地与其上升起的复杂的有机形体之间产生了冲突,赖特晚年的这种设计风格的异化在此项目中得到最集中的体现。体量交接处是一个巨大的扁穹顶,与旁边宣礼塔似的三棱形尖塔形成对应。环绕建筑的长长的玻璃走廊,建筑上部的一系列连续拱跨越在起伏的坡地上,将整个建筑有机地组织在一起,所有这一切手法包含了赖特在其漫长职业生涯中所试验的全部建筑语言。

对赖特而言,已不存在固定的历史和自然参考点,他的世界是变化的,他的预言是一种"愉悦",而只有那些超越了眼前巨大痛苦并快乐地向前奋进的人带着宁静平和的心态才能领略到其中的真谛。

让我们再回到开头。自传,这种现代建筑运动的大师们留在世上的最后信息,追根溯源,是大师们冷静且固执的主观声明。就格罗皮乌斯而言,他的自传是对职业发展不随现实变化而更改的消极的表述。就那些希望为建筑学原则的改变披上合法外衣,使之成为新原则的人而言,他们的自传不是明显地无用,就是过于神秘。为了完成这种自传,它的作者必须对他所要改变的原则进行筛选和变形,就像柯布西耶为他的粗野主义(Brutalist)手法所做的修改工作一样。但是乌托邦的最终成果,无论是前进或倒退,都将在密斯、柯布西耶或赖特的建筑语言和先锋派最初的客观的意识形态之间产生碰撞。总之,这种乌托邦背离了对都市现状的全面控制。而恢复这种对建筑个性的追求和梅(May)、马丁·瓦格纳(Martin Wagner)或范伊斯特伦(Cor van Eesteren)的思想之间的差距达到了极限。同时,由资本主义对生产体系的改组而产生的问题已导致了在知识结构领域的真正革命,因此,面对着从 1950 年以来的"新传统"的继承问题已使后来人处于戏剧性的两难之地。

第十八章 介于民族化和大众化之间：海湾地区的风格，斯堪的纳维亚新经验主义，意大利新现实主义，阿尔瓦·阿尔托的建筑

图578 斯德哥尔摩周围卫星城的分布图，包括：布莱克贝格，格里姆斯塔，赫塞尔比·加德，赫塞尔比·斯特朗德，拉格斯塔和魏林比，始建于1952年（引自《城市规划》，1965年） ▷

图579 斯德哥尔摩城市规划办公室：法斯塔卫星城规划方案，1948年（引自《城市规划》，1950年） ▷

图580 斯文·巴克斯特龙和赖夫·赖尼厄斯：斯德哥尔摩的卫星城罗斯坦拉德特规划，1948年（引自《城市规划》，1950年） ▷

我们在考察了二次大战结束时现代建筑大师们的实验活动之后，可以看到其思想前提已受到了广泛的批判，一部分新生代建筑师的态度尤其激烈。先锋派建筑现在看来已一败涂地，它对规划程序和社会进步的宣传也已经破产，特别是一战后发起现代建筑运动的那些主张技术至上的前卫派们已被新一代建筑师推上了审判席。此外，由于缺乏对刚刚过去的现代建筑发展史严肃的认识，导致了年轻一代建筑师们将现代建筑简单理解为一种线性过程，并将这一过程上溯至国际式风格（International Style）的组织起源。他们认为通过以下的方法来对抗先锋派建筑是可行的：要么是设计路线的剧烈变化，要么回到坚决抵制理性主义的浪漫主义道路上去，就采用赖特和阿尔托的作品中早已有之的有机手法。

人们呼唤对人性及心理因素的关注，要求突出材料的表现力，强调与环境的结合和对地方传统的重视。战前前卫派们所忽略的每一件事似乎现在都被重提了出来，并带来了另一种神话：以新的自然主义态度来对待环境，对自然的重新认识并不困难。这是对消除人们疑虑的方法的呼吁，它令人放心，而且绝不会向现代主义先锋者的思想妥协。首先，这是一个反技术论的、充斥着新人文主义的神话，它反对修辞的掩饰并立志在可信赖的经验主义建筑语言上与大众建立积极有益的关系。即使这一神话所运用的形式是群众的经验语言，但这些运动因被视作社会主义者的现实主义运动而在今天备受关注。从表面上看1945年到本世纪20世纪50年代中期，这种观点广泛传播，影响了美国西海岸（该地区建筑被称为海湾风格）、英格兰的新城运动、斯堪的纳维亚地区的新经验主义以及意大利的有机运动。

海湾地区风格最值得注意的代表人物是威廉·威尔逊·沃斯特（William Wilson Wurster，生于1895年）、H·汉密尔顿·哈里斯（Harwell Hamilton Harris，生于1903年）和P·贝卢西（Pietro Bellushi，生于1899年），而后者至少因其活动的某个方面也成为该风格的代表。文森特·斯卡利（Vincent Scully）在他的著作《美国建筑和城市化》（American Architecture and Urbanism）中道出了该风格与美国新包豪斯风格的密切关系："这两种流派不能像那个时代的评论员所划分的那样，分别是古典主义和浪漫主义，或者是机械主义的和自然倾向的。这两类建筑都是些简单的小尺度建筑。由于经济衰退和战争的缘故，这时期已无法找到大型的社会项目和纪念性建筑任务，并且由于建筑师的封闭导致以上情况的出现。"如果哈里斯1949年设计的洛杉矶约翰逊住宅这样的"木屋风格"（Shingle Style）或者像沃斯特在加利福尼亚设计的大批住宅属于上述情况的话，那么海湾风格建筑就非常缺少如早期英国新城运动中的建筑或者斯堪的纳维亚和意大利的低租金住宅街区那样的特性。后者借助了经过变形的富于装饰意味的地方传统语言，这样的手法早在雷蒙德·昂温（Raymond Unwin）或W·R·莱瑟比（W.R.Lethaby）的实验性设计中就已占主导地位，它们最优秀的作品创造出带有地方传统特色的城市景观。伦敦附近新城的居住建筑就是反对形式主义，根植于如画的地方风景之中的重要范例。新城运动的实质就是反对大城市的异化作用而创造更人性的环境，并最终以回到反城市的态度为目的。

斯堪的纳维亚新经验主义建筑的流派是相当多的。这一自然主义的神秘手法和伪心理学母题在瑞典和芬兰特定的社会条件下，以及在20世纪30年代的斯堪的纳维亚建筑语言中占有很大的比例。30年代由奥斯瓦尔德·阿尔姆奎斯特（Osvald Almqvist）设计的电站、S·马克利乌斯（Sven Markelius）设计的1939年纽约世界博览会的瑞典馆、1937年G·阿斯泼伦德（Gunnar Asplund）设计的自用住宅等作品所表现出的观念在四五十年代回归传统和大众题材的潮流中得到反映，这一潮流以S·林德（Sven Lind）、S·巴克斯特龙（Sven Backström，生于1903年）、L·赖尼厄斯（Leif Reinius，生于1907年）的建筑为代表。1952年斯德哥尔摩的新城市规划（New City Plan）在发展多个半独立性中心的基础上由马克利乌斯领导完成。巴克斯特龙和赖尼厄斯在此规划中将他们在斯德哥尔摩几个行政区规划中尝试过的类型沿用至更广泛的范围内：如1945—1948年在丹维克斯克利潘（Danviksklippan）的高层公寓区、1946年在格朗代尔（Gröndal）建的星形住宅、在罗斯塔拉德特（Rostamradet）行政区规划、德罗特宁霍姆（Drottningholm）的蛇形平面住宅。建筑师在此创造性地采用了一种灵活的城市模式，该模式拥有的几何特性能较好地和基地相吻合，并以其色彩、简洁的处理和传统的细部获得更多的好评。此外，斯德哥尔摩规划以城市的显著中心（宽大的步行区包围着五幢板式摩天楼）和周边的卫星城镇为基础，显示出与英国新城类似的城市尺度。在首都周围卫星城魏林比（Vällingby）和法尔斯塔（Farsta）的购物中心设计中，斯堪的纳维亚新经验主义的语汇发挥到了极致：城市空间竭力在展示自身，成为一处全天候的剧场，上演着各式各样的娱乐节目[1]。

战后重建时期，斯堪的纳维亚建筑的经验深刻地影响着意大利建筑，这并不是偶然的。正当意大利建筑师们在为挣脱本国早期文化上的模糊不定性而努力奋斗之时，社会民主国家瑞典所发生的事对他们

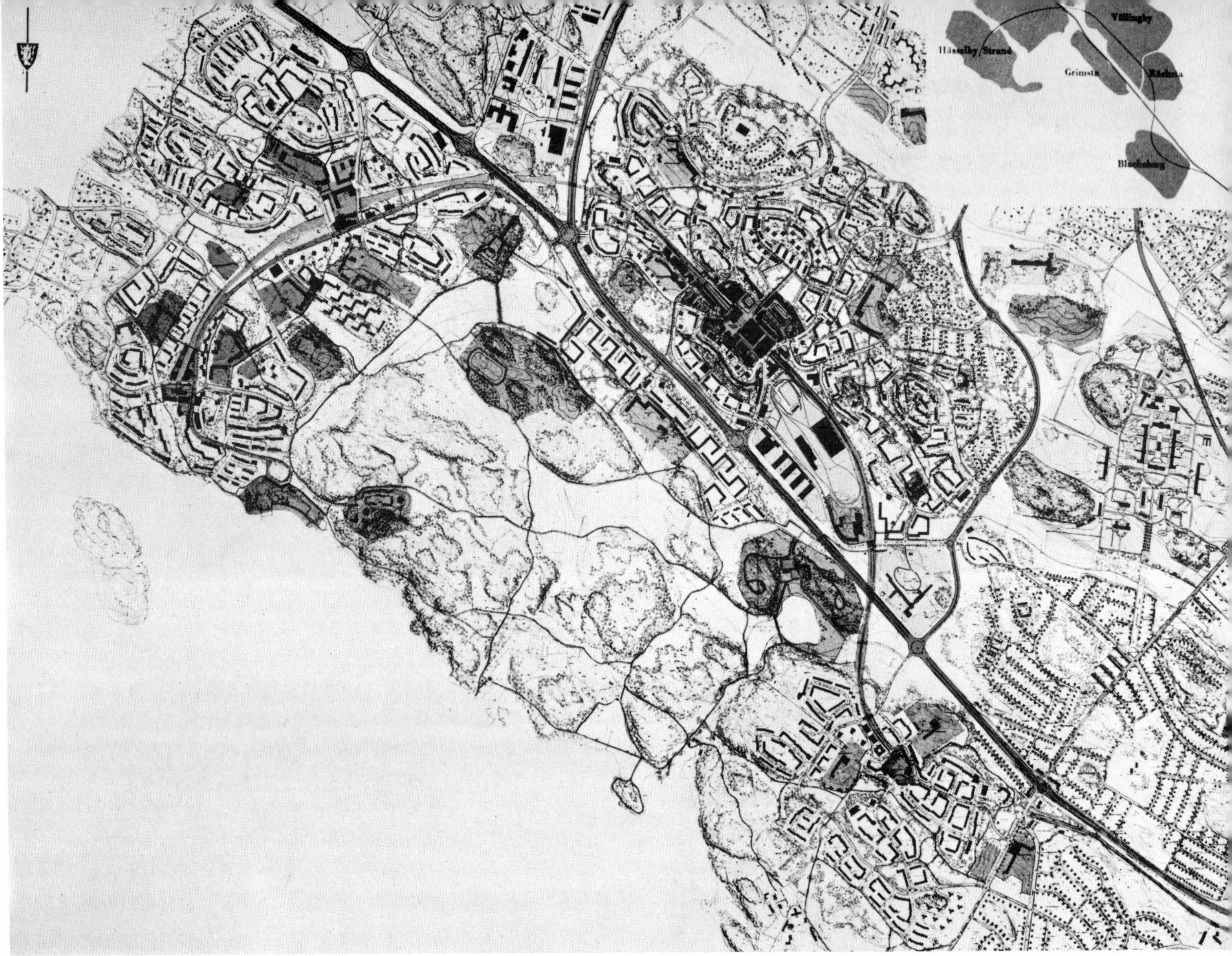
Vällingby
Hässelby Strand
Grimsta

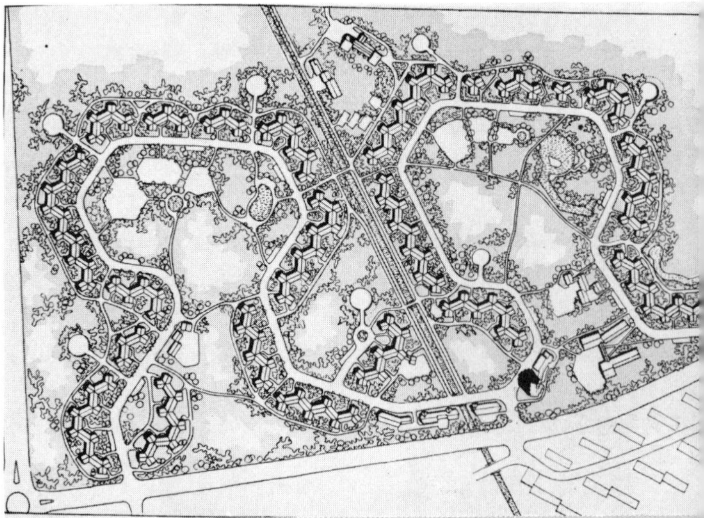

图581 L·夸罗尼，M·里多尔菲和合作者：罗马，蒂布蒂诺街区详细规划，1950年

图582 L·夸罗尼，M·里多尔菲和合作者：罗马，蒂布蒂诺街区公寓楼，1950年

图583 L·夸罗尼，M·里多尔菲和合作者：罗马火车站竞赛方案外景，1947年

图584 M·里多尔菲：罗马，埃蒂奥皮亚街，INA公寓楼平面与立面，1951—1954年（引自《反向空间》，1974年）

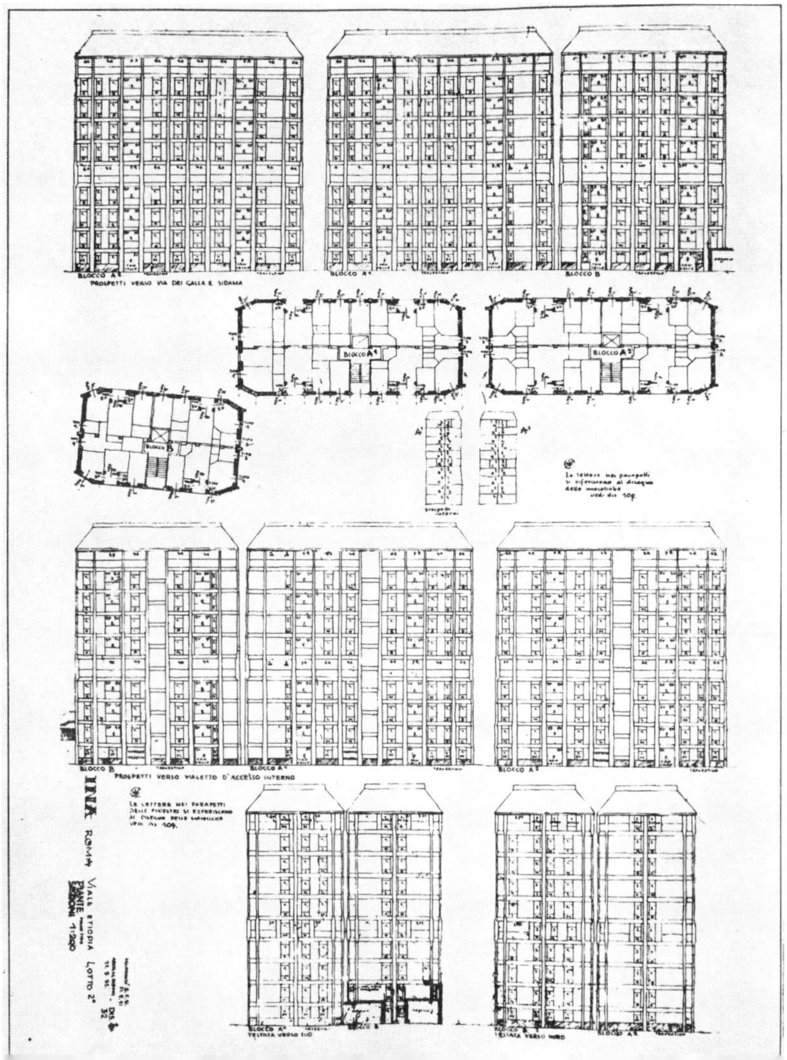

图 585 L·夸罗尼及其合作者：马特拉新村的教堂设计方案，1951 年

图 586 L·夸罗尼及其合作者：马特拉新村鸟瞰，始建于 1951 年

图 587 G·米凯卢奇：皮斯托亚，贝尔维德新村中的教堂设计草图，1959 年

图 588 G·米凯卢奇：里窝那城，罗马大厦方案，1961—1966 年

有着特殊的吸引力。与罗塞里尼(Rossellini)和维斯康蒂(Visconti)战后的新现实主义电影相对应产生了所谓的意大利"新现实主义"建筑。罗马学派建筑师 M·里多尔菲(Mario Ridolfi,生于 1904 年)、夸罗尼(Ludovico Quaroni,生于 1911 年)或者菲奥伦蒂诺(Mario Fiorentino,生于 1918 年)所关心的是建立一种能直接与被视作战后重建的主角——穷人阶层交流的语言。罗马的蒂布蒂诺(Tiburtino)INA 住宅区是新现实主义建筑最引人注目的实例。在该住宅区中,里多尔菲、夸罗尼和年轻的合作者们设计了一种反常规的底层平面(为了向"自发"形式表示敬意),并采用了像铸铁、罗马式的砖拱等手工建筑材料和本地特色的细部。这种组合方式明显参照了因未受污染而被称道的农村世界。当然这种对纯朴的乡村价值的再发现只是战后意大利文化中盛行的文化民粹主义的一个方面,该规划只是一个带有怀旧色彩的倒退的乌托邦而已。但是,就建筑而言,该规划创立了一种真实和恰当的观念,而该观念符合重建过程中对建筑业的特殊需求。由里多尔菲和 G·卡尔卡普里纳(G. Calcaprina)于 1946 年为国家研究委员会编撰的《建筑师手册》中就对传统手工艺和由知识型工匠设计的建筑大加赞扬。这些都是当时建筑业的一些表现。作为一项能够吸收大量未经训练的普通劳动力的经济措施(这些劳动力从不发达的南方地区和农村地区涌入),住宅建设往往成为房地产投机的工具,因此并没有产生技术上的改进和功能上的合理化,这就可以解释为什么在萧条时期的意大利南方地区会对新现实主义感兴趣。即使像卡洛·多尔索(Carlo Dorso)和 G·萨尔维米尼(Gaetano Salvemini)这样具有开放意识的南欧建筑师也会陷入模糊的诗意中。

在完成蒂布蒂诺街区设计后,里多尔菲在罗马埃蒂奥匹亚林荫道(Viale Etiopia)上的公寓塔楼群及塞里诺拉小区的设计中确立了其深受表现主义影响的建筑语言。夸罗尼则继续为萨西·德·马特拉(Sassi di Matera)区改造委员会工作,这是一片被卡洛·利瓦依(Carlo Levi)在《基督在伊波利区停步了》(Christ Stopped at Eboli)一书中描述为"意大利的耻辱"的贫民窟。夸罗尼还为联合国赈灾和修复委员会设计了马特拉新村(La Martella),用以安置贫民窟的居民。马特拉新村所表现的农村田园诗般的风光完全代表了 50 年代意大利知识分子的思想追求。E·N·罗杰斯(Ernesto N. Rogers)将当时大多数建筑师的任务和目标描述为"将大众传统和传统文化结合起来"。在罗马新火车站设计的过程中,夸罗尼、里多尔菲、菲奥伦蒂诺和他们的合作者力图通过结构表现主义的方式以纪念性形式表现民族主义,并借此与大众建立直接的情感联系。意大利早期共产主义理论家 A·葛兰西(Aritonio Gramsci)号召的大众民族语言产生于抵抗运动时期的新气候下,而再次出现只不过是一种抽象的怀旧情绪和表面上深思熟虑的想法。米凯卢奇(Michelucci)在他设计的佛罗伦萨火车站中经过了模糊不清的探索后,制定了这样一种符合居民自己需求的城市理论。

托斯卡纳地区的无政府主义故态复萌。米凯卢奇关于建筑是"自然的隔绝物","是"群众自发运动的产物"的想法复活了由布鲁诺·陶特煽起的乌托邦思想。无论如何,在 1949—1950 年间建于皮斯托亚(Pistoia)的日用品市场,在 1961—1963 年建于科林纳(Collina)和拉德雷洛(Larderello)的教堂和建于科洛迪(Collodi)的餐馆中,米凯卢奇都特别强调建筑与周边环境的结合和自由随意的趋向。将现代传统与乡土混合的直接成果就是 1964 年专为佛罗伦萨郊外高速公路上的驾车者而建的一座教堂。在该建筑中,民粹主义以一种含糊不清的非正规的面目出现[2]。同样,在民粹主义思想较罗马淡得多的米兰建筑师的作品之中,如在齐塞特(Cesate)郊区的住宅区[由 BPR 工作室、阿尔比尼、加德拉(Gardella)及其他建筑师合作设计],加德拉设计的其他建筑和阿尔比尼设计的建筑,如 1945—1950 年特别为孩子们设计的位于布劳伊尔(Breuil)的某山间旅馆,都可以看到将大众风格吸收进经验主义的创作思路。

但是这一时期的意大利建筑实践应该视作是反有机论的。1945 年,布鲁诺·赛维(Bruno Zevi)在罗马成立了"有机建筑协会"(APAO),对那些意大利建筑界中的年轻力量而言,这是一个相当有挑战性的组织。由于意大利建筑奉行将特殊化为一般的设计程序,这种由赛维提倡的赖特模式和阿尔托模式的影响力甚弱。APAO 在政治上持谨慎的态度,它受"第三种力量"观念的鼓舞。因其思想基础软弱,在许多情况下,除了最初在土地私有制和城市法规方面要求进行结构性改变的声明外,APAO 很快与其他派别殊途同归。只有少数几个严肃的意大利建筑作品发展了赖特的语言,其中包括 G·萨蒙纳(Giuseppe Samona)设计的一些方案,例如罗马外科医院(Traumatology Hospital)和蒙德洛(Mondello)别墅,卡洛·斯卡帕(Carlo Scarpa,1906—1978 年)的代表作和 L·佩勒格林(Luigi Pellegrin,生于 1925 年)的少部分作品。

到了 50 年代中期,意大利建筑师开始对本国的建筑道路进行反思,这预示着前十年的骚动培育出的神话和希望正走向破灭。

迄今为止正像我们从这一章所看到的,阿尔托在 1945 年以后的作品既保持着连续性又进行了变化和调整。阿尔托的作品与当代建

图 589 阿尔瓦·阿尔托:麻省理工学院学生公寓楼,1947—1948年

图 590 阿尔瓦·阿尔托:芬兰,奥坦尼米理工大学大会堂,1955—1964年

图 591 阿尔瓦·阿尔托:罗瓦涅米,公共图书馆最初草图,1965—1968年

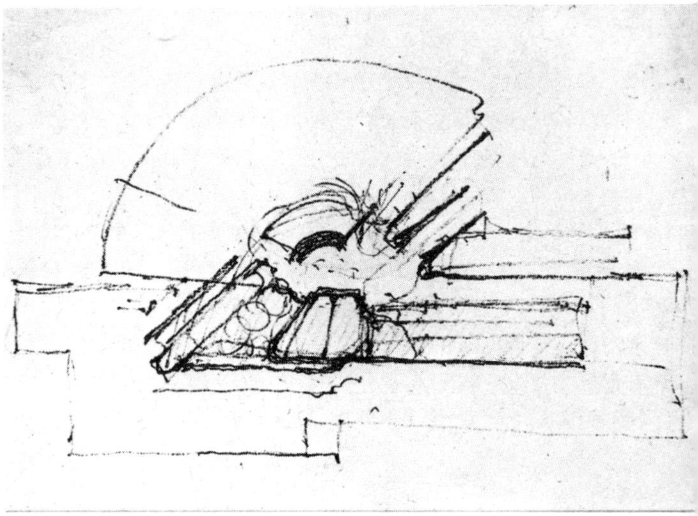

筑发展的共同之处在于对自然主义基本的认识和对心理需求的重视。另一方面,阿尔托的做法与所有程式化的手法迥然不同并坚持走他已在30年代后期形成的路线。他对瑞典自然主义和意大利民粹主义毫无兴趣,只努力在有机形式和几何表达方式之间建立一种直接的关系。他最杰出的作品从几个主要方面可以进行解续:在这些建筑中,自然主义的吸引力已融入到一系列故意含混不清的、多元的、暗示的形式中。在1950—1952年的珊纳特赛罗市政厅(Säynätsalo Town Hall)、1952—1954年赫尔辛基的拉塔塔罗商业办公大楼、1952—1956年国家年金协会(National Pensions, Institute)、1955—1958年芬兰国家文化中心和1956—1958年在伊马特拉(Imatra)附近的伏克赛涅斯卡(Vuoksenniska)教堂中,阿尔托的建筑语汇发挥到了极致。

但是阿尔托在少数作品中也曾陷入手法的自我重复之中,如1949—1954年建的芬兰奥坦尼米体育馆(Otaniemi Stadium)、1952—1957年建的于韦斯屈莱师范学院(Teachers' Trainning College in Jyväskylä)以及1958年设计的德国沃尔夫斯堡文化中心(Wolfsburg Cultural Center)。

我们知道阿尔托也为自己的建筑形式找理由:在伏克赛涅斯卡教堂中,由声学要求和高效利用空间而导致了室内三块空间的划分;又如他声称:他为妻子爱诺创建的阿尔台克(Artek)公司设计的木夹板家具是根据人体的舒适度而设计的。这样的理由尤其经常出现在他为其50年代日益增强的抽象手法所做的辩解中。

在赫尔辛基文化中心大厅紧凑而弯曲的体量和精练的呈几何形状的办公区之间阿尔托以一片精心设计的屋顶相连,突出整体不连续的特征。这种有意不和谐的处理在伏克赛涅斯卡教堂中再次得到强调。教堂中各种形式的作用与反作用空间达到了不寻常的平衡,尤其值得注意的是其外部窗洞的处理。在有机结构和表达方式之间产生的冲突具有相当的表现主义特征,这在不同空间的交接处表现得尤为突出,如弯曲的肋状物和屋顶的曲线、辐射状排列的通风管。采光系统创造出流畅的整体空间,使所有形式呈现一种非物质化景象。

从某种意义上讲,对于阿尔托而言,要达到建筑和自然之间的互补性,更需提前去保证建筑语言的自由。实际上,除了拉塔塔罗大楼以外,阿尔托的作品常常与大都市环境相脱离。除了精心处理的细部之外,建于1958—1962年的不来梅的扇形塔楼、1959—1962年赫尔辛基的恩索·古特蔡特公司大楼,甚至在1955—1957年的柏林国际住宅展上的住宅街区都暴露出阿尔托风格主义手法背后十分缺乏方法

图 592　阿尔瓦·阿尔托：赫尔辛基，音乐厅与会议楼方案，平面与立面图，1962 年（建于 1967—1971 年）

图 593，图 594　阿尔瓦·阿尔托：赫尔辛基，音乐厅与会议楼，剖面与外观，1961—1971 年

图 595　阿尔瓦·阿尔托：伏克塞涅斯卡教堂（靠近伊玛特拉），轴测投影图，1956—1958 年（引自《建筑与城市规划百科词典》，1968—1969 年）▷

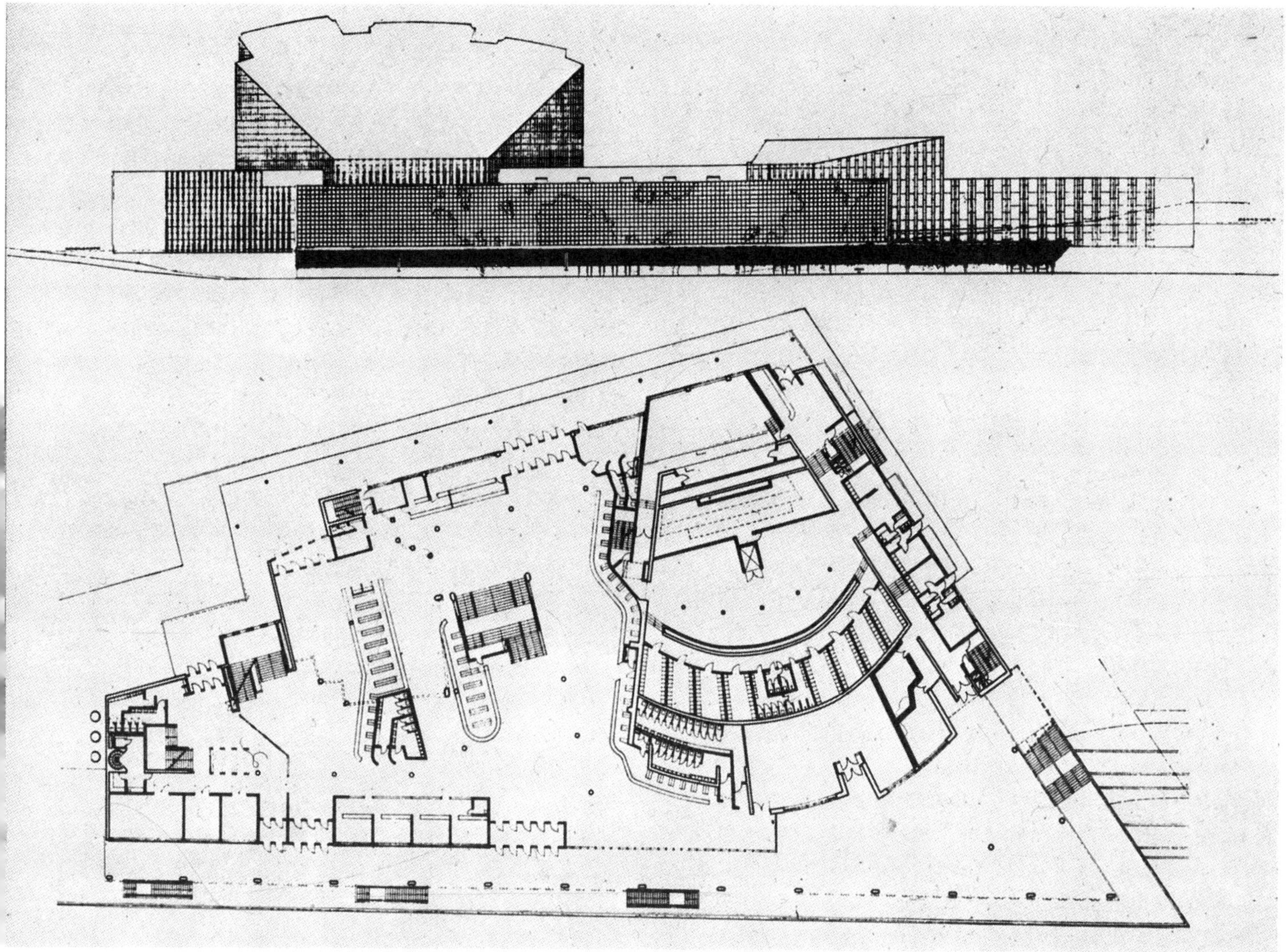

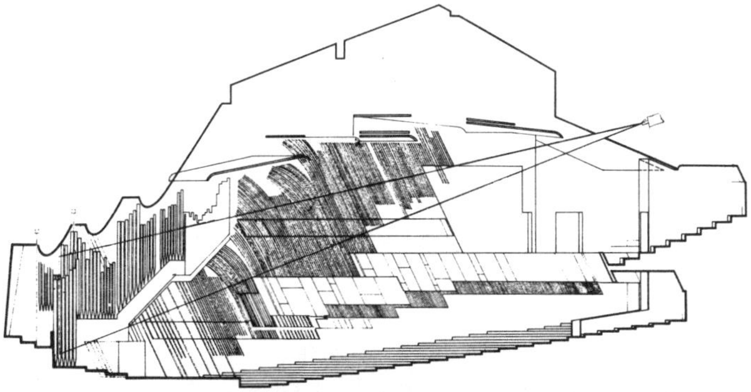

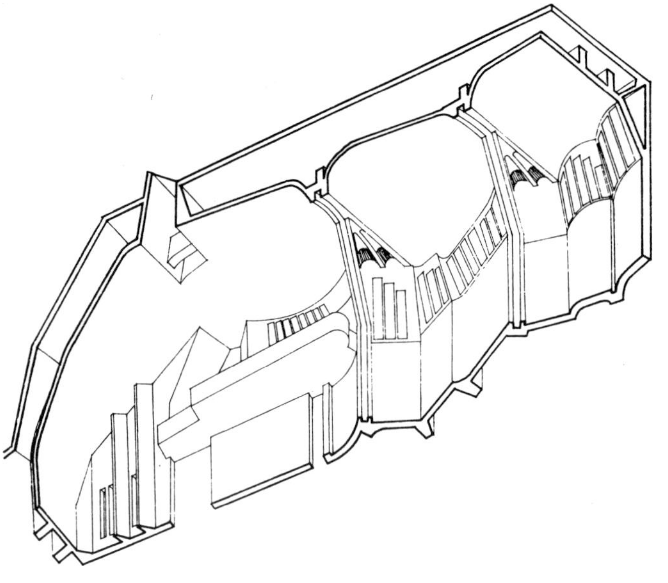

论的指导。这正是阿尔托所追求的谨慎的风格,从某种意义上来讲,他将整套的传统设计方法嫁接到一套对前卫派建筑进行反思的语汇中去。阿尔托风格流露出其对隐世哲学的喜好,对本应是有机和有活力的形式做了形而上学和一成不变的应用。阿尔托的这种方法论似乎与他在做产品设计时真诚大度的创作态度恰好相反。他的家具设计和产品设计中没有过分强调有机的曲线,在国家年金协会大楼的室内表现也是如此。如果依照那种有机的自由标准判断,他的杰作应该以伏克赛涅斯卡教堂和 1947—1948 年建的 MIT 学生公寓为代表。在前者中,阿尔托竭力以最纯净的形式表达其超现实的抽象主义;后者则采用了剧烈起伏的体量,建筑后部由突出的楼梯控制整体,低层建筑则为食堂和其他服务设施。我们可以看到抽象形式和有机主义之间的辩证关系成为他设计句法的构架。这种辩证关系很大程度上是以有意识不连贯的形式表现出来并插入城市现状中的,正如始于 1959 年的赫尔辛基新市中心方案所体现的那样。

在这里,规划的赫尔辛基市中心与城市直接的联系再次暴露了阿尔托诗意手法内在的局限性。他的历史意义可能被夸大了。但是有了阿尔托,我们得以游离于那些当代建筑戏剧化的伟大主题之外。他的作品有着不同于主流意义的杰出品质,绝不会在远离自己扎根的土地之外繁衍生长。

第十九章　50 年代与 60 年代的国际纵览

在 20 世纪 50 年代出现的一种趋势是新浪漫主义不断兴起且面目纷呈(这一点将在最后一章论述);而另一种趋势是简化的国际式风格日益普及,遍布世界。一种实际的"官方建筑"风格却在欧美及亚洲遍地开花,可是它们缺乏密斯那样出于冷静的清醒意识而特别强调基本要素,这是为了方便行事以满足建筑业的大量需求,它意味着必须重新认识整体的建筑职业及其工作方式,并且不得不承认它在设计和建造的过程中减少了大量的时间,并且受建筑工业化的要求走向了类型标准化。这个领域所处的不再是由单个建筑师热忱地交流他们的世界观的年代了,而是由一些任务充足,按流水线标准设计的大型事务所起主导作用的时代了,比如美国的 SOM(Skidmore, Owings & Merrill)或哈里森(Harrison)和阿伯拉莫维兹(Abramovitz)事务所,它们能提供迅捷的设计速度并满足很高的技术水平要求。每件作品和它们的建筑师一样都没有个性。如位于纽约派克大道由 SOM 事务所的G·本舍夫特(Gordon Bunshaft,生于 1909 年)设计的利华大厦,是那种超然于人群的纯净主义的重要宣言,这种纯净主义使幕墙成为建筑语言中唯一和宁静的元素。它这种全玻璃的板式摩天大楼只是套用了密斯风格的外表,在美国四处流行,并成了许多现代建筑的滥觞,不仅美国建筑是这样,在其他地区也处处可见,比如位于杜塞尔多夫(Dusseldorf)由 H·亨特里赫(Helmut Hentrich)和 H·佩特施宁格(Herbert Petschnigg)设计的莱茵凤凰大厦(Phoenix-Rheinhor),或位于伦敦由E·D·莱昂斯(Edward Douglas Lyons),L·伊斯雷尔(Lawrence Israel)和T·B·H·伊里斯(Thomas Bickerstaff Harper Ellis)设计的办公大楼,在匹兹堡金三角地带或最近的休斯敦等地方,这些光秃秃的平行六面体都成了 L·希尔伯施默(Ludwig Hilberseimer)在战前所预言的"无个性之城"的活例子。这种版本的"建筑世界语"不因时间和地点而改变:玻璃的幻景充斥于都市各处,从波士顿到东京到约翰内斯堡(Johannesburg),从蒙特利尔到柏林到斯德哥尔摩尽皆如此。

在追求这种形式空间的背景下,建筑师们只需考虑一些无足轻重的不会引起问题的因素。以钢和玻璃为材料的摩天楼表达了一种上天注定的共同命运,它们作为效率和意志的标志被强行推广。不管它们是由马克利乌斯(Markelius)负责协调的斯德哥尔摩那密布了平行板式大楼的专业市中心,还是前西德大量的纯净幕墙摩天楼,或是位于波士顿的 J·汉考克大厦,位于马德里(Madrid)的里尔·马德里大厦,另外美国贝聿铭事务所的作品或是由米兰人 M·贝加(Melchiorre Bega)、G·庞蒂(Gio Ponti)和C·多米诺里(Caccia Dominioni)所做的更为复杂的作品也都是这样。

再没有把这种类型的建筑称为新理性主义更为荒唐的了。从它们中间看不出一丝一毫伟大年代的实验中所闪耀着的乌托邦色彩的灵感。此外,它们没有提出任何理性的城市结构,只是表现了它们的随意性和对总体考虑的欠缺。即使是由州长洛克菲勒提议建于纽约曼哈顿角,于1968—1973年由建筑师雅马萨奇设计的世界贸易中心双塔楼,其实对它的作用也不甚了了。虽然它不但是景观标志,在理论上也是一种"事件"的标志,并作为一种新式的超级街区出现。在此意义上,那庞大的尺度使它们的作用更为模棱两可,而这种特点更因它们的无缝立面而更为突出。这类大楼所产生的即时效应是为了改变城市中心的整体形象,并实现建筑师的一种梦想:即寻找一种通俗且易于同化的建筑语言,使它的形式非常适合于商业开发和房地产的市场规律,但这也同样意味着当设计机构面临在公共场所设计重要项目以提高声望时——比如纽约的林肯中心、美国的大学和博物馆——他们只能去求助于折衷主义的模仿或片断虚夸的建筑语言。这只要回顾一下哈里森和阿伯拉莫维兹事务所或贝聿铭参差不齐的作品就足够了。

不管怎样,在单独的大厦设计领域中,追求方便可靠占了上风,这成为20世纪五六十年代国际建筑全景中引人注目的一幕。即使是丹麦的A·雅克布森(Arne Jacobsen)或瑞士的W·莫泽(Werner Moser,1896—1970年)这样的建筑师在独自发展并重新审视了新经验主义或赖特式的建筑语言之后,最后还是加入了重视技术的大潮。雅克布森设计的位于克拉姆朋堡(Klampenborg)的连排住宅和在詹托夫特(Gentofte)的学校,以及他最后的设计作品:1955年的罗多夫(Rodovre)市政厅和1960年在哥本哈根的SAS大厦中都采用了冷冰冰的玻璃盒子的形象。但他在追求形式纯净的同时依然使用复杂的材料、色彩和细部,用这些来强调新近的大都市或城市化区域"人为优势"的特点,这与马克利乌斯最后的几件作品很相似。他的这种形式上的纯净与前西德商业建筑中占主导地位的E·埃尔曼公司(Egon Eiermann)和施奈德·埃斯勒本公司(P·Schneider-Esleben)的追求是全然不同的。同时,对安全性始终不渝的追求,则成了奈尔维或R·莫兰第(Riccardo Morandi,生于1920年)在不同程度上的严格结构特征。

奈尔维设计的罗马大、小体育宫(Palazzo and Palazzetto dello Sport)和弗拉米尼欧(Flaminio)体育场以及1960年的都灵展览建筑,将光辉的技术发明与新的富于纪念性的有机主义结合了起来。莫兰第喜爱用预应力混凝土尝试一些前无古人的形式。这些实验性作品

图596 G·本舍夫特(SOM事务所建筑师):纽约,派克大道,利华大厦,1950—1952年

图 597　C·F·墨菲事务所；SOM 事务所；洛伯、施洛斯曼、贝内特事务所：芝加哥，芝加哥市政中心，1963—1965 年

包括：菲乌米奇诺（Fiumicino）航站楼，奥托斯特拉达大桥（Autostrada del Sole），在热那亚（Genoa）跨波西维拉的高架桥以及在加拿大的跨哥伦比亚河大桥[1]。

当时两项特殊的开发项目表现了新的国际主义大气候：其中一项是 1957 年举办的西柏林汉莎国际住宅展（Interbau Quarter），另一项是 1951 年创办了乌尔姆设计学院（Hochschule für Gestaltung），创办者为瑞士建筑师、画家、雕塑家 M·比尔（Max Bill，生于 1908 年），他试图恢复德国德绍的包豪斯学校的主张。在汉莎国际住宅展中，阿尔托、格罗皮乌斯和 TAC、尼迈耶、巴尔德萨利（Baldessari）、菲斯克（Fisker）、巴克马（Bakema）和 V·布洛克（Van den Broek）等人都用自己的方式做出了贡献，但是巴克马和布洛克两人并没有加入住宅类型的试验。在现代建筑运动的伟大传统将不断继续下去的高歌声中，事实上已经出现了危机。其中乌尔姆设计学院在 1956 年比尔辞职后，由 A·T·马多纳多（Argentinian Tomàs Maldonado，生于 1922 年）接任。他打算建立“环境科学”这门学科，以继续贯彻由 H·梅耶（Hanner Meyer）数十年前形成的教学理念。从 1956 年到 1967 年乌尔姆成了理论家、建筑师、设计师和专家交流理论的场所，比如 G·邦西比（Gui Bonsiepe），C·施奈特（Claude Schnaidt）和 A·莫尔斯（A. Moles）等人就经常出现在这里。当时马多纳多试着把学校的生产与布朗（Braun）这样的大型公司合作，不过他在美学思想上则比较靠近 M·本斯（Max Bense），倾向于形式逻辑，也倾向于法兰克福学派的社会批判理论。可是由于以下两方面的原因最终在学院内引发了危机。其中一方面，是争取德国资本家对社会上的批评的重视；另一方面是认为大量的社会潜力依然处于沉睡状态，没有受到经济开发的充分利用，而这种经济开发只服从于自身的规律甚至是工业生产设计的组织程序。在这样的时刻，宣扬生产的乌尔姆设计学院不得不转变成了一个试验方法论的基地，根据德国的传统，它早就该被关闭了，这样，1933 年的一幕又重演了一遍：这一次不是因为戈培尔，而是由于同样僵化的经济体制。不管怎样，该学院在很多方面所表达的倾向预言了各种趋势，尤其是它提出了专家论与社会批判论之间的隐含矛盾。到了 70 年代世界上对这些方面进行了方法上的探索。

到了 20 世纪 50 年代末，反对官方建筑的趋势日益突出。当时墨西哥的 M·帕尼（Mario Pani）、委内瑞拉的 C·R·维拉纽瓦（Carlos Raúl Villanueva）正在不断争取复兴国际主义风格。在法国，“新村”（grands ensembles）中的建筑正在把功能主义的公式转化成古怪的“异化机

图 598　斯德哥尔摩，新市政中心摩天楼 ▷

器”。唯一例外的是少数如 E·艾劳德（Emile Aillaud）或 G·坎迪利斯（Georges Cadilis）、A·约西克（Alexis Josic）和 S·伍兹（Shadrach Woods）等人，甚至他们也是充满疑问的。在荷兰和英国对现代主义运动的教条进行了富有成果的反思，然而他们并没有 J·L·塞特（Jose Luis Sert）或阿特利尔（Atelier）5 人小组那种富于责任心的纠正姿态[阿特利尔 5 人小组负责在伯尔尼附近的艾伦（Halen）住宅开发项目，这是战后最令人感兴趣的住宅实验之一]，只是试图去重新确立战前被打断的 CIAM 的理论路线。

鹿特丹市中心毁于 1940 年 6 月 14 日，它们的重建工程业已成为典范。在同一个月里，城市当局征用了被毁地区的土地和建筑，并许诺赔偿 4% 的利息（其协议是当战争结束后，房产所有者支付相应的新房建设费用后，将得到补偿，获得新房的份额来作为对旧房的替换）。整个重建都是在 1946 年由 C·范特拉（C. van Traa）所制定的规划指导下进行的，规划中预见城市将越过马斯河（Mass）扩张，并设立了独立的文化、娱乐中心，中心的标志是由范蒂杰（Van Tijen）和马斯康特（Maaskant）所设计的一幢高层建筑。城市本身的定向中心则位于城北，1949—1954 年间 J·H·范登布洛克（Johannes H. van den Broek，生于 1898 年）和 J·B·巴克马（生于 1914 年）在那里建成了他们最重要的作品之一，林巴恩（Lijnbaan）商业建筑群。商店沿两条交叉的步行街布置，并与面向绿地的十层板式公寓楼群相连，围绕建筑群的一些商业建筑把它与城市的四周地区相连通。这些建筑中有两个百货商店：一座为 1951 年由范登布洛克和巴克马设计的莫兰商厦（Ter Meulen），建在奥德街（Oude Binnenweg）；另一座为 1957 年由 M·布劳耶尔和 A·埃尔泽斯（A. Elzas）设计的新比詹科夫商厦（De Bijenkorf），建在库尔辛格街（Coolsingel）。由于对细部和城市设施作了认真考虑，使林巴恩商业建筑群成了真正的都市心脏，它们通过运用一种简化的语言，重复的模数加上仔细斟酌的超结构而取得了成功，相形之下使得意大利民粹主义热衷的新现实主义作品和自我陶醉的斯堪的纳维亚新经验主义作品显得混乱不堪。范德弗洛特（L. C. van der Vlugt）和 J·A·布林克曼（Johannes Andreas Brinkman）以前的同事范登布洛克以及更为年轻的巴克马这些人特意继承了荷兰 30 年代新客观主义所进行的实验。从 1948 年到现在，他们的工作室已经仔细验证了城市小区的组织：把地段划分成高度和类型不同的地块，并围绕着“视觉组团”和社会服务设施来布置，而这些设置则把住宅群联为整体。在这里，他们大大发展了德国魏玛共和国时期的住宅区结构，并延续了理论探讨。巴克马和范登布洛克多样化的语言逐渐变得更为丰富和更为连贯了，这可以从他们的一些作品中看到，它们包括：在亨格洛（Hengelo）的克莱因·德里尼（Klein Driene）小区（1955—1968 年），亚历山大波德河桥（Alexanderpolder）方案（1953—1956 年），吕伐登市（Leeuwarden，荷兰）的扩建（1956—1965 年），德国武尔芬（Wulfen）新城设计（1961 年）；阿姆斯特丹隔河的潘普斯新区（Pampus）规划（1964—1965 年），直到更近些的特诺森（Terneuzen）市政厅，在阿姆斯特丹郊区的 AMRO（阿姆斯特丹－鹿特丹）银行总部，在米德尔哈尼斯（Middelharnis）的赫纳塞（Hernesser）学院（1966—1974 年）。它们成功地探讨了自由的理性主义精神，从而取得了优雅的建筑语言。在荷兰总体的建筑研究之中，范艾克（Aldo van Eyck，生于 1918 年）试图取得超越，他创造了几何形的集合方式，这种集合体特征各异，并富于启发意义，它们明显地体现在下列作品之中：阿姆斯特丹孤儿学校，1965 年在德里伯根（Driebergen）的新教教堂，1969 年在杜塞尔多夫的施梅勒美术馆（Schmela Galerie），1968—1970 年的海牙天主教 P·范阿尔斯（Pastoor van Ars）教堂和最近的阿姆斯特丹未婚母亲住宅。

但对于巴克马和范艾克的成果必须放入国际大气候中去考察。当时 CIAM 产生了危机，成立了十次小组（Team 10）并在英格兰进行了一系列实验。在 20 世纪 50 年代早期，伦敦的建筑思想中占主导地位的是一种强烈的表现主义：比如 1951 年南岸的节日大厅，其体量及外部空间连贯并富于活力，尤其值得一提的是富于创造力的小圈子，包括建筑师史密森夫妇（Alison Smithson，生于 1928 年；Peter Smithson，生于 1923 年），摄影家 N·亨德森（Nigel Henderson），雕塑家 E·保罗兹（Eduardo Paolozzi）和评论家 R·班海姆（Reyner Banham）。总之，表现主义在战后的英国广为流传，这得归功于被称为“愤怒一代”的年轻人的动荡不安。对于这些年轻人，J·奥斯本（John Osborne）的戏剧和 R·莱斯特（Richard Lester）的电影作了最鲜明的表现。N·亨德森（Henderson）的照片满怀至诚与同情地记录了伦敦工人阶级详细的居住状况。同时，保罗兹的前波普（Pre-Pop）实验为回归重要的形式感受也作着同样的努力。因此历史上先锋派的老主题——空间的存在与体验之间的关系——又一次被英国文化重新提起，但就总体来说，它们明显没有引起关注。

然而，新的问题是如何塑造一种环境，这种环境能提示并促进社会功能的拓展，在形式和现有的活力之间寻求共生，同时又不忽略新技术和新形象库中的丰富内涵，这种形象是由于大城市的丰富多样，

SERVICE

图 599 A·雅克布森：哥本哈根，SAS 大厦，1957—1962 年
图 600 R·莫兰第：热那亚，跨托伦特-波西维拉高架桥，1967 年

不断变化和充满偶然所形成的。以此为基础，不可避免地会对某些开发建设提出尖锐而深刻的批评，比如针对 F·吉伯德(Frederick Gibberd)那妥当但又不定形的建筑；源出霍华德传统的新城的偏差之处；对战前城市化传统的肢解或添加；伦敦新区皮姆利科(Pimlico)和一些官方建筑，这些建筑将充当医院、大学、中小学和有关建筑的示范品。

史密森夫妇于 1952 年为金巷住宅区(Golden Lane Housing)竞赛所做的设计方案迅速作为一个模式受到了其他建筑师的欢迎。他们的设计是一种对分区制的批评，这种分区制由"光明城市"而来，并受《雅典宪章》的支持。他们在方案中特别注意强调联系空间，如居住区内的街道，强调住宅与街道的接触，人口密度和多功能建筑，亨德森照片中所揭露的贫民窟中的密集度，通过史密森夫妇的捕捉和升华，转化成了一种城市尺度上的类型方案，并公开通过学习勒·柯布西耶在阿尔及尔奥勃斯(Obus)规划中的主要思想来加以实验。悬空的街道，连续的路网，密集的服务设施，住宅与服务设施之间直接的联系都作为建筑形式中的基本要素，借此获取最大可能的空间。但这只是思想还不是结果。1954 年史密森夫妇依照密斯的准则在诺福克的汉斯坦顿(Hunstanton)所建立的学校，与其说是一个贯彻他们理论的建筑，还不如说是对当前的建筑经验主义摆出了一副论战的姿态。他们在金巷规划中开始形成的思想在 1957—1958 年他们与西格蒙德(Peter Sigmond)合作的柏林豪普城(Haupstadt)竞赛方案中得到了进一步发展。他们把新的城市结构悬挂于旧结构之上，通过联系空间和富有弹性的超大型结构中自由布置的塔楼与地面相连。

史密森夫妇始终没有机会去实现这一模式，他们实际所建成的作品不过是 1960—1964 年的伦敦经济家大厦。他们只是在 1966—1972 年罗宾·胡德花园(Robin Hood Gardens)居住区中部分地实现了金巷规划和柏林项目中的思想。而在 1957—1965 年之间，由 J·L·沃默斯利(J. Lewis Womersley)在谢菲尔德(Sheffield)设计了巨大的公园山——海德公园(Park Hill-Hyde Park) 居住区，悬空的大街与住宅紧密结合从而使高层居住区统一在连续开放的城市结构之中，这验证了伦敦先锋派富于活力的研究成果。与此同时在伦敦的罗汉普顿(Roehampton)地区，作为对新城计划(始终被保守党分子所阻碍)的挑战性应答，L·马丁(Leslie Martin)，H·贝内特(Hubert Bennet)和伦敦郡的一大群建筑师综合了一种明显来源于勒·柯布西耶的语言，既解决了城市的实际问题，又取得了风光如画的效果。

这种革新受到了国际舞台上日显重要的十次小组的推动。该小

图 601 J·B·巴克马，布洛克：鹿特丹，林巴恩步行区商店，1952—1954 年

图 602 J·B·巴克马，布洛克：阿姆斯特丹扩建，Pampus 规划，1964—1965 年

组成立于 1956 年 CIAM 的杜布罗夫尼克(Dubrovnik)会议，在三年之后的奥特洛(Otterlo)会议上，他们已足以挑战 CIAM 年迈的守卫者。在攻击正在异化的功能主义的同时，要追求一种能提取技术主义潜力的新人文主义，这使得史密森夫妇和范艾克、巴克马、德·卡罗、坎迪利斯、约西克和伍兹走到了一起。

班海姆(Banham)把那种背景下产生的所有实践全部称之为新粗野主义。它包括的语言含义远比它的专业理论来得广泛。尽管由法国的坎迪利斯，约西克，伍兹小组所精心拟定的城市模型，与史密森夫妇的连续结构，范艾克所提出的“迷宫式的清晰性”(Labyrinthine Clarity)等理论有许多共同之处，也与巴克马所提倡的流动理论以及英国人的理论相似，但他们的语言却和勒·柯布西耶的强调材料的特点非常之不同，而现在这点却似乎成了粗野主义的特征。事实上，1961 年起在图卢兹(Toulouse)的米拉开发区(Le Mirail)，就有很多方面借鉴了金巷规划的经验；在卡昂(Caen)和欧奈(Aulnay)的设计则以所谓的“簇群原理”为准则；在 1962 年波鸿(Bochum)的鲁尔大学，在柏林达尔姆(Dahlem)的自由大学建设中都请 J·普罗维(Jean Prouvé)作为结构工程的顾问[2]，形式模式和组合模式的结合变得更紧密了。坎迪利斯、约西克和伍兹(他们的合作在 1970 年解散)所失去的语言，通过德·卡罗(Giancarlo De Carlo，生于 1919 年)在 1962 年位于乌尔比诺(Urbino)的学生宿舍楼和 1969 年该地的新师范学院项目中得到了恢复——可以看到他在这两个项目中还同时为城市规划做出了创造性的贡献。其余类似的贡献由另一些被归为新粗野主义的建筑师们所作出，这倒是因为他们的建筑语言或多或少地受了勒·柯布西耶的影响。其中维加诺(Vittoriano Viganò)在米兰郊区巴吉欧(Baggio)的商标协会(Istituto Marchiondi)；J·斯特林和 J·戈温(James Gowan)的早期作品如 1955 - 1958 年在汉·科蒙(Ham Common)和里士满的住宅，在普雷斯顿(Preston)的住宅改造项目；还有一批受日本影响的佛罗伦萨的米凯卢奇学派的建筑师的作品：如 L·里奇(Leonardo Ricci)在索尔冈(Sorgane)地区的建筑，L·萨维奥利(Leonardo Savioli)在皮亚琴提那路上的公寓住宅，以及 L·菲吉尼(Luigi Figini)和 G·波利尼(Gino Pollini)在米兰的穷人教堂。

伦敦独立团体的活力引发了两股互相独立鲜有联系的潮流。其中一个是“乌托邦学派”，我们将在下一章进行讨论，它们试图探索的技术美学的极致效果，由史密森夫妇、保罗兹(Paolozzi)和班海姆发展起来。另一个是粗野主义学派，据史密森夫妇宣称它的不同之处在

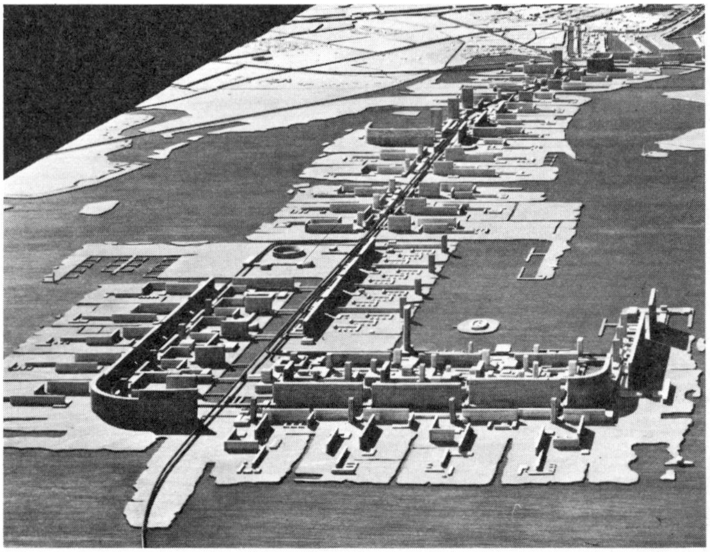

图 603 范艾克：雷蒂（比利时），维萨住宅，局部立面、轴测、屋顶平面，1975 年（引自《莲花》，1976 年，第 11 期）

图 604 阿姆斯特丹，比耶默米尔区模型，始于 1966 年

图 605 史密森夫妇，P·西格蒙德：柏林豪普城规划，1957—1958 年

图 606 史密森夫妇：伦敦，经济家大厦，1960—1964 年

图 607 史密斯夫妇：伦敦，罗宾－胡德花园居住建筑群，1966—1972 年

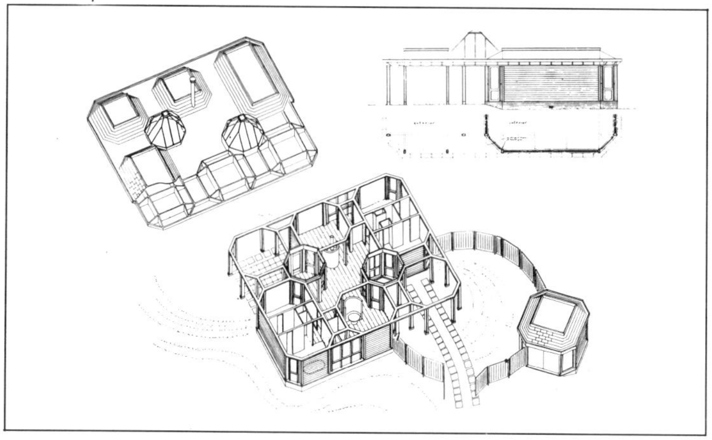

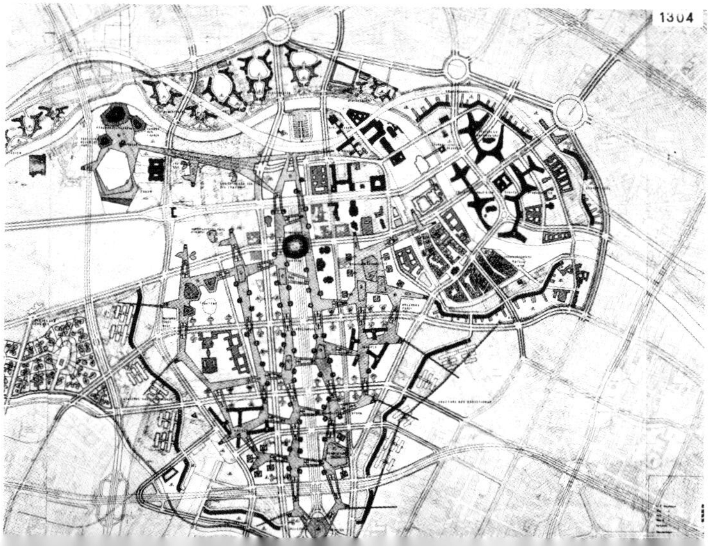

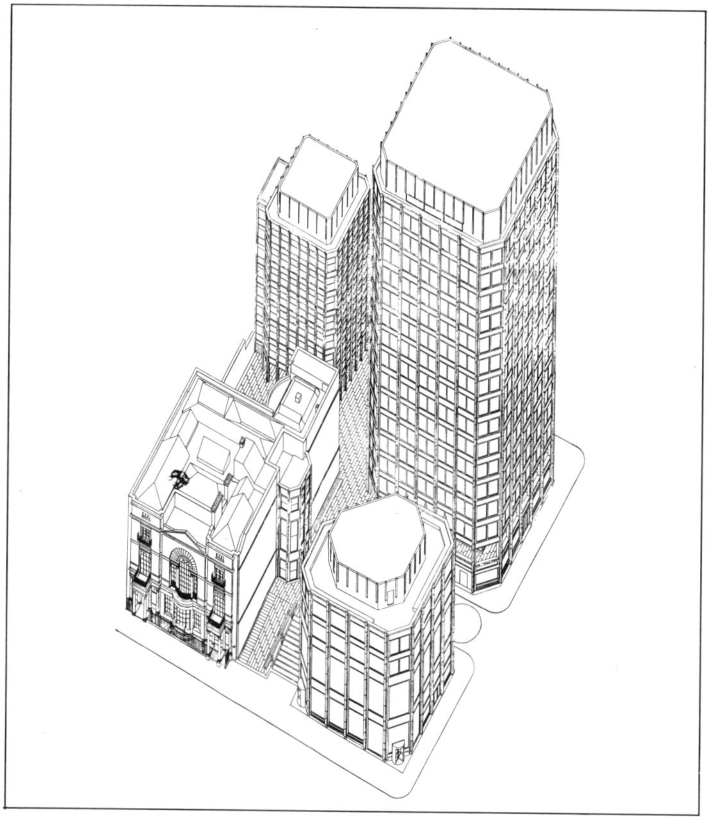

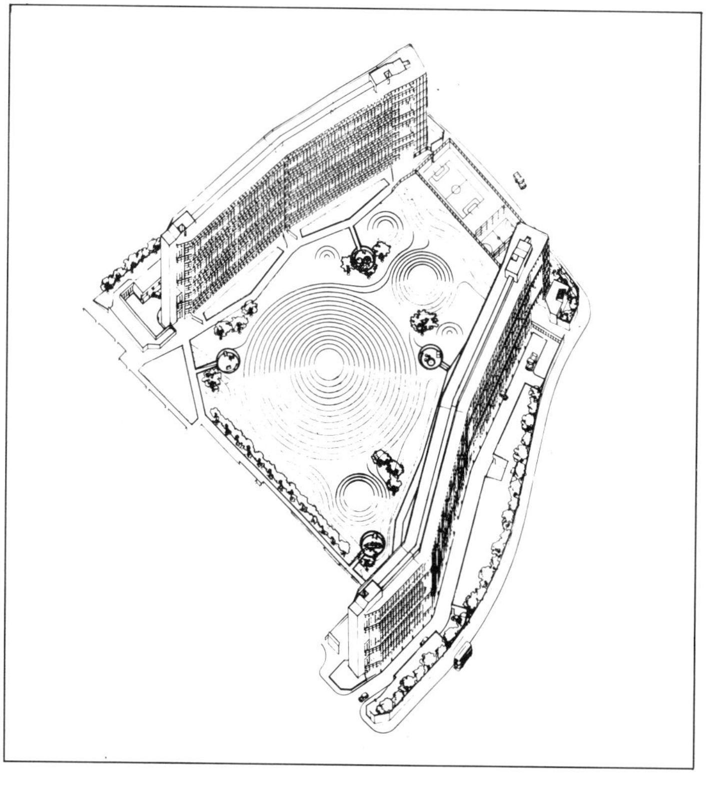

图 608 伦敦郡规划委员会：伦敦，罗汉普顿小区鸟瞰，1952—1959 年

图 609 J·L·沃默斯利及合作者：谢菲尔德，公园山－海德公园居住区，1957—1965 年

图 610 D·拉斯顿：诺维奇，东英吉利亚大学，1962—1968 年

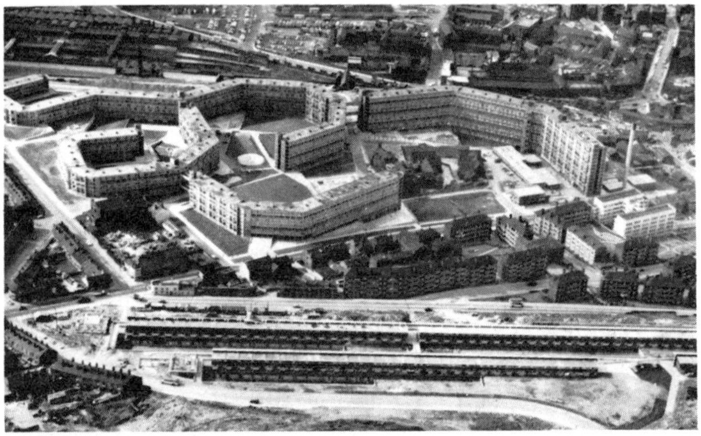

于：把目标定向社会所需求的大量性建筑，并要从强大的使人迷惑的力量中激发起一种原始的诗意。

作为粗野主义最优秀的成员——日本的前川国男（生于 1905 年）和丹下健三（生于 1913 年）——在其粗野的诗篇中采用了勒·柯布西耶在“城市居住单位”（Unite d' habitation）和拉土雷特修道院（尽管不是朗香圣母教堂）中凝聚起来的词汇。丹下健三的作品，如仓敷市政厅，1966 年的山梨文化会馆，静冈新闻中心东京分社；前川国男的作品，如东京的都市节日厅和学士院（Gakushuin University）大学都呈现了一种史诗般的调子。日本风格的影响日渐广泛成了无可争议的事实，它采用语义的夸张形成了一种公共的语言。

当新先锋派试图尽量利用勒·柯布西耶的细枝末节来作为一种公共语言时，就未免显得有些荒唐。新粗野主义风格在某种程度上演变成了类似保罗·鲁道夫（Paul Rudolph，生于 1918 年）的作品，例如他和 G·卡尔曼（Gerhard Kallmann）合作的耶鲁大学建筑学院和波士顿政府服务中心，而卡尔曼和麦克金内尔（Mckinnell）、诺尔斯（Knowles）则一同通过学习拉土雷特修道院而形成了新波士顿市政中心的组织原则。由 H·威尔逊（Hugh Wilson）、D·利克（Dudley Leaker）和 G·科普考特（Geoffrey Copcutt）设计的苏格兰新城坎伯诺尔德（Cumbernauld）市政中心，是一个密集的庞大的多功能建筑，它以咄咄逼人的形象耸立在距格拉斯哥不远的充满田园风光的新城之中。

从某种意义上来说，反对国际式的论战是富于价值的。哈里森和阿伯拉莫维兹用他们那毫无人味的玻璃盒子为曼哈顿中部定下了基调。而耶鲁大学的校园却由于保罗·鲁道夫、路易·康、埃罗·沙里宁的建筑而成为勇往直前的先锋派真正的博物馆。当然反对国际式亦可以是 D·拉斯顿（Denys Lasdun）那种以更为冷静超然的外形进行含蓄的劝讽[它们包括：俯瞰伦敦摄政王公园的皇家医学院，和富于创造性的诺维奇（Norwich）东英吉利亚（East Anglia）大学建筑群，后者的平台融于整个景观之中]；然而对国际式的反对还可以是激烈型的，例如 H·夏隆（Hans Scharoun）带有新表现主义倾向的作品，如位于斯图加特他所谓的罗密欧与朱丽叶街区，位于吕嫩（Lünen）的盖施维斯特中学（Geschwister Scholl）和柏林爱乐音乐厅。在爱乐音乐厅中他又一次表现了在 30 年代的作品中所热衷的不规则且延续不断的特点（至少理论上如此）。它那散乱的底层平面和松散的空间试图使这种反语言成为一种永恒的反抗之声，其结果使它成了一座充满创伤的剧院，但缺乏任何真正使人震惊的因素。无论如何，新的非正统的先锋派和波

图 611 H·威尔逊(1956—1962 年主要建筑、规划师),D·利克(1962 以后主要建筑、规划师),G·科普戈特及合作者:坎伯诺尔德新城,市政中心

图 612 前川国男:东京,都市节日厅,1958—1961 年

图 613 G·德·卡罗:乌尔比诺,学生宿舍楼,1962 年

图 614 丹下健三:香川县立体育馆,1964 年

图 615　丹下健三：东京，静冈新闻广播中心，1965—1970 年

图 616，图 617　H·夏隆：柏林，爱乐音乐厅，1956—1963 年

图 618　埃罗·沙里宁：纽约，TWA 航站楼，1958—1962 年

普艺术又先后开始大规模活动了，迫使 H·巴尔(Hugo Ball)沉默的悲剧，甚至是埃罗·沙里宁(Eero Saarinen)和 J·约翰森(John Johansen，生于 1916 年)[3] 的新表现主义尝试，与其说是一种真实不安的体现，倒不如说是它们以不平静的外表去打动人。埃罗·沙里宁以前是他父亲伊利尔·沙里宁(Eliel Saarinen)的合作者，他在 1951—1957 年底特律通用汽车公司技术中心中运用了高度简洁的纯粹主义手法，而在 1955 年麻省理工学院校园中的克瑞斯基会堂和小教堂(Kresge Auditorium and Chapel)中采用了极为复杂的有机主义，这之后他通过坚实的专业基础和大胆的结构来创造令人激动的形式，这些结构形式在他手中几乎成了广告的手法。这种情形无论是在耶鲁大学的冰球馆，还是在纽约的哥伦比亚广播公司大楼，圣路易斯市密西西比河边跨度超过 630 英尺(192 m)的杰弗逊纪念拱门，1961—1962 年在华盛顿特区附近的弗吉尼亚州尚蒂利(Chantilly, Virginia)的杜勒斯机场，尤其是在纽约肯尼迪国际机场的 TWA 候机楼中都可以看到。

对于沙里宁和悉尼歌剧院的设计者丹麦建筑师伍重(Jorn Utzon，生于 1918 年)，或对于 R·皮提拉(Reima Pietilä，生于 1923 年)来说，他们之所以追求令人激动的形式，是为了恢复形式库中的丰富含义，而目前所继承的形式非常缺乏自己的意义。在此基础之上更进一步令人激动的试验就是“行动建筑”的出现，它的结构不规则，用杂乱的物体或中空的洞穴组成，显示了一种对于原始感的回归。这些正是 B·戈夫(Bruce Goff，生于 1904 年)，A·布洛克(André Bloc，1896—1966 年)，C·帕伦特(Claude Parent，生于 1923 年)，F·凯斯勒(Frederick Kiesler，1892—1965 年)等人所采取的方式，其中戈夫对赖特式的语法元素进行了变形，布洛克于 1962 年建在默东(Meudon)的居住小屋(Habitacles)则完全是个抽象的洞穴，而凯斯勒在与 A·路斯合作过一段时间之后致力于新造型主义研究，他最后的创作是 1959—1965 年间在耶路撒冷以色列国家艺术和考古博物馆中的一些作品，形式上都采用了粗野主义手法，它们包括《圣经》中的圣地，《死海卷》中的圣殿设计。

新表现主义没有表现出它本质上的模糊不定，它能够通过与超现实主义的联合来调整自己，就像最近在西班牙的一些实验中那样，比如位于马德里的 T·布兰卡斯(Torres Blancas)街区，它由 F·J·S·de·奥依扎(Francisco Javier Saenz de Oíza)，J·D·富拉翁多(Juan Daniel Fullaondo)，R·莫尼欧(Rafael Moneo)设计；或是 R·波菲尔(Riccardo Bofill)设计的作品。这种例子也主要表现在巴西。O·尼迈耶(Oscar Niemeyer，生于1907年)1936年作为学徒与勒·柯布西耶合作

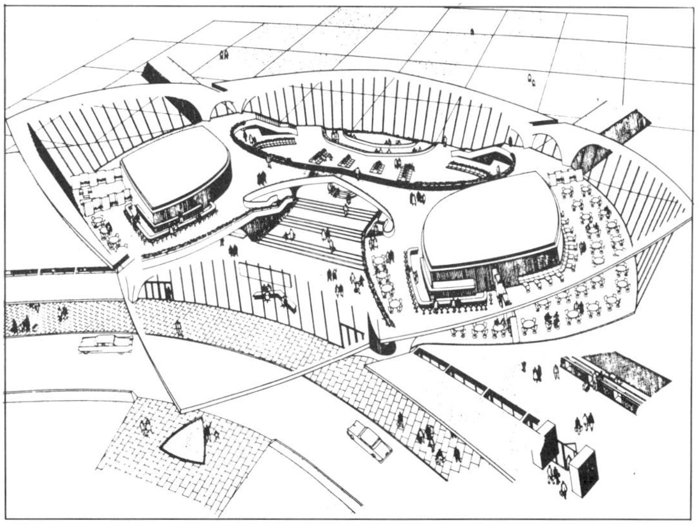

图 619　埃罗·沙里宁:纽黑文,耶鲁大学,学生宿舍楼总平面,1960—1963 年

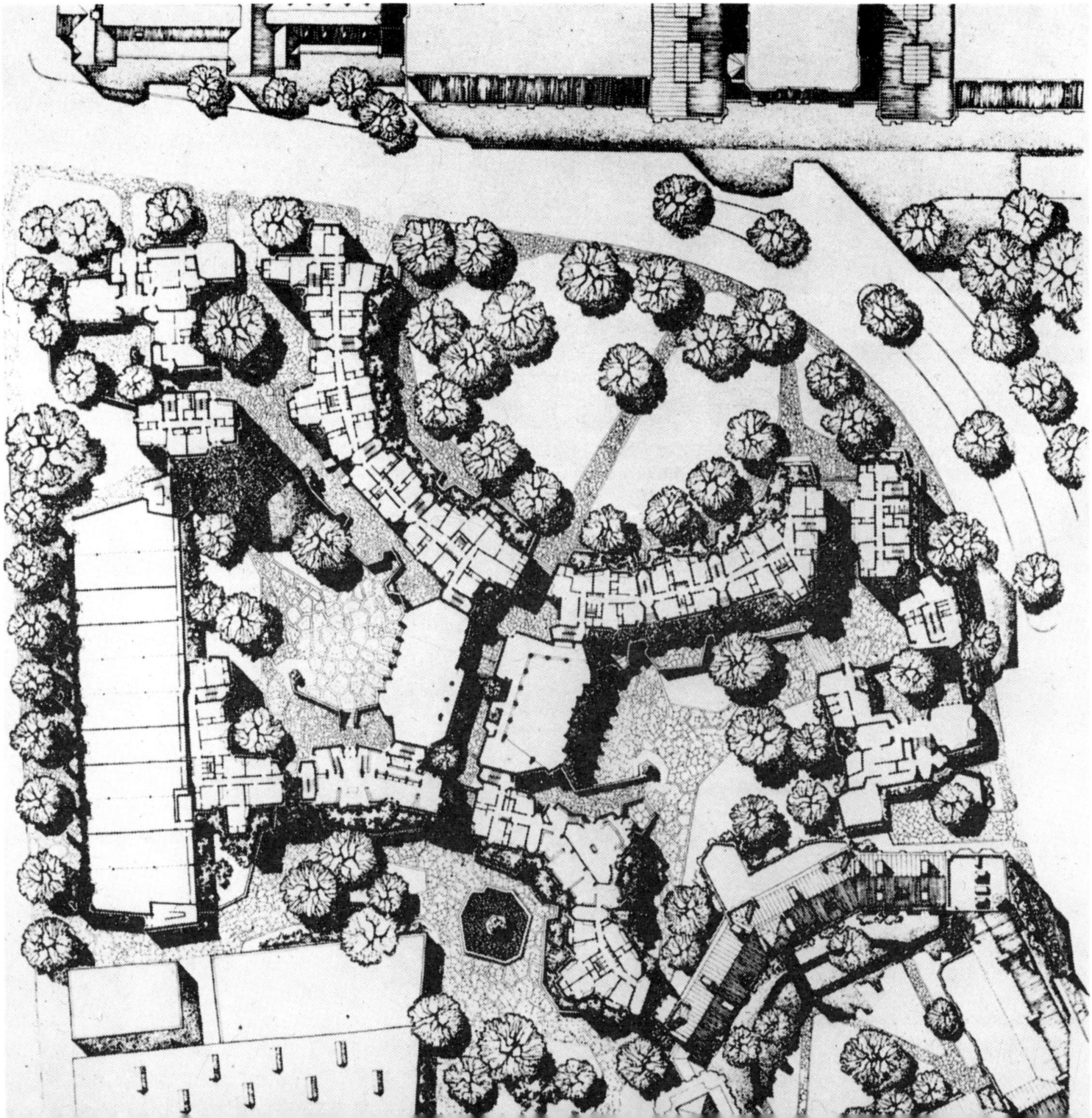

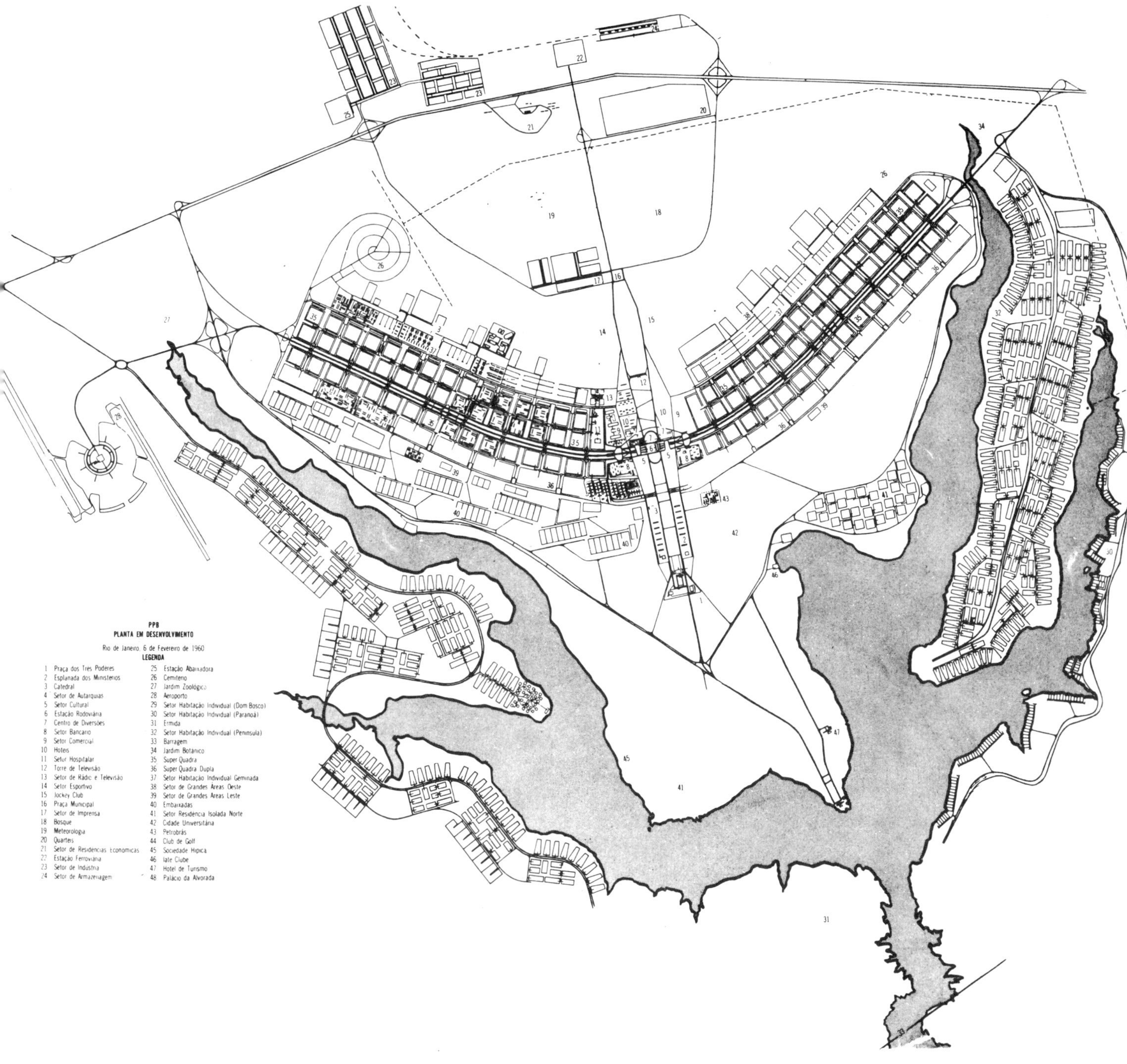
PPB
PLANTA EM DESENVOLVIMENTO
Rio de Janeiro, 6 de Fevereiro de 1960
LEGENDA
1 Praça dos Tres Poderes
2 Esplanada dos Ministerios
3 Catedral
4 Setor de Autarquias
5 Setor Cultural
6 Estação Rodoviária
7 Centro de Diversões
8 Setor Bancario
9 Setor Comercial
10 Hoteis
11 Setor Hospitalar
12 Torre de Televisão
13 Setor de Rádio e Televisão
14 Setor Esportivo
15 Jockey Club
16 Praça Municipal
17 Setor de Imprensa
18 Bosque
19 Meteorologia
20 Quarteis
21 Setor de Residencias Economicas
22 Estação Ferroviária
23 Setor de Indústria
24 Setor de Armazenagem
25 Estação Abaixadora
26 Cemiterio
27 Jardim Zoológico
28 Aeroporto
29 Setor Habitação Individual (Dom Bosco)
30 Setor Habitação Individual (Paranoá)
31 Ermida
32 Setor Habitação Individual (Peninsula)
33 Barragem
34 Jardim Botânico
35 Super Quadra
36 Super Quadra Dupla
37 Setor Habitação Individual Geminada
38 Setor de Grandes Áreas Oeste
39 Setor de Grandes Areas Leste
40 Embaixadas
41 Setor Residência Isolada Norte
42 Cidade Universitária
43 Petrobrás
44 Club de Golf
45 Sociedade Hípica
46 Iate Clube
47 Hotel de Turismo
48 Palácio da Alvorada

图 620 L·科斯塔:巴西利亚总体规划,1960 年

图 621　巴西利亚，超级综合住宅区，鸟瞰，1958—1960 年

图 622　BPR 工作室：米兰，维拉斯卡大楼，1956—1958 年

图 623　F·阿尔比尼，F·赫尔格：罗马，"文艺复兴"百货商店第一方案模型，1957 年

图 624　R·加贝蒂，伊索拉：都灵，波蒂加－伊拉斯莫大楼，1953—1956 年

图 625　G·萨蒙纳：罗马，新议会办公大楼竞赛方案，1967 年

图 626　I·加德拉:伊夫里亚,奥利维蒂工厂,食堂,1955 年
图 627　O·尼迈耶:米兰附近,赛格雷特,蒙达多里办公楼,1975 年

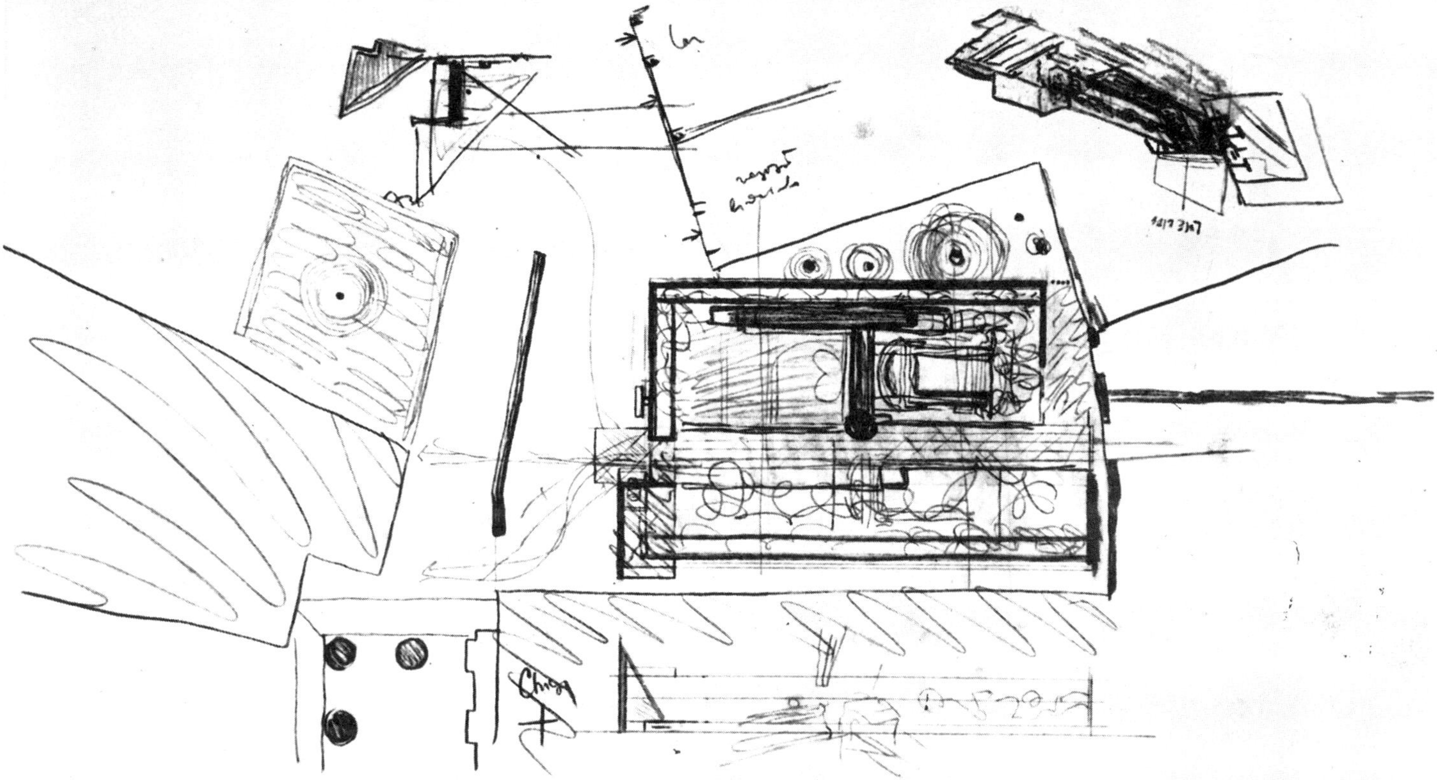

图 628 C·斯卡帕：威尼斯大学建筑研究所新入口草图，1966 年

图 629 C·斯卡帕：阿蒂沃勒，圣维托墓区，布里昂墓地，始建于 1970 年

设计了里约热内卢教育部和卫生部之后，又与 L·科斯塔(Lúcio Costa，生于 1902 年)合作设计了 1939 年纽约世界博览会巴西馆。在此之后他开始尝试将建筑物塑造成一系列出人意料的表现物，离奇的场景和令人愉快的自然界的某个片段，这在巴西的帕普尔哈(Pampulha)的圣弗朗西斯科教堂和亚奇特俱乐部中最为明显，在近年来的作品中也同样如此：巴黎的法国共产党总部，米兰附近塞格雷特(Segrate)的新蒙达多里办公楼，阿尔及利亚的康斯坦丁大学。在这些项目中，他特意追求透视效果。尼迈耶已经在巴西新首都的设计研究中表现出了他方法上的极致。这种方法用于巴西的新建区，而不顾像 A·E·里迪(Alfonso Eduardo Reidy，1909—1964 年)这样一些有成就的建设者的经验[他在 1949 年里约热内卢的皮德里古尔豪(Pedregulho)小区规划中证明了他自身的能力]。1957 年由科斯塔所规划的巴西利亚城位于国家的内陆地区，离丛林较远，它出于煽动的目的，穿着官僚的装束，充当先锋派活力的象征。由科斯塔设计的总平面浅显地隐喻着一架飞机——其中布满了一系列超级住宅街区，也许试图重新诠释前苏联始于 20 世纪 30 年代的城市化模式。尼迈耶设计了三权广场——其中有一对板式的塔楼和一对正反相扣的巨碗作为参议院和众议院——此外还有教堂，总统宫和其他公共建筑。这些项目都充满了复杂性。尽管它们呈现出优美的景观，始终只是表现了一种微弱的愿望[4]。

超越理性主义的想法在意大利有着有利的形势。混乱的城市状况以及过多的争执和辩论导致了研究的多样性。过去曾出现的民粹主义和有机论的神话失败了，意大利建筑的领导者——BPR工作室，阿尔比尼、加德拉、萨蒙纳(Samona)、夸罗尼、阿斯坦格(Astengo)、皮奇那托(Piccinato)和其他一些人——游移在两方面之间，一方面是要求更新机构组织，试图进行总体计划；另一方面是通过回忆个人的经历和文化传统，从中得到丰富的养分，进行独立的高度个人化的实验创作。这样，BPR工作室于1956—1958年在米兰中心所创作的维拉斯卡(Torre Velasca)大楼，表示了对于一个被地产投机商所破坏的历史中心区的敬意。他们还为米兰的斯福泽斯科城堡(Castello Sforzesco)博物馆做了一些室内和陈列的巴洛克式复原设计。阿尔比尼则致力于研究适度的技术，并追求其优雅，如在帕尔马(Parma)的INA大厦，1957—1962年在罗马的"文艺复兴"(Rinascente)百货商店，在萨尔索马焦雷(Salsomaggiore)的温泉浴场，1971年在圣多纳托米兰尼斯的SNAM办公楼；他还创作了一些充满灵感带有玄学意味的空间，如1956年位于热那亚的圣劳伦佐主教堂的宝库。加德拉用温和的修正主义进行了折衷性的实验，这种折衷主义从他在1957年威尼斯木排上那个含糊的住宅设计起，到伊芙里亚城的奥列维蒂工厂的更为严谨的食堂，再到1969年著名的维琴察剧院和1973年米兰的阿尔法-罗密欧(Alfa-Romeo)公司技术办公楼，始终是贯彻如一。莫雷第(Luigi Moretti，1907—1974年)将自己禁锢在形式主义之中，在他1950年罗马的所谓太阳花住宅项目，在和A·利贝拉(A. Libera)[5]合作设计的奥林匹克村和1959—1961年在华盛顿的水门建筑群中均以此为目标。夸罗尼、阿斯坦格、皮奇那托和萨蒙纳则投身于由国家城市学会[National Institute of Urbanism (INU)]发起的战斗之中，争取改革城市化体制，并为资助中的建筑部门创造新的公众参与形式。

总的来说，意大利"大师"们的举动使他们像一群杂技演员，小心翼翼，战战兢兢地在悬挂于两个深渊上空的绳索上保持平衡。一个深渊是使建筑实践完全成为一种规范化了的学科，建筑师们无事可做，也无希望可言，除非重复以前的老套路；第二个深渊是试图公开质疑建筑学科的基础，它的本质，它对于变化的抵抗力，它的社会地位和它的传统。"大师"们的矛盾完全是他们固执地坚持在一根纤弱的绳索上寻求平衡的结果，他们曾经坚持走下去，但众所周知他们的政治主张毫无根基，极其脆弱，即使作为弥补，他们想出了某些富于内涵的提案，但很快都湮没无闻了。他们曾经一度有过很高超的想法，其中一个例子就是1967年夸罗尼和萨蒙纳在罗马设计的议会办公大楼。从由萨蒙纳于1968—1974年设计的位于帕杜瓦(Padua)的新意大利银行和在1975—1977年设计的位于夏卡(Sciacca)的波波拉剧场(Teatro Popolare)中，能发现它们诗意地重述了现代建筑迷宫似的路线，而卡罗·斯卡帕(Carlo Scarpa)则在建筑和室内装修方面均获得了极为优秀的形式特征，尤其是他的奥列维蒂商店和威尼斯奎瑞尼-斯坦帕利亚(Querini-Stampalia)博物馆的复原设计，巴勒莫(Palermo)的阿贝特利宫(Palazzo Abbatelli)复原和在维罗纳的老城堡(Castelvecchio)博物馆设计以及1970年在圣维托(San Vito di Altivole)的布里昂墓地(Brion Cemetery)设计。

但在意大利对新一代人的教育中追求一种正式专门的模糊诗意，它们终结于20世纪50年代后半期的新解放运动之中。尽管在现实中，一些优雅的建筑创作中盛行的并不是历史主义，如由加贝蒂(Gabetti)和伊索拉(Isola)于1953—1956年在都灵设计的波迪加·伊拉斯莫大厦(Bottega d'Erasmo)，或是由G·卡纳拉(Guido Canella)，G·奥伦蒂(Gae Aulenti)或与V·格雷高蒂(Vittorio Gregotti)所设计的一些建筑。它们主要表现了对欧洲资产阶级黄金时代进行夸耀——这些也正是他们设计的出发点。如果问题是要拒绝正统现代运动中的异化，那么除了返回到建筑充满抚慰功能的神话时代之外，别无方法。然而，意大利的小普鲁斯特们(法国现代小说家——译者注)却很快地跨越了那个阶段，即使在卡纳拉、艾莫尼诺和罗西的一些近作中，怀旧情绪却依然具有相应的份量。

到了20世纪50年代末期，十次小组的乐观主义受到了一种含混但又广泛的危机感所反对。1959年P·约翰逊(Philip Johnson)宣布了现代主义的死亡，并且开始设计那些既没有幻觉，又很含糊的由历史主义所激发的形式。

这一幕复杂的国际全景体现了一个基本的事实：二三十年代的大师所清楚表现的东西已经被中青年建筑师领会并且加以变形使用。到了20世纪五六十年代发生了一场明显的危机，在没有完全理解其原因的情况下，人们采取了模糊的试验方法来加以解决。但是那些试验者只是停留在建筑行业中进行改革而已，而这个行业已不能再用自身的传统来解决问题了。在那些年中，它只能将焦急的等待者引向无法确定的未来。实际上，在那种氛围下只有孱弱的乌托邦思想才能为仅存的建筑人文概念创造温柔之乡。一边是城市设计的伟大幻景和巨大城市尺度上的建筑；另一边是类似的建筑语言。它们都是五六十年代危机中的产物。

第二十章　乌托邦的国际概念

在二战结束后，英国成立了公共机构来负责建设新城镇并着手建造新学校和大学建筑。日本的经济也开始迅猛增长，而美国则遭受了来自改革中的各种挫折。除此之外，在50年代末60年代初，对控制和塑造环境的传统手段出现了普遍的不满。为此，建筑师们反对规划部门强加的各种条条框框。他们向先锋派的传统方法和态度回归以响应反对官僚主义的大潮。为了拓宽建筑学的研究范围与功能，以便处理整体环境的问题，就需要对继承自CIAM的基本原则进行突破。奥特洛会议的结果就证明了这个结论。英国和美国的波普艺术不无善意地调讽了大众媒体驯服泛滥的发展，这些媒体形成的通讯流逐渐影响了都市结构的发展，而哈罗和魏林比这样的乡村田园式城市也同时受到了指责。

阿基格拉姆(Archigram)小组的产生是伦敦独立团体活动的成果之一，该小组包括彼得·库克(Peter Cook)，沃伦·查克(Warren Chalk)，罗恩·赫隆(Ron Herron)，丹尼思·克朗普顿(Dennis Crompton)，戴维·格林(David Greene)和迈克尔·韦伯(Michael Weeb)等人。他们再次恢复了建筑学中对机器的崇拜，并毫不掩饰对电子计算机、导弹所体现出的电子原子时代的狂热。F·戈登(Flash Gorden)和超人成了新一代人的偶像，这是愤怒的一代人，追求短暂的、梦幻般的狂热，在令人亢奋的超技术混乱中发泄他们对时代的愤怒。阿基格拉姆小组在杂志上发表了他们的建筑“巨怪”，成了不怕牺牲进行探索的标志。1964年他们设计了插入式城市，其小构件的使用周期为三年，整个城市结构的使用年限则为四十年。赫隆设想的行走城市更为超前，那是一个巨大的模拟动物形态的结构体，能通过可伸缩的机械肢体走动或通过气垫装置四处滑动。他提出必须将新的技术美学和个人的游牧主义融合起来。

阿基格拉姆小组突发奇想的未来主义与新城强调的田园风景似乎并没有必然关系，其实这两种情况都是形势所必然或追求理想模式的结果。斯蒂文乃奇(Stevenage)和哈罗这些新城中继承了昂温(Unwin)的传统手法，非常重视自然景观，从而超越了历史。而阿基格拉姆小组的自动城市机器的构想则来自未来主义思想，崇拜带有神秘面纱的大工业生产，但正因为神秘，还无法明确了解这种来自机械世界的真正规律，所以对这种机器城市只能依靠主观臆测，作一些机器图形的变换和借用。无论如何，仅仅研究技术世界的表面形式，空怀对未来的狂热，比认真研究其规律要简单得多，这样，在国际建筑界出现了所谓的“乌托邦学派”。保罗·梅蒙特(Paul Maymont，生于1926年)提出的悬挂城市，约奈·弗里德曼(Yona Friedman，生于1923年)提出的带居住容器的空间网状结构体，菊竹清训(生于1928年)的超现实综合体和日本新陈代谢派都相当引人注目。技术提供了新的机会，使人们开始了全球性重建各地域或城市的梦想，恢复了半个世纪以前马里内蒂呼吁的未来主义重建世界的决心。由于某种顽冥不化的原因，不可知论又一次上升成为一种神话，想致力于对待现实却反而成了无能的幻想。

通过各种对时代的反讽，建筑学又获得了解放，恢复了早年先锋派的乌托邦思想。其中，“荒漠之城”的设计——成了意大利阿基佐姆(Archizoom)或超级工作室自我宣传的表现——反映了陶特“城市消亡”的晚期浪漫主义愿望。另外非常有特点的是伯克明斯特·富勒(Buckminster Fuller，生于1895年)的十层自动交通大厦方案。他曾试图用半圆形穹顶覆盖整个曼哈顿，并控制曼哈顿的气候。他的短线穹窿体既可成为展厅，如1967年蒙特利尔博览会美国馆，还可以充当继承了无政府主义乌托邦理想的嬉皮式社区。

当然，这些对超级结构的狂热和对图形的幻想都没能掩饰他们各种各样的激奋和不安。路易·康在1956—1957年提出了重建费城中心的方案，开创了许多大规模城市综合体设计的先河。他的设计同阿基格拉姆要求打破建筑物体界限的想法没有关系。该方案在区域四周布置了许多大型的锥形车库，表明了他对城市交通的忧虑，但这对于解决大城市的动态矛盾来说，只是换汤不换药而已，始终无济于事。

丹下健三以两个有着巨大国际影响的方案尝试着处理这种动态关系。1959年，他在波士顿和麻省理工学院学生的合作下完成了第一个方案，另一个是1960年设计的东京海湾扩建方案。第一个方案以两个巨大的交叉支架为基础，每一层都设有适于居住的空间单元，采用预制或廉价材料，在不同标高处错开布置服务与交通网络设施以及绿地。人们不断认识到这个方案源于勒·柯布西耶在阿尔及尔的奥勃斯规划方案和格罗皮乌斯于1928年提出的想法[1]。东京海湾扩建方案中有一个复杂的第三产业结构，两边设有高速公路环，并可以不断延伸，住宅体系则和波士顿方案相同。丹下健三的这一方案给1956年所作的东京地区官方规划带来了猛烈地冲击[后者主要参考了阿伯克隆比(Abercrombie)和福肖(Forshaw)的大伦敦方案]。对丹下健三来说，他的方案也是一种反对传统平面化规划中只用卫星城来分散城市取得区域平衡的构思。丹下健三对大型城市和城市结构流动性的欣赏是非常明显的，他的巨型结构体掀起了追求超常尺度设计

1968 STRAIGHT BITS
1970 BENDING AND SOPHISTICATING
1975 LOOSENING
1980 AND BECOMING ALMOST ETHEREAL
1985
FROM THE FACTORY
GREATER NUMBER = MASS PRODUCED PARTS USED WITH SPIRIT-WHICH MEANS THAT A SYSTEM CAN BE BENT- AND THE PARTS SLOWLY BUT CONTINUOUSLY EVOLVING-A SENSORY AND RESPONSIVE RÔLE
AND IT ALL GETS CLEARER AS IT GETS NEARER THE MINDS WITHIN
ROBOT
CONDITION
KITCHEN AS MACHINE
CAPSULES FOR BATH, WC
PYLON STRUCTURE
DRIVES INDOORS
TRACK CONTROLLED
SAFE, SMALL
CHEAP
COMPUTERISED INFORMATION
SUMMON-UP FLOOR SEAT BED
FLEX
FLOOR SERVICE OUTLETS
AIR CONDITION
MEMBRANES SKINS PNEUMATICS
THREATEN 'WALL' 'ROOM' 'BOX' CONCEPTS
CAR / INTERIOR INTERFACE
FLEXING SKIN
ROBOTS
FOOD ANYWHERE
SERVICE WEBS
FLOOR IS SERVICE WEB
PNEUMATIC & HYDRAULIC STRUCTURE CAN BE CHANGED
ALMOST FLOATING
FLOAT
LIFT ROBOT
JACK-IN-A-BOX FLOOR
SENSE/SERVE PADS
RESPONDS
MONITORS
HOVERCAR/BED
THINKS
NOW A STRUCTURE THAT REALLY GIVES AND TAKES
SATELLITE
SKIN
ANY STRUCTURE STILL NEEDED TRAVELS TOO
SUMMON-UP COMFORT AREA
STRUCTURE/SKIN CAR
CALL DOG
WANT DOG THERE
SENSE/SERVE CELLS
MINI-ROBOT
'DOG' ROBOT
DOG WILL GO
QUIET ENCLOSURE
SIMULATE ANY ENVIRONMENT WITH TELEVISUAL MEMBRANE LIVE WITH YOUR DREAMS
© Peter Cook April 1968
chelsea
IBM
ELECTRO-LUMINESCENT PROGRAMMED AREAS
today
VIEWER MONORAIL
manchester utd
multiview
MULTISCREEN
CUSHICLE
T.V. VIDEO & CONSOLE
PLUS CLOTHING & TRANSPORT FACILITIES
HOLOGRAPHIC PROJECTION
"INFORMAISON"
MULTI CHANNEL—AUDIO/VISU
ENVIRONMENTAL—OUTPUT SY
JOHN BOWSTEAD / ROGER JE
PROGRAM PARTNERSHIP.

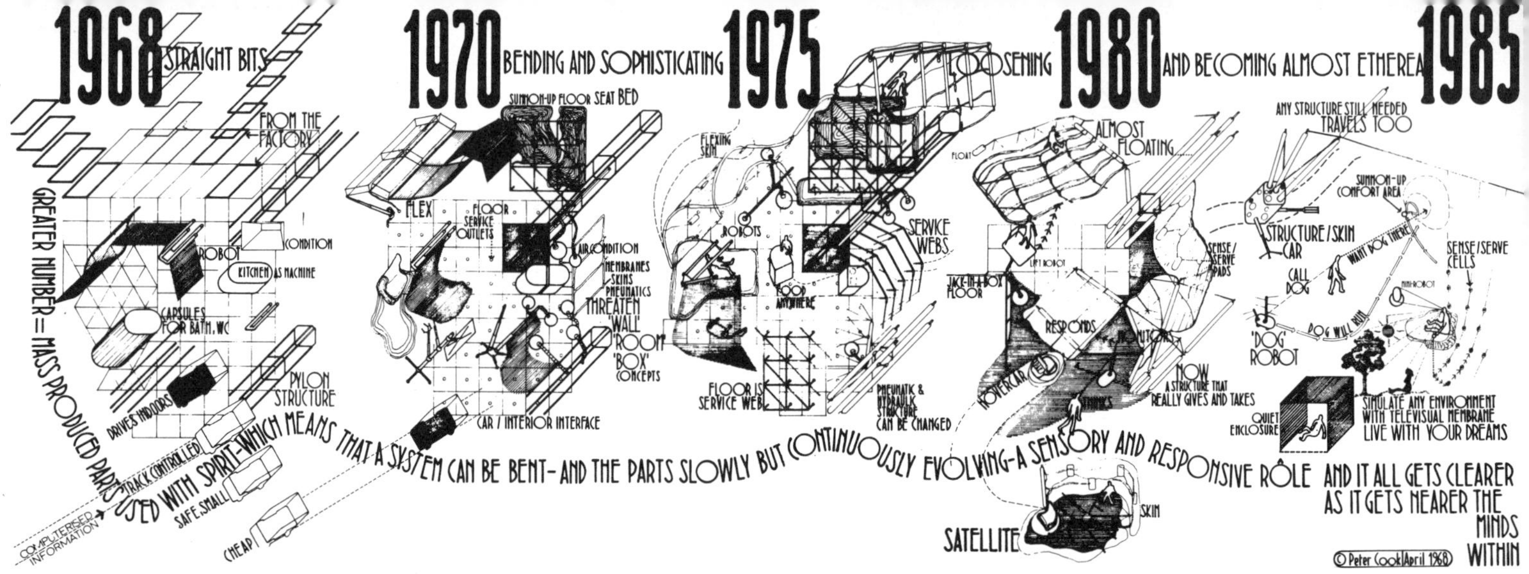

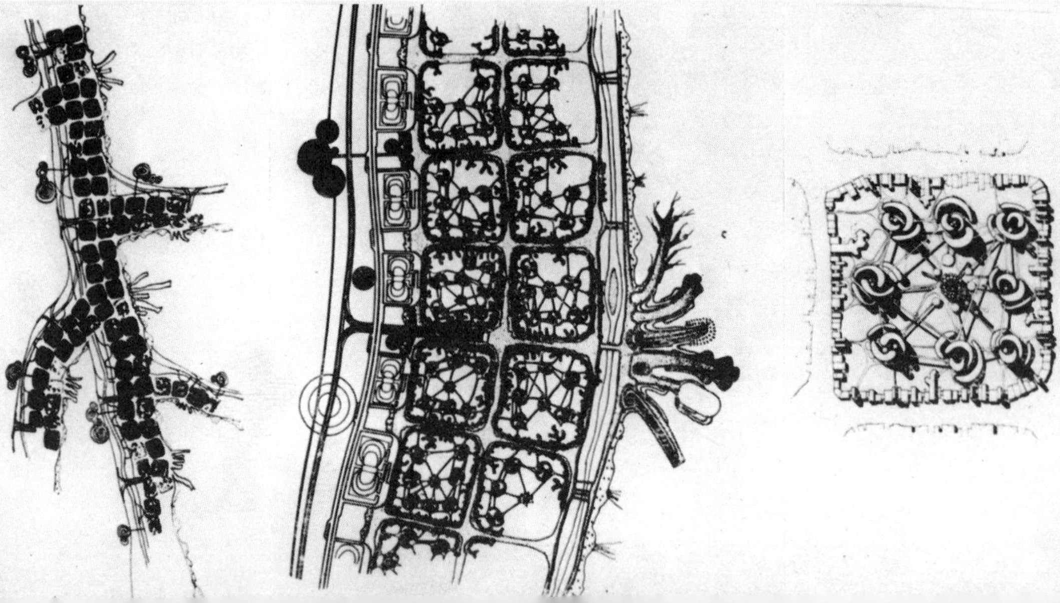

图630　阿基格拉姆小组：蒙太奇表演，1968年
图631　黑川纪章和新陈代谢派：乌托邦城市构想，1966年

图632，图633　丹下健三与麻省理工学院学生：25000居民住宅单元方案剖面及模型，1959年

图634　丹下健三：东京跨海扩建规划模型，1960年
图635　丹下健三：南斯拉夫，斯科普里重建规划总平面，1965年

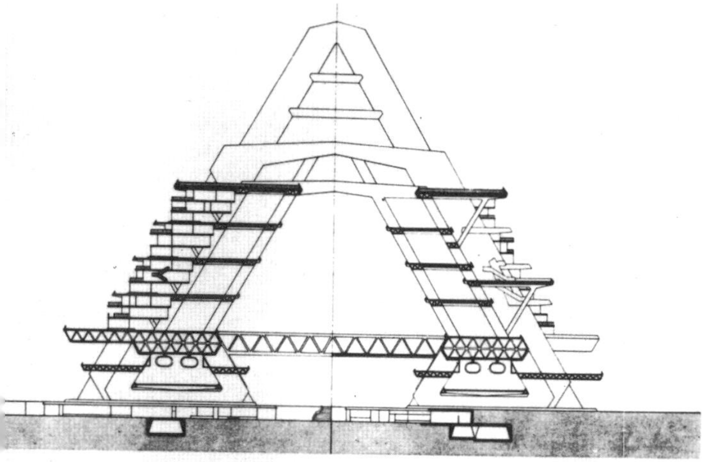

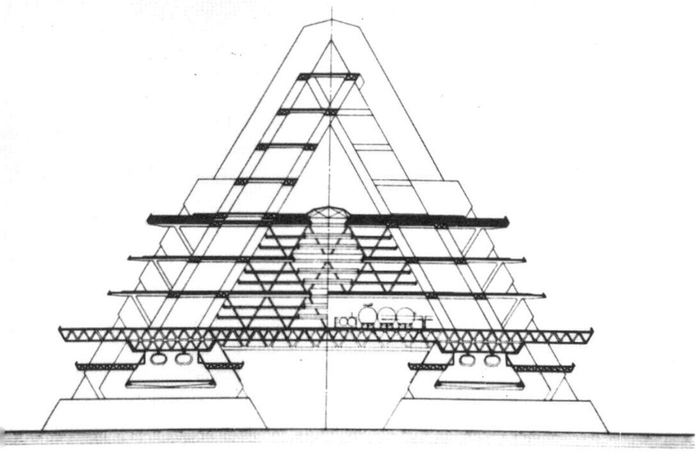

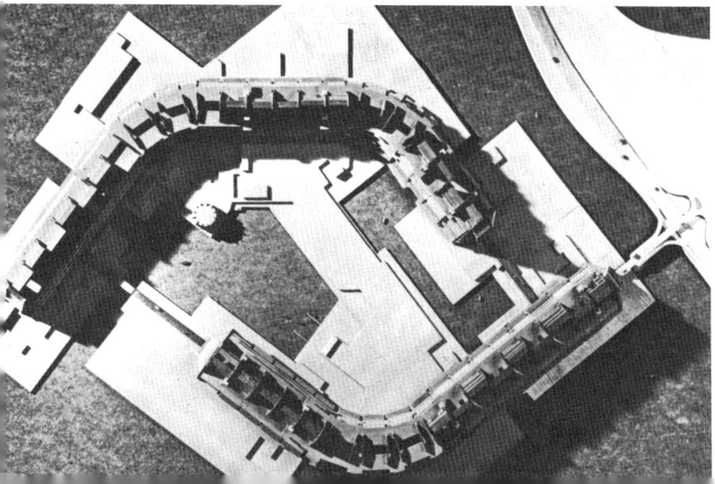

图 636 L·夸罗尼及其合作者：梅斯特雷(威尼斯)，圣朱利亚诺海湾城市平面与总体形象，1959 年

图 637 J·卢比茨－尼茨与 D·P·雷伊：特拉维夫－雅法之间的地区规划竞赛方案，1963 年

图 638 P·霍奇金森(L·马丁为顾问)：伦敦，布隆兹伯里中心区的布伦斯威克中心，1968—1972 年

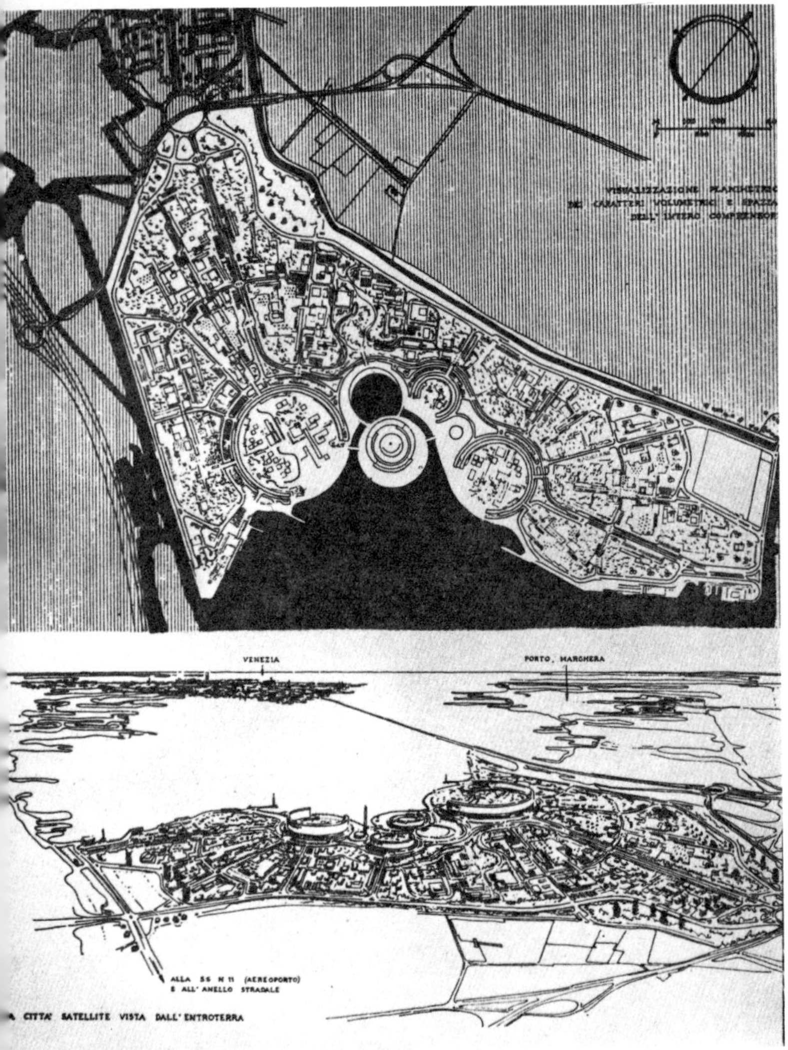

的热潮。城市规划要适应“新尺度”成为 60 年代大辩论中经常出现的口号，而对于乌托邦主义处理城市化动态现象的尝试与具体的管理措施、方法之间的衔接却无人重视。不论丹下健三、弗里德曼还是梅蒙特都没有处理城市改造过程中所带来的压力。相反，他们都直接反对二三十年代激进的城市化的经验——它们通过肤浅的解释进行了变形夸大，他们不考虑当时的政治主张，却以形式为名反对当时的类型。克里斯托弗·亚历山大(Christopher Alexander)的态度与他们相仿，轻易地抛弃了他称之为“功能主义”的传统，并用简短的语言表明“城市不是一棵树”。

再次重视城市动态关系的复杂性并不在于否定自身。所否定的是分裂，按字面意义上理解就是应该反对现实和理想之间的分裂，反对明确的结构构件(这种结构构件可以通过科学计划或非常复杂的数学方法来确定)与无法控制的意向之间的分离。这种间断性非常明显地表现在凯文·林奇在麻省理工学院开展的城市形式研究中。林奇把城市社会学中令人苦恼的基础研究和传统的格式塔心理学结合起来，提出了一个重组结构，希望能归纳所有的城市形式，并使城市充满人们能不断熟悉的有意义场所——这些都体现了社会思想的要求。但像特尼厄斯(Tönnies)所提的那样，除了不再用“社区”而是运用了子虚乌有的反映“集体意志”的共同形式这一说法之外，这一想法和以前的乌托邦没有区别，它只是 C·西特的思想在更大的范围内的复苏。

意大利直接参与了对于“新尺度”的论争，并做出了巨大贡献。1959 年威尼斯为开拓梅斯特雷(Mestre)海湾地区而举行了圣朱利亚诺的城市规划竞赛；1962 年在斯特雷萨(Stresa)由龙巴都社会经济科学研究所(ILSES)组织了以“城市和地区”为主题的会议，另外 G·德·卡罗(Giancarlo De Carlo)曾做出重要贡献的米兰规划研究，以及有关罗马、都灵和博洛尼亚的定向市中心规划研究，所有这些都尝试着解决国际上出现的新课题。由夸罗尼负责的圣朱利亚诺城市规划小组在梅斯特雷提出了一个完整的方法建议，把在 50 年代提出的区域和邻里的整个概念又一次抛在一边，相反，用他们的观念布置了大量高耸的半圆环形建筑，形成一个面向海湾的多重空间，这样就为威尼斯创造了一个新的城市核心。在这个核心中，精心布置了放射形住宅区，不再考虑居住形态和居住类型之间的固定关系，因此，建筑本身也无需符合常规标准，而且整体控制也不再依靠分区制或固定模式——这有点像丹下健三的方案，而夸罗尼的方案更为实际，采用城市设计来确定灵活的城市结构体，以便在实际建设中容纳多种变化。

图 639　P·鲁道夫：纽约，下曼哈顿主要交通路线重建规划，未完成草图，1967—1972 年

图 640　M·菲奥伦蒂诺及其合作者：罗马，考维勒居住综合体模型，1973 年开始

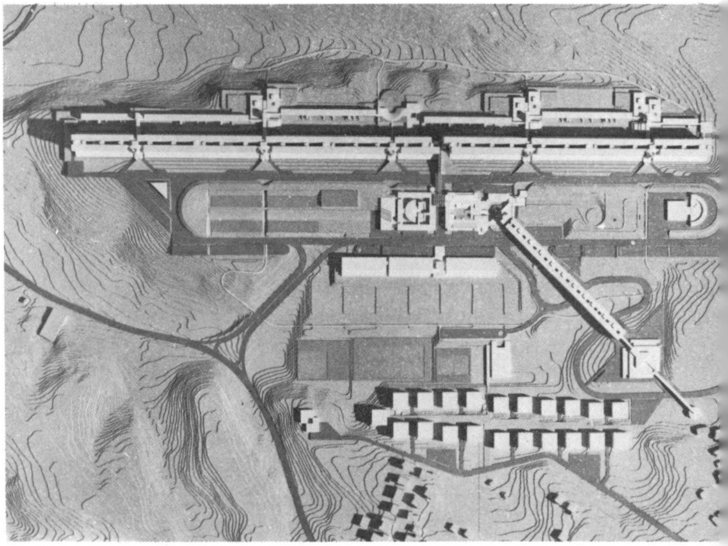

在 1962 年参加都灵定向市中心竞赛的一些直观或含糊相混杂的方案之中，在 1969 年参加“墨西那（Messina）海峡城市”竞赛的方案中，在 1962 年全面通过的“罗马城区规划”方案中，建筑设计新尺度的基本概念都出现过，对于后者早在 1957 年有人就提出了一些基本想法。夸罗尼和卢奇·皮奇那托（Luigi Piccinato）对罗马规划做出了重要贡献。他们在规划中，用一条围绕东城区的多功能轴线把罗马城和国家高速公路网连接起来，这条轴线还为三个城区的扩建打下了基础，用来扩展拥挤的城市中心的部分功能。总之，该规划自成体系，将引起城市重建的连锁反应，但最终仍停留在图纸阶段，部分原因是行政管理不善，另一些原因是由于建筑专业水平欠缺。在一定的程度上，该规划同米兰城的社会公共规划完全相反。

这个方案提出通过多功能的高架桥头堡以螺旋形的设计把周围地区连系起来。这种模式让人想起沃纳·赫贝布朗德（Warner Hebebrand）设计的大汉堡方案和 1962 年意大利斯特雷萨会议上讨论的规划方案。

同一时期，在 1963 年特拉维夫－雅法之间地区规划竞赛中，波兰规划师 J·卢比茨－尼茨（Jan Lubicz-Nycz）与 D·P·雷伊（D. P. Reay）合作的方案也引起了国际建筑界的关注，巨大的钥匙形容器结构体包容着商住等综合功能。这与他们为旧金山所做的方案同出一辙。他们在圣塞巴斯蒂安（San Sebastian）的库塞尔区（Kursaal）竞赛中又提出了类似形式的方案。这些人工的巨型豆荚形的容器结构体是一次完整综合的环境改造尝试。其方式与 1947 年移民美国的意大利籍建筑师保罗·索勒瑞（Paolo Soleri，生于 1919 年）的探索在本质上相同。索勒瑞除了在亚利桑那沙漠之中的阿科桑底城（Arcosanti）中不断营造神奇的先锋生活方式之外，还设想了像 1971 年“巴贝尔挪亚”（Babelnoah）之类的生态城——把 600 万的居民集中在一座巨大的多功能摩天楼之中。

所有这些构想都无可奈何地停留在图纸阶段，这并不是说它们没有同道，像《建筑设计》杂志和《美丽的住宅》杂志都迅速将这些新先锋派和他们的模式（还有他们的图纸表现方式）定位，并归入到技术生机论（technological vitalism）一类，促进了对幻想建筑的探索。他们的想法作为强大的宣传形式证明非常有效。丹下健三在斯科普里城（Skopje）重建中开始实现其高度多样化的城市模式时，他还为博洛尼亚的定向市中心区开发设计方案。像保罗·鲁道夫（Paul Rudolph）的“图形艺术中心”方案和纽约“进化城市”方案一样，丹下健三的设计

图 641 K·林奇:根据社会调查所作的洛杉矶市中心图解

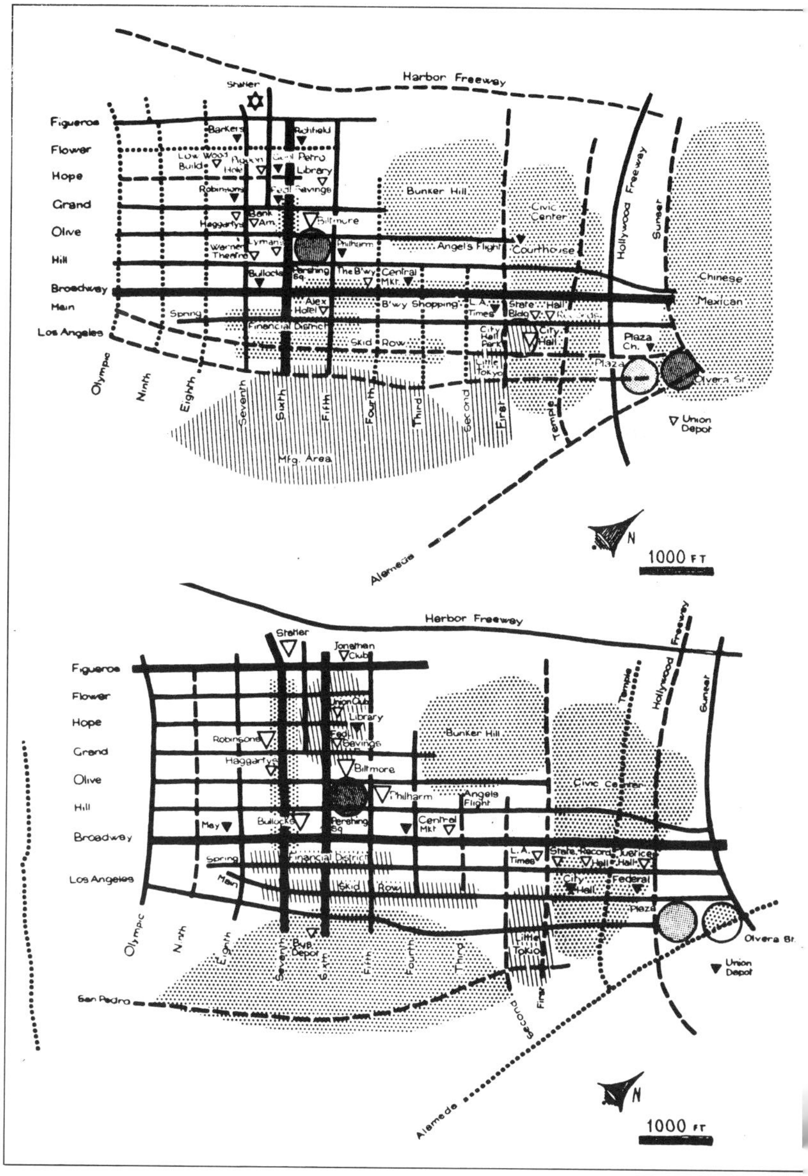

作为一次抽象的试验非常有益。巨型建筑和对新尺度的探讨在博览会等场所的设计中占有了一席之地。在迪斯尼乐园中"科幻小说"的想像变成现实,同时在蒙特利尔博览会上,以色列建筑师 M·赛夫迪(Moshe Safdie,生于 1938 年)设计了 67 号住宅,预制的居住单元不规则的组合起来,像葡萄串般相互契合在一起。1968 年在纽约,1968—1971 年在波多黎各,关于居住核的想法又一次得到实现。这两个工程说明了对乌托邦的逐步实践已不再是偶然事件。

新先锋派在坎伯诺尔德(Cumbernauld)新城中心的规划实验,以及结合大众媒体、乌托邦思想和控制论所做的实验——这些充满生气的新浪漫主义——长期以来只是局限于一种想法。大约在 1968 年左右,特定的体系和崭新的方案,甚至最有想法的创见,例如特拉维夫-雅法的巴克马方案及其阿姆斯特丹海上扩建方案,所有这些都未能实施。它们的破产是有原因的。整个世界都驻足于探索有计划的充分利用新技术的潜能,以超越常规的城市理论,超越两维的规划概念,超越只考虑孤立因素和特定功能的实践。但这只是由建筑师自己来考虑专业问题,它不可能考虑到创造新模式的设想与制度改革之间直接相关的必然性。换句话说,尽管近十年的乌托邦未来主义建筑师已经认同了超越传统的社会分工,但是他们夸张的个性却成为他们保护可怜的自主权利的最大的绊脚石。

正因为这个原因,许多乌托邦理论的实验在资本主义体系寻求新战略遭到失败的情况下——在世界范围内始终只能零敲碎打,影响甚微。

丹下健三设计的山梨文化会馆,菲奥伦蒂诺(Fiorentino)及其合作者设计的罗马考维勒综合楼(Corviale complex),以及 P·霍奇金森(P. Hodgkinson)设计、L·马丁(Leslie Martin)作为顾问的建于 1968—1972 年伦敦布隆兹伯里(Bloomsbury)中心区的布伦斯威克中心(这是一个拥有 1644 个居民、80 个商店、一个电影院、一个停车场及一些服务设施和跨不同街区的一个多功能建筑综合体,体量向庭院道路的中心轴线倾斜)——都或多或少把我们分析过的理论引入了单体建筑设计和区域规划中。所有这些都希望取得城市形象的统一,但又都只是在混乱的城市中增添些许装饰而已。

图 642 P·约翰逊和 R·福斯特：纽黑文，耶鲁大学克莱因生物研究楼，1966 年

第二十一章 70 年代的实践

当我们开始对当代建筑进行最后的讨论时必须谨记，“请勿无中生有”(S·乔治)[①]。在前文中我们分别讨论了当代建筑的各个主题，剩下来要做的事情就十分清楚了。我们所追述的历史事件一直只是极其偶然地从而也是令人意外地存在于同一时代并且彼此相似。先锋派的乌托邦和激进派的改良主义建筑以及今天规划中的技术要求之间有着深刻的不同。海德格尔[②]的一个比喻极好地描述了这种状态：“平行线相交于无限远处，相交于一个平行线本身无法产生的交点。正是由于这个交点才产生了标志必要关系的轮廓。”现代建筑的变迁史很像这些平行线：当我们分别讨论现代建筑的各个主题并分析其历史关系时，我们发现了这些主题之间的差异，我们看到了它们之间存在的多元性。然而分析到这一步时必须暂停一下。

我们必须拒绝“快速游览我们尚未到达过的地方”(海德格尔)，然而现代建筑的历史发展进程恰恰正好相反，不可调和的极端被嫁接在一起，急躁地向无名的、未经确认的目标推进，于是建筑失去了与事物之间的基本联系。如果像海德格尔所说的那样：“世界和事物之间的亲密关系存在于它们的分离之中，存在于它们的差异中”，那么我们所试图窥视的恰恰就是这种“差异”。这种差异使得建筑在它所存身的世界里保持了某种原创力，但也正是这种差异导致建筑与世界无可挽回的分离。“疏离”的原则(以语源学的观点来理解)，或者说得更好听一点，“距离”的原则统治了当今建筑界。它以不衰的巨大活力奠定了自己的地位，在近年来成为新的指导原则。当然建筑创作的环境并不是无关紧要。但是如果我们仅仅匆匆观察所有领域，检验每一次建筑在各领域中所起的作用，这也未免太简单化了。事实上建筑常常较流利、精确地描述了它们所不在的领域。20 世纪六七十年代的建筑是一个负面范例。尽管文化环境在不断变化，人们却只是以新的方式一遍遍复述古老的故事。

当代建筑的各种原则已经将伟大的语言学试验演变成了一场悲剧，以致错接与放弃，然而事实上当代建筑基本上没有在它们的诗篇

---

① S·乔治(Stefan George，1868.7.12—1933.12.4)，德国抒情诗人，对 19 世纪末德国诗歌的复兴起了促进作用。他曾在巴黎、慕尼黑和柏林学习哲学和艺术史。——译者注

② 海德格尔(Martin Heidegger，1889.9.26—1976.5.26)，德国哲学家，20 世纪存在主义哲学的主要阐释者，一个具有独创力的思想家、技术社会的批评家，是他那个时代最重要的存在主义者。——译者注

图 643　K·罗奇和 J·丁克卢：纽黑文，退伍军人纪念馆和哥伦布骑士塔楼，1962—1972 年

图 644　K·罗奇和 J·丁克卢：印第安纳波利斯，大学人寿保险公司总部，始建于 1967 年

图 645　K·罗奇和 J·丁克卢：纽约，联合国开发署，始建于 1969 年

图 646 贝聿铭事务所，设计人 H·考伯：波士顿，汉考克大厦，1976 年

中赋予这些原则以一种中心地位。当人们的注意力集中于未来时，对传统的依赖越来越成为束缚。

建筑，就像俄狄浦斯(Oedipus)①，命中注定会因自己要实现单一的神话而必须同时要承担不同要求的惩罚。

这就是为什么今天有那么多的建筑师试图更新或是赞成重写现代主义运动的教训。正如我们所看到的，这种重写的本质只具有道德方面的意义：写这段历史的人已经将这次运动的特色理论化了，他们必然要歌颂这场运动所具有的预言家地位、乌托邦特质以及对意识形态所起的作用。

但是返回这种观念就意味着脱离现实，回避矛盾。道德并不是征服现实的唯一条件，逃避现实是无知的表现。观念是与知识分子创作的方法相联系的，他们的作品往往要表现其与外部世界的关系，甚至是表达了与事实相反的观念。

从这种方法中我们不可能得出任何有效的假设，除非我们不顾道德的败坏。但是即使在这种情况下，主题仍然是疏离：建筑所反映的不是它自身与这个世界之间的本质关系，而是复制形式的方法与现实之间的差异。

我们在 60 年代看到了技术理想的摇摇欲坠。然而先锋派在他们的著述中早已明确地预示了这种结局。技术抹去了现代建筑快乐的一面，却没有创造任何新意。取而代之的是技术对自己天生掠夺性的判决。在密斯缩减到最小化之后，他的追随者们试图用简单化的语言赋予丰富思想内容以形式，其必然结局就是这种信念。

有些年轻建筑师如路德维希·利奥(Ludwig Leo)、皮亚诺和罗杰斯(Piano & Rogers)等人，过分强调了技术的重要性，从而导致了隐喻的泛滥。今天，这些隐喻已经被公认为是新自然环境的标准象征物。然而即使在高技派最著名的作品中，对机器的歌颂最终还是通过一条曲折的道路返回到原来的策源地，再次小心翼翼地使用了新自然主义的综合法。技术世界并不那么神秘，但是人们却对它进行了天真的赞扬，如果说这种赞扬是在社会责任面前的退缩，那么以对未知而原始世界的回归为基础建立一种新形式的努力在实质上也是一种对现实

① 《俄狄浦斯》标志了古典希腊戏剧的成就。主人公俄狄浦斯是底比斯英明、幸福、深受爱戴的统治者，但命中注定会酿成杀父娶母的悲剧。——译者注

图 647　贝聿铭及其合作者：华盛顿，
国家美术馆东馆，1978 年

图 648　SOM 和 B·格拉汗姆：芝加哥，汉考克中心，前景是 19 世纪的泵站，完工于 1970 年

图 649　SOM 和 B·格拉汗姆：芝加哥，西尔斯大厦，1974 年

图 650 G·德·卡罗：意大利，特尔尼，特尔尼公司为职工建造的马特奥蒂居住区，1970—1975 年

图 651 G·德·卡罗：意大利，帕维亚大学校区方案模型，始建于 1972 年

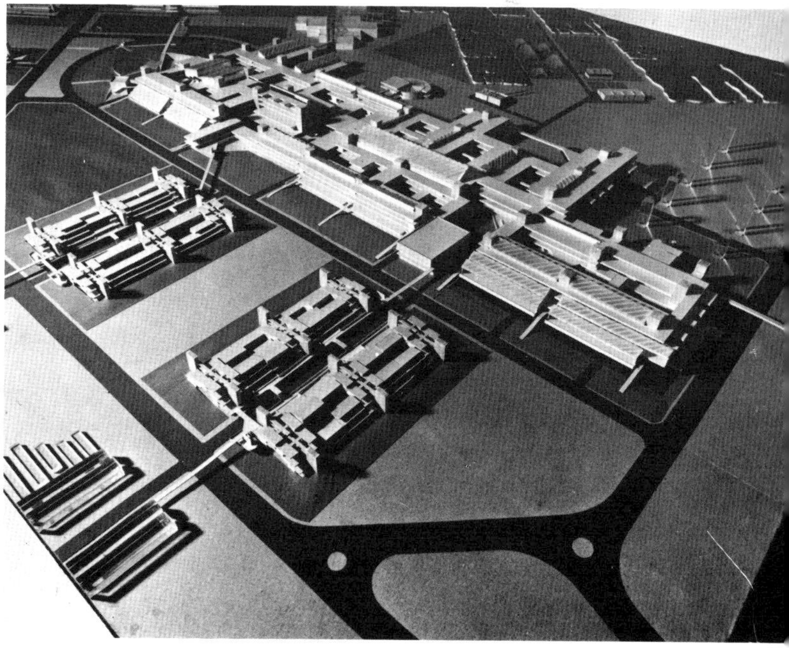

的逃避。现在往往时髦对某种文化趣味的沉迷，这种沉迷使得新先锋派匆匆转向对《悲伤的热带》[①]的幻想，试图在那里发现所谓高贵野蛮人的神话；这种沉迷使得他们认为如果不在一个没有异化的、完全由大自然统治的、兄弟般和谐的世界中净化一下简直就无法生活下去。范艾克(Aldo van Eyck，荷兰建筑师)就是这样的一个例子，上文已经提及他在 60 年代早期向这类思维方式的转变，在他最近相当“漂亮”的方案中，所谓的坦率与真实变得越来越混乱。

德·卡罗(Giancarlo De Carlo)与范艾克同样都曾经是“十次小组”的成员，无疑他所走的道路不那么单纯。正如这个小组成员最后的作品所显示的，共同道路的时代已经过去了。那么像史密森夫妇和德·卡罗、范艾克和巴克马这类建筑师之间还有什么共同点呢？当后者仍然被已经过时的规则所约束、轻浮地玩弄着暧昧不明的形式主义时，德·卡罗借助于现代版本的这种思维方式遵循了一条经检验效果良好的道路：他的 V·马特奥蒂(Villaggio Matteotti)住宅方案于 1970 年至 1975 年间建成于意大利特尔尼(Terni)，是这种道路的真实表现，他在意大利今天的政治形势下找到了一块丰腴的土地。如果说德·卡罗所走的道路会与社会现实产生一些不可避免的冲突，那么维托里奥·格雷高蒂(Vittorio Gregotti，生于 1927 年)所走的道路却完全不同，他试图改变的不是这个社会，而是建筑师这个职业本身。他使得这个职业在性质上变得更易于把握，并将它与直觉相联系，因为直觉为高品质建筑的创造提供了更多的机会。格雷高蒂在当今意大利建筑的探索中独具个性，他试图在更大的范围内采取行动，从而控制和管理范围更加广阔、更加复杂的文化创意和设计创意。他最近的作品——例如在意大利科森扎(Cosenza)为卡拉布里亚(Calabria)大学做的设计，或是为在巴勒莫(Palermo)做的地区规划(Zen district)——显示了他对于大规模项目的质量和效率的关注。某些西班牙人的新作以及德国人 O·M·昂格尔斯(Oswald Mathias Ungers，生于 1926 年)的作品也体现了相似的趋向。

C·艾莫尼诺(Carlo Aymonino，生于 1926 年)所走的道路与上述各人截然不同。他最重要的作品是于1967年至1973年建在米兰的加

---

① 《悲伤的热带》(tristes tropiques)，列·维·斯特劳斯的一部重要著作，英译名“A World on the Wane”。列·维·斯特劳斯(Le vi-Strauss，1908.11.28)，法国人类学家和结构主义——一种按照系统中要素之间的结构性关系对文化系统进行的分析——的先驱。——译者注

图 652　O·M·昂格尔斯:纽约,罗斯福岛住宅竞赛方案

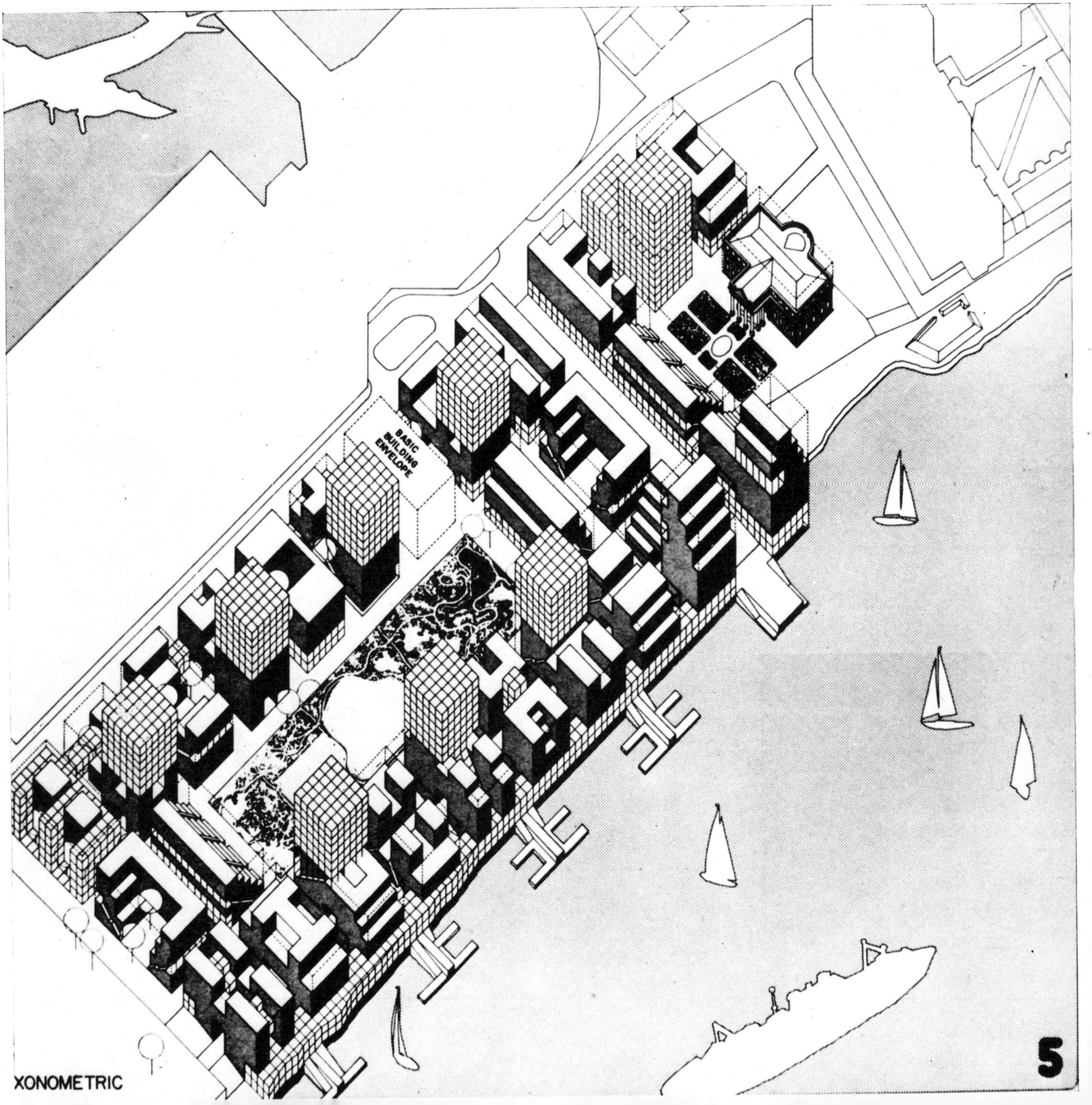

图 653　埃米利奥·巴蒂斯蒂等人：意大利，卡拉布里亚大学规划方案，1973 年

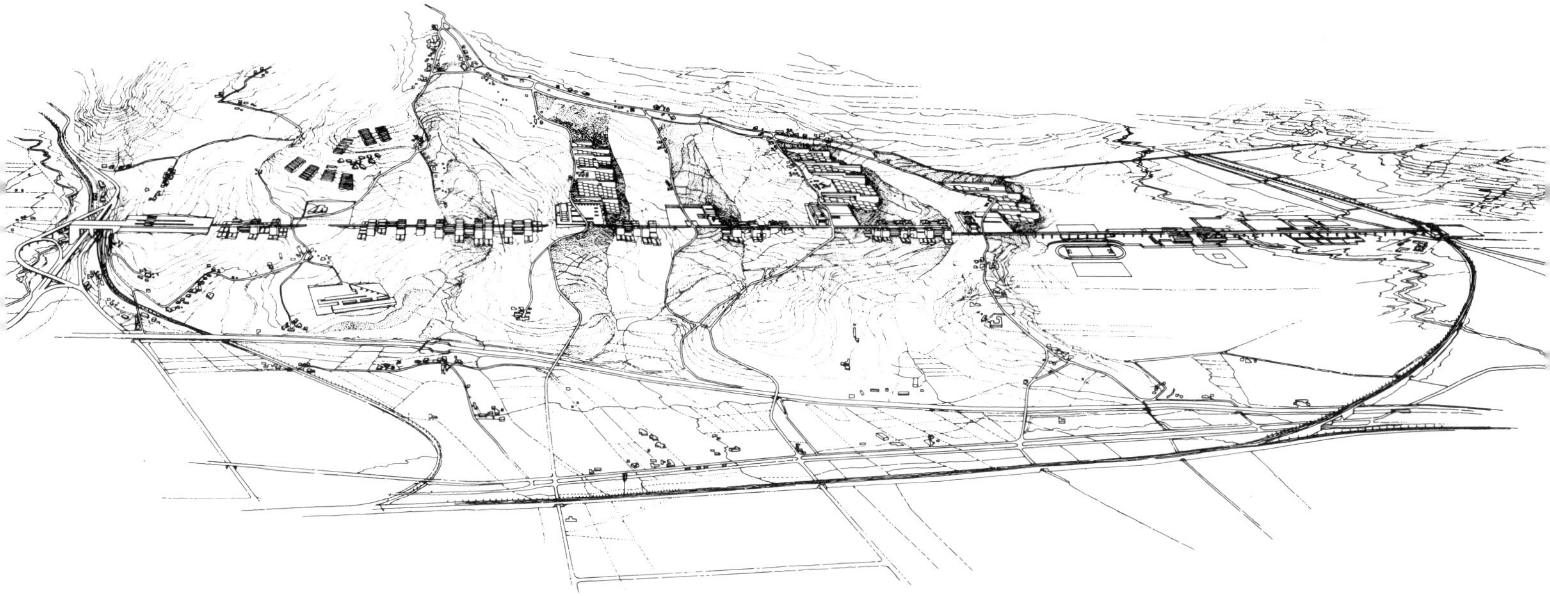

图 654　F·阿莫罗索等人：意大利，巴勒摩，Zen 区的规划，1969 年

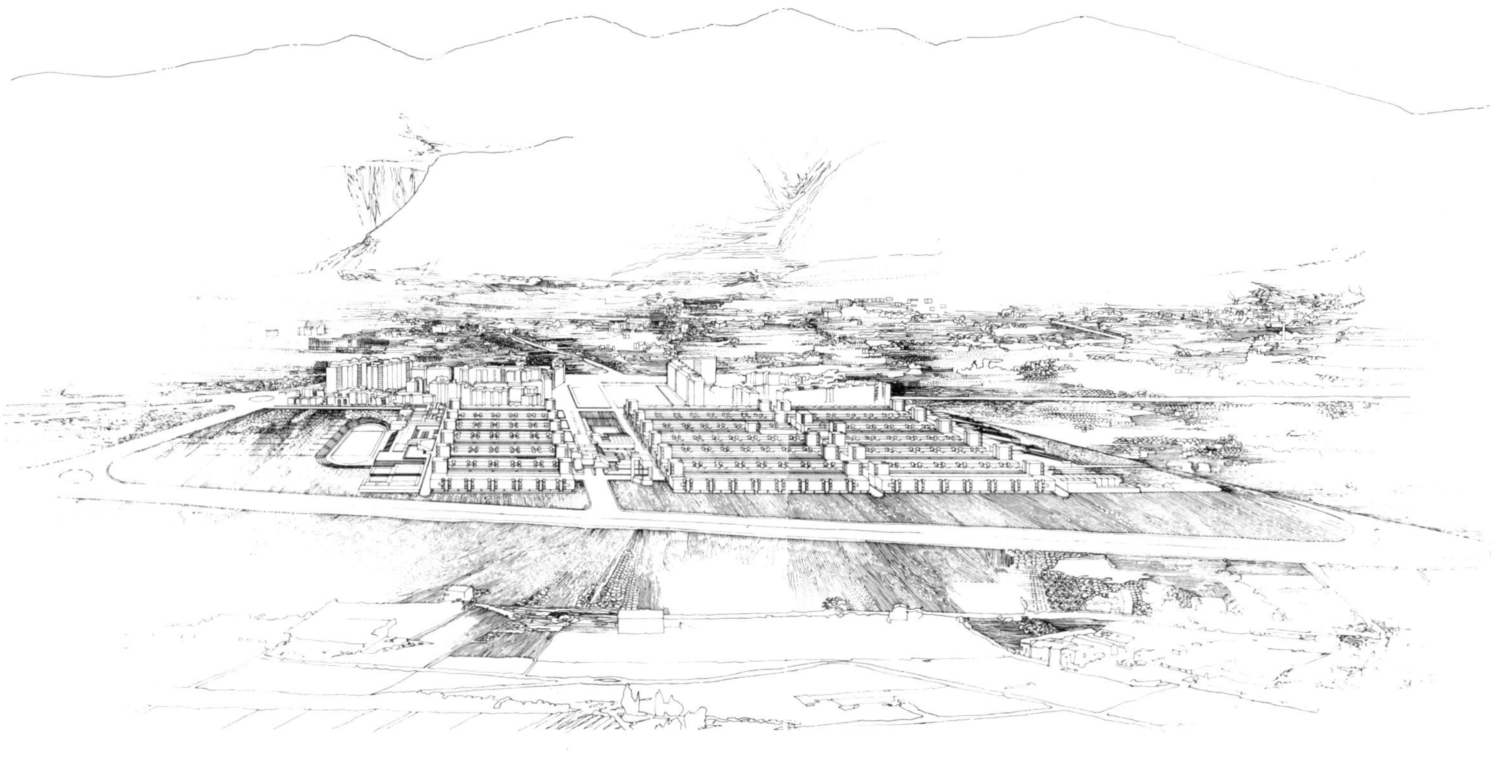

图 655　C·艾莫尼诺：米兰，加拉拉特西区住宅群的鸟瞰图，1967—1973 年

图 656　A·罗西：米兰，加拉拉特西区综合居住综合楼的门廊，1967—1973 年

拉拉特西(Gallaratese)地区的住宅区。这个作品中有着表现主义的迹象，表现了对形式的狂热追求，体现了他在有计划的喧嚣中吸收所有价值的努力。在此艾莫尼诺整合了分裂的建筑语言，消除了规划破裂带来的矛盾。于是建筑变成了对连贯性、对自我表达的狂热追求，它不得不求助于新的策略。艾莫尼诺在加拉拉特西所作的项目中插入一个 A·罗西(Aldo Rossi)的刻板建筑是有其含意的，这等于宣称他的项目不得不容纳一些与其思路完全相反的建筑。

艾莫尼诺毫不犹豫地求助于最间接的暗示，沉迷于最明显的引用。在这方面，他的建筑可以被看作一部自传。新现实主义在艾莫尼诺 50 年代的生活中占据了重要地位，新现实主义也是意大利人共同的文化历程，它在所有意大利人的经历中——特别是在社会层面上——起了重要的作用。我们可以通过新现实主义道路的文化起源揭示艾莫尼诺的建筑所具有的思想意义。从这一点来说，在加拉拉特西所作的项目有着超越其表面连贯性的重要意义。F·费里尼(Federico Fellini)在他的电影《8½》中通过将梦这个要素发挥到极致从而为整整一个时代彻底探讨了电影摄影学，同样地，艾莫尼诺的作品也为意大利当时的建筑画了一个句号。那是这样一个阶段：希望与梦想创造了在罗马的蒂伯蒂诺方案中的民粹主义，在政治承诺下的白日梦中，产生了对类型本身的自我赞扬。但是与现实的距离——不论它的外在表现是积极的还是消极的——依然存在。尽管任何事物都必然是辩证的，仍然有人试图取消语言学句法关系之间的冲突。甚至艾莫尼诺的作品也体现出特别风行于欧洲的一种倾向，试图在尚未真正严格的系统中寻找缝隙以求庇护。在这样的系统中，在赞助人以及委托业务的机构中，建筑师确实能获得某种机会，最前卫的试验也能找到极其有限的市场。

假如像吉诺·瓦尔(Gino Valle，生于 1923 年)那样的意大利建筑师能够有机会一直把质量放在最重要的位置，能够充满创意地面对完全不同的客户，能够既涉足于历史建筑扩建又涉足于工业建筑设计等不同领域，能够既在美国曾经受过十几年高度专业训练的建筑领域进行设计，又能以最前卫思想的代表人身份进行设计，那么 60 年代最有影响的建筑也就不会仅仅集中在各个大学或学院中了。如果没有这些大学，建筑师只有在某些需要包装的大型城市项目，或是在某些房地产投机商在对城市进行大规模建设时才能获得设计的机会。因此，1968 年在纽约建的巴特里公园居住城就是请哈里逊和阿伯拉莫维兹、约翰逊与伯吉、康克林和罗森特等建筑师事务所进行设计的。任何人都不可能无视这个由科幻小说的形象和牧歌般的步行区所组成的令人着迷的大杂烩，它更像是 30 年前洛克菲勒中心的露天花园所表现的。杂烩是这个项目的特征。显然它意在推销自己，赢得舆论，而不管这舆论有多么虚伪。但是对于具有类似粗俗动机的其他项目来说，这种舆论是不必要的。

“独一无二”曾在 19 世纪末令芝加哥大企业家们眩目，显然现在这一类东西的魅力仍然没有消失，超高层建筑在纽约、芝加哥、波士顿以及旧金山不断出现。孤独的怪物们只表达了自己强大的权力，那些“超级建筑”无论在技术的面具下怎样躲藏，仍然说着它们前辈的语言。这些建筑自身不可动摇的组织弥补了整个城市的无序性，美化和升华了美国人民在开拓他们的历史时所表现出的扩张主义。

最近几年转折期的标志是在曼哈顿所进行的充满野心、规模巨大的房地产开发工程。与此同时，城市中的高层建筑纷纷昂起头来试图保留一点自己的气息。凯文·罗奇(Kevin Roche，生于 1922 年)和 J·丁克卢(John Dinkeloo，生于 1918 年)成为美国这种新型委托关系最折衷的阐释者。

1967 年他们在纽约为福特基金会总部所做的设计达到了一种辉煌的效果：整个大厦用一层外膜包裹着，像一个巨大的、洞穴般透明的温室。但是这个插入曼哈顿的人工自然比建筑师常用来作为辩解理由的社会福利更为虚伪。建筑继续颂扬“独一无二”的价值，1969 年在纽约开始建设的联邦储备银行正体现了这一点。这个建筑同样是那两个人设计的，它翱翔于城市的上空，下面无数裸露的鸡腿柱使它更加凸显于环境之上。通过这种方式，建筑成了一种新的广告形式。从 1967 年开始罗奇和丁克卢为位于印第安纳波利斯(Indianapolis)的学院人寿保险公司(College Life Insurance Company)总部建造了三个金字塔般的综合楼。这个综合楼的一部分是空白的实墙，另一部分是反射玻璃幕墙，混凝土和玻璃幕墙分别完成了拒斥与反射这两种不同的功能。在这里建筑变成了一种屏幕，周围生活中的形象被投射到建筑上，但是却没有密斯所具备的自我克制精神。罗奇和丁克卢的一些全玻璃幕墙设计也体现了这个特点，例如他们于 1972 年在马萨诸塞州的伍斯特(Worcester)做的伍斯特县国家银行以及同年在印第安纳州的韦恩堡(Fort Wayne)设计的综合楼。美国其他一些建筑师，如约翰·波特曼(John Portman)、西萨·佩里(Cesar Pelli)的努力也达到了同样的效果。这些作品就像永不停放的电影屏幕，为它们自己的畸形费尽了气力。在它们所代表的“独一无二”和它们所完成的平凡功能之

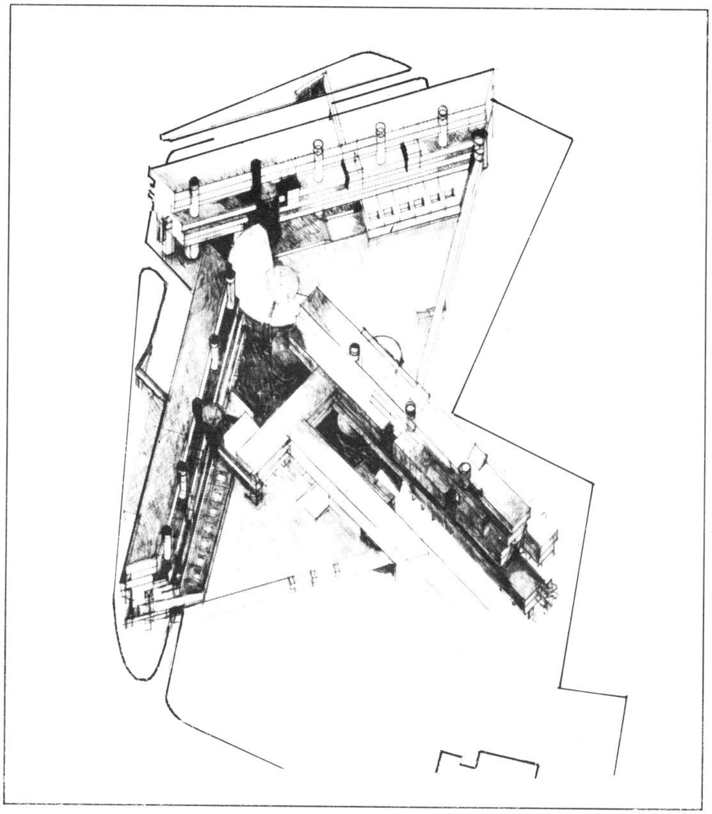

图 657　C·艾莫尼诺:米兰,加拉拉特西区住宅建筑群外观,1967—1973 年

图 658　J·斯特林和 J·戈温：莱彻斯特大学工程学院，1959—1963 年

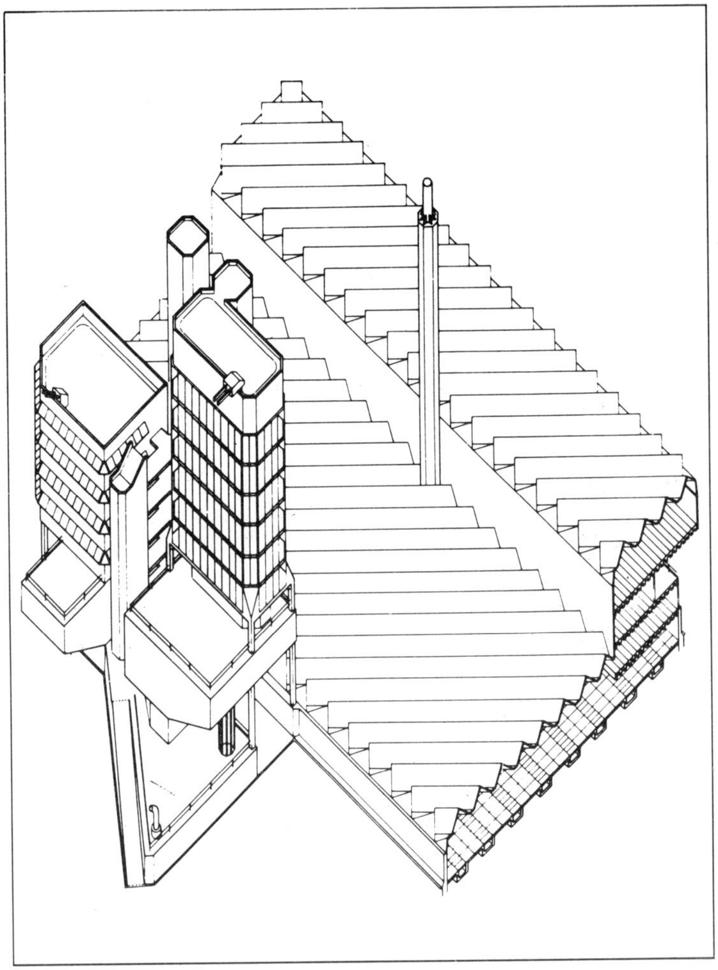

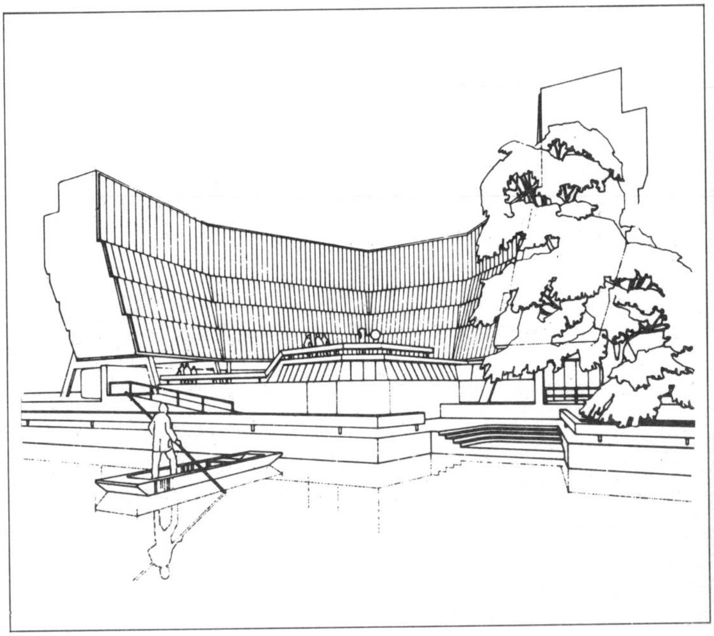

图659　J·斯特林和J·戈温：莱彻斯特大学工程学院轴测图，1959—1963年

图660　J·斯特林：牛津大学，女王学院弗洛瑞楼方案，1966—1971年

图661　J·斯特林：剑桥大学；历史系图书馆，1964—1967年

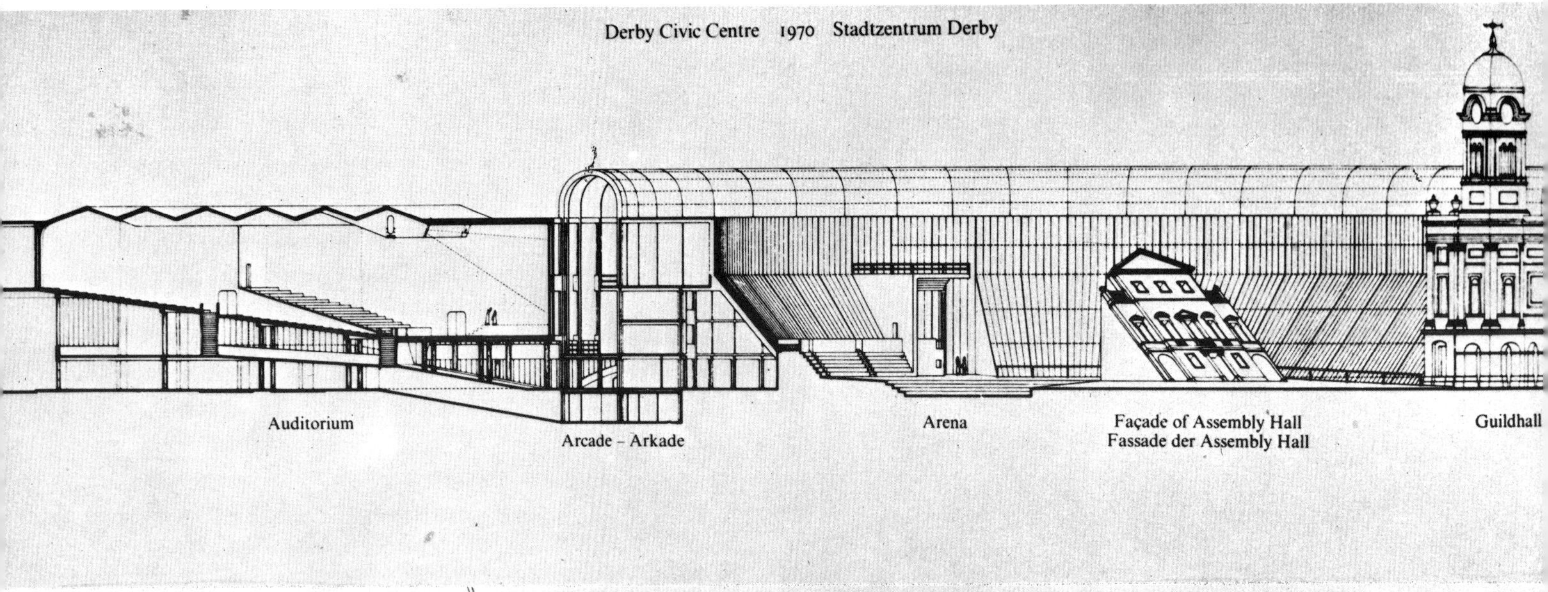
Derby Civic Centre 1970 Stadtzentrum Derby
Auditorium
Arcade – Arkade
Arena
Façade of Assembly Hall
Fassade der Assembly Hall
Guildhall

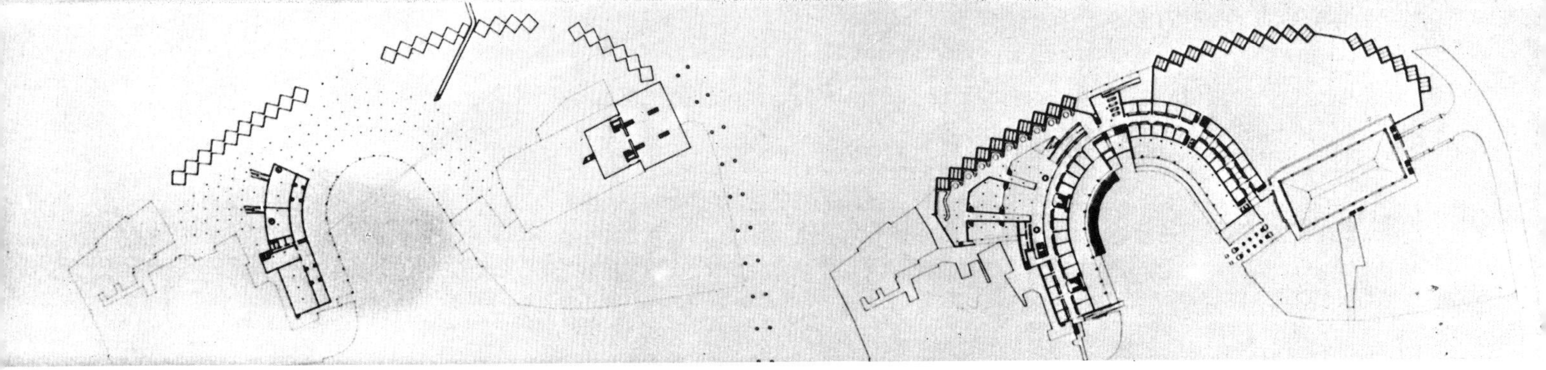

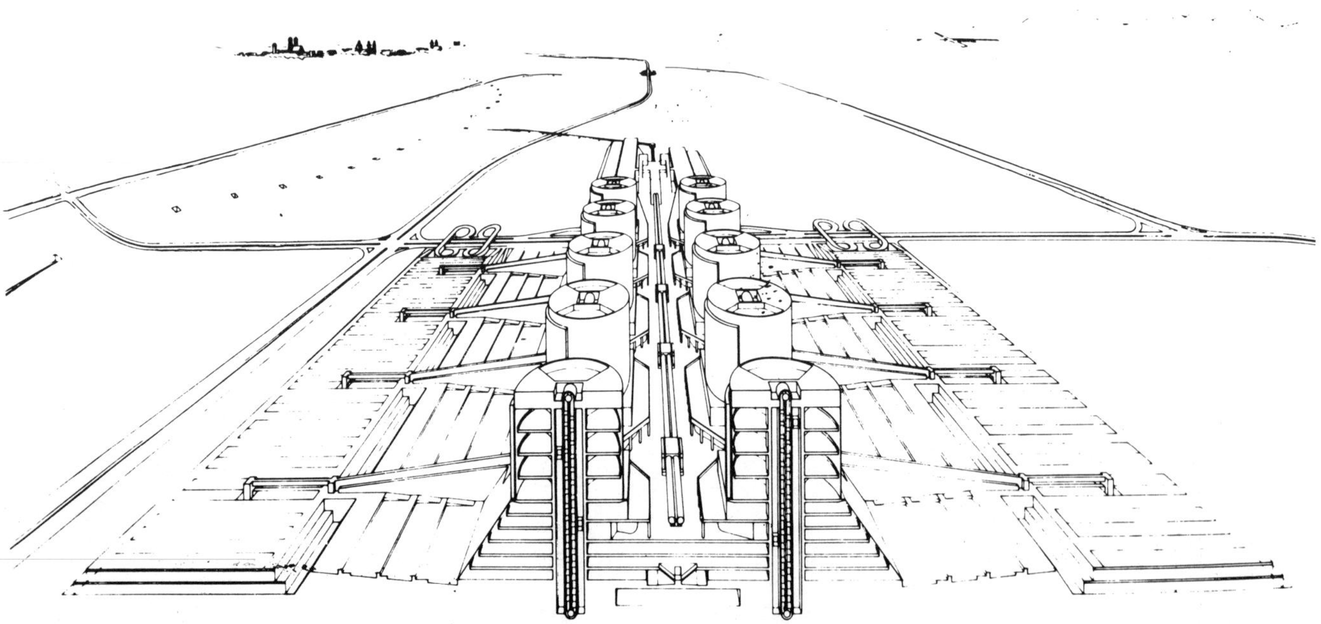

图 662　J·斯特林：德比，市政中心方案，1970 年

图 663　J·斯特林：慕尼黑附近的西门子 AG 总部方案，1969 年

图 664　J·斯特林和 M·威尔福德：伦科恩新城，住宅建筑群，始建于 1967 年

图 665　路易·康：纽黑文，耶鲁大学美术馆的一层平面，1951—1953 年（引自《今日建筑》，1969 年）

间是个性消失的过程，这正是美国都市的命运。

摩天楼孤立的问题也没有得到很好的解决。这一点在菲利普·约翰逊和 J·伯吉于 1973 年在休斯敦设计的潘索尔广场大厦（Penzoil Place）以及在明尼阿波利斯设计的 IDS 中心十分明显。尽管约翰逊可能做过某些尝试，但是他暧昧不明的折衷主义终究不过是一场魔术表演。

菲利普·约翰逊于 1966 年为耶鲁大学设计的克莱因生物馆和罗奇设计的纽黑文退伍军人纪念中心都展示了熟练的技巧，完全不同于他们为大城市建筑物做设计时所用的手法。这两幢建筑之所以成为美国 60 年代的两个主要成就自有其道理。在这里，建筑师不再需要用最新的形式来炫耀大公司系统，而是期望重新获得一种完全不同的品质，一种博学的东西，尽管有一点帝国式的夸耀。在文化占上风的地方，不被城市所接受的事物受到欢迎。角色的划分是严格的：形式的面具完全符合各种角色的身份。

但是从这里不会产生任何新的成果。观察一下美国今天的建筑，历史仿佛停步了，建筑师们注定要一遍遍地简单重复已经做过的一切，他们不知道如何按照客观条件的变化做出人们期望他们所能做的必要调整，交给他们的任务只是做到对“连续性”和“进步性”的赞美。如果他们想表达与传统的某种联系，那最好不要表达得太清楚，否则人们会责备他们在建筑上的千篇一律，建筑的新奇性就要受到质疑。即使是菲利普·约翰逊的手法主义也不能满足挑剔的功能：他的学院气来自贪婪的收集欲，而不是来自浏览中冷静的、独立的态度。

但是对于当代建筑师来说，是否还有可能保持这种超然的态度？他们是否还能成功地穿越这超然的空间？在求助于建筑语言时，他们质询自己需要什么样的形式词汇，他们是否有可能不是为了求得对自我的肯定而是为了探索自身的存在状况而这么做？

如果不是六七十年代的状况证实这些困扰我们的结果，那么我们也就不会对这一类问题的答案表示怀疑。而这些成果仅仅代表了这 20 年作品的一个方面。它们只润色了我们历史的一个部分（如果你愿意，可以说是历史的某些部分），但是绝不代表平行发展的所有建筑潮流。

在 50 年代末有两个建筑师在努力探索人们认为已经枯竭了的思想和方法。他们在各自的轨道上保持发展，平行于我们曾经考察过的各种轨迹。路易·康（Louis Kahn，1901—1974 年）和詹姆斯·斯特林（James Stirling，1926—1992 年）都试图给看起来已经停滞的艺术注入生命的活力，但是他们所走的道路完全相反。斯特林在对现代建筑语言的分析中找到了自己的起点，这包括起初的还原法——意义的分解。“引用”是斯特林作品的一个特征，粗看起来它们虽然有一种反讽的味道，却没有提供解开谜题的方法。但是就作者的目的来说，它们也许既不是反讽的也不是高深莫测的，这是把现代建筑的传统当做语言来解读必然产生的结果。在莱彻斯特大学机械馆（1959—1963 年）、剑桥大学历史系馆（1964—1967 年）和圣安德鲁大学公寓楼（1964—1968 年）中，斯特林徘徊于结构主义和未来主义之间，徘徊于对技术贪婪的敏感和对维多利亚的追忆之间。

这些模仿清楚地证明了我们不可能继续生存于产生我们的传统中。这种模仿虽然唤起了我们对过去的回忆，却更清晰地显示了建筑已经从过去向前迈进了多远。传统是一种语言，但是由传统所产生的仅仅是词汇本身，它们与事物之间的联系已经以一种新的方式被重写了。此时传统变成了一种永远不能被解开的秘密。正如斯特林在重新解释柯布西耶时所告诉我们的，我们和我们所爱的被时间隔离开来，这个距离只有通过分析覆盖在古董上的泥土厚度来衡量。在发掘的现场只有回声，没有任何意义。对于这个声音我们可以做任何解释，它们并不代表特定的内容——它们只能按照新的创作规则“说话”（这意味着人们只能按照现在的创作规则去解读它们，而不可能按照它们产生时的规则解读）。例如他在 1970 年为德比市（Derby）所做的新市政中心，老的大会堂的立面以四十五度角倾斜，被用做它后面的派克斯顿尼（Paxtonian）画廊的入口，对于历史的再现被当做一个现成的目标。既没有固定的意义也没有先验的关系可以影响词语和物体之间的关系。斯特林以这种方式使异端合理化。与建筑符号相并列的语法和句法被证明可以无限制地更新。他的作品揭示了相对于形式主义的技巧来说真正的创作方法：扭曲和旋转的不断表演，技术的威力，在复杂的形式中不同材料令人惊异的并置达到了顶点，而这仅仅是为了表达它们内在的气质。从这样的创作中散发出的不是乌托邦式的乡愁，也不是对于非我的追求。对于斯特林来说乌托邦只配得上作为一种借口、一种例外。从剑桥图书馆到 1969 年慕尼黑附近的西门子 AG 总部，斯特林都激进地贯彻了这条原则。在慕尼黑项目和从 1967 年开始为伦康（Runcorn）新城做的住宅开发区中，他使重复的规律适应于一种对机器自主形式的模仿，这不是一种偶然现象。1969 年他在哈斯勒梅尔用玻璃包的画廊将埃德瓦丁旧宅和奥列维蒂训练学校的各翼连接在一起，这正体现了他的原则。这是一个名副其实的含糊的中心，既是现存建筑物与教室的简单体量之间的中断，又

图 666　路易·康：未来的市政厅方案，1957 年（引自《今日建筑》，1969 年）

图 667　路易·康：密苏里州圣路易斯，华盛顿大学图书馆竞赛方案，1956 年

图 668　路易·康：费城，宾夕法尼亚大学理查德医学研究所实验楼，底层平面，1957—1961 年

图 669　路易·康：费城，宾夕法尼亚大学理查德医学研究所实验楼外观，1957—1961 年

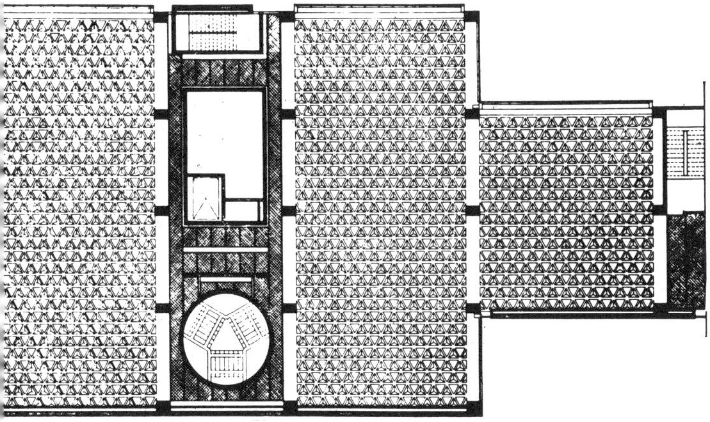

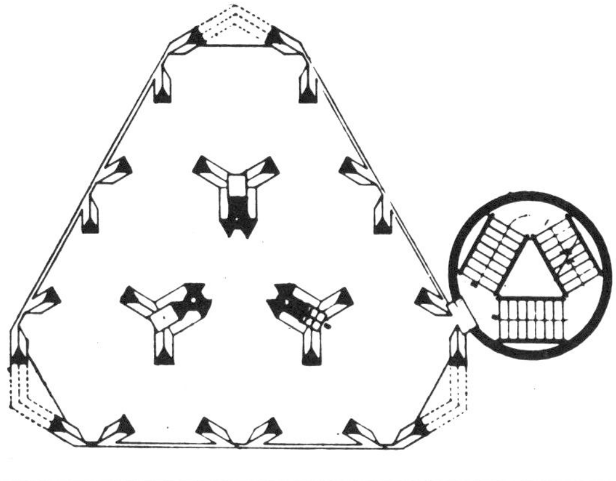

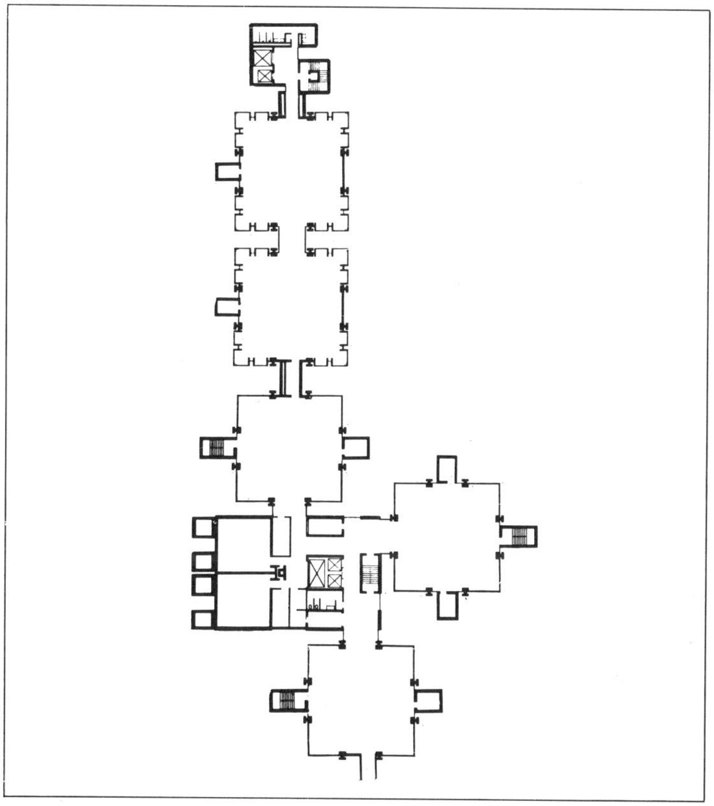

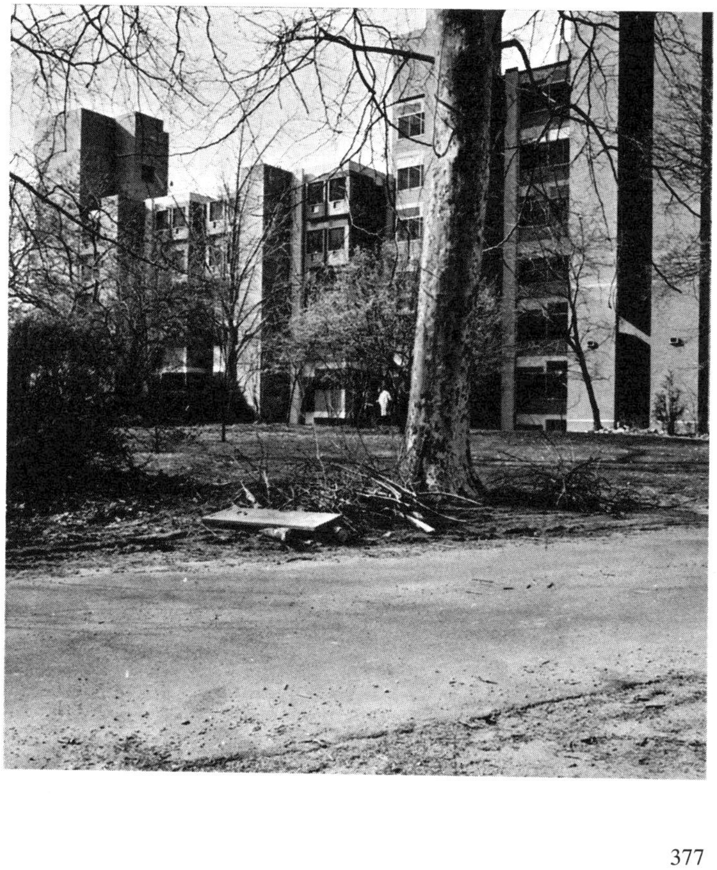

图 670　路易·康：加利福尼亚，拉乔拉，萨克生物研究所平面，1959—1965 年(引自《今日建筑》，1969 年)

图 671　路易·康：费城附近，E·D·埃德曼馆，1960—1965 年

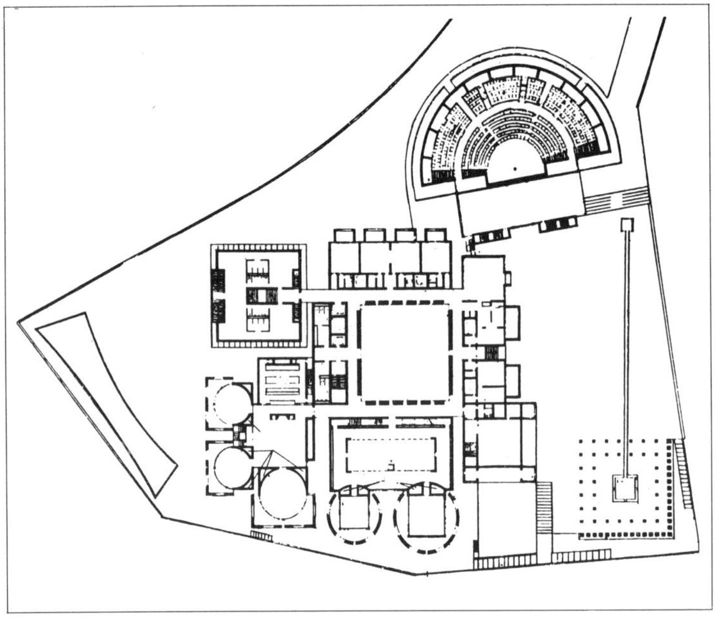

是它们之间的连接，是两种状态的合二为一。这种解决方式引起批评家们关于斯特林对造船学强烈爱好的议论。在西门子项目中，圆柱体为中央服务带留出了空间，这里不再试图使用一种能为公众所分享的语言。相反的一面是真实的：斯特林的作品证明了建筑能够像机器一样暴露自己的形式而不削弱其语言的自律性。建筑师在公众面前对形式与功能问题的态度是模糊的。在这样的过程中建筑师违背了现代建筑传统中关于意义的规则。他所采用的扭曲变形手法对观众十分陌生，也与现代建筑传统所试图教授的正好相反。斯特林希望观众在面对他的形式时能够理解观者自己身为疏离个体的处境。于是建筑就成为表达建筑师和他自己语言关系的地方。

脱离了群众，形式又返回到了考古学领域。但是恰恰在此斯特林取得了异乎寻常的效果：他的建筑既没有开通新的道路，也没有暗示任何值得争取的目标，没有将建筑的命运托付给其他人。斯特林把建筑语言从暗示、谈论和表达的责任中解脱出来；他宣称建筑语言是一种媒介，它表现为人工制品，成为证据和展品。

路易·康的作品中有着同样致命的对于轮回的期望。它没有给神圣的新传统原则的不朽回归这个神话留下任何余地。它为怀旧之情的叙述打开了一个难以言说的空间。这是一种对于某个符号的怀旧之情——我们曾经失去了自己在历史迷宫里的指示物，在我们寻找它时，这个符号能追忆起自己的兴衰变迁；这是一种对于话语世界的怀念——如果建筑不放弃自己在世间的存在就不再能够进入这个话语世界；这是一种对于社会准则与突破之间可靠关系的怀念——这种能够消除敌对和困扰，迸发出成熟充足的词汇，迸发出由于意识到自身局限性而产生的普遍性。恰恰就是这种怀旧之情使得路易·康关于体制的谈话有别于在他同时代的人影响下产生的狂欢行为。

对于康在历史中所担任的角色已经不可能存在任何疑问了。他是伟大场所——学院、教堂、犹太会所、博物馆——的建筑师。他的建筑将特有的形式赋予那些在今天渐趋消失或是不再占有特定形式的建筑类型：一种关于信仰、体验和文化的建筑。但是康也为学院派创造了一种缺乏表情的建筑，在这里世界沉没消失。他的建筑作品意在恢复一种集体的记忆。这显示了路易·康是一个地地道道的美国人，总是想用可靠的历史背景来武装自己。这是美国人一贯的需求——通过承认自己是一个符号的人来抵御历史的变迁和时光的磨损。但是这个过程只能是一种同义反复：康为建筑所建立的每一块新基础都像他所信任的神话和体制一样造作、一样不自然。显然这个领域与斯

图 672　路易·康：孟加拉国首都达卡，国民大会堂，底层平面，1962 年始建（引自《今日建筑》，1969 年）

图 673　路易·康：达卡，国民大会堂模型，1962 年始建（引自《今日建筑》，1969 年）

图 674　路易·康：达卡，国民大会堂底层，1962 年始建

图 675　路易·康：得克萨斯州，福特沃斯，金贝尔艺术博物馆平面方案，1972 年（引自《今日建筑》，1969 年）

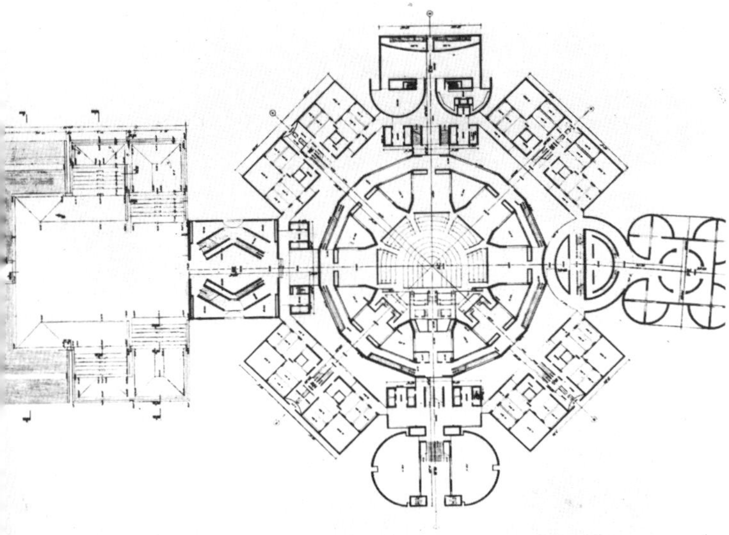

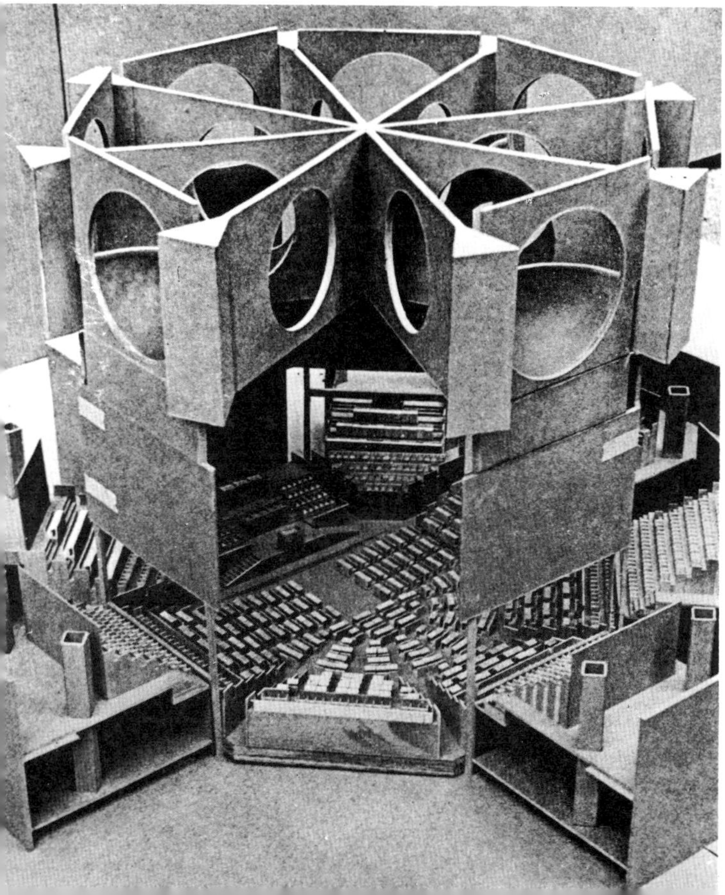

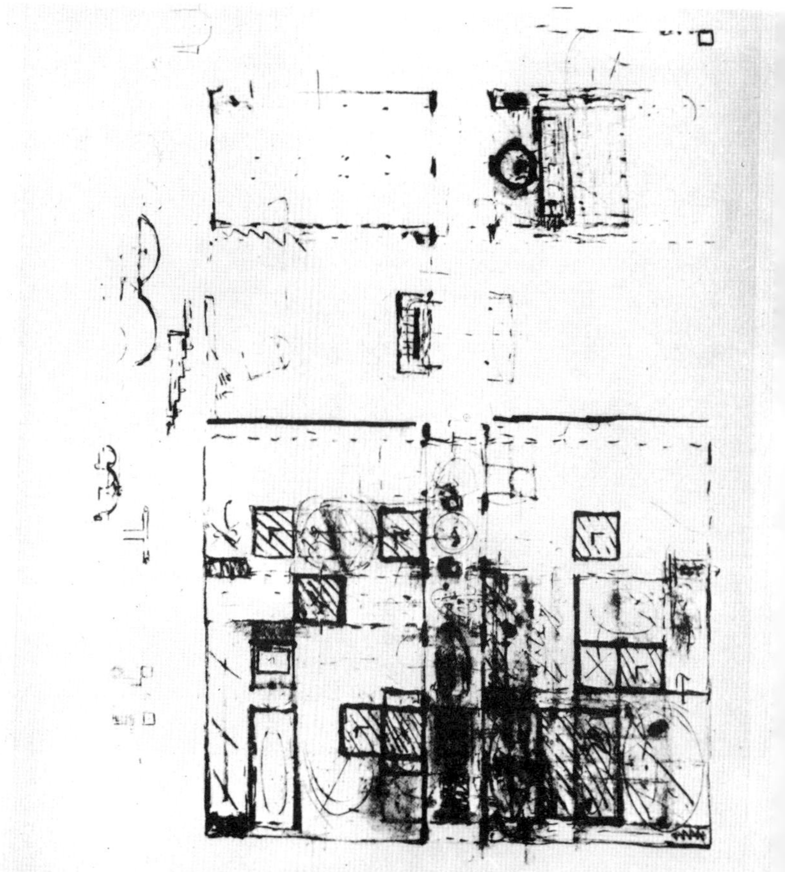

图 676　R·文丘里和 J·劳奇：加利福尼亚，Merbisc Mart 购物中心，1970 年（引自《今日建筑》，1972 年）

图 677　R·文丘里和 J·劳奇：马萨诸塞州，兰塔凯特岛，威斯洛基和特鲁贝克住宅，1970 年

图 678　L·克里尔：伦敦，皇家铸币广场住宅区方案，1974 年(引自《莲花》，1976 年，第 11 期)

图 679　汉斯·霍莱因：维也纳，斯库林珠宝店，1972—1974 年

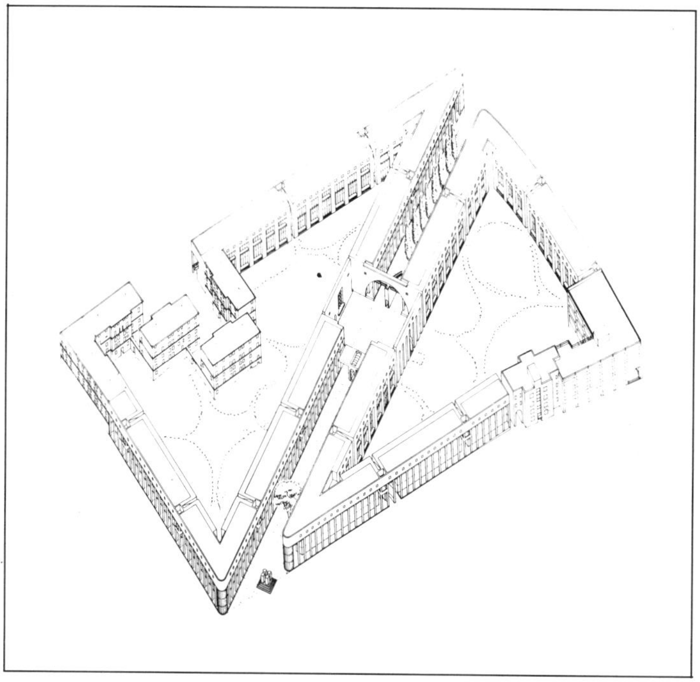

特林工作的领域正好相反。对过去的怀念决定了康的语言。这种决定论与现代建筑传统相决裂的激烈程度一点都不亚于将现代建筑禁闭在博物馆中的企图。康的建筑猛烈抨击建筑的简化，将之贬低到微不足道的地位。

但是通过将历史转变为符号，通过努力恢复它们神秘的性质，符号可以在历史的进程中保持其价值。这就是解释了 1961—1970 年建造在费城的米克威犹太教堂(Mikveh Israel Synagogue)的庄严情感，也解释了在宾州梅迪亚于 1965—1968 年建造的多明我会(Dominican)修道院草图中的玫瑰窗和尖塔暗示了什么。但康在成熟期才做到这一点。路易·康一直试图为建筑建立一个几乎是从起点重新开始的新基础，他在五六十年代设计的作品标志了这项艰苦工作的完结。在他 1952 年到 1956 年的作品中——例如耶鲁大学艺术展览馆、宾州埃尔金斯公园的犹太会堂、费城药品服务大厦等——路易·康试图对他项目中的一切要素加以绝对的控制。正如文森特·斯卡利指出的，他拒绝“为那些不合理的内在关系赋予合理秩序的形式与意义”。

一旦进行了这样的操作，他的天职就得到了绝对清晰的表现。对于特定元素的控制变成了他类型学发明的前提条件。每一幢建筑不仅表达了一种特定功能的特殊问题，也表达了一种特定的符号。这样每一座大厦都变成了一种典范，其秩序都由一系列暗示的几何学关系表达出来。他的工作台上经常放着皮兰内西(Piranesi)和哈德良(Hadrian)别墅的平面，他的构思中也经常出现这些平面。要理解康的建筑，就应该知道学院派建筑传统所起的重要作用。当然学院派传统确实扮演了一个卓越的角色。但是康对于拉丁古典主义风格的喜爱、对于返回黄金时代的几何学秩序的期望以及对于 18 世纪理性主义时代的建筑师用来分析这种秩序的精神所怀有的深厚感情并不等同于学院派的倾向。康所有的作品都瞄准了纪念主义目标，这个目标与其说是学院派艺术促成的，不如说是受到罗马帝国和中世纪时代建筑的影响。因此康的作品与其说是隐射了希腊的逻各斯，不如说是对一种已经变成了制度和权力的信仰所进行的世俗化纪念。他对于费城都市化进程的不断关注使他对新城市问题作出了明确的图式表达，产生了对于这个问题令人敬畏的形式直觉。他用地下车库来控制进入城市中心的车流，并在实际效果上可以控制进入它的入口，从而保持了中心的特点。在那之后他的所有建筑都可以被解释为一种使某个地点有别于它周围事物的特征。位于加利福尼亚州拉乔拉城(La Jolla)的萨克(Jonas B. Salk)生物学研究中心建于1962年到

图 680　维托里奥·德菲奥等：某新服务站竞赛方案，1971 年

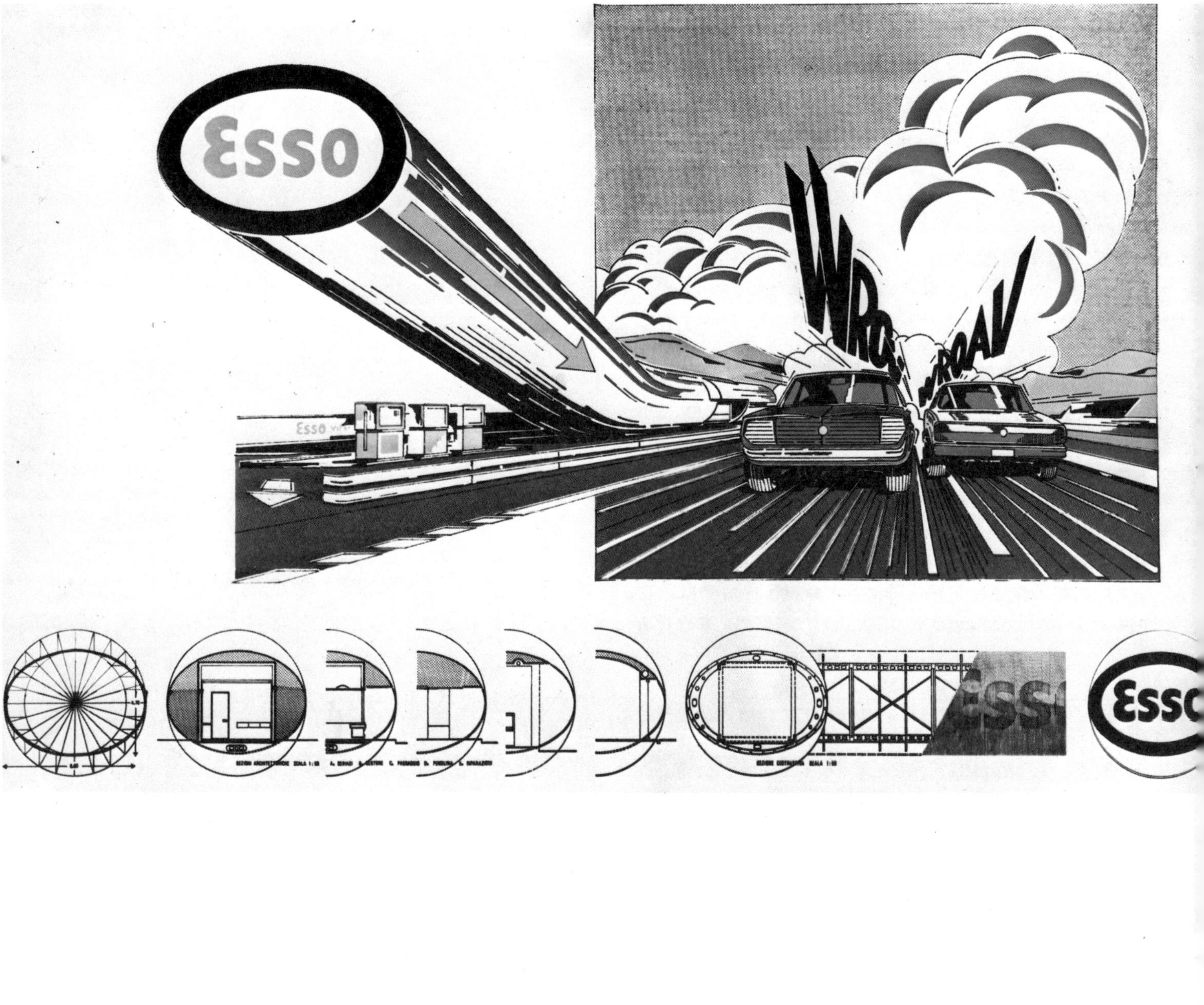

图 681　矶崎新：日本，北九州，中心
图书馆，1973—1974 年

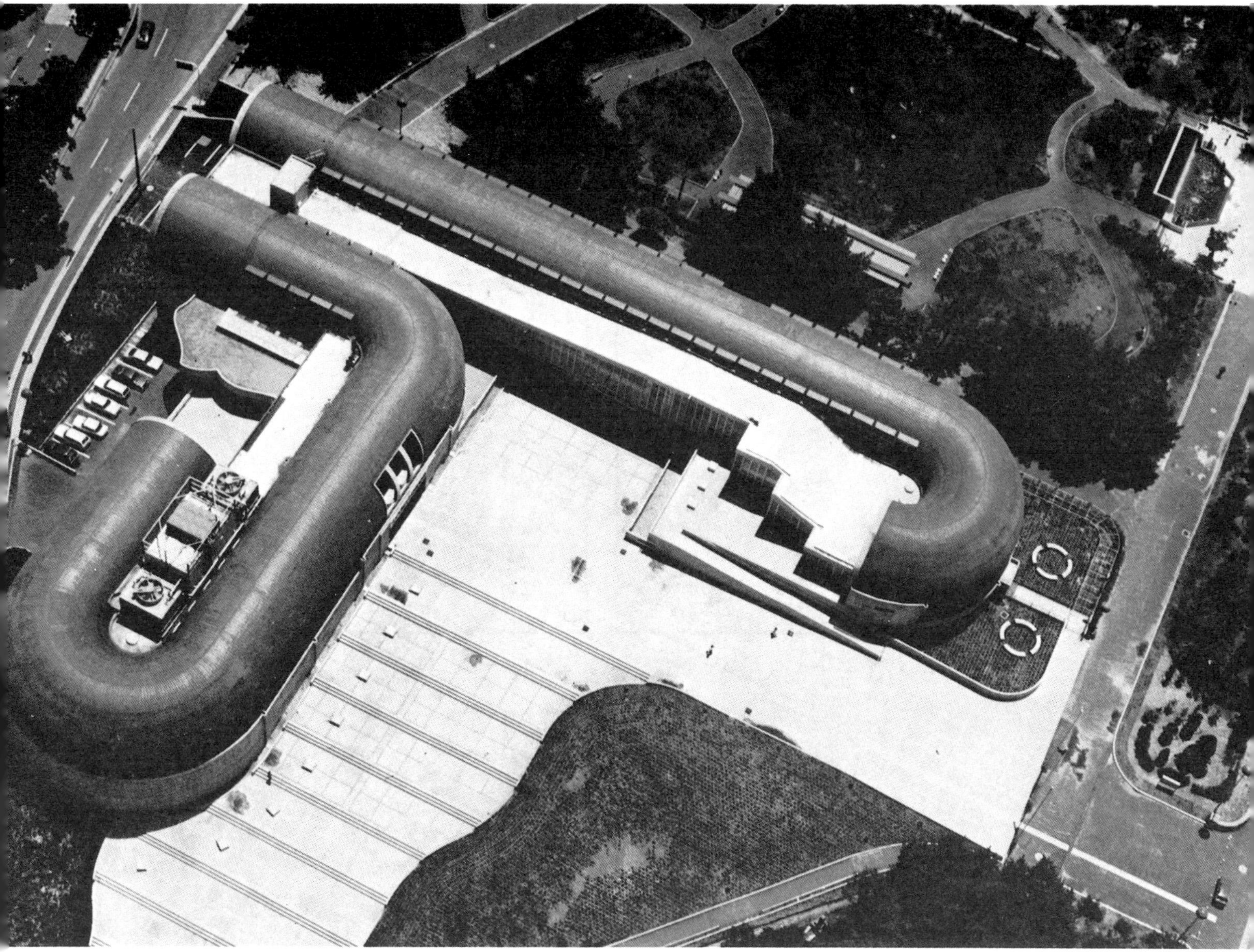

图 682　C·摩尔：佐治亚州，圣西门岛，康多明尼姆旅馆的草图，1972—1973 年（引自《反向空间》，1975 年）

图 683　J·海扎克："初级住宅"草图，1976 年

1966 年，占统治地位的是突出部分和主体部分之间辩证的表现。令人难以理解的是他的建筑外皮下隐藏了内部类型学的丰富性。在古罗马世界的纪念建筑中，除非亲自使用内部空间否则人们不能发现其秘密。这种古典的暗示来源于神秘的中世纪——当你面对费城宾夕法尼亚大学理查德医学研究中心（建于 1957—1961 年）那紧张而强烈的垂直形象时，你不会不想起圣吉米纳诺城（San Gimignano）的天际线——这在为经济不发达国家所做的设计中变得惊人地清晰。位于艾哈迈达巴德的印度管理学院（开始于 1964 年）就体现了这一点。甚至在孟加拉的达卡，政府建筑群的优美外壳无疑都披上了一层象征尊严的外衣。在康对于"丧失中心感"的斗争中，他赋予达卡一种特别紧密的组织方式，其体量环绕一个理想的圆形平面图展开。这个形式暗示了独创的特点，而这个特点只能在合理的秩序之上，并且还要特别强调空间上的丰富性（这一点要归功于皮拉内西）时才能达到。康对体制的礼赞在 1965 年伊斯兰玛巴德（Islamabad）的方案中达到了顶点。这个项目与柯布西耶为昌迪加尔所做的设计惊人地相似，而这不仅仅是因为他们都被赋予为新的都市做纪念性中心的任务。康，正如他自己所强调的，深深地受惠于柯布西耶。尽管康和柯布西耶的成果完全不同——在柯布西耶创造出难以辨认的复杂整体时，康却获得了深思熟虑的清晰感——因此对他俩之间的比拟是不可避免的。

康的建筑被证明是高度可输出的。在被美国拒绝之后，康发现这种仪式性的手法特别适于发展中国家。像另一个美国制度的伟大宣传员——伯纳姆①一样，康将会看到自己虚构的帝国象征物在自己的国家之外实现，这更像是美国文明为它准备扩张的国家宽宏大量施舍的安慰奖。这种巧合不可避免地引起了我们的沉思。

在越南战争的年代，学生们反叛社会，文化的纪念碑在大学里被付之一炬，建筑一意孤行。康所虚构的城堡在破除了传统之后，却又预示了无视未来的做法。像所有美国文化的伟大创始者一样，在对形式极其确信的表象背后存在着这样一条信息：它向所有希望使用它的人开放。任何人都能以任何方式利用他的价值观和形式。明确地说，在康对一个"新中心"的追求过程中，他所试图从神圣的现代建筑历史

---

① 伯纳姆（Daniel Hudson Burnham，1846—1912 年），美国建筑师和城市规划师，他为芝加哥所做的规划预见了 30 年后一个大都会区域对于规划和发展的需求。他和合伙人鲁特（John Wellborn Root）在强调了钢结构的芝加哥商业建筑在发展中是先锋，后来学院派的折衷主义成为他的标志。——译者注

图 684　R·迈耶：纽约，布朗克斯开发区中心，1973—1974 年

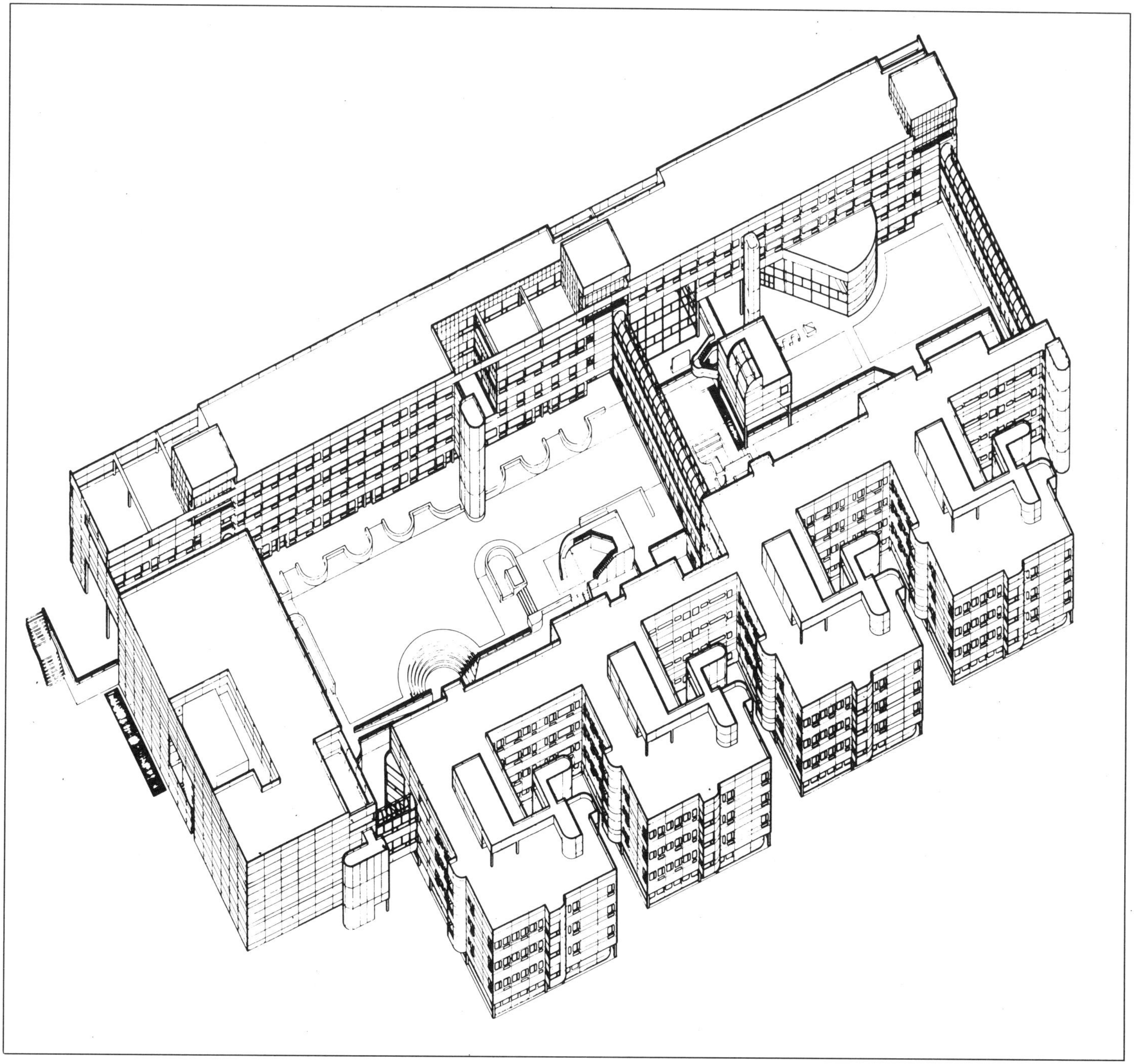

图 685　P·埃森曼:10 号住宅方案模型,1976 年

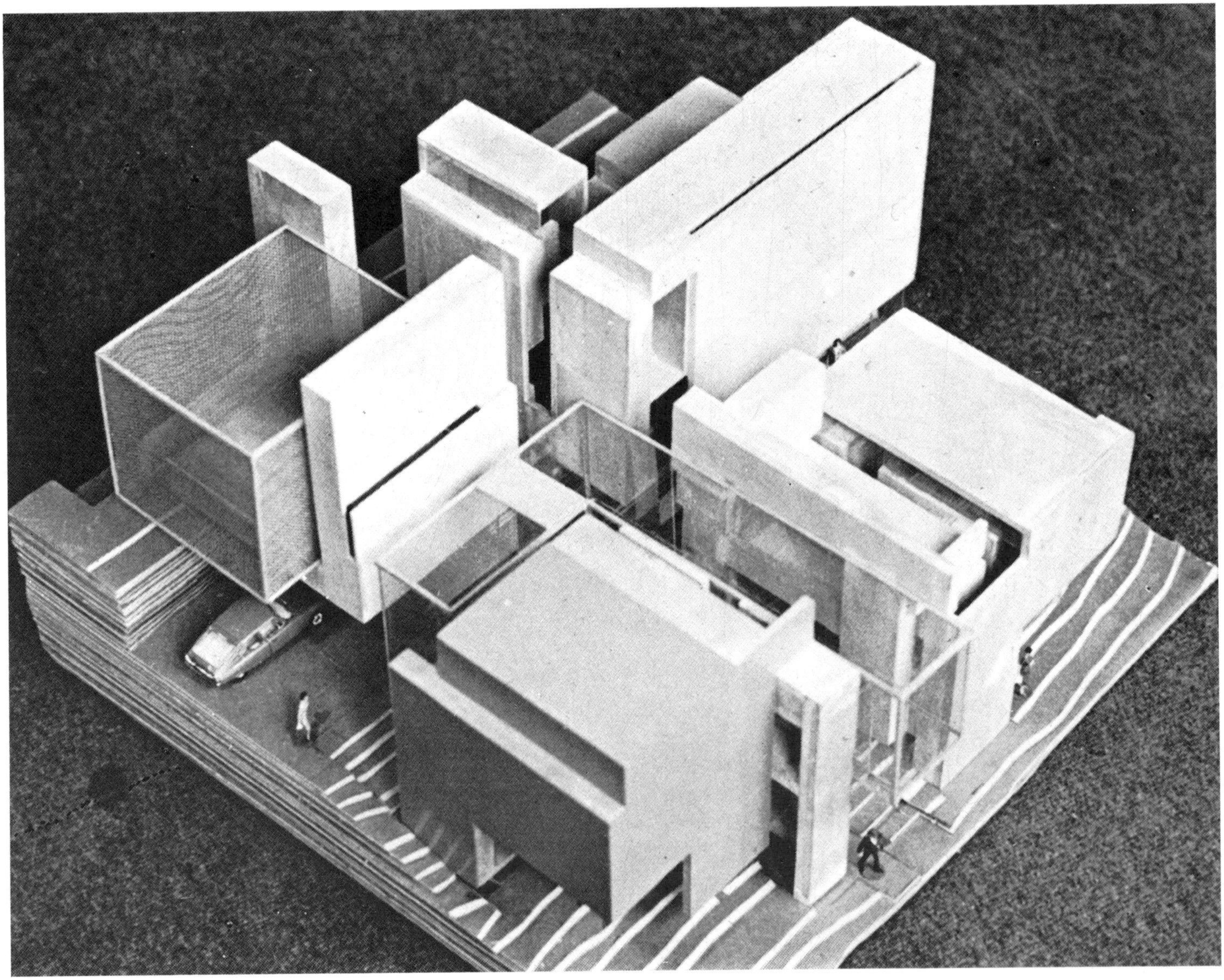

图 686　A·罗西和 G·布拉赫里：莫登纳，新公墓竞赛中标方案，1971 年

中驱除的东西在今天看来正是那些追随者们所贪婪追求的目标。一位新“大师”再一次地变成了圣徒。于是他对于“中心”不懈地追求变成了一种不合时宜的复兴所做的托辞。看起来它包含了一种对于复兴的承诺，如果没有这个承诺，我们就无法解释今天的美国建筑师所走的道路。

R·乔戈拉(Romaldo Giurgola)的作品和康的作品由于具有密切关系而被联系在一起，与之相反的是文丘里(Robert Venturi)、J·劳奇(John Rauch)和 D·S·布朗(Denise Scott Brown)模棱两可的道路。文丘里极力反对康所宣扬的神话，他断言只有现实是真正重要的，只有客观存在的事物才具有发言权。对于康梦想的人间轮回之说，文丘里提出要坚决抛弃。他所倡导的新建筑现实主义预示了一种与波普艺术的联盟，表明与“美国就像它自己的样子”、“就像他们所说的那样去做”、“事物就像他们所做的那样”等等观点相合拍。表面上这正好与康的严格主义相对立。但是实际上，它们同样是自我宣扬这种意识形态的一个部分。假如说康有可能制造出一个没有什么信仰可以维护的神秘主义学派，那么文丘里事实上已经创立了一个没有什么价值可以玷污的、没有幻想的、已经醒悟的个人主义学派。康和文丘里都将建筑翻转了过来。在这样的表现中，他们的形象库倒底是由梦想所组成的，还是由广大无边、瞬息即逝的商业符号所组成的已经无关紧要了。

至于这两个美国斗士是如何生活以及如何感受他们与传统的关系，这也并不重要。文丘里喜欢微妙的反讽，这使他能够在表面装饰上从其他人和其他年代的形式中、从通俗广告以及类似的地方借用拼贴材料。他于 1960 年到 1963 年在费城设计的基尔德公寓，就像他在兰塔凯特岛(Nantucket)设计的灵巧而微妙的小别墅一样，其基调都是一些常用手法，一些浅显的形式，在这里形式变成了对于常用手法的尖刻评论。他的反纪念性——1960 年华盛顿的 F·D·罗斯福纪念馆，1964 年为费城设计的喷水池，1966 年在新泽西州的海茨汤城为普林斯顿纪念公园设计的纪念碑——看起来都取笑了那颇受欢迎的神话和美国人做作的品味。拉斯韦加斯成为他灵感的源泉之一，这一点并不令人意外。相反地，文丘里和 S·布朗的势利态度为大量的美国神话涂脂抹粉。他们为费城两百年纪念活动提出的美化建议只是一种以特意幼稚的灯光视幻效果对大众社会用滥了的符号的再次使用。尽管如此，他们的东西确实是一种充满挚情的反讽，它显示了一旦平庸被神圣化，这个广阔的世界就会展现在我们面前，对于任何寻找新

图 687　A·罗西：布尔格提契诺，巴杰住宅方案，1973 年

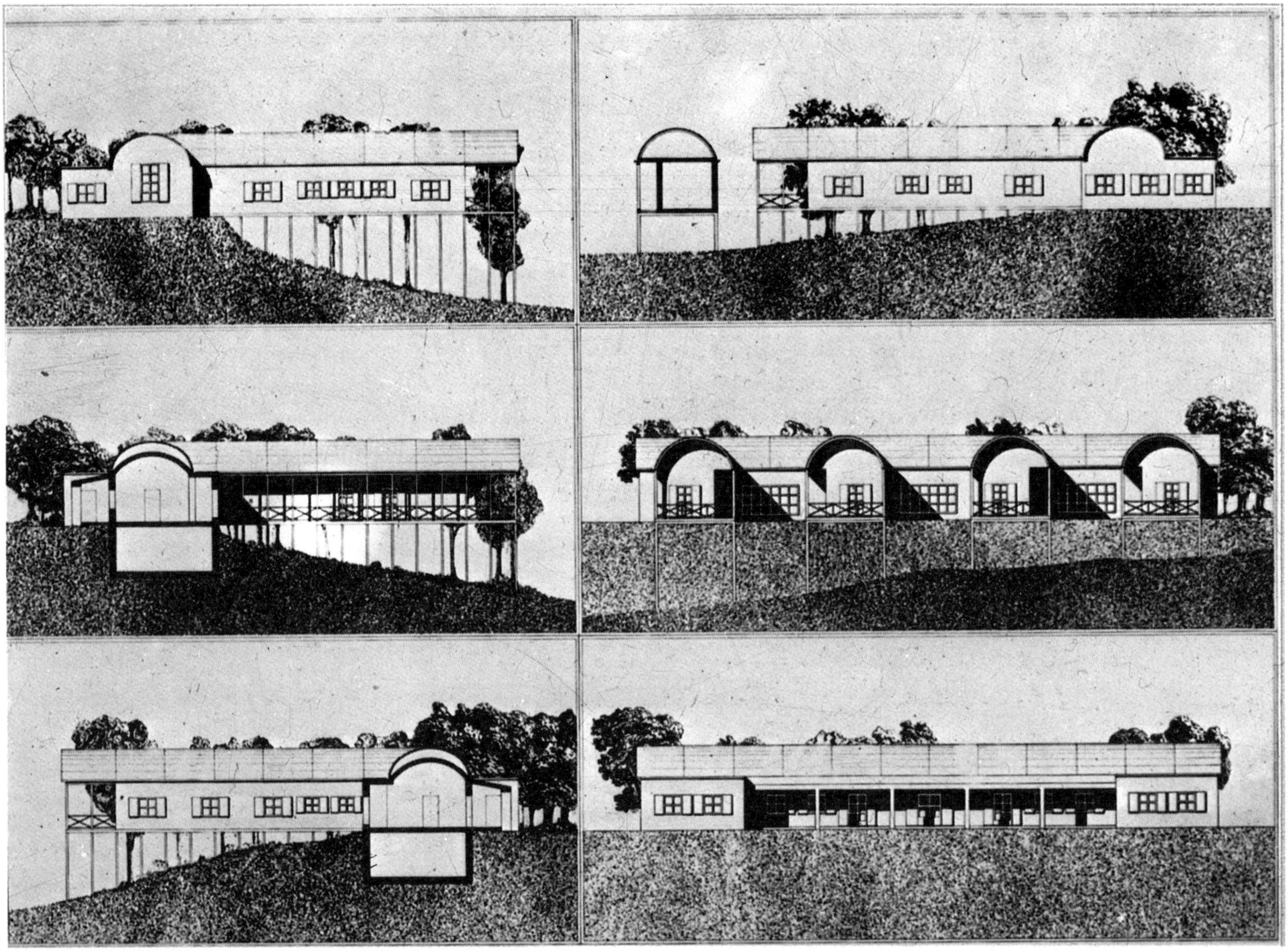

图 688　A·罗西：意大利，基耶蒂，学生宿舍竞赛方案，1976 年

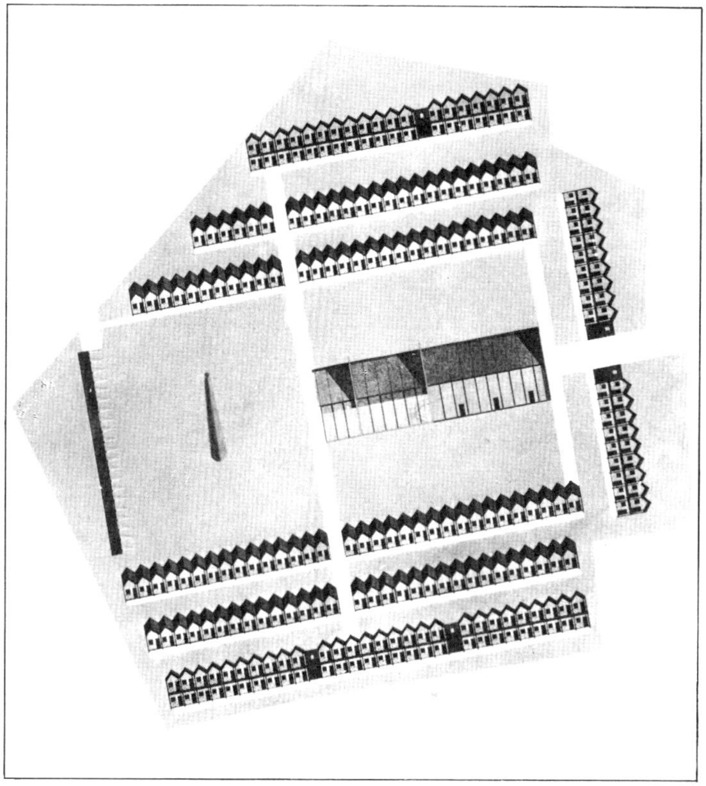

想法的人来说都将会变得没有限制。文丘里告诉我们他从这个世界中攫取的从来都仅仅是最肤浅的面具：就像罗伯特·奥尔特曼①导演通俗而低劣的电影《纳什维尔》②一样，文丘里对拉斯韦加斯的观点使得当代美国的一切冲突看起来都好像仅仅是一个品位高低的问题。

对于没有赶得上现代主义运动的年轻建筑师们来说，斯特林的考古学、康的怀旧情绪、文丘里的反讽深深地影响了他们中最有前途的建筑师对道路的探索。如果没有斯特林，那么 L·克里尔和 R·克里尔(L. & R. Krier)兄弟精美的设计就难以让人理解。就像英国考古学家 A·J·伊文思爵士以自己的方式重新创造了古克里特岛失去的世界，克里尔兄弟也用斯特林发掘出来的历史碎片做着愉快的游戏。但是正如重构的克里特，在他俩的建筑拼图玩具中真正的历史碎片十分稀少。同样地，如果没有文丘里，你就不可能理解被慷慨的"社会捐助者"所宠坏的所谓激进美国团体进行的多种多样形式游戏。你也不可能解释"国际反讽"潮流在 1968 年受挫以后用解脱的微笑表达他们对自己缺乏约束的纠正。文丘里的波普现实主义支持着维也纳人汉斯·霍莱因(Hans Hollein)"我要打掉你的神圣光环"(R·利奇登斯坦)③的态度，而在这态度之后肯定隐藏着弗洛伊德④的病床。霍莱因并没有

---

① 罗伯特·奥尔特曼(Robert Altman，生于 1925.2.20)，美国非传统的独立电影导演，主要致力于开发关于清白、腐败以及生存的主题。他最著名的影片——《外科医生》(1970 年)，是一部关于朝鲜战争时期一个部队流动医院的反战影片。——译者注

② 纳什维尔(Nashville)是田纳西州的州府所在地，以乡间音乐和西部音乐闻名，并在此基础上发展起大规模音响录制业。纳什维尔和现代文学的关系也有重要的联系。——译者注

③ R·利奇登斯坦 (Roy Lichtenstein，1923.10.27—1997.9.29)，美国画家，以其在波普艺术运动中的先锋角色而著名。波普艺术从大众文化现象中获取创作的主题。Lichtenstein 于 1949 年在俄亥俄州立大学获得艺术学硕士学位，1946 年到 1951 年间在该大学任教，1957 年到 1960 年在纽约州立大学奥斯威分院任教，1960 年到 1963 年在新泽西州新不伦瑞克拉特格斯大学的道格拉斯学院任教。在他的职业生涯早期的 1951 年，他以现代艺术风格描绘了牛仔和印第安人。1957 年他尝试了抽象表现主义。他对于卡通连环漫画作为一种艺术的兴趣起源于他在 1960 年为孩子们画的米老鼠。——译者注

④ 弗洛伊德 (Sigmund Freud，1856.5.6—1939.9.23)，奥地利精神病学家、心理学家，精神分析派创始人，被称为他那个时代最有影响的理性立法者(intellectual legislator)，他是心理分析的创始人，这曾经是关于人类灵魂的理论，一种减轻心理疾病的治疗方式，一种阐释文明和社会的观点。——译者注

因为怀疑主义而蔑视为华丽庆典做项目，其实，他于1972年就在前西德的门兴格拉德巴赫(Mönchengladbach)设计了市博物馆。最后，如果没有康的教导和文丘里广为流传的宣言《建筑的复杂性与矛盾性》，我们就很难理解意大利人维托里奥·达菲奥(Vittorio De Feo)对矛盾的娴熟处理，也很难理解查尔斯·摩尔(Charles Moore)的新环境主义和新民粹主义的解决方式。

然而这种游戏也有危险之处：看一看那些天真的绘画和充满了智慧的设计，J·海扎克(John Hejduk)试图在其中再次强调先锋派的贡献；再看一看彼得·埃森曼(生于1932年)禁欲主义的抽象派艺术，他尝试用激进的形式主义去约束建筑符号永久的逻辑性，最终却发现在这样的操作中唯一能做的就是培养出对于这些符号疏离状态的关注。在埃森曼的设计以及实施的方案中(大部分是为单独家庭设计的住宅)，如果参观者试图去理解为什么空间看起来有点像虐待狂的样子，那么他不得不意识到自己是个外行。埃森曼认为只有取消所有与建筑无直接关系的一切动机和要求之后，才能保持建筑语言的完整性。他向先锋派的回归在这里遇到了不可逾越的障碍。但是界限已超越了历史性原因，先锋派的发展过程逐渐走向异化，迫切需要一条可靠的出路。正是对于这个界限，埃森曼提出了自己的看法。他认为只能用纯形式逻辑来构成建筑，否则，这种建筑语言只能是无限的冒险。如果可以把形式从语言中拯救出来，那么我们就可以得到自由的承诺。埃森曼停在了建筑语言的门槛上，他掌握了一种魔法，用自己优雅的纯粹主义塑造了每一种符号的形式。

只有在意大利人阿尔多·罗西(Aldo Rossi，1931—1997年)的作品中我们才可以看到对形式重新获得建筑语言使用权而进行的探索。罗西与康有一点是一样的：坚持赋予怀旧以实在的形式。他的建筑宣称了建筑话语中一切逻辑秩序的死亡，证实了资产阶级世界的主张。然而他没有惋惜变化之前幸福世界的失去，而是怀念一个更加古老的世界。像康一样，罗西试图弥补中心感的丧失，但是他从不期望能够得到外界的任何帮助。对于他来说，逻辑对于自身的肯定只能达到这样一个限度：语言产生于一个不断变化着的、由几个恢复了最初语义学价值的词汇构成的集合体。在他1972年设计的穆吉奥镇(Muggiò)的市政厅和1971年在摩德纳设计的公墓中，罗西试图处理纯几何符号：圆锥体、立方体、平行六面体——一个天真的(“原始的”)字母表，而这被曲解为新纪念主义的尝试。罗西在继续用符号创造一种语言时发现形式有多么的自由，于是他服从于一种隐秘的还原法并且否认符号的特殊性。1973年他在布罗尼(Broni)为独立家庭设计的行列式住宅以及在布吉尔·提契诺(Borgo Ticino)设计的别墅正说明了这一点。罗西不理会形式的重要性而偏好一种高雅的自我克制，好像只有如此才能在产生建筑的“小世界”和建筑被迫立足的“大世界”之间重新建立联系。这似乎是他1973年为的里雅斯特(Trieste)一个学生中心所做设计的主要动机。在加拉拉特西(Gallaratese)开发区的设计中，罗西将条式住宅分开布置，而艾莫尼诺却主张混合在一起。

出于对个人和集体记忆的需要，使罗西的建筑表面看似简单，而实质上是复杂的。1976年他在基耶蒂(Chieti)设计了一幢学生宿舍，他采用了类型的清晰与有意的模糊这二种矛盾的对比手法进行设计(用透视图和剖面图表达比用底层平面图表达更能说明问题)，从而使罗西陷入了与整体统一之间的矛盾。他和特森诺(Heinrich Tessenow)合作的一些住宅又回到了早期的状态。但是正是在这明确的回归中他证实了只有强迫自己与世隔绝才能分享这种主观的怀旧。罗西最近的作品显示了与其弟子们已有很大区别，就像H·鲍尔①将“达达派”定义为幼稚的堂吉诃德那样，是多么地不切实际、多么地离题。堂吉诃德不会再是孩子，但是孩子也永远不会成为堂吉诃德。

六七十年代事态的发展综合了建筑职业的矛盾。企图保持建筑自身的氛围和自主权而不能容忍对于它的本质、历史地位和社会地位的争论，这终究要付出代价。正如沃尔特·本雅明所再次阐释的，建筑试图在当代的语言里重铸被历史天使(Angelus Novus)②的怒火所摧

① H·鲍尔(Hugo Ball，1886—1927年)，生于德国，作家、演员、剧作家、尖锐的社会批评家，德国小说家Hermann Hesse的传记作家。鲍尔于1906年到1907年在慕尼黑和海德格尔的大学学习社会学和哲学，1910年来到柏林成为一个演员。他是达达主义运动在艺术方面的创始人之一。作为一个坚定的和平主义者，鲍尔在一次大战期间迁往中立国瑞士。他最重要的作品有《Critique of German Intelligence》和1927年出版的《The Flight from Time》。——译者注

② Angelus Novus，保尔·克利的一幅画。“画中的天使似乎想尽量远离他所凝视的东西。他的眼睛和嘴都大大地张开，他的翅膀被极度强调。我们可以这样看待历史这个天使：他不得不面对过去。在我们发现事件之间持续联系的地方，他只看到了灾难把毁灭一个接一个地堆积并投掷在他的脚下。他可能会停留下来，唤醒死者，拯救毁灭，但是从天堂来的强烈风暴使他甚至无法合上翅膀。当残骸在他眼前越堆越高，风暴毫不停息地将驱使他飞向他所背对的未来，我们称呼这场风暴为进步。”(本雅明：“On the Concept of History IX”)——译者注

毁的意义。建筑与相关产业之间的现实关系和这种尝试有一定的距离,而这道鸿沟看起来难以跨越。回归的诗意无情地切断了先锋派与现实之间的脐带。有些人试图在现实世界中采取超越改良主义的行动,这样的人在这个世界没有位置,他们的结局我们在前文已经看到。那些不论是试图一次性地还是永远地抛弃陈腐的神话的人在现实世界中也没有位置。从这最后一章里所分析的作品和人物中,你会在直接的事实背后发现知识分子的状态,这种状态暗示了一种最终的沉思。

海德格尔写道,“死亡总是在死后来到。”幸运的是,当代建筑已开始反省过去的情结。对于现在的某些时刻来说,先锋派的历史使我们认识到“死亡总是在死后来到。”我们当然不再会相信几位著名大师的逝世或是曾经刺激了现代建筑运动冲突的因素不再存在就有可能成为结束的序幕,因为结束并不意味着总会带来变化。如果说我们的书意在证明什么,那就是恰恰在历史的任何特定关头都不可能写上“剧终”。如何结束这本书,我们确实无所适从。但是在我们决定从哪里开始这部作品时,我们同样感到焦虑。于是这本书的最后一页必须包括一个针对我们自己提出的问题:今天再写一部关于现代建筑的历史有什么意义?这部书将要涉及哪些武断的评论?回答这个问题是困难的。这本书的许多章节都可以被读作是对整个冒险的谴责。人们要求得到解释。当我们承担了这沉重的任务时,我们充分意识到不可能写出一个唯一的历史,这将会是一个多重的、相异的历史。我们追寻了特定的足迹,而其他的足迹有待发掘。

我们希望所追寻的足迹在今天会变得更清晰一点。我们试图显示的不是一条道路的历史,而是许多道路的历史,以及它们是如何从特定建筑作品中产生的——产生于现实和乌托邦的相互作用。我们所关注的不是这些道路所制造的外在形式,而是隐藏在它们后面的思想。

注释

第二章

[1]The suburb of Bedford Park (1875-81) at Chiswick rose as a middle-class residential district directly connected with London and was promoted by Jonathan T. Carr and John Lindley, Curator of the Royal Horticultural Society. Its plan, with streets radiating from a center, is conventional, but its special character came from the fact that its rows of cottages and houses were set into a rich green area. Mostly in Queen Anne style, they were by E.W. Godwin, Norman Shaw, and C.F.A. Voysey. Noteworthy also is the fact that the architects, Carr and Lindley, and many of the residents were sympathetic to William Morris, and Bedford Park can be regarded as a translation of his ideas into urbanistic terms.

[2]Along with C.R. Ashbee and W.R. Lethaby, the latter being the founder of the Central School of Arts and Crafts, C.F.A. Voysey is considered one of the most gifted among those continuing the work of William Morris. Opposed to what he called foolish eccentricity in Art Nouveau, he championed a simplified version of the English cottage tradition and defended a purist line and scrupulously correct use of materials, rejecting everything associated with a "machinist culture." He designed villas of execeptional formal clarity, notably the Sturgis house near Guilford (1896), the Briggs house near Lake Windemere (1898), the Voysey house known as The Orchard in Hertfordshire (1899), and the Turner house at Frinton-on-Sea (1905-6). His drawing and his exquisite wallpapers were influenced by Mackmurdo. Voysey was sternly opposed to town planning which he denounced as an expression of intolerable collectivism, and his personal attitude was perfectly expressed in his small volume of 1915, *Individuality*, in which he professed himself to be a follower of Ruskin. Nonetheless, at least twice he did go beyond the limits of his modest approach to form: the town houses for Archibald Grove in Kensington, London, with their severely articulated treatment of the walls (1891-92), and the Sanderson and Sons factory in Chiswick (1902), an elegant interpretation of a functionalist building type.

第四章

[1]Richard Morris Hunt is a complex figure. Not hesitating to conform to the taste of new magnates like the Vanderbilts for whom he built a villa inspired by the French castles on the Loire, he was also perfectly capable of creating a prophetic commercial typology in two buildings in the Cast Iron District of New York City, especially the Roosevelt Building of 1874 at 478 Broadway. And, as we shall see, he was among the first to design skyscrapers, notably the Tribune Building in New York City.

[2]Likewise, the work of Charles Follen McKim, William R. Mead, and Stanford White was highly composite. McKim, who had studied at Harvard and the Ecole des Beaux-Arts in Paris, was assistant to Henry Hobson Richardson before launching a very successful partnership with Mead and White. Their McCormick house (1881-82) in Richfield Spring, New York, is rich in spatial articulations, while the Isaac Bell house (1882-83) in Newport, Rhode Island, and the Low house (1887) are considered masterpieces of the so-called Shingle Style. On the other hand, in the Villard houses (1882-86) on Madison Avenue, New York, they adopted a severe Neo-Renaissance style to express the strivings for dignity of the New York upper classes, but also in reaction to the Neo-Romanesque style of Richardson. In the Boston Public Library (1887-95) the use of reiterated arches was inspired by the Bibliothèque Sainte-Geneviève of Labrouste in Paris. Among their last works were the Municipal Building skyscraper, Madison Square Garden (1890), the Pennsylvania Railroad Station (1906-10) all in New York, and the American Academy in Rome.

[3]The works of Griffin in Australia arrived at frustrated forms of a markedly Expressionist character. In his Newman College at the University of Melbourne (1916) these appear in paradoxical structures such as the vault of interwoven arches in the refectory, while in the Capitol Theater in the same city (1924) the spatial flows and the decorative superstructures he achieved are virtually Surreal. His final projects in India, the University Library and the George V Memorial in Lucknow (1936), mark the ultimate stages of his retreat into a solipsistic hermeticism.

[4]Willis Polk, designer in the studio of Daniel Hudson Burnham from 1902 to 1904, became associated with Bernard Ralph Maybeck's studio in 1910 and collaborated actively on the plan for San Francisco. In the eight years following the San Francisco fire of 1906 his studio designed approximately 106 buildings. From Burnham, Polk seems to have acquired his organizational capability and his good sense for business. Polk accommodated the tastes of the Californian upper classes with a scrupulously classicistic language, as in the Regents' Building for the University of California at Berkeley (1910), or the Water Temple of the same year, a Corinthian rotunda that Polk considered to be his finest work. Yet Polk in 1917-18 also realized the Hallidie Building in San Francisco which featured a fully glazed façade and setback concrete pillars. It was an exceptional work, even if the motivation of the client was the desire for a building that would be all business and no show and could get along without stylistic adornment. Thus, there was no audacity involved in his pioneering use of *pan de verre*. Nor should precedents be sought in the Studebaker Building by Beman in Chicago (1895), the May Company Building by John H. Eliot (1899), or the Boley Building by Louis Curtiss in Kansas City (1908-9), the latter among the most interesting works of the early twentieth century in the United States.

第六章

[1]The reference is to works like the house in Prague Vyšehrad by Josef Chochol (1912-13), the apartment house in Prague by Otakar Novotný (1917), or the many projects by Josef Gočár and Jiři Kroha. In reality such efforts were little more than scenografic volumetric decompositions. After 1920 a few Czechoslovak avant-garde architects moved toward languages of a more relationist stamp.

In the Expressionist current, which in any case was highly diversified, one finds figures like the theosophist Rudolf Steiner, author of the first and second Goetheanum at Dornach, Switzerland. These were works of idealistic mysticism, syntheses of esoteric geometries and cosmogonic aspirations. But there was also Fritz Kaldenbach; a few of his designs were published in 1920 by A. Behne in his small volume, *Ruf zum Bauen*. Claiming a special place in the work of Wilhelm Kreis (1873-1955) who designed the Museum für Vorgeschichte in Teutonic style in Halle (1913-14) and then revisited the Neo-Gothic in his Wilhelm-Marx-Haus of 1921-24 in Düsseldorf. But such representatives of German architecture belong to a tradition that was to link up with National Socialist culture through the thought of A. Möller van den Bruck. Note that a similar course would be taken by Riemerschmid, Höger and Bonatz.

第七章

[1]Among the percursors of modern urbanism should be mentioned Eugène Hénard (1849-1923), who only recently has been accorded proper attention by historians. He was the principal collaborator of Charles Louis Ferdinand Dutert in constructing the Gallery of Machines at the International Exposition of 1889. Hénard proposed to include an electric train that would convey the visitors around the grounds. His chief work, however, was the publication of his *Études sur les transformations de Paris* between 1903 and 1909 in which he proposed a series of urbanistic undertakings comprising numerous innovations. In 1921 he collaborated with Alfred Agache and Henri Prost in drawing up a plan for Paris which incorporated many of his earlier projections. Of notable interest are his analyses of circulation problems and the organization for urban traffic whose differentiation he had investigated systematically as early as 1905. Furthermore, his typological studies anticipated solutions that would be taken up again by Le Corbusier and become accepted as virtually the rule.

[2]At the time Garnier was at the Villa Medici also present were Eugène Bigot (from 1900), Henri Prost (from 1902), and Léon Jaussely (from 1903). The competition project of 1900 by Jaussely for "a plaza for the capital of a great democratic state" is indicative of the new climate at the École. But Prost is the most interesting among those *pensionnaires*. After having won the competition for a plan for Antwerp in 1910, he worked for many years in Morocco. Called there by Marshal Lyautey, governor-general of the colony, the two worked in the closest collaboration. Interpreting the political vision of Lyautey, who wished to preserve the character of the Muslim cities by barring emigrant Europeans from settling there, Prost first intervened in Casablanca and then laid out a number of general plans, including those for

Kenitra (1913) and the new cities at Fez (1916) and Rabat (1920). He remained in Morocco until 1922 when he was commissioned to explore what could be done along the coastline of the département of the Var in France. In 1928 Poincaré commissioned him to prepare a plan for the Paris region; despite the innumerable difficulties Prost encountered, his plan will long remain an irreplaceable point of reference. Later, he worked in Tunis and Lyons; for Algiers he prepared a plan which, in its ingenious use of the hilly terrain, anticipated in some ways the intuitions of Le Corbusier.

第九章

[1]The attacks on the Bauhaus by the Thuringian nationalist circles anticipated the accusation of *Kulturbolschewismus* launched against it by the Nazis in the early 1930s. Such opponents of the Bauhaus typically argued that it represented an offensive against the genuine and popular character of German artisanry, although they were hostile to it on purely political grounds as well. Konrad Nonn, a future exponent of the Kampfbund, maintained in 1924 that the Bauhaus "was only apparently conceived on an artistic basic but in reality, and from the outset, was founded on the principle of a political orientation, proclaiming itself the rallying point of the Socialists who, with enthusiastic faith in the future, aim to construct the cathedral of Socialism. "In the face of such attacks, it was decided to move to school, although only after a number of possibilities were explored. While Klee was still in contact with F. Wickert, director of the Fine Arts Institute of Frankfurt, Kandinsky and Georg Muche negotiated the transfer to Dessau with its mayor, F. Hesse. After 1925 the older teachers such as Gropius, Kandinsky, Klee, Moholy-Nagy, Muche, and Schlemmer were joined by formed students of the school such as Albers, Bayer, Scheper, Schmidt, and Sharon-Stölzl.

第十章

[1]In a less exasperated line one finds Max Berg (1870-1947), who designed the enormous cement Centenary Hall in Breslau (1910-13). As official architect of that city, in the postwar years he was able to propose a building policy based on concentrations of tertiary activities in tall buildings at the periphery of the historical center so as to relieve the center itself from the pressures of real estate speculators. His proposals—similar to those of Möhring for Berlin in those same years—came to naught because of financial difficulties. But in the 1960s these ideas were to become a premise of the policy followed by many communes in East Germany. Alongside the romanticism of the Hamburg School, echoed in certain works by Hans Hertlein in Berlin such as the Siemens factory, the elementarist language developed by Tessenow in the 1910s persisted. It produced a timeless, poetic essentiality in the virtually unreal school of 1925-26 in Klotzsche. At the same time the work of Emil Fahrenkamp, which was highly successful on the professional level, moved toward a purified classicism: for example, the Stadthalle in Mühlheim (1924-25) and the Braidenbacher Hotel in Düsseldorf (1927). His approach was open to ideas taken from Erich Mendelsohn (the Michel Store in Elberfeld, 1929) or from the Rationalists (the Rechen house, Bochum, 1929).

第十一章

[1]The publishing activities of the German avant-garde flourished particularly in the 1920s. *Das neue Frankfurt* represented, among other things, a link between experiences in different fields of work. For architecture, the most important reviews were *Wasmuths Monatshefte*, the *Sozialistische Monatshefte*, *Wohnungswirtschaft*, *Die Form* and *Das neue Berlin*.

[2]Despite its superficial urban layout, the Weissenhof represents a historical event in modern architecture for the intrinsic quality of many of its architectural solutions as well as for the way diverse approaches are unified. In that sense can be considered to be an inductive manifesto of already mature approaches, anticipating the somewhat contrived unification of the modern movement attempted in the following year (1928) with the organization of the CIAM.

第十三章

[1]In the 1930s, particularly after the advent of Nazism, many German avant-garde artists and architects emigrated to the United States. Their subsequent careers in the United States will be discussed later. Here, however, we can note the attempt by Laszlo Moholy-Nagy to reconstitute in his new homeland a school of applied art and architecture modeled on the Bauhaus after it closed down in 1933 in Berlin. The New Bauhaus was inaugurated in Chicago in 1937; it was under his direction, with Gropius acting as consultant and with the Association of Arts and Industries providing support. Among it first teachers were Alexander Archipenko, Heinrich Bredendieck, George Fred Keck, and Gyorgy Kepes. After various ups and downs, Moholy-Nagy in 1939 founded the School of Design where more emphasis could be placed on its special character as an experimental laboratory of applied art. When Moholy-Nagy died in 1946, Serge Chermayeff assumed the direction of the school, which by then had lost its initial character. Three years later it was incorporated into the Illinois Institute of Technology. Promoted to university level as the Department of Building Research, it was directed by Konrad Wachsmann, a onetime associate of Gropius.

[2]Among the many theoretical proposals formulated for housing during the Depression, worthy of particular attention is that of Oscar Stonorov. As early as 1932 Stonorov proposed to involve the powerful American trade unions in plans to revive building activity in the housing sector. Stonorov attempted to demonstrate the practicality of his idea in the Carl Mackley houses in Philadelphia realized with Alfred Kastner. He went on to work with the unions in various urbanistic plans and residential projects. He was still actively promoting such ideas in the 1940s when he was also collaborating with George Howe and Louis Kahn.

第十四章

[1]Present at the meeting in La Sarraz were Paul Artaria (Basel), Hendrik Petrus Berlage (The Hague), Victor Bourgeois (Brussels), Pierre Chareau (Paris), Josef Frank (Vienna), Gabriel Guevrekian (Paris), Max Ernst Haefeli (Zurich), Hugo Häring (Berlin), Arnold Oechel (Geneva), Huib Hoste (Bruges), Le Corbusier (Paris), Pierre Jeanneret (Paris), André Lurçat (Paris), Gino Maggioni (Varedo), Ernst May (Frankfurt), Fernando Garcia Mercadal (Madrid), Hannes Meyer (Dessau), Werner Moser (Zurich), Gerrit T. Rietveld (Utrecht), Alberto Sartoris (Turin), Hans Schmidt (Basel), Mart Stam (Rotterdam) Rudolf Steiger (Zurich), Henri Robert von der Mühl (Lausanne), and Juan de Zavala (Madrid). The encounter was sponsored by a diversified group of industrialists, cultural leader, and political figures, among them Henry Frugès, Jean Michelin, Gabriel Voisin, and the art critic Élie Faure.

[2]The *Athens Charter* was published anonymously, with an introduction by Jean Giraudoux, in 1943. The conclusions of the fourth CIAM had already been released a year earlier, in another form, by José Luis Sert in his book *Can Our Cities Survive?* The Charter was republished, this time signed by Le Corbusier, in 1957. After the session aboard the *Patris II*, in the fifth CIAM was held in Paris in 1937 and dealt with the theme of *Logis et loisirs*, housing and leisure. During the war Giedion, Gropius, Sert, and Stamo Papadaki kept the organization alive in the United States under the name of Ciam, Chapter for Relief and Post-War Planning, with Neutra as president. After the war the English group MARS organized the sixth CIAM at Bridgwater in 1947, and subsequent meetings were in Bergamo in 1949, and Hoddesdon two years later. Summer courses of the CIAM were held in Venice from 1951 to 1953. The Ascoral organized the ninth congress in Aix-en-Provence in 1953. The association was finally dissolved at the Dubrovnik meeting in 1956, and certain of the architects, who since 1954 had been organizing that congress, continued to work together as Team-X.

[3]The Betondorp development in Amsterdam, begun in 1923, is of considerable interest. Along with the simplified constructions by van Loghem on the Schovenstraat there are varied typological and constructional solutions that accentuate its programmatic experimental character. Especially noteworthy is the center of the estate, which was designed by Dick Greiner using motifs borrowed from Wright. Other architects taking part in the project were W. Greve and J. Gratama.

[4]The manifesto of the De 8 Group appeared in *I 10* in 1927. The original nucleus of the group consisted of J. van den Bosch. H.J. Groenewegwen, C.J.F. Karsten, B. Merkelbach, van de

Pauwert, and P.J. Verschuyl; they were joined in 1928 by M.P. Boeken, J. Duiker, and J.G. Wiebenga. In 1927 the Rotterdam group Opbouw, then in existence for seven years, published in *I 10* their "Vijf punten over Stedebouw" (Five Points Concerning Urbanism). The review *De 8 en Opbouw* was launched in 1932, and it was edited by Johannes Duiker until his death three years later.

[5]The Vienna Werkbundsiedlung was conceived in 1929. Its plan, by Josef Frank, was reworked twice before taking its definitive form with seventy lots disposed around four nuclei divided by a winding service thoroughfare. Most of the architects were Austrian, but there were also some of considerable international prestige such as Anton Brenner, Guevrekian, Häring, Hoffmann, Loos, Lurçat, Neutra, and Rietveld.

[6]Gropius emigrated to England in 1934, at which date the Royal Institute of British Architects presented an exhibition of his work. The following year he became design supervisor for the Isokon Furniture Company of Jack Pritchard for which Breuer also worked. The collaboration with E.M. Fry resulted in other works of minor importance, most notably the Impington Village College, completed in 1939. Before becoming associated with Gropius, Fry had collaborated with Adams and Thompson, and the works of their firm done between 1927 and 1935 were of typically eclectic character, as shown in the project for the Birmingham Civic Center (1927) and the Ridge End house Wentworth (1930). A decisive turn was taken in the Sassoon House Flats of 1934 in London, a work that aroused quite a controversy in the substantially conservative culture then dominant in England. Works like the Sun house (London, 1936), the Kensal house (London 1936-38), done in collaboration with R. Atkinson and G. Grey Wornum, and a house of 1937 in Kingston, show the influence of Gropius. Among the works of the later 1930s, the apartment building on Ladbroke Grove in London (1938) remains the most interesting.

[7]Numerous public buildings intended to celebrate the declining imperial ideals were conceived in overtly Neo-Classical terms: the South Africa House on Trafalgar Square by Herbert Baker, the headquarters of the National Westminster Bank by Sir Edwin Cooper (1930-32), and the works by Mewès & Davis. Interesting too is the production of a firm such as Burnet, Tait & Partners, which used a typically pompous style for Unilever house (London 1930-31) and the headquarters of Lloyd's Bank (London 1928-30), but switched to a functionalist language for the Burlington School for Girls (London 1936). In buildings calling for spectacular or self-advertising emphasis one finds an ample use of decoration, as in the New Victoria Cinema (London 1928-29) by E. Wamsley-Lewis, or the eclecticism of George Coles who, in the Odeon Woolwich (London 1937), produced a building of notable coherency. In that same eclectic current one must count Lutyens, as is demonstrated by works as diverse as the composite construction at 67-68 Pall Mall (London 1930) and the interesting residential blocks realized between 1928 and 1930 on Page Street, London.

[8]In the first chapter of Part II of this book we shall consider such themes in more detail. Here it suffices to make brief reference to the parliamentary reports that opened the way to new models of urbanistic control. The Marley Report of 1934 centered on the proposal to create new satellite cities as the first step in a global plan of territorial re-equilibrium. In the following year the commission for special areas again stressed the necessity for measures that would stabilize the labor force in the depressed zones, while the Stewart Report of 1936 stressed the need to de-emphasize the power of attraction of London, especially as regarded industrial plants. Finally, in 1937-38, the Royal Commission on the Distribution of Industrial Population, better known as the Barlow Commission, laid down the more immediate bases for postwar legislative measures.

[9]The Planning Committee of the MARS group, which worked out the London plan, was headed, significantly, by Arthur Korn who had left Germany for England in 1937. The technical consultant for the committee was Felix Samuely, another émigré. The original nucleus of the group in 1933 was made up of Wells Coates, Maxwell Fry (vice-president), F.R.S. Yorke, Pleydell-Bouverie, Amyas Connell, Basil Ward, Colin Lucas, Godfrey Samuel, R.T.F. Skinner, the poet John Betjeman, P.M. Shand, and H. Hastings: these were joined later by B. Lubetkin and C. Sweet.

[10]As early as 1903 Sauvage was designing residential buildings for the poorer classes for the Société Anonyme des Logements Hygiéniques à Bon Marché. His progressivist convictions led him to join the Société Internationale de l'Art Populaire to which Victor Horta also belonged. In 1903 he designed a low-rental building (Habitation à Bon Marché) at 7, Rue Trétaigne, Paris, which is remarkable for the extent of the social and collective services it provided. Between 1904 and 1906, in collaboration with Charles Sarazin, he designed other H.B.M. buildings in Paris, among them those on Rue F. Flocon and Rue Sévero. The stepped-back building on Rue Vavin is from 1912 and remains one of his most significant works, the direct source of his postwar constructions of which the most notable, other than the building on the Rue des Amiraux, is the Decré store in Nantes with its steel structure and the broad glass panels made possible by highly skilled technology.

[11]The interiors of the homes designed by Roux-Spitz are significant: rich materials and refined furnishings complement the dry exterior volumes and create ambiances whose principal aim seemed to illustrate the dignity and decorum of bourgeois prosperity. In his works of the 1930s all attempts at volumetric articulation disappear increasingly, and some of them, like the Centrale des Chèques-Postaux in Paris (1932-35), or the new branch of the Bibliothèque Nationale in Versailles (1932-33), draw their solutions from Perret, though nothing of that influence can be detected in the pretentious and disappointing main post office in Lyons (1935-38).

[12]In a position that can be defined schematically as intermediate between those of Pingusson and Roux-Spitz can be placed certain excellent productions of other French architects: the geometrical edifice of 1932 on Rue Feydeau, Paris, by F. Colin; certain buildings by J. Debat-Ponsan; or the Poste Parisienne Building of 1929 on the Champs-Elysées in which Jean Desbouis attempted a montage of considerable efficacy as publicity. Vaguely reminiscent of Mendelsohn is the Entrepôt Hachette (Paris, 1931) by Jean Demaret and certain works by L. Faure-Dujaric; François Lecour, after his interesting works of the 1910s, arrived at a rigid and impersonal functionalism. There is more breadth in the work of personalities such as Guevrekian and Jean Ginsberg, though the latter in 1934, together with François Heep, produced an apartment building on the Avenue de Versailles, Paris, which is disappointing compared with what he had done earlier in collaboration with the Anglo-Russian Berthold Lubetkin.

[13]The construction of the garden cities around Paris was the outcome of a long process of instituional reorganization of the realationships between the various municipalities in the region. There were two important steps in that process: first, the creation in 1915 of the Office Public d'Habitations for the Département of the Seine, then the formation, at the behest of Poincaré, of the Comité Supérieur de l'Aménagement et de l'Organisation de la Région Parisienne in which Prost, in collaboration with Raoul Dautry, laid down the fundamentals for the regional plan. Among the various realizations of the OPHBM-Seine we have mentioned, especially noteworthy is the garden city of Chatenay-Malabry, projected from 1918 on by Bassompierre, De Rutté, Arfidson, and Sirvin. Typical demonstration of the cultural tradition of which such projects are the product, the plan of the garden city was initially a synthesis of academic models with solutions learned from the British experience. It was revised several times and realized one section after another, the last being completed as recently as the 1970s. Of particular architectural interest are the buildings done after World War I, between 1925 and 1938, these as a whole representing some of the most significant episodes in modern French architecture.

[14]Eugène Freyssinet (1879-1962), a pupil of C. Rabut, was one of the major exponents of the French Structuralist School. From 1913 to 1928 he headed the Entreprises Limousin and, in 1916, began the construction of two hangars for dirigibles at Orly, which were among his most substantial works and earned him the admiration of the leading architects of the 1920s and 1930s. His experimentation with prestressed concrete was his chief contribution.

[15]The group of l'Équerre was formed in 1928 with a nucleus including Victor Rogister, Jean Moutschen, Émile Parent, Egard Klutz, Albert Tibaux, and Yvon Falise. It made an important contribution to the diffusion of the most advanced efforts of international architecture as represented by figures such as Huib Hoste, Lucien François, Gaston Eysselinck, and Éduard van Steenbergen.

[16]The publication *Moderni Revue*, in the early 1890s, was the rallying point of the first Czech avant-garde, one which looked chiefly to the Symbolist poets and the experiments of the Secession, although that sort of experience was quickly left behind. In the very first years of the new century Jan Kotěra, a former pupil of Otto Wagner, developed an approach whose criticism of the formalism of the Secession adherents had theoretical implications of enormous significance well ahead of its time. His writings and works contain explicit indications of a

functionalist approach, as in the house built for the publisher J. Laichter in 1908-9 in Prague. This was tied to the whole notion of social commitment, and his garden city of 1909-13 at Louny marked a new attitude toward the problem of housing for the poorer classes. Within that same ambit were other Czech architects whose work, for all its Viennese roots, had much in common with that of Kotěra, among them E. Králik and J. Rozsipal. It was in that context that around 1910 architects such as J. Gočár, V. Hofman, P. Janák, L. Machoň, O. Novotný (a pupil of Kotěra), R. Stockar, J. Chochol, J. Kroha, and others initiated a new approach aiming to apply Cubist decomposition directly to architecture. Their works, the drawings of Hofman in particular, the house on the Celetna Ulice in Prague and the spa at Bodhaneč (1912) by Gočár, the house by Chochol at the foot of the Vyšehrad Hill in Prague already mentioned, and the room realized by Novotný for the Werkbund Exhibition in Cologne, together with the great influence that Loos continued to exert in Czechoslovakia, opened the way to the definitive renewal of architectural thinking that manifested itself fully at the start of the 1920s.

[17]Among the architects who went to the Soviet Union with Hannes Meyer were the Czechs J. Hausenblas and Antonín Urban, the latter a former Bauhaus student. After 1925 there were numerous study trips to the USSR organized by the Prague associations. Tiege and Kroha were particularly active in establishing relations with their Soviet colleagues and in the 1930s they published a number of interesting studies on Soviet architecture. Krejcar and J. Špalek worked with the Vesnin brothers in 1933; after 1936 Špalek, who had become a Soviet citizen, collaborated with M. Ginzburg; F. Sammer, after having worked with Le Corbusier, moved in 1933 to Moscow where, with N.J. Kolli, he supervised the construction of the Centrosojuz and later collaborated with Ginzburg. The close relations between Soviet and Czechoslovak architects were directly reflected in the specialized publications in Prague and the problems discussed in them.

[18]Involved in the construction of the experimental quarter of Brno were H. Foltýn, B. Fuchs, J. Grunt, M. Putna, J. Štěpánek, J. Syřiště, J. Višek, and A. Weisner. Nový dům preceded by only four years the completion of a similar but much more extensive undertaking, the Baba Garden City in Prague (1930-32), whose architects included J. Gočár, A. Heythum, P. Janák, F. Kavalír, F. and V. Krehart, J.E. Koula, H. Kućerová-Záveská, E. Linhart, L. Machoň, Mart Stam, O. Starý, F. Zelenka, and L. Zák.

[19]The work of Bergamín calls for special mention. Characteristic of his conceptions were the project for the Madrid airport, worked out with Luis Blanco Soler in 1930, and that for Gaylord's Hotel in Madrid of the next year. Among his other more significant works were two housing complexes in Madrid: the Parque Residencia (1931-33), done in collaboration with Blanco Soler, and the El Viso (1933-36). The first of these was realized by a cooperative society and comprised seventy-four dwellings, all designed by Bergamín and Soler except for four turned over to F.G. Mercadal and one to Fernandez del Castillo. The El Viso colony was much more extensive, with 240 apartments. Both complexes became the favorite dwelling for many Madrid intellectuals, from Ortega y Gasset to Eduardo Torroja.

[20]Sert was profoundly influenced by Le Corbusier ever since his years at the Escuela Superior de Arquitectura in Barcelona (1921-29). His first trip to Paris was in 1926. In 1929-30, his studies completed, he promptly went to work in the studio of Le Corbusier and was there, in the Rue de Sèvres, precisely during the time the master was busy with the second project for the League of Nations Palace. In 1929 Sert returned to Barcelona and joined the group that organized the GATEPAC.

[21]It is interesting to note the character of the participation of the architects and exponents of the avant-garde in the attempts that led up to the formation of the GATEPAC. The exhibition at the Galeria Dalmau in April, 1929, showed works by Rubió i Tudurí, Antoni Puig Gairalt Sert, J. Torres Clavé, S. Yllescas, Alzamora, F. Fabregas, R. de Churruca, G. Rodriguez Arias, Perales, and Pere Armengou. In September of the next year the participation of architects in the exhibition of modern painting and architecture in San Sebastián was organized by Aizpurúa and Joaquín Labayen, who enrolled the principal Spanish architects to show alongside painters such as Bores, Cabanas, Cossío, Juan Gris, Mallo, Salas, Villa, Miró, Olasagasti, Olivares, Ortiz, and Picasso.

第十五章

[1]Beginning with works such as the so-called Ca'Brutta (Ugly House) of 1923 in Milan, or the house on Via Giuriati, Milan, of ten years later, Muzio strenuously defended his own moderate modernism and arrived at the start of the 1930s at two notable results: the pool of the Tennis Club in Milan and, even more, a garage in Lodi. Other works of note in Milan are by G. Greppi, Enrico Griffini, Gio Ponti, and in particular Giuseppe De Finetti, whose house on Via Calimero (1930) carried further the approach initiated in his "meridian house" of 1925, which involved a stylistic discretion based on the teachings of Loos. Notable too, within the special climate of Milan, is the Expressionistic eclecticism of Aldo Andreani and Piero Portaluppi.

[2]The victory of G. Michelucci in the competition for the Florence railroad station design was warmly hailed by the defenders of modern architecture. In the competition for the Palazzata in Messina and that for the bridge to the Accademia in Venice, non-modern projects were selected. When it came to post offices, however, rationalist architecture again seems to have been favored: the winning solution by G. Samonà for the one in the Appio quarter of Rome (1936) was intermediate between his German models (as in his design of 1935 for the Auditorium in Rome) and his interest in Le Corbusier (as in his project of 1937 for the Casa Littoria in Rome); M. Ridolfi presented a proposal imprinted with a modernism rich in hermetic values. A. Libera was responsible for one of the most notable realizations of the 1930s—the post office built in 1933 in the Aventine quarter of Rome, in which the Futurist example was reworked in metaphysical terms.

[3]The Gruppo 7 was formed at the Milan Politecnico during the academic year of 1925-26 at the initiative of G. Terragni, L. Figini, and G. Pollini and was joined by G. Frette, S. Larco, C.E. Rava, and U. Castagnoli, the latter replaced after a few months by A. Libera. All the exponents of the "new architecture" were brought together in the Prima Esposizione Italiana di Architettura Razionale, held in Rome in March and April, 1928. Its catalogue was introduced by Libera and Gaetano Minnucci, and the work of forty-two architects was shown. Among the notable exhibits were the project by Luciano Baldessari for the installations of the National Silk Exposition of 1927 in Como; studies by Piero Bottoni of the use of color in architecture; a tobacco factory with geometrizing volumes by Giuseppe Capponi; a refined project by G. Chessa for the Pavilion of the Community of Photographers for Turin; urban furnishings of Neo-Futurist inspiration by U. Cuzzi and G. Gyra; the "metaphysical" arrangement for the entrance to the Plaja in Catania by A. Fallica; Neo-Expressionist equipment by Eugenio Faludi for the Rome airport; a quite tentative design by Figini and Pollini for a workers' recreation center; two proposals by G. Frette for habitations in series; a Mediterranean-style project for a hotel and an Expressionistic perspective of an office building by S. Larco and C.E. Rava; a proposal by A. Libera for a low-cost dwelling, along with designs for exhibition pavilions; a disarticulated tower of restaurants and the complex interlocked volumes of a project for the umpires on a tennis field by M. Ridolfi; a theater by R. Rustichelli much indebted to Mendelsohn; an interesting type of hostel for evicted families at the Garbatella development in Rome by I. Sabbatini; projects by A. Sartoris, which adopted the most advanced modules of the international rationalist language; the decomposed volumes of a project by G. Terragni for a gas production plant; and the impressive perspective drawings by G. Matté-Trucco for the automobile testing track on the roof of the Fiat plant.

[4]In the construction of the Città Universitaria in Rome, Piacentini reserved for himself the most conspicuous elements such as the entrance structures and the rectorate. The Physics Institute by Pagano, the Chemistry Institute by Aschieri, and the Botany Institute by G. Capponi flank the avenue leading from the entrance to the rectorate.

Among nonofficial undertakings can be mentioned the work of L. Baldassari who, in buildings realized for industrial clients (the De Angeli Frua complex of 1931-32, the Italcima plant of 1934-36, both in Milan), demonstrated the potentialities of the rationalist approach when freed of ideological conditioning. While the Neo-Futurists, with the provocative proposals of D. Diulgheroff, E. Prampolini, Fillia (pseudonym of Luigi Colombo), and F. Depero, looked to occasions of propagandistic character to affirm their adherence to the original ideals of the "national reawakening," in the Antituberculosis Dispensary of 1936-38 in Alessandria I. Gardella freed himself of the modernist influences present in his first works to arrive at a reworking of the complex vocabulary of modern architecture, as did Franco Albini in certain virtually surreal furnishings.

[5]The city of Littoria was realized in 1932 by Oriolo Frezzotti; for Sabaudia, the model for subsequent projects, there was a competition in 1933, and the plan was carried through by Piccinato, Cancellotti, Montuori, and Scalpelli. The scheme was not unmindful of the usual emphasis on monumentality, but with solutions going back to the garden city tradition and also the German urbanistic models with which Piccinato was very familiar. In the competition for a plan for Aprilia (1936-37), whose realization was entrusted to G. Petrucci, the competitors included some of the younger rationalists, with Piccinato and Montuori proposing a solution derived from German typologies, and Fariello, Muratori, Quaroni, and Tedeschi offering the most interesting solution, which involved diagrammatic slabform residences disposed on a cross-shaped plan. The project for Pontinia (1935) was turned over directly to the technical offices of the Opera Nazionale Combattenti, the sponsoring organization, but there was a competition for Pomezia in 1938, which was won by Petrucci. Such undertakings were not restricted to the Pontine marshes. Once they had proved their viability, they were launched also in the zone of Volturno and in Sardinia.

[6]The national monuments fulfilled a fundamental function in the *völkisch* culture throughout the second half of the nineteenth century. The Hermannsdenkmal (1841-75) by E. von Bandel, the Niderwalddenkmal (1874-85) by J. Schilling, the Völkerschlachtdenkmal (1894-1913) by B. Schmitz, the Bismarck Towers projected by W. Kreis, and the "sacred placed" of T. Fischer were all exemplary celebrations of the nationalist mystique.

[7]For the *Siedlungen*, the 150 habitations of the Ramersdorf housing development of 1934 in Munich offered a typological model often adopted elsewhere. Unlike the impersonal urban *Wohnsiedlungen*, such as those of E. and A. Hebert, J. Höhne, or H. Atzenbeck in Munich, in the *Werksiedlungen* and the *Kleinsiedlungen* the task of emphasizing the counterposition between the values of simplicity and harmony typical of the return-to-the land attitude and the chaotic modes of life in the city was entrusted to residential typologies that were based on traditional urbanistic layouts. The workers' *Siedlungen*, realized by H. Rimpl for the Heinkel factory in Oranienburg or by O. Rauter at Malchow (Berlin, 1940), strove to demonstrate how a harmonious rapport between society and work can be attained through an equally harmonious rapport between nature and dwelling. Rimpl himself, whose studio included architects trained by the masters of radical architecture, adopted overtly modern solutions for the hangars of the Heinkel factory (1936-38), while P. Koller in his Volkswagen factory (begun in 1938), H. Brenner and W. Deutschmann in the Deutsche Versuchsanstalt für Luftfahrt, E.R. Mewes in the Bochumer Verein für Gussstahlproduktion plant, and E. Fahrenkamp in the chimneyless power station remained within the limits of a functionalism made somewhat less severe by Expressionist reminiscences. Other architects such as F. Schupp, M. Kremmer, P. Renner, and H. Bärsch simply adopted the *Neue Sachlichkeit* language for their industrial buildings.

[8]Work on the Great Avenue began in 1939 but was never completed. The date of 1950 was set for the completion of the Kuppelberg, the edifice for rallies intended to accommodate 180,000 persons, and of the 394-foot-high triumphal arch, which was to have inscribed on it the names of all who fell in World War I. The constructions actually finished are much more modest and give only a pallid impression of what the New Berlin was to have been. On the east-west axis, a few large buildings were actually raised: the I.G. Farben Company headquarters by Mebes and Emmerich; the Haus des Deutschen Gemeindetag by Elkart and Schlempp on the reorganized Runden Platz; the Haus des Deutschen Fremdenverkehrs by H. Röttcher and T. Dierksmeier; the imposing seat of the Supreme Command by Kreis; the Reichsluftfahrtministerium and the grandiose Tempelhof airport by Sagebiel; and the A.E.G. administration buildings by Behrens.

第十六章

[1]During the 1960s in the United States various housing programs were launched that aimed to counteract the problems arising from suburban growth and to experiment with ideas other than the usual proposal for urban improvement. A number of private undertakings resulted in new towns with integrated and self-sufficient structure; among them were Reston, Virginia, which was planned for 75,000 inhabitants, and Redwood Shore, Columbia, and Valencia. Although ambitious, such projects really had little effect on either the overall organization of the construction industry or the general policies taken by federal intervention.

[2]The UDC has promoted the construction of several notable residential complexes in the New York area such as the apartments designed by Davis, Brody & Associates—2440 Boston Road, the Waterside, and the River Park Tower—or the Twin Parks housing development by Richard Meier & Associates. In implementing a number of these projects special attention was given to the problem of rehousing the inhabitants of the areas being razed and rebuilt; for example, prefabricated mobile homes were used as temporary quarters pending the completion of the new buildings. It is clear that such a measure was exclusively political in nature. To maintain the inhabitants in restructured areas involves a substantial increase in the costs of renewal and also to some extent keeps the projects from coming under the forces at play in the real estate market. Such considerations, which are alien to the politics of urban renewal, cannot have immediate economic justifications in terms of the market. It therefore contradicts the traditional high-efficiency approach codified by progressive thinking at the end of the nineteenth century.

[3]Normally the appellation *grand ensemble* is applied on a quantitative basis, being reserved for unified projects involving the construction of more than 500 dwelling units. The sponsorship of such building programs is either public or a joint public and private undertaking.
As early as 1958 in the Paris region, commissions were established to study the norms to be applied in such projects. In the same year new legislative directives specified that they should be localized in areas defined on the basis of precise urbanistic standards and geographically delimited by ministerial decrees, which were known as ZUP, *Zones d'Urbanisation Primaire*. A system of subsidies and loans permits the interested parties—whose place can be taken directly by the state itself—to administer and control the entire financial program with considerable autonomy.

[4]Certain developments nonetheless are significant. At Marly-les-Grandes-Terres, the designers Lods, Honneger, and Benfé worked out an urbanistic plan that guarantees not only and adequate structure of services but also an organic division of the traffic systems. At Les Courtillières-Pantin, E. Aillaud dealt with an area of 17 hectares (42 acres) for around 1,650 lodgings; Aillaud experimented with a variety of building types dominated by an edifice more than a kilometer long which encloses a park of 5 hectares (more than 12 acres) within its winding perimeter. Here clearly was an attempt to use urbanistic invention and artifice to counteract the monotonous and repetitive character usually found in such housing developments, a defect further exacerbated by the extensive use of prefabricated structures. The plan for the development at Bagnols-sur-Céze near Avignon (by Candilis, Josic, Woods, Dony, and Plots) is one of the best examples of a neat and clear treatment of the architectural problems and urbanistic solutions. But these are exceptional cases. The rigid emphasis on the rectangle to be found, for example, in the Sarcelles project designed by Boileau and Labourdette is more typical; however much they promote and accelerate the growth of the building industry and systems of prefabrication, these housing developments too often lapse into a banal urbanistic schematism.

[5]It is on the basis of such factors that the specific sites for *villes nouvelles* in the Paris region have been chosen. The *ville nouvelle* of the Vallée de la Marne was conceived to act as an urban magnet to alter the population distribution of the region, where there were 400,000 persons already settled and an additional 100,000 expected in growth by the year 2000. Since the distance from the outer boulevards of Paris to the site is only about 6 1/4 miles, the dual function of this new settlement is obvious: it offers an alternative pole of attraction for an existing population but also aims to constitute a metropolitan structure of regional scale. Significantly, the plan foresees the creation of 35,000 jobs by 1985, 75 percent of them to be filled from the local labor force. Similar programs have been formulated for the other *villes nouvelles* planned for the region. Cergy-Pontoise on he northern axis 15 1/2 miles from Paris is to house 350,000 inhabitants by the year 2000. Evry, linked to Paris by the existing highway system, is expected to accommodate 450,000 inhabitants by the end of the century; it already is a significant pole of attraction even though some 80 percent of its residents must put up with the inconveniences of commuting to work.

[6]The Fanfani Plan preceded the Labor Plan formulated by the left-wing trade union, the Confederazione Generale Italiana del Lavoro (CGIL). Guided by the anti-monopolistic ideology of the CGIL, the Labor Plan tackled the thorny and complex problem of the Italian South as a central aspect of its alternative program for balanced development. The Fanfani

Plan was launched in the same year as the Tupini Law; that law, which made use of provisos already present in legislation passed under Mussolini, was intended to bring about certain changes in the role of public financing in the building sector by making the state the guarantor of modest fractions of the loans contracted by the institutes for low-cost housing.

[7]Although their actual implementation often came at the expense of profund changes in the initial ideas—the plans for the most part remained on paper—the INA-Casa housing developments made use of the finest Italian architects. The Falchera project in Turin by Astengo, Renacco, and others and the San Giuliano at Mestre project by Samonà and Piccinato are typical. In Genoa the Bernabò Brea and Forte di Quezzi developments by Luigi Carlo Daneri are truly exceptional and rank among the finest architectural and urbanistic achievements of postwar Italy.

[8]In 1955 Ezio Vanoni presented a ten-year plan for the growth of employment and income. Its goals were the following: to counteract the very grave problems of unemployment, to give a new impetus to the key sectors of industry, to bring the balance of payments back into equilibrium, to systematize the intervention in the Mezzogiorno (the South), and to prevent territorial disequilibrium from getting out of hand. In that program, public building was to function as a stabilizing factor in the cyclical course of production and as an equilibrating mechanism between demographic and urban development. However, in actuality that objective was never achieved. The rate of real investment in building almost doubled what was projected in the plan. The Vanoni Plan was the response of the most advanced wing of Catholic Italy to a phase of notable economic expansion. Between 1948 and 1951 the income from labor in Italy increased almost 50 percent, while the Marshall Plan and the credit and monetary policy of President Luigi Einaudi created the conditions for a massive process of industrial concentration.

[9]The approaches of the architects and urbanists were entirely attuned to the climate of the early 1950s. On the basis of the neo-realist and populist experiences, the progressive elements turned their interest to specific tasks: the South with its painful reality of poverty became the ideal terrain for trying out new cultural approaches. While the American experts were attempting to apply the lessons of the TVA to the south of Italy through the financial and planning body known as the Cassa del Mezzogiorno, the architects were transferring to a peasant world ideas that had been borrowed from the British tradition, although clumsily filtered through American sociology and the ideology of the Olivetti circle. But the results remained sporadic and without much real impact on social reality. Moreover, in the building sector public intervention had always been the exception, not the rule, and in overt contradiction with every serious programming proposal. In addition, the government policy objectively protected the real estate interests. Between 1953 and 1963 the price of new constructions tripled, while the market value of building terrains increased tenfold. In the draft bill for the Togni Act of 1957, private control of the construction sector seemed to have reached its peak; this law called for the liquidation of the real estate holdings of the public institutes for low-cost housing. In addition, a law enacted under delegated power in 1958 once more promoted the policy of private home ownership, demanding from the government the formulation of norms for the "cession in property in favor of the assignee of lodgings of popular and low-cost type."

[10]The late 1950s and the early 1960s were rich in theoretical ferments and new utopian visions. Architects were moving beyond the limits of experimentation on the neighborhood or district scale with more and more global projects that were self-defeating and overambitious. Astengo essayed what was perhaps the most fruitful approach for changing the attitude of those active in the urbanistic field, stressing the scientific character of the methods of analysis and procedure and challenging the traditional models of planning and design. At the same time, the confrontation in the architecture faculties between the old academic generation and the new one was becoming sharper. In particular, G. Samonà succeded in making the Istituto Universitario di Architettura in Venice a point of concentration for the most advanced experimentation, bringing in as teachers men of the caliber of Zevi, Gardella, Albini, Scarpa, Astengo, Belgioioso, and De Carlo.

[11]After the Code of Urbanism was formulated, the INU was represented by Astengo, Piccinato, and Samonà in the government commission set up to study urbanistic reform. The proposal, submitted in 1961, was based on principles already affirmed in the 1942 law and introduced improvements of a technical and procedural character. When that proposal was rejected, in 1962, Minister Sullo presented his own draft for a law to contain quite advanced provisions; it elaborated the premises for a radical modification of the system of real estate ownership, providing for vastly more land to be incorporated into the public domain. The conservatives reacted sharply to that proposal, and the Christian Democrats repudiated their own minister. In the same year, however, as tribute payment by the majority Christian Democrats for the support given them by the Socialist Party, approval was given to Law 167, which favored the acquisition of land for low-cost housing.

[12]While enacting the provisional law, the government at the same time rendered it ineffective by delaying its implementation for one year "so as not to put a brake on building activity." In that year of moratorium building, licenses were issued for the construction of 8,500,000 rooms.

[13]The Bologna municipality first applied Law 167 to the areas of its historical center. In 1966 the concession of licenses for building in that area was limited. In 1968 the first pedestrian zones were established. And in 1969 a general variant for the historical center within the overall regulative plan was adopted. Thus, thirteen urbanistic divisions were defined to be protected and reclaimed—nine for public intervention, four for private initiative—in an operation affecting more than 20,000 of the 80,000 inhabitants of the center. A new phase was initiated in 1972 with the adoption of the means authorized in Law 167 and 865. Five urbanistic divisions became part of a plan for low-cost popular housing. "Active restoration"—realized by expropriation and formation of undivided properties—was instituted as a way of keeping the poorer classes within the historical center once it was restructured with that in mind. That strategy, however, ran into serious resistance, and the methods settled on in 1972 had to be more and more restricted in scope. After 1972 there was a certain compromise which led to replacing expropriation with a system of agreements and to shelving the principle of undivided ownership.

[14]The achievement of that objective has nothing ideological about it if one considers the results attained within the country and, above all, the growing weight that East Germany was acquiring within the economic system of the socialist countries. Certain quite schematic data assembled by L. Spagnoli give an idea of the rapidity and extent of that process of development. If the industrial output of East Germany in 1960 is taken as the base index of 100, then the corresponding indexes of production per capita in the other Soviet bloc countries were as follows: Hungary, 55; Czechoslovakia, 110; Poland, 60; Bulgaria, 33. Six years later, taking Poland at 100 as base, the levels were: East Germany, 201; Czechoslovakia, 177; Soviet Union, 120; Hungary and Rumania, 107; Bulgaria, 73.

[15]The building program adopted in November, 1955, called for increasing housing by 11.2 million square meters between 1956 and 1960. Two years later those targets were recognized to be insufficient and were considerably revised with the aim of putting an end to the housing shortage in the next decade. In achieving that goal the role played by the development of industrialization in building methods is obvious: in 1950 only 25 percent of the components were prefabricated, but by 1958 the fraction had risen to 70 percent. It was precisley for the building sector that the planned increases in productivity were among the highest. The realization of that policy, however, had a grave setback in the lack of coordination of the various urbanistic projects and in an excessive proliferation of planning bodies. Nor was this remedied by the creation of the Sovnarkoz, the regional economic councils set up in 1957 to coordinate the various productive and administrative sectors. This had a direct effect on the overall efficiency of the building projects, although there was some rationalization in the building sector beginning in 1954 when the Russian Communist Party explicitly intervened to deal with its problems. This led to restructuring of the administrative apparatus and especially to setting up new bodies such as the Mosproekt and the SAKB. The formation of the Glavmostroi made it possible to unite in a single organism, regionally structured, hundreds of public bodies and undertakings involved in the building sector.

第十八章

[1]The Swedish urbanism act of 1947 authorized the municipalities to acquire land for public use on the basis of regulative plans renewable every five years and supplemented by detailed subplans. Land for housing can be acquired on the open market or conceded in rental for sixty years to cooperatives, municipal building societies, or private individuals. Here we have a

mixed economy, but one which aims to give the advantage to the public agent. Thus, as a result of a policy dating back to 1904, Stockholm now owns the greater part of all building sites. Understandably, certain Swedish economists now go so far as to consider Keynes' theories about anti-cyclical interventions to be outmoded and to counterpose innovative proposals for types of planned development.

[2]In any case, the efforts of Michelucci have been contradictory. His "city of man" ended up in disastrous urbanistic operations, as did his 1968 project for restructuring the Santa Croce district in Florence. His recent design for a memorial to Michelangelo at the Carrara marble quarries offered him the opportunity to integrate artificial forms into a natural setting on which the past has left its imprint.

第十九章

[1]The structuralist current includes others besides Morandi who are committed to making technological experimentation the occasion for formal audacities, for modern icons of the calculated risk; for example, the slablike structures with umbrella and membrane by Felix Candela in Mexico, the shelters of the Madrid hippodrome by Eduardo Torroja, and the experiments by Joseph Polivka (collaborator with Frank Lloyd Wright on some projects) or Frei Otto.

[2]The work of Jean Prouvé (b. 1901) has not yet had the attention it merits from historians. Trained in the École de Nancy, Prouvé was experimenting with prefabricated construction techniques as early as 1925, collaborating with Citroën, Renault, Aluminium Français, and with architects like Beaudouin and Lods (notably in the covered market and Maison du Peuple at Clichy, built, respectively, in 1936-38 and 1937-39). His structural experiments carried out in his laboratory at Maxeville near Nancy have not been adequately exploited and only in part brought into play in works such as the French pavilion at the Brussels World's Fair (done in 1958 with Gillet) or his office buinding of 1963 in Neuilly-sur-Seine.

[3]In the United States John Johansen has aimed at an architecture compounded only of dissonances as can be seen in the Spray house in Weston, Connecticut, the Clark University Library in Worcester, Massachusetts (1966-69), and the Mummers' Theater in Oklahoma City. The results are rather softened fragmentations. However, in our opinion the so-called poetics of the ugly practiced in Italy by Guido Canella (b. 1932) and Maurizio Sacripanti (b. 1916) are preferable, despite the diverse connotations they give to their respective experiments with form, as in Canella's complex at Segrate and Sacripanti's competition project for the Parliament offices in Rome or his Osaka pavilion.

[4]An outstanding figure in Brazil is the landscape architect Roberto Burle Marx (b. 1909). From the Kronforth garden of 1937 in Theresopolis near Rio de Janeiro, to his arrangement of parks along the Rio coastline and an extensive series of gardens and the like, Marx has made himself interpreter of the expressive potential of tropical vegetation and ecology in an exuberant surrealism of the landscape.

[5]The Olympic Village in Rome was designed by Luigi Moretti and Adalberto Libera in collaboration with V. Cafiero, A. Luccichenti, and V. Monaco. In the postwar years Libera, too, lapsed into mannered formulas despite the notable typological experiment he carried through in the horizontal dwelling unit for the Tuscolano quarter of Rome.

第二十章

[1]The project of Gropius referred to here was shown in the traveling exhibition, *Walter Gropius: Buildings, Plans, Projects, 1906-1969*, International Exhibitions Foundation, 1972-74, organized by Ise Gropius. The three megastructures are dated 1928, but there is no indication of what they might have been done for. In any case, it is astonishing to find curving, enclosing structures of decidedly Expressionist taste combined with a cross section virtually identical with that proposed by Tange for Boston. It is difficult to explain how such a prophetic anticipation could have remained unknown for so long and also what relationship there could have been between that isolated work and the normal urbanistic approach of Gropius in the 1920s.

参考文献

An up-to-date reading list in the history of contemporary architecture and urbanism would require a companion volume of more or less the same number of pages as this book because studies dealing with its principal subjects have been appearing in varied and unexpected channels of information. Research papers from American and European universities, congress reports, catalogues of poorly publicized exhibitions, provisional reports, articles in journals of limited circulation are often more important historically, and sometimes critically, than the texts considered required reading. Then, too, the character of our book calls for references to books and documents not directly related to architecture or sanctified by academic tradition, but which reflect our personal interests and a critical approach that is not found in the standard history books. We hope this is clear from the effort made in these pages to single out key material often outside the architectural tradition and therefore impossible to accommodate in the space available here.

To stress the difficulty of the task we can say that nineteenth-century manuals, also texts by thinkers such as Bloch, Sombart, Simmel, Weber, Nietzsche, or Benjamin, cast as much light on the problems as the most enlightened specialized studies modern architecture. As concerns the central problem of language, we do not think it possible to omit the contributions of Freud, Heidegger, the formalist school, Foucault, Derrida, Cacciari—authors from whom we have drawn approaches and hypotheses that have enriched our fundamental conviction; still today, the "metropolitan relationship" of which we have made so much in our book corresponds, in its structure, to that analyzed by Karl Marx in *Das Kapital* and the *Grundrisse*. On the other hand, a bibliography including the new fields of research being propounded with ever increasing authority would have to make room for the imposing bulk of studies on the significance of the American urban civilization, the enormous problems relative to economic policy in the socialist countries and their effect on the administration of the territory, and the contradictions that arise in the traditional view of the modern movement when seen in relation to the socio-democratic ideology and the history of the workers' movements and trade unions.

For this reason, and because the other volumes in this series include bibliographies, we have prepared a list of general works that deal only with the specific field of architecture. Although this is treason to our interests, it is at least not the usual essential reading list and is less likely to set the reader on the wrong track.

The interested reader can consult a number of bibliographies of general character or concerned specifically with the works of the leading figures of modern architecture. The most extensive is in the most recent edition of the *Storia dell'architettura moderna* by Bruno Zevi (Turin 1975).

BOOKS

AYMONINO C., *Il significato delle città*, Bari-Rome 1975.

AYMONINO C., *Origini e sviluppo della città moderna*, Padua 1971.

BANHAM R., *The Age of the Masters: A Personal View of Modern Architecture*, rev. ed., New York 1975.

BANHAM R., *Theory and Design in the First Machine Age*, 2d ed., New York 1970.

BARGELLINI P. and FREYRIE E, *Nascita e vita dell'architettura moderna*, Florence 1947.

BATTISTI E., *Architettura, ideologia e scienza*, Milan 1975.

BEHNE A., *Der moderne Zweckbau*, Munich 1925.

BEHRENDT W.C., *Modern Building*, New York 1927.

BENEVOLO L., *History of Modern Architecture*, 2 vols., Cambridge (Mass.), 1971.

BENTON T. and C. and SHARP D., eds., *Form and Function*, London 1975.

BLAKE P., *The Master Builders*, New York 1960.

BOYD R., *The Puzzle of Architecture*, New York 1965.

CACCIARI M., DAL CO F. and TAFURI M., *De la vanguardia a la metropoli*, Barcelona 1972.

CANTACUZINO S., *Great Modern Architecture*, New York 1966.

CHAMPIGNEULLE B. and ACHE J., *L'architecture du XXe siècle*, Paris 1962.

CHENEY S., *The New World Architecture*, London and New York 1930.

CHOAY F., *The Modern City: Planning in the 19th Century*, New York, 1970.

CHOAY F., *L'urbanisme, utopies et réalités*, Paris 1965.

COLLINS P., *Changing Ideals in Modern Architecture, 1750-1950*, Montreal 1965.

COLLINS P., *Concrete: The Vision of a New Architecture. A Study of Auguste Perret and his Precursors*, New York 1950.

CONDER N., *An Introduction to Modern Architecture*, London 1949.

CONRADS U., ed., *Programme und Manifeste zur Architektur des 20. Jahrhunderts*, Berlin 1964.

CONRADS U. and SPERLICH H.G., *Architecture of Fantasy*, New York 1962.

DONAT J., ed., *World Architecture One*, London 1964.

DONAT J., ed., *World Architecture Two*, London 1965.

DORFLES G., *L'architettura moderna*, Milan 1972.

DRAGONE P.G., NEGRI A. and ROSCI M., eds., *Arte e rivoluzione: Documenti delle avanguardie tedesche e sovietiche, 1918-1932*, Milan 1973.

Four Great Makers of Modern Architecture: Gropius, Le Corbusier, Mies van der Rohe, Wright, a symposium, New York 1963.

FUSCO R. DE, *Storia dell'architettura contemporanea*, Bari 1974.

GIEDION S., *Architektur und Gemeinschaft*, Hamburg 1956.

GIEDION S., *A Decade of Contemporary Architecture*, 2d ed., New York 1954.

GIEDION S., *Space, Time and Architecture*, 5th rev. ed., Cambridge (Mass.) 1967.

GREGOTTI V., *Il territorio dell'architettura*, Milan 1972.

HAMLIN T., *Architecture, an Art for All Men*, New York 1947.

HAMLIN T., ed., *Forms and Functions of Twentieth-Century Architecture*, 4 vols., New York 1952.

HILBERSEIMER L., *Contemporary Architecture*, Chicago 1964.

HAMLIN T., *Internationale neue Baukunst*, 2d ed., Stuttgart 1928.

HAMLIN T., *The Nature of Cities*, Chicago 1955.

HITCHCOCK H.R., *Architecture: Nineteenth and Twentieth Centuries*, rev. ed., Baltimore 1971.

HAMLIN T., *Modern Architecture: Romanticism and Reintegration*, New York 1970.

HAMLIN T. and JOHNSON P., *The International Style: Architecture since 1922*, New York 1966.

HOFMANN W. and KULTERMANN U., *Modern Architecture in Color*, New York 1970.

JACOBUS J., *Twentieth-Century Architecture*, New York 1966.

JENCKS C., *Modern Movements in Architecture*, Garden City (New York) 1973.

JOEDICKE J., *Architecture since 1945: Sources and Directions*, New York 1969.

JOEDICKE J., *A History of Modern Architecture*, New York 1959.

KAUFMANN E., *Von Ledoux bis Le Corbusier*, Leipzig 1933.

KOENIG G.K., *L'invecchiamento dell'architettura moderna*, Florence 2d ed., 1967.

KULTERMANN U., *Architecture of Today: A Survey of New Building Throughout the World*, London 1958.

KULTERMANN U., *New Architecture in the World*, rev. ed., Boulder (Colo.) 1976.

LAVEDAN P., *Histoire de l'urbanisme*, Paris 1926-52.

MEYER P., *Moderne Architektur und Tradition*, Zurich 1928.

MUMFORD L., *The City in History*, New York 1961.

MUMFORD L., *The Culture of Cities*, New York 1944.

OSTROWSKI W., *Contemporary Town Planning*, rev. ed., The Hague, 1973.

PETER J., *Masters of Modern Architecture*, New York 1958.

PEVSNER N., *Pioneers of Modern Design, from William Morris to Walter Gropius*, 2d ed., New York 1949.

PEVSNER N., *The Sources of Modern Architecture and Design*, New York 1968.

PEVSNER N., ed., *The Anti-rationalists*, Toronto 1973.

PICA A., *Nuova architettura nel mondo*, Milan 1936.

PLATZ G. A., *Die Baukunst der neuesten Zeit*, Berlin 1927.

POSENER J., *Anfänge des Funktionalismus: Von Arts and Crafts zum Deutschen Werkbund*, Frankfurt 1964.

POSENER J., *From Schinkel to the Bauhaus*, London 1972.

RAGON M., *Histoire mondiale de l'architecture et de l'urbanisme moderne*, Tournai 1971.

RICHARDS J.M., *An Introduction to Modern Architecture*, 2d ed., Baltimore 1970.

ROSENAU H., *The Ideal City in its Architectural Evolution*, London 1959.

ROTH A., *La nouvelle architecture*, 2d ed., Zurich 1940.

ROWLAND K., *A History of the Modern Movement: Art, Architecture, Design*, New York 1973.

SAMONÀ G., *L'urbanistica e l'avvenire della città negli stati europei*, Bari 1960.

SARTORIS A., *Gli elementi dell'architettura funzionale*, 2d ed., Milan 1935.

SCHMIDT D., ed., *Manifeste, Manifeste 1905-1933*, Dresden 1965.

SCULLY V., *Modern Architecture*, rev. ed., New York 1974.

SFAELLOS C., *Le fonctionnalisme dans l'architecture contemporaine*, Paris 1952.

SHARP D., *A Visual History of Twientieh-Century Architecture*, Greenwich (Conn.) 1972.

SHARP D., *Sources of Modern Architecture: A Bibliography*, New York 1967.

SICA P., *L'immagine della città da Sparta a Las Vegas*, Bari 1970.

SMITHSON A. and P., *The Heroic Period of Modern Architecture*, special number of *Architectural Design*, December 1965.

TAFURI M., *Progetto e utopia*, Bari 1973.

TAFURI M., *Teorie e storia dell'architettura*, 4th ed., Bari-Rome 1976.

TAUT B., *Modern Architecture*, London 1929.

VRIEND J.J., *Nieuwere Architectuur*, Bussum 1957.

WHITTICK A., *European Architecture in the Twentieth Century*, 2 vols., rev. ed., New York 1974.

YORKE F.R.S., and PENN C., *A Key to Modern Architecture*, London 1939.

ZEVI B., *Cronache di architettura*, Bari 1970-73.

ZEVI B., *Spazi dell'architettura moderna*, Turin 1973.

ZEVI B., *Storia dell'architettura moderna*, rev. ed., Turin 1975.

DICTIONARIES AND ENCYCLOPEDIAS

Dizionario Enciclopedico di Architettura e Urbanistica, Rome 1968-69.

Encyclopedia of World Art, 15 vols., New York 1959-68.

HATJE G., ed., *Encyclopedia of Modern Architecture*, London 1963.

PEHNT W., ed., *Encyclopedia of Modern Architecture*, New York 1964.

THIEME U., ed., *Allgemeines Lexikon der Bildenden Künstler des XX Jahrhunderts*, 6 vols., Leipzig 1953-62.

WASMUTH G., ed., *Lexikon der Baukunst*, Berlin 1929-37.

REVIEWS AND JOURNALS

AUSTRIA

Der Architekt, Vienna 1895-1922.

BELGIUM

Architecture et urbanisme, Brussels 1874 ff.

La Cité, Brussels 1919-35.

L'Equerre, Brussels 1928-33.

CZECHOSLOVAKIA

Architekt, Prague 1901 ff.

Architektura ČSR, Prague 1939 ff.

M.S.A., Prague 1919 ff.

Stavba, Prague 1922-38.

Stavitel, Prague 1919 ff.

FRANCE

Architecture, mouvement, continuité, Paris 1967 ff.

L'Architecture d'aujourd'hui, Boulogne 1930 ff.

L'Architecture vivante, Paris 1923-33.

GERMANY

Bauen und Wohenen, Ravensburg 1946 ff.

Die Bauwelt, Berlin 1952 ff, previously *Bauwelt: Zeitschrift für das gesamte Bauwesen*, Berlin 1910-52.

Das Kunstblatt, Berlin 1917-33.

Das neue Frankfurt, Frankfurt 1926-33.

Der Cicerone, Leipzig 1909-30.

Die Form, Berlin 1925-35.

Frühlicht, Magdeburg 1921-22.

Moderne Baufornem, Stuttgart 1902-44.

Wasmuths Monatshefte für Baukunst und Städtebau, Berlin 1914-42.

GREAT BRITAIN

Architect, London 1971 ff.

Architect and Building News, London 1926 ff.

The Architect's Journal, London 1919 ff.

Architects' Year Book, London 1946 ff.

Architectural Design, London 1947 ff.

The Architectural Review, London 1897 ff.

Focus, London 1938-39.

Studio International, London 1963 ff, previously *The Studio*, 1893-1963.

The Town Planning Review, Liverpool 1910 ff.

HOLLAND

Bouwkundig Weekblad Architectura, Amsterdam 1881 ff.

De 8 en Opbouw, Amsterdam 1930-43.

De Stijl Leiden, 1917-31.

Forum, Amsterdam 1946 ff.

Wendingen, Amsterdam 1918-31.

ITALY

Casabella, Milan 1928 ff.

Edilizia moderna, Milan 1891-1917.

L'architettura, cronache e storia, Milan 1955 ff.

Lotus, Milan 1964 ff.

Metron, Rome 1945-54.

Urbanistica, Turin 1932-44, 1946 ff.

Zodiac, Milan 1957 ff.

JAPAN

AU (Architecture and Urbanism), Tokyo 1971 ff.

Kenchiku Bunka, Tokyo 1947.

The Japan Architect, Tokyo 1925 ff.

SOVIET UNION

Arkhitektura SSSR, Moscov 1933 ff.

Sovetskaya arkhitektura, Moscow 1931-35.

Sovremenaya arkhitektura, Moscow 1926-31.

SPAIN

A.C. Documentos de actividad contemporánea, Barcelona 1931-36.

Arquitectura, Madrid 1918 ff.

Cuadernos de arquitectura, Barcelona 1944 ff.

SWEDEN

Arkitektur, Stockholm 1959 ff.

Byggmastaren, Stockholm current.

SWITZERLAND

A.B.C., Zurich 1924-25.

Archithese, Niederteufen 1972 ff.

Bauen und Wohnen, Zurich 1947 ff.

Das Werk, Bern, 1914 ff.

UNITED STATES

American Architect and Architecture, Boston, New York, etc., 1876-1938, 1876-1908 as *American Architect and Building News*; 1909-1921 as *American Architect*; 1921-1925 as *American Architect and the Architectural Record;* 1925-36 as *American Architect*; merged into *The Architural Record, 1938.*

American Institute of Architects, *Journal (AIA Journal)*, Washington, 1958 ff., 1912-28; 1929-43 as *Octagon*; 1944-47 as *AIA Bulletin*; 1947-57 as *Bulletin*.

American Institute of Planners, *Newsletter*, Cambridge (Mass.), 1950 ff.

The Architectural Forum, Boston, 1892 ff. (1892-1916 as *Brickbuilder*; 1952-54 as *Magazine of Building*).

The Architectural Record, New York 1891 ff (title varies slightly). Absorbed *American Architect and Architecture*, 1938.

Architecture Plus, New York 1958-68; 1973 ff.

Oppositions (Institute for Architecture and Urban Studies), New York and Cambridge (Mass.) 1973 ff.

Perspecta (The Yale University Architectural Journal), New Haven 1952 ff.

Progressive Architecture, New York 1920 ff. (previously *Pencil Points* and *New Pencil Points*).

Society of Architectural Historians, *Journal*, Mt. Vernon 1957 ff.

COLLECTIONS AND SERIES

Various publications in series, past and current, devote pages to modern architecture and the most usable are listed here.

Architetti del movimento moderno, Milan 1947 ff.

L'architettura contemporanea, Bologna, series edited by L. Benevolo.

L'arte moderna, Milan, periodical fascicles, 1925 ff.

Library of Contemporary Architects, Simon and Schuster, New York.

Masters of World Architecture, Braziller, New York.

Orientamenti nuovi nell'architettura, Electa, Milan.

Planning and Cities, Studio Vista, London, series edited by G. Collins.

中外文译名对照

A

Aalsmeer, Holland　荷兰,阿尔斯米尔
Aalto, Aino　艾诺·阿尔托
Aalto, Alvar　阿尔瓦·阿尔托
Aarhus, Denmark　丹麦,奥胡斯
Abercrombie, Sir Patrick　帕特里克·艾伯克隆比爵士
Abramovitz, Max　M·阿伯拉莫维兹
Abstraction and Empathy　抽象与移情
Ackerman, Frederick L.　弗雷德里克·L·阿克曼
Action Architecture　行动建筑
Action Painting　行动绘画
Adams, Thomas　T·亚当斯
Adams, Holden & Pearson Studio　亚当斯,霍尔登和皮尔逊工作室
Adams,Howard & Greeley　亚当斯,霍华德和格里利
Addams, Janc　J·亚当斯
Adenauer, Konrad　K·艾登劳耶
Adler, Dankmar　D·艾德勒
Adorno, Theodor　T·阿多诺
Agrigento　阿格里真托
Aguinaga, Eugenio　E·阿奎纳加
Aguirre, Agustin　A·阿奎尔
Ahmedabad, India　印度,艾哈迈达巴德
Åhrén, Uno　U·阿伦
Aillaud, Emile　E·阿劳德
Aizpurua, J. Manuel　J·M·阿兹普鲁亚
Akroyd, Edward　E·阿克罗伊德
Akroyd, England　英国,阿克罗伊德
Akroydon, England　英国,阿克罗伊顿
Albers, Josef　J·阿尔贝斯
Albini, Franco　F·阿尔比尼
Aldrich, N.　N·奥尔德里奇
Alessandria, Italy　意大利,亚历山大里亚
Alexander, Christopher　C·亚历山大
Alfeld-an-der-Leine, Germany　德国,莱讷河上的阿尔弗尔德
Algeciras, Spain　西班牙,阿尔赫西拉斯
Algiers, Algeria　阿尔及利亚,阿尔及尔
Alma-Ata, USSR　前苏联,阿拉木图
Almquist, Osvald　O·阿尔姆奎斯特
Altman, N.　N·奥尔特曼
Altman, Robert　R·奥尔特曼
Amberg, Germany　德国,安贝格
Amersham, England　英国,阿默斯海姆
Amiens, France　法国,亚眠
Amsterdam, Holland　荷兰,阿姆斯特丹
Amsterdam School　阿姆斯特丹学派
Anderson, L.　L·安德森
Anderson, N.　N·安德森
Ankara, Turkey　土耳其,安卡拉
Antwerp, Belgium　比利时,安特卫普
Aosta, Italy　意大利,奥斯塔
Aprilia, Italy　意大利,阿帕里利亚
Archigram Group　阿基格拉姆小组
Archizoom Group　阿基佐姆小组
Arp, Jean　J·阿尔普
Artaria, Paul　P·阿塔里亚
Art Deco　装饰艺术风格
Art Nouveau　新艺术运动
Arts and Crafts Movement　工艺美术运动
ARU(Association of Urban Architects)　城市设计建筑师协会
Asheville, North Carolina　北卡罗来纳州,阿什维尔
ASNOVA(New Association of Artists)　新艺术家协会
Asolo, Italy　意大利,阿索洛
Asplund, Erik Gunnar　E·G·阿斯泼伦德
Astengo, Giovanni　G·阿斯坦格
Athens Charter　雅典宪章
Atterbury, Grosvenor　G·阿特伯里
Atwood Charles B.　C·B·阿特伍德
Augsburg, Germany　德国,奥格斯堡
Aymonino, Carlo　C·艾莫尼诺

B

Backström, Sven　S·巴克斯特龙
Badger, Daniel D.　D·D·巴杰尔
Baghdad, Iraq　伊拉克,巴格达
Bagneux, France　法国,巴涅
Baguio, Philippines　菲律宾,碧瑶
Bakema, Jacob B.　J·B·巴克马
Ball, Hugo　H·鲍尔
Balla, Giacomo　G·巴拉
Banfi, Gian Luigi　G·L·班菲
Banham, Reyner　R·班海姆
Barcelona, Spain　西班牙,巴塞罗那
Barlow, Sir Montague　M·巴洛爵士
Barshch, Mikhail　M·巴尔什
Bartels, Adolf　A·巴特尔斯
Bartlesville, Oklahoma　俄克拉何马州,巴特尔斯维尔
Bartning, Otto　O·巴特宁
Basel, Switzerland　瑞士,巴塞尔
Basildon, England　英国,巴西尔登新城

C

D

Drexler, Arthur　A·德雷克斯勒
Drummond, William E.　W·E·德拉蒙德
Dubrovnik, Yugoslavia　南斯拉夫,杜布罗夫尼克
Duchamp, Marcel　M·杜尚
Dudok, Willem Marinus　W·M·杜多克
Duiker, Johannes　J·杜依克
Düsseldorf, Germany　德国,杜塞尔多夫

E

East Kilbride, Scotland　苏格兰,东基尔布莱德新城
Eberstadt, Rudolph　R·埃伯施塔特
Eclecticism　折衷主义
Edinburgh, Scotland　苏格兰,爱丁堡
Ehn, Karl　K·埃恩
Eisenman, Peter　P·埃森曼
Eisenstein, Sergei　S·爱森斯坦
Eliot, Charles　C·艾略特
Elmslie, George Grant　G·G·埃尔姆斯利
Elsaesser, Martin　M·埃尔萨塞
Ely, Richard T.　R·T·伊利
Emberton, Joseph　J·恩伯顿
Emerson, Ralph Waldo　R·W·爱默森
Endell, August　A·恩代尔
Engels, Friedrich　F·恩格斯
Erlangen, Germany　德国,埃朗根
Ernst, Max　M·恩斯特
L'Esprit Nouveau　新精神杂志
Essen, Germany　德国,埃森
Evanston, Illinois　伊利诺伊州,埃文斯顿
Expressionism　表现主义
Expressionism, Late　晚期表现主义

F

Fahrenkamp, Emil　E·法伦坎普
Feder, Gottfried　G·费德
Feininger, Lyonel　L·费林格
Ferriss, Hugh　H·费里斯
Fick, Roderich　R·菲克
Figini, Luigi　L·菲吉尼
Finsterlin, Hermann　H·芬斯特林
Fiorentino, Mario　M·菲奥伦蒂诺
Firminy, France　法国,菲尔米尼
Fischer, Oskar　O·费希尔
Fischer, Theodor　T·费希尔
Fisker, Kay　K·菲斯克
Fitzgerald, F. Scott　F·S·菲茨杰拉德
Florence, Italy　意大利,佛罗伦萨
Ford, G.　G·福特
Ford, Henry.　H·福特
Formalism　形式主义
Forshaw, John Henry　J·H·福肖
Fort Wayne, Indiana　印第安纳州,韦恩堡
Fort Worth, Texas　得克萨斯州,沃思堡
Fourier, Charles　C·傅立叶
Frank, Josef　J·弗兰克
Frankfurt, Germany　德国,法兰克福
Frankfurt School　法兰克福学派
Frick, Wilhelm　威廉二世
Friedman, Yona　Y·弗里德曼
Fry, Edwin Maxwell　E·M·费赖伊
Fry, Maxwell　M·费赖伊
Fuchs, B.　B·富克斯
Fuchs, Georg　G·富克斯
Fuencarrel, Spain　西班牙,富恩卡雷尔
Furness, Frank　F·弗内斯
Furrer, Walter　W·弗雷尔
Futurism　未来主义

G

Gabetti, Roberto　R·加贝蒂
Garches, France　法国,加奇斯
Gardella, Ignazio　I·加德拉
Garden, Hugh M. G.　H·M·G·加登
Garnier, Tony　T·戛涅
Gaudí, Antoni　A·高迪
Geddes, Patrick　P·格迪斯
Geneva, Switzerland　瑞士,日内瓦
Genoa, Italy　意大利,热那亚
Gentile, Giovanni　G·金泰尔
Gentofte, Denmark　丹麦,根托夫特
George, Henry　H·乔治
George, Stefan　S·乔治
Gerson brothers　吉尔森兄弟
Gibberd, Frederick　F·吉伯德
Giedion, Siegfried　S·吉迪恩
Giesler, H.　H·吉斯勒
Gilbert, Cass　C·吉尔伯特
Gill, Irving　I·吉尔
Gillar, Jan　J·吉拉
Ginsberg, Jean　J·金斯伯格

H

Hubbard, Henry V.　H·V·哈伯德
Hunt, Richard Morris　R·M·亨特

I

Ibarra, Spain　西班牙,伊瓦拉
International Style　国际式
INU　国立城市化研究所
Islamabad, Pakistan　巴基斯坦,伊斯兰堡
Istanbul, Turkey　土耳其,伊斯坦布尔
Ivrea, Italy　意大利,伊夫雷亚

J

Jacobsen, Arne　A·雅格布森
Jansen, Hermann　H·扬森
Jeanneret, Pierre　P·让纳雷
Jefferson, Thomas　T·杰斐逊
Jena, Germany　德国,耶拿
Jenney, William Le Baron　W·L·B·詹尼
Jensen, Klint P.V.　K·P·V·詹森
Joannes, Francis Y.　F·Y·乔安尼斯
Johnson, Philip　P·约翰逊
Johnston, William L.　W·L·约翰斯顿
Jugendstil　青年风格派
Jyväskylä, Finland　芬兰,于韦斯屈莱

K

Kafka, Franz　F·卡夫卡
Kagawa, Japan　日本,香川县
Kahn, Albert　阿尔伯特·康
Kahn, Ely Jacques　E·L·卡恩
Kahn, Louis　路易·康
Kallmann, Gerhard M.　G·M·卡尔曼
Kandinsky, Wassily　W·康定斯基
Karaganda, USSR　前苏联,卡拉干达
Karlsruhe, Germany　德国,卡尔斯鲁厄
Kennedy, John F.　J·F·肯尼迪
Kessler, George Edward　G·E·凯斯勒
Kharkov, USSR　前苏联,哈尔科夫
Kimball, Edward　E·金布尔
Klee, Paul　P·克利
Klein, Alexander　A·克莱因
Klimt, Gustav　G·克利姆特
Klotz, C.　C·克洛茨
Klotzsche, Germany　德国,克洛茨基
Knowles, Edward F.　E·F·诺尔斯
Kok, Antony　A·科克
Kokoschka, Oskar　O·科柯施卡
Koller, Peter　P·科勒
Kotka, Finland　芬兰,科特卡
Kramer, Piet Lodewijk　P·L·克雷默
Kranz, G.　G·克兰兹
Kraus, Karl　K·克劳斯
Krayl, Karl　K·克雷尔
Krefeld, Germany　德国,克雷菲尔德
Kreis, Wilhelm　W·克赖斯
Krejcar, Jaromir　J·克雷卡
Kremmer, Martin　M·克莱默
Krier, Leon & Robert　克里尔兄弟
Krist, Karl　K·克里斯特
Krüger, K.　K·克吕格
Krüger, W.　W·克吕格
Kurashiki, Japan　日本,仓敷

L

La Chaux-de-Fonds, Switzerland　瑞士,拉绍德封
Ladovsky, Nikolai　N·拉多夫斯基
Lahit, Finland　芬兰,拉赫蒂
La Jolla, California　加利福尼亚州,拉乔拉
Lake Forest, Illinois　伊利诺伊州,森林湖
La Martella, Italy　意大利,拉马特拉
Landmann, Ludwig　L·朗德曼
Lang, Fritz　F·朗
Larderello, Italy　意大利,拉尔代雷洛
La Sarraz, Switzerland　瑞士,拉萨尔拉兹
Lasdun, Denys　D·拉斯顿
Lassen, F.　F·拉森
Las Vegas, Nevada　内华达州,拉斯韦加斯
Lausanne ,Switzerland　瑞士,洛桑
Lauweriks, J.L.M.　J·L·M·劳威里克斯
Le Bourget,France　法国,布尔日
Le Corbusier　勒·柯布西耶
Leeds, England　英国,利兹
Leenwarden, Holland　荷兰,吕伐登
Léger, Fernand　F·莱热
Le Havre, France　法国,勒阿弗尔
Leicester, England　英国,莱斯特
Leiden, Holland　荷兰,莱顿
Leipzig, Germany　德国,莱比锡
L'Enfant, Pierre Charles　P·C·朗方
Leningrad, USSR　前苏联,列宁格勒

Leninsk, USSR 前苏联,列宁斯克
Leo, Ludwig L·利奥
Leonardo da Vinci L·达芬奇
Leonidov, Ivan I. I·I·列昂尼多夫
Le Raincy, France 法国,勒赖因西
Lescaze, William W·莱斯卡兹
Letchworth, England 英国,莱奇沃思
Lethaby, William W·莱瑟比
Leverhulme, Lord L·利华休姆勋爵
Levi, Carlo C·利瓦依
Levittown, New York 纽约州,勒维城
Libera, Adalberto A·利贝拉
Lichtenstein, Roy R·利奇登斯坦
Lincoln, Massachusetts 马萨诸塞州,林肯城
Lind, Sven S·林德
Linear city 线型城市
Lingeri, Pietro P·林格利
Linz, Germany 德国,林茨
Lissitzky, El. E·里西茨基
Liverpool, England 英国,利物浦
Lockwood and Mawson 洛克伍德和莫森
Lods, Marcel M·洛兹
Lohuizen, T.K. T·K·洛胡森
London Independent Group 伦敦独立小组
Loos, Adolf A·路斯
Los Angeles, California 加利福尼亚州,洛杉矶
Lowell, Massachusetts 马萨诸塞州,洛厄尔城
Luban, Poland 波兰,卢邦
Lübeck, Germany 德国,吕贝克
Lubetkin, Berthold B·卢贝特金
Luckhardt, Hans H·勒克哈特
Luckhardt, Wassily W·勒克哈特
Ludovici, J.W. J·W·卢多维齐
Lukács, G. G·卢卡奇
Lünen, Germany 德国,吕嫩
Lurçat, André A·吕尔萨
Lutyens, Sir Edwin Landseer E·L·勒琴斯爵士
Lynch, Kevin K·林奇
Lyons, Edward Douglas E·D·莱昂斯
Lyons, France 法国,里昂

M

Mach, Ernst E·马奇
MacKaye, Benton B·麦凯
Mackintosh, Charles Rennie C·R·麦金托什
Madison, Wisconsin 威斯康星州,麦迪逊
Madrid, Spain 西班牙,马德里
Maes, K. K·梅斯
Magdeburg, Germany 德国,马格德堡
Magnitogorsk, USSR 前苏联,马格尼托哥尔斯克
Maher, George Washington G·W·马尔
Mahler, Gustav G·马勒
Mahony, Marion M·马奥尼
Makeyevka, USSR 前苏联,马凯耶夫卡
Malevich, Kasimir K·马列维奇
Mallet-Stevens, Robert R·马勒－斯蒂文斯
Manchester, England 英国,曼彻斯特
Manchester, New Hampshire 新罕布什尔州(美),曼彻斯特
Mann, Thomas 托马斯·曼
Mannheim, Germany 德国,曼海姆
MAO 莫斯科建筑师协会
March, Werner W·马奇
Marinetti, F.T. F·T·马里内蒂
Markelius, Sven S·马克利乌斯
MARS 现代建筑研究小组
Marseilles, France 法国,马赛
Marshall, Alfred A·马歇尔
Martin, Camille C·马丁
Martin, Leslie L·马丁
Martínez Feduchi, Luis L·马丁内斯·费杜奇
Matera, Italy 意大利,马特拉
Mawson, Thomas T·莫森
May, Ernst E·梅
Mayakovsky, Vladimir V·马雅可夫斯基
Maybeck, Bernard R. B·R·梅贝克
Mayekawa, Kunio 前川国男
Mayer, Albert A·迈耶
Maymont, Paul P·梅蒙特
McCarthy, Joseph J·麦卡锡
McKenzie, Voorhees, and Gmelin 麦肯齐,沃里斯与格米林
McKim, Charles Follen 查尔斯·福伦·麦金
McKinnell, Noel M. N·M·麦克金内尔
Mead, William Rutherford W·R·米德
Mebes, Paul P·梅伯斯
Media, Pennsylvania 宾夕法尼亚州,梅迪亚
Meier, Richard R·迈耶
Mellon, R.K. R·K·梅隆
Melnikov, Konstantin K·美尔尼科夫
Melville, Herman H·梅尔维尔
Mendelsohn, Erich E·门德尔松

Messel, Alfred　A·梅塞尔
Metabolism Group　新陈代谢派
Meyer, Hannes　H·梅耶
MIAR　意大利理性建筑运动
Michelucci, Giovanni　G·米凯卢奇
Mies van der Rohe, Ludwig　L·密斯·凡德罗
Milan, Italy　意大利,米兰
Milton Keynes, England　英国,密尔顿·凯恩斯新城
Milwaukee, Wisconsin　威斯康星州,密尔沃基
Minneapolis, Minnesota　明尼苏达州,明尼阿波利斯
Minoletti, Giulio　G·米诺勒蒂
Modena, Italy　意大利,摩德纳
MARS　现代建筑研究小组
Moholy-Nagy, László　L·莫霍利－纳吉
Molnár, Farkas　F·莫尔纳
Mönchengladbach, Germany　德国,门兴格拉德巴赫
Mondrian, Piet　P·蒙德里安
Moneo, Rafael　R·莫尼欧
Monnier, Joseph　J·蒙涅
Montalcini, Gino Levi　G·L·蒙特尔西尼
Montreal, Quebec　魁北克省(加),蒙特利尔
Monza, Italy　意大利,蒙扎
Moore, Charles　C·摩尔
Morandi, Riccardo　R·莫兰第
Morris, William　W·莫里斯
Moscow　莫斯科
Moser, Karl　K·莫泽
Moser, Werner M.　W·M·莫泽
Muche, Georg　G·莫奇
Mumford, Lewis　L·芒福德
Munch, Edvard　E·芒奇
Munich, Germany　德国,慕尼黑
Munich Sezession　慕尼黑分离派
Murphy, C.F. Associates　C·F·墨菲事务所
Mussolini, Benito　B·墨索里尼
Muthesius, Hermann　H·穆特修斯
Muttenz, Switzerland　瑞士,穆滕茨
Muzio, Giovanni　G·莫齐奥

N

Nancy, France　法国,南锡
Naumann, Friedrich　F·瑙曼
Neo-Baroque　新巴洛克
Neo-Classicism　新古典主义
Neo-Empiricism　新经验主义
Neo-Expressionism　新表现主义
Neo-Formalism　新形式主义
Neo-Gothic　新哥特式
Neo-Medieval　新中世纪式
Neo-Plasticism　新造型主义
Neo-Rationalism　新理性主义
Neo-Realism　新现实主义
Neo-Renaissance　新文艺复兴式
Neo-Romanesque　新罗马风式
Neo-Romantic　新浪漫主义
Nervi, Pier Luigi　P·L·奈尔维
Neue Sachlichkeit　新客观论
Neutra, Richard　R·诺伊特拉
New Brutalism　新粗野主义
New Delhi, India　印度,新德里
New Earswick, England　英国,新伊尔斯维克
New Haven, Connecticut　康涅狄格州,纽黑文
New Kensington, Pennsylvania　宾夕法尼亚州,新肯辛顿
New York City　纽约市
Niemeyer, Oscar　O·尼迈耶
Nietzsche, Friedrich Wilhelm　F·W·尼采
Nizzoli, Marcello　M·尼佐利
Nolen, John　J·诺伦
Nonn, Konrad　K·诺恩
Noormarku, Finland　芬兰,努马库
Northampton, England　英国,北安普顿
Norwich, England　英国,诺里奇
Nottingham, England　英国,诺丁汉
Novembergruppe　十一月学社
Novosibirsk, USSR　前苏联,新西伯利亚州
Nowicki, Matthew　M·诺维奇
Nuremberg, Germany　德国,纽伦堡

O

Oak Park, Illinois　伊利诺伊州,橡树园镇
Obrist, Hermann　H·奥布里斯特
Oerley, Robert　R·奥利
Olbrich, Joseph Maria　J·M·奥尔布里奇
Oldenburg, Germany　德国,奥尔登堡
Olivetti, Adriano　A·奥利维蒂
Olmsted, Frederick Law　F·L·奥姆斯特德
Orange, New Jersey　新泽西州,奥兰治
Oranienburg, Germany　德国,奥拉宁堡
Organic Architecture　有机建筑
OSA　当代建筑师协会

Osborn, F.G.　F·G·奥斯本
Osborne, John　J·奥斯本
Ostendoft, F.　F·奥斯坦多夫
Osthaus, Karl Ernest　K·E·奥斯特豪斯
Ostia, Italy　意大利,奥斯蒂亚
Otaniemi, Finland　芬兰,奥坦尼米
Otis, Elisha Graves　E·G·奥蒂斯
Otterlo, Holland　荷兰,奥特洛
Oud, J.J.P.　J·J·P·奥德
Owen, Robert　R·欧文
Owen, William　W·欧文
Oxford, England　英国,牛津
Ozenfant, Amédée,　A·奥赞方特

P

Padua, Italy　意大利,帕都亚
Paimio, Finland　芬兰,帕米欧
Palantini, Giuseppe　G·帕兰蒂尼
Palermo, Italy　意大利,巴勒莫
Palo Alto, California　加利福尼亚州,帕洛阿尔托
Pampulha, Brazil　巴西,潘普尔哈
Pani, Mario　M·珀尼
Paolozzi, Eduardo　E·保罗兹
Park, R.E.　R·E·帕克
Parker, Barry　B·帕克
Parson, Frank　F·帕森
Parson, William　W·帕森
Pasadena, California　加利福尼亚州,帕萨迪纳
Paterson, New Jersey　新泽西州,帕特森
Patou, Jean　J·帕托
Patout, Pierre　P·帕托特
Paul, Bruno　B·保罗
Pavia, Italy　意大利,帕维亚
Paxton, Joseph　J·帕克斯顿
Pechstein, Max　M·佩克斯坦
Peets, E.　E·皮茨
Pei, Ieoh Ming　贝聿铭
Pellegrin, Luigi　L·佩勒格林
Pelli, Cesar　C·佩里
Perco, Rudolf　R·珀科
Perkins, Dwight H.　D·H·帕金斯
Perret, Auguste　A·贝瑞
Persico, Edoardo　E·珀西科
Pesaro, Italy　意大利,佩萨罗
Pessac, France　法国,佩萨克
Peterborough, England　英国,彼得鲍洛夫新城
Peterlee, Wales　威尔士,彼得利新城
Pevsner, Nikolaus　N·佩夫斯纳
Philadelphia　美国,费城
Phoenix, Arizona　亚利桑那州,菲尼克斯(凤凰城)
Piacentini, Marcello　M·皮亚森蒂尼
Piano & Rogers　皮亚诺与罗杰斯
Picasso, Pablo　P·毕加索
Piccinato, Luigi　L·皮奇纳托
Pietilä, Reima　R·皮蒂拉
Pineau, J.G.　J·G·皮诺
Piranesi, Giovanni Battista　G·B·皮兰内西
Pisa, Italy　意大利,比萨
Piscator, Erwin　E·皮斯卡托
Pittsburgh, Pennsylvania　宾夕法尼亚州,匹兹堡
Plano, Illinois　伊利诺伊州,普兰诺
Plischke, Ernst　E·普利斯切克
Poelzig, Hans　H·波尔齐希
Poissy, France　法国,普瓦西
Polk, Willis　W·波尔克
Pollini, Gino　G·波利尼
Pompe, Antoine　A·波姆普
Pond, Irving K.　I·K·庞德
Ponti, Gio　G·庞蒂
Pop Art　波普艺术(通俗艺术)
Portman, John　J·波特曼
Port Sunlight, England　英国,阳光港城
Post, George B.　G·B·波斯特
Potsdam, Germany　德国,波茨坦
Poznan, Poland　波兰,波兹南
Prague, Czechoslovakia　捷克斯洛伐克,布拉格
Prairie School　草原学派
Preston, England　英国,普雷斯顿
Prestwich, Ernest　E·普雷斯特维奇
Price, Bruce　B·普赖斯
Productivism　产品主义
Prost, Herri　H·普罗斯特
Prouvé, Jean　J·普罗维
Pugin, Augustus Welby　A·W·普金
Pullman, George M.　G·M·普尔曼
Pullman, Illinois　伊利诺伊州,普尔曼城
Punin, Nikolai　N·普宁
Purcell, William Gray　W·G·珀塞尔
Purini, Franco　F·普里尼
Purism　纯洁主义

Q

Quaroni, Ludovico　L·夸罗尼
Quincy, Massachusetts　马萨诸塞州,昆西

R

Racine, Wisconsin　威斯康星州,拉辛
Racksta, Sweden　瑞典,拉克斯塔
Radburn, New Jersey　新泽西州,拉德邦
Rading, Adolf　A·雷丁
Rathenau, Walther　W·拉特瑙
Rathenow, Germany　德国,拉特诺
Rauch, John　J·劳奇
Rauschenberg, Robert　R·劳申伯格
Ray, Man　M·雷
Reay, Donald P.　D·P·雷伊
Regional Plan Association　区域规划协会
Regional Planning Association of America (RPAA)　美国区域规划协会
Reich, Lili　L·赖克
Reidy, Alfonso Eduardo　A·E·里迪
Reinhard, A.L.　A·L·莱因哈德
Reinhardt, Max　M·莱因哈特
Reinius, Leif　L·赖尼厄斯
Renacco, Nello　N·雷纳科
Renwick, James　J·伦威克
Reval, Finland　芬兰,雷威尔
Ricci, Leonardo　L·里奇
Richardson, Henry Hobson　H·H·理查森
Richland Center, Wiscosin　威斯康星州,里奇兰中心
Richmond, England　英国,里士满
Richter, Hans　H·里希特
Ridolfi, Mario　M·里多尔菲
Riehen, Switzerland　瑞士,赖亨
Riemerschmid, Richard　R·里默施密德
Rietveld, Gerrit　G·里特维尔德
Rio de Janeiro, Brazil　巴西,里约热内卢
River Forest, Illinois　伊利诺伊州,森林河
Riverside, Illinois　伊利诺伊州,里弗塞德
Robertson, M.T.　M·T·罗伯逊
Robinson, C.M.　C·M·鲁宾逊
Roche, Kevin　K·罗奇
Roche, Martin　M·罗奇
Rockefeller, John D.　J·D·洛克菲勒
Rockefeller, Nelson　N·洛克菲勒
Rodchenko, Alexander　A·罗德钦科
Rødovre, Denmark　丹麦,罗多夫
Rogers, Ernesto N.　E·N·罗杰斯
Romano, Giovanni　G·罗马诺
Ronchamp, France　法国,朗香
Roosevelt, Franklin Delano　F·D·罗斯福
Root, John Wellborn　J·W·鲁特
Rosen, Anton　A·罗森
Rosenberg, Alfred　A·罗森堡
Rosenzweig, Frank　F·罗森茨维希
Rossellini, Roberto　R·罗塞利尼
Rossi, Aldo　A·罗西
Rossi, E.　E·罗西
Rostock, Germany　德国,罗斯托克
Roth, Emil　E·罗思
Rotterdam, Holland　荷兰,鹿特丹
Rouen, France　法国,鲁昂
Roux-Spitz, Michel　M·鲁-施皮茨
Rovaniemi, Finland　芬兰,罗瓦涅米
Royal Commission for Housing and Urbanism (Sweden)　瑞典皇家城市与居住委员会
Royal Institute of British Architects　英国皇家建筑师学会
RPAA　美国区域规划协会
Rubió, Tudurí　T·鲁比奥
Rudelt, Alcar　A·鲁德尔特
Rudolph, Paul　P·鲁道夫
Ruff, L.　L·拉夫
Runcorn, England　英国,伦科恩新城
Ruskin, John　J·拉斯金
Russolo, Luigi　L·拉索罗
Rutan, C.　C·鲁坦
Ruttmann, Walter　W·鲁特曼

S

Saarbrücken, Germany　德国,萨尔布吕肯
Saarinen, Eero　埃罗·沙里宁
Saarinen, Eliel　伊利尔·沙里宁
Saclay, France　法国,萨克莱
Safdie, Moshe　M·塞夫迪
Saint-Dié, France　法国,圣戴
Sainte-Baume, France　法国,圣波姆
Saint Louis, Missouri　密苏里州,圣路易城
Saint Paul　圣保罗
St. Petersburg, Russia　俄罗斯,圣彼得堡
Sakakura, Junzo　坂仓准三
Sakulin, B.　B·萨库林

Salt,Sir Titus　T·索尔特爵士
Saltaire, England　英国,索尔太尔
Salvisberg, Otto　O·萨尔维斯贝格
Salzburg, Austria　奥地利,萨尔茨堡
Samonà, Giuseppe　G·萨蒙纳
San Diego, California　加利福尼亚州,圣地亚哥
San Francisco, California　加利福尼亚州,旧金山
San Rafael, California　加利福尼亚州,圣拉斐尔
San Sebastián, Spain　西班牙,圣塞瓦斯蒂安
Santa Monica, California　加利福尼亚州,圣莫尼卡
Sant'Elia, Antonio　A·圣伊利亚
São Paulo, Brazil　巴西,圣保罗
Saragossa, Spain　西班牙,萨拉戈萨
Sax, Emil　E·萨克斯
Säynätsalo, Finland　芬兰,珊纳特塞罗
Scarpa, Carlo　C·斯卡帕
Scharoun, Hans　H·夏隆
Scheerbart, Paul　P·谢尔巴特
Scheffler, Karl　K·舍夫勒
Schillemans, Julien　J·希勒曼斯
Schindler, Rudolph M.　R·M·欣德勒
Schinkel, K.F.　K·F·辛克尔
Schlemmer, Oskar　O·施勒默尔
Schmid and Aichinger　施密德和阿奇格
Schmidt, Hans　H·施密特
Schmidt, Joost　J·施密特
Schmidt, Karl　K·施密特
Schmidt, Richard E.　R·E·施密特
Schmidt, C.　C·施密特
Schmitthenner, Paul　P·施米特黑纳
Schneider, Karl　K·施奈德
Scholer, Friedrich　F·肖勒
Schönberg, Arnold　A·舍恩伯格
Schultze-Naumburg, Paul　P·舒尔茨－诺伯格
Schumacher, Fritz　F·舒马赫
Schuyler, Montgomery　M·斯凯勒
Schwitters, Kurt　K·施维特斯
Sciacca, Italy　意大利,西亚卡
Scott, George Gilbert　G·G·斯科特
Scott, Brown Denise　B·D·斯科特
Scottsdale, Arizona　亚利桑那州,斯科茨代尔
Scully, Vincent　V·斯卡利
Segrate, Italy　意大利,塞格拉特
Semonov, V.N.　V·N·西蒙诺夫
Semper, Gottfried　G·森帕尔
Serkin, Rudolf　R·泽金
Sert, José Luis　J·L·塞特
Shaw, Albert　阿尔伯特·肖
Shaw, Anna H.　安娜·肖
Shaw, Fernandez　弗尔南德斯·肖
Shaw, R.Norman　R·N·肖
Sheffield, England　英国,谢菲尔德
Shepley, J.　J·谢普利
Sherman, Wyoming　怀俄明州,谢尔曼市
Shingle Style　木屋风格
Shklovsky, Victor　V·施克洛夫斯基
Sibelius, Jean　J·西贝柳斯
Siedlungen　住宅区
Sigmond, Peter　P·西蒙德
Silesia, Germany　德国,西里西亚
Silsbee, Joseph Lyman　J·L·西尔斯比
Simmel, Georg　G·辛梅尔
Sitte, Camillo　C·西特
Skidmore, Owings & Merrill　SOM 事务所
Skinner, R.T.F.　R·T·F·斯金纳
Skopje, Yugoslavia　南斯拉夫,斯科帕
Sloan, J.　J·斯隆
Smith, Lyndon　L·史密斯
Smithson, Alison　A·史密森
Smithson, Peter　P·史密森
Snook, J.B.　J·B·斯努克
Socialist Realism　社会主义现实主义
Soleri, Paolo　P·索勒瑞
Soria y Mata, Arturo　A·索里亚·马泰
Soul and Form　精神与形式
Špalek, Josef　J·斯帕勒克
Speer, Albert　A·斯皮尔
Spencer, Herbert　H·斯潘塞
Spencer, Robert C.　R·C·斯潘塞
Spengler, Oswald　O·斯宾格勒
Springfield, Illinois　伊利诺伊州,斯普林菲尔德
Spring Green, Wisconsin　威斯康星州,斯普林格林
Staal, J.F.　J·F·斯塔尔
Stains, France　法国,斯坦斯
Stalin, Joseph V.　J·V·斯大林
Stalingrad, USSR　前苏联,斯大林格勒
Stam, Mart　M·斯塔姆
Steiger, Rudolf　R·施泰格尔
Stein, Clarence S.　C·S·斯坦
Stevenage, England　英国,斯蒂文乃奇新城

Stirling, James　J·斯特林
Stockholm, Sweden　瑞典,斯德哥尔摩
Stone and Goodwin　斯通和古德温
Strasbourg, France　法国,斯特拉斯堡
Strasser, Gregor　G·斯特拉塞尔
Stresa, Italy　意大利,斯特雷萨
Strickland, William　W·斯特里克兰
Structuralist School　结构主义学派
Stübben, Joseph　J·斯图宾
Stubbins, H.　H·斯塔宾斯
Stuttgart, Germany　德国,斯图加特
Style and the Epoch　风格与时代
Sugarman & Berger　休格曼与伯杰
Sullivan, Louis H.　L·H·沙利文
Sunnyside, New York　纽约州,桑尼塞德
Suprematism　至上主义
Suresnes, France　法国,叙雷纳
Surrealism　超现实主义
Sverdlovsk, USSR　前苏联,斯维尔德洛夫斯克
Sweezy, P.M.　P·M·斯威齐
Sydney, Australia　澳大利亚,悉尼

T

TAC　协和建筑师事务所
Tacoma, Washington　华盛顿州,塔科马
Tairov, Alexander　A·坦洛夫
Tampere, Finland　芬兰,坦佩雷
Tange, Kenzo　丹下健三
Tashkent, USSR　前苏联,塔什干
Tatlin, Vladimir　V·塔特林
Taut, Bruno　B·陶特
Taut, Max　M·陶特
Team 10 Group　十次小组
Tecton Group　特克顿小组
Teige, Karel　K·泰吉
Tel Aviv, Israel　以色列,特拉维夫
Terni, Italy　意大利,特尔尼
Terragni, Giuseppe　G·特拉尼
Tessenow, Heinrich　H·特森诺
The Architects Collaborative　协和建筑师事务所
Thonet, Michael　M·托内特
Thoreau, Henry David　H·D·梭罗
Thrasher, F.　F·思雷舍
Todt, Fritz　F·多特
Tokyo, Japan　日本,东京
Tönnies, Ferdinand　F·特尼厄斯
Torrance, California　加利福尼亚州,托兰斯
Torres Clavé, Josep　J·托里斯·克拉夫
Toulon, France　法国,土伦
Toulouse, France　法国,图卢兹
Trieste, Italy　意大利,的里雅斯特
Troost, Gerdi　G·特鲁斯特
Troost, Paul Ludwig　P·L·特鲁斯特
Truman, Harry S.　H·S·杜鲁门
Tulsa, Oklahoma　俄克拉何马州,塔尔萨
Turin, Italy　意大利,都灵
Turku, Finland　芬兰,图尔库
Turner, Frederick Jackson　F·J·特纳
Twain, Mark　M·特温
Tzara, Tristan　T·扎拉

U

Ulm, Germany　德国,乌尔姆
Ungers, Oswald Mathias　O·M·昂格尔斯
Union of Socialist Architects　社会主义建筑师联盟
Unwin, Raymond　R·昂温
Urbino, Italy　意大利,乌尔比诺
Usonion houses　美国风住宅
Utrecht, Holland　荷兰,乌得勒支
Utzon, Jørn　J·伍重

V

Valenta, J.　J·瓦伦塔
Valle, Gino　G·瓦尔
Vällingby, Sweden　瑞典,魏林比新城
Van Alen, William　W·范艾伦
Van Brunt, Henry　H·范布伦特
Van den Broek, Johannes H.　J·H·范登布洛克
Van der Leck, Bart　B·范德勒克
Van der Mey, Johan, Melchior　范德梅,约翰,梅尔基奥尔
Van der Mey, M.　M·范德梅
Van der Vlugt, Leendert C.　L·C·范德弗洛特
Van de Velde, Henry　H·凡·德·费尔德
Van Doesburg, Theo　T·范杜斯堡
Van Eyck, Aldo　A·范艾克
Van't Hoff, Robert　R·范特霍夫
Van Tijen, Willem　W·范蒂杰
Vantongerloo, Georges　G·万通杰罗
Vaux, Calvert　C·沃克斯
Venice, Italy　意大利,威尼斯

Venturi, Robert　R·文丘里
Verona, Italy　意大利,维罗纳
Versailles, France　法国,凡尔赛
Vesnin, Alexander　A·维斯宁
Vesnin, Leonid A.　L·A·维斯宁
Vesnin, Victor A.　V·A·维斯宁
Vicenza, Italy　意大利,维琴察
Vienna, Austria　奥地利,维也纳
Vietti, L.　L·维蒂
Viipuri, Finland　芬兰,维普里
Viollet-le-Duc, E.E.　E·E·维奥勒特－勒－杜克
Vitebsk, USSR　前苏联,维捷布斯克
Voisin, Gabriel　G·瓦赞
Voysey, Charles Francis Annesley　查尔斯·F·A·沃伊齐
Vuoksenniska, Finland　芬兰,伏克塞涅斯卡

W

Wagner, Martin　M·瓦格纳
Wagner, Otto　O·瓦格纳
Walker, A.P.　A·P·沃克
Walker, Hale　H·沃克
Walker, Ralph　R·沃克
Waltham, Massachusetts　马塞诸塞州,沃尔瑟姆
Walton, George　G·沃尔顿
Ward, Basil R.　B·R·沃德
Washington, D.C.　华盛顿特区
Webb, Michael　M·韦布
Weber, Max　M·韦伯
Weimar Republic　魏玛共和国
Welwyn Garden City, England　英国,韦林花园城
Wendingen　文丁根杂志
Werkbund Deutscher　德意志制造联盟
White, Stanford　S·怀特
Whitman, Walt　W·惠特曼
Wilford, Michael　M·威尔福德
Williams, Sir Owen　O·威廉斯爵士
Wilmette, Illinois　伊利诺伊州,威尔米特
Wils, Jan　J·威尔斯
Wilson, Hugh　H·威尔逊
Wilson, Woodrow　W·威尔逊
Winona, Minnesota　明尼苏达州,威诺纳
Wittgenstein, Ludwig　L·维特根斯坦
Wittwer, Hans　H·威特沃
Wolf, Paul　P·沃尔夫
Wolfsburg, Germany　德国,沃尔夫斯堡
Womersley, J.Lewis　J·L·沃默斯利
Wood, Edith Elmer　E·E·伍德
Woods, Shadrach　S·伍兹
Wornum, Grey　G·沃纳姆
Wright, Frank Lloyd　F·L·赖特
Wright, Henry　H·赖特
Wulfen, Germany　德国,沃尔芬
Wurster, William Wilson　W·W·沃斯特

Y

Yamanashi, Japan　日本,山梨县
Yamasaki, Minoru　M·雅马萨奇
Yllescas, Sixt　S·伊利斯卡斯
York, England　英国,约克
Yorkship, New Jersey　新泽西州,约克西普
Yorkshire, England　英国,约克郡

Z

Zanini, Gigiotti　G·扎尼尼
Zelenko, F.　F·泽伦科
Zevi, Bruno　B·赛维
Zholtovsky, I.V.　I·V·茹尔托夫斯基
Zola, Émile　E·左拉
Zuoz, Switzerland　瑞士,苏奥茨
Zurich, Switzerland　瑞士,苏黎世
Zveteremich, Renato　R·茨维特雷米奇
Zweig, Stefan　S·茨维希

照片来源

注:数字为照片所在图号。

Aerofilms,London:518,522,608,609
Ahlers,C.,Berlin:127
Agenzia Fotografica Luisa Ricciarini,Milan:
Albini F.:623
Anelli S.,Electa:226
Arai,M.,Tokyo:614,615
Archives d'Architecture Moderne,Brussels:1,2,3,8,188,267,268,322
Archivio Electa:18,326,331
Baldi/Studio Pizzi,Milan:
Balestrini,B.,Milan:7,106,110,112,144,152,153,154,155,156,157,160,165,167,171,173,203,208,209,210,214,215,239,264,265,266,280,291,310,311,312,313,316,317,318,319,320,407,423,429,453,455,456,459,462,468,475,540,541,542,561,562,563,568,569,570,594,598,599,622,627,656
Battisti,E.,Rome:242,249,502,576,577
Borromeo,F.,Milan:
Brecht－Einzig,London:610,638,661,664
Brugger,A.,Stuttgart:137,305
Bulloz,Paris:278,430,435
Casali G.,Milan:626
Cassetti,B.,Venice:14,80,349,418,421,422
Chicago Architectural Photo Co.,Chicago:90,92
Chomon－Perino,Turin:624
Ciucci,G.,Rome:5,76,89,91,93,95,96,97,566,567,568,589,642,643
Dal Co.F.,Venice:6,12,13,71,115,130,131,166,169,170,193,194,195,197,234,254,259,269,273,274,290,295,296,328,332,334,340,342,343,370,404,405,408,409,410,411,428,432,511,604,611,613,645,658
Ferruzzi,Venice:227
FIAT,Public Relations Office,Turin:463,464
Fornasetti,S.,Milan:657
Foto AEG,Berlin:132,133
Foto Mas,Barcelona:116,117,118,119,120,121,123
Fotocielo,Rome:483,527,586
Giacomelli,Vernice:11
Giraudon,Paris:10
Hedrich－Blessing,Chicago:551,597,649
Hinous,P.,Paris:103
Höchst Farbwerke,Frankfurt－am－Main:252,253
Istituto di Storia dell'Architettu－ra,IUAV,Venice:17－44,46－70,72,74,77,78,79,81－87,100－102,104,105,109,111,114,122,124,134－136,140－142,145－151,158,159,162－164,168,172,189－192,198－202,204－207,211－213,216－225,228－233,235－238,240,241,243,245－248,250,251,255,257,262,263,270－272,275－277,281－289,293,297－299,302－304,306－308,325,344－348,350－352,355－357,359－361,363－365,375－378,383－394,396－403,406,412－415,417,419,420,424－427,431,433,434,436－439,444,446－448,450－452,490－499,501,503－506,508,510,512－517,519－521,524,525,529－534,537,538,543－548,550,557,559,560,565,571,572,575,578－585,587,588,591－593,595,618－620,630－637,639,644,665－668,670,672－676
Jodice,M.,Milan:650
Kawasumi,Tokyo:612
Landesbildstelle,Berlin:260,292,294,300,301,500,535,536,616,617
Leoni,F.,Genoa:528
Novosti Press,Rome:335,336,337,338,341,353
Pedrini,A.,Turin:467
Photo Researchers,Inc.,Jan Lu－kas,New York:75,94,362,366,367,368,369,372,374,509,553,554,573,574,596
Polano,S.,Venice:107,108,113,185,324,395
Publifoto,Milan:600
Rapisarda,G.,Pome:371,507
Reinhard,F.,Berlin:555,556
Ricatto,G./Studio Pizzi,Milan:
Scolari,M.,Milan:449
Smithson,A.,and P.,London:605,606,607
Staatliche Landesbildstelle,Ham－burg:256
Stoller,E.,New York:647,648
Tafuri,M.,Rome:327,354,358
Thomas Airviews,Bayside,New York:379
Vasari,Rome:485
Witzei,L.,Essen:175

译 后 记

本书是一部图文并茂的现代建筑史，它的作者为意大利著名建筑史家曼弗雷多·塔夫里(Manfredo Tafuri，1935—1997年)和弗朗切斯科·达尔科(Francesco Dal Co)。原书是意大利文，于1976年出版，后由罗伯特·埃里奇·沃尔夫(Robert Erich Wolf)译成英文，于1980年开始在英、美发行。现在本书是根据英文版译成的，由于各种专有名词太多，而且掺杂有其他各国的原文，使翻译增加了一定的难度，也给读者带来不少困难。同时，原书采用了不同于一般建筑史所惯用的风格体系，而是分类进行阐述与评论，具有史论结合的特点。作者由于倾向于西方马克思主义观点，书中论述的历史事实，多采用辩证的方法进行分析，既阐述了其进步的一面，也批评了资本主义社会发展过程中某些消极的因素，这与一般现代建筑史只从正面叙述的方法颇有不同之处，使读者阅后可以增加对现代建筑思考的空间。

本书是由东南大学建筑系刘先觉、诸葛净、汪晓茜、葛明、万书元、万小梅、叶建功、王韶宁、虞刚、赵榕集体翻译的，最后由刘先觉负责全书的校正、统稿与改译工作。地名译名主要根据商务印书馆出版的《外国地名译名手册》、知识出版社出版的《世界地名翻译手册》；人名译名根据《英语姓名译名手册》、《法汉词典》、《德汉词典》、《意汉词典》、《西汉词典》、《外国近现代建筑史》等书。注释、参考文献、照片提供单位名单均按原文照录，以便读者查对。

译者

1999年10月

版权登记图字：01－1998－2250 号

图书在版编目（CIP）数据

现代建筑／(意) 曼弗雷多·塔夫里（Tafuri，M.），(意) 弗朗切斯科·达尔科（Dal Co，F.）著；刘先觉等译. —北京：中国建筑工业出版社，1999
(世界建筑史丛书)
ISBN 978－7－112－03745－2

Ⅰ. 现… Ⅱ. ①曼… ②弗… ③刘… Ⅲ. ①建筑史－世界－现代 ②建筑物－简介－世界－现代 Ⅳ. TU－091. 15

中国版本图书馆 CIP 数据核字（1999）第 11112 号

Modern Architecture，History of World Architecture/Manfredo Tafuri，Francesco Dal Co

责任编辑：董苏华　张惠珍

世界建筑史丛书
现代建筑
［意］曼弗雷多·塔夫里
　　　弗朗切斯科·达尔科　著
　　　刘先觉　等译
*
中国建筑工业出版社出版、发行（北京西郊百万庄）
各地新华书店、建筑书店经销
廊坊市海涛印刷有限公司印刷
*
开本：787×1092 毫米　1/12　印张：35
2000 年 6 月第一版　　2015 年 1 月第三次印刷
定价：**114.00** 元
ISBN 978－7－112－03745－2
(17801)

本社网址：http：//www. cabp. com. cn
网上书店：http：//www. china－building. com. cn